제2판

도시공간 구조론

남 영 우 저

法文社

신은 자연을 만들었고,
인간은 도시를 만들었다.
-J. M. Cowper-

도시는 사회행위의 예술이며
극장이다.
-L. Mumford-

제2판 머리말

　본서의 초판 집필이 완료된 지도 벌써 10년이 가까워 온다. 초판이 발간된 후, 2011년 하버드대학의 E. Glaeser 교수가 『도시의 승리(*Triumph of the City*)』란 저서를 출간하면서 세계인의 주목을 받았다. 그의 저서는 도시를 환경파괴의 주범으로 생각했던 사람들을 일깨워 주었다. 오늘날 세계 인구의 절반 이상이 도시에 살고 있지만 도시는 여전히 더럽고 반환경적이어서 문제투성이라는 오명을 혼자 뒤집어쓰고 있음을 도시지리학자인 저자 역시 안타까워 한 적이 있다. 사실 알고 보면 지구의 환경이 오염되고 파괴되기 시작한 것은 인류가 농업화 및 가축화로 문명을 만들면서부터 발생한 일이다. 많은 사람들은 도시의 존재가 지구 환경을 그나마 보전하고 있음을 잘 깨닫지 못하고 있다. 우리는 인류의 문명이 어버니즘(urbanism)과 그 뒤를 잇는 뉴어바니즘(new urbanism)에 따라 형성되고 진화해 나아가고 있음에도 그 사실을 자각하지 못하고 있다.

　저자는 대학 강단에서 본서를 교재로 하여 강의하는 동료 교수와 독자들의 지적에 귀를 기울여 본서 초판본에서 한자에 익숙하지 못한 독자를 위하여 본문에 사용한 한자를 괄호 속에 넣었고 번거롭게 생각되는 제3장과 제4장의 내용을 조금이라도 줄여보려고 노력하였으며 도시의 공간구조를 이해하는 데 필요한 내용을 보완하였다. 제3장 및 제4장은 미국의 역사와 도시재개발에 관한 내용이므로 도시구조이론을 이해하는 데 필요한 내용이어서 반드시 필요하다고 판단된다.

　본서는 대학원 과정의 도시공간구조론 강의에는 적합하다고 생각되지만 학부 과정의 도시지리학 강의에는 적절하지 못하다고 판단된다. 왜냐하면, 도시지리학에서는 도시구조 이외에도 도시화 및 도시시스템을 위시한 세계도시론 등에 관한 내용이 포함되어야 하는데, 본서에는 이들에 관한 내용이 누락되어 있거나 설명이 불충분하기 때문이다. 그러므로 도시지리학 강의를 위해서는 이들에 대한 내용을 보완해야 한다. 그럼에도 불구하고 저자는 도시지리학뿐 아니라 도시연구에서는 항상 도시구조가 중심 테마가 되어야 한다고 생각한다. 모든 학문분야에서는 언제나 구조를 규명하는 일이 가장 중요한 명제로 인식되고 있다. 생물학의 궁극적 연구목표가 세포의 구조이듯이, 건축학은 건물구조, 경제학은 경제구조, 사회학은 사회구조의 규명에 연구목표를 두고 있다. 이런 맥락에서 지리학의 연구목표는 지역구조 또는 공간구조의 규명에 있다고 볼 수 있다. 따라서 도시연구의 핵심적 내용이 도시공간구조가 되어야 하는 것은 당연한 일일 것이다. 도시공간구조의 이해 없이 도시를 연구하는 것은 핵심을 놓치는 일에 다름 아니다.

　세계는 끊임없이 변화하고 있다. 장구한 인류의 역사를 놓고 볼 때 그 변화는 대체로 혁신에 의한 변화가 주목할 만하였다. 도시는 이촌향도(離村向都)의 도시화로 표현되는 전산업시대로부터 탈도시화와 역도시화로 축약되는 산업시대로 전환함에 따라, 또 산업시대로부터 재도시화로 상징되는 정보화시대로 바뀜에 따라 재구조화하였다. 그와 같은 변화의 중심에는 도시가 있었다. 그러므로 도시는 혁신의 중심지라 할 수 있을 것이다. 도시가 변화한다는 사실은 경관뿐만 아니라 그 구조가 바뀜을 의미하므로 최근 일고 있는 세계화에 따른 도시의 공간구조 역시 도심공간의 재편성이나 젠트리피케이션, 경계도시(edge city), 근교화 및 원교화, 폐쇄적 공동체 등의 출현에서 보는 것처럼 부단하게 변화하고 있다는 생각을 갖게 한다.

　제2판을 준비함에 있어 여러분들의 성원에 힘입은 바 크다. 본서는 지리학뿐 아니라 행정학, 경영학, 공학 등의 다양한 분야에서 읽히고 있다. 저자는 본서가 2008년도 대한민국학술원의 우수학술도서로 선정된 기쁨만큼 각계각층의 독자를 가지고 있음에 보람을 느낀다. 마지막으로 저자의 졸고를 30년간에 걸쳐 본서뿐만 아니라 여러 책을 출판해 주신 법문사 사장님과 정성들여 편집해 주신 김제원 부장님께 감사드리고, 연구할 수 있는 공간을 마련해준 한문희 박사께도 고마움을 표하고 싶다.

2015년 5월
종암동 노블레스 타워 연구실에서
저자 씀

머 리 말

식탁 위에는 여러 종류의 그릇이 놓여 있기 마련이다. 그 이유는 밥은 밥그릇에, 국은 국그릇에, 반찬은 반찬그릇에 담아야 하기 때문이다. 반찬그릇에도 여러 가지 종류가 있다. 다시 말해서 그릇에 담아야 할 내용에 따라 그릇의 종류가 결정되는 것이다. 이치상 도시도 이와 마찬가지일 것이다. 도시 역시 담아야 할 내용물에 따라 사발이 될 수도 있고 접시가 될 수도 있다. 도시의 내용물은 역사적으로 상업화 · 공업화 · 정보화 등의 산업구조에 따라 바뀌어 왔고, 상업자본주의 · 산업자본주의 · 기업자본주의와 같은 경제조직에 따라서도 바뀌어 왔다.

저자는 내용물에 따라 그릇이 정해지는 것을 도시구조라 이해한다. 그래서 저자는 도시를 장소로서의 도시로 인식하고 싶다. 그것은 Harvey나 Castells가 도시의 공간적 페티시즘을 거부하고 장소로서의 역할에만 초점을 맞추려고 한 것과 달리 공간으로서의 장소에 초점을 두었다는 뜻이다. 왜냐하면 공간은 사회적 · 경제적 · 정치적 과정이 작동하는 매개체 이상의 의미를 지니고 있기 때문이다. 그 결과, 도시에는 영역성이 형성되고 그것에 기초한 하위지역 또는 부분지역들이 조직되어 구조를 이루게 된다.

저자는 지금으로부터 20여 년 전에 도시구조이론에 관한 단행본을 집필한 적이 있다. 세상도 바뀌고 도시들도 많은 변화를 겪었는데 도시의 공간구조가 예전 그대로의 모습을 그대로 간직하고 있을 리가 없다고 생각하였다. 강산이 두 번 바뀌었는데 도시의 공간구조 역시 많은 변화를 겪었을 것이다. 그래서 새로운 단행본을 집필해야 하겠다는 생각을 하면서도 여러 해를 허송세월하고 말았다. 하루가 멀다하고 쏟아지는 세계의 각종 연구물을 접하면서 저자의 마음은 더욱 초조해지기 시작하였다. 더욱이 저자의 주전공 분야가 도시지리학이며, 박사학위논문의 주제가 도시구조연구였다는 사실이 저자에게는 압박감으로 느껴졌다. 저자는 이러한 이유로 본서의 집필에 착수하였다.

　본서는 8개 장으로 구성되어 있다. 제1장에서는 도시에 관한 정의를 살피고 도시의 본질에 대하여 심도 있게 규명해 보았다. 또한 도시공간을 구성하는 메커니즘과 도시를 형성케 하는 요인에 대해서도 살펴보았다. 제2장에서는 본서를 이해함에 있어서 기초지식이 되는 도시내부의 공간구조가 형성되는 이유에 대하여 살펴보았다. 독자들은 제3장과 제4장을 보고는 의아하게 생각할지도 모르겠다. 본서에서 느닷없는 미국의 역사와 미국의 도시정책에 대하여 장황하게 설명한 이유는 대부분의 도시구조이론이 미국도시를 바탕으로 잉태된 것이기 때문이다. 독자들께는 미국의 역사적 배경과 도시정책을 파악함으로써 미국도시를 이해하는 데 도움이 될 것이다.

　제5장은 인류가 도시를 만들게 된 배경과 봉건국가로부터 근대국가로 바뀌면서 오늘날과 같은 도시구조가 형성되었음을 유럽 및 일본과 미국의 사례를 들어 설명한 것이다. 제6장은 인간생태학에 근거하여 제기된 동심원지대이론과 선형이론을, 제7장에서는 산업화에 따라 급성장한 도시구조를 설명한 다핵심이론과 인자생태학에 근거한 사회지역분석 등에 대하여 설명하였다. 그리고 도시구조를 결절지역과 등질지역의 양 측면에서 입체적으로 설명하기 위해 저자의 연구결과를 소개하였으며, 제3세계의 도시구조에 대해서도 살펴보았다. 마지막으로 제8장에서는 후기산업시대로 돌입하면서 나타난 경제·기술·인구·문화·정치적 변화가 도시에 미치는 영향에 관하여 살펴보고, 세계화에 따라 발생하는 도시의 재구조화에 대하여 설명하면서 도시공간구조의 장래를 예상해 보았다.

　한국도시의 미래를 예견하는 일은 그다지 어렵지 않다. 한국의 인구증가는 둔화되긴 하였어도 핵가족화 및 고령화의 급진전과 주거수준의 향상 등이 작용하여 주거공간에 대한 수요는 지속적으로 이어질 전망이다. 핵가족 비율은 매년 높아져 2000년에는 34.6%이던 것이 2005년에는 42.2%로 상승하였고, 노령인구는 19.4%에서 22.4%로 증가하였다. 이에 따라 국토공간이 협소한 우리나라의 도시는 평면적 확대에 한계가 있으므로 수직적 확대에 의존해야 한다. 그러면 당연히 한국도시의 경관은 싱가포르와 홍콩의 경관에서 볼 수 있는 스카이라인이 형성될 것이 자명하다. 이미 한국민의 절반 이상은 아파트라는 공동주택에 살고 있다. 여기에 변화하는 산업구조에 따른 토지이용의 변화를 감안하면 미래도시의 밑그림이 어느 정도 윤곽을 드러내게 될 것이다. 도시의 공간구조는 그와 같은 밑그림을 바탕으로 재편될 전망이다. 이러한 예상을 돌다리 두드리듯 외국도시의 사례를 점검하면서 확인하려면 본서와 같은 전문서가 필요하다는 결론이 나온다.

이상에서 보았듯이, 본서는 도시가 지닌 의미를 음미하고 도시의 공간구조가 형성되는 메커니즘을 규명한 후에 역사적 변혁기의 도시공간구조에 이어 시카고학파가 제기한 인간생태학의 도시공간구조를 소개하였다. 뒤이어 공업화와 離村向都로 요약되는 산업시대의 도시공간구조를 설명하고 정보화를 수반한 후기산업시대의 도시공간구조에 관하여 이론을 전개하는 순서를 밟았다. 혹자는 도시구조를 행태적 접근을 위시한 제도적 접근 혹은 정치·경제적 접근과 갈등론적 접근방식으로 설명하는 경우도 있으나, 저자는 1970년대 말 「마르크스와 도시」란 심포지엄 개최 이후부터 시작된 그러한 설명방식에 문제가 있음을 간파하였다. 최근에는 그와 같은 접근방식으로 도시구조를 설명하지 않기 때문이다.

본서를 집필하는 과정에서 많은 문헌을 참고하였으나, 일일이 자료의 출처를 밝히지 못한 문헌도 있을 것으로 사료된다. 또한 본서의 집필에는 직접 인용하지 않았으나 독자들이 꼭 읽어볼 필요가 있는 문헌들을 각 장의 말미에 정리해 놓았으니 참고하기 바란다. 저자가 도시답사를 위해 아시아·유럽·북미대륙을 여행할 때 곁에서 보조자 역할을 해준 아내에게 이 책으로 보답하고 싶다. 그리고 자료와 원고정리에 도움을 준 고려대학교 대학원 지리학과의 김정희 양을 비롯한 제자들과는 삼겹살에 소주나 같이 하련다.

끝으로 저자에게 학문적 눈을 뜨게 해주신 은사님들께 末筆이나마 머리 숙여 감사드리고 싶다. 어려운 출판업계의 사정에도 불구하고 출판을 허락해 주신 법문사 배효선 사장님과 편집부 여러분께 깊은 감사를 드린다.

2007년 1월
안암동 연구실에서
저자 씀

차   례

제1장   도시의 개념   1

제4장　**미국의 도시재개발**　173

제7장 산업시대의 도시공간구조론　　　　　　　　　　347

그림 목차

표 목차

사진 목차

도시의 개념

Introduction

도시란 무엇인가? 도시는 시대에 따라 변질되어 왔으며, 학문분야에 따라 도시를 보는 시각 또한 다를 것이다. 그러나 우리는 도시의 의미가 시공을 초월하여 바뀌지 않는 것을 도시의 본질이라고 간주한다. 그렇다면 도시의 본질은 무엇이고, 도시공간을 구성하는 메커니즘은 무엇이며, 도시를 형성케 만드는 요인은 무엇인가? 본장에서는 도시구조를 이해하기에 앞서 이에 대한 해답을 진지하게 모색해 본다.

Keywords

도시의 정의, 도시의 본질, 어바니즘, 도시성, 도시공간, 도농연속론, 준농촌도시, 중심지이론, 경제기반이론, 도시형성.

01 도시를 어떻게 정의할 수 있을까?

1. 도시란 무엇인가?

도시에서 태어나 도시에서 생활을 한 사람이라도 도시가 무엇인지 잘 모른다. 도시의 정의에 대해서는 많은 학자들이 각기 다른 측면에서 설명하고 있다. 고대 이집트의 상형문자나 한자의 어원에서 추정할 수 있는 것처럼, 도시는 일정한 영역을 갖는 공간상에 많은 사람이 모여 물건을 사고파는 시장을 형성하면서 영위되는 인간 고유의 생활방식인 동시에, 그와 같은 과정에서 형성된 인간의 주거공간을 가리킨다. 도시를 의미하는 영어의 urban은 그 어원이 라틴어의 urbanu 혹은 urbs와 urbis, 슬라브어의 goroa라는 단어에서 유래된 것으로 '중심' 혹은 '원'을 이룬다는 뜻이며, '뜰' 또는 '마당'이라는 의미를 지니고 있다. 따라서 이는 성벽으로 둘러싸인 취락을 뜻한다. 이 성곽도시는 방어를 위한 단순한 목적 이외에도 군사적 거점의 확보라는 목적을 가지고 건설된 요새도시(要塞都市)로서, 전쟁을 전제로 한 조직적 폭력수단으로 이용될 경우에는 네크로폴리스(necropolis)라 불리는「죽음의 도시」로 종말을 맞이하게 된다.

도시를 뜻하는 또 다른 라틴어의 civis는 영어의 city, 불어의 cité로 변하였거니와 오늘날에도 런던의 중심부를「시티」라 부르고 노틀담 사원이 있는 파리의 기원지를「시테」라 부른다. 이 단어의 본래 의미는 강력한 정치적 권력을 가진 사회를 가리키며 지방의 취락에 비하여 더 많은 권력과 자유를 가진 도시사회를 뜻하는 것이었다. 이와는 달리 한자문화권의 동양사회에서는 도시(都市)를 왕도(王都) 또는 왕성(王城)의 의미로 왕이 거처하며 시장이 형성되어 많은 사람이 모여 있는 상태의 의미로 사용하여 수도로서의 정치기능과 경제기능의 보유를 강조하였다.

우리나라에도 도시는 오래 전부터 존재하였지만, 그것을 지칭하는 용어로서의「都市」는 과연 언제부터 사용되기 시작하였는지 의문을 갖게 된다. 도시는 시간과 공간을 초월하여 존재하는 것이 아니라 시간의 흐름 속에서 지역적 특성과 여건의 차이에 따라 다양한 형태로 나타난다. 따라서 도시의 개념은 고대·

중세·근대·현대의 시간적 흐름에 따라 상이하며 국가에 따라서도 차이를 보이기 마련이다. 결국 도시를 지칭하는 용어는 시대적·지역적 개념이 포함되어 있는 것으로 이해해야 한다.

중국문헌 중 『주서(周書)』에는 우리나라에 관한 기록이 있는데, 이것에 의하면 백제의 관직명칭 가운데 「都市部」가 있었다는 것이다. 도시부는 상공업 분야를 관장하거나 시장업무를 담당했을 것이므로 경제부처에 해당하는 관직이었을 것이다. 그러므로 백제의 도시부는 중앙행정부에 속한 부서로서 수도의 시장관련 업무를 주로 관장한 것으로 짐작된다. 이러한 사실에 비춰 볼 때, 고대의 한국과 중국·일본의 도시라는 용어는 오늘날과 같이 도시 그 자체를 가리키는 말이 아니라 도읍지의 시장 혹은 시장이 있어서 번성한 곳을 나타내는 말로서 현대도시와는 사뭇 다른 것이었다. 도시를 의미하는 용어로 한국의 도시와 중국의 성시(城市)는 사용하기 시작한 시기가 그리 오래된 것이 아니라, 20세기 초까지 도시라는 용어를 사용한 기록이 전혀 보이질 않는 것으로 보아 우리나라에서는 도회지·읍내·대처 등의 용어를 사용했을 것으로 생각된다.

20세기 초엽의 한국은 일본제국의 식민지정책이 추진되면서 각 도시에 자원수탈의 거점과 군사기지가 건설되고 있었다. 도시 간에는 신작로·철도·교량 등이 건설되고 있었으며, 1913년부터는 이른바 시구개수사업(市區改修事業)에 의한 도시개조가 본격화되었다. 성곽이 헐리고 도로가 확장되면서 전산업도시(preindustrial city)의 구조가 바뀌기 시작하였다. 시구개수사업은 식민지정책에 기초한 일종의 도시재구조화를 도모하는 도시정책이었다. 이 사업은 서구의 영향을 받은 도시계획사업이었으나, 이때까지만 하더라도 도시라는 용어는 사용되지 않았다. 일본은 1919년부터 도시계획법을 비롯하여 건축기준법·토지구획법 등에 기초한 근대적 도시계획을 실시하기에 이르렀다. 이때에 일본에서는 처음으로 도시라는 용어가 공식적으로 사용된 것이다.

그로부터 2년 후, 우리나라에서는 1921년에 민간단체였던 「경성도시계획연구회(京城都市計劃研究會)」가 조직됨에 따라 도시라는 용어가 처음으로 사용되었고, 그 이듬해부터 신문지상에 도시라는 말이 오르내리기 시작하였다. 1920년대는 도시민들의 도시계획에 대한 관심이 고조되던 시기였다. 이와 같은 시대적 상황 속에서 도시라는 용어는 도시계획이라는 용어와 함께 자리잡을 수 있게 되었다.

이와는 달리, 우리나라에서 도시라는 용어를 처음 사용한 시기를 지방자치법이 제정·시행된 1949년이라 주장하는 견해도 있다. 즉 1949년에 지방자치법에 의거 종전의 부제(府制)가 시제(市制)로 바뀐 것에 근거한 주장이다. 이때에 경성부가 서울특별시로 바뀌고, 그 밖의 도시들이 ○○府에서 ○○市로 바뀌었다는 것인데, 이는 도시라는 용어 자체의 사용여부와는 직접적 관련이 없다. 만약「도시」란 용어의 최초 사용 시기를 시제의 시행년도로 본다면 일본의 경우는 1889년으로 소급되어야 한다.

2. 지리학적 정의

도시는 천개의 얼굴을 가졌다고 할 만큼 다양한 모습을 갖고 있다. 한 나라의 도시는 그 나라의 자연조건을 비롯하여 정치·경제적 여건과 문화·역사적 배경 등에 따라 그 도시의 기능·규모·성격·형태가 달라지며, 동일한 국가 내에서도 지역성에 따라 도시별로 상이한 특성을 지닌다. 또한 시대에 따라 도시의 정의가 달라질 수밖에 없다. 그러므로 우선 도시란 촌락 또는 시골·농촌·농촌취락(rural settlement)에 대비되는 개념으로 지표면의 일부분을 점유하는 지리적 현상이라고 정의해 볼 수 있다(김 인, 1991; 이기석, 1993).

도시의 개념은 19세기 이후에 시작된 근대지리학의 발전기에 여러 지리학자들에 의해 고찰되고 정의되어 왔으나 지리학의 발달에 따라 도시에 대한 생각도 변화해 온 것이 사실이다. 도시의 정의는 초기에는 경제적 측면으로부터 고찰되었지만 차츰 형태적 측면과 기능적 측면으로 분화되어 왔다. 독일의 지리학자 F. Ratzel은 도시를 정의하면서 다음과 같은 세 가지 전제조건을 제시하였다. 즉 ① 일정한 형태의 직업활동이 있어야 하고, ② 일정한 규모 이상의 인구가 집중되어 있어야 하며, ③ 주거지가 집단적이어야 한다는 것이다. 이러한 전제하에 "도시는 인간과 그들의 주거지가 영속적으로 밀집하여 온 곳이며, 일정 수준 이상의 토지공간을 점유하고 또한 주요 교통로의 중심에 위치하는 것이다."라고 정의를 내림으로써 도시와 교통기능 양쪽의 연관성을 중시하였다.

프랑스의 지리학자 P.V. de la Blache는 정주취락(定住聚落)을 촌락형식과 도시형식으로 분류하면서 그 기준을 주거지의 집중정도에 두었다. 그는 "도시란 규모가 큰 부류에 속하는 사회조직이며 일정한 문명의 단계를 반영한 것이다. 도시는 상업과 정치기능을 바탕으로 창조되는 것이다."고 규정하였다. 또한 그는 도시의 입지를 설명하는 가운데, "도시는 일반적으로 어떤 장애물이 나타나거나 새로운 조건과 타협하지 않으면 안 되는 장소에 발생한다."고 강조하였다. 구체적으로 육지와 해양, 평야부와 산악부 등의 이질적 지형을 가리킨다. 그의 주장은 도시입지와 교통간의 연관성을 지적한 Ratzel의 주장과 맥을 같이한다.

한편 H. Dörries는 경관론의 입장을 취하면서 "도시는 명확한 핵심의 주위에 집단을 이루고, 대부분은 계획적이면서도 밀집된 취락형태를 보이며 종류가 다양한 경관요소로 구성된 취락상을 이루고 있는 것."이라 정의하였다. 이와는 달리 H. Bobek은 기능론의 입장을 취하면서 "도시는 경제·정치·문화적 측면뿐만 아니라 모든 점에서 중심점을 이루며, 그 구조는 주변부로부터 중심부로 향함에 따라 일정한 특징이 점차 뚜렷해짐을 인식시킬 수 있는 것."이라고 정의하였다.

그 후, 도시의 개념을 논함에 있어서 지역의 핵으로 인식되는 중심성은 도시의 본질로 인식되기 시작하였다. 이와 같은 맥락에서 R. E. Dickinson은 "어느 시대이건 도시의 기본적 특징은 그 주변지역에 대한 조직의 중심을 이루는 데에 있다."고 술회하면서 중심지와 배후지 간의 관계를 지적하였다. 그리고 일본의 선구적 도시지리학자 키우치[木內]는 "도시는 지표면의 일부를 점유하는 지역현상 중 하나이다. 또한 도시는 비교적 좁은 면적에 응집되어 있거니와 인류활동의 핵심으로서 주변지역과 널리 관계를 맺으며, 그것에 대하여 지배적 또는 중개적 기능을 수행한다."고 설명한 바 있다.

3. 사회학적 정의

사회학 분야에서는 대부분의 중요한 사회현상이 도시에서 발생하므로 도시연구가 타 분야보다 활발하게 이루어지고 있다. 그러나 G. Simmel, M. Weber, L. Wirth 등의 사회학자들은 인류에게 도시가 필요함을 인정하면서도 도시화를 불행스러운 과정으로 파악한 바 있다. 사회학자의 눈에는 도시의 장점보다 도시의 병폐가 더 부각되어 보이기 때문일 것이다.

　일반적으로 도시사회학에서는 "도시란 비농업인구를 주체로 하는 주민들이 대량으로 밀집하여 거주하는 일정한 공간이다."라고 정의하고 있다. 그리고 이와 같은 일정 공간의 공통적 기초 위에 사람들의 일상생활이 전개되고 있는데, 이것이 바로 도시생활이라고 규정한다. 사회학자는 도시와 도시생활을 정의할 경우에 언제나 시골의 존재를 염두에 두고 있다. 그들은 원래 도시라는 용어 자체가 농촌(시골)이라는 용어와 대비되는 개념이기 때문에, 농촌이 없으면 도시도 없다는 발상에서 출발한다. 그러므로 사회학에서는 도시의 기본적 특징을 인구와 직업에서 찾는다. 이 경우에 인구와 직업은 사회적 속성으로서 다루어질 뿐이며, 지리학에서처럼 공간적 측면에서 본 지역성의 규명에는 관심이 덜하다.

　그렇다고 해서 도시에 대한 정의가 사회학과 지리학이 전혀 다르다고 볼 수 없다. 왜냐하면, 많은 도시사회학자들은 도시의 공간적 배열과 도시상호간의 사회ㆍ문화적 교류와의 관계가 도시기능으로 나타난다고 생각하기 때문이다. 즉 도시체계 또는 도시시스템(urban system)에 의거하여 종주도시(宗主都市)로부터 말단의 소도시에 이르는 상호작용은 명령의 흐름, 통치의 흐름, 폭력의 흐름인 동시에 문화의 흐름이며 기능의 흐름이라는 것이다. 그 흐름이 도시 이하의 촌락이나 가가호호에 살고 있는 개인에게 도달하기 위해서 흐름의 분기점마다 결절점이 생겨나고 결절지역이 형성된다.

　결절점에는 각 분야의 기능을 담당하는 결절의 기관이 생겨나는데, 이 결절적 기관이 존재하는 취락사회가 바로 도시이며, 그렇지 않은 취락사회가 촌락인 것이다. 따라서 취락과 도시는 다음과 같이 정의될 수 있다. 즉 취락이란 예로부터 공동방어의 기능과 생활협력의 기능을 갖기 위해 모든 사회문화의 모체가 되어온 장소의 지역ㆍ사회적 통일체를 가리키며, 여기에는 도시와 촌락의 두 종류가 포함된다. 그리고 도시란 국민사회에 있어서 사회적 교류의 결절기관을 보유하고 있는 취락사회라 정의된다. 그러므로 도시는 한 나라의 국민을 빠짐없이 교류케 하거나 동일한 형태의 문화를 향유케 하고 생활의 질서를 유지하기 위하여 지역적으로 조직된 사회적 결절점으로 간주될 수 있다.

　사회학이 도시사회에 초점을 맞추어 도시사회학이라는 독자적 영역을 확보하게 된 것은 미국이라고 볼 수 있다. 미국도시의 역사는 구대륙에 비하여 짧지만, 남북전쟁 후 100년 동안 대도시의 급속한 성장을 경험하였다. 아울러 미국의 사회학은 하나의 학문분야로 서서히 등장하기 시작하였다. 처음에 사회학자들은 대도시의 사회문제에 주된 관심을 쏟았다. 사회병리학의 영역인 「사회개량론」을 강조한 초기의 사회학은 응용도시사회학이라는 유산을 남겼다.

1920년대와 1930년대에 걸쳐 시카고 대학에서 행해진 대부분의 연구물은 도시사회의 직접적인 관심을 벗어나 범죄를 비롯한 비행·매춘·정신장애 등과 같은 문제를 해결하는 데에 초점이 맞춰졌다. 그러나 도시사회학 분야가 미국에서 발전을 거듭함에 따라 그러한 문제들에 대한 관심은 줄어들고, 그 대신 도시의 구조와 도시화에 대한 일반이론을 개발하기 위한 관심으로 바뀌었다. 제2차 세계대전의 종료와 함께 사회학자의 양적 증가로 사회학은 더욱 전문화되었다. 오늘날 도시사회학의 특징은 도시구조에 대한 비교를 강조하고 소수민족·젠더(gender)·세계화 등을 연구과제로 삼는 데에 있다. 바로 이와 같은 점에서 도시사회학과 도시지리학의 관심사가 일치하고 있음을 알 수 있다.

4. 경제학적 정의

1950년대까지만 하더라도 경제학은 도시화와 관련시켜 연구해 오지 않았다. 도시경제는 근본적으로 경제학을 도시연구에 끌어들이기 위한 노력을 하는 것이지 도시를 경제학연구에 끌어들이는 것이 아니다. 도시경제학은 경제학의 한 분야로서 경제이론의 체계에 의존하고 있으며 그 역사가 매우 짧다. 도시경제학은 현대문명의 기초가 되는 공업화와 도시화라는 두 과제를 검토하기 위해 출발한 분야이다. 공업화를 이해하기 위해 경제학자는 주로 생산을 검토하고, 도시화를 이해하기 위해서는 필연적으로 인간의 정착생활에 대하여 관심을 갖는다. 또한 도시경제학은 경제활동에 관한 공간적 차원에 역점을 두고 지역경제학을 전개하면서 추진력을 얻어 온 분야이다.

경제학자는 도시를 고밀도와 경제행위자의 전문화를 비롯한 일정한 제도상의 조건으로 특징지어진 상호관련·상호의존적 시장의 다이내믹한 동적 시스템으로 파악한다. 여기서 제도상의 조건이라 함은 각기 다른 수준의 정부가 정책결정에 영향을 주는 제도상의 조건을 가리킨다. 도시는 가계(家計)와 기업에 대하여 별개의 공간적 형태라 할 수 있는 사회조직으로의 역할보다도 저렴한 비용으로 정보와의 접촉과 흐름을 효율적으로 공급한다. 그러므로 도시는 농촌에 비해 정보의 획득 가능성에 있어 높은 비교우위를 갖는다.

도시로서의 자격을 갖추기 위해서는 도시지역에 공적 부문과 사적 부문에 걸쳐 규모의 경제에 영향을 줄 정도로 충분한 경제활동과 가계가 집적되어 있어야 한다. 도시의 규모와 성격은 그 도시에 입지한 주요시장의 규모와 물적(物的) 시설에 반영되어 나타나며, 그 반대도 마찬가지이다. 도시는 활동공간·수송·통신 등의 산업기반시설을 제공해야 하며, 도시민에 대해서는 생활공간·여가공간·공익사업·물품공급·치안유지 등의 서비스를 제공해야 한다.

도시의 특징이라고 할 수 있는 인구·경제활동의 집중은 접촉의 이익에서 비롯된 것으로, 이것은 종종 집적 경제(agglomeration economy)라 불린다. 이와 같은 집적 경제는 마치 눈덩이처럼 사람과 경제활동을 더욱 집적시킨다. 도시가 지닌 또 하나의 특징은 생산의 전문화에 있다. 생산자는 기술노동자·전문가·기업가들의 도움을 받는다. 또한 이들 인적 자원으로부터 기술과 자본 외에도 기술혁신과 발명의 혜택을 받는다.

이상에서 지적한 바와 같이 도시가 지닌 특징은 다양할 뿐더러 광범위한 측면에서 언급될 수 있다. 경제학자는 그 가운데 도시 시장의 역할에 주로 관심을 기울이는 것은 물론 시장이 어떻게 정부 및 사회적 측면, 물적 측면과 관계를 맺고 있는지 주목해야 한다. 경제학자는 흔히 비경제 측면을 무시하는 경우가 많다. 입지결정 및 거리마찰과 같은 공간적 특성과 사회적 행위는 경제활동에 영향을 미치기 때문에 도시를 복합체로 인식하는 노력이 필요하다.

도시를 「주거의 거대한 밀집성」으로 파악한 M. Weber는 "도시를 경제학적으로 정의를 내린다면, 도시란 그곳에 거주하는 주민의 압도적 다수가 농업수입이 아닌 공업 또는 상업적 영리로부터 얻어진 수입에 따라 생활하고 있는 정주공간(定住空間)을 뜻한다."고 주장하면서, 이와 같은 종류의 취락이라고 하여 모두 도시라고 부르는 것은 합목적적이 아니라 하였다. 다시 말해서 우리들이 도시라는 용어를 사용하기 위해서는 또 다른 조건이 필요하다는 것이다. "그 조건이란 정주공간에 일시적이 아닌 항상적인 재화의 교환이 정주자의 영리와 수요충족의 본질적 요소로서 존재해야 함을 뜻한다. 즉 시장의 존재가 확보되어야 한다."

고 지적하면서, Weber는 "도시의 경제적 조건으로 제2차 산업이나 제3차 산업 등의 비농업적 경제활동이 지배적이어야 한다."고 주장하였다.

한편, 하버드대학의 E. Glaeser(2011) 교수는 그의 저서 『도시의 승리(*Triumph of the City*)』에서 도시와 도시민에 대한 예리한 통찰력과 정책적 제안을 하는 가운데 도시는 인류의 위대한 발명품이며, 인간을 창의적 또는 생산적으로 만들기 때문에 진정한 도시의 힘은 사람으로부터 나온다고 주장하였다. 구체적으로 교육 · 기술 · 아이디어 · 기업가 정신과 같은 인적 자본을 모여들게 하는 힘이야말로 도시와 국가의 번영은 물론 인간의 행복을 좌우한다는 주장을 펼쳤다. 경제학자인 그는, 도시는 기념비적 성격을 띠므로 흥망성쇠를 겪게 되며 도시가 환경파괴의 주범으로 지목되는 것은 억울한 누명이라고 강조하였다.

5. Weber의 정의

위에서 일부 소개한 바와 같이 M. Weber는 도시에 대하여 폭넓은 식견을 갖고 있었다. 그는 도시의 개념뿐만 아니라 도시의 종류, 동양과 서양도시의 비교, 중세의 문벌도시 및 평민도시 등에 관하여 해박한 지식을 『도시의 유형학』이란 저서로 정리한 바 있다(Weber, 1956). 여기서는 그 일부를 소개하기로 하겠다.

도시는 다양한 측면에서 접근될 수 있으므로 한마디로 정의하기 곤란하다. 그러나 모든 도시의 공통점이라 할 수 있는 것은 흩어져 분포하는 분산적 주거가 아니라 하나의 응집된 정주공간이라는 점이다. 실제로 도시의 건물과 주택은 대부분 벽과 벽이 붙어 있거나 지붕의 처마가 맞닿아 있는 것을 쉽게 목격할 수 있다. 인류 최초의 취락으로 여겨지는 터키의 차탈휘위크도 마찬가지 주택 밀집도를 보였다. 그 뿐만 아니라 도시라는 용어 속에는 「주거의 밀집」이란 의미 외에도 양적인 측면이 내포되어 있다. 즉 일정 규모의 주거가 확보되어 있지 않으면 아무리 밀집되어 있다 할지라도 도시의 자격을 갖추었다고 볼 수 없는 것이다. 이와 같은 밀집성 · 규모성 · 비농업성 이외에도 다양성이란 지표가 추가되어야 한다. 공업경영은 어느 정도 다양성(혹은 다면성)을 지니고 있다. 공업의 다양성이란 것은 봉건제하에서 영주의 주거지가 중심점에 위치하고 경제적 · 정치적 수요를 충족시키기 위하여 생산의 전업화를 꾀하는 공업노동에 의해 재화가 구입된다는 사실에 기초하고 있다. 그렇지만 장원(莊園)의 영주가 부역과 조공의 의무를 갖는 수공업자와 상인들의 집단과 함께 정착하더라도, Weber는 그것을 도시라 부르지 않는 것이 통례라고 하였다.

우리들이 도시라는 용어를 사용하기 위해서는 또 하나의 조건을 만족시켜야 한다. 그것은 전술한 바와 같이 정주공간에서 일시적이 아닌 영구적 재화의 교환이 정착주민의 영리와 수요충족을 위해 발생해야 함을 뜻한다. 즉 시장이 존재해야 한다는 것이다. 그러나 대상(隊商)처럼 떠돌이 상인에 의해 형성되는 원격시장이나 정기적으로 열리는 정기시(定期市)가 존재하는 곳은 도시가 아닌 촌락이다.

Weber는 경제적 의미에서 도시란 용어를 다음과 같이 정의하였다. 즉 도시에 정주하고 있는 주민들이 그들의 일상적 수요 가운데 경제적으로 보아 중요한 부분을 그곳의 시장에서 충족하며, 더욱이 그 가운데 상당부분을 그 땅에 정주하고 있는 주민과 배후지의 주민들이 판매할 목적으로 생산하는 시장취락(market settlement)을 도시라 하였다. 이런 의미에서 모든 도시는 주민의 경제적 중심점으로서 국지적 시장(local market)을 가지며, 그 배후지의 주민들도 경제적 생산 전문화가 진행됨에 따라 공업생산품이나 상업거래품에 대한 수요를 시장에서 해결할 수 있다는 것이다.

도시와 촌락은 정주취락과 시장취락의 여부에 기준을 두어도 확실히 구별될 수 있는 것이 아니다. 봉건시대에는 물론 오늘날의 도시에도 이른바 준농촌도시(semi-rural city)가 존재하고 있다. 준농촌도시란 시장교환의 장소이면서 전형적인 도시공업의 소재지인 까닭에 평균적인 촌락과는 사뭇 다르게 여러 계층의 주민이 그들의 식량수요를 자급자족으로 해결하거나 판매목적으로 식량생산을 하는 취락을 뜻한다. 일반적으로 도시의 규모가 커질수록 식량공급을 위한 경작지는 감소하게 마련이다. 그러나 도시의 규모가 크지 않던 중세에는 도시의 부속물이라 할 수 있는 경작지·방목지·삼림 등이 많이 존재하였다. 따라서 도시의 정의는 시대에 따라 바뀔 수밖에 없다. 그리하여 Weber는 도시를 둘러싼 경제적 개념과 정치·행정적 개념을 분명하게 구별해야 한다고 지적하면서 도시권으로 간주되는 도시영역이 각기 상이함을 인식하였다. 그리고 준농촌도시로부터 소비도시·생산도시 혹은 상업도시로의 변화는 두말할 필요도 없이 유동적이라

농촌과 도시를 경계짓는 지점을 확정하는 데 별도로
규정된 것은 없으며, 세계적으로도 그 편차가 매우 크다.
그 때문에 도시간 인구통계의 정확한 비교가 어렵다.

그림 1-1 도농(도시 · 농촌) 연속체

출처: T. A. Hartshorn(1980).

강조하였다.

사실상 도시와 촌락을 식별할 수 있는 명확한 기준은 제시되어 있지 않다. 그러나 경관적 · 기능적으로 식별될 수도 있는 도시와 농촌 간의 관계는 양자를 별개의 지역으로 파악하려는 도농분리론(urban-rural dichotomy)과 양자가 기능적으로 연계된 취락으로 파악하려는 도농연속론(urban-rural continuum)으로 대별되어 설명하기도 한다. 현실적으로는 [그림 1-1]에서 보는 것처럼 도시지역과 농촌지역은 점이적 연속체이므로 하나의 선으로 구분하기가 어렵다. 이것을 T. A. Hartshorn(1980)은 도농연속체(urban-rural spectrum)라 불렀다. 도시와 촌락의 주거형태는 근본적으로 상이하므로 경관적 차이점을 인정할 수 있으나, 기능적으로는 도시와 농촌이 서로 연계되어 있어 가시적 차이점을 인지하기 곤란하다. 이러한 이유로 인하여 대륙간 · 국가간 도시별 인구통계의 정확한 비교가 곤란하다. 이와 같은 관점에서 Weber는 준농촌도시의 개념을 생각한 듯하다.

02 ▶ 어바니즘과 도시의 본질은 무엇인가?

1. 어바니즘(urbanism)

도시의 본질을 논할 때에는 어바니즘과 관련시켜 규명해야 할 필요가 있다. 「어바니즘」이란 용어는 도시사회학을 위시하여 도시공학·도시계획·도시지리학 등의 분야에서 주로 언급되고 있으나, 그 의미를 설명하는 것은 용이한 일이 아니다. 이처럼 어바니즘은 시민들이 누리는 특유한 문화와 생활양식으로부터 도시문제에 이르기까지 다방면에 걸쳐 있지만 이에 해당하는 적당한 한국어가 없는 듯하다. 다만 한국과 동일하게 한자문화권에 속한 일본의 경우는 일부 학자들이 「도시성(都市性)」으로 번역하고 있으나, 그것은 urbanism보다는 urbanity에 가까운 번역이므로 적합하지 않다.

사회학자 P. Meadow는 어바니즘과 관련이 깊은 다음의 7개 사항을 열거하고 있다. 즉 ① 이질적 집단의 상호관련, ② 비교적 고도로 진전된 분업 ③ 비농업 종사자의 주거, ④ 시장경제, ⑤ 사회적 전통의 유지와 혁신 또는 변화 간의 상호작용, ⑥ 학문과 예술의 발전, ⑦ 중앙집권기구에의 종속과 같은 일곱 가지 사항이다. 이들 사항은 모두 도시의 본질과 직접적으로 관련된 내용으로서 도시성(urbanity)을 향상시키는 것으로 요약될 수 있다. 그러므로 도시는 높은 도시성을 지닌 공간임은 물론 조직적 사회생활의 수준과 형식으로서 문명을 비추는 거울이며 또 문명의 질을 나타내고 그 수준을 측정하는 지표적 가치를 지닌 존재이다. 그렇기 때문에 도시는 초기부터 촌락이 입지한 농촌과 차별화되어 대조를 이루게 된다. 그 대조성을 모식화하여 대칭적으로 표현하면 다음과 같다.

① 신은 자연을 창조하고, 인간은 농촌을 만들었으며, 농촌은 도시를 키웠다.
② 농촌은 자연과 인간을 매개하고, 도시는 농촌과 국가를 중개한다.
③ 농촌은 흐름에 따르고, 도시는 길에 따른다.
④ 농촌은 땅을 열었고, 도시는 지식을 열었다.
⑤ 농촌은 울타리로 둘러치고, 도시는 성벽을 쌓았다.

⑥ 농촌은 고분을 쌓고, 도시는 사원·궁전을 만들었다.

⑦ 농촌은 문화를 낳고, 도시는 문명을 키웠다.

⑧ 농촌은 자연의 은혜를, 도시는 정신의 도움을 구한다.

⑨ 농촌은 동질성을 고수하고, 도시는 이질성을 통합한다.

⑩ 농촌은 전통을 지키고, 도시는 혁신을 동경한다.

⑪ 농촌은 봉건제에 복종하고, 도시는 민주성을 지향한다.

⑫ 농촌은 권력에 따르고, 도시는 권력을 행사한다.

⑬ 농촌은 토지제도를 만들고, 도시는 자치제도를 낳았다.

⑭ 농촌은 단순생산을 하고, 도시는 확대재생산을 추구한다.

⑮ 농촌은 지인경관(地人景觀)을 형성하고, 도시는 인문경관(人文景觀)을 고밀화시킨다.

⑯ 농촌은 2차원의 마이크로 코스모스(micro cosmos)를, 도시는 다차원의 메소·마크로 코스모스(meso or macro cosmos)를 이룬다.

이상에서 열거한 것 이외에도 또 다른 대조성을 발견할 수 있을 것이다. 여러 학자들은 종종 도시이론의 정립을 시도할 경우에 이른바 대비이론을 시도한다. 〈표 1-1〉에서 보는 것처럼 비교의 카테고리가 상이함에 따라 대비되는 용어도 각각 대조적이다. 또한 이러한 대칭적 표현들 가운데 예외적인 내용도 있을 것이며, 이론의 여지가 있는 내용도 있을 것이다. 그러나 오늘날의 도시는 급격한 도시화가 농촌지역을 압도하여 도시와 농촌의 경계가 불분명해지고 있을 뿐만 아니라 경제의 패러다임이 바뀜에 따라 도시의 패러다임에도 변화가 일어나고 있다.

표 1-1 도시와 농촌의 이분법적 대비

도 시	비교 카테고리	농 촌
세속적	문화	민속적
기계적	연대감	유기적
계약	인간관계	지위·연령
이익공동체	공동체	혈연공동체
합리적·진보적	주민 성향	전통적·보수적

도시의 본질을 설명하기 위하여 다시 초점을 어바니즘에 맞춰 보기로 하겠다. 이에 대해서는 어바니즘을 '삶의 방식' 혹은 '생활양식'으로 인식한 L. Wirth의 주장이 유력하다. 그는 R. E. Park의 제자로 E. W. Burgess 등이 속해 있던 도시사회학의 시카고학파의 일원이다. 이들은 시카고를 살아 있는 실험실로 생각하여 도시문제와 사회발전과정에 대한 근대적 사회학을 정립한 학자들이다. 특히 Wirth는 사회학적으로 의미 있는 도시란 단순히 도시구조, 경제적 산물, 문화로 나타나는 것이 아니라 뚜렷한 인간집단의 형태로 표출되는 도시화의 요소로 나타난다고 주장하였다. 그 요소라 함은 대규모의 인구, 사회적 이질성, 인구밀도를 가리키는데, 이들 핵심요소가 도시생활은 물론 도시적 특성을 발전시킨다.

인류문명의 발달에 있어 도시가 차지하는 비중은 절대적임에도 불구하고 도시화의 과정과 도시생활의 본질에 대해서는 별로 축적된 지식이 없다. 도시생활의 특징적 형태를 만드는 어바니즘과 이를 확대시키는 도시화는 인구학적 의미에서 볼 때에 대부분 대도시지역에서 관찰될 수 있다. 삶의 방식으로서의 어바니즘은 지역적·역사적으로 한정되어 있는 문화의 영향 하에 있는 것이 아니며, 또한 어바니즘을 산업화 혹은 근대자본주의와 혼동해서도 안 된다. 어바니즘은 원래 아시아·유럽·아프리카의 3개 대륙이 접하는 서남아시아, 즉 '중동(middle east)'이라 불리는 지역에서 기원한 용어이다. urban이란 단어가 세계 최초의 도시인 메소포타미아의 우르(Ur)와 우루크(Uruk)의 지명에서 비롯된 것은 결코 우연이 아닐 것이다.

Wirth(1938)는 "삶의 방식으로서의 어바니즘"이란 논문에서 도시를 사회적 통합체로 인식하는 체계적 도시이론을 발견하기 어렵다고 토로하면서 Weber와 Park의 연구도 이론적 틀을 제공하지 못하였다고 주장하였다. 그는 사회학적 일반이론과 경험적 연구의 측면에서 인구규모·밀집도·이질성을 들어 어바니즘의 이론을 도출하고자 하였다. 즉, 인구규모가 커질수록 다양성이 높아지고 개인적 상호작용이 확대되며, 개인간의 공간적 격리 또는 분화현상이 심화되고 세대간의 유대의식이 약화된다는 것이다. 도시민들은 각기 단절된 역할을 수행하면서 자신의 욕구를 충족하기 위해 타인에 의존하게 되며 조직집단과 밀접한 관계를 맺게 된다. 만약 어느 개인이나 집단이 조직집단에 대한 참여정신을 상실하게 되면 프랑스의 사회학자 E. Durkheim이 말하는 아노미상태에 빠지게 된다.

인구증가에 따라 그 규모가 커지면 다양성의 폭이 넓어져 인구의 분화와 특화가 도시에서 발생한다. 일정한 공간에 인구가 증가하면 당연히 인구밀도가 높아져 공간을 둘러싼 사용경쟁이 치열해진다. 정서적 유대가 없는 개개인이 함께 생활하게 되면 상호경쟁 · 세력강화 · 상호계발 등의 현상이 발생한다. 개인 간의 빈번한 접촉과 사회적 거리감의 연결은 결속된 조직을 결성하지만, 과도한 밀집현상은 마찰과 충돌을 유발한다.

어바니즘의 이론을 구성하고 있는 또 하나의 특성은 이질성(heterogeneity)이라 하였는데, 이는 도시민의 사회적 계층화가 다양한 형태로 나타남을 뜻하는 것이다. 계층화의 요인은 도시적 환경에서 다양한 인격체들 간의 사회적 관계가 계층구조를 복잡하게 만드는 데에 있다. 다양한 사회집단 속에서 자신의 계층변화와 타인으로부터 자극을 받아 발생하는 이동은 사회의 안정을 흔들어 놓게 되고, 그것이 증가함에 따라 사회를 더욱 불안정한 상태로 변화시킨다. 사회학 분야에서는 계층(hierarchy)을 위계로 번역하기도 한다. 도시에 존재하는 사회적 조직은 개인의 소득에 증감이 있고 관심사가 항상 변하기 때문에 하나로 통합하기 매우 어렵다. 이는 인종 · 언어 · 소득 · 직업 · 학력 등의 사회적 다양성 때문에 도시내부의 특정지역에서 흔히 볼 수 있는 현상이다.

Wirth는 개인이 대규모로 모이는 장소에서는 비인간화현상이 나타나며, 이러한 환경에서 개체로서의 개인의 존재는 유형화되기 마련이라고 언급하였다. 그리고 공공시설물은 대중의 요구에 부응하도록 조절되어야 하고, 문화제도는 같은 수준에서 영향력을 발휘해야 한다. 도시생활에서 나타나는 정치적 과정 역시 상기한 것처럼 대중의 요구를 고려해야 한다. 즉 개개인이 도시에서 사회 · 정치 · 경제활동에 참여하려고 한다면 대규모 공동체의 요구에 자신의 생각을 맞춰야 하고, 이와 같은 방법을 통해 대중의 흐름 속에 흡수되어 사회적 컨센서스가 정해질 수 있다. 이것이 도시가 지닌 이질성의 특징인 것이다.

이상에서 우리는 Meadow와 Wirth가 고찰한 어바니즘의 이론에 대하여 살펴보았다. 결국 어바니즘에서 나타나는 변화의 방향은 도시와 세계 전체에 좋은 점과 나쁜 점 모두를 시사하고 있으며, 이러한 양면성을 비롯한 사회적 통합체로서의 도시를 이해하기 위해서는 어바니즘의 이론을 더욱 발전시켜 나아가야 한다.

2. 도시의 본질

도시는 사람들이 대규모로 집중하여 거주함으로써 취락으로서의 형태를 갖
춘 곳이며, 그곳에는 다양한 사람들의 일상생활이 영위된다. 도시는 밀집한 경
관이 형태적 특색을 이루며, 다양하고 복잡한 사회가 형성된 곳이다. 또한 도시
주변과 국토전체에 영향을 줄 수 있는 도시생활이 집중적으로 행해지는 곳이다.
1980년대에 등장하기 시작한 세계도시(world city, global city)의 경우는 그 영향
력을 지구 전체에 미친다.

이와 같이 시간의 경과에 따라 더욱 복잡화·다양화·거대화하는 도시의
본질을 논하는 것은 간단한 일이 아니며 용이하지도 않을 것이다. 그러나 도시
가 지닌 본질 가운데 정태적 측면은 전술한 바 있는 어바니즘을 기초로 하여 집
단성·결절성·비농업성으로 요약될 수 있다.

(1) 집단성(集團性)

일반적으로 도시는 커다란 인구의 집단이라고 일컬어진다. 그 집단의 규모를
2,000명 이상으로 정할 것인가, 혹은 5만 명 이상으로 정할 것인가 하는 문제는
어디까지나 도시의 편의적 기준일 뿐이며 도시의 절대적 기준이 되는 것은 아니
다. 사람들이 일정한 공간에 모여 집단을 이루는 것은 안주하기 위함도 있을 것
이고, 혹은 이익을 추구하기 위함도 있을 것이다. 그들 가운데에는 자기 스스로
도시주거를 선택한 사람도 있는가 하면, 본인의 의사와는 관계없이 타의에 의하
여 도시로 옮아온 사람도 있을 것이다. 아무튼 제한된 공간에 수천 또는 수백만
의 사람들이 모여 산다는 것은 그들의 생활을 용이하게 해주는 편의가 제공되고
있을 뿐더러, 도시의 위치 자체가 갖는 편리성에 근거를 두고 있다. 예컨대, 도
시에 집단적으로 거주하는 사람들은 식량이나 상수도의 공급, 외침과 자연재해
로부터의 방비 등과 같은 혜택을 받을 수 있으며, 규모의 경제(scale economy)라
는 장점을 살려 상업활동이나 공업활동에 임할 수 있을 것이다. 각종 기반시설
이 산촌(散村)이나 산촌(山村)보다는 집촌이 양호할 것이며, 촌락보다는 도시
가 잘 정비되어 있는 것은 규모의 경제가 작용하기 때문이다.

도시의 본질로서 집단성을 첫 번째로 거론한 것은 전술한 바 있는 Weber의

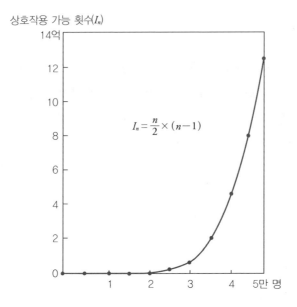

상호작용 가능 횟수(I_n)

$$I_n = \frac{n}{2} \times (n-1)$$

그림 1-2 **상호작용의 조합적 관계**
조합적으로 증가하는 상호작용을 나타낸 것임.

밀집성 및 규모성, 어바니즘과 관련된 사항으로 Meadow가 열거한 이질집단의 상호관련을 포함하여 Wirth가 지적한 인구규모 및 밀집도에 근거했기 때문이다. 사람이 여러 명 모이게 되면 그들의 접촉은 다양해지게 되며, 새로운 지혜와 정보를 교환할 수 있게 되어 문화창조의 계기를 마련하게 된다.

[그림 1-2]에서 알 수 있는 것처럼 한 사람만 존재할 경우에는 상호관계가 발생하지 않지만, 4명 이상일 경우에는 상호작용(I_n)은 $I_n = n/2 \times (n-1)$의 조합식($_nC_2$)에 따라 급증한다. 즉 4명일 경우 6, 5명일 경우 10, 7명일 경우 21회의 상호작용을 가질 수 있다. 그러므로 인구규모가 1,000명만 되어도 그들 간의 상호작용 가능횟수는 499,500회, 인구 5만 명이면 무려 14억 회를 상회한다는 계산이다.

사람이 이동하거나 타인과 접촉하는 것은 그 행위 이상의 의미를 갖는다. 왜냐하면 사람에게는 각종 정보와 지혜를 비롯하여 분화 · 관습 · 사고 등이 포함되어 있으므로 물자와 재화는 물론 이들 비가시적인 것들의 이동 · 교환이 수반되기 때문이다. 이러한 사실은 세계문명의 발상지와 고대도시의 주요 발생지가

표 1-2	세계 각국의 도시인구 기준		(단위: 명)
국 가	인구기준	국 가	인구기준
스웨덴, 덴마크	200	이스라엘, 프랑스, 쿠바, 미국, 멕시코	2,500
남아프리카 공화국	500	벨기에, 이란, 나이지리아	5,000
오스트레일리아, 캐나다	1,000	스페인, 터키	10,000
체코, 슬로바키아	2,000	일본	30,000

서로 일치하는 점으로 미루어 보아도 충분히 짐작할 수 있는 일이다. 물론 모든 산업활동이 단순히 인구규모에만 비례한다고는 볼 수 없으나, 사람들의 대규모 집단의 도시라 불리는 취락을 창출해 낸다는 것은 틀림없는 사실이다.

몇 명 이상의 인구규모를 가져야 도시로 규정할 수 있고 도시로서의 자격을 갖는가를 사전에 정하여 그것을 기준으로 도시연구에 임해야 합리적일 수 있겠으나, 그와 같은 것은 오히려 비현실적이라 생각된다. 왜냐하면 〈표 1-2〉에서 보는 바와 같이 국가에 따라 도시 또는 시(city)의 기준이 다르며, 인구규모의 크고 작음은 도시의 본질을 설명하는 데에 하나의 요소에 지나지 않기 때문이다. 또한 인구뿐만 아니라 도시가 지니고 있는 사회·경제적 속성도 간과해서는 안 되며, 도시라고 불리는 취락일지라도 역사·문화적 배경에 따라 도시 간에는 현저한 성격의 차이가 있게 마련이다.

고대도시로부터 현대도시에 이르기까지 집단성은 여전히 가장 중요한 도시의 본질임에 틀림없다. 집단성은 [그림 1-3]에서 보는 바와 같이 언제나 규모와 밀도를 포함하는 개념임을 명심해야 한다. 인구의 규모적 측면에서 볼 때, 동일한 면적에 인구규모가 5만 명인 A도시가 3만인 B도시보다 훨씬 도시적 면모를 갖추었으리라는 사실은 현지에 가보지 않고도 쉽게 알 수 있다. 그리고 밀도 측면에서 볼 때, 동일한 인구규모를 갖고 있더라고 면적이 작은 A도시가 그보다 더 넓은 B도시에 비해 더욱 도시적 면모를 갖추었을 것이다. 이러한 예상은 인구밀도에 근거하여 내린 판단이다.

동일한 규모에 동일한 밀도를 갖는 인구집단의 도시일지라도 도시의 평면적·입체적 크기는 국가에 따라 또는 대륙별로 상이하게 나타난다. 예컨대, 똑같은 100만 인구의 도시라 할지라도 미국과 한국의 그것 간에는 현격한 차이가 있다. 저밀도로 개발된 미국은 국토면적이 넓은 나라이므로 고밀도의 우리나라

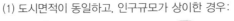

(1) 도시면적이 동일하고, 인구규모가 상이한 경우:

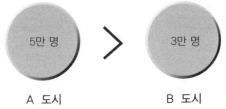

A 도시   B 도시

(2) 도시면적이 상이하고, 인구규모가 동일한 경우:

A 도시   B 도시

그림 1-3 집단성의 모식적 설명

와 비교하기에는 무리가 따를 것이다. 그러나 우리나라와 같이 인구에 비해 국토면적이 좁은 일본이나 유럽국가와 비교해 보더라도 한국의 10만 규모의 도시보다 일본과 유럽의 10만의 도시 쪽이 도시지역의 규모면에서 더욱 크다는 사실을 알 수 있다.

　H. Proshansky(1978)는 도시의 복잡성이 시민들에게 다양성을 유발시키는 특성이 있음을 지적한 바 있다. 그리고 J. Freedman(1975)은 밀집도 가설(density-intensity hypothesis)을 소개하는 가운데 도시가 지닌 밀도의 영향은 개별적으로 특유한 반응을 강화시켜 활동적인 사람은 더욱 활동적으로 만들어 개인의 전형적 반응을 강화시킨다고 주장하였다.

　우리는 여기서 과연 어느 정도 규모의 도시가 적정하며 살기 좋은 도시인가에 관심을 기울이지 않을 수 없다. 그리스의 철학자 Platon은 대략 3만 명이 적당하다고 하였고, 전원도시론을 주장한 E. Howard(1898)는 3.2만 명, 영국과 구소련의 신도시 규모는 20만 명, 유엔본부 건물과 인도 찬디가르 도시계획을 주도한 Le Corbusier(1929)는 300만 명, 뉴욕을 연구한 J. Gottmann(1961)은 600만~800만 명이 적절한 규모라고 주장하였다. 그러나 우리가 살펴본 것처럼 도시생활의 경험과 질은 국가 또는 개인마다 다양하기 때문에 이상적인 도시규모를 정하는 것은 부질없는 일로 생각된다.

(2) 결절성(結節性)

도시는 인구규모의 크기에 따라 국토의 전체 또는 광역이나 지역의 핵으로서 기능을 수행하고 있다. 그 기능의 강약은 경제 · 사회 · 정치 · 문화 등의 역할에 따라 다소의 차이가 있을 것이다. 만약 대도시 주변지역에 주택단지만으로 형성된 위성도시가 있다고 가정할 때, 그 도시는 주거기능밖에 보유하지 못하므로 비록 인구규모와 밀도가 기준치를 넘어 집단성을 확보했다고 하더라고 핵으로서의 역할을 수행하지 못하는 까닭에 도시로서의 자격이 없다고 보아도 무방할 것이다. 그러나 대도시 주변의 침상도시(bed town)와 달리 모도시(母都市)의 세력권인 배후지 외곽에 자족적 기능을 바탕으로 독자적 결절점을 형성한 경계도시(edge city)의 경우는 상황이 다르다.

경계도시란 최근에 이르러 미국에서 거론되기 시작한 개념으로 뉴욕과 같은 거대도시의 배후지 외곽지대 가운데 접근성이 양호한 곳에 연구 · 금융 · 정보산업 · 서비스 · 화폐 등의 교환장소로 부상한 자족적인 도시를 가리킨다(Garreau,

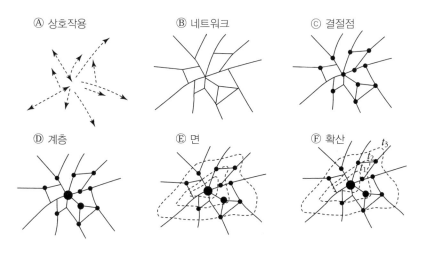

그림 1-4 공간조직의 단계별 형성과정

출처: P. Haggett(1977).

1991; Lang, 2003). 또한 많은 사람들이 접촉의 기회를 가짐으로써 도시내부에 새로운 가치가 창조된다. 인체에 비유하면 사람의 몸 전체에 피를 공급하는 심장의 역할이라고 볼 수 있다. 이것을 「경계도시」라 해석하는 이유는 해당도시가 모도시 세력권의 임계지대에 걸쳐 있으면서 어느 도시권에도 종속되지 않는 경계적 위치에 입지해 있기 때문이다.

이와 같은 결절성은 대체로 접근성이 양호한 교통의 요지인 경우에는 더욱 효과적으로 생성된다. 이러한 사실은 [그림 1-4]에서 보는 것처럼 결절지역체계의 발달단계를 보아도 쉽게 이해될 수 있을 것이다. 즉 공간조직(spatial organization)은 상호작용→네트워크→결절점→계층→면→확산의 과정을 거쳐 형성된다. 네트워크상에서 접근성이 양호한 지점에 형성된 결절점은 상대적 위치에 따른 접근성의 정도에 기인하여 차별성장이 이루어져 계층화되기 마련이다. 상위계층의 결절성은 강한 반면에 하위계층의 그것은 약하다.

결절성은 중심지기능(central place function)을 포함하지만 그것보다 더 넓은 개념이다. 즉, 결절성은 결절지역에서와 마찬가지로 지역구조상의 핵이 된다는

사진 1-1 ○ 공간조직의 형성사례(프랑스 피카르디 지방)

의미를 갖는다. 이를 W. Christaller의 중심지이론으로 설명한다면, 결절점은 중심지이며 보완구역은 배후지에 해당한다. 그리고 중심지가 보유하고 있는 기능은 결절성(nodality)의 의미를 가지므로 중심성(centrality)으로 대체될 수 있다. 일반적으로 결절점 및 중심지가 보유한 결절성 및 중심성은 인구규모에 비례하는 것이 보통이며, 상위중심지가 하위중심지를 기능적으로 압도하며 포섭해 버린다. 그러므로 계층화된 결절점들은 서로 지배와 종속의 관계에 놓여 있다. 그러나 작은 규모의 인구를 갖는 중심지일지라도 고차중심성(高次中心性)을 보유하여 큰 규모의 인구를 갖는 상위중심지를 포섭하는 예외적 경우도 있다.

지역·광역·국토의 핵심이라는 점에서 결절성(중심성)은 정치·군사·행정·종교·교육·학문·상업·제조업을 비롯하여 오락·후생·의료 등의 여러 분야에 걸쳐 그 임무를 수행하는 기능이 포함되어 있다. 또한 사람·물자·재화·정보 등의 상호작용은 도로·철도·수로·공로 등의 교통로 및 교통수단을 위시하여 전화·전신·팩시밀리·이메일·휴대폰·호출기·우편·라디오·TV 등의 통신망, 통신·우편기관, 방송·신문·왕래 등을 매개로 행해진다. 이들의 각종 기능은 대부분 도시에 집중되어 있으며, 교통·통신·정보는 도시를 지탱하고 육성하는 근간을 이룬다.

이와는 달리 결절점이 국토의 수준을 넘어 세계 혹은 지구의 핵심적 기능을 보유할 경우에는 세계도시(global city)로서의 결절성을 갖게 된다. 1980년대에 등장한 세계도시는 선진자본주의 사회의 경제질서 속에서 금융·정보·교통·통신의 중심적 역할을 담당하는 글로벌 중심지를 뜻한다. 세계도시의 결절성은 구체적으로 국제금융센터·국제기구·다국적기업의 본사·고도로 전문화된 생산자서비스 등의 글로벌 중추기능을 포함한다.

도시의 본질 중의 하나인 결절성은 [그림 1-5]의 모식적 그림으로 쉽게 이해될 수 있다. 그림의 A와 B도시는 면적은 물론 인구규모가 동일하게 10만 명이지만, 그 배후지의 인구규모가 각각 5만과 2만 명으로 A도시의 배후지 인구가 더 많을 경우를 상정해 보자. 이 경우에 우리들은 현지에 가보지 않고도 B도시보다는 A도시 쪽이 더 도시다운 면모를 갖추고 있으리라고 쉽게 판단할 수 있다. 이러한 예상은 중심지와 배후지를 통합하여 결절성에 근거한 판단이다. 더욱이 인접한 곳에 또 다른 도시가 위치하여 상호교류가 활발할 경우에는 시너지 효과가

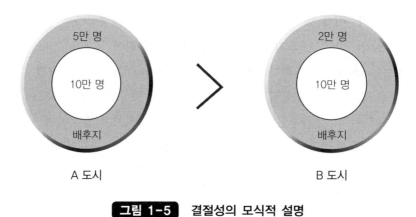

그림 1-5 결절성의 모식적 설명

발생하여 전혀 다른 상황으로 바뀔 수 있다.

　　결절성으로 표현되는 도시의 결절기능 혹은 중심성으로 표현되는 도시의 중심지기능은 하나의 핵에 기능이 응집되어 구심력이나 원심력의 근원으로 작용한다. 결절성 또는 중심성은 한정된 지역에 집중된 사업소의 수, 종업자수, 교통량 및 통신량, 주민의 구매력 정도에 근거하여 측정할 수 있다. 우리는 그 기능이 무엇인가에 따라 상권(소매권·도매권), 경제권(지역경제권·광역경제권·국가경제권), 교통권(육상교통권·해상교통권·항공교통권), 구독권, 통근권, 통혼권, 의료권 등의 결절지역(또는 기능지역)을 설정할 수 있으며, 일반적으로 도시의 세력권 또는 영향권이라고 부를 때도 있다.

(3) 비농업성(非農業性)

　　도시는 상업활동이 행해지는 장소인 동시에 공업생산의 장소이기도 하다. 농촌에서도 근대산업의 발달 이전에는 제사·제지·양조·농산물 가공·임산물 가공 등이 행해졌다. 즉 지방의 농림수산자원이나 광물자원과 같은 제1차 산업으로 불리는 자원을 원료로 하여 농한기의 노동력을 이용하는 공업이 농촌지역에서도 행해졌었다. 그러나 공업의 규모가 커지면서 원료 및 에너지의 구득을 비롯한 제품의 판매·기술과 자본의 획득·노동력의 조달·소비지에의 접근성 등과 같은 복합적 요인이 공장을 도시로 끌어들이게 된다.

　　이러한 일련의 과정에는, 처음에는 상업이 입지하여 인구의 최소요구치

(population threshold)가 확보되면 그들이 공업을 유치하게 되어 도시를 형성하는 경우와, 우선 광공업이 입지하여 그것이 노동자를 유인함으로써 관련산업을 불러들여, 그 후에 제3차 산업이 입지하면서 도시를 형성하는 경우가 있다. 또한 최근에 이르러 선진국을 중심으로 등장한 제4차 산업은 부가가치의 측면에서 도시의 비농업성을 더욱 제고해 준다. 지식산업(knowledge industry)으로 불리는 제4차 산업은 컴퓨터에 의한 정보처리 회사 · 전산센터 · 소프트웨어회사 · 정보 서비스 회사 등을 포함한 정보산업과 교육공학 및 평생교육의 일반화로 등장한 교육산업의 집적으로 지식산업도시가 각광을 받게 될 전망이다.

아무튼 도시는 산업별 인구구성에서 볼 때, 제1차 산업보다 제2 · 3차 산업이 탁월하며, 경우에 따라서는 제4차 산업의 비중이 점증하는 도시도 출현할 것이다. 한편으로는 후기 포디즘(post-Fordism)시대가 도래하면서 기업입지의 유연적 확대로 대도시는 물론 그 주변지역에도 도시입지의 가능성이 높아질 것이다. 즉 기업의 관리통제 및 연구개발과 같은 핵심기능은 중심도시에 또 다품종 소량 생산의 유연적 생산설비인 단순기능은 주변지역에 입지한다는 것이다. 이와 같은 현상은 특정 지역에 유사한 소규모의 기업을 집중시켜 대기업이 누릴 수 있는 대량생산의 이익을 달성할 수 있는 신산업지구(new industrial district)에서 더욱 뚜렷하게 나타난다.

지금까지 설명한 내용은 결국 비농업인구가 농업인구보다 많은 비중을 차지한다는 점이 도시와 농촌을 구별케 하는 중요한 기준의 하나가 된다는 것이었

제1차 산업: 2만 명
제2차 산업: 2만 명
제3차 산업: 1만 명

A 도시

제1차 산업: 1만 명
제2차 산업: 2만 명
제3차 산업: 2만 명

B 도시

그림 1-6 비농업성의 모식적 설명

다. 이것은 인구규모나 밀도와 같은 집단성과는 별개의 것으로 인구의 질적 측면을 고려한다는 데에 의미가 있다. 예컨대 [그림 1-6]에서 보는 것처럼 각각 5만 명의 동일한 인구규모를 갖는 A와 B라는 2개의 도시가 있다고 상정해 보자.

두개 도시의 인구규모는 물론 면적도 동일하다면 인구밀도 역시 똑같아지지만, 그림에 나타낸 바와 같이 산업별 인구구성에서 차이가 날 경우에는 두 도시의 특성은 상이해진다. 즉 A도시는 제1차 산업인구 2만, 제2차 산업인구 2만, 제3차 산업인구 1만 명이고, B도시는 각각 1만, 2만, 2만 명의 비율로 구성되어 있다고 가정해 보자. 이 경우에는 우리들은 현지에 가보지 않고도 A도시보다는 B도시 쪽이 더 도시다운 면모를 갖추었다고 쉽게 판단할 수 있다. 이러한 예상은 제1차 산업인구보다 제2 · 3차 산업인구의 비중을 중시하는 비농업성에 근거한 판단이다. 여기에 배후지의 산업별 인구를 포함해서 생각한다면 도시성의 차이는 더 뚜렷해질 것이다. 두 도시 간 도시성의 차이는 경관으로 표출되어 B도시가 훨씬 도시적인 양상을 보일 것이다.

지금까지 우리는 기존의 연구결과를 토대로 도시의 본질을 집단성 · 결절성 · 비농업성이라는 세 가지 측면에서 고찰해 보았다. 그러나 이미 언급한 바와 같이 도시가 지니는 복잡한 조직과 다양한 구성요소 때문에 여기서 고찰한 것 이외에도 여러 본질이 거론될 수 있다. 예컨대, 익명성 · 이질성 · 이동의 용이성 등이 그것이다. 특히 익명성은 도시에서 누릴 수 있는 사회적 이점의 하나로 간주된다. 익명성이란 결국 사회에 노출되지 않고 살아갈 수 있다는 점이다. 도시사회는 이익사회로 농촌의 혈연사회와 달리 프라이버시가 보장될 수 있으며, 익명성의 장점은 전통사회에서 전해 내려오는 사회적 신분과 계급을 타파하는 데에 훌륭한 역할을 하였다. 바꿔 말하면, 도시는 이합집산의 주민들이 지니고 있는 각각의 관행 · 관습 · 가치관 등을 하나로 묶어 재창출하는 용광로의 역할을 수행한다는 것이다.

도시의 기능 가운데 가장 큰 역할을 하는 것은 그와 같은 사회적 신분 · 계급의 평준화와 신 계층의 창출이므로, 개인적 입장에서 볼 때는 기회의 다양화로 사회진출 혹은 입신출세의 기회가 농촌보다 도시가 높은 것으로 인식되어 사람들은 더욱 대도시로 몰려들게 된다. 도시에 유입된 각양각색의 주민들은 이질성이라는 또 하나의 본질을 이루며, 이들의 상향 · 하향적 계층이동은 사회적 여과

과정(social filtering process)을 거치면서 이동의 용이성이라는 도시의 본질로서 자리매김한다. 오늘날 한자동맹이라 불리는 무역도시들을 가보면 도시의 진입문 위에 "도시의 공기가 사람들을 자유롭게 한다."라고 쓰여진 문구를 발견할 수 있다. 이와 같은 익명성·이질성·이동의 용이성은 도시의 규모가 클수록 뚜렷해지며, 동서고금의 어느 도시에서나 적용될 수 있다.

3. 역사적 측면에서 본 도시의 본질

(1) 도시의 역사적 측면

도시는 단지 경제적 기능만 집중된 곳이 아니다. 도시는 장구한 역사를 통해서 볼 때 무엇보다도 주변의 농촌주민들에게 봉사하는 시설이 집중적으로 입지한 곳이었다. L. Mumford(1961)가 지적한 것처럼 "도시를 정의하는 것은 숫자가 아니라 미술·문화·정치적 측면에 따라 상이하다."고 할 수 있다. 이와 같은 경제·문화·정치적 활동은 실제로 그것들을 존재케 한 사회에 대하여 기능을 제공하기 위한 공간상에 입지해 있다. 영국의 지리학자 R. E. Dickinson(1964)은 상술한 것이야말로 도시지역의 성장과 구조를 설명함에 있어서 가장 기본적인 현상이며, 그 위에 모든 법칙이나 가정이 기초를 두어야만 한다고 설명하였다.

도시는 Mumford가 지적한 것처럼 그릇과 자석 모두의 성질을 지니고 있다. 그릇의 성질이란 것은 시간의 경과에 따라 도시의 기능·과정·목적이 발전·계승되기 위한 물질적 구조가 자연적으로 지속되는 집합체임을 의미한다. 도시가 자석이라는 생각은 사람과 제도를 끌어당기는 힘을 뜻한다. 이것은 힘이 작용하는 장(field)의 존재와 그 힘이 떨어져 있는 곳까지 작용할 가능성을 뜻하는 사회력의 선(link)으로 이해될 수 있다. 이것이 도시의 결절지역 혹은 도시권으로 불리는 것이다. 이와 같은 Mumford의 견해는 비록 고대도시의 기원과 관련하여 언급된 것이긴 하지만, 그 기본적 법칙은 현대도시에서도 적용될 수 있는 내용이다.

도시취락(urban settlement)은 넓은 의미에서 문명사회의 서비스에 필요한 다

양하고 특화된 기능들이 특정한 장소에 집중됨으로서 발생한다. 도시로서의 성
격을 띠기 시작하면서 균형 잡힌 취락이 발생하는 것은 다양한 기능, 특히 서비
스와 사회·경제적 기능이 집적하기 때문이다. 이러한 취락의 성격이나 경관은
장소에 따라서도 달라지지만 문화적 배경이나 문화발달의 시기에 따라서도 상
이하게 나타난다.

도시는 영어로 town 또는 city로 불린다. 이들 중 우리나라의 경우, town은 면
급 취락(면 소재지)으로부터 읍급 취락(읍 소재지)에 이르는 규모를 뜻한다.
이와 달리 라틴어의 civitas는 영어의 문명 civilization과 도시 city의 공통된 어원
이다. 이 단어는 원래 로마제국하의 조직된 공간을 지칭하기 위하여 사용되었
다. 그 후에는 기독교의 교구가 설치된 중심지, 또는 교구관할구역을 가리키는
용어로 바뀌었다. 그리고 프랑스에서는 그 중심핵을 시테(cité)라 불렀으며, 오
늘날에도 파리의 중심이고 노틀담 사원이 있는 센 강 섬을 시테 섬이라고 부른
다. city라는 단어가 아직 명쾌한 정의를 갖고 있지 못하지만, 영국에서는 사원이
입지한 취락을 뜻하는 용어로 사용되고 있다. 그러나 독일어의 stadt는 영어의

사진 1-2 ◑ 파리의 기원지 시테

town에 해당하는 단어이지만, 이에 대신할 만한 동일한 의미의 단어는 찾기 힘들다.

civitas라는 단어는 중세 초기까지 각종 문서 속에서 다양한 도시취락의 양상을 표현하는 데에 사용되었으며, 20세기 중엽까지에는 더 정확한 의미를 갖기에 이르렀다. 그것은 자유 혹은 시민을 위한 자치권이 특별법으로 보장된 고밀도의 취락을 의미하게 된 것이다. 독일어로는 Stadtrecht로서 도시법을 보유한 도시를 가리킨다. 이것은 일반적으로 도시는 성곽(Stadtmauer)으로 둘러싸여 있고, 그 중심지에 시장이 설치된 곳을 뜻한다. 시장을 설치할 수 있는 권리는 취락의 발생초기에 부여된 일종의 특권이었다. 독일어의 −burg, −berg,의 뜻은 성(castle) 또는 산(mountain)이란 의미이다.

독일은 역사적으로 도시의 발달과정이 성의 영주를 중심으로 진행되었다. 그 것이 후에 프라이부르크 · 함부르크 등과 같은 도시명으로 굳어진 것이다. 덴마크 · 스웨덴 · 노르웨이의 북유럽에서는 −borg를 '보리'라 읽고, 헬싱보리 · 예테보리 등의 도시명으로 굳어졌다. 뉘른베르크 · 밤베르크 등의 도시명은 산과 관련이 깊은 도시라 생각하면 될 것 같다. 네덜란드의 암스테르담 · 로테르담은 −dam에서 비롯된 도시명으로 제방과 관련되어 있다. 라틴어 civitas의 동의어는 프랑스어의 ville, 독일어의 stadt, 영어의 town이다. 그러나 이 단어는 지역에 따라 성장여건이 다르기 때문에 모든 도시취락을 망라하지는 못한다.

이상에서 살펴본 바와 같이 도시에 관한 일관된 정의는 찾아보기 어렵다. 다만 도시는 다양한 계층의 취락들 가운데 일정 수준의 리더십을 보유한 취락임에는 틀림없다. 실제로 현실세계에는 작은 규모로부터 큰 규모의 취락에 이르기까지 다양하여, 영어로는 hamlet으로부터 town과 city를 거쳐 metropolis, megacity 나 megalopolis에 이르기까지 규모와 기능의 차이가 존재하는 다양한 계층의 취락이 있다. 대체로 소규모의 취락이 성장하여 대규모의 취락으로 발전하는 것이 일반적 현상이다.

19세기 중반부터는 도시성장에 있어서 경제적 기능이 점차 중요해지고 있음과 동시에 지배적 가늠대가 되었다. 그 가운데에서 상업은 도시의 역사적 핵심부에 더욱 기능을 집중화시켰다. 유럽과 호주에서 사용되고 있는 city라는 단어는 과거 100여 년 간에 도시구조의 중요한 요소가 된 업무중심지를 가리키는 용어이다. 어느 도시이건 그 도시의 중심부는 기능적 중요성에 있어 중심업무지구가 위치한 곳이다. 따라서 도시기능은 중심업무지구의 물리적 규모로 측정될 수 있다.

(2) Dickinson의 도시의 본질

R. E. Dickinson(1964)은 세 가지 측면에서 도시의 본질을 설명하였다. 즉 그는 ① 명확한 기능, ② 명확한 물리적 형태, 그리고 정도와 양식에 차이는 있으나 ③ 지역적 배치와 구성을 꼽았다. 이들은 지역중심지·광역중심지·세계중심지로서 현대도시의 본질을 설명할 수 있는 근본원리라는 것이다.

1) 문화·행정·경제적 기능

어떤 도시라 할지라도 역사를 통해 볼 때 문화적 기능을 비롯하여 행정적 기능과 경제적 기능의 3기능을 보유한다는 것이다. 현대도시에서 가장 중요한 기능은 분명히 경제적 기능이겠으나, 이 기능만을 가지고 도시의 본질을 정하는 것은 중대한 오류이다. 서남아시아를 위시하여 독일 북서부와 중국 북서부의 초기도시에서는 서부 유럽이 그러했던 것처럼 문화기관의 영구적 위치로서의 역할이 가장 컸다. 사원·신전·궁전 등과 같은 시설이 도시의 핵심부에 있었다. 이와 마찬가지로 로마와 그리스의 도시중심부 역시 그러하였다. 포럼(forum)이나 아고라(agora)가 그것이었다.

중세 초기에 성벽으로 둘러싸인 정치적 혹은 종교적 성채가 서부 유럽 초기 도시의 기원지였다. 그 주변 바깥쪽으로 취락이 발달하여 11~12세기에는 완전한 도시가 되었다. 그런 취락은 12세기 초기의 프라이부르크가 최초였다. 시장과 도로를 비롯하여 종교시설과 성채가 중세도시의 기능과 경관을 발생시키는 메커니즘이었다. 르네상스 이후에는 귀족과 지배자에 의해 도시가 만들어졌다. 그들은 자신들이 필요로 하는 각종 시설을 조성하였다. 서부 유럽의 영주들은 도시의 바깥에 있는 성에 거주하는 것이 보통이었으나, 그들로 성벽으로 둘러친 도시를 건설하거나 성채를 기존의 도시내부에 건설하였다.

행정적 기능이란 주변지역을 다스리기 위해 도시에 설치된 통치활동을 가리킨다. 중세의 도시는 가까운 경쟁상대와 영주로부터 탈취할 수 있는 만큼의 넓은 영토의 중심을 필요로 하였다. 그와 같은 영토쟁탈전은 독일의 서부와 이탈리아의 북부에서 사례를 쉽게 찾아 볼 수 있다. 이러한 기능은 19세기 이후 방어·식량공급·서비스를 위한 공간조직의 결성과 통치상의 복잡성으로 인하여 증대되었다.

도시기능 중 상공업의 역할은 아무리 강조해도 지나침이 없을 것이다. 상업 중에는 중세에 중심시장에서 정기적으로 행해진 매매와 그 주변에서 행해진 특별매매가 모두 포함된다. 도매활동이 시작된 것은 오래된 성채의 주변에 모여든 상인들에 의해서일 것으로 추정된다. 독일 서부지방에서는 이와 같은 상인들을 유치하기 위하여 특별법(jusmercatorum)이 제정·시행되기도 하였다. 이들 상인들은 중세도시에서 오랜 동안 주도적 집단으로 활동하였다. 상업활동은 산업혁명 이후에도 중요한 도시기능으로 자리매김되었다.

상술한 문화·행정·경제적 기능이 갖는 중요성은 도시의 기원과 발달의 양상에 따라 상이해진다. 이들 기능의 상대적 중요성에 따라서 뿐만 아니라 지역적 차이에 따라서도 도시의 다양성을 인정하지 않을 수 없다. 19세기부터 20세기 전반까지는 공업규모가 도시성장의 주요 인자였으며, 20세기 중반에 들어와서는 유럽과 북미에서 공업보다 상업·서비스업이나 전문직에 종사하는 인구가 더 많아졌다. 21세기에는 지식정보산업이 도시기능에서 차지하는 비중이 점차 증대될 전망이다.

2) 물리적 경관

도심부에 해당하는 「시티」는 중심지기능이 건물의 형태에 반영되어 나타난다는 특징이 있다. 이런 사실은 개개의 건축물은 물론이거니와 전체적인 건축경관에도 적용된다. 종교상의 중심·성채·시장·간선도로 등을 비롯하여 르네상스 및 바로크 양식의 기념물은 도시경관과 도시구조를 결정함에 있어 중요한 역할을 담당해 왔다. 그리고 도시가 위치해 있는 지형 역시 도시구조에 영향을 미치는 요소로 작용한다. 가령 곡류천에 임한 고지대, 구릉의 정상부, 섬 등을 위시하여 하천이나 바다의 도하지점과 육로 등이 그것이다. 보잘 것 없는 초라한 가옥이건 귀족의 호화로운 저택이건, 그 건축물과 주민들은 각각의 문화적 과정과 단계를 거친 도시기능과 도시계획을 반영한 구성요소 중 하나이다.

F. Ratzel은 "기능상의 유사성은 형태상의 유사성을 발생시킨다."라고 주장하였다. 그러나 양쪽 모두의 성질은 그들이 발달해 나아가는 문화권의 영향을 받는다. 고대도시에서 볼 수 있는 성직자의 사원과 왕들이 살던 궁전은 그 후 중세의 성채와 교회에도 영향을 미쳤고, 또한 바로크 시대의 건물·궁전을 위시하여 현대도시의 공공건물·공장·은행·상점 등에도 영향을 미치고 있다. 바로크 시대는 서양예술사의 한 시대이지만 하나의 예술양식이기도 하다. 16세기말 경 이탈리아에서 탄생하여 17세기 유럽, 18세기 독일과 남아메리카 식민지에서 유행하였다. 바로크 시대의 특징은 양식적인 면에서 혼합적이며 반항적인 모습까지 보인다.

3) 조직

Dickinson이 언급한 조직은 공간적 배치와 그들 간의 구성양식을 뜻하는 것이다. 각종 시설과 사람의 집합은 모두 전체로서도 그러하고 부분으로서도 어느 정도 공간조직을 필요로 한다. 각종 시설물과 주택은 별개의 지역을 형성하는 것이 자연생태적 속성이다. 또한 도시는 교회를 종교 및 사회생활의 중심을 이루므로 몇몇의 교구(敎區)로 나누어지기도 한다. 도시는 성곽을 뛰어넘어 근교(in suburbio)로 확대되며, 이곳은 통상적으로 별도의 교구를 형성한다. 독일의 많은 소도시들은 별개의 성곽·계획·정부 및 조직을 가진 신도시를 기존의 도시 옆에 쌍둥이 도시의 형태로 건설해 왔다.

현대의 산업도시는 기본적으로 고밀도이며 역사도시와 달리 성장속도가 빠르다. 오늘날의 도시계획가들은 도시활성화를 위하여 문화기능에 대체할 만한 요소를 강구하고 있다. 도시의 공간조직 속에는 도시 전체 혹은 일정 부분에 영향을 주는 어느 정도의 공적 책임이 포함되어 있다. 질병·화재·홍수·공해의 방지역할과 법질서의 유지를 비롯하여 사회간접자본을 확충하기 위한 공익사업의 제공 등이 그것이다.

현대도시가 안고 있는 최대문제 중의 하나는 평면적으로 확대된 지역의 막대한 인구에 대응하기 위한 새로운 도시형태를 창출하는 일이다. 이는 도시내부의 몇몇 블록도 마찬가지이며 시 경계를 넘어선 근교의 도시화지역인 경우도 조직상의 문제점을 포함하고 있다. 도시의 행정조직, 용도지역의 입법, 도시계획이 소도시의 전통적 조직에 대응하여 발달해 왔기 때문에 대도시로 성장한 후의 공간적 조직은 변화를 요구받게 된다. 그것이 바로 본서의 말미에 설명하려는 뉴어바니즘(new urbanism)인 것이다.

03 ▶ 도시공간은 어떻게 구성되어 있는가?

1. 도시공간의 메커니즘

도시는 그 자체가 다양한 요소의 복합체인 까닭에 복잡한 양상을 보이고 있다. 그러므로 도시공간의 구성요소가 무엇이며 또한 그것이 변화하는 과정을 정확히 파악하는 일은 매우 어려운 작업이다. 그러나 우리는 일상생활을 도시공간 속에서 보내고 있을 뿐만 아니라 그것을 매일 체험하고 있다. 또한 우리는 고대도시와 현대도시의 차이는 물론이고 국가와 지역에 따라 도시가 상이하다는 것도 알고 있다.

도시공간의 메커니즘이 무엇인가에 대한 해답은 도시 속에서의 일상적 체험이나 인상 가운데에서 발견될 수 있을 것이다. 즉 그것은 일상적 체험이나 이미지 또는 개별적 지식을 정리하여 비교 · 검토한다는 것이며, 이 경우에 조성 · 조직 · 구조라는 세 가지 개념이 유효하다고 생각된다.

여기에서 조성 메커니즘이라 함은 파악하려고 하는 대상이 어떤 것으로 이루어져 있는가를 뜻하는 것이다. 이 경우에 파악하려는 대상은 물론 도시공간이 될 것이다. 그리고 조직 메커니즘이란 주로 조성요소 간의 상호관계와 관련된 사항을 의미하며, 구조 메커니즘은 여러 조성요소의 존재라던가 상호관계가 무엇에 의하여 지탱되고 보장되는가 등에 관한 사항을 가리킨다.

[그림 1-7]에서 보는 바와 같이 도시공간의 세 메커니즘인 조성 · 조직 · 구조는 별개의 존재가 아니라 서로 유기적 관계를 맺으면서 도시를 형성케 한다. 즉 다양한 종류의 조성요소는 각기 다른 형태를 취하면서도 동질적 요소 간은 물론 이질적 요소 간에 관계를 맺으면서 조직을 이룬다. 또한 조성요소의 종류에 따

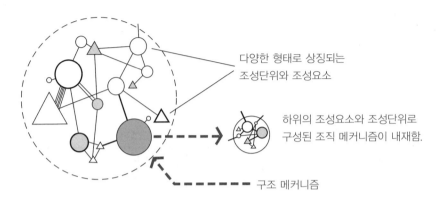

다양한 형태로 상징되는
조성단위와 조성요소

하위의 조성요소와 조성단위로
구성된 조직 메커니즘이 내재함.

구조 메커니즘

다양한 연결선은 다양한 조직상태를 의미함.

그림 1-7 메커니즘(조성 · 조직 · 구조) 간의 관계

라서도 조직상태가 달라진다. 여기에 구조 메커니즘은 조성요소의 존재를 가능
케 하고 그들 간의 상호관계에 의해 조직이 만들어지도록 해주는 큰 틀의 역할
을 담당한다. 그리고 조성단위가 무엇이건 간에 그 단위 속에는 하위의 조성요
소와 조직 메커니즘이 존재한다고 보아야 한다. 즉 하위차원의 메커니즘은 여럿
이 모여 상위차원의 메커니즘을 구성한다는 것이다.

도시공간이 형성되는 메커니즘을 설명하기 위하여 조성 · 조직 · 구조라는 세
가지 개념을 제시하였으나, 아직까지는 설명부족이어서 완전한 이해가 불가능
할 것이다. 좀 더 상세한 설명은 다음에서 구체적 사례를 들어가며 보충하기로
하겠다.

(1) 조성(constitution) 메커니즘

도시공간은 전체가 등질적 공간들로 구성되어 있는 것이 아니라, 그 속에는
주거 · 업무 · 상업 · 공업공간 등과 같은 성격과 양상을 달리하는 공간들로 구성
되어 있다. 우리들이 이들의 각 공간을 구분하는 기준은 그 공간을 구성하고 있
는 탁월한 조성요소가 무엇인가에 근거하게 된다. 즉 주택이 모여 형성된 주거
공간 등이 전형적 예가 될 것이다. 일반적으로 그들 각 공간은 각기 고유한 조성
요소로 구성되어 있으며, 공간의 특성은 그 같은 조성요소의 특성에 의해서 표
출된다.

도시공간을 파악하는 첫걸음은 우선 조성이란 메커니즘에 주목하는 일이며, 이것의 중요성을 시사하는 다음과 같은 사례를 들 수 있다. 예컨대, 주거공간의 환경은 주택 이외의 조성요소인 모텔·술집 등의 유흥업소가 침입해 들어옴으로써 악화되듯이, 이질적인 시설의 건설을 계기로 조성 메커니즘의 미세한 변화가 결과적으로 공간 전체의 질을 바꿔놓는다.

이런 사례가 의미하는 바와 같이, 조성이라는 메커니즘을 생각할 경우에 그 공간을 형성케 하는 조성 메커니즘에만 주목하는 것은 불충분하므로 기존의 공간을 해체하거나 그와 대립되는 조성요소를 파악하는 것도 중요하다. 바꿔 말하면, 정(+)의 조성요소에 대하여 부(−)의 조성요소라 할 수 있는 관점이 필요하다는 것이다. 비록 현시점에서는 정의 조성요소가 압도적으로 탁월하게 분포하고 있더라도 극히 일부에 지나지 않는 부의 조성요소가 장차 전체에 미칠 영향을 상정할 필요가 있다.

구체적 사례를 들어 설명하면, 우리가 어느 관광지의 상점가를 관찰하려 할 경우에는 사찰·고적·명승지와 같은 관광대상이 그 상점가의 성격이나 형태를 좌우하게 된다. 그러므로 이 경우에는 상점가와 더불어 관광지도 조사해야 한다. 이와는 달리, 광산도시의 경우에 폐광이 속출하여 광업기능의 유지가 불가능한 상황에 이르면 그 도시의 모든 기능에 변화가 발생하게 될 것이다. 요컨대, 어느 공간의 기본적인 조성요소에 대하여 미세한 요소의 영향과 의미에도 주의를 기울여야 한다.

(2) 조직(organization) 메커니즘

도시공간의 특성은 위에서 언급한 조성요소뿐만 아니라 그들 조성요소의 조직상태의 차이로도 파악될 수 있다. 가령, 단독주택으로 구성된 일반주택지와 공동주택으로 구성된 공영·민영 주택단지와의 차이는 조성 메커니즘 상의 차이라기보다는 조직 메커니즘 상의 차이에 있다고 보아야 한다. 즉 양자의 구성요소는 모두 주거기능을 갖는 주택이므로 기본적 차이가 없지만, 각각의 조성단위인 주택(혹은 세대)의 집합상태는 현저히 다르다. 단독주택지는 조성단위가 각기 독립하여 그들의 집합으로서 주거공간이 형성된다. 아파트단지는 조성단위가 고밀도로 집결된 중층·고층건물로 구성되며, 이들 공동주택이 집합하여 주택단지를 이룬다.

조직 메커니즘은 일반주택과 공동주택에 거주하는 사람들의 소비패턴이나 생활양식에 차이를 만들어낼 뿐만 아니라 심지어 가치관의 차이에도 영향을 미친다. 또한 동일한 공동주택일 지라도 폐쇄적 공동체(gated community)를 형성하고 있는 고가의 주상복합 아파트에 거주하는 사람들은 중·저가의 아파트에 거주하는 사람들과 여러 면에서 차이를 보인다.

이와 같이, 조성요소가 동질적이라도 그 조직상태의 차이에 따라 공간적 속성은 달라지게 되며, 일반적으로 조직 메커니즘이란 여러 조성요소 자체의 특성과 상호관계로 결정된다. 동질적 조성요소들로 구성된 공간인 경우도 속성을 달리할 경우가 있다. 즉 도시계획의 용도지역지구제(zoning system)에서 주거지역이 전용주거지역·일반주거지역·준주거지역으로 세분되는 것은 타 용도의 허용정도를 의미하는 것이므로, 이것은 이질적 조성요소의 혼재와 정·부의 조성요소 간의 상호관계가 있음을 시사하는 것이다. 구체적으로, 주거공간에 상점이나 공장의 침입을 어느 정도 허용하느냐에 따라 조직상태가 달라진다는 뜻이다.

주거공간과 상업 및 업무공간의 지역성에서 차이가 나타나고, 주거공간이 저급·중급·고급주택지로 분화되는 것처럼 조성 메커니즘의 차이는 필연적으로 조직 메커니즘상의 차이로 표현된다. 또한 조직상의 특성에는 대체로 조성상의 특성이 반영되어 있다고 생각된다. 왜냐하면, 저급주택지에는 보통 소규모의 슈퍼마켓이 침입해 들어오지만, 고급주택지에는 고급백화점이 입지하기 때문이다. 따라서 정의 조성요소에 어떤 부의 조성요소가 밀접한 관계를 맺게 되는가의 문제는 어느 정도 예고되어 있다고 볼 수 있다.

(3) 구조(structure) 메커니즘

구조 메커니즘은 조성요소의 존재와 그들의 상호관계, 즉 조직을 보장하고 그들이 기능하도록 매개해 주는 틀의 역할을 담당한다. 조성과 조직이 기능하도록 해주는 틀 가운데 가장 기반이 되는 구조 메커니즘은 자연일 것이다. 우리나라의 행정구역은 대체로 하천이나 산줄기를 따라 구획된 곳이 많아 지형적 여건을 많이 반영하고 있으며, 주민들의 생활권이 그것을 기초로 하여 형성되어 있다. 도시의 성장과 확대로 야기되는 소음공해·수질오염·대기오염 등의 공해와 산림이나 농경지의 잠식에 대처하여 도시의 규모와 활동을 규제할 필요가 생기는 것도 모두 구조 메커니즘의 기반이 되는 자연과 관련된 것들이다.

현재 도시개발이라는 미명 하에 진행되는 자연의 훼손으로 도시생활 전체는 위협을 받고 있다. 바람직한 도시개발은 자연의 변형을 최소화하는 방향에서 모색되어야 한다. 우리는 도시를 이해하고 정책을 수립함에 있어서 도시공간의 기반적·공통적 구조로써 자연이라는 메커니즘이 있음을 염두에 두어야 한다.

도시공간의 구조라는 관점에서는 위에서 언급한 자연 외에도 도시 인프라스트럭쳐(urban infrastructure)가 그것을 좌우하는 것이 보통이다. 자연의 기반위에 인프라스트럭쳐(최근에는 '인프라'라고도 약칭됨)의 인위적 요소 역시 구조라는 메커니즘에서 중요한 비중을 차지한다. 그것을 대표하는 요소로는 도로·철도 등의 교통망체계를 위시하여 상하수도·전력·통신 등의 기반시설이나 사회간접자본(SOC)이 포함된다. 주택·상점·기업·공장 등과 같은 조성요소는 각기 입지하려는 경우에 자연과 도시 인프라는 구조적 상황에 맞게 자리잡게 된다. 이는 각 조성요소의 고유한 활동을 유지하고 보장해 주는 기본 틀이 자연과 인프라이기 때문이다.

각종 요소 간의 상호관계는 구체적으로 주택·상점·공장 등의 조성 간에 발생하는 사람·재화·정보 등의 교환으로 나타난다. 이와 같은 교류는 자연 및 인프라의 틀에 의하여 보장되거나 그들을 매개로 하여 성립된다. 결과적으로, 도시공간은 집단성·결절성·비농업성이라는 도시의 본질에 따라 조성 메커니즘이 정해지고 그들 간의 조직 메커니즘이 이루어지며, 이들을 구조 메커니즘이라는 틀에 맞춰 수용해 줌으로써 형성된다는 것이다.

(4) 조성·조직·구조 메커니즘 간의 관계

위에서는 조성·조직·구조의 세 메커니즘에 관하여 개략적 설명을 하였으나, 현실의 도시공간은 이들의 상호의존관계로부터 도출된다고 볼 수 있다. 그러므로 도시공간이 안정되어 있다는 것도 이들 메커니즘의 관계가 안정적이거나 또는 정상상태에 있다는 것을 의미한다. 또한 도시공간이 변화하든가 불안정하다는 것은 이들 메커니즘 가운데 어느 것인가가 변화하여 상호관계의 균형이 깨진 상태이거나 또는 새로운 정상상태를 향하여 진행되는 과도기에 있음을 의미하는 것이다.

　예컨대, 수십 년 간 변화가 없었던 안정된 주거지역에 도로망의 정비사업으로 간선도로가 관통하게 되었다고 가정하자. 이런 구조 메커니즘 상의 변화는 이윽고 그 도로변을 따라 상점·아파트·사무실 등의 입지를 유발하여 주거지역의 조성 메커니즘 상에 변화를 가져온다. 이와 같은 구조 및 조성 메커니즘의 변화는 결국 주거지역으로서의 질적 저하를 초래하며, 그것이 종래의 조성요소와는 달리 이질적 요소의 입지를 촉진하여 그 공간의 밀도와 활동의 질을 크게 바꿔 놓는다. 이렇게 되면, 그 공간은 조성요소의 집합상태와 상호관계의 변동을 유발할 뿐더러 조직 메커니즘 상의 변화를 수반하게 된다. 이 단계에서 그 주거공간의 구성은 종래의 주거지와 상이하게 변질된다. 예상되는 변화과정은 속성상 전용주거지역-일반주거지역-준주거지역-근린상업지역-일반상업지역-중심상업지역의 순서를 거칠 것이다.

　실제로 도시내부에서 발생하는 변동은 조성·조직·구조 메커니즘이라는 3자 관계의 변동으로 파악될 수 있다. 또한 이 변동은 도시를 역사적으로 고찰하여 그것의 변천과정을 규명함으로써도 파악될 수 있다. 가령 전산업도시의 한성부가 산업도시의 서울시로 옮아가는 과정을 다음과 같이 설명할 수 있다. 즉 한성부의 지형 및 도로체계 등의 구조적인 변화는 갑자기 발생한 것이 아니라, 성곽도시 특유의 도시구조를 그대로 간직한 채로 조성 메커니즘의 변화가 선행해 갔다고 생각할 수 있다. 구체적으로, 산업도시로서의 조성요소에 해당하는 관공서·학교·공장·회사·은행·백화점 등의 새로운 조성요소가 궁궐·관아부지 또는 시가지에 인접한 농경지였던 곳에 입지하고 있다.

　이러한 조성 메커니즘의 교체는 어느 정도 진행된 단계에서 새로운 도로망과 철도망이 종래 성곽도시의 공간구성체인 5부(部)의 성저십리(城底十里)를 넘어서 뻗어 나가게 된다. 이 구조 메커니즘의 개입으로 도시공간의 조직에는 어떤 형태로든 변질 또는 해체가 일어나며, 이것을 배경으로 4대문 안의 도심을 위시하여 주거공간·상업 및 업무공간·공업공간과 같은 새로운 도시적 공간의 조직 메커니즘이 형성된다.

　이상에서 설명한 것과 같이, 현대도시의 팽창이나 혼란이라는 문제는 도시의 근대화과정을 역사적 궤적을 밟아 이해하여야 한다. 이런 궤적이 반복될 때, 구조상의 도시정비가 조성 메커니즘의 변화에 대응하지 못한다는 점, 또한 새로운 조성요소의 입지가 결정될 경우에 기존 도시공간의 조직 메커니즘에 대한 배려가 희박하다는 점이 지적될 수 있다. 그리고 이런 경향은 현대도시에 있어서도 원만하게 극복되고 있다고는 말할 수 없다. 즉 전반적인 구조 메커니즘의 뒤늦은 확립은 그로 인한 도시공간의 조직 메커니즘의 혼란과 불안전성, 새로운 시설정비에 있어서 기존의 공간조직에 대한 배려의 결여로 야기되는 생활환경의 파괴와 같은 더욱 심각한 사태를 불러일으키고 있다.

그러므로 만약 도시정책입안자와 도시행정가가 진정으로 바람직한 도시를 건설하려고 생각한다면, 도시공간의 구성을 숙고하여 조성·조직·구조 메커니즘의 상호작용을 파악해야 할 것이다. 도시공간이 아무리 복잡하고 변화무쌍한 것일지라도 도시공간을 구성케 하는 이들 세 메커니즘을 이해한다면 도시공간구조 역시 쉽게 이해될 것이다.

2. 조성단위의 집합과 도시공간의 조직

도시내부에는 도심·부도심이나 주거공간·상업공간·업무공간·공업공간·위락공간 등과 같은 각기 고유한 속성을 지닌 지역(region)·지구(district)들이 존재하고 있다. 이와 같은 관점에서 도시구조를 자연지역(natural area)의 모자이크로 이해하려는 생태학파들도 있다. 도시의 규모가 커질수록 주택은 주택끼리, 상점은 상점끼리, 공장은 공장끼리 모이는 경향이 나타난다. 도시생태학에서 분리 또는 격리(segregation)라 표현되는 현상은 지역구분을 목적으로 하는 도시지리학에서는 그것이 인위적인 현상이 아니며 등질화와 대비되므로 분화(分化)라 일컫는다. 이러한 상식화된 현상, 즉 동일한 종류의 조성단위는 보통 일정한 공간에 집중된다는 사실 속에 공간구성의 기본적 원리와 공간조직의 변동요인을 이룬다.

(1) 집합의 등질화: 환경과 조성단위의 집합

동일한 종류의 조성단위가 집합하는 이유는 다음과 같다. 예컨대, 상업공간(구체적으로는 상업지역)이 성립하기 위해서는 배후지에 적어도 일정량 이상의 인구 및 주택, 물자의 유통 및 집중을 보장하는 교통조건이 갖춰져 있어야 한다. 일반적으로 각 조성단위에는 저마다의 고유한 활동이 있으며, 그 활동을 성립시키고 유지하기 위한 고유의 환경이 필요하다. 여기서 뜻하는 바 '활동'이란 도시의 배후지를 대상으로 하는 기반활동(basic activity)과 도시내부의 주민을 대상으로 하는 비기반활동(non-basic activity)을 포함하는 것이다.

동종의 조성단위는 동종의 활동을 유발시키므로 필요로 하는 환경조건(입지조건)도 동일할 수밖에 없다. 이들은 일정한 환경을 구비한 한정된 공간상에 입지하게 되며, 그 결과로서 집합상태에 이르게 되는 것이다. 이 집합을 지리학에서는 집적(agglomeration)이라고 표현하기도 한다. 집합에는 조성단위가 동일한 환경에 의존하여 성립된다는 의미가 포함되어 있으며, 이와 같은 조성단위의 활동이 집합 또는 집적을 필연화시킨다. 반면에 조성요소 간에는 서로 상이한 환경을 필요로 하므로 집합이 발생할 가능성이 매우 희박하다.

조성단위의 집합은 전술한 것처럼 일단 자연발생적인 것이라고 생각할 수 있으나, 이와 더불어 다음과 같은 사실을 명심해야 한다. 즉 자연발생적인 집합이 어느 정도 진행되면, 그 지역의 공간적·환경적 속성은 안정화될 뿐더러 강화된다는 것이다. 예컨대, 상점은 다수가 집합하여 상점가 또는 상업지역을 형성함으로써 고객을 끌어들이고 상업활동을 안정화할 수 있다.

주택이나 공장의 경우도 그와 마찬가지 원리가 적용된다. 즉 주택의 양적 규모가 작을 때에는 그곳의 상태가 아직 불안정하지만, 동질의 주택이 즐비하게 들어서면 주택지로서의 특성이 확정되고 주거공간으로서의 위치가 확고해진다. 또한 조성단위의 집합규모가 일정 수준을 상회하게 되면, 주거생활에 불가결한 상점·학교·병원 등의 조성요소를 유치하게 되어 주거공간으로서의 기반시설을 완비하게 된다.

이와 같이 도시 속에서 발생하는 조성단위의 집합은 개개의 조성단위가 외부환경에 의존하면서 자신의 존재가 유리해지도록 작용할 경우에 필연적으로 나타나는 현상이며, 이 현상은 이상적인 환경을 조성하여 집합의 상태를 안정시킨다. 다시 말해서, 집합은 조성단위의 원초적 속성에 의해 빚어진 결과인 동시에, 조성단위의 확대·안정이라는 기본적 요구에 부응하기 위한 생태적 현상이기도 하다. 이런 의미에서 집합이란 조성단위의 존재형식이며 공간조직의 패턴이라고 할 수 있다.

(2) 집합의 다양화: 복합적 집합

동종의 조성단위는 동일한 환경의 공간에 집합한다고 하여 모든 공간이 항상 단일의 조성단위들로 구성된다고 할 수 없다. 본래, 도시공간의 조성 메커니즘은 해당공간의 구성양식에 따라 변화하는 것으로, 그 공간의 범위를 극단적으로 작게 하여 미세공간으로 관찰하면 조성 메커니즘은 항상 단일한 것이다. 이와 반대로 공간의 범위를 크게 하여 거시공간으로 보면 조성단위의 복합 정도는 증대한다. 그러나 여기서 설명하려는 것은 공간의 구성양식에 관한 문제가 아니라 동종의 집합이 지극히 원리적이며 필연적인 것처럼 다양화 역시 그러하다는 점이다.

이러한 사실은 무엇보다도 환경이란 것이 지극히 포괄적인 복합체이며, 또한 조성단위에 있어서 외재적인 것, 즉 조성단위가 직접 제어될 수 없는 대상이라는 사실과 관련이 있다. 환경이 포괄적인 복합체라고 표현한 것은 환경의 조성 메커니즘을 설명함으로써 이해될 수 있을 것이다. 환경의 조성 메커니즘은 산·하천·식생·토양 등으로 대표되는 지형적 조성요소와 도시의 각종 조성요소를 포함한 인위적 조성요소로 구별된다. 이들 조성요소에 대하여 외재적 존재인 환경은 본래 임의적 조성단위에 1대1로 대응하여 존재하는 것이 아니다. 어떤 공간(혹은 지역)이 지니고 있는 성질이나 요소는 본래 다양하며, 그 공간의 내부에 있는 성질과 요소가 임의적 조성단위에게는 바람직한 것이므로 그곳에 입지하게 된 것이라고 해석할 수 있다.

그러나 이와는 별개의 조성단위가 환경이 지닌 별도의 성질과 요소에 착안하여 그곳에 입지하는 경우도 충분히 상정할 수 있을 것이다. 실제로 도시화가 진전되기 시작한 지역에서는 조성요소가 복합적으로 입지하는 현상이 현저해진다. 왜냐하면 도시화하는 지역이 조성단위에 대하여 외재적 존재인 이상, 복합적 집합이 출현할 가능성이 그렇지 않을 가능성보다 확률상 높다고 보아야 하기 때문이다.

복합적 집합의 문제는 상술한 것처럼 환경과 조성단위의 원초적 대응의 단계에서 우선 지적될 수 있으며, 또한 조성단위 상호간의 기능적 관계의 문제로서 혹은 조성단위의 집합에서 비롯되는 환경에 대한 반작용의 문제로서도 지적되어야 한다.

일반적으로 조성요소는 물론 조성단위는 다른 것들과 전혀 관계없이 독립적으로 존재하는 것이 아니다. 앞에서도 언급한 바와 같이 주거 또는 상업공간은 사람·재화·정보 등의 교환으로 유지되며, 그 활동을 확대하거나 충실을 기하기 위해 공간적 상호작용을 발생시키게 된다. 이는 지리학자 E. L. Ullman이 공간상호작용의 발생 메커니즘으로 상호보완성(complementarity)·기회간섭(intervening opportunity)·수송가능성(transferability)을 꼽은 것과 같은 맥락일 것이다(이에 관해서는 제7장에서 상술할 것임). 따라서 모든 조성단위들은 반드시 상호의존 또는 상호보완관계에 있는 또 다른 요소의 조성단위와 연대하려고 한다.

상호관계는 원칙적으로 동종의 조성단위 사이에는 성립되지 않고 이종 간에만 성립한다. 즉 조성요소가 상이해야 의존·보완관계가 성립된다는 것이다. 어떤 조성단위가 입지활동을 벌일 경우에, 그것은 상호작용을 발생시키는 이종의 조성단위를 끌어들여 그것의 입지기반을 굳히려 한다. 도시공간에 있어서 조성단위의 복합적 집합은 조성단위가 지니고 있는 고유한 성질에 따라 이루어지는 필연적 귀결이다.

(3) 공간의 조직화

지금까지는 두 종류의 지향성을 갖는 조성단위의 집합에 관하여 설명하였다. 그 하나는 집합의 등질화이며, 또 하나는 다양화였다. 그리고 이들 두 지향성은 모두 자연발생적으로 나타나는 경향이 있으며 필연적인 것이라 규정하였다. 그렇다면 이것은 상반되는 모순된 설명이 아닐 수 없다. 이들 모순되는 두 지향성은 모두 조성단위의 고유한 성질이라 할 수 있는 활동의 확대 및 충실, 그리고 활동의 안정화라는 요구에 근거한 것이며, 서로 모순되는 양자가 동일한 뿌리를 갖고 있다는 사실에 주목하지 않으면 안 된다.

공간의 조직이나 구성을 파악할 경우에는 집합의 등질화와 다양화 가운데 어느 것이 옳은가를 생각하기에 앞서, 우선 공간이 조직되기 위해서는 이들 두 종류의 방향과 힘이 동시에 작용하고 있음을 인식해야 한다. 그리고 현대의 도시공간이 상황변화에 민감하게 반응하여 안정성을 상실하게 되는 까닭은 단지 외적 조건의 변화가 격심하다는 것에만 있는 것이 아니라 이들 두 힘이 도시공간에 내재하고 있으며, 외적 변동을 받아들일 소지가 다분히 있기 때문이다.

바람직한 도시생활의 공간이란 두 종류의 지향성이 적절한 수준에서 공존하는 공간의 조직상태를 뜻한다. 예컨대, 안정된 주거공간에서는 주택의 집단과 상점·학교·병원·관청 등의 각종 기반시설이 일정한 규모의 집단을 유지하거나 일정한 분산도 및 밀집도를 유지하며 혼재하고 있다. 그곳에는 도시시설의 등질적 집합과 복합적 집합이 일정한 조화를 이루며 공존하는 것으로 이해될 수 있다.

앞에서는 동종의 조성단위의 집합이 일정규모에 달하거나 환경에 변화가 오면 상호보완관계에 있는 이종의 조성단위 내지 별개의 조성요소를 유인하는 힘을 갖게 되며, 이에 따라 조성단위의 존재와 활동의 안정을 꾀할 수 있다고 언급한 바 있다. 이것은 등질적 집합을 토대로 하여 광역의 공간상에 복합적 집합을 실현하게 됨을 의미한다. 우리들은 주변에서 그와 같은 양상을 안정된 주택지 등에서 실제로 발견할 수 있다.

우리는 저급주택지를 재개발하기 위해 아파트단지를 건설하거나 주택지를 관통하는 새로운 간선도로의 건설공사를 흔히 목격하게 된다. 이런 사업은 기존의 환경을 전면 개조하거나 주택지 자체를 분단시키는 결과를 초래한다. 공사가 완료된 후에는 주민구성도 부분적으로 바뀌고 통근·통학·쇼핑 등의 일상적 유동패턴에 변화를 초래한다. 이로 말미암아 이 일대의 공간조성은 등질적 집합과 복합적 집합의 양립을 근본적으로 붕괴시킨다. 또한 주거공간의 조직 메커니즘에서 기초가 되는 조성단위의 등질적 집합을 해체하거나 분단시킴으로써 복합적 집합을 유지할 능력이 저하된다. 이렇게 되면, 새로운 환경에 맞는 조성단위와 조직이 만들어지기 위해 많은 시간이 소요된다. 특히 철거재개발의 경우는 조성·조직·구조 메커니즘의 동시적 붕괴를 초래하게 된다. 하나의 생태계가 전혀 다른 생태계로 바뀌는 일은 급격한 카타스트로피적(catastrophic) 변화가 아닌 점이적인 자기상관적(autocorrelation) 변화라야 혼란이 적다. 이러한 관점에서 철거재개발의 정당성은 인정받기 힘들다.

현실적으로 대부분의 도시공간은 안정된 주거공간처럼 등질적 집합과 복합적 집합의 조화적 관계가 항상 성립하는 것이 아니다. 오히려 그러한 관계가 실현되지 않는다고 표현하기보다는 현실의 도시공간이 많은 모순과 결함을 안고 있다고 표현하는 것이 타당할 것이다. 예컨대, 등질적 집합이 지나치게 대규모이고 고밀도로 진행되기 때문에 거꾸로 복합적 집합을 불가능하게 만드는 사례가 있다. 우리들은 주변에서 주택의 집합이 급속도로 확대되어 생활기반시설을 건설하려고 시도하여도 이미 공간적으로 여지가 상실된 상황에 직면하게 되는 경우도 있다.

3. 조성단위의 상호관계

도시공간의 형성은 여러 조성단위가 개별적인 입지조건에 따라 유유상종하여 집합됨으로써 이루어진다. 그리고 공간조직의 안정성과 특성은 조성단위 또는 조성요소 상호간의 경쟁 · 대립 · 보완과 관련되어 규정된다. 그러므로 우리는 여기서 조성단위가 상호관계를 맺는 유형을 살피고 조성단위의 상호관계에 주목할 필요가 있다.

(1) 상호관계의 유형

조성단위 상호간의 관계는 상호보완적 관계 · 대립적 관계 · 무연적 관계의 3유형으로 분류된다. 이들 관계를 다른 용어로 표현하면 각각 정(+)의 관계 · 부(−)의 관계 · 영(0)의 관계에 해당한다. 이러한 관계는 조성단위가 그 존재를 유지해 나아가기 위하여 각기 고유한 활동에 근거하여 맺어진다. 그리고 고유한 활동의 공통된 형식은 마치 생물체가 영양분을 섭취하고 노폐물을 배설하는 신진대사와 같으며, 모든 조성단위는 어떤 형태로든지 에너지 · 재화 · 정보 등의 교환을 행한다. 상호관계의 유형은 바로 이들 대사물질의 교환방법에 따라 구별되는 것이다.

1) 상호보완적 관계

이것은 조성단위 상호간에 대사물질의 교류 · 교환이 성립되는 관계이며, 주택과 상점 또는 주택과 직장의 관계 등으로 대표되는 보완적 관계이다. 이 관계는 기능적 관계(functional relation) 혹은 결절적 관계(nodal relation)라고도 불릴 수 있다. 왜냐하면, 이들의 관계는 대부분의 경우 지배·종속의 관계에 의하여 상호 보완되기 때문이다. 각 조성단위 상호간의 관계는 매우 밀접할 뿐만 아니라 필연적이므로 정(+)의 관계라 부른다. 그리고 상호보완적 관계는 그 내용으로 보아 이종의 조성단위 간에 성립되는 것이며, 원칙적으로 동종의 조성단위 간에는 성립되지 않는다. 그것은 동종의 조성이면 필요로 하는 대사물질도 동종이라는 뜻이며, 그들의 교류·교환은 성립되지 않는다.

2) 대립적 관계

이 관계는 두 가지의 유형으로 세분된다. 하나는 어떤 조성단위의 대사(代謝)가 다른 조성단위의 대사에 대하여 방해하거나 피해를 주는 것과 같은 직접적인 대립이다. 가령 주거공간에 이질적인 조성요소인 공장시설이나 유흥업소가 침입해 들어올 경우, 주택의 입장에서는 공장과 유흥업소가 주거환경을 해치는 조성단위로 간주될 것이다. 이런 경우처럼 직접적인 대립적 관계는 동종보다는 이종의 조성단위 간에서 흔히 발생한다.

또 하나의 유형은 경합적 관계인데, 이것은 어떤 종류의 대사물질이나 환경의 질을 놓고 서로 탈취하는 관계이다. 이러한 관계는 이종의 조성단위 간에 발생하는 경우도 간혹 있으나, 대체로 동종의 조성단위 간에 발생하는 경우가 보통이다. 예컨대, 대부분 주택으로만 구성된 주거공간에서는 일조권 혹은 조망권 문제를 놓고 주택 간에 경합을 벌이는 경우가 있는데, 이는 조성단위의 경합적 관계를 설명하는 전형적 사례라고 여겨진다.

3) 무연적 관계

이 관계는 조성단위 간에 어떠한 대사물질의 교환이나 적대적 관계가 발생하지 않는 상태를 가리킨다. 적대적 관계란 위에서 언급한 대립적 관계와는 다른 의미를 갖는다. 조성단위 간의 무관계는 보통 이종의 조성단위 사이에 존재할 것으로 생각되기 쉽지만, 실제는 동종 간의 관계에서 성립되는 것이 일반적이다. 이것은 공간상호작용이 대부분의 경우 등질지역(homogeneous region) 간에서는 별로 발생하지 않는다는 사실과 결부되는 내용이다. 예컨대, 어떤 주거공간에 상점이 하나 입지해 있을 경우, 각 주택 간의 교류보다는 각 주택과 상점 간의 교류가 훨씬 빈번할 것이다.

그러나 무연적 관계는 조성단위 간에 발생하는 약간의 상황변화에 의해서도 경합적 관계로 바뀐다는 점에 유의하지 않으면 안 된다. 일반적으로 과밀화라고 일컬어지는 현상에서는 조성단위의 상호관계가 무관계의 상태로부터 경합적 관계로 옮아간다는 것을 의미한다.

(2) 조성단위의 결합과 대립

지금까지는 조성단위의 상호관계를 세 유형으로 나누어 설명하였으나, 현실적으로 조성단위 간의 관계에서는 이들이 복합되거나 상황에 따라 변동하거나 하여, 이들의 상호관계는 조성단위의 결합과 도시공간의 조직상태를 좌우하게 된다.

구체적으로 조성단위 상호간의 관계를 세 유형 가운데 어느 한 유형에 한정시키는 것은 용이한 일이 아니다. 조성단위 간에 대사물질의 교환·교류가 성립하는 상호보완적 관계라 할지라도 그것의 부차적 또는 기초적 대사에 있어서는 직접적인 대립적 관계나 경합적 관계가 잠재해 있는 경우가 있다. 예컨대, 주택과 상점은 조성요소가 달라도 상호보완적 관계에 있다고 알려져 있으나, 주거공간은 어디까지나 상점보다는 주택이 탁월하게 많이 존재해야 한다. 만약 상점수가 증가하여 주택의 탁월성이 깨지면, 주거활동과 상업활동 간의 대립이 표면화될 것이다. 더 나아가서는 강한 기능을 가진 조성단위가 약한 기능을 흡수하거나 억압하는 결과를 낳게 될 것이다.

위에서 언급한 주택과 상점의 예에서 보는 바와 같이 이종의 조성단위가 아무리 상호보완적 관계에 있는 것처럼 보여도 기초적 대사물질의 교환에 있어서는 동종적 양상을 보이며, 그것은 무연적 관계로부터 경합적 관계로 옮아갈 가능성을 내포하고 있다. 즉 조직 메커니즘에는 상호보완성에 의한 결합력과 경합·대립에 의한 분해력이 공존하여 작용한다고 생각하지 않으면 안 된다.

우리들은 평소 국토교통부 혹은 자치단체에서 실시하는 수많은 국토계획이나 도시계획사업을 보아왔다. 그 가운데 국토공간 또는 도시공간의 조직화를 위한 계획수립이나 건설사업에서 조성단위 상호간의 주된 관계에만 주목하였다.

특히 상호보완성이라는 정의 관계에만 주목하여 공간의 조직화를 꾀하려는 경우를 많이 보아왔다. 이런 경우에 여러 조성단위 간에 내재하는 대립적 관계나 무연적 관계에 대한 배려가 결여되어 버리기 쉽다.

　그러한 결과는 조직 메커니즘에서 발생하는 상반되는 힘 — 예컨대 결합력과 분해력 — 에 대한 인식부족에서 비롯된다. 왜냐하면, 조성단위의 대립적 관계는 현실의 도시공간에서는 간접적인 경우가 많기 때문이다. 가령 무연적 관계로부터 경합적 관계로의 변화도 하나의 예가 되겠지만, 대사물질의 교환에 있어서 대립적 관계는 대개의 경우 조성단위 밖의 영역에서 발생하므로, 도시행정가와 계획입안자들은 그들이 조성단위 자체에 초점을 맞추고 있는 것으로 착각하기 쉽다. 또한 대립적 관계 하에서는 피해를 받는 쪽은 즉시 느낄 수 있으나, 반대로 피해를 주는 쪽에서는 의식하기 어렵다. 더욱이 도시계획이나 공간의 조직화를 도모하는 입장에 따라서도 이런 문제가 소홀하게 취급되기 쉽다는 점에 유의하지 않으면 안 된다. 도시정책을 수립할 경우에 시민의 입장과 행정가 및 기업가의 입장은 대부분 상치되게 마련이다.

　이와 같이 상호보완관계가 성립된 경우일지라도 공간구성의 문제로서 상호보완성과 대립되는 측면에 주목할 필요가 있다. 그러나 일반적으로 상호보완성이라는 기능적 과제는 그것의 합리성이나 타당성을 쉽게 판단할 수 있어도, 대립성·무연성의 보장이라는 점에서는 도시계획상 훨씬 곤란한 과제인 것이다. 본래 이들 대립성 및 무연성을 지나치게 강조하는 것은 도시공간의 효율적 조직화를 저해할 뿐만 아니라, 조성요소 혹은 조성단위의 단순한 집적은 도시의 과밀화와 복잡화로 치닫는 상황 하에서는 생활환경의 혼란과 붕괴를 의미한다. 결론적으로, 우리는 도시공간의 구성에 있어서 상호보완성과 대립성·독립성의 양립의 문제를 중요한 과제로 삼아서 신중히 숙고해야 할 것이다.

4. 도시공간의 종류

(1) 도시공간의 분류

도시공간은 인간이 생활하고 활동하는 공간이므로 쾌적함과 편리함이 충만한 공간이어야 한다. 그러므로 그곳에는 공적ㆍ사적 도시시설이 정비되어 있어야 하고 현대적인 도시기반이 형성되어 있어야 한다. 또한 역사적ㆍ문화적 전통이 존속되어야 하고 자연환경도 훼손되지 않는 것이 바람직하다. 이와 같은 다양한 요구조건이 충족되면 살아보고 싶고 가보고 싶은 매력 있는 거리가 조성될 수 있을 것이다.

도시공간은 물적 시설ㆍ배치상태ㆍ일상생활ㆍ생활공간의 측면에 따라 다양하게 분류된다. 먼저 물적 시설로 본 경우의 도시공간은 공적 공간과 사적 공간으로 분류되며, 배치상태로 본 경우는 자연상태공간ㆍ인공상태공간ㆍ전통상태공간으로 분류될 수 있다. 그리고 일상생활로 본 경우의 도시공간은 사적ㆍ공적 활동공간을 위시한 5종류의 공간이 있고, 생활공간으로 본 경우는 주거공간을 위시한 여러 공간으로 분류될 수 있다.

이들 각종 공간을 통틀어 보면, 도시공간은 외부적 공간과 내부적 공간으로 대별됨을 알 수 있다. 외부적 공간으로서는 공원ㆍ도로ㆍ수로ㆍ하천ㆍ녹지대ㆍ광장ㆍ산림 등이, 내부적 공간으로는 각종 건축물의 실내ㆍ통로ㆍ풀장ㆍ옥상 등을 꼽을 수 있다. 이들 도시공간은 일상적으로 행동할 때에는 행동공간으로서, 또 환경으로 인식할 때에는 지각공간(혹은 인지공간)으로서 간주된다. 따라서 이들 시설은 질과 양 모두를 인간의 자유스러운 행동에 대응할 수 있도록 정비되어야 한다. 도시공간을 요약하여 분류하면 다음과 같다(秋山, 1990).

1) 물적 시설로 본 경우

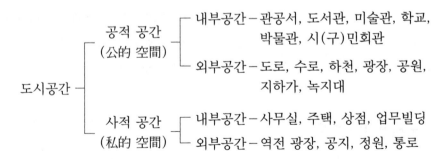

2) 배치상태로 본 경우

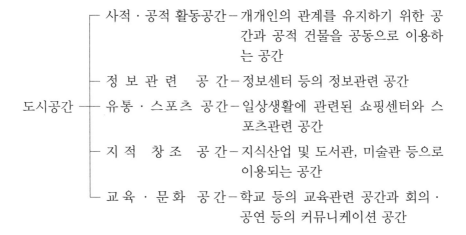

도시공간
- 자연상태공간 – 녹지, 수변(水邊), 수로, 풍치, 생태, 지형
- 인공상태공간 – 도로, 공원, 광장, 건물
- 전통상태공간 – 거리, 유적, 풍습, 축제, 전통건물

3) 일상생활로 본 경우

도시공간
- 사적 · 공적 활동공간 – 개개인의 관계를 유지하기 위한 공간과 공적 건물을 공동으로 이용하는 공간
- 정 보 관 련 　 공 간 – 정보센터 등의 정보관련 공간
- 유 통 · 스 포 츠 　 공 간 – 일상생활에 관련된 쇼핑센터와 스포츠관련 공간
- 지 적 　 창 조 　 공 간 – 지식산업 및 도서관, 미술관 등으로 이용되는 공간
- 교 육 · 문 화 　 공 간 – 학교 등의 교육관련 공간과 회의 · 공연 등의 커뮤니케이션 공간

4) 생활공간으로 본 경우

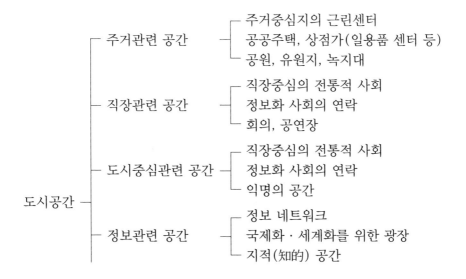

도시공간
- 주거관련 공간
  - 주거중심지의 근린센터
  - 공공주택, 상점가(일용품 센터 등)
  - 공원, 유원지, 녹지대
- 직장관련 공간
  - 직장중심의 전통적 사회
  - 정보화 사회의 연락
  - 회의, 공연장
- 도시중심관련 공간
  - 직장중심의 전통적 사회
  - 정보화 사회의 연락
  - 익명의 공간
- 정보관련 공간
  - 정보 네트워크
  - 국제화 · 세계화를 위한 광장
  - 지적(知的) 공간

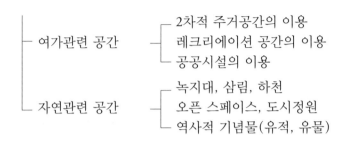

```
┌ 여가관련 공간 ┬ 2차적 주거공간의 이용
│              ├ 레크리에이션 공간의 이용
│              └ 공공시설의 이용
│
│              ┌ 녹지대, 삼림, 하천
└ 자연관련 공간 ┼ 오픈 스페이스, 도시정원
               └ 역사적 기념물(유적, 유물)
```

　이상의 분류를 볼 때, 물적 시설로 본 도시공간은 현대화된 도시시설을 갖춘 도시공간을 요구하고 있으며, 배치상태로 본 도시공간을 자연·인공·전통이라는 세 가지 상태를 일체화한 조화로운 도시공간을 상정하고 있다. 또한 일상생활로 본 도시공간은 인간의 실제생활과 활동의 측면에서 요구되는 도시공간이다. 그리고 생활공간으로서의 도시공간은 인간사회의 커뮤니케이션을 주축으로 한 도시공간임을 알 수 있다. 따라서 이들 도시공간의 분류를 종합해 보면, 모든 경우의 공간에 인간성을 풍부하게 만들어 가기 위한 도시공간이 요청되고 있음을 알 수 있다.

　도시공간은 인간의 생활과 활동에 대한 다양한 욕구에 부합될 수 있는 편리성·쾌적성·안전성이 뛰어난 공간이어야 한다. 그렇다면, "도시민의 욕구를 충족할 수 있는 훌륭한 거리, 훌륭한 환경, 살아보고 싶은 거리란 과연 어떤 도시일까?" 이에 대한 해답은 여러 가지이겠으나, 대체로 도시민들로부터 끌어낼 수 있는 합의점은 다음과 같다.

① 질서 있는 도시공간에 자연미가 가미된 거리, 즉 숲과 꽃으로 충만한 경관을 보이는 거리.
② 활기에 넘치고 쾌적하며 편리한 거리, 즉 적당한 폭의 가로망과 쾌적한 보행자도로에 아름다운 공원과 광장이 있고 쇼핑·통근·통학이 편리한 거리.
③ 여유 있는 주거공간과 활동공간이 확보되어 포근함과 아늑함을 느낄 수 있는 거리.
④ 전통의 깊이와 따뜻한 인정미를 느끼게 해주는 역사적 향기를 지니면서, 한편으로는 현대화된 도시시설이 갖춰져 있는 조화로운 거리.

⑤ 사람들이 모여드는 커뮤니케이션 광장과 건물공간, 그리고 놀이터·스포츠 시설 등이 많은 거리.

⑥ 격조 있는 미술관·박물관·도서관·기념관이 있어 지적 활동의 기회가 풍부하며, 시(구)민회관·회의장·공연장 등의 공공시설이 있어 커뮤니케이션과 학습의 장으로서 이용이 편리한 거리.

⑦ 고용기회가 많고, 직주근접(職住近接) 또는 직주일체의 거리.

⑧ 의료시설이 갖춰져 있고, 건강을 위한 시설이 설치된 거리.

⑨ 재해대책과 공해대책이 완벽하게 마련된 거리.

⑩ 거리 자체가 상당한 독창성을 가지며, 미래를 창조해 가는 거리.

(2) 도시공간량의 산출

도시공간량은 도시내부의 생활환경과 활동환경을 양호한 상태로 유지하기 위하여 산출하는 것이다. 도시공간은 항상 개방감을 느낄 수 있는 공간량이 확보되어야 하며 도시로서의 쾌적성을 유지해야 한다.

공간량의 산출방법을 설명하기 위해 [그림 1-8]에서 보는 것처럼 도로·광장·공원·녹지대·수로 등의 공적 공간과 건물 부지 내 빌딩 밖의 사적 공간을 합쳐 전체공간이라 부르기로 하자. 즉 V_2와 V_3가 그 공간에 해당하며, 주거구역 또는 지구(地區) 전체는 그들의 합계이므로

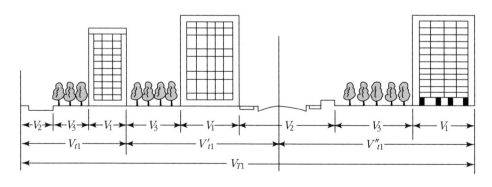

그림 1-8 시가지의 가상적 단면도

$$V_{t1} = V_1 + V_2 + V_3$$
$$V_{T1} = V_{t1} + V'_{t1} + V''_{t1}$$

의 관계가 성립되는 셈이다. 여기서 거주인구와 유입인구의 합계를 P_A로 하고, 각 공간구분별로 그 인구를 P_1, P_2, …… , P_n으로 놓으면

$$P_A = P_1 + P_2 + P_3 + \cdots\cdots + P_n$$
$$= \sum_{i=1}^{n} P_i$$

의 등식이 성립된다. 그리고 용도별로 필요한 연상면적을 F_A로 하면

$$F_A = F_{A1} + F_{A2} + F_{A3} + \cdots\cdots + F_{An}$$
$$= \sum_{i=1}^{n} F_{Ai}$$

인구 1인당 건물의 필요부지량을 V_1이라 하고, 주거 · 업무 등의 이용목적에 따른 보정계수를 k_1으로 놓으면

$$V_1 = (F_A / P_A) k_1$$

이 된다. 이 k_1은 건축물 등과 같은 구조물의 고층화 · 고밀화의 정도에 따라 보정될 필요가 있을 경우에 그 보정률이 정해진다. 보정률은 매우 작은 백분비 (%)의 값을 갖는 경우가 대부분이므로, 그 영향은 미미한 것으로 생각된다. 그 다음에는 교통로가 차지하는 면적을 산출하기 위해 도로부지 및 철도부지 폭의 합계를 F_B라 하면

$$F_B = F_{B1} + F_{B2} + F_{B3} + \cdots\cdots + F_{Bn}$$

그리고 인구 1인당 F_B에 대응하는 토지량을 V_2로, 도로교통량과 수송량에 기초한 보정계수를 k_2로 하면

$$V_2 = (F_B / P_A) k_2$$

가 되며 이 k_2는 교통량과 수송량이 증대됨에 따라 보정할 필요가 생기지만, 이 값은 극히 작으므로 거의 영향을 받지 않는다.

다음으로, 공원·광장 및 녹지대 등의 공적 공간과 건물 부지내의 사적 공간을 합친 폭의 합계를 F_C라 하면

$$F_C = F_{C1} + F_{C2} + F_{C3} + \cdots\cdots + F_{Cn}$$

이 성립되는데, 여기서 인구 1인당 F_C에 대응하는 토지량을 V_3으로, 공간이용의 정도에 기초한 보정계수를 k_3으로 하면

$$V_3 = (F_C / P_A) k_3$$

이 성립된다. 이 k_3은 공간의 이용도 등에 따라 보정률을 달리하며, 그 값은 극히 작으므로 보정할 필요가 없을 정도로 영향을 주지 않는다.

여기서 인구 1인당 일정구간의 공간율을 $X = v_0$라 하면

$$v_0 = \frac{V_2 + V_3}{V_1 + V_2 + V_3}$$

또 각 구간의 실제공간율을 각각 v_1, v_2, $\cdots\cdots$, v_n이라 하고, 이들의 평균치를 v_a, 건물의 평균높이를 H_a라 하면, 인구 1인당 공간량 V_{to}은 아래 식에 따른다.

$$V_{to} = (v_a \cdot H_a) 100 \qquad\qquad (\%)$$

그러므로 전체 구역단면의 총 실제공간량을 V_{To}라하면 총인구(P_A)에 대하여 다음과 같은 식이 성립한다.

$$V_{To} = (v_a \cdot H_a \cdot P_A) 100 \qquad (\%)$$

따라서 전체구역의 총 실제공간량을 V_T, 종단방향의 구역연장을 $L_{(m)}$이라 하면

$$V_T = (v_a \cdot H_a \cdot P_A L_{(m)}) 100 \qquad (\%)$$

단, 필요에 따라서는 종단방향의 공간량을 산출하여 보정할 수도 있다. 또한 경우에 따라서는 명목공간량(名目空間量)으로써 용도지역 지구별 용적률을 고려한 공간량을 산출하기도 한다.

04 ▶ 도시형성의 요인은 무엇인가?

1. 도시형성의 메커니즘

도시성장과 도시화과정에서 발생하는 도시문제는 사람들이 도시에 집중하는 이유와 도시가 발달하는 요인을 먼저 규명함으로써 해결의 실마리를 풀 수 있다. 두말할 필요 없이 도시는 다양한 계기에 의해 형성된다. 정치적·군사적 목적이나 종교적 행사 등의 비경제적 계기에 의해 형성되는 도시가 있는가 하면, 시장과 교통의 요충지로서 발달한 도시처럼 경제적 계기로 형성된 경우도 있다.

역사학자·사회학자·도시공학자는 이들 중 비경제적 요인을 강조할지도 모르겠으나, 지리학자(도시지리학·경제지리학)·경제학자(도시경제학)는 경제적 요인을 더 중요시한다. 그러나 도시의 기원이 어찌되었던, 그들 도시가 도시로서 유지되고 성장할 경우에는 주민의 대부분이 행정·상업·공업·교육 등의 비농업적 경제활동에 종사한다. 즉 경제적 요인의 작용 없이는 도시의 존속과 성장은 불가능한 일이며, 도시의 규모 역시 시장의 경제력에 좌우된다고 볼 수 있다. 이는 도시의 본질론과 관련된 사항이다.

E. S. Mills(1972)는 도시가 유지·성장·발달하는 경제적 메커니즘으로

서 규모경제(scale economy) · 집적경제(agglomeration economies) · 비교우위성 (comparative advatage)의 세 가지를 꼽았다. 일반적으로 인구와 기업을 도시로 집중시키는 요인을 집적이익이라 표현하는데, 이 집적이익은 위의 3 메커니즘 가운데 규모 경제와 집적 경제를 총칭하는 용어이다. 다음에서 설명하는 3 메커니즘을 이해하면 도시형성의 요인이 밝혀질 수 있을 것이다.

(1) 규모경제

시장이 지닌 견인력과 경제력을 시장력(市場力)이라 하는데, 시장력이 도시 공간의 형성에 영향을 미친다는 사실은 바로 대규모 활동의 경제적 이익에 근거한 것이다. 다시 말해서, 기업의 생산 혹은 시설규모가 확대되면 될수록 단위당 장기평균비용(long-run average cost)이 저하되는 현상을 규모경제라 부른다. 그러므로 규모경제가 크게 작용할수록 주변의 배후지를 끌어당기는 시장의 힘은 강력해진다.

일반경제학에서는 비용을 일정한 비율로 투입함에 따라 생산량이 더 큰 비율로 증가할 경우, 기업의 생산함수는 규모경제를 실현시킨다고 한다. 이런 관계를 [그림 1-9]로 설명할 수 있다. 즉 그림의 *LAC*는 장기평균비용곡선을 나타내고, *LMC*는 장기한계비용곡선(long-run marginal cost curve)을 뜻한다. 시설규모가 원점으로부터 두 곡선이 교차하는 Q_e에 이르기까지는 장기평균비용이 감소하며, Q_e를 지나서는 증가한다. 비용의 투입이 일정한 비율로 증가함에 따라 생

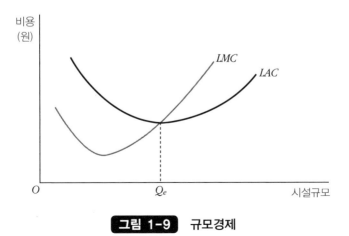

그림 1-9 규모경제

산량이 그 이상의 비율로 증가하면 생산품의 단위당 비용은 감소하는 것을 의미하고, 반대로 비용의 투입이 일정한 비율로 증가함에 따라 생산량이 그 이하의 비율로 증가할 때에는 비용투입이 증가함에 따라 생산품의 단위당 비용은 증가함을 의미한다. 전자의 현상은 규모경제, 후자의 현상은 규모불경제(scale diseconomies)라 부른다. 따라서 규모경제가 존재하는 한 생산설비는 클수록 바람직하며, 그에 따라 인구, 즉 고용규모도 클수록 좋다. 포드주의 경제질서 하에서 제조업·금융업 등의 입지는 상대적으로 대규모의 인구집중을 야기시켜 도시형성을 유발하는 계기를 마련한다.

규모경제는 민간산업부문은 물론이거니와 사람들이 공동으로 이용하는 기초시설인 인프라에 작용하는 이익이 더 크다. 구체적으로 도로와 철도 등의 교통시설, 통신시설, 가스·전력·상하수도 등의 공익사업관련 시설, 교육시설, 의료시설 등과 같이 통상적으로 사회간접자본(social overhead capital)이라 불리는 기반시설은 더 큰 규모경제를 지닌다. 왜냐하면, 인구·기업 등이 도시에 집중함으로써 저렴한 비용으로 기반시설을 이용할 수 있기 때문이다. 그러므로 인구·기업의 도시집중은 사회간접자본의 투자를 촉진하게 되고, 반대로 사회간접자본의 축적으로 기반시설이 완비되면 인구·기업을 유인하게 된다. 결국 인구의 도시집중이 지속되면 대도시가 형성되지만, 그 과정에서 사회간접자본의 건설이 뒤따르지 않으면 혼잡·과밀·공해 등의 도시문제가 발생하게 된다.

경제활동의 공간적 집중은 바로 상술한 과정을 통하여 도시에서 이루어진다. 그러나 그 같은 과정은 도시에만 모든 활동을 집중시키는 결과를 가져올 것으로 생각될지는 모르겠으나, 일정 규모를 넘어서면 도시에의 접근성으로부터 얻는 이익이 비싼 수송비와 지대(地代) 등에 의해 상쇄되고 마는 것이다. 도시는 이러한 과정을 반복하는 가운데 성장을 멈추게 된다.

규모경제의 이익은 공공부문과 민간부문에서도 발생하며, 민간부문의 특정산업에서만이 아니라 모든 산업에서 발생하는 것이다. 대부분의 산업(또는 기업)은 어느 정도까지 공간적으로 밀집해 입지하는 경향이 있으며, 그들이 서로 밀집하여 입지하면 집적의 불이익이 작용하지 않는 한도 내에서의 수송비는 항상 저렴하게 소요될 것이다. 그러므로 도시는 각기 다른 규모를 갖게 되며, 대도시와 소도시 사이에서 교역의 가능성이 생겨나게 된다. 소도시는 소규모 인구의 수요에 기초하여 소규모 산업만을 유치함으로써 규모경제를 흡수하게 된다. 그러나 대도시는 소규모 산업은 물론 대규모 인구(소비자로서의 인구, 노동력으로서의 인구)에 기초한 대규모 산업을 유치하여 규모경제를 누리게 된다. 대도시는 도시 내의 주민들뿐만 아니라 소도시의 주민들에게까지 생산품을 공급할 수 있다. 그러므로 도시의 규모가 일정한 수준에 이르면 그보다 작은 규모의 도시에 재화와 용역을 공급할 수 있게 된다.

(2) 집적경제

전술한 바 있는 규모경제의 논리는 도시의 존속에 관한 설명이었다. 이것과는 달리 지역경제학 및 경제지리학에서는 도시의 존립을 설명할 경우에 종종 집적경제의 개념을 도입한다. 집적경제는 부분적으로 규모경제에서 비롯된 공간적 집중화에 의해 얻어질 수 있는 유리함으로 설명된다. 즉 특정한 지역에 산업 또는 기업이 집중함으로써 발생하는 이익을 집적경제라 부르는데, 이 경우의 이익이란 집적함으로써 생긴 절약효과를 의미할 수도 있다.

T. Kawashima(1975)와 J. M. Henderson(1962)에 의하면, 집적경제는 지역특화경제와 도시화경제의 2개 메커니즘으로 세분하여 고찰할 수 있다고 하였다.

1) 지역특화경제

동일한 산업 또는 업종에 속하는 다수의 기업이 특정지역에 집중하여 입지함으로써 발생하는 이익(혹은 절약)을 지역특화경제(localization economies)라 한다. 이것의 전형적인 사례로는 서울의 경우 여의도(금융업)·강남의 로데오거리와 동대문 패션 타운(패션산업)·용산 및 구의동 테크노마트(전자상가)와 부산의 남포동(자갈치 시장) 및 대구의 남성로(약전골목), 파주의 출판문화정보산업단지 등을 꼽을 수 있다. 지역특화를 초래하는 주요 요인은 무엇보다도 「규모의 외부경제」라 할 수 있다. 이는 기업수가 증가함에 따라 산업규모의 확대를 수반하여 각 기업이 생산비를 절감함으로써 발생하는 것이다. 이처럼 '경제=절약'이 발생하는 원인으로서는 동일산업의 전문화, 보조적 관련산업의 발달, 산업에 필요한 기능전수의 능률화(예컨대 직업훈련센터의 설립), 노동력·원료조달의 편리성 증대, 특수시설 및 기계의 공동구매·이용, 정보센터의 설립 가능성 등이 있다.

이들 여러 요인은 특정지역 내의 기업에만 한정되어 작용하는 것이 아니다. 그러나 특정지역 내의 기업에는 인간·물질·정보·재화 등의 이동비용이 절약되어 더 큰 효과가 돌아간다. 또한 동일한 지역에 동일한 업종의 기업(또는 산업)이 집중하는 그 자체가 커다란 광고효과를 거둘 수 있게 한다.

이와 같은 지역특화경제라는 메커니즘에 기초하여 기업의 지역적 집중이 인구의 지역적 집중을 초래하게 되어 도시형성의 중요한 계기가 될 것임은 자명한 사실이다. 공업화시대의 도시는 지역특화경제의 역할보다 후술하는 도시화경제의 역할이 큰 것으로 보았으나, 정보화시대의 도시에서는 어느 메커니즘의 역할이 중요할지 가늠하기 어렵다.

2) 도시화경제

서로 다른 산업 또는 업종에 속하는 다수의 기업이 특정지역에 집중하여 입지함으로써 발생하는 이익(혹은 절약)을 도시화경제(urbanization economies)라 한다. 전술한 지역특화경제가 동종업종끼리의 집적이라면, 도시화경제는 이종업종끼리의 집적이라는 점에서 차이가 있다. 뉴욕·도쿄·런던·파리 등의 세계도시, 서울·부산·인천·대구·광주·대전 등과 같은 한국 대도시의 발전에 기여해 온 메커니즘은 바로 도시화경제라고 생각된다. 이것은 이질성 및 다양성을 도시의 기본적 특성으로 규정지을 수 있는 것처럼 다종다양한 산업·기업·인간이 하나의 지역에 집중하여 서로 여러 가지 외부효과를 주고받으면서 활동할 수 있기 때문이다. 또한 도시의 다이내믹한 발전을 가능케 해주는 것이 도시의 기본적 특징인 이질성·다양성에 있기 때문이기도 하다.

도시화경제를 초래하는 요인은 대체로 네 가지로 요약될 수 있다. 첫째 요인은 접촉의 이익이라 불리는 것이다. 일반적으로 접근성은 외부효과가 성립되는 하나의 조건이지만, 다수의 기업이 근접하여 입지하면 정보유통에 있어서 편리성이 발생한다. 그 편리성이란 가령 정보교환의 용이성이나 신속성과 같은 것이다. 특히 대면 커뮤니케이션(face to face communication)은 통신수단을 통한 텔레커뮤니케이션보다 정보의 질적 가치가 더 높다. J. Jacobs가 강조한 바와 같이 다종다양한 개인 간의 상호교류가 가능해짐에 따라 그로부터 창출되는 아이디어 · 신기술 · 신제품 등의 혁신효과(innovation effect)는 매우 클 뿐만 아니라 도시를 다이내믹한 경제발전의 장(場)으로 만들어 준다.

둘째 요인은 다수의 산업과 기업이 존재함으로써 불안전성의 흡수가 가능하다는 점을 들 수 있다. 상품수요는 갈수록 다종 · 다양화할 뿐더러 우연적 · 계절적 · 주기적 · 장기적인 이유로 말미암아 끊임없이 변화하는 것이며, 다양한 업종이나 이질적인 경제활동이 존재하는 만큼 변화의 충격은 완화된다.

셋째 요인으로는 생산과 노동공급의 측면에서 본 상호보완성을 꼽을 수 있다. 가령 출판업 · 인쇄업의 대도시 집중, 패션산업의 대도시 집중 등은 보완성의 전형적 사례에 해당한다. 경기도 파주시 문발동의 출판문화정보산업단지 역시 동일한 사례이다. 또한 대규모 금융시장이나 무역센터와 같은 상업시설의 존재라든가 경험이 풍부한 컨설턴트의 이용가능성 등도 산업과 기업에게는 중요한 보완성으로 작용한다. 도시의 사회간접자본시설은 도시에 입지하는 모든 기업에게는 가장 중요한 보완적 기능을 담당하고 있다.

넷째 요인은 도시 쾌적성(urban amenity), 즉 도시의 여가시설의 존재에 있다. 일반적으로 도시규모가 클수록 영화관 · 극장 · 콘서트 홀 · 미술관 · 박물관 등의 문화적 시설이 갖춰져 있으며, 스포츠시설을 비롯한 오락 · 유흥 · 볼거리 · 먹을거리 공간의 혜택을 받을 수 있다. 이처럼 다양한 도시의 매력요소는 도시적 쾌적성을 지향하는 종업원을 다량으로 고용하는 기업에 대하여 편익을 제공한다. 쾌적하고 화려한 거리에는 아름다운 패션 감각의 여자들로 붐비며 많은 인파로 넘치게 되어 매상고를 높여주고 임대료가 비싸지는 부수적 효과도 생겨난다.

이상에서 열거한 네 가지 요인은 도시화경제를 유발시키는 요인으로 작용하는 것이 사실이지만, 접근성이 양호하여 수송비가 절약되고 외부효과가 발생된다는 사실도 간과할 수 없다. 그 밖의 다른 요인들도 상기한 요인을 전제로 하여 작용하게 됨을 유념할 필요가 있다.

3) 비교우위성

지금까지는 천연자원이 한 종류이고 균등하게 분포하고 있다는 가정 하에서 도시형성의 메커니즘에 관하여 설명하였다. 이런 등질공간의 가정은 입지상의 비교우위성이 없는 지역을 가리키는 것이므로 토지의 넓이만 문제로 삼은 것이다. 두말할 필요도 없이 현실세계에는 다양한 천연자원이 불균등하게 분포하고 있으므로, 등질공간을 상정하는 것은 지극히 비현실적이다. 이러한 관점에서 현실적으로는 자원과의 접근성에서 지역 간에 격차를 유발하게 되어 비교우위성(comparative advantage)이 발생한다.

도시지역에서 중요하다고 판단되는 천연자원으로서는 기후조건, 물(공업용수·생활용수)의 이용가능성, 토지(평탄성·배수성·지반 등)를 들 수 있다. 이들 천연자원의 우열에 따라 제조업 입지점으로서의 우위성도 영향을 받음과 동시에 주거환경의 쾌적성에 큰 차이가 발생한다.

또 한 가지 중요한 요인으로서 교통조건, 특히 도시간 수송의 편리성을 꼽을 수 있다. 오늘날 대도시의 대부분이 항행가능한 수로 및 항구, 교통의 요지에 입지한다는 사실은 이 요인의 중요성을 시사하는 것이다. 통신수단과 교통수단이 발달한 경우에는 그 같은 요인의 중요성이 감소된다. 그러나 과거에 투자된 사회간접자본에 의한 교통망·통신망 자체는 오늘날에도 비교우위성을 발생시키는 중요한 요인으로서 작용하고 있다. 장차 천연자원에의 접근성은 과학기술의 발달로 그 중요성이 덜해질 것이다. 그러나 인구증가와 소득증가는 삶의 질에 기초한 환경적 가치를 중시하게 만들어 깨끗한 물과 공기가 비교우위성을 결정 짓는 요인으로 부각되게 만든다.

2. 도시의 계층화

(1) 도시의 계층구조

도시는 도시형성의 메커니즘이라 할 수 있는 경제적 요인을 중심으로 그 밖의 사회·정치적 요인 등이 복합적으로 작용하여 발전하고 변화한다. 또한 도시는 규모가 다양할 뿐만 아니라 도시기능이 집중되거나 분산되면서 상호의존관계를 맺는다. 이 사실은 모든 도시가 똑같은 정도의 도시기능을 보유하고 있는 것이 아니라 도시기능에 계층이 존재하고 있음을 의미하는 것이다.

도시가 계층화하는 것은 자연적·지리적 조건이 크게 작용하는 탓도 있다.

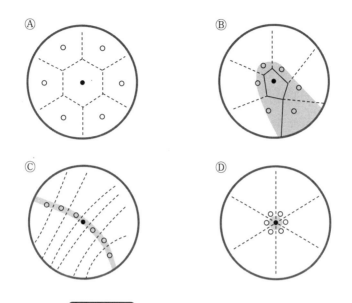

그림 1-10 자원의 분포와 도시의 패턴

출처: P. Haggett, A. D. Cliff, and A. Frey(1977).

예컨대, 토지면적·수자원·기타 천연자원 등과 같은 유한한 자원이 바로 그것이다. 구체적으로, 이들 자원은 현실세계에서 균등하게 분포하는 것이 아니라 불균등하게 편재하여 분포하므로 자연적·지리적 조건을 상이하게 만든다. [그림 1-10]은 자원의 분포상태에 따라 도시의 규모와 분포패턴이 어떻게 변형되는가를 보여주는 것이다. 즉 Ⓐ의 사례에서 7개 도시는 자원이 균등하게 분포함에 따라 규칙적으로 분포하고 있으며, Ⓑ의 사례에서는 섹터상으로 분포하는 자원을 상정하고 있다.

모든 도시는 특정 자원에 근접할 필요가 있으므로 최단거리를 따라 이동하여 규칙분포가 왜곡된다. Ⓒ의 사례에서는 선상(線狀)의 자원(예컨대 하천·교통로 등)을 상정하여 이에 적합한 도시입지로 변화한 분포패턴을 보여주고 있다. 마지막으로 Ⓓ의 사례는 점상(点狀)의 자원(예컨대 사막의 오아시스, 넓은 분지, 방위에 적합한 장소 등)이 국지적으로 분포할 경우의 도시를 상정한 것이다. 이들 4개 사례는 어디까지나 가상적 상황을 상정한 것이므로 현실적으로 자원 분포에 따라 도시의 패턴에 그와 같은 명료한 변형이 발생하리라 기대하기 어렵다. 그러나 E. Jones(1964)가 지적한 바와 같이 유럽의 취락분포를 면밀히 관찰해 보면 이와 유사한 패턴을 확인할 수 있다.

도시의 계층화는 자연적·지리적 조건뿐만 아니라 사회·경제적 조건의 차이에 따라서도 발생한다. 사회·경제적 요인이 도시간 규모격차를 발생시킨다는 것은 모든 도시가 동일한 정도의 똑같은 도시기능을 보유하는 것이 결코 사회전체의 입장에서 볼 때 경제적이지 못하기 때문이다. 이와 동시에 사람들이 도시에서 얻으려고 하는 것은 매우 다양하기 때문에, 그 모든 것을 하나의 도시 속에 갖추고 있을 수 없는 일이다.

이상에서 언급한 도시기능의 분포와 도시의 계층구조를 설명함에 있어서 가장 적절한 이론은 W. Christaller의 중심지이론(central place theory)이다. 이 이론은 대부분의 상품 및 서비스가 시장이 있는 중심지(혹은 도시)에서 판매되고, 각 중심지는 그 상품의 특성에 따라 서로 다른 크기의 배후지(보완지역 혹은 시장권)를 갖는다는 사실로부터 출발한다. 배후지의 크기가 상품에 따라 상이한 것은 소비자가 최소비용으로 상품을 구입하려는 경제인이기 때문이다. 그러므로 소비자는 일상적으로 필요로 하는 상품을 구매하기 위해 가능한 최단거리의 시장을 찾으며, 반대로 구매 빈도가 적은 상품의 경우는 보다 먼 거리의 시장을 찾게 될 것이다. 그러나 후자의 경우에는 거리가 멀어 자주 갈 수 없는 관계로 상품구매뿐만 아니라 사교·오락·정치 등의 여러 가지 용무를 동시에 보게 될 것이다. 따라서 어떤 중심지는 가까운 거리의 소비자만을 흡수하여 배후지가 좁고, 어떤 중심지는 먼 거리의 소비자까지 흡수하여 넓은 배후지를 갖게 된다.

이와 같이 배후지에 상품과 서비스를 제공하는 행위를 중심지활동(central activity)이라 하고, 이 활동의 양적 측면에서 중심지의 중요성을 중심성(centrality)이라 부르며, 중심지활동이 벌어지는 도시의 시장을 중심지(central place)라 부른다.

여기서 중심지의 계층에 주목하면, 좁은 배후지에 국한하여 구매행위가 벌어지는 중심지 활동의 영향력이 비교적 약한 중심지를 저차중심지(central place of lower order)라 하고, 더 넓은 배후지에 걸쳐 중심지활동의 영향력을 행사하는 중심지를 고차중심지(central place of high order)라 부른다. 구체적으로, 중심지의 계층은 식료품·잡화 등의 일상용품을 판매하는 면 소재지 규모의 시장권으로부터 전자제품·가구점·영화관 등의 상품 및 서비스를 제공하는 군청 소재지 규모의 시장권에 이어 중도시, 대도시, 거대도시의 한 차원 높은 고차중심지에 이르기까지 다양하다.

우리나라의 경우는 군청 소재지 혹은 면 소재지 규모에 해당하는 읍급도시와 그 이상의 규모에 해당하는 시급도시로 구별된다. 읍급도시는 약 2천 명에 불과한 도시로부터 약 5만 명이 넘는 도시까지 인구규모가 다양하다. 이들은 도시라 부르지 않고 「소도읍」이라 부르기도 한다. 소도읍은 학술적 용어라기보다는 행정·정책적 개념을 포함한 용어이다. 행정자치부는 소도읍 정책의 중심을 읍급도시에 두기로 함으로써, 사실상 소도읍은 읍급도시를 지칭하는 용어로 사용되게 되었다. 또한 소도읍뿐만 아니라 농촌지역을 포함한 광역시 및 통합시, 특별자치시의 등장으로 한국의 도시화 정도를 나타내는 도시화율의 수치적 의미는 실제와 상이할 수도 있다.

이와 같은 중심지의 계층성은 상품·재화·서비스뿐만 아니라 관리기능과 업무기능의 측면에서도 관찰될 수 있다. 전국을 대상으로 하는 거대도시에는 전국적인 관리를 담당하는 중추관리기능이 집적하고, 광역을 대상으로 하는 대도시에는 광역적 관리기능이 존재한다. 이와 마찬가지로 세계를 대상으로 하는 세계도시는 국제적인 금융·정보·교통·통신의 중심적 전문기능이 존재한다. 일반적으로 각 계층의 중심지는 그 주변에 하나 이상의 저차중심지를 지배하에 두는 형식을 취하며, 상권 혹은 시장권과 마찬가지로 각 중심지마다 세력권(즉 도시권)이 형성된다.

(2) 중심지이론

각종 상품의 시장권과 서비스·관리 등의 세력권이 중복적·중층적으로 분포하게 되면, 각 중심지는 그들 기능의 종류와 집적 정도에 따라 인구규모를 달리하게 된다. 그러므로 중심지의 중요도라 할 수 있는 도시기능의 집적도는 인구를 흡수하는 요인으로 작용한다. 이러한 관계는 지형적 장애물이 없어 어느 방향으로도 접근성이 동일하여 인구가 균등하게 분포하는 등질적 공간을 상정하면서, 수송비와 상품의 가격이 모두 동일하며 어느 곳이나 중심지가 형성될 확률 역시 동일하다는 전제 하에 다음과 같은 행동가정과 이론가설을 설정해 둔다.

〈행동가정〉

① 소비자는 가장 저렴한 상점과 가장 가까운 중심지에서 상품을 구입하는 경제인이다.

② 재화 및 상품의 수요가 인구의 최소요구값(threshold)을 만족할 경우에만 상점이 존속된다.

〈이론가설〉

① 각 중심지의 인구는 그 배후지(보완지역 또는 시장권)의 인구에 비례한다.

② 각 계층의 중심지는 각각 한 단계 저차의 계층에 속하는 일정 수의 중심지를 종속시킨다.

가령, B계층의 중심지 인구를 C_B, 이 중심지에 의존하는 배후지(시장권) 인구를 P_B라 하고, 한 단계 낮은 계층의 중심지 개수를 s로 표시하면, 상기한 이론가설은 다음과 같은 식으로 정리될 수 있다.

$$C_B = \alpha P_B \quad (\text{단, } 0 < \alpha < 1\text{의 비례정수})$$
$$P_B = C_B + {}_s C_{B-1}$$

이것을 P_B에 대하여 정리하면 다음 식이 도출된다.

$$P_B = \frac{s}{1-\alpha} P_{B-1} = \left(\frac{s}{1-\alpha}\right)^2 P_{B-2} = \cdots\cdots = \left(\frac{s}{1-\alpha}\right)^{B-1} P_1$$

여기서 최하위 계층의 각 중심지에 의존하는 농촌인구를 m이라고 가정하면,

$$P_1 = m + C_1$$

이 성립되므로 $C_1 = \alpha(m + C_1)$에 의거하면,

$$P_1 = \frac{m}{1-\alpha}, \qquad C_1 = \frac{\alpha m}{1-\alpha}$$

$$P_1 = \frac{ms^{B-1}}{(1-\alpha)^B}, \quad C_1 = \frac{\alpha ms^{B-1}}{(1-\alpha)^B}$$

이 얻어진다. 위의 사실로부터 중심지의 계층이 상위계층으로 올라감에 따라 중심지 인구와 배후지 인구는 증대되고, 그 증가배율은 $s/(1-\alpha)$임을 알 수 있다. 예컨대, 계층 B의 중심지 인구는 이보다 한 단계 낮은 (B−1)차의 중심지 인구에 $s/(1-\alpha)$를 곱한 것과 같다.

이와 같은 중심지이론의 내용을 모식적으로 설명한 것이 Christaller의 이론 중 시장원리(market principle)이다. 이 원리에 의거한 중심지의 계층적 배치를 도식화한 것이 [그림 1-11]이다. 이 그림의 경우, 각 계층의 중심지는 각각 한 계층 하위의 중심지에 속하는 배후지와 두개의 중심지를 종속시킨다.

지금까지의 설명만으로는 중심지와 배후지의 인구규모는 알 수 있어도 중심지의 형성원리라 할 수 있는 중심지 간의 거리와 상품의 도달범위 등에 관해서는 또 다른 설명이 필요하다. [그림 1-11]에서 본 것처럼 Christaller의 중심지이론은 최고의 계층인 G-중심지로부터 최저의 계층인 M-중심지까지 5개 계층을 상정하고 있는데, 이 가운데 B-중심지로부터 설명이 시작된다(실제는 G-중심지의 상위계층으로 P-중심지와 L-중심지를 합하여 7개 계층임). 우선 중심지이론

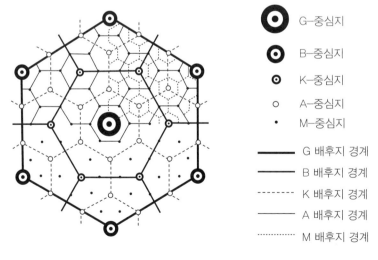

그림 1-11 시장원리에 따른 중심지체계

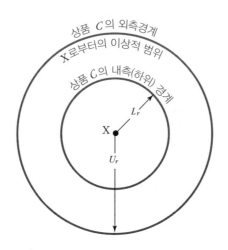

상품 C의 외측경계

X로부터의 이상적 범위

상품 C의 내측(하위) 경계

L_r

X

U_r

그림 1-12 배후지의 내측경계와 외측경계

출처: K. S. O. Beavon(1977).

의 기저를 이루는 상품 C의 도달범위, 즉 배후지에 관한 설명부터 시작해야 할 것이다.

[그림 1-12]에서 보는 것처럼 배후지(보완지역)는 내측경계(inner limit)와 외측경계(outer limit)로 세분된다. 내측경계는 상품·서비스를 공급하는 상점이 중심지 X에 입지하는 데에 필요한 최소한의 고객을 포함하는 배후지의 범위를 가리킨다. 이 경계는 인구규모상 최소요구값을 만족시킬 수 있는 범위이므로 정상이윤이 보장되는 배후지의 범위이며 하위경계(lower limit)라고도 부를 수 있다. 한편 외측경계는 중심지 X로부터 상품·서비스 C를 공급할 수 있는 최대한의 거리를 뜻하므로, 이 경계를 넘어서면 고객의 수요가 발생하지 않게 된다. 만약 중심지의 배후지가 이 경계까지 이르게 되면 중심지에 있는 상점은 최대의 이윤을 올릴 수 있으므로, 이 경계를 이상적 범위(ideal range)라고도 부른다. 외측경계는 내측경계보다 상품의 도달범위가 더 넓으므로 상위경계(upper limit)라고도 불린다.

결국 상품·서비스의 현실적 도달범위는 내측경계와 외측경계 사이에 존재하게 될 것이다. 내측경계의 범위를 L_r이라 하고, 외측경계의 그것을 U_r이라고 한다면, 상품이 도달할 수 있는 실제적 범위(real range)는 $(U_r - L_r)$이 될 것이

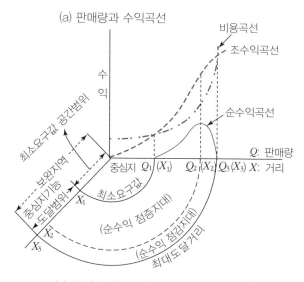

(a) 판매량과 수익곡선

(b) 중심지기능 도달범위와 수익지대

그림 1-13 배후지와 수익곡선

출처: R. L. Morrill(1974).

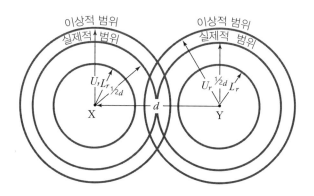

그림 1-14 상품 C의 이상적 범위와 실제적 범위의 관계

출처: K. S. O. Beavon(1977).

다. 따라서 중심지 X에 위치한 상점은 실제적 범위 내에서 초과이윤을 보장받을 수 있으나, 이 경계를 벗어나 외측경계에 이를 때까지는 이윤이 점차 감소한다.

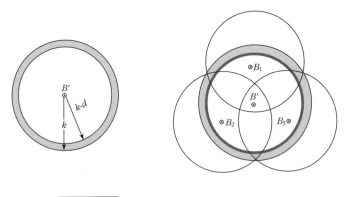

그림 1-15　중심지 B의 상품공급 사각지대

출처: K. S. O. Beavon(1977).

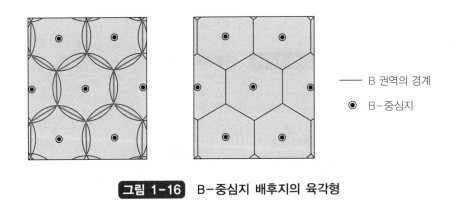

――― B 권역의 경계

◉　B-중심지

그림 1-16　B-중심지 배후지의 육각형

다시 말해서 실제적 범위는 이윤이 극대화되는 정점으로 간주될 수 있다는 뜻이다(그림 1-13). 그러나 [그림 1-14]에서 보는 바와 같이, 실제범위는 인접한 또다른 중심지 Y가 존재하면 상황이 달라진다. 즉 두개의 중심지 간의 거리를 d라고 하면, 실제적 범위는 $1/2d$가 된다는 것이다.

상품의 외측경계인 이상적 범위 U_r을 [그림 1-15]에서와 같이 k로 표현하면 $U_r = k$가 될 것이다. 전술한 바와 같이 Christaller는 B-중심지의 계층부터 이보다 낮은 K-중심지, A-중심지, M-중심지의 순으로(이른바 하향식 설명방법) 설명하였다. 그리하여 여기서도 B-중심지를 사례로 설명하고 있다. 지표상에는 중심지가 독립적으로 하나만 존재하는 것이 아니라 여러 개가 분포하고 있으므로 실

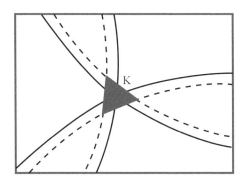

그림 1-17 B-중심지의 사각지대와 K-중심지의 등장

출처: K. S. O. Beavon(1977).

제의 배후지는 육각형으로 나타나게 된다(그림 1-16). 기하학적으로 도형 가운데 가장 효율적인 도형은 원이며, 이에 준하는 도형이 육각형이다. 도형의 효율성이란 중심으로부터 가장 먼 최원거리로 측정되는 이동의 효율과 주위(변)의 길이로 측정되는 경계의 효율을 모두 포함한다.

　3개의 B-중심지가 인접하여 분포하는 경우에 [그림 1-17]에서 보는 바와 같이 세개의 외측경계(그림의 실선)와 3개의 실제범위(그림의 파선)가 교차될 것이다. 이 경우에 상품·재화의 공급이 미치지 못하는 사각지대(그림의 음영 부분)가 발생한다. 바로 이런 곳에는 B-중심지보다 계층이 한단계 낮은 K-중심지가 등장하게 된다. 왜냐하면 B-중심지가 보유한 상품으로는 공급이 불가능하므로 이보다 낮은 K-중심지의 상품으로만 사각지대를 메울 수 있기 때문이다.

　일반적으로 중심지활동과 중심성은 중심지가 보유한 상품·서비스 등의 종류에 따라 입지탄력성이 상이하다. 그 사실은 재화의 종류에 따라 도달범위가 각기 상이함을 뜻하는 것이다. K-중심지 이하의 A-중심지 및 M-중심지가 등장하는 과정도 동일하므로, 여기서는 그 설명을 생략하기로 하겠다.

　중심지이론에서 또 중요한 것은 중심지 간의 거리와 상품의 도달범위(즉 배후지의 반경)를 이해하는 일이다. 이 설명 역시 B-중심지부터 시작해야 한다. 이들 세개의 B-중심지가 등간격으로 분포할 경우는 [그림 1-18]과 같이 나타낼 수 있다.

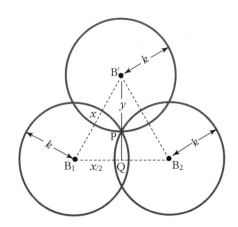

그림 1-18　3개 중심지 간의 거리관계

출처: K. S. O. Beavon(1977).

　　중심지로부터 배후지의 외측경계까지의 거리를 k라 하고, B · B₁ · B₂의 3 중
심지 간 거리를 x라 가정하자([그림 1-14]에서는 k를 U_r, x를 d라 하였음). 각
각의 중심지 B′ · B₁ · B₂를 연결하면 정삼각형이 그려진다. 기하학의 원리상 정
삼각형의 꼭지점 B′에서 밑변 B₁B₂로 직각의 수선을 그으면 B′Q : B′P=1.5 : 1
의 등식이 성립한다. 즉 B′P가 PQ보다 1.5배 길다. B′P를 y로 바꾸면 수선
B′Q=(3/2)y이 되며, B₁Q=(1/2)x가 될 것이다. 이것을 피타고라스의 정리에
대입하여 식을 전개하면,

$$x^2 = \left(\frac{1}{2}x\right)^2 + \left(\frac{3}{2}y\right)^2 = \frac{x^2}{4} + \frac{9y^2}{4}$$

$$\frac{3x^2}{4} = \frac{9y^2}{4}$$

$$x = 3y^2$$

　　그러므로 $x = y\sqrt{3}$이 산출된다. 여기서 $y = k$이므로

$$x = k\sqrt{3}$$

인데, 이것은 B-중심지 간의 거리(D_B)이므로

$$D_B = k\sqrt{3}$$

의 등식이 성립된다. 이와 동일한 과정으로 나머지 K, A, M-중심지 간의 거리를 산출하면 〈표 1-3〉과 같다. 또한, 동일한 계층의 중심지간 거리는 차하위 계층으로 내려갈수록 $1/\sqrt{3}$씩 좁아지는 것을 〈표 1-3〉에서 확인할 수 있을 것이다. 그러므로 상품의 도달범위를 R_j로 하고, 동일계층의 중심지간 거리를 D_j로 하면,

$$R_j = D_j / \sqrt{3}$$

이 성립된다. 이것을 B-중심지에 대하여 풀면,

$$R_B = k\sqrt{3} / \sqrt{3}$$
$$= k$$

가 성립된다. 이와 동일한 과정으로 나머지 K, A, M-중심지의 도달범위 R_K, R_A, R_M을 산출하면 〈표 1-3〉과 같다.

이상에서 설명한 중심지이론은 중심지와 배후지를 포함한 결절지역의 측면에 대한 권역이론이다. 중심지는 도시를 가리키며, 배후지(보완지역)는 도시권을 뜻한다. 그러므로 중심지이론은 도시권을 하나의 요소로 간주하는 도시체계론의 하나이다. 이 도시체계론은 도시간 관계에 초점을 맞춘 도시체계론일 뿐만 아니라 도시내부의 중심지(도심·부도심 등)에 초점을 맞춘 도시내부체계론을

표 1-3 중심지 간의 거리와 상품의 도달범위

중심지 계층	동일계층 중심지 간 거리	상품의 도달범위
B (Bezirksstadt)	$k\sqrt{3}$	k
K (Kreisstadt)	k	$k/\sqrt{3}$
A (Amtsort)	$k/\sqrt{3}$	$k/3$
M (Marktort)	$k/3$	$k/3\sqrt{3}$

출처: K. S. O. Beavon(1977), p. 22.

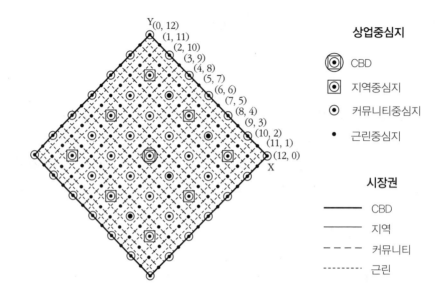

상업중심지

◎ CBD

▣ 지역중심지

◉ 커뮤니티중심지

● 근린중심지

시장권

—— CBD

—— 지역

- - - - 커뮤니티

-------- 근린

그림 1-19 **격자상 도시내부의 상업중심지 시스템**
괄호 안의 숫자는 CBD를 원점(0, 0)으로 하는 좌표를 나타냄.

출처: 林 上(1991).

포함하는 이론이다. R. M. Northam(1975)은 전자를 도시간 시스템(interurban system)이라 하고 후자를 도시내 시스템(intraurban system)이라 구별하였다. 또한 중심지이론은 도시의 계층별 분포를 고찰한 것이므로 도시입지론으로 볼 수도 있다. 그 후, Christaller의 중심지 이론은 A. Lösch를 비롯하여 W. Isard, B. J. L. Berry, M. J. Beckman, K. S. O. Beavon 등의 학자들에 의해 수정·발전되었다.

[그림 1-19]는 도시내부의 상업중심지 시스템을 모델화한 것이다. 여기서는 상술한 정육각형의 시장지역을 특징으로 하는 Christaller 타입의 모델이 아니라 그것을 일보 전진시킨 정방형 격자상 도로망을 전제로 하는 사각형시장모델로 표현되어 있다(林, 1991). 중심지이론에서는 합리적인 구매행동을 하는 소비자와 이윤최대화를 목표로 경쟁을 벌이는 기업가가 상정되어 있으며, 양자가 합리적인 행동을 행한 결과로서 계층적인 중심지 시스템이 출현하는 것으로 실명하고 있다.

이것에 의하면, CBD를 포함한 도심은 사각형 중앙에 입지하며, 그 이하의 중심지는 각각 등간격으로 분포한다. 그리고 하위계층의 중심지일수록 개수가 증가한다. 즉 CBD는 1개, 지역중심지는 8개, 커뮤니티 중심지는 40개, 근린중심지는 120개에 달한다. 이와는 달리, 각 중심지의 배후지는 상위계층의 중심지일수록 넓고 하위계층일수록 좁다. 중심지이론에 바탕을 둔 이러한 중심지 시스템은 입지론적 접근에서 본 이론이며, 실제의 중심지 분포는 여러 요인에 의해 왜곡되기 마련이다.

3. 도시의 경제적 기반

앞에서 설명한 중심지이론은 특정 시점의 도시기능과 인구분포에 관한 횡단면만을 취하여 행한 정적 분석(static analysis)이었다. 도시의 성장과 쇠퇴의 열쇠가 되는 경제적 기반을 분석하기 위해서는 무엇보다도 도시의 산업구조를 파악해야 한다. 도시의 발전은 경제적 기능에 의해 좌우되기 때문이다.

(1) 경제기반이론(economic base theory)

도시화의 급속한 진전과 도시계획 전문가의 출현으로 도시성장을 예측하고 도시발전을 촉진하는 메커니즘에 대한 관심이 높아졌다. 도시의 성장·발전은 도시경제의 산업부문과 서비스 수준의 강도로 측정될 수 있다.

경제기반이론에 의하면, 하나의 도시를 지탱하기 위한 기초는 그 도시의 외부로 상품이나 서비스를 판매하는 데에 있다. 도시내부를 역내(域內)라 하고 도시외부를 역외(域外)라 하므로, 도시외부로의 판매를 역외판매(exports)라 부른다. 이와 같이 도시외부에 판매하기 위해 생산된 상품·서비스를 기반(basic)이라 하고, 도시내부에 판매하기 위해 생산된 상품·서비스와 관련된 고용을 비기반(non-basic)이라고 한다. 기반은 배후지 주민의 수요로 창출되는 경제활동이므로 역내에 소득을 가져온다. 그러나 비기반은 도시내부 주민의 수요로 창출되는 경제활동이므로 역내에 어떤 소득도 가져다주지 못한다. 전자의 경제활동을 기반활동(basic activity)이라 하고, 후자의 그것을 비기반활동(non-basic activity)이라 부른다.

도시산업은 결국 기반활동이나 비기반활동에 근거하고 있는 셈이다. 이들 중기반활동에 기초한 산업을 이출산업(移出産業)이라 할 수 있고, 비기반활동에 기초한 산업을 지방산업으로 간주할 수 있다. 이출산업은 도시의 지속적 성장을 가능케 할 뿐더러 도시의 성쇠를 좌우하는 산업이므로 통상 기반산업(basic industry)이라 부르기도 한다. 이에 대하여 지방산업은 기반산업의 경제활동을 지탱해 주기는 하지만 도시성장의 직접적 메커니즘이 아니므로 통상 비기반산업(non-basic industry)이라 부른다. 가령, 소매업·개인서비스업·숙박 및 음식업 등이 이에 속한다.

이와 같은 이분법적 분류는 복잡한 경제기반을 파악하기에는 너무 단순하다고 생각될 수도 있다. 그러나 도시성장의 메커니즘이라는 관점에서 이와 같은 분류는 단순·명쾌할 뿐더러 도시경제분석의 출발점으로서 대단히 유용하다. 그 이유는 기반산업과 비기반산업 간에 다음과 같은 관계가 존재하기 때문이다.

가령, 어떤 이유로 기반산업에 대한 수요가 증가하여 그 고용량 E_B가 증가했다고 가정하자. 그러면 당연히 비기반산업에 대한 수요 역시 증가하게 될 것이며, 비기반산업의 고용량 E_{NB}의 증가가 파생될 것이다. 여기서 기반산업의 고용량의 최초 증가분 ΔE_B^0와 비기반산업의 고용량 증가분 ΔE_{NB}^1 사이에 다음과 같은 제1차의 관계가 성립된다고 가정하자.

$$\Delta E_{NB}^1 = \alpha \Delta E_B^0 \ (\text{단, } \alpha < 1) \hspace{2cm} (1\text{-}1)$$

또한 비기반산업의 고용량 증가분 ΔE_{NB}^1에 대해서도 마찬가지로 제2차적 비기반산업 고용의 증가분 ΔE_{NB}^2가 발생할 것이므로 다음 식이 성립한다.

$$\Delta E_{NB}^2 = \alpha \Delta E_{NB}^1 = \alpha^2 \Delta E_B^0$$

이런 경우에, 제2차의 고용증가는 제3차의 증가를 초래함은 물론, 그 다음에도 계속적으로 고용의 파생적 증가가 발생하는 과정을 거치게 된다. 그 결과, 최종적 총고용량 E는 다음과 같이 구해진다.

$$\Delta E = E_B^0 + \alpha \Delta E_B^0 + \alpha^2 \Delta E_B^0 + \cdots\cdots$$

$$= (1+\alpha+\alpha^2+\cdots\cdots)\,\Delta E_B{}^0$$
$$= (1-\alpha)^{-1}\,\Delta E_B{}^0 \qquad\qquad (1\text{-}2)$$

위의 식에서 α는 한계비기반산업의 고용계수로서 의미를 부여할 수 있고, 이 한계계수가 평균비기반산업의 고용계수와 같다고 가정할 수 있다면, 즉 수식으로 표현하여

$$\alpha = \frac{\Delta E_{NB}}{\Delta E} = \frac{E_{NB}}{E} \qquad\qquad (1\text{-}3)$$

가 성립된다면, 총고용량은 기반산업 및 비기반산업 고용량의 합계와 같으므로

$$E = E_B + E_{NB} \qquad\qquad (1\text{-}4)$$
$$E_B = E - E_{NB} = \left(1 - \frac{E_{NB}}{E}\right)E$$

가 성립한다. 식(1-3)을 이용하여 다음과 같은 관계식을 도출할 수 있다.

$$E = (1-\alpha)^{-1}E_B \qquad\qquad (1\text{-}5)$$

또는 식(1-4)를 다음과 같이 변형하면,

$$E = \left(1 + \frac{E_{NB}}{E_B}\right)E_B$$
$$E = (1+\beta)E_B \quad (\text{단, } \beta = E_B/E_{NB}) \qquad (1\text{-}6)$$

가 얻어진다. 여기서 β는 기반/비기반 비율(basic/non-basic ratio) 또는 B/N비라고도 부른다.

이상에서 설명한 바와 같이 기반산업의 고용증가로부터 비기반산업의 고용 및 총고용량의 증가가 파생되는 관계는 J. M. Keynes의 승수이론(Keynesian multiplier theory)과 동일한 구조를 지니고 있다. 그러므로 케인즈의 승수이론에

서 한계소비계수가 주어지면 투자의 총수요에 미치는 승수효과가 파악되는 것
과 마찬가지로, 비기반산업의 고용계수 α 혹은 B/N비 β가 주어지면 기반산업의
고용증가가 총고용에 미치는 승수효과 역시 파악될 수 있을 것이다. 그리고 인
구증가에 미치는 승수효과도 고용량 · 인구비율 γ가 주어지면 다음의 식으로 파
악될 수 있을 것이다. 인구를 P로 나타내면,

$$P = \gamma E = \gamma (1 + \beta) E_B = \gamma (1 - \alpha)^{-1} E_B \qquad (1\text{-}7)$$

가 성립된다. 이와 같은 경제기반이론은 케인즈류의 국민소득이론이 산업관련
분석법과 접목된 것처럼 이 분석법과 접목하여 더욱 정밀한 이론구성으로 실증
적 분석에 적용할 수 있을 것이다. 기반산업의 통계적 파악은 결코 쉬운 일이 아
니지만, 경제기반이론은 적어도 도시경제의 분석도구로서 대단히 유용한 이론
이다.

(2) Thompson의 도시성장 시나리오

W. Thompson은 그의 저서 『도시경제학 서문』에서 도시성장에 관한 시나리
오를 제시한 바 있다. 그는 이 시나리오에서 기반/비기반의 이분법을 사용하여
한 도시의 발전과정을 제1단계부터 제5단계로 세분하여 설명하였다. 제1단계는
역외판매 전문화(export specialization)의 단계로, 하나의 제조업체를 바탕으로
지방경제가 출현하여 그 도시의 외부로 상품을 판매할 때 나타난다. 제2단계인
역외판매 단지(export complex)의 단계는 여러 업체가 추가되어 생산하기 시작
되거나 최초의 회사로부터 생산품을 구입하기 시작할 때 전개된다. 그리고 곧이
어 도시외부(역외)로의 상품판매에 초점이 맞춰진다.

제3단계인 경제적 성숙(economic maturation)의 단계는 소매업 · 도매업 ·
교통업과 같은 도시내부의 서비스부문이 성장할 때 나타난다. 성장이 지속됨
에 따라 그 도시는 일시적으로 경쟁적 관계에 있었으나, 현재는 위성도시가 된
타도시들의 도매업 중심지 혹은 재정 중심지로서의 역할을 담당한다. 제4단계
인 광역도시(regional metropolis)의 단계에 이르게 된 도시들은 그 배후지에 많
은 서비스를 제공한다. 마지막으로, 제 5단계인 기술적 · 전문적 원숙(technical-

professional virtuosity)의 단계는 한 도시의 국가적 혹은 국제적 차원의 종주성
(宗主性)을 바탕으로 지배적 위상을 나타낸다.

일반적으로 대도시는 전문화된 기능을 보유함으로써 중요한 역할을 담당하
는 경우가 많다. 예컨대, 뉴욕의 금융기능, 디트로이트의 자동차 생산기능, 보스
턴의 교육 · 연구기능, 파리 및 밀라노의 패션중추기능, 프랑크푸르트의 금융거
점기능, 도쿄의 국제금융기능 등이 그것이다. Thompson은 상술한 5단계가 임의
적이고 직관적이라는 사실을 인정하면서도, 각 단계는 도시가 성장함에 따라 순
차적으로 확대된 역할을 담당한다고 주장하였다. 물론 모든 도시가 5개의 발전
단계를 빠짐없이 경험한다는 것은 아니다. 일부 도시들은 다른 중심지와의 경
쟁, 불리한 입지조건, 중심성의 결핍으로 정체되거나 쇠퇴하기도 한다. 이와는
달리 어떤 도시들은 경기활황, 유리한 입지조건, 선호된 자원의 비교우위성 등
을 배경으로 번영하고 있다.

┤참│고│문│헌

강대현(1975), 『도시지리학』, 교학사.

강병기·김 원·이종익(1984), 『도시론: 이론과 실제』, 법문사.

김경환·서승환(1994), 『도시경제론』, 홍문사.

김 인(1991), 『도시지리학원론』, 법문사.

_____·박수진(2006), 『도시해석』, 푸른길.

남영우(1985), 『도시구조론』, 법문사.

_____·최재헌·손승호(2009), 『세계화시대의 도시와 국토』, 법문사.

손승호·남영우(2006), 『서울의 도시구조 변화』, 다락방.

안재학(1997), 『도시학개론』, 새날.

원제무·박용훈(1993), 『정보화 사회와 글로벌도시』, 박영사.

이기석(1983), "지리학 연구와 개념에 대하여," 『지리학 과제와 접근방법』, 교학사, 81~92.

_____(1993), "서울의 도시지리학적 연구성과와 과제," 『서울연구의 현재와 미래, 서울시정개발연구원 개원 1주년 세미나』, 13~27.

최재선(1991), 『지역경제론』, 법문사.

홍경희(1983), 『도시지리학』, 법문사.

高橋伸夫·菅野峰明·永野征男(1984), 『都市地理學入門』, 原書房, 東京.

菊竹淸訓(1978), 『人間の都市』, 井上書院, 東京.

磯村英一(1975), 『都市と人間』, 大明堂, 東京.

_____(1977), 『現代都市社會學』, 鹿島出版會, 東京.

藤田弘夫(1990), 『都市と國家』, ミネルヴァ書房, 京都.

鈴木 廣·高橋勇悅·蓧原陸弘(1989), 『都市』, 東京大學出版會, 東京.

山田浩之(1981), 『都市の經濟分析』, 東洋經濟新報社, 東京.

世良晃志郎 譯(1985), 『都市の 類型學』, 創文社, 東京.

林 上(1991), 『都市地域構造の形成と變化』, 大明堂, 東京.

佐貫利雄(1977), 『現代都市論』, 學研, 東京.

矢田俊文(1990), 『地域構造の理論』, ミネルヴァ書房, 京都.

岩井弘融(1977), 『都市社會學』, 有斐閣, 東京.

田邊健一(1979), 『都市の地域構造』, 大明堂, 東京.

_____ ·渡邊良雄(1989), 『都市地理學』, 朝倉書店, 東京.

秋山政敬(1990), 『圖說都市構造』, 鹿島出版會, 東京.

服部銈二郎(1984), 『都市の表情: らしさの表情像』, 古今書院, 東京.

_____ (1992), 『都市: 人類最高の傑作』, 古今書院, 東京.

戶所 陸(1991), 『商業近代化と都市』, 古今書院, 東京.

Abrams, C.(1967), *The City is the Frontier*, Harper & Row, New York.

Beaugeu-Garnier, J. and Chabot, G.(1971), *Urban Geography*, Longman, London.

Beavon, K. S. O.(1977), *Central Place Theory: A Reinterpretation*, Longman, London.

Childe, V. G.(1951), The Urban Revolution, in R. LeGates & F. Stout, ed.(1996), *The City Reader*, Routledge, London, 20～30.

Christaller, W.(1966), *Central Places in Southern Germany*, Prentice-Hall, Englewood Cliffs, NJ.

Corbusier, L.(1929), *The City of Tomorrow and its Planning*, Rodher, London.

Dickinson, R. E.(1964), *City and Region*, Routledge & Kegan Paul, London.

Freedman, J.(1975), *Crowding and Behavior*, Freeman, San Francisco, CA.

Garreau, J.(1991), *Edge City: Life on the New Frontier*, Anchor Books, New York.

Glaab, C. N. and Brown, A. T.(1967), *A History of Urban America*, Macmillan Co., New York.

Gottmann, J.(1961), *Megalopolis: The Urbanized Northeastern Seaboard of the United States*, MIT Press, Cambridge MA.

Haggett, P.(1975), *Geography: a modern synthesis*, Harper & Row, New York.

_____, Cliff, A. and Frey, A.(1977), *Locational Analysis in Human Geography*, Edward Arnold, London.

Hartshorn, T. A.(1980), *Interpreting the City: an urban geography*, John Wiley & Sons, New York.

Henderson, J. M.(1962), *Foci for Regional Growth Analysis: An Interregional Trade and Income Model*, University of Minnesota Press, Minneapolis.

Howard, E.(1898), *Tomorrow: A Peaceful Path to Real Reform*, Sonnenschein, London.

Kawashima, T.(1975), Urban agglomeration economies in manufacturing industries, *Papers of the Regional Science Association*, 34, 21～32.

Hirsh, W. Z.(1973), *Urban Economic Analysis*, McGraw-Hill, New York.

Jones, E.(1964), *Human Geography*, Transactions of the Institute of British Geographers London.

Lang, R. E.(2003), *edgeless cities: exploring the elusive metropolis*, The Brookings Institution, Washington, D. C.

Luedke, L. S. ed.(1987), *Making America: The Society and Culture of the United States*, 고대영미문화연구소 역(1989), 고려대학교 출판부.

Mayer, H.(1976), Definitions of City, Bourne, L.S. ed., *Internal Structure of the City*, Oxford Univ. Press, London, 28~31.

Mills, E. S.(1972), *Urban Economics*, Scott, Foresman, New York.

Morrill, R. L.(1974), *The Spatial Organization of Society*, Duxbury Press, New York.

Mumford, L.(1961), What is a city?, Le Gates, R. T. and Stout, F. ed.(1996), *The City Reader, Routledge*, London, 183~188.

Northam, R. M.(1975), *Urban Geography*, John Wiley & Sons, New York.

Proshansky, H.(1978), The city and self-identity, *Environment and Behavior*, 10, 147~170.

Reissman, L.(1964), *The Urban Process: Cities in Industrial Societies*, The Free Press, New York.

Thompson, W.(1956), *A Preface to Urban Economics*, Johns Hopkins Univ. Press, Baltimore.

Weber, M.(1956), *The City*, The Free Press, New York.

Wirth, L.(1938), Urbanism as a Way of Life, in R. T. Le Gates and F. Stout ed.(1996), *The City Reader*, Routledge, London, 189~197.

_____(1958), *Community Life and Social Policy*, University of Chicago Press, Chicago.

도시내부의 공간구조

Introduction

공간이란 무엇이며, 도시공간은 어떤 의미를 지니고 있는가? 도시공간은 어떻게 구조화되어 도시공간구조를 조직하는 것일까? 흔히 도시구조라 불리는 도시 내부의 공간구조는 도시기능의 분산과 집중, 그리고 분화의 결과에 의해 공간적 상호작용에 기초하여 조직되는 것이다. 이렇게 조직된 도시구조는 어떤 과정을 거쳐 변모하는가? 이러한 내용을 설명한 본장은 본서의 출발점인 동시에 핵심을 이루고 있다.

Keywords

공간, 도시공간, 공간구조, 등질지역, 결절지역, 기능지역, 도시기능, 분화, 지역분화, 계층구조, 입지분화, 분산, 집중.

01 도시의 공간구조란?

1. 공간구조의 개념

(1) 공간(空間)의 개념

지리학 및 인접 분야에서 사용되는 공간의 개념은 대단히 추상적이고 포괄적인 의미를 내포하고 있다. 공간의 의미에는 기하학적 거리뿐만 아니라 지리적 차이, 장소의 개념, 특이성 그리고 지역적 차이를 포함한다. 구체적으로는 인간의 의·식·주생활을 영위하고 있는 장소는 물론이거니와 인류의 기술발달 수준에 따라서 무한하게 변화할 수 있는 자연상태 그대로의 지표 공간까지 포함하는 역동적인 공간과 정적인 공간 모두를 포함한다. 또한 공간은 인간과 자연 상호간의 작용으로 변화할 수 있고, 공간에 담겨진 지리적 사상(feature)과 가치의 종류에 따라 공간의 기능과 성격이 달라진다. 공간의 변화란 물리적 변화와 화학적 변화를 모두 포함한다.

지역과학의 연구대상이 되는 주거지로서의 지표·지역·장소·위치 등은 모두 인간이 생활하는 공간이다. 공간에 인간의 존재가 배제된 경우에는 단순한 자연공간(physical space)이라 하고, 이와는 달리 인간이 개재된 경우에는 인문공간(human space)이라 부른다. 그러나 도시공간은 인종상태·가족상태·경제상태의 3차원으로 해부한 R. A. Murdie는 제7장에서 후술하는 것처럼 이들을 총괄하여 사회공간(social space)이라 불렀다. 이들 공간 가운데 도시학 인접분야에서는 인문공간과 사회공간에 관심을 기울인다.

한편, 공간은 절대적 공간(absolute space)과 상대적 공간(relative space)으로 분류되기도 한다. 절대적 공간은 공간이 어떤 지리적 사물이나 현상(즉 사상)을 담고 있는 그릇에 불과하다는 인식에서 나온 것이다. J. Blaut(1961)는 지리학의 오랜 전통 중에 하나인 "어디에 무엇이 있다."는 입지론적 공간개념이 바로 절대공간인식이라고 지적하였다. 즉 공간이란 자체가 경험적이고 뚜렷하며 물리적으로 존재하는 실체라고 간주할 수 있다는 것이다.

상대적 공간은 인간이 주체가 되어 공간을 이용하고 인간활동이 공간을 변화시킬 수 있다는 인식에서 비롯되었다. 예컨대, 교통수단과 교통로의 혁신적 발달은 지리적 거리를 시간적 거리로 단축시켰고 넓었던 세계를 축소시켜 지구촌이라는 공간개념을 낳게 하였다. 이와 같이 각종 교통시설과 정보·통신의 발달은 인간의 환경지각 및 공간인식의 범위를 넓혀주어 공간개념을 다양하고 폭 넓게 만들었다.

공간개념은 원래 물리학 및 수학과 철학 분야에서 심도 있게 고찰되어 왔다. 특히 뉴턴 역학에서는 이론상 절대공간이 필수불가결한 전제조건이었다. I. Newton은 "주어진 공간에서 물체의 상호간 운동은 그 공간이 정지되어 있어도 혹은 원운동(圓運動)을 하지 않고 직선상을 일정하게 움직이고 있어도 동일하다."고 주장하였다. G. W. Leibniz와 C. Huygens의 절대공간에 대한 비판에도 불구하고, Newton의 절대공간 개념은 물리학 연구의 기본적 전제가 되었다.

J. Keill은 "공간이란 모든 물체가 그 속에 장소를 차지하고 있는 것이다."라고 설명하면서, 공간은 침투가능하며 모든 물체를 그 자체 속으로 받아들이고 무엇이든지 침입해 들어오는 것을 전혀 거부하지 않는다고 하였다. 또한 공간은 움직이지 않고 고정되어 있으며 어떤 작용이나 형상, 성질을 지니지 못한다. 공간의 각 부분은 아무리 강한 힘을 가해도 서로 분리되는 법이 없다. 그러나 공간그 자체는 움직이지 않더라도 운동하고 있는 사물을 차례로 수용하고 그 운동의 속도를 결정한다.

19세기 중엽에 공간에 관한 혁명적인 견해가 수학자들에 의해 제기되었다. 그 견해에 따르면, 공간은 편의적으로 해석된다는 것이다. 이것은 J. Locke 등의 경험론과 유사한 해석이라고 볼 수 있다. 독일의 실존철학자 M. Heidegger는 공간적 질서를 기능론적으로 구성하려고 시도하였다. 그의 유명한 공간론에 관하여 여기서 상세히 설명할 필요성을 느끼지는 않지만, 현상은 물질(Ding)로서가 아니라 도구(Zeug)로서 나타난다고 보아야 한다. 그렇다면 도구 상호가 지닌 관련성에서 생각해 볼 때, 존재의 공간성은 스스로 질서를 세우게 될 것이다(原, 1991). 뉴턴식 역학이론을 전개한 L. Euler는 "공간(locus)이란 그 속에서 우주가 구성되어 있는 무한대 공간(spatium)의 부분이다. 이런 의미에서 그 공간은 상대적 공간과 구별하기 위해 절대공간으로 불린다."고 주장하였다.

공간에 대한 물리학 및 철학적 해석은 차치해 두더라도, M. Castells는 공간의 구체적인 의미를 설명하기 위하여 도시공간의 개념을 도입하였다. 그는 도시공간을 자본주의적 생산양식을 결정하는 경제구조라 간주하고, 이 경제구조는 생산수단과 노동력의 두 가지 요소로 구성되어 있다고 주장하였다. 그러나 그와 같은 정의는 도시공간을 너무 단순화시킨 협의적 정의라는 비판을 면할 길이 없을 것이다. Castells와 같은 협의적 정의보다는 오히려 전술한 바 있는 Keill의 정의에 입각하여 "도시공간은 도시시설이 차지하고 있는 장소를 가리킨다."라고 설명하는 쪽이 더 이해하기 쉽다.

(2) 공간구조의 개념

지표공간은 분류기준과 방법에 따라 다수의 공간으로 구분된다. 공간 속에 도시적 요소들이 포함되어 있으면 도시공간으로, 또 그 속에 농촌적 요소들이 들어 있으면 농촌공간으로 분류된다. 이러한 관점에서 볼 때, 공간은 지역과 개념적 차이가 없음을 알 수 있다. 즉 도시공간은 도시지역과 동일한 용어이며, 농촌공간은 농촌지역이라 표현해도 아무런 차이가 없다. 그러나 후술하는 것처럼 경우에 따라서는 양자 간에 미묘한 차이가 있음에 유념해 두어야 한다.

큰 규모의 공간 속에는 그보다 작은 규모의 여러 공간이 포함되어 있기 마련이다. 따라서 소공간(하위공간)이 여러 개 모여 더욱 큰 대공간(상위공간)을 형성하게 된다. 더 나아가 모든 대공간이 모여 지구표면의 전부를 망라하는 세계공간을 구성하게 된다. 세계공간이란 사실상 지구의 대기권을 한계로 하는 지구공간을 뜻한다. 이와 마찬가지로 가옥은 지붕 · 기둥 · 벽 · 창문 · 굴뚝 등이 모여 그들 각 부분이 각각의 역할을 함으로써 부분이 전체가 되어 구조화된다. 가옥의 구성체인 지붕은 눈과 비를 막아주는 기능, 기둥은 지붕을 받쳐주는 기능, 벽은 외부와 차단해 주는 기능, 굴뚝은 연기를 배출하는 기능밖에 없지만, 이러한 기능들이 모여서 주거기능이라는 한 차원 높은 기능을 발휘할 수 있게 된다. 이처럼 다수의 부분공간이 모여 각기 주어진 역할을 다함으로써 더 큰 전체공간을 구성하여 한 차원 높은 또 다른 기능을 발휘하게 될 경우에 이것을 공간구조(spatial structure)라고 부른다.

그런데 여기서 유의해야 할 것은 하나의 공간을 구성하는 자연적 · 사회적 ·

경제적 · 역사적 요소들의 통합체 자체를 공간구조라고 볼 수 없다는 점이다. 각 요소들의 통합체는 자연구조 · 사회구조 · 경제구조일 뿐이며 결코 공간구조를 이룬 것이 아니다. 공간이 구조화되기 위해서는 대공간(전체공간)을 구성하는 소공간(부분공간)은 서로 기능적 관계를 맺고 있어야 한다. 각 부분공간들은 상호간에 무언가의 기능적 연계가 있어야 비로소 공간구조가 성립되는 것이다.

이상에서 설명한 사실에 비추어 다시 한번 정리하면, 공간구조는 지리적 사상(사물과 현상)을 담고 있는 부분공간들이 질서 있게 일련의 관계를 맺으면서 배열된 패턴의 형태라고 할 수 있다. 따라서 공간구조는 구조화의 과정을 거친 결과물로써 실체화되어 공간적 형태로 각인된 것이며, 그 형태는 점(node) · 선(line) · 면(surface) 등의 기하학적 실체로써 표현될 수 있다. 공간상에 나타나는 질서는 추상적이거나 상징적인 것이 아니라 점이나 면으로 표현될 수 있는 공간 간의 상호작용을 통해서 서로 연결되므로 구체적인 것이다.

그와 같은 공간적 상호작용은 도시 및 중심지 간의 교통망과 같은 일정한 경로를 따라 이루어지는 이동(movement) 또는 흐름(flow)이라고 볼 수 있다. 따라서 하나의 공간구조는 부분공간들 간의 상호작용이 항상적으로 이루어지는 유기체로 간주될 수 있으며, 구조화된 공간은 정태적이라기보다는 역동적인 존재로 이해하는 것이 타당할 것이다. 일단 공간구조가 형성되면, 그것은 또 다른 공간을 생성시키거나 새로운 공간적 상호작용을 유발시킨다.

이와 같이 공간구조와 공간적 상호작용은 순환적 · 누적적 인과관계(circular and cumulative causation)를 맺고 있다는 것이 논리실증주의자들의 공간구조에 대한 인식이다. 일반적으로 공간과정(spatial process)은 공간구조가 성립되기까지의 시공간적 과정을 의미하는 것이므로, 거꾸로 공간구조는 공간과정에서 결과된 부분공간의 배열상태 내지 배열양식이라고 볼 수 있다.

예컨대, Von Thünen의 고립국(isolated state)은 하나의 이론적 가설이지만 도시를 중심으로 자유식 농업, 임업, 윤재식 농업, 곡초식 농업, 삼포식 농업, 축산업이라는 서로 다른 경영방식에 따른 농업공간이 동심원의 배열을 이루고 있다. 이들 각 공간은 등질적 공간이며, 그것들은 중심도시의 시장에 대히여 교통 또는 수송비라는 기능적 관계에 기초하여 배열되고 조직된 것이므로 이른바 「고립국의 공간구조」를 형성한다고 볼 수 있다.

이와는 달리 공간구조를 사회과정(social process)과 사회구조에 의해 만들어진다고 보는 구조주의적 관점이 있다. 특히 지리학분야의 구조주의자들은 사회·정치·복지·환경·경제·지역개발 등의 분야에서 공간에 존재하는 질적 차이점이나 공간구조의 사회적 모순, 사회적 갈등, 지역격차 등의 문제에 관심을 갖는다. 그들은 도시공간에 관심을 기울이면서 특히 경제발전과 도시화의 진전에 따른 국가의 경제정책이나 기업조직 분화의 과정과 정치적 요인에 따라 공간구조가 형성되고 분화된다고 보고 있다.

2. 도시내부의 공간구조 개념

일반적으로 도시구조라고 하면 그것은 도시의 내부구조(internal structure of the city)를 뜻하며, 그 구조는 공간적 구조 또는 지역적 구조를 가리킨다. 1970년대 초부터 도시구조에 관심을 기울였던 캐나다의 지리학자 L. S. Bourne (1982)은 도시구조라는 용어가 도시내부의 구조를 지칭한다는 점을 지적하면서, 내부구조(internal structure)란 도시 내의 사회적 요소와 물리적 요소들의 입지·배열·상호관계를 일컫는다고 하였다. 또한 그는 도시구조를 규명하기 위해서는 공간적 분포와 이들 분포 간의 상호작용을 고찰해야 한다고 강조하였다.

도시구조가 도시내부의 공간구조임을 지적한 Bourne의 주장은 1970년대 초의 도시상황을 염두에 둔 것이다. 그는 1980년대 이후에 근교지역에서 진행된 도시주변부의 상황을 예상하지 못하였다. 근교의 토지이용이 다양해짐에 따라 도시구조는 더 이상 도시내부의 공간에만 한정되는 범위가 아니다. 이른바 뉴어바니즘의 등장을 간과한 것이다. 그러므로 근교화가 활발한 대도시의 경우에는 「도시공간구조」라 표현하는 것이 적절하다.

도시내부에는 각기 성격을 달리하는 여러 종류의 공간이 존재하고 있다. 구체적으로는 상업공간·공업공간·주거공간·업무공간·레저공간 등이 그것이다. 이와 같은 토지이용을 달리 하는 각 부분공간이 모여 하나의 도시공간을 구성한다. 「도시구조」라는 용어는 명확한 정의 없이 사용되는 경우가 많지만, 이 용어를 사용할 경우에는 전술한 바와 같이 개념규정에 입각하여 엄격하게 제한되어야 한다. 「도시의 공간구조」와 유사한 용어로써 「도시의 지역구조」라는 용어도 빈번하게 사용되고 있다. 이들 두 용어는 때때로 혼동하여 사용되기도 하지만 공간과 지역의 개념적 차이만큼 뚜렷하지 않다.

도시의 공간구조는 Bourne(1982)이 정의한 것처럼 도시지역을 구성하고 있는 요소(즉 부분공간)의 배열상태 내지 배열방식을 의미하는 동시에 배열된 각 요소와 전체(즉 전체공간)와의 관계를 뜻한다. 그러나 도시의 공간구조는 요소의 배열 및 공간적 위치뿐만 아니라 요소 자체의 패턴·거리·형태 등과 같은 기하학적 특징까지도 포함하여 사용될 때가 많다. 그러나 이처럼 미미한 차이에도 불구하고, 공간구조와 지역구조의 공통점은 도시가 여러 요소들에 의하여 공간적으로 조직된 하나의 전체라는 점이다. 여기서 도시를 구성하고 있는 요소라 함은 도시내부에 존재하는 등질적 공간 또는 기능적 공간을 가리킨다. 우리가 유념해 두어야 할 것은 근래에 이르러 선진국 도시를 중심으로 도시외곽부의 근교 및 원교 일대가 복잡한 양상으로 도시화됨에 따라 도시구조가 반드시 도시내부만에 국한된 것이 아니라는 사실이다.

지리학에서는 이들을 각각 등질지역(homogeneous region)과 결절지역(nodal region)이라는 용어를 사용한다. 등질지역은 균등지역·균질지역으로도 부르고, 결절지역은 통일지역(integrated region) 또는 기능지역(functional region)이라고도 부른다. 그러나 엄밀하게는 결절지역·통일지역·기능지역 간에 약간의 의미상 차이가 있다. 특히 결절지역과 기능지역은 혼동되어 사용하는 경향이 있으나 엄연히 다른 용어이다. 예컨대, 중심지이론의 육각형구조는 결절지역에 속하며, 수도권·통근권과 같은 권역은 기능지역에 속한다. 이에 대한 내용은 뒤에 다시 재론할 기회가 있을 것이다.

아무튼 도시의 공간구조와 지역구조는 약간의 차이가 인정되지만 엄밀하게 구별하기는 어렵다. 「공간구조」가 추상적이며 이론적이라고 한다면, 「지역구조」는 경험적이며 현실적인 경우에 사용되는 사례가 많은 것 같다. 우리들이 도시구조를 파악하기 위해서는 등질지역의 측면에서 접근할 수 있고 또는 결절지역의 측면에서 접근할 수도 있다. 왜냐하면 공간구조(또는 지역구조)를 구성하는 부분공간(또는 부분지역)은 등질지역일 수도 있고 결절지역일 수도 있다. 또한 양 측면을 동시에 고려하여 도시구조를 파악할 수 있다면 더욱 이상적일 것이다(본서의 제7장 제3절을 참조할 것). 등질지역적 접근과 결절지역적 접근으로 도시구조를 파악하는 일은 그야말로 입체적 접근법이라고 할 수 있다.

등질지역의 개념이 결절지역의 그것보다 일찍 제기되어, 등질지역적 접근방법은 오래 전부터 지속되어 온 공간분석 또는 지역분석의 패러다임이었다. 이에 대하여 결절지역의 개념은 등질지역의 그것보다 뒤늦게 제기되었거니와 그 내용에 있어서도 비교적 복잡하다. 등질성(homogeneity)에 기초하여 지역구분하는 등질지역이라고 하여 저급하고, 이질성(heterogeneity) 또는 결절성(nodality)에 근거하여 지역구분하는 결절지역이라고 하여 고급하다고 단정지을 수 없다.

결절지역적 공간인식은 공간(지역)을 구조적으로 파악하는 것임은 분명하지만, 그렇다고 하여 등질지역이 구조적이 아니라고 단언할 수 없는 일이다. 요컨대, 공간구조라는 개념과 지역을 단순히 등질지역과 결절지역으로 구별하는 것은 별개의 일이다. "등질지역이나 결절지역을 구성하는 부분지역이 서로 기능적 관계를 갖고 여하히 결합하여 전체지역을 이루게 되는가"하는 결합의 방법이 지역구조(공간구조)이며, 그와 같은 구조화의 결과를 분석하는 작업이 곧 지역(공간)의 구조를 파악하는 일이 되는 것이다.

지리학자를 비롯한 도시학자는 초기에는 도시를 점(point)의 사상으로 다루어 왔으나, 20세기 중반부터는 면(surface)의 사상으로서도 다루기 시작하였다. 이는 도시가 면적(面的)으로 다루어야 할 만큼 성장하였기 때문일 것이다. 그리하여 도시연구자는 도시의 공간구조를 구성하고 있는 각 요소의 연구에만 중점을 두었으나, 그 후 차츰 요소간의 공간적 관계, 기능적 관계, 인과관계에 관심을 기울이기 시작하였다. 그것은 도시공간구조의 규명이 도시연구의 핵심 분야가 되었음을 의미하는 것이다. 경제학이 경제구조를, 사회학이 사회구조를, 정치학이 정치구조를, 물리학이 물질입자의 구조를, 의학이 신체구조를 규명하는 것이 궁극적 목표라고 한다면, 도시학은 도시구조의 규명을 목표로 삼아야 할 것이다.

02   도시의 공간구조는 공간분화의 결과물이다

1. 경제입지의 분화

경제적 공간조직을 형성하는 원초적인 단위는 개개의 경제입지이며, 이들은 각기 최소규모의 경제공간으로서의 성격을 지니고 있다. 도시 내에 분포하는 다양한 경제입지의 배열은 도시의 원초적 공간구조를 형성한다. 또한 도시 내의 수많은 경제입지 가운데 동일한 성격을 갖는 경제입지들이 특정한 공간에 집적하여 개개의 경제입지보다 규모가 큰 상위의 경제공간을 형성하게 된다. 그러므로 하나의 도시내부에는 몇몇의 각기 특유한 경제공간이 형성되며, 이들 경제공간의 배열은 보다 상위의 공간구조를 형성하게 된다. 도시의 공간구조 또는 지역구조는 일반적으로 이러한 단계에 이른 구조를 가리키므로 대도시일수록 복잡한 공간구조를 갖게 된다.

이러한 의미에서 공간구조는 도시와 농촌에만 국한되어 형성되는 것이 아니라, 인간이 경제적 가치를 추구하기 위해 이용하고 있는 모든 지표에도 형성되어 있다. 인간이 토지를 이용하는 것은 경제생활을 영위하기 위해 행해지는 경제활동 또는 경제행위라고 할 수 있다. 이들 활동·행위는 경제입지를 중심으로 이루어진다. 그러므로 장소를 불문하고 일정한 지역에서 형성되는 공간구조는 경제적 공간구조(economic spatial structure)의 의미로써 인식될 수 있다. 경제적 공간구조는 인간이 토지공간을 이용하려 할 경우에 각기 다른 토지의 특성에 맞추어 이용하는 것에서 유래된다.

토지공간을 효율적으로 이용하려면 반드시 경제입지를 형성해야 하므로, 인간이 각각의 장소에 알맞은 경제입지를 형성하는 것이 공간구조가 만들어지는 출발점인 것이다. 우리는 실제로 토지이용을 관찰해 봄으로써 각기 다른 공간에 다양한 성격의 경제입지가 형성되어 있음을 확인할 수 있다. 이와 같이 공간에 따라 각종 경제입지가 자리 잡는 과정은 어떤 공간의 토지이용이 그보다 작은 공간으로 분화되는 과정으로 인식될 수 있다.

이상과 같은 의미에서 볼 때, 공간분화(spatial differentiation)는 공간구조의 출발점이며, 공간분화과정의 결과가 공간구조라고 생각할 수 있다. 도시과학 내지 도시학의 연구목적이 공간구조의 규명에 있다고 한다면, 도시연구가는 필연적으로 공간적 분화과정을 고찰하지 않으면 안 된다. 지역분화의 결과라 할 수 있는 지역구조 역시 마찬가지이다.

L. Waibel은 농업의 지역분화를 규명하는 학문이 농업지리학이라고 규정한 바 있다. 그가 말하는 농업의 지역분화는 토지이용의 형태가 장소에 따라 각기 다른 양식으로 행해져 일어난 것이다. 또한 지역분화는 다양한 양식의 농업적 토지이용이 일정한 위치와 공간을 점유하여 행해지게 되는 과정 또는 그 결과로써 생기는 현상을 의미한다. 그러므로 Waibel이 강조하는 농업의 지역분화는 농업의 공간적 전문화(spatial specialization)라고도 표현될 수 있을 것이다. 이와 마찬가지 맥락에서 도시의 공간적 전문화는 도시의 공간적 차이(spatial difference) 또는 경제입지의 특화를 의미하는 것으로 이해된다.

이처럼 Waibel의 논리를 따른다면, 도시학은 도시의 공간분화 또는 지역분화를 밝히는 학문이라고 규정지을 수 있으며, 도시의 공간분화는 도시적 토지이용의 형태가 공간에 따라 이질화함에서 비롯되는 것이라고 설명할 수 있을 것이다. 따라서 도시의 공간분화는 도시의 공간적 전문화 정도를 고찰함으로써 파악될 수 있다. 구체적으로는 도시가 주거공간 · 상업공간 · 업무공간 · 공업공간 등의 전문화된 정도에 따라 구분되는 공간을 가리킨다.

경제적 토지이용은 반드시 특정한 경제입지를 전제로 하여 구체화 된다. Waibel이 언급한 농업지역의 분화는 농업입지의 전개를 통하여 진행되는 것과 마찬가지로, 도시지역의 분화는 상점 입지 · 공장 입지 · 사무실 입지 · 주택 입지 등의 형성을 통하여 진행된다. 결국 도시의 공간적이고 지역적인 분화는 각종 도시시설의 입지가 지표 공간상에 형성되는 과정이며, 따라서 이것은 입지이질화 또는 입지차별화(locational differentiation)의 과정이라고 볼 수 있다. 이와 같은 공간분화는 비단 도시와 농촌뿐만 아니라 산업 전반 내지 경제적 토지이용 전반에 걸쳐 일어나는 과정이며, 그 결과로서 지표상에 특수한 공간구조가 형성되는 것이다.

2. 도시기능의 분산과 집중

도시로 집중하는 각종 기능은 도시지역내의 일정한 위치와 면적을 가진 토지공간을 점유함으로써 입지한다. 이러한 과정은 도시기능이 입지 분화되는 과정으로써 인식되어 왔다. 각 도시시설의 입지는 각각 고유한 기능을 담당하고 있으며, 그것 자체가 최소 단위의 경제지역을 형성하는 것으로 인식될 수 있다. 따라서 도시 내에 배치된 각종 경제입지는 도시의 공간구조를 이루는 기본적 단계에 해당한다. 특히 대도시의 경우에는 특정한 공간에 동일한 기능을 갖는 경제입지가 집적하여 하나의 도시 내에 다수의 집적체가 형성됨을 관찰할 수 있다. 동일한 기능이 집적한 공간이더라도 그것을 기능지역이라 불러서는 안 된다. 그같은 지역은 기능지역(functional region)과 대비되는 등질지역이라 불러야 한다. 이러한 등질지역을 T. A. Hartshorn(1980)은 기능지구(functional area)라고 불렀으나, 이는 양자 간에 혼동되기 쉬운 용어로 피하는 것이 좋다.

대도시 외곽지대와 국도 및 지방도 연변에는 특정한 성격의 경제입지가 다른 종류의 경제입지 사이에 고립되어 형성되는 경우도 있다. R. L. Nelson은 소매업 입지유형의 하나로써 고립입지(isolated location)가 있음을 지적하고, 이런 유형에는 슈퍼마켓과 같은 점포가 이에 해당한다고 설명하였다. 자가용 승용차가 대중화된 국가의 경우는 보행자가 거의 없는 외딴 곳의 도로변에 주차장이 겸비된 식당(drive-in)이나 커피숍, 모텔 등이 입지하는 사례를 흔히 관찰할 수 있다. 그뿐만 아니라 제조업과 같은 업종에서도 그와 같은 고립입지 또는 분산입지의 경향을 엿볼 수 있다.

그러나 도시에 집중하는 각종 산업의 대부분은 그것들의 입지인자에 비추어 도시 내에서도 가장 뛰어난 입지조건을 갖춘 장소에 입지하려고 한다. 양호한 입지조건을 갖춘 장소는 업종별로 상이하므로 일정하지 않다. 만약 업종이 동일할 경우에는 상황이 전혀 달라진다. 왜냐하면, 입지조건이 양호한 공간은 한정되어 있는데 비하여 그 수요량이 많으면 동일업종 간에 입지경쟁이 일어나기 때문이다. 입지경쟁은 지대지불능력을 통하여 나타난다. 즉 경쟁이 치열한 점포는 임대료가 높고, 경쟁이 별로 없는 점포의 임대료는 상대적으로 낮다. 이와 같이 동일한 업종의 경제기능을 갖는 경제입지가 한정된 장소에 집중하여 형성되는 과정을 경제입지의 집적과정이라 부른다.

대도시에는 중심업무지구·중심상점가 등으로 불리는 소매업의 집중지구가 형성되어 있고, 그밖에 도매업·금융업·사무실 임대업·출판업·경공업·중공업 등의 다양한 경제기능이 도시 내의 특정 장소에 집중적으로 입지하는 현상을 목격할 수 있다. 이와는 반대로 도시중심부의 접근성보다는 도시외곽의 쾌적함에 끌려 도심으로부터 외곽지대로 분산되는 업종도 있다.

C. C. Colby(1933)는 도시지역에 역동적인 행태적 역학관계가 지속적으로 상호작용하면서 도시기능의 집중과 분산을 촉진시킨다고 하였다. 이러한 원심력(centrifugal force)과 구심력(centripetal force)은 도시의 발전단계·사회경제체제·기술수준 등에 따라 동시적 또는 선별적으로 작용한다. 특히 포디즘으로부터 포스트 포디즘으로의 산업재구조화는 입지의 유연적 확대로 생산공간과 소비공간에 일대 변혁을 예고하고 있다.

이상에서 설명한 바와 같이 도시의 부분공간은 공간구조를 구성하는 단위가 되며, 도시구조는 부분공간들이 구조화된 단계로 인식될 수 있다. 또한 도시의 공간구조는 도시내부의 각종 경제활동이 입지하는 과정의 결과로 간주될 수 있다. 이러한 논리에 수긍한다면 도시공간구조의 형성과정은 도시의 경제활동이 입지함에 있어 집적의 과정을 분석함으로써 파악될 수 있다는 점에도 동의하게 될 것이다. 지금까지의 설명은 등질지역의 측면에서 본 도시공간구조에 관한 것이었다. 다음으로는 결절지역의 측면에서 본 도시의 공간구조에 대하여 살펴보기로 하겠다.

3. 공간적 상호작용의 분화

도시의 공간구조는 부분공간(또는 부분지역)이 서로 유기적 관계를 맺으며 전체공간(또는 부분지역)으로 구조화하는 것이라고 설명한 바 있다. 그런데, 부분공간이 동일한 토지이용(즉 등질성)으로 구성되어 있으면 등질지역구조, 동일한 중심지의 기능적 지배(즉 결절성)를 받는 공간으로 구성되어 있으면 기능지역구조 또는 결절지역구조를 파악한 셈이다. 등질지역·균등지역·균질지역 등으로 번역되는 homogeneous region 및 uniform region과 결절지역으로 번역되는 nodal region, 그리고 통일지역으로 번역되는 integrated region은 모두 미국 지리학계에서 만들어진 용어이다. 이들 용어는 한자 문화권에 속하는 일본에 들어와 각각 등질지역(木內, 1978), 통일지역(松井, 1960), 결절지역(木內, 1978)으로 번역되었다.

그러나 그와 같은 용어들이 정확히 언제부터 미국에서 사용되기 시작하였는지 알 수 없다. 이들 가운데 결절지역과 기능지역이란 용어는 R. S. Platt(1928)가 처음으로 사용하기 시작한 것이며 D. Whittlesey(1954)에 이르러 개념적 정리가 이루어졌다. 그 당시에는 결절지역과 기능지역을 엄밀한 구분 없이 혼용하였다. 다만, 이 용어가 등질지역에 대비되는 개념이므로, 등질지역이 기계적 구분인데 대하여 이것은 기능적 구분이므로 기능지역으로 불렀을 뿐이다.

그 후, L. A. Brown과 J. Holmes(1971)가 이들을 구별하여 사용하기 시작하면서, 오늘날에는 대동소이한 개념으로 인식하면서도 엄격히 구별하여 사용하기에 이르렀다. 물론 본서에서도 결절지역과 기능지역이란 용어를 별개의 개념으로 간주하여 사용한다. 즉 기능지역은 기능적으로 통일된 지역적 범위, 즉 배후지의 경계를 의미하는 장(field)의 개념이고, 결절지역은 배후지의 경계가 중복되는 것을 허용하지 않는 영역(territory)의 개념이다. 따라서 결절지역의 경우는 배후지를 종속시키는 중심지의 존재가 분명하고 그들 간에는 계층적 관계가 존재한다.

결절지역과 기능지역의 구별이 뚜렷하지 못하던 1970년대 이전에는 두 용어를 혼동하여 사용하는 경우가 많았다. E. Otremba는 기능적 경제지역(funktionale wirtschaftsraum)이라는 용어를 사용한 적이 있는데, 그가 말하는 「기능적 경제지역」이라 함은 일정한 지역에 있어서 핵심이 되는 곳과 그 주변지역과의 경제적 관계로 조직되어 있는 지표공간을 의미한다. 기능적 경제지역의 전형적인 예는 Thünen의 고립국이론에서 찾아볼 수 있다. 이 이론에서 고립국은 도시를 중심으로 주변지역의 농업지대와 기능적으로 연계된 특유한 조직을 갖는다. 따라서 여기서 뜻하는 바, 경제적 기능지역은 소비지인 도시가 중심지로서 확연히 드러나 있으므로 기능지역의 범주에 가까운 것임을 알 수 있다.

이와는 달리 중심지가 여러 개 존재하여 배후지가 중복되는 도시권의 경계를 설정한 경우는 중심지의 계층화문제와 경계설정문제가 수반되므로 결절지역의 범주에 가까워진다. 아무튼 결절지역의 구분 역시 기능적 지역구분임에는 틀림 없다. 통일지역에 관하여 부언하면, 이는 국가의 경우처럼 공권력이나 행정력을 바탕으로 조직된 강력한 지배-종속관계를 염두에 둔 개념이므로 중심지의 측면 에서 볼 때에는 지배구조라고 볼 수 있다.

이상에서 고찰한 바와 같이 등질지역이란 등질적 속성의 지리적 사상이 분 포하는 지역적 범위이며, 결절지역이란 초점이 되는 중심지가 주변의 배후지를 기능적으로 종속시키는 공간적 범위를 가리킨다. 그러므로 결절지역구조는 중 심지의 배후지에 대한 지배구조를 의미한다. 이와 마찬가지로 도시공간(urban space)이란 도시적 사상이 질서 있게 담겨져 있는 공간적 범위를 가리킨다. 그러 므로 지역구조와 공간구조는 동일한 용어로 인식해도 무방하며, 이러한 구조는 등질지역 또는 기능지역으로 구분하는 작업부터 선행되어야 한다. 도시를 토지 이용이나 속성자료에 근거하여 지역구분을 행하면 등질지역이 되고, 교통·통 신·물류 등의 통계자료에 근거하여 지역구분을 행하면 기능(결절)지역이 설정 된다.

4. 도시기능의 분화와 공간구조의 변화

(1) 도시기능의 분화와 구조

도시는 경제학 또는 경제지리학의 입장에서 보면 제2차 산업과 제3차 산업 혹은 제4차 산업의 생산입지인 동시에 소비입지의 집적체라 할 수 있으며, 이것 은 반드시 일정한 면적의 공간을 차지한다. 도시에는 생산입지와 소비입지를 구 성하는 각종 경제입지가 존재하고 있다. 도시의 규모가 커짐에 따라 유사한 성 격의 경제입지가 한 지역에 집중하여 상업지역·공업지역·주거지역 등의 등질 지역을 형성하며, 또한 CBD를 중심으로 주변의 다른 지역과 기능적으로 결합하 여 도시자체가 기능지역 혹은 결절지역을 형성하기도 한다.

이러한 현상은 도시공간이 각기 고유한 기능을 담당하는 2차적 공간으로 분화함을 의미하는 것이며, 이들 부분공간의 특유한 배열과 결합의 양식에 따 라 도시마다 특유한 공간구조를 형성하게 된다. 공간구조는 기능적으로 분화된 부분공간 가운데 하위공간이 상위공간의 지배를 받고 역으로 상위공간이 하위공간을 종속시키는 이른바 지배-종속의 원리가 작용함으로써 계층조직 (hierarchical organization)을 형성한다.

하위공간들이 일정한 질서 속에서 조직되어 최상위 공간, 즉 전체공간을 형성하는 계층조직은 그 자체가 구조화과정을 거친 것이므로 계층구조(hierarchical structure)라고 표현해도 무방할 것이다. 따라서 중심지의 지배구조는 배후지의 종속구조와 일치하기 마련이다. 이처럼 도시내부의 공간에서는 등질적 분화와 기능적 분화가 복잡하게 얽혀 진행되며, 그 결과로써 도시마다 독특한 공간구조를 갖게 된다.

어떤 도시이든지 최소의 단계에서는 그 도시를 구성하는 경제입지가 질적으로나 양적으로 단순하였을 것이다. 왜냐하면, 도시발생의 초기단계에서는 인구규모와 경제기반이 보잘 것 없는 미성숙단계에 놓여 있기 때문이다. 여기서 경제입지라 함은 구체적으로 도시기능을 유지하기 위한 각종 도시시설 혹은 도시활동을 가리키며, 이것은 토지이용이라는 구체적인 형태로 나타난다.

도시가 성장함에 따라 도시를 구성하는 경제입지의 규모도 증가하여 집적체를 형성하게 된다. 이와 같이 경제입지의 집적이 진행되는 과정을 우리는 보통 도시성장 또는 도시화로 인식하고 있다. 물론 도시성장과 도시화의 개념은 구별되어야 할 성질의 것이지만, 그 결과로서 도시가 보유하게 되는 기능은 질적 · 양적으로 서서히 다양화되어 간다.

G. Taylor(1949)는 『도시지리학』이라는 그의 저서에서 〈표 2-1〉에서 보는

표 2-1   **소도시의 시대구분**

시대 구분	내 용
유년기(infantile)	상점과 가옥이 불규칙한 분포를 보이며, 공장은 나타나지 않음.
소년기(juvenile)	지대(地帶)의 분화가 시작됨에 따라 상점이 분리됨.
정년기(adolescent)	공장은 분산되어 나타나며, 주택지대 가운데 고급주택지대는 분화되지 않은 상태임.
장년기 초기(early mature)	고급주택지대가 명료하게 분화됨.
장년기(mature)	상업지구와 공업지구가 분리되며, 슬럼으로부터 고급주택지대까지 4개 등급의 주택지대가 존재함.

것과 같은 도시발달에 대한 독특한 이론을 전개하였다. 그의 이론은 대체로 도시의 환경론적 설명에만 치우쳐 시카고학파가 범한 오류를 똑같이 범했다는 비판도 있으나, 도시의 발전단계를 유년기, 소년기, 청년기, 장년기 초기, 장년기로 시대구분하여 행태적 특징의 변화를 지적하였다는 점에서 평가받을 수 있다. Taylor의 이론은 시대별 변화내용이 불충분하지만 소년기에 최초의 공간적 분화현상이 나타나며, 장년기 초기에 고급주택지대가 명료하게 분화된다는 지적은 대단히 명쾌하다. 그러나 이러한 도시의 시대구분은 소도시의 경우에만 적용된다고 하여 세계적으로 통용될 수 있는 이론이라고 보기 어렵다.

도시의 역사적인 발전과정은 개개의 도시에 따라 각기 다른 양상을 보이겠지만, 일반적이고도 논리적인 순서는 대체로 다음과 같은 단계를 거친다고 보아야 한다. 즉 도시의 성립기반이라고 간주되는 기반산업의 생산입지가 형성→생산입지의 형성으로 유발된 인구집중과 이에 따른 소비입지의 형성→소비입지의 형성으로 유발된 비기반산업의 입지가 형성→기반산업이 관련산업의 입지를 유발하며, 집적의 이익이 각종 산업의 입지를 촉진→이로 인하여 인구집중과 소비입지가 형성되며, 이것은 또 비기반산업의 입지를 유발하게 된다. 이와 같은 논리적인 단계를 거쳐 도시성장과 도시화가 진행되면, 도시기능은 도시의 결절점에 집중하게 되어 질적으로나 양적으로 분화현상을 수반하게 된다.

(2) 공간구조의 변화

도시인구와 경제입지의 증가에 따른 도시의 입체적·평면적 확대는 자연히 도시구조에 변화를 일으키는 요인으로 작용하기 마련이다. 그러나 도시구조는 도시를 구성하는 각 부분공간이 등질성을 고수하고 이질성을 배제하려는 속성 때문에 좀처럼 변화하지 않는 것도 사실이다(이에 대해서는 제1장에서 설명한 「도시공간의 메커니즘」을 상기할 것). 결국 부분공간별로 일어나는 약간의 변화가 서서히 누적되어 전체공간의 변화를 유도하게 된다. 일반적인 도시구조의 변화는 [그림 2-1]에서 보는 것과 같은 과정을 거친다.

먼저 농촌중심지(rural center)로서의 소도시는 공간적 분화가 이루어지지 않고 결절점이 될 만한 일정한 중심지도 존재하지 않는다. 따라서 중심성(결절성) 높은 경제입지가 별로 없는 까닭에 배후지가 좁을 뿐더러 공간적 상호작용으

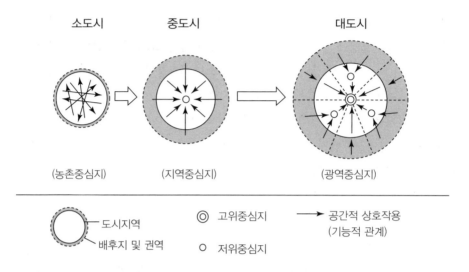

그림 2-1 도시공간구조의 변화과정

로 표현되는 도시주민의 지역간 이동이 질서 없이 무작위하게 발생한다. 소도시
가 성장하여 중도시를 이루게 되면 도시기능의 핵이 되는 도심의 형성을 보게
된다.

도심은 그 도시의 중심상점가를 형성하며 이것을 둘러싸고 주거공간이 배치
된다. 그리고 주거공간은 사회 · 경제적 특성에 따라 분화되기 시작한다. 도시기
능은 더욱 고도화하여 배후지에 대한 견인력이 강해짐에 따라 도시권의 범위가
확대되어 지역중심지(local center)의 역할을 수행하게 된다. 또한 공간적 상호작
용은 중심지와 배후지 간의 기능적 관계에 기초하여 도심을 지향하는 패턴을 보
인다.

중도시가 대도시로 성장하면 도시기능의 핵이 되는 도심공간이 포화상태에
이르러 그 주변에 도심기능을 분담하는 부도심 또는 그에 준하는 중심지가 등장
하게 된다. 이에 따라 단순하던 도시구조는 복잡화하여 다수의 중심지와 배후지
가 생겨 하나의 도시내부에 여러 개의 권역이 형성된다. 대도시의 도심 및 부도
심 기능은 그 영향력을 더욱 강화하여 보다 넓은 범위의 배후지를 지배함으로써
광역중심지(regional center)의 지위를 굳히게 된다.

이상에서 살펴 본 것처럼, 도시 내의 경제입지의 배열은 도시규모가 커질수록 다양화되어 모자이크의 형태를 이루게 되며, 도시의 내부적 구조는 더 복잡해지게 된다. 이와 같은 도시구조는 도시공간에서 전개되는 경제활동의 입지과정을 통하여 형성된다. 이러한 의미에서 도시공간의 분화는 입지분화(locational differentiation)의 과정이며, 이 입지분화는 공간분화 또는 지역분화의 촉매제 역할을 한다. 또한 도시공간의 분화는 공간구조의 원초적 단계라고 간주될 수 있다. 도시의 일정한 위치와 공간을 갖는 장소에 유사한 성격의 경제입지 내지 경제활동이 집적하게 되면, 이 집적체는 각기 특유한 기능의 핵을 형성하며, 그 집적의 정도나 기능의 차원에 따라 핵의 계층화가 이루어진다. 공간구조는 바로 이와 같이 부분공간이 계층적으로 조직된 단계를 일컫는 경우가 대부분이다.

이러한 의미에서 도시의 공간구조는 경제입지의 배열 또는 결합관계라는 의미만이 아니라 유사한 경제입지끼리의 집적이라는 과정을 통하여 형성되는 구조로 이해되어야 한다. 원래 도시 내에 들어선 경제입지는 서로 유기적 관련을 가지면서 조직된 것이며, 도시 내에 형성된 다수의 등질지역은 상호 유기적 관련성을 갖는다. 이와 마찬가지로 도시 내에 형성된 다수의 결절지역 역시 서로 연계되어 있다. 그러나 공간적으로 조직된 양 지역의 범위는 결코 일치하지 않는다.

이들 등질지역과 결절지역의 배열 및 결합관계는 일정한 공간질서(spatial order)에 기초하여 정해지며, 이 질서 속에는 일정한 공간적 규칙성이 내재되어 있다. 그러므로 도시구조를 파악하는 작업은 결국 도시의 공간질서 또는 공간적 규칙성(spatial regularity)을 밝히는 일이 된다. 여기서 우리는 도시연구의 가장 중요한 과제가 도시구조의 규명에 있다는 점에 의견의 일치를 보게 된다.

┌ 참│고│문│헌

고태경(1994), "경제발전의 주기와 공간변화," 국토계획, 29(73), 317～334.

김정연 · 권오현(2002), "지방 활성화와 소도읍 육성," 도시정보, 249, 3～17.

남영우(1985), 『도시구조론』, 법문사.

_____ · 최재헌 · 손승호(2014), 『세계화시대의 도시와 국토』, 법문사.

유우익(1978), "지리학에 있어 공간개념의 문제에 대하여," 지리학논총, 10, 87～
106.

이희연(1991), 『지리학사』, 법문사.

최병두(1991), "공간과 사회를 어떻게 연구할 것인가?," 『도시 · 지역 · 환경』, 한울
출판사.

최재헌(1995), "지리학의 공간개념에 관한 소고," 지리교육논집, 33, 12～22.

高橋伸夫 · 菅野峰明 · 村山祐司 · 伊藤悟(1997), 『新しい都市地理學』, 東洋書林, 東
京.

木內信藏(1978), 『地域槪論』, 東京大學出版會, 東京.

山本正三(1991), 『首都圈の空間構造』, 二宮書店, 東京.

松井勇(1960), "基本地域の分類," お茶水大人文紀要, 13, 41～47.

杉浦芳夫(1988), 『立地と空間的行動』, 古今書院, 東京.

水津一郎(1982), 『地域の構造』, 大明堂, 東京.

手塚章(1991), 『地理學の古典』, 古今書院, 東京.

原廣司(1991), 『空間: 機能から樣相へ』, 岩波書店, 東京.

早川和男(1975), "都市空間の論理," 『現代都市政策: 都市の空間』, 岩波書店, 東京,
57～84.

靑木伸好(1985), 『地域の槪念』, 大明堂, 東京.

Beaujeu-Garnier, J.(1971), *LA GÉOGRAPHIE MÉTHODES ET PERSPECTIVES
MASSON, PARIS*, 阿部和侯 譯(1978), 『地理學における地域と空間』, 地人書
房, 東京.

Beavon, K. S. O.(1977), *Central Place Theory: A Reinterpretation*, Longman, London.

Blaut, J.(1961), Space and Process, *The Professional Geographers*, 13, 1～7.

Bollnow, O. F.(1963), *Mensch und Baum*, W. K. G., Stuttgart, 大塚惠一 · 池川健司

譯(1988),『人間と空間』, せりか書房, 東京.

Bourne, L. S. ed.(1982), *Internal Structure of the City*, Oxford Univ. Press, New York.

Brown, L. A. and Holmes, J.(1971), The delimitation of functional regions, nodal regions and hierarchies by functional distance approach, *Journal of Regional Science*, 11, 57~52.

Bunge, W.(1962), *Theoretical Geography*, Gleerup, Lund.

Cadwallader, M.(1996), *Urban Geography: An Analytical Approach*, Prentice Hall, Upper Saddle River.

Castells, M.(1977), *The Urban Question*, MIT Press, Cambridge.

Colby, C. C.(1933), *Centrifugal and Centripetal Forces in Urban Geography*, Annals of the A.A.G., 23(1), 1~20.

Corbusier, L.(1947), *City of Tomorrow and its Planning*, Architectural Press, London.

Entrikin, J. N.(1976), *The Betweenness of Place*, The Johns Hopkins Univ. Press, Baltimore.

Goodman, P. and Goodman, P.(1960), *Communitas*, Random House, New York.

Hartshorn, T. A.(1980), *Interpreting the City: An Urban Geography*, John Wiley & Sons, New York.

Harvey, D.(1969), *Explanation in Geography*, Edward Arnold, Oxford.

Howard, E.(1902), *Garden Cities of Tomorrow*, Faber, London.

Jammer, M.(1969), *Concepts of Space*, Harvard College Press, Cambridge.

Janelle, D. G.(1969), Spatial Organization: A Model and Concept, *Annals of A.A.G.*, 59, 348~364.

Johnston, R. J.(1991), *A Question of Place: Exploring the Practice of Human Geography*, Blackwell, Oxford.

Massey, D.(1984), Geography Matters, in D. Massey and J. Allen(eds.), *Geography Maters! A Reader*, Press Syndicate, Univ. of Cambridge, Cambridge.

Mayer, H. M. and Kohn, C. F.(1969), *Readings in Urban Geography*, The Univ. Of Chicago Press, Chicago.

Morill, R. L. and Dormitzer, J. M.(1979), *The Spatial Order*, Waderoot Inc., California.

Murphy, R.E.(1974), *The American City: An Urban Geography*, McGraw-Hill, New York.

Northam, R. M.(1975), *Urban Geography*, John Wiley & Sons, New York.

Platt, R. S.(1928), A detail of regional geography: Ellison Bay community as an industrial organism, *A.A.A.G.*, 18, 81~126.

Savage, M. and Warde, A.(1993), *Urban Sociology, Capitalism and Modernity*, The Macmillan Press, Houndmills.

Scargill, D. I.(1979), *The Form of Cities*, Bell & Hyman, London.

Short, J. R.(1984), *An Introduction to Urban Geography*, Routledge & Kegan Paul, London.

Taylor. G.(1942), Environment, Village, and City, *Annals of the A.A.G.*, 32, 1~67.

_____(1949), *Urban Geography: A Study of Site, Evolution*, Pattern and Classification in Villages, Towns and Cities, Methuen, London.

Waibel, L.(1933), *Probleme der Landwirtschafts geographie*, 伊藤北司 譯(1942), 『農業地理學の諸問題』, 大明堂, 東京.

Whittlesey, D.(1954), The regional concept and the regional method, James, P. E. and Jones, C. F.(eds.), *American Geography, Inventory and prospect*, Syracuse University Press, 19~68.

Yeates, M. and Garner, B.(1976), *The North American City*, Harper & Row, New York.

미국의 역사적 배경

Introduction

대부분의 도시구조이론은 미국도시를 배경으로 하여 잉태되었다. 따라서 미국
의 도시를 이해하기 위해서는 미국의 역사적 배경을 이해하지 않으면 안 된다.
이민집단에 의해 국가적 토대가 확립된 미국의 경제적 번영과 사회적 변화는
어떤 과정을 거쳐 진행되어 왔는가? 미국민의 정신을 파악하는 것은 미국의 도
시를 이해하는 전제가 될 것이다.

Keywords

타운십 시스템, 잭슨시대, 남북전쟁, 산업주의시대, 트러스트 운동, 혁신주의시대,
TVA, 대공황, 뉴딜 정책, 도전과 응전의 시대.

01 ▶ 미국도시는 어떻게 형성되었는가?

1. 국가적 토대의 확립

유럽인들이 아메리카 대륙으로 처음 건너간 것은 바이킹족으로 불리는 스칸디나비아인들이 아이슬란드와 그린란드를 거쳐 북미 대륙의 북쪽 해안에 도착한 서기 1000년의 일이었다. 그들은 원주민 인디언들의 적대적인 태도로 신대륙에서 뿌리를 내리지 못하고 되돌아 갔다. 아메리카 대륙이 오늘날과 같은 중요한 의미를 갖게 된 것은 지도제작에 종사했던 이탈리아 출신 C. Columbus (1451~1506)가 1492년 신대륙에 도착한 이후부터였다. 15세기의 유럽은 '대륙 발견시대' 또는 '지리상 발견시대'라 불리는 해외팽창의 시기에 해당된다.

대서양 연안의 신대륙은 영국을 비롯한 프랑스·스페인·포르투갈·네덜란드 등과 같은 유럽 국가들의 식민지 획득의 각축장이 되었다. 그 중 영국의 청교도들은 매사추세츠 식민지를 건설하여 찰스타운에 정부를 세웠고, 정착민들은 보스턴 일대로 흩어져 나가면서 소규모 취락인 도읍(town)을 건설하였다. 그로부터 유럽으로부터의 이민들이 모여들어 뉴잉글랜드 식민지는 번창하였다. 각 지역에는 도읍의회(town meeting)로 불리는 민주적 지방정부가 발전하고 있었다. 뉴잉글랜드에서 취락이 발달한 것은 이 지역 특유의 토지분배방법 때문이었다. 정착지에 주민이 60명에 이르면, 정부는 새로운 읍을 건설하도록 36평방 마일의 토지를 주었다. 그 토지에 도시시설이 들어서고 공유지·목초지·삼림지대가 마련되었다. 이처럼 뉴잉글랜드에서 읍이 발달한 데에는 종교적 통일을 유지하려는 이유도 있었다. 왜냐하면, 중세 유럽에서처럼 주민들이 가깝게 모여 살아야만 목사가 신도들을 쉽게 접촉할 수 있고, 청교도들의 본래 목적인 종교적 공동체를 세울 수 있었기 때문이다.

청교도들이 종교에 버금갈 만큼 관심을 기울였던 것은 교육이었다. 영국의 케임브리지 출신들로 구성된 지도자들은 신도들이 성서를 읽을 수 있도록 문자해독의 필요성을 느꼈고, 1636년에는 성직자를 양성하기 위한 고등교육기관으로 하버드 대학을 설립하였다. 하버드대를 졸업한 엘리트들은 새로운 정착지에서 목사와 교사로서 활동하였다. 그러나 매사추세츠의 과두제(寡頭制)에 불만을 가진 R. William, A. Hatchinson 등의 등장으로 반항의 조짐이 일었다.

한편, 남쪽 체서피크 만의 버지니아와 북쪽 뉴잉글랜드의 매사추세츠 사이에 위치한 펜실베이니아에도 식민지가 건설되었다. 영국 국교에 반대하는 신앙을 가졌다는 이유로 옥스퍼드 대학에서 추방당한 W. Penn은 1682년 펜실베이니아에 들어와 영국 · 스웨덴 · 핀란드 · 네덜란드 · 독일 등으로부터 유입된 여러 민족을 하나로 묶어 식민지를 건설하였다. 이로써 펜실베이니아는 여러 민족이 하나로 용해되는 최초의 인종적 용광로(melting-pot)가 되었다. Penn은 「우애의 도시」로 불리는 필라델피아를 건설하였다.

영국령 식민지들은 본국 정부의 무관심 속에서 자유롭게 발전해 왔다. 정착민들은 본국으로부터 아무런 도움 없이 독자적으로 식민지를 개척하였다. 영국은 세계에 흩어져 있는 식민지들을 하나의 체계로 통합하여 대영제국의 건설을 시도하였다. 영국 정부는 플로리다의 스페인 세력으로부터 버지니아를 보호하기 위해 캐롤라이나를 세웠고, 대서양 연안지대를 완전히 장악하기 위해 네덜란

사진 3-1 ○ 인종적 용광로가 된 필라델피아의 CBD 경관

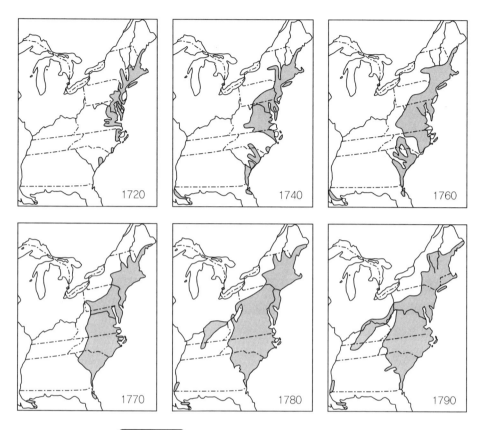

그림 3-1　1700년대 미국 인구분포의 확산

출처: R. H. Brown(1948).

드로부터 뉴욕을 빼앗았다. 북쪽의 뉴잉글랜드와 남쪽의 체서피크 식민지 중간에 뉴저지·펜실베이니아·델라웨어가 건설되었다. 그리고 뉴잉글랜드인들은 뉴햄프셔의 구릉지대와 버몬트·매사추세츠의 서쪽 지방으로 팽창해 나가면서 새로운 취락을 건설하였다. 1700년대에 들어와 이민의 지속적 증가와 입식으로 인구분포는 확대되어 갔다. [그림 3-1]에서 보는 바와 같이, 1720년에는 뉴잉글랜드 일부에 국한되었던 인구분포가 1760년과 1780년에 걸친 개척전선의 확대로 남쪽으로는 버지니아에서 캐롤라이나 방향으로 확산되었고, 서쪽으로는 켄터키 방향으로 확대되었다.

신대륙의 식민지들은 지배권을 둘러싸고 영국과 프랑스 사이에 벌어진 네 차

사진 3-2 ✪ 피츠버그의 CBD 경관

례의 전쟁에 휘말렸다. 전쟁 초기에는 영국이 불리하였으나, W. Pitt가 수상이
된 후부터는 점차 호전되었다. 그는 북미대륙을 장악할 수 있는 호기로 생각하
고 루이부르와 포트뒤케느를 점령한 후, 이 도시를 Pitt 수상의 이름을 따서 피츠
버그로 지명을 바꾸었다. 이윽고 1763년에 파리조약이 체결되고, 영국은 미시시
피강 동쪽, 캐나다, 플로리다를 획득함으로써 북미대륙의 지배에 한 걸음 더 가
까이 갈 수 있게 되었다. 그러나 그것은 식민지인들 간의 분쟁으로 이어질 도화
선이 되었다. 영국과 식민지 간의 불화가 발생함에 따라 대응책을 강구하기 위
해 1774년의 제1차 대륙회의(Continental Congress), 1775년의 제2차 대륙회의
가 열렸다. 대륙회의의 가장 시급한 의제는 군사적인 것이었으므로, 우선 대륙
군(Continental Army) 창설에 관한 규정을 정하고, 사령관에 G. Washington을
임명하였다. 대륙회의는 급진파와 보수파, 수공업자 · 농민 · 상인 등으로 구성
된 각 식민지 대표들의 집합체였다. 1776년의 대륙회의에서 처음으로 독립문제
가 공개적으로 논의되었다. 그 결과, 13개의 식민지는 개별적으로 독립정부를
수립하기에 이르렀다. 영국의 입장을 지지하는 왕당파(Loyalists)는 도처에서 추

방당하였다. R. Sherman, R. Livingstone, T. Jefferson, J. Adams, B. Franklin으로 구성된 대륙회의의 위원회는 독립선언서를 작성하게 하였다.

　1776년 7월 4일, 마침내 독립선언서는 대륙회의에서 공식적으로 채택되었다. 영국에 대한 아메리카의 독립이 정식으로 선포된 것이다. 이제 식민지인들에게 남은 과제는 영국으로부터 무력으로 독립을 쟁취하는 것이었다. 대륙군은 프랑스·스페인·네덜란드의 원조와 러시아 등의 무장중립동맹(League of Armed Neutrality) 체결에 힘입어 1781년 9월에 영국군의 항복을 받아 냈다. 그리하여 1783년 파리에서 평화조약이 체결되어, 아메리카 합중국은 광대한 영토를 차지하게 되었다. 혁명은 대외적으로 미국인들에게 정치적 독립을 가져다주었지만, 대내적으로는 미국사회에 중요한 변화를 가져다주었다. 즉 농민과 수공업 계급으로 구성된 하류계급은 전쟁에서 흘린 피의 대가를 요구하였으므로, 미국사회는 평등주의 또는 민주주의의 방향으로 변화되지 않을 수 없었다. 13개의 공화국으로 구성된 아메리카 합중국(the United States of America)은 하나의 연합체이면서도 각국의 주권이 그대로 인정되었다. 각국은 하나의 연합을 형성하면서 공동관심사를 의논하기 위해 연합회의(Congress of the Confederation)를 조직하였다. 연합회의는 사법권과 조세권도 없었으나 서부의 영토문제에 대해서만큼은 중앙정부의 역할을 수행해냈다. 중앙정부로서의 구실을 하지 못하던 연합회의는 서부의 토지를 모든 미국인의 공유지로 규정하고 1785년 공유지법(land ordinance)을 제정하여 불하기준을 마련하였다.

　서부의 공유지는 이른바 타운십 시스템 또는 군구제(township and range system)에 의거 불하하는 토지의 면적을 36평방 마일 단위로 정하고, 이것을 다시 36개의 구역으로 재분할하여 개인에게 불하되었다(그림 3-2). 그러므로 불하토지의 최소단위는 1평방 마일(640에이커)에 달하는 대단히 넓은 면적이었다. 1에이커당 최저가격이 1달러였으므로, 최소 불하비용은 당시로서는 640달러의 거액이었다. 그러므로 일반 정착민은 정부의 공개입찰에 참여할 경제적 능력이 없었다. 이 때문에 그들은 더 서쪽으로 진출하여 불법정착민이 되는 경우가 많았다. 결과적으로 공유지는 투기업자들에게 불하되었다.

　여기서 한 가지 주목할 사실은 36개 구역 가운데 1개 구역은 교육시설의 확보를 위해 남겨 두도록 했다는 점이다. 군구제는 36평방 마일(township), 1평방

군구제의 토지분할

				1마일	
36	30	24	18	12	6
35	29	23	17	11	5
34	28	22	16	10	4
33	27	21	15	9	3
32	26	20	14	8	2
31	25	19	13	7	1

그림 3-2　**군구제의 토지분할**

마일(section), 160에이커(quater section)의 3단계로 구획된 직교식 분할체계인데, 이 가운데 가장 작은 160에이커가 합중국 중서부에서 적용된 토지점거의 기본단위였다. 군구(郡區)의 입식지가 증가하여 성인남자가 5만 명을 넘게 되면 지역의회를 구성할 권한을 부여받았다.

1789년 새 헌법에 따라 총선거가 실시되어 연방의회가 구성되고 George Washington이 대통령으로 선출되었다. 그는 뉴욕의 맨해튼에 있는 연방청사에서 성대한 취임식을 가졌다. 미합중국의 정부가 정식으로 출범하게 된 것이다. 이 무렵, 유럽에서는 프랑스혁명이 일어났고, 미국의 보수파들은 프랑스 혁명파를 인류의 파괴자로 두려워하면서, 이에 대항해 싸우는 보수진영의 영국을 지지하는 사람들도 나타나기 시작하였다. 합중국의 정계는 G. Washington을 정점으로 한 연방파와 T. Jefferson을 정점으로 한 공화파로 분열되었다. 1796년의 대통령 선거결과, 연방파의 John Adams가 대통령으로, 공화파의 Jefferson이 부통령에 당선됨으로써 행정부는 정치적인 어려움을 겪게 되었다. 1800년의 선거에서는 정권이 연방파로부터 공화파로 교체되었다.

대통령에 당선된 Jefferson은 대외정책과 영토 확장에 적극적이었다. 1808년의 선거에서 Jefferson은 그의 심복이었던 James Madison에게 정권을 이양하였다.

사진 3-3 ○ 군구제 토지분할의 흔적

그는 강경파의 압력으로 영국에 대한 선전포고를 하여 미영전쟁을 일으켰다. 전쟁이 선포되자 서부에서는 환호성이 터졌고, 동부에서는 이에 반대하는 폭동이 일어나 대조적인 반응을 보였다. 이 전쟁으로 미합중국은 국내 산업이 마비되는 손실을 입었지만, 미국인들의 관심을 서부의 넓은 영토로 돌리게 함으로써 신생공화국의 팽창을 위한 토대를 마련하는 데에 공헌하였다. 영국과의 전쟁이 끝나자 의회는 경제발전을 위한 방안으로 영국으로부터 쏟아져 들어오는 상품을 막고 자국 상품을 보호하기 위해 1816년 관세법을 제정하였다. 그리고 물자의 유통망 확보를 위해 도로·수로·운하 등의 교통로 건설에 박차를 가하였다. 1816년의 선거에서도 공화파의 James Monroe가 대통령이 되었지만, 그는 정파와 지역에 구애받지 않고 폭넓게 인재를 등용하였다. 「화합의 시기」가 오긴 하였으나 경제공황과 인디언문제, 노예문제는 모처럼 얻은 화해감정을 깨뜨리기에 충분한 뜨거운 감자였다.

  1820년대에 들어와 연방파는 쇠퇴한 반면, 대부분의 정치인들은 공화파에 속하게 되었다. 공화파는 동북부지역의 상공업 세력을 대변하는 국민공화파와 남부 및 서부지역의 농업세력을 대변하는 민주공화파로 분열되어 있었다. 공화파의 대통령 후보는 국회의원들로 구성된 당 간부회의에서 결정되었으므로 의회 지도자의 도움 없이 자력으로 당선될 수 없었다. 당간부회의의 결정에 반발한 세력들은 각기 자신의 후보를 내세워, 1824년의 대통령 선거에서는 정치적 대립으로부터 지역적 대립으로 바뀌었다. J. Q. Adams는 지역별 합종연횡의 타락한 흥정에 힘입어 대통령에 당선되었다. 그러나 A. Jackson의 민주공화파는 의회 내에서 강한 야당세력을 형성하면서 미국사회의 지역갈등을 심화시켰다.

1829년 대통령에 취임한 Jackson은 대중의 시대가 왔음을 예고하면서 이른바 「잭슨 민주주의」를 열었다. 그는 중상주의적이고 보호주의적 정책을 정면으로 반대하였다. 그리고 연방정부의 자금을 23개 주의 은행으로 분산시켜 합중국은행의 독점적 권한을 축소시켰다. 미국사회는 어느 때보다도 평등주의적 성향이 강해졌고, 평민의 영향력이 커졌다. 이에 따라 대중에 기반을 둔 현대적 정당이 나타나기 시작하였다. 이 시기에 미국의 영토는 서쪽으로 뻗어나가 오늘날의 영토와 거의 비슷한 모습을 갖추게 되었다. 또한 독일·아일랜드 등지의 유럽으로

사진 3-4 ○ 서부개척시대의 도시 힐 시티

부터 이민이 대량 유입되어 미국의 인구는 2,300만에 이르렀다.「잭슨 시대」는 바꿔 말하면 팽창의 시대였다.

미시시피강을 건너 서부로 이동하는 행렬에서 앞장선 사람들은 사냥꾼과 모피 상인들이었다. 개척자들은 오리건 통로·산타페 통로·캘리포니아 통로 등의 개척로를 열었다. 특히 로키산맥 가운데 새크라멘토 일대에서 금광이 발견된 다음부터는 많은 사람들이 몰려들어「골드 러쉬」를 이루었다. 이와 같은 영토적 팽창은 경제적 팽창을 의미하게 되었고, 경제적 팽창은 지역 간을 연결하는 교통혁명을 불러 일으켰다. 북미대륙의 주요 하천들은 남북방향으로 흐르고 있으므로 동서를 잇는 교통망이 필요하였다. 이를 위해 유료도로(turnpike)를 필두로 하여 운하가 곳곳에 건설되었다. 1825년 이리운하를 비롯한 여러 운하가 차례차례 완공됨에 따라 화물수송비가 1/10 정도 절감되었다. 운하의 시대(1825~1840)가 도래한 것이다. 그러나 북부지방은 겨울이 되면 운하가 얼어붙어 사용이 불가능할 뿐더러 산악지대와의 연결이 불가능하였다. 이것을 보완하기 위해 철도가 등장하였다.

서부로의 팽창과 교역의 확대는 동북부 지방의 공업화를 촉진하였다. 뉴잉글랜드 지방은 토지가 척박하였으므로 일찍부터 타 지방에 비해 상공업이 발달하였다. 또한 해외무역과 어업으로 축적된 자본은 이미 1812년의 미영전쟁으로 영국 상품의 수입이 중단되면서 공업에 투자되고 있었다. 이러한 배경 속에서 뉴잉글랜드에서는 산업혁명이 진행되고 있었다. 산업주의는 미국사회에 인구의 도시집중을 초래하였고 노사분규와 같은 사회문제도 일으켰다. 제조업이 수력에 주로 의존하던 시기에는 기업입지가 중소도시에 분산되었으나, 산업혁명 이후 증기기관에 의존하게 된 후부터는 대도시로 집중하는 경향을 보였다.

이와 같은 인구의 도시집중은 1820~1850년간에 도시인구가 무려 5배 증가한 사실에서 확연히 나타난다. 급성장한 도시에는 저임금에 시달리는 비숙련공, 여성 노동자, 소년 노동자들이 거주하는 슬럼이 우후죽순처럼 생겨났다. 이에 대응하여 필라델피아·보스턴·뉴욕 등의 공업도시에서 노동조합운동이 나타났고, 1852년에는 전국적이면서 지속적인 전국인쇄노조가 결성되었다.

평등화와 팽창의 시기로 요약되는「잭슨 시대」의 미국적 특징은 개인주의 정신에 있었다. 프랑스의 A. De Tocqueville은 그의 저서『미국 민주주의론』에서 미국의 특징으로서 사회적 유동성을 꼽았다. 그는 사회적 유동성 때문에 미국에는 계층분화나 극단적 사회적 갈등이 없다고 지적하였다. 그리고 유동성은 미국인들에게 낙관주의와 진보의 개념을 심어주었다고 주장하였다. 이러한 미국의 특징이 민주주의제도를 뿌리내리게 했다는 지적이지만, 반드시 그의 지적이 옳은 것만은 아니었다. 남부의 지식인들은 연방 내에서 그들이 가지고 있는 지역적 특수성 때문에 시간이 경과할수록 북부인들과의 접촉을 피하였고, 그에 따라 더 방어적으로 바뀌어 갔다. 남부인들은 미국의 주도권이 점차 노예제도를 반대하는 북부인들의 손으로 옮겨가고 있음을 느꼈고, 이런 상황에서 노예제도를 고수해야 한다는 강박관념에 사로잡히게 되었다.

2. 남북전쟁

(1) 남북전쟁의 배경

1840년대와 1850년대에 걸쳐 일어난 미국의 사회개혁운동은 노예제도의 폐지운동으로도 나타났다. 1840년에 자유당의 출현으로 노예제 폐지운동은 도덕적·종교적 영역에서 정치적 영역으로 옮아갔다. 자유당은 새롭게 연방에 편입되는 주에서 노예제를 금지시킴은 물론, 국내의 노예무역 금지를 요구하였다. 자유당은 1848년에 자유토지당으로 흡수되었고, 1854년에는 공화당을 창설하게 된 세력 중의 하나이다. 노예제 폐지운동에는 흑인들도 가담하였는데, 1852년 H. B. Stowe 부인의 저서 『톰 아저씨의 오두막』(*Uncle Tom's Cabin*)은 대중적 호소라는 측면에서 큰 반향을 일으켰다.

이른바 메이슨·딕슨선(Mason-Dixon line)과 오하이오강을 경계로 남북의 두 지역은 노예제를 둘러싸고 갈등이 심화되었다. '메이슨·딕슨선'이란 영국의 천문학자 C. Mason과 J. Dixon이 식민지의 경계분쟁을 해결하기 위하여 측량한 펜실베이니아·메릴랜드·델라웨어 세 주의 경계선을 뜻한다. 서인도제도에서 영국은 1833년에, 프랑스는 1848년에 노예제를 폐지함으로써, 노예제 폐지는 시대적·세계적 추세인 것처럼 보였다. 노예제는 미국에서도 독립 이후 점차 폐지되는 추세였으나, 면화수요가 급증함에 따라 다시 활기를 찾게 되었다.

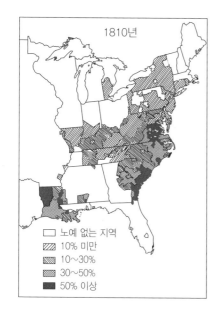
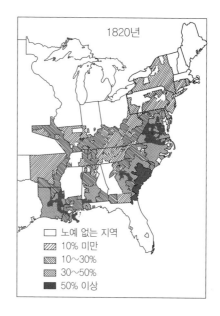

그림 3-3 노예인구 비율(1810~1820년)

출처: R. H. Brown(1948).

1850년의 노예인구는 남부인구의 32%에 달하였고, 사우스캐롤라이나와 미시시피에서는 인구의 절반을 넘어섰다. [그림 3-3]에서 알 수 있는 것처럼, 노예인구의 비율이 절반을 넘은 버지니아·캐롤라이나·루이지애나 등은 그 비율이 더 심화되고 오클라호마·미주리 등의 미시시피 서안으로 확대되기 시작한 것은 1810~1820년의 일이었다. 남부의 백인들도 노예제로 인하여 피해를 입었다. 그들은 항상 노예반란을 염려하였고 노예제에 대한 외부인들의 공격을 두려워하였다. 그러므로 그들은 방어적 심리상태에 빠져들었고, 그 때문에 미국 내에서 더욱 고립되어 갔다. 진보적 사상을 모두 거부한 결과, 그들은 미국의 다른 지역과 유럽 국가들이 자유주의와 민주주의의 방향으로 나아가고 있는 동안에도 거꾸로 봉건적인 귀족제도와 중세의 낭만적인 기사도를 찬양하고 있었다. 이에 따라 곳곳에서 결투가 성행하였고, 남성들은 여성에 대한 편견으로 그들의 사회활동을 극도로 제한하였다.

　남북의 지역적 차별화가 심화된 두 번째 요인은 경제적 특수성이었다. 상공

사진 3-5 ❍ 남북의 경계가 된 오하이오강

업이 발달한 북부는 보호관세를 비롯한 연방정부의 지원을 요구하였다. 미국의
공산품은 선진국이었던 영국의 제품에 뒤졌으므로, 북부는 보호무역을 원했다.
서부의 농민들 역시 그들의 농작물을 소비지인 동부 시장으로 운반하기 위한 교
통로 건설을 원했기 때문에 연방정부의 지원을 요구하였다. 북부와 서부는 경제
적으로 이해관계가 합치하였으므로 협력관계를 맺고 있었다. 그러나 남부는 북
부 및 서부와 입장이 달랐다. 즉 북부가 주장하는 보호관세는 남부인들로 하여
금 값싸고 품질 좋은 영국 상품 대신에 비싸고 질이 조잡한 북부인들의 상품을
구입함을 의미하였다. 그러므로 남부인들은 정치적 적대세력과의 교역보다는
영국과의 자유무역을 원하였다. 더욱이 도로·운하 등의 교통로가 건설되면, 남
부인들의 지배하에 있는 미시시피 수로망이 쇠퇴할 것은 자명한 사실이었다.

1846년 멕시코와의 전쟁에서 얻은 영토에 대한 대금을 지불하기 위해 J. K.
Polk 대통령이 200만 달러를 의회에 요청하였을 때, 북부의 민주당을 비롯한 자
유토지론자들은 분노하였다. 그들은 새로운 영토에서는 노예제를 금지해야 한
다는 결의안을 북부 세력이 우세한 하원에 제출하여 이를 통과시켰으나, 남부

세력이 강한 상원에서 부결되고 말았다. 상원과 하원이 팽팽히 대립해 있었으므로 의회는 사실상 마비되었다. 그 때문에 새롭게 획득한 영토에서는 어떠한 정부도 수립될 수 없었다. 노예제 확대문제를 둘러싸고 남북을 중재하려는 중도파가 등장하여 그 영토의 주민투표에 부치자는 '주민주권(popular sovereignty)의 이론'이 제기되기도 하였으나 큰 호응을 얻지 못하였다. 국론이 분열된 상태에서 1848년의 대통령선거가 실시되어 휘그당의 Z. Taylor가 당선되었다. 그는 평소 노예제 문제의 거론을 회피한 인물이었으므로 의회의 중재자가 될 수 있을 것으로 기대되었으나, 상원과 하원의 대립은 조금도 완화되지 않았다. 이를 중재하려 시도한 H. Clay는 남북의 경계에 있는 켄터키주 출신이었으므로 공정한 입장에서 타협을 주선할 자격이 있었다. 그는 노예문제보다 그로 인한 연방의 붕괴를 더 우려하였다.

　　Taylor 대통령이 사망하여 M. Fillmore가 대통령직을 계승함으로써 타협의 실마리가 보이기 시작하였다. 연방탈퇴를 공공연히 주장하던 남부출신 의원들의 흥분도 어느 정도 진정되었다. 반면에 북부인들은 이른바 「1850년의 타협」으로 제정된 도망노예 송환법의 가혹성에 대하여 분노하였다. 노예폐지론자의 주장에 대해 아무런 감동도 느끼지 못했던 평범한 사람들의 마음까지도 폐지론 쪽으로 기울었다. 미국 국민은 완전히 분열되어 있었다. 1852년 선거에서는 멕시코 전쟁에서 명성을 떨친 F. Pierce가 민주당 후보로 출마하여 대통령에 당선되었다. 그래도 지역감정은 해소될 기미가 보이지 않았다. 새로운 영토로 편입된 네브래스카와 캔자스를 둘러싸고 노예제 지지자들과 반대자들은 첨예하게 대립하였다. Pierce 대통령은 노예제 지지자들의 편에 섰다. 주민투표에서 노예제 지지자들이 승리하자, Pierce 대통령은 새 정부를 승인하였다. 이에 대해 자유토지론자들은 부정선거라고 규탄하고 자신들의 정부를 별도로 세웠다. 따라서 캔자스에는 2개의 정부가 들어서게 되었다.

　　이와 같은 날카로운 대립 속에서 1856년의 대통령선거가 실시되었다. 민주당은 펜실베이니아 출신의 외교관 J. Buchanan을 지명하였고, 이에 대항하여 휘그당은 M. Fillmore를, 공화당은 J. C. Frémont를 추대하였다. 이 선거에서 주목할 만한 것은 새로 창당된 공화당이 선거에 참가한 사실이었다. 결국 민주당의 Buchanan이 대통령에 당선되었으며, 이 선거결과에서 주목할 사실은 북부가 압

사진 3-6 ❶ 남부연합의 수도였던 몽고메리

도적으로 노예제를 반대했다는 점이다. 양측의 감정의 골이 깊어지면서 미국을 하나로 통합하고 있던 제도들이 하나씩 무너져 가고 있었다. 1844년에 감리교가 분열된 것을 시발점으로 모든 교파가 남북으로 양분되었고, 1852년부터는 휘그당, 1860년의 선거에서는 민주당이 분열되었다. 이로써 대통령 후보는 북부민주당·남부민주당을 비롯하여 휘그당의 잔존세력인 입헌연방당·공화당의 4명에 달하였다.

일리노이주 출신이며 공화당 후보인 A. Lincoln이 당선되었다. 그는 노예제를 반대하지 않는 보수주의자로서, 다만 노예제의 확대와 그로 인한 연방의 파괴에만 반대하였다. 다시 말하면, 그는 노예제 문제로 백인들이 분쟁을 일으키고 대립하는 것을 우려했던 것이다. 그러나 Lincoln의 당선은 오히려 오랫동안 끌어온 지역갈등을 악화시키는 결과를 초래하였다. 남부인들은 Lincoln을 지지한 표의 99%가 자유주(自由州)에서 나왔다는 사실에 주목하였다. 이에 따라 그들은 연방 내에서 남부가 완전한 소수파로 전락하기 전에 먼저 행동을 취해야 한다고 생각하였으며, 그 행동은 연방으로부터의 탈퇴라고 생각하였다. 연방의 해체가 현실로 나타나자 H. Clay의 경우와 마찬가지로 경계주(境界州)의 지도자들이 이를 저지하기 위한 마지막 중재에 나섰으나, 의회와 달리 Lincoln은 남부에 대해 양보할 생각이 없었다.

타협의 가능성이 희박해지자, 남부의 6개 주는 1861년 2월에 남부연합을 결성하고, 새 정부를 앨라배마의 몽고메리에 세웠다. 이와 동시에 미시시피 출신의 Jefferson Davis를 대통령으로 선출하였다. 아직 Lincoln은 대통령에 취임하지 않고 있었다. 남부연합정부는 연방정부의 우체국·세무소·병기창·항구 등을 접수하였다. 대통령 당선자인 Lincoln은 연방의 유지에 강경한 입장을 가지고 있었다. 그가 대통령에 취임하자 곧 찰스턴의 섬터 요새로부터 남군의 공격 보고를 받았다. 이 요새는 남군에 점령되었고, 이로써 4년간에 걸친 남북전쟁이 시작되었다.

(2) 남북전쟁과 연방의 부활

남북전쟁은 1861년 4월부터 1865년 4월까지 4년간 계속되었다. 이 전쟁은 총 1,400만 명의 청년 중 280만 명이 군복을 입었으므로 국민전쟁이었다고 볼 수 있다. 지역별로 보면, 북부는 200만 명, 남부는 80만 명이 병사로 동원되었다. 그 중 북군은 전체 병력의 1/10에 해당하는 20만 명이 흑인 병사로 구성되어 있었다. 양측의 전력을 비교할 때, 남부는 처음부터 북부에 비해 약세였다. 남부연합의 11개 주는 545만 명의 백인 인구만을 가졌을 뿐인데 비하여, 북부의 19개 주는 1,895만 명의 인구를 보유하고 있었고, 경제력에 있어서도 북부는 남부에 비해 우세하였다(표 3-1). 그러나 북군은 공격하는 입장이었으므로 막대한 양의 군수물자와 병력을 수송해야 하는 어려움이 있었다. 그리고 수송은 철도 외에 마차에 의존하고 있었기 때문에 말이 식량의 대부분을 먹어 버리는 비능률적인 결과가 나타났다.

표 3-1 남부와 북부의 국력비교

지역	가담주	인구(만 명)	자본(비)	제조업체(비)	산업노동자(비)	공업생산(비)	철도연장(비)
북부 연방	19	1,895	4	6.5	12	11	2
남부 연합	11	545	1	1.0	1	1	1

남북전쟁을 군사적 측면에서 보면, 남부는 결코 북부에 뒤지지 않았다. 남부연합은 우수한 장교단과 자기 고장을 지키려는 의지로 무장된 사기 높은 병사들을 보유하고 있었다. 그러나 문제는 경제력이었다. 북부는 산업경제를 기반으로 하고 있었으므로 전쟁은 오히려 산업을 자극하였고, 고용을 증대시킴으로써 경제에 활력을 불어 넣었다. 이와는 달리 면화생산에 기반을 두고 있는 남부의 경제는 전쟁으로 마비되었고, 1863년의 리치먼드 식량폭동과 같은 혼란을 초래하였다. 남부인들은 영국과의 관계에서 남부 경제의 취약성을 간과하고 있었다. 영국의 방직공업은 미국 남부의 면화를 필요로 하였으므로, 영국인들이 남부를 지원해 줄 것이라고 믿었다. 그러나 남부인들의 판단은 착오였음이 판명되었다. 영국은 부족한 면화를 이집트와 인도로부터 수입함으로써 위기를 극복했던 것이다.

그 뿐만 아니라 남부연합정부는 전쟁에 소요되는 병력과 물자의 배당문제를 둘러싸고 주정부들과 충돌을 일으켰다. 남부연합은 연방으로부터 탈퇴시킨 바로 그 지역주의 때문에 분열하고 있었다. 남부의 경제가 전쟁으로 인하여 파멸상태에 접어들고 있었던 데 비해, 북부의 경제는 활기를 띠고 있었다. 남북전쟁의 발발로 의회에서 남부의 농업세력이 없어지자, 북부의 공업세력은 마음 놓고 자신들의 정책을 실현할 수 있게 되었다. 그리고 오랫동안 남부와 북부 간에 논란의 대상이 되었던 태평양 횡단철도의 노선을 확정지었다. 이 철도는 남북전쟁이 끝나고 4년이 지난 1869년에 완공되었고, 미국은 대서양과 태평양을 잇는 대륙국가가 되었다.

전쟁 그 자체는 미국 국민 전체에게는 파멸적 사건이었지만, 지역적으로 나누어 보면 반드시 그런 것만은 아니었다. 전쟁으로 남부는 회복할 수 없을 정도의 파괴를 당하여 후진지역 또는 낙후지역으로 남게 되었으나, 북부는 전쟁을 통해 연방 내에서 주도권을 잡는 계기를 마련하였다. 전쟁이 끝났을 때 남부연합에 속했던 주들의 복귀조건을 둘러싸고 공화당의 급진파 의원들과 Lincoln 대통령 사이에 격렬한 대립이 일어났다. 공화당은 남부의 전후처리 문제를 놓고 분열의 위기까지 갔으나 단결을 과시하기 위해 공화당이란 명칭을 버리고 통일당이란 당명을 사용하였다. 1864년의 대통령선거에서 통일당의 Lincoln은 민주당 후보를 물리치고 재선되었다. 그러나 그는 제2차 임기가 한달이 지나고 전쟁

종료 며칠 후 금요일에 암살되었고, 부통령이던 Andrew Johnson이 그 뒤를 이었다.

Johnson 대통령은 노예 소유가 승인된 주 출신으로 전임 대통령보다 남부에 대해 더 관대한 편이었다. 남부의 주들은 연방에 충성을 서약하면 사면해 주겠다는 대통령의 요구조건을 수락하였다. 공화당의 급진파들은 Johnson의 유화정책에 반대하였다. 공화당의 지지세력 중 하나인 흑인은 오랫동안 노예상태에 있었으므로 무지하고 무력하였다. 이에 비해 남부 백인들은 전쟁의 패배에도 불구하고 여전히 실질적인 힘을 가지고 있었다. 그들은 토지·직장·자본을 배경으로 전쟁전과 거의 동일한 기득권을 누리고 있었다.

1867년 테네시에서 조직되어 남부 전역으로 퍼진 인종차별적 극우단체인 이른바 KKK(Ku Klux Klans)조직은 법망을 피해가면서 흑인들에게 무자비한 조직적 폭력을 가하였다. 의회에서는 이들의 활동을 금지하는 법을 제정하였으나 별 효력이 없었다. 흑인에게 평등권을 보장해 주려던 공화당 급진파의 노력은 수포로 돌아갔다.

1868년 대통령선거에서 공화당은 U. S. Grant 장군을 당선시키는 데 성공하였다. 그의 당선은 흑인 참정권을 보장하는 「수정헌법 15조」를 제정하는 계기가 되었다. 그러나 Grant 대통령은 원래 정치나 흑인의 권리에 대해서는 관심이 없고, 통일과 평화만 유지되면 남부에 대한 사면을 확대할 속셈이었다. 다른 한편에서는 국민들로 하여금 흑인문제와 남부 재건문제로부터 관심을 돌리게 할 만한 문제들이 나타나기 시작하였다. 특히 정부의 부패를 폭로하는 사건에 국민의 관심이 쏠렸다.

정부의 부패는 공화당 내의 반란을 일으켰다. 반란자들은 1872년 공화당을 탈당하여 자유공화당을 조직하였다. 그들은 대통령선거에서 민주당과 연합하여 후보를 추대하였다. 공화당과 민주당도 각각 후보를 지명하였다. 국민들은 1873년에 엄습한 공황으로 시달리고 있었고, 남부의 흑인문제에 관심을 기울일 여유도 사라져 가고 있었다. 개표결과, 국민투표에서는 민주당 후보가 승리하였으나, 선거인단 투표에서는 공화당 후보가 1표 차로 승리한 것으로 나타났다. 도처에서 선거부정이 폭로되었으나, 헌법에 따라 상하원 합동회의에서 개표하기로 하였다. 그러나 민주당이 우세한 하원은 찬성하지 않았다.

북부민주당과 달리 남부민주당은 공화당과 타협할 생각을 갖고 있었다. 공
화당의 Rutherford B. Hayes는 남부 출신 의원들의 양해로 대통령에 당선되었다.
이것으로 남북전쟁으로 발생한 재건의 문제는 해결되었고, 마침내 연방은 부활
되었다. 남북의 당사자들은 장차 다가올 급속한 경제발전의 가능성을 놓고 화해
의 정신을 가지게 되었다. 그것은 흑인들에게 평등권을 보장해 주는 문제를 희
생시킴으로써만이 가능한 일이었다.

3. 산업주의시대와 혁신주의시대

(1) 산업주의시대(1865~1900년)

남북전쟁이 종료된 후 얼마 동안은 미국사회가 급속한 경제혁명을 경험하였
다. 산업혁명을 거치는 과정에서 미국사회는 경제적으로 팽창하였고, 농업·농
촌적 사회로부터 공업·도시적 사회로 급속히 변질되어 갔다. 1890년에 이미 국
민총생산액(GNP)에서 공업제품이 차지하는 가치는 농업제품의 가치를 능가하
였고, 1900년에 들어와서는 두 배에 달하였다. 이와 같은 산업화·도시화의 과
정에서 대기업과 산업주의(industrialism)의 원리가 국민생활 속에서 중심적 위
치를 차지해 가고 있었다. 미국은 더 이상 개발도상국이 아니었다. 그러나 번영
과 풍요의 그늘에서 사회의 안정과 결속을 위태롭게 할 정도로 극심한 빈곤과
부패, 그리고 계급간의 갈등이 있었다.

남북전쟁 후 미국의 공업화가 빠른 속도로 진행된 요인은 다음과 같다. 첫째
는 정치적 요인으로서 전쟁의 승자가 북부였기 때문이다. 북부의 기업가들과 상
인들은 남부의 대지주들을 정치적으로 제거함으로써 다른 정치세력의 방해 없
이 자신들의 이익을 자유롭게 추구할 수 있었다. 둘째는 경제적 요인으로서, 미
국은 풍부한 천연자원과 넓은 국내시장을 갖고 있었기 때문이다. 미국은 유럽의
강대국들이 해외식민지를 얻기 위한 낭비적 국제경쟁에 휩쓸리지 않고 국내발
전에만 전념할 수 있었다. 셋째는 사회적 요인으로 유럽으로부터의 이민을 흡수
하였다는 사실이다. 1860~1900년의 40년간에 약 1,400만 명의 이민이 유입되
었는데, 그 대부분이 도시에 정착함으로써 공업화에 필요한 값싼 노동력을 제공

사진 3-7 ○ 대륙횡단철도

하였던 것이다.

　　그러나 공업화가 촉진된 요인은 상술한 것 이외에도 기업에 대한 정부의 후원과 법원의 호의적인 태도에 있었다. 정부의 보호관세정책은 기업가로 하여금 외국상품의 경쟁에 대한 두려움이 없이 국내 상품가격을 높일 수 있게 해주었다. 정부의 통화긴축 역시 농민을 희생한 기업위주의 정책이었고, 기업가에게는 토지·자원·보조금 및 융자혜택이 부여되었다. 요약하면, 정부는 기업가들이 유리한 경우에는 경제문제에 개입하고, 소비자와 근로자를 보호하기 위해 개입을 요구할 경우에는 자유방임의 원칙을 적용하였다. 이 시기의 급속한 산업화과정을 거치면서 경제 각 부문에 영향을 미친 것은 철도산업이었다. 철도는 경제발전에 있어서 결정적으로 중요한 위치를 차지하고 있었으므로, 이 시기를 「철도의 시대」라 불렀다. 철도의 시대는 대륙횡단철도의 완성으로 절정에 이르렀다. 철도망의 급속한 팽창과정에서 정부는 철도회사들에게 막대한 특혜를 주었다. 거대한 철도제국을 건설함에 있어서 기업가의 창의성과 모험심이 큰 역할을 한 것은 사실이었으나, 철도회사들이 순탄하게 발전해 간 것만은 아니었다. 수

많은 작은 회사들이 몇 개의 커다란 철도망으로 점차 흡수되어 갔다. 그리하여
1900년에는 미국철도의 2/3 이상이 J. D. Rockefeller를 비롯한 소수의 철도업자
들이 장악하였다. 이 점에서 볼 때, 산업화의 시대는 경쟁의 시대인 동시에 독점
과 통합의 시대이기도 하였다.

    기업 통합의 수단으로서 등장한 것이 이른바 트러스트(trust)였다. 트러스트
란 어느 산업부문에 속한 개별 기업들의 소유권은 그대로 남겨두되, 그들의 경
영권을 하나의 경영진 속에 통합하는 기업형태였다. 그 당시 트러스트 운동으
로 가장 중요한 인물은 Rockefeller였는데, 그가 1879년에 설립한 스탠더드 석유
회사가 트러스트의 모델을 이루고 있었다. 이 회사가 트러스트의 모델이 되면서
다른 부문의 기업들도 즉시 그 모형을 모방하였다. 대기업들은 각각 담배 · 설
탕 · 통조림 · 소금 · 위스키 · 성냥 · 과자 · 전선 · 농기구 부문을 독점하였다. A.
Carnegie는 철도회사들로부터 리베이트를 받아내는 무자비한 수단을 통해 경쟁
회사들을 하나씩 통합해 나갔고, 강철시장을 상당부분 석권하였다. 당시의 산업
가들은 정식 교육을 받지 못한 앵글로 색슨 계통의 개신교 신자가 많았다. 예컨
대, 철도업자 C. Vanderbilt, 은행가 J. P. Morgan은 부정한 방법으로 막대한 이
득을 챙겼고, 철도업자 J. Fisk는 면화를 밀수하면서까지 돈을 벌었다. 이들은 경
쟁자들을 물리치고 법적 · 정치적 장애물을 제거하기 위해서는 음모 · 매수 · 부
정 등의 온갖 수단을 가리지 않았다. 특히 Vanderbilt는 "법이 어쨌단 말인가? 나
에게는 힘이 있지 않은가?"라고 당당하게 외칠 정도였다.

    이러한 풍조 속에서 사회진화론(social Darwinism)의 사회철학이 유행하게
된 것은 너무나 당연한 듯이 보였다. 사회진화론자에 따르면, 미국경제는 적자
생존의 경쟁원리에 의해 지배되고 있으므로, 그것은 치열한 투쟁에서 약자를 물
리치고 승리한 강자, 즉 귀족계급에 의해 운영될 때 가장 잘 발전될 수 있다는
주장이었다. 이 이론은 그들이 부적격자로 간주한 사회적 약자층을 돕겠다는 개
혁운동이 자연법칙에 어긋난다고 생각하게 함으로써 보수주의자들의 입장을 강
화시켜 주었다. 그러나 다수의 기업가들은 사회에 대한 책임감을 느껴 자선행
위를 하였는데, 그 대표적인 기업가가 Carnegie였다. 그는 단순히 가난한 개인을
돕기 위해 돈을 사용하는 것은 잘못이라고 주장하였다. 그와 Rockefeller는 교육
기관 · 도서관 · 종교단체에 막대한 돈을 기부하였고, 이들의 선례는 E. Cornell,

J. Hopkins, L. Stanford, C. Vanderbilt, J. B. Duke 등의 사람들로 이어졌다. 특히 Rockefeller의 기부로 뉴욕시민 중 임대주택에 사는 사람은 오늘날에도 수돗물을 무료로 사용하게 되었고, 시카고대학은 그의 기부금으로 명문대학으로 성장할 수 있었다.

　트러스트와 산업가들의 영향력이 점차 경제계를 좌우함에 따라, 경쟁을 다시 부활시키기 위한 조치가 이뤄져야 한다는 생각이 사회에 널리 퍼지기 시작하였다. 1890년대 후반에 이르러서는 기업통합의 경향도 그 양상이 바뀌어 가고 있었다. 이제 통합의 주역은 산업가가 아니라 금융가들로 바뀌었다. 그들은 막강한 자금력을 바탕으로 자금난에 허덕이는 산업가들로부터 회사의 경영권을 넘겨받기 시작하였다. 산업자본주의 대신에 금융자본주의가 나타난 것이다. 미국의 산업계는 1904년에 이르러 318개의 대기업이 5천여 개의 업체를 지배하는 독점자본주의(monopoly capitalism)의 시대로 접어들고 있었다. 기업가들이 통합의 방향으로 나아가자 노동자들도 그와 같은 방향을 따랐다. 당시의 기업가들은 자신들만이 고용조건을 결정할 권리가 있다고 믿었다. 따라서 노동자들은 자

사진 3-8 ✿ 서부의 관문 세인트루이스

신들의 권익을 보호하기 위해 스스로 움직이지 않으면 안 되었다.

최초의 노동조합은 1866년에 조직되었는데, 처음에 전국노동자연합은 노동조건의 개선을 요구하는 순수한 노동조합운동으로 출발하였으나 곧 정치에 관여하게 되어 해체되고 말았다. 본격적인 노조운동은 1869년 U. Stephens에 의해 조직된 노동기사단의 출현으로 시작되었다. 당시의 기업가들은 노동자의 노조가입을 금지시켰으므로, 노동조합은 비밀조직의 형태를 띠고 있었다. 노동운동은 1886년 시카고의 「하이마켓 광장사건」을 계기로 과격해지기 시작하였다. 이 사건은 1일 8시간 노동제를 요구하는 노동자들의 시위를 해산시키기 위해 경찰이 총을 발포함으로써 발생한 유혈극이었다. 정부는 시위를 주동했던 무정부주의자들을 처형함으로써 사건을 마무리지었다. 하이마켓 시위를 기념하기 위해 여러 나라가 5월 1일을 노동자의 날로 정하고, 이 시위의 구호였던 1일 8시간 노동은 1919년 국제노동기구(ILO)에 의해서 노동에 관한 국제기준이 되었다. 그러나 이 사건은 급진주의에 대한 두려움을 불러일으켰고, 이에 따라 노동기사단이 쇠퇴하는 계기를 만들어 주었다.

1893년에는 전국적인 철도파업으로 중서부 일대의 철도망이 완전히 마비되었다. 법원은 셔먼 트러스트 금지법을 근거로 하여 파업이 교역을 방해한다는 이유로 파업금지영장을 발부하였다. 다른 한편에서는 사회주의나 무정부주의와 같은 급진주의 이념과 결별하려는 보수적 노동운동이 일어나 점차 그 세력을 강화해 가고 있었다. 대부분의 노동자들은 농촌출신이었기 때문에 농업사회의 가치관을 그대로 지니고 있었다. 그들은 산업의 업적에 대한 경외감과 산업 역군이라는 자부심을 갖고 있었다. 이런 분위기 속에서 성장한 것이 노동 총연맹이었다. 이 연맹은 1886년에 창설된 보수적인 노동조합이었다.

초기의 산업자본주의는 1885년경에 막을 내리지만, 1840~1885년의 45년 간 총인구는 1,700만에서 5,500만 명으로 증가하였다. 인구 5,000명 이상의 도시가 총인구에서 차지하는 비율도 10%로부터 28%로 상승하고, 도시인구는 1,400만 명이나 증가하였다. 도시 중에는 뉴욕이 관문도시로서 발전히였는데, 그 배경에는 남북전쟁으로 인한 물자의 수요증대, 이리 운하의 개통, 저렴한 이민노동력, 보호관세정책 등과 같이 생산을 활성화시키는 요인이 있었다. 아일랜드에서 발생한 기근으로 유입된 이민과 유럽 각지로부터 신천지를 찾아 대량으로 유입된

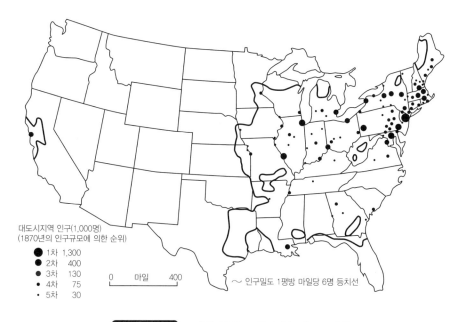

대도시지역 인구(1,000명)
(1870년의 인구규모에 의한 순위)
● 1차 1,300
● 2차 400
● 3차 130
● 4차 75
· 5차 30

0   마일   400

～ 인구밀도 1평방 마일당 6명 등치선

그림 3-4   **미국 주요도시의 분포(1870년)**

출처: T. A. Hartshorn(1992).

이민이 있었다.

대륙내부의 개척에 수반하여 많은 취락이 발생한 것도 이 시기의 특징이다. 특히 중서부에서는 대규모 농업개발이 행해짐에 따라 시카고·신시내티 등의 도시가 크게 발전하였다(그림 3-4). 1870년에 인구가 30만 명을 상회한 시카고는 곡물의 집하기능과 공업제품의 도매기능을 가진 도시로 성장하였다. 또한 공업·상업·교통이 발달한 신시내티는 21.6만 명의 인구를 갖게 되어 시카고에 이어 중서부 제2위의 도시로 발전하였다. 시인 H. W. Longfellow(1807~1882)는 신시내티의 아름다운 도시경관에 취하여 '서부의 여왕'이라 칭송한 바 있다. 그리고 세인트루이스는 미시시피의 하천교통과 철도교통의 요충지로 발전하였다. 미국의 십자로에 위치한 세인트루이스는 서부로 들어가는 관문이었고, 지금은 그것을 상징하는 관문 아치가 세워져 있다. 미국은 공업생산이 도시를 중심으로 행해지기 시작하면서 도시간 격차가 발생하게 되었고, 계층적 도시체계가 출현하기 시작하였다(Bourne and Simmons, 1978).

(2) 혁신주의시대(1900~1919년)

남북전쟁이 끝난 후부터 본격적으로 추진된 산업화는 미국사회의 성격을 크게 바꿔 놓았다. 미국은 국부(國富)와 국력이 급속도로 팽창하여 건국 이래 최대의 번영을 누리는 듯이 보였다. 20세기에 접어들면서 미국사회는 이미 농업적이고 농촌적인 사회로부터 도시산업적 사회로 바뀌어져 있었다. 미국의 자랑거리 제1호는 "촌놈이 없는 나라"였다. 미국민은 의식적인 측면에서 모두 시민이었다. 생활수준도 전반적으로 상승하였고, 1897~1917년에 이르는 사이에 평균수명은 49세에서 56세로 연장되었다. 그러나 팽창과 번영에는 가혹한 사회적 희생이 뒤따랐다. 첫 번째로 문제된 것은 빈곤과 극심한 소득불균형의 문제를 포함한 사회문제였다. 국민의 1%에 불과한 극소수의 상류층이 부의 7/8을 차지하는 불평등사회였다.

두 번째 문제는 대기업의 손에 경제력이 집중됨으로써, 국민 전체의 경제적 자유와 정치적 민주주의가 위협을 받게 되었다는 사실이다. 기업가들은 정치에 대해서도 막강한 경제력을 이용하여 강력한 영향력을 행사하고 있었다. 그들은 공화당에 막대한 정치자금을 바치면서 선거구를 멋대로 뜯어 고치게 하였고, 자신들에게 유리한 후보가 당선되도록 획책하였다. 또한 기업가들은 언론계에도 막대한 금전을 살포하여 유리한 여론을 조성하였다. 이러한 행위는 기업과 정부를 결탁시키는 결과가 되었고, 더 나아가 기업이 정부를 지배하게 되었다. 따라서 권력의 중심은 정치의 중심지인 워싱턴에서 경제의 중심지인 뉴욕의 월가로 옮겨 가게 되었다. 이같은 현상은 공화당의 W. Mckinley가 기업의 도움을 받아 대통령에 당선된 1900년부터 심화되었다.

권력의 집중과 부패의 분위기 속에서 혁신주의운동(progressive movement)으로 불리는 대대적인 개혁운동이 일어나게 되었다. 이 운동은 경제적·정치적 운동인 동시에 도덕적 운동으로 출발하였다. 혁신주의자들 중에는 전통적 가문에 속한 상류계급과 중산계급 출신의 전문직 종사자들이 많았다. 이들은 과거의 농업시대에 사회의 지도급 인사로서 상류층을 형성하던 계급이었다. 그러나 산업화과정에서 이들 구지배계급은 신흥부자인 대기업가들에게 상류층의 지위를 빼앗기는 신분혁명을 경험하게 되었다.

　　구지배계급은 교육과 가문을 가지고 있었으므로 신지배계급을 교양 없는 졸
부라고 경멸하였다. 혁신주의자들은 노동자들의 급진주의에 대해서도 두려움을
느끼고 있었다. 그러므로 혁신주의자들은 위로는 대기업가들의 횡포를 견제하
고, 아래로는 노동자들의 급진적인 행동을 견제하려는 중산계급의 정신을 나타
냈다고 볼 수 있다. 그들은 여러 부류의 사람들로 구성되어 있었기 때문에 그들
의 목표도 제각기 달랐다. 따라서 혁신주의는 하나의 운동이 아니라 서로 다른
목표를 추구하는 여러 운동들의 총합체였다. 그럼에도 불구하고, 혁신주의운동
의 공통분모는 사회정의운동과 정치개혁운동이었다. 사회정의운동(social justice
movement)은 이미 19세기 말부터 영국의 영향을 받아 시작되고 있었고, 영국으
로부터 사회사업가로 훈련을 받고 귀국한 J. Adams가 시카고에 빈민구호소인 헐
하우스(Hull house)를 설립함으로써 본격적으로 진행되었다.

　　혁신주의운동의 두 번째 흐름인 정치개혁운동(political reform movement)은
시정부의 부패를 폭로한 L. Steffens의 『도시의 수치』가 출간되면서부터 활기를
띠었다. 혁신주의자들은 청렴하고 합리적으로 운영되는 시정(市政)의 확립을

사진 3-9 ○ 시정개혁운동의 시발점이 된 갤버스턴

도모하였다. 그들의 가장 시급한 정치적 과제는 부패한 기업인과 정치인들의 영
향력 하에 있는 시정부를 시민에게 되돌려 주는 것이었다. 시정개혁운동(市政改
革運動)은 텍사스주 휴스턴의 외항인 갤버스턴을 시발로 하여 전국적으로 확대
되었다. 갤버스턴 시민들은 시정부를 5명으로 구성된 위원회에 맡겨 시정을 관
장하게 하였다. 도시에 따라서는 도시전문경영인계획(city-manager plan)을 채택
하기도 하였는데, 이것은 기업이 전문경영인을 채용하는 것처럼 도시 역시 행정
전문가를 고용하여 시정을 담당하게 한 제도였다. 이 제도는 버지니아주의 스탠
턴시가 1908년 처음으로 채택한 이후 각 도시로 퍼져 나갔다. 그리하여 혁신주
의시대가 끝나갈 무렵에는 위원회에 의해 운영되는 도시는 400여개, 전문경영인
에 의해 운영되는 도시는 45개에 이르렀다.

개혁의 물결은 시정부의 차원으로부터 주정부의 차원으로 확대되었다. 정치
의 민주화는 특수한 이익집단의 대변자로 전락해 버린 주의회의 권한을 약화시
키고, 그 대신 주지사의 권한을 강화하려는 방향으로 나아갔다. 보수주의 세력
의 마지막 보루인 대법원은 개혁의 물결이 사회 전반에 걸쳐 휩쓸고 있었던 탓
에 그 조류를 받아들이지 않을 수 없었다. 혁신주의자들의 압력을 받은 대법원
은 1908년에 여성근로자의 노동시간을 10시간으로 제한하는 오리건주의 혁신주
의적인 법을 인정하기에 이르렀다. 개혁의 걸림돌이었던 상원의원도 1912년의
「수정헌법 17조」에 의거 직접선거로 선출될 수 있게 되었다.

혁신주의라는 사회개혁운동이 전국적이고 더욱 구체화되기 위해서는 연방정
부의 차원으로 확대되어야만 하였는데, 그것은 Theodore Roosevelt와 Woodrow
Wilson이라는 두 명의 진보적인 대통령이 출현함으로써 가능하였다. 즉 1901년
뉴욕주 버펄로의 박람회에서 William Mckinley 대통령이 암살당하자 부통령이던
Roosevelt가 대통령직을 계승함으로써 전국적 차원에서의 혁신주의시대가 열리
게 되었다. 그는 우선 대기업의 횡포를 막고 대통령의 권한을 강화하려고 하였
다. 그의 첫 번째 공격대상은 J. P. Morgan과 같은 금융가와 J. J. Hill 등의 철도
업자들이 만든 지분회사의 하나인 북부증권 회사였다. Roosevelt는 이 회사가 셔
먼 트러스트 금지법을 위반하고 있다는 근거로 법무장관으로 하여금 법원에 기
소하도록 지시하였다. 대법원은 Morgan 등의 완강한 저항에도 불구하고 북부증
권회사의 해산을 명령하였다. 이것은 기업에 대해 정부가 우월하다는 것을 보여

준 Roosevelt의 첫 번째 성공사례였다. 그 후에도 대통령과 행정부는 특권세력의 이익을 대변하는 의회와 법원에 대항함으로써 국민 다수의 이익을 대변하는 개혁자로 행동할 수 있다는 것을 보여 주었다.

1904년의 선거에서 자력으로 대통령에 당선된 Roosevelt는 더욱 적극적으로 혁신주의정책을 집행하였다. 정부가 공익의 대변자로서 행동해야 한다는 그의 생각은 자연보호정책에서도 잘 나타났다. 그는 산림·하천 등의 자원은 국민 전체의 것이므로 사리사욕을 위해 무분별하게 이용되고 낭비되어서는 안 된다고 생각하였다. 더 나아가 천연자원은 후손들을 위해서도 반드시 보존되어야 한다고 그는 생각하였다. 정부의 국토개발 전문가들은 국민 전체의 이익을 고려하여 국토개발사업을 재검토하였다. 그 결과 2,500여 개의 댐 건설이 취소되고 광대한 숲이 국유림으로 편입되었으며, 지하자원의 절반이 매장되어 있는 광활한 땅을 국유지로 편입하였다.

1908년의 대통령선거에서 Roosevelt는 입후보를 원하지 않았으므로, 공화당은 William Howard Taft를 후계자로 내세웠다. 법률가 출신으로 부유한 그는 대통령에 당선되었으나 혁신주의 노선을 버리고 보수세력과 가까워졌다. 혁신주의자들은 Taft 일파로부터 배신감을 느꼈다. 해외를 여행하던 Roosevelt가 귀국하자, 공화당의 보수적인 현직 대통령과 진보적인 전직 대통령으로 분열되었다. Roosevelt는 지역이나 개인의 이익보다 국민의 이익을 우선한다는 신국민주의를 정강정책으로 삼았다. 신국민주의는 대기업을 견제하기 위한 관세법의 개정이나 회사규제법의 강화를 요구하였고, 부의 재분배를 위한 누진소득세와 상속세의 부과, 근로자 보상법, 어린이 노동규제법의 제정을 요구하였다.

공화당의 분열로 승리의 가능성이 높아진 민주당은 1912년의 선거에서 프린스턴 대학 총장이던 W. Wilson을 대통령 후보로 지명하여 승리하였다. 그는 혁신주의적인 Roosevelt 행정부가 수립했던 노선에 따라 대기업을 규제하고 대통령의 권한을 강화하는 방향으로 나갔다. Wilson은 먼저 외국상품에 대한 장벽을 낮추기 위해 관세율을 낮추는 일에 착수하였다. 개혁자들의 눈에는 관세장벽이 대기업에 대한 특혜의 상징인 동시에 독점의 원인으로 보였다. 또한 그는 금융가들의 세력을 약화시키기 위해 은행을 정부 감독하에 두려고 하였다. 1913년에 제정된 연방지불준비법을 계기로 중앙은행의 기능을 가진 12개의 연방지불준비

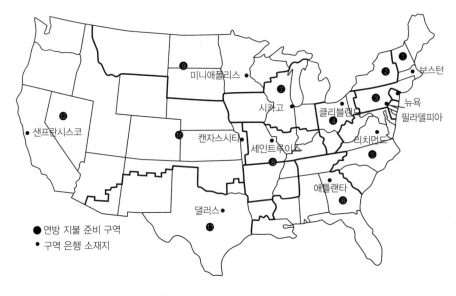

그림 3-5 연방지불준비은행의 분포

출처: 이주영(1995).

은행이 전국에 설립되었다(그림 3-5). 연방지불준비법은 금융을 국유화하려는 것이 아니라 정부 책임하에 새로운 금융중심지를 만들어 금융가들의 독점세력을 약화시키려는 데에 목적이 있었다. 이때부터 이들 은행이 설립된 12개 도시들은 금융기능을 바탕으로 대도시의 성장기반을 이루었다.

혁신주의시대는 산업화의 시기인 동시에 도시화의 시기였다. 따라서 이 시대는 도시의 대중(mass of city)이라는 새로운 세력이 등장한 시기이기도 하였다. 1901~1914년 사이에는 300만의 이탈리아인과 150만의 유태인, 400만의 슬라브인이 이민으로 미국에 유입되었는데, 이들의 대부분은 농촌이 아닌 도시에 정착하였다. 그리고 미국 태생의 농민들도 상당수가 도시로 몰려들었다. 그리하여 1920년에 이르러 미국의 도시화율은 67%에 달하였다. 미국인의 정서와 가치관은 촌스러운 시골이 아니라 세련된 시민의 매너로 바뀌었다. 이에 따라 도시를 중심으로 한 대중문화가 형성되었다. 도시의 발달은 많은 관중의 동원을 요구하는 미식축구·권투·야구 등의 스포츠에 대한 관심을 불러 일으켰다. 이 중에서도 특히 야구가 폭발적인 인기를 누렸다. 오늘날도 인기 있는 메이저 리그의 연간 관중 동원수는 1903년의 475만 명에서 1920년의 900만 명으로 두 배 정도 증가하였다. 대중의 오락수단으로 무성영화가 발명되어 도시에 영화관이 폭증하였고, 축음기가 보급되어 블루스 음악과 사교춤이 널리 보급되기도 하였다. 신문과 잡지도 도시민의 필수품이 되었다.

혁신주의시대의 개혁정신은 교육제도의 개혁으로도 구현되었다. 공립학교 교사의 경우는 처우가 형편없는 상태였다. 이에 따라 남자교사의 비율이 1880년의 43%에서 1900년의 30%, 1920년의 15%로 떨어졌다. 그러나 혁신주의시대의 개혁으로 문맹률이 1910년에 7.7%로 떨어질 만큼 개선되었다. 이같은 변화에 앞장섰던 사람은 J. Dewey였는데, 그는 혁신주의자로서 미국의 어린이들이 도시적이고 민주적인 사회에서 살 수 있는 능력을 갖추도록 교육내용을 개정하였다. 산업화와 도시화로 복잡해진 사회에서 전문가의 수요가 늘어남에 따라 대학도 발전하였다. 1914년에 이르러 대학생 수가 21만 명을 상회하고 학문수준도 높아져 여러 분야의 학문이 유럽의 수준과 대등해졌을 뿐만 아니라 일부 분야에서는 유럽을 능가하기까지 하였다. 그리고 대학에서 유행하고 있던 학풍도 그 시대정신에 맞게 개혁적이었다.

미국인들이 국내적으로 사회개혁에 몰두하고 있는 동안, 유럽의 강대국들은 전 세계에 걸쳐 영토와 이권을 확대해 나가는 제국주의시대를 맞이하고 있었다. 미국도 뒤늦게나마 그와 같은 시대적 조류를 타기 시작하였다. 최초의 팽창주의자 중 가장 유명한 사람은 W. H. Seward였는데, 그는 1867년에 미드웨이제도를 장악하고 러시아로부터 알래스카를 사들임으로써 미국 영토를 확장하였다. 당시 미국은 1에이커(약 4천평)당 2센트도 안 되는 금액인 720만 달러에 알래스카를 사들였다. 그 후, 팽창주의자들의 주장은 니카라과를 통과하는 운하건설, 캐나다 합병, 태평양 진출 등을 요구하였다.

한편, 중국에서 열강들의 세력다툼에 뒤늦게 끼어든 미국은 「문호개방정책」의 선언을 통해 모든 강대국이 중국 영토 내에서 모든 나라 사람들의 권리를 존중해야 함을 주장하였다. 모호한 태도를 취한 다른 강대국들과 달리 일본은 반대의 뜻을 분명히 밝혔다. Roosevelt 대통령은 일본과의 관계를 개선하기 위해 1905년 일본이 필리핀에 대한 야망을 버리는 대가로 한국과 만주에서의 종주권을 인정해 주었다. 1908년에는 「루트·다카히라 협정」으로 일본이 태평양에서의 현상유지와 중국의 문호개방을 인정하는 대가로 일본의 경제적 우월성을 인정해 주었다.

　미국이 명실상부하게 세계의 강대국 대열에 참여할 수 있게 된 결정적 계기는 제1차 세계대전이었다. 1914년 8월에 유럽에서 전쟁이 일어나자 Wilson대통령은 즉각 중립을 선언하였다. 그러나 국민의 대다수는 인종적·문화적으로 영국과 프랑스에 가까웠으므로 정서적으로는 연합국에 호의적이었다. 물론 독일 측에 호의적인 독일계 미국인과 아일랜드계 미국인도 있었지만, 그들의 영향력은 그다지 크지 못하였다. 시간이 경과함에 따라 경제적 이유에서 미국의 엄정 중립이 불가능하다는 것이 밝혀졌다. 즉 영국은 해상을 장악하고 있었으므로 미국으로부터 비군수물자와 차관을 공급받을 수 있었지만, 독일은 그것이 불가능하였기 때문이다. 연합국은 러시아 혁명으로 전열에 차질이 생겨 불리하였고, 이에 따라 그 위협은 미국에까지 전해졌다. 뉴욕을 비롯한 대도시에서 참전을 요구하는 대규모 집회가 열려 정부에 압력을 가하였다. 압력이 커지자 Wilson은 전쟁에 개입하기로 결심하고 1917년 4월에 독일과의 전쟁을 선포하였다. 미국의 원정군은 1918년 5월부터 프랑스 전선에 투입되었고, 전쟁이 끝날 무렵 미군의 병력은 50만 명 규모로 커져 있었다.

　유럽에서의 전쟁이 연합국의 승리로 끝날 것이 예상되자, 미국 행정부는 전후처리문제에 대해 관심을 갖기 시작하였다. Wilson은 파리에서 열릴 평화회의에 참석하기 위해 미국 대통령으로서는 처음으로 유럽 땅에 발을 디뎠다. 그러나 막상 평화회의가 시작되면서 Wilson은 자신이 공약한 「14개 조 원칙」의 시행이 각국의 이해관계로 어렵다는 것을 알게 되었다. 베르사이유 조약은 미국내의 자유주의자들의 반대에 부딪치게 되었고, 상원의 고립주의자들은 그 조약 속에 포함되어 있는 국제연맹에 관한 조항 때문에 반대하였다. 즉 베르사이유 조약의 비준은 자동적으로 미국의 국제연맹가입을 수반하게 되는데, 이는 미국이 장차 유럽 국가들의 모든 분쟁에 자동적으로 휘말려 들어가게 됨을 의미하였기 때문이다. Wilson 대통령은 전국을 돌아다니며 국민들에게 직접 호소하였으나, 조약의 비준은 상원에서 부결 되었다. 이제 미국인들은 혁신주의시대의 개혁과 팽창에 대한 정열을 상실하고, 그들이 익숙해 있던 안정과 고립의 생활방식으로 되돌아가려는 듯이 보였다.

02 미국의 경제적 번영으로 사회는 어떻게 변화하였나?

1. 대공황과 뉴딜 정책

(1) 경제적인 번영과 대중사회

베르사이유 조약이 체결된 1919년은 혁신주의자들에게 있어서 실망스러운 한 해였다. 그것은 파리평화회의가 열렸을 때에 유럽 강대국들이 보여준 이기심 때문이었다. 이를 계기로 한 때 미국에서 일어났던 십자군 정신과 개혁의 정열은 급속히 식어가고 있었다. 미국인들은 흥분을 가라앉힌 정상상태로 돌아와 자신의 일에만 관심을 갖는 소시민이 되어가고 있었다. 전후에 미국인들이 고립주의와 보수주의에 빠진 이유는 러시아 혁명이 직접적으로 작용한 데에 있었다.

1917년 러시아에서 발생한 사회주의혁명은 유럽 각국의 공산주의자들을 자극하였고 나아가 미국의 급진주의 세력을 고무시켰다. 시애틀을 시작으로 발생된 노동자들의 파업은 유산계급으로 하여금 미국에서도 사회주의혁명이 다가오고 있음을 느끼게 하였다. 급진주의에 반대하는 보수적 미국인들은 혁명의 위협이 외국으로부터 오는 것이라 생각하고 외래적인 것을 거부하는 이른바 배외주의(排外主義)를 표방하였다. 보수와 반동의 물결을 타고 공화당은 1920년의 선거에서 Warren G. Harding을 대통령에 당선시켰다. 그는 일과가 끝나면 전에 사귀던 포커 게임 친구들과 어울렸는데, 대통령의 행위는 행정부를 부패하게 만드는 원인이 되었다. 행정부의 부정이 연이어 폭로되고 비난의 여론이 높아지자, 1923년 여름에는 하원에서 대통령을 탄핵한다는 소문이 나돌기 시작하였다. 불안에 떨던 대통령은 불분명한 이유로 돌연히 사망하였고, 부통령이던 Calvin Coolidge가 그 뒤를 계승하였다. 그러므로 1920년대는 기업가들의 활동에 가장 유리한 시기가 되었다.

정부의 친기업적 정책의 사례는 트러스트 규제국(법무부)의 기능정지, 관세율의 인상, 부자에 대한 세금인하 등에서 찾을 수 있다. Coolidge는 1924년의 선거에서 재선되어 1928년까지 통치하였다. 이 시기는 미국경제가 번영하고 사회적으로 안정된 기간으로 기업가의 황금시대였다고 볼 수 있다. 이런 사실은 기업수가 1920년의 250만 개에서 1929년의 300만 개로 증가한 것에서도 잘 나타난다. 이들 기업 가운데 2/3는 교역과 서비스업에 종사하고 있었다.

1920년대 미국 기업의 특징 중 하나는 대기업의 주식이 널리 분산됨으로써 소유와 경영이 분리되기 시작했다는 사실이다. 이제 회사를 움직이는 경영자는 회사의 주인이나 대주주가 아니라 경영능력을 가진 유능한 전문경영인이었다. 물론, 당시의 모든 기업이 이와 같은 경영형 기업은 아니었으나, 미국은 점차 대기업의 국가로 바뀌어 가고 있었다. 1920년대의 주목할 사실은 기술의 발전에서도 찾을 수 있다. 기술의 발전은 국민생활수준의 향상으로 이어졌다. 1920년에 방송국이 설치되면서 보급되기 시작한 라디오는 1930년 전체 가정의 40%가 보유할 정도였다. 항공산업도 급속히 발전하였고, 전기도 널리 보급되어 1930년에는 도시권에 거주하는 주민의 8할 이상이 혜택을 입었다. 그러나 무엇보다도 중요한 것은 자동차의 보급이었다. 제1차 세계대전이 발발하기까지 자동차는 중상류층의 여가선용을 위한 사치품이었으나, 전쟁을 거치면서 점차 보급되기 시작하여 1930년에는 1가구 1차량이라는 목표에 거의 도달하였다. 승용차 이외에도 트럭과 버스가 늘어나 자동차는 이제 대중교통수단이 되었다. 이같은 현실이 도시에 반영되면서 시카고학파의 도시구조이론이 제기되기 시작하였다. 1929년에 발표된 E. W. Burgess의 동심원지대이론이 대표적이다.

자동차가 일반대중에게 널리 보급함에 있어서 큰 역할을 한 사람은 H. Ford였다. 포드 자동차 공장은 수많은 부품을 조립하여 완성품을 만드는「소품종 대량생산」으로 대변되는 당시로서는 특이한 생산방식을 택하였다. 후에 이와 같은 생산체제를 포디즘(Fordism)이라 명명한 것은 작업의 전문화·단순화, 생산과정의 자동화, 조립공정의 규격화 등으로 특징지을 수 있는 산업의 총칭이었기 때문이다. 당시의 자동차 소유는 사회적 지위를 측정하는 중요한 기준이 되기도 하였다. 신형차를 소유하는 것은 높은 신분을 상징하고, 더 크고 비싼 차를 가진다는 것은 높은 신분을 입증해 주는 증거인 듯이 보였다. 그리하여 이른바 자동차사회신분제(automotive social ladder)가 나타나게 되었다.

1920년대의 미국사회에서 기업가들이 사회에서 우월한 지위를 차지하게 되었다는 사실은 그들을 제외한 나머지 세력들, 특히 노동자와 노인의 지위가 상대적으로 저하되었음을 의미하는 것이었다. 노인들은 1920년대에 나타난 전반적인 번영의 혜택을 누리지 못하였다. 노동자의 세력도 전반적으로 약화되었는데, 그 결정적인 증거는 노동조합의 쇠퇴에서 찾을 수 있다. 전통적으로 미국 노동자의 노조가입률은 서유럽 국가들에 비해 대체로 낮은 편이었다.

노동조합의 세력이 절정에 이르렀던 1920년에도 노조가입자는 전체 노동자의 12%에 해당하는 500만 명에 지나지 않았다. 그리고 이른바 빨갱이 소동(red scare)이 벌어진 1920년대 초에 중산계급의 눈에는 노동조합이 급진주의와 관련된 위험한 존재로 비쳤다. 아무튼 1920년대의 미국사회에는 친기업적 성향이 강하고, 노동조합에 대한 반감이 거세게 일었다.

1920년대에 회사 노조 수는 계속 증가하여 1928년에는 150만 명으로 늘어났다. 이와는 반대로, 노동총연맹과 같은 독립노조의 세력은 계속 약화되어 1930년에는 겨우 전국 노동자의 7%만을 포용하고 있었을 뿐이었다. 1920년대는 노동자에게는 불리한 시기였음에도 불구하고, 미국경제는 번영을 누리고 있었으며, 그로부터 노동자들은 어느 정도 혜택을 받고 있었다. 생활의 안정을 느낀 노동자들도 기업정신에 물들게 되었다. 그들도 1920년대의 시대정신인 물질만능주의 · 소비주의 · 보수주의 · 낙관주의 풍조에 젖어들고 있었다. Herbert Hoover는 "신의 도움으로 우리는 곧 이 나라에서 빈곤을 추방할 날이 오게 될 것"이라고 1929년 대통령 취임식에서 희망찬 목소리로 외쳤다.

지식인들은 물질만능주의 · 소비주의 · 청교주의 · 보수주의가 지배하는 사회적 분위기에 질식당함을 느꼈다. S. Lewis는 우둔함이 판치는 도시생활을 풍자하였고, S. Anderson은 중소도시의 도덕과 관습이 신경증적 사회에서 비롯되었음을 S. Freud 심리학의 관점에서 분석하였다. 지식인들의 경고에도 불구하고 대중은 물질만능주의와 획일주의로 쏠렸고, 대중 속에서 획일주의는 배외사상으로 나타났다. 배외사상은 금주운동 · 큐클럭스클랜(KKK) · 근본주의 신앙운동으로 나타났다. 술은 이민이 많이 모여 사는 대도시에서 제조 · 판매되고 있었으므로, 금주운동은 자연히 이민배척운동과 관련이 있었다. 양조업자 가운데는 독일계 이민들이 많았으므로, 제1차 세계대전 중에는 금주운동이 반독일적 성격을 띠기도 하였다. 또한 금주운동은 이민과 범죄로 들끓는 도시에 대해 가지고 있던 농촌지역의 적대감을 나타내기도 하였다.

농촌지역의 압력으로 볼스테드법(Volstead Act)으로 불리는 금주법(禁酒法)이 1919년에 의회를 통과하였다. 술의 제조와 판매행위가 법으로 금지된 것이다. 그러나 실제로는 술을 찾는 사람이 많았으므로, 불법으로 거래하는 비밀조직들이 많이 나타났다. 이와 같은 주류 밀매업자들 중에서 가장 유명했던 사람이 시카고의 Al Capone였다. 그들은 경찰간부들을 매수하고 시정부에 강한 영향력을 행사함으로써, 연방정부의 손이 미치지 못하는 강력한 세력을 형성하고 있었다. 미국사회에서 보수주의·전통주의·고립주의의 물결이 우세해짐에 따라 KKK세력은 막강해졌다. 농촌지역을 중심으로 일어난 이 조직은 미국에서 태어난 백인 남자들로 구성되어 있었다. 그들은 비미국적이라고 생각되는 외국의 정부·국민·제도·종교에 대해 충성하는 것을 배격하였다. 그들은 외래적 요소가 많이 섞여 있는 흑인·가톨릭교도·유대인·외국인을 공격하였다. 1924년에 이르러 그들은 수백만 명의 단원을 거느리면서 막대한 자금을 바탕으로 각 주의 정치에 영향을 끼치고 있었다.

배외사상과 획일화의 경향을 보여주는 또 다른 운동은 근본주의(fundamentalism)신앙운동이었다. 미국태생의 전통적인 미국인들, 특히 농촌지역의 미국인들은 그들의 나라는 청교도들에 의해 세워진 프로테스탄트 국가라고 생각해 왔다. 그들의 시각에서 볼 때, 미국은 새로운 이민집단이 갖고 들어온 카톨릭교와 유태교 등의 외래신앙 때문에 위협을 받고 있다고 믿게 되었다. 그들은 미국사회의 종교적 동질성이 사라져 가고 있는 데 대하여 두려움을 느끼고 있었다. 더욱이 그와 같은 추세를 진화론(Darwinism)과 같은 과학이론이 더욱 촉진하고 있는데 대하여 두려움을 갖고 있었다. 이러한 근본주의자들의 사고방식은 성서의 권위에 도전하는 과학이론과 충돌을 가져올 수밖에 없었다. 1925년의 유명한 스콥스 재판(the Scopes trial)에서 고등학교 과학교사가 학생들에게 Darwin의 진화론을 가르쳐 기소된 사건은 혁신주의자들의 낙관적인 인간관과는 달리 대중이 그다지 합리적 사고방식을 가지고 있지 못하다는 사실을 보여 주었다. 미국사회에서 진화론은 여전히 도전 받고 있다. 이른바 지적 설계론(intelligence design)이란 것인데, 이는 우주만물이 너무 복잡하여 진화했다기보다는 지적인 초월자에 의해 디자인되었다는 창조론과 동일한 논리구조를 지닌 주장이다.

이성을 비판하는 심리학이 1920년대에 유행한 것은 이러한 반합리주의의 시

그림 3-6 미국 주요도시의 분포(1920년)

출처: J. R. Bochert(1991).

대적 분위기와 관련이 있었다. 무의식적이고 비이성적 충동은 대중에게 성적인 것을 의미하는 것으로 해석되어 성 본능의 해방이 강조되었다. 즉 성행위는 종족번식만을 위한 것이 아니라 쾌락을 위한 행위이기도 하다는 것이다. 그 결과, 자유로운 성생활과 이혼을 정당화하는 풍조가 강해져 갔던 것이다.

이러한 관점에서 볼 때, 1920년대는 낡은 것과 새로운 것이 대립하면서 공존하는 시대였다. 이와 같은 두 개의 대립되는 요소는 1928년의 대통령 선거전에서 잘 드러났다. 보수적인 공화당의 후보는 농촌의 프로테스탄트 교도와 금주운동을 대변하였고, 자유주의적인 민주당의 후보는 도시의 가톨릭교도와 금주법 폐지운동을 대변했던 것이다. 공화당의 H. C. Hoover의 당선은 농촌과 도시의 대결에서 농촌이 승리했음을 뜻하는 것이었다. 당시의 미국은 도시화율이 50%대를 넘어섰지만 보수적 전통이 우세하였다.

1920년대 대서양 연안의 도시들은 순조로운 발전을 이룩하였다. 뉴욕은 1920년에 530만 명, 필라델피아는 180만 명을 상회하는 대도시로 성장하였다.

중서부에서는 공업·상업·금융을 비롯하여 교통의 중심인 시카고의 발전이 괄목할 만하다. 시카고는 도시계획에 입각한 미시간호 연안지대의 정비를 1919년부터 시작하였다. 시카고는 1870년에 5위로부터 1920년에는 2위 도시로 약진하였다. 시카고 이외의 도시 중 자동차생산의 중심이 된 디트로이트, 제철업과 초기의 석유산업으로 발전한 클리블랜드 등과 같은 오대호 주변의 도시발전이 주목할 만하였다.

한편, 로스앤젤레스·샌프란시스코 등의 태평양 연안도시와 텍사스주를 비롯한 남부지방의 도시들은 1920년대에 발전하기 시작하였다. 그러나 [그림 3-6]에서 보는 것처럼 태평양 연안과 남부지방은 국토의 전체 가운데 여전히 주변부에 위치하였으며, 경제활동이 활발한 동부지방의 도시들과는 커다란 격차가 있었다. 미국의 국토 가운데 핵심지역과 주변지역이 명확해진 것도 이 시기에 발생한 것이다. 지역간 교류 역시 핵심지역의 도시 간에 활발하였을 뿐이며, 주변지역의 도시와는 교류가 미미하였다.

(2) 대공황과 자유자본주의의 위기

1920년대에 미국경제는 번영을 구가하는 듯이 보였지만 그 내면에는 위험스러운 면이 도사리고 있었다. 도시기반시설과 자본재의 창조가 국민소득의 증가에 비해 뒤처져 있었고 투기와 같은 불건전한 풍토가 생겨났다. 이와 같은 현상이 나타나게 된 이유로는 일반적으로 두 가지 사실이 지적되고 있다.

첫째 이유는 1924～1929년 기간 중에 실질임금이 거의 상승하지 않았다는 사실이다. 임금이 오르지 않았으므로 소비자의 구매력이 늘지 않게 됨에 따라 산업이 확장될 수 없었다. 부(富)가 소수의 상류계급에 집중되어 5%에 불과한 부유층이 전체 소득의 1/3을 차지하고 있었다. 1920년대에는 소득의 불균형으로 대다수의 국민이 구매력을 가지지 못했기 때문에 산업발전이 불가능하였다.

둘째 이유는 산업확장을 가져올 기술혁신이 이루어지지 않았다는 사실이다. 기술혁신이 일어나야 투자가 발생하고, 투자가 있어야 저축과 노동력을 흡수하게 되는 것인데, 1920년대에는 바로 그와 같은 기술개발이 없었던 것이다. 전화사업·도로·강철 등의 오래 된 부문에서만 약간 기술혁신이 있었을 뿐이었다. 이에 따라 1927년 이후에는 미국의 종합성장률이 현저히 낮아졌다. 개인의 저축과 회사의 이윤이 증가함에도 불구하고 투자할 마땅한 생산업체가 없었으므로, 자금은 투기목적에 사용되었다. 호텔·아파트·사무실 등의 빌딩 신축 붐이 일어나고 그러한 건물을 담보로 하는 증권이 발행되어 일반투자가들에게 팔렸다. 그러나 건물의 수는 수요를 능가하여 과잉공급현상을 빚었다. 건축 붐은 도시의 경관을 바꿔 놓는데 기여하였다. 1929년 여름, 투자가들은 과열된 주식시장에 대하여 불안을 느끼기 시작하였다. 그에 따라 주식을 팔려는 사람들이 몰려들고 10월에는 뉴욕 증권거래소에서 파산의 조짐이 일어나기 시작하였다.

미국의 증권시장이 흔들리자 유럽의 은행들도 미국인들에게 빌려주었던 20억 달러를 인출해 가기 시작하였다. 최악의 날은 1,600만 주가 거래된 10월 29일이었다. 마침내 대공황이 시작된 것이다. 주식시장의 파산이 가혹했던 것과는 대조적으로 대공황은 서서히 진행되었다. 대통령과 기업인들은 불경기가 일시적일 것이라고 낙관하였다. 그들은 정부가 경제에 간섭해서는 안 되며, 경기회복은 민간투자에 달려 있다는 자유방임의 태도를 취하였다.

결정적인 충격은 유럽이 먼저 받았다. 1931년 6월부터 유럽의 은행들이 파산하기 시작하였고, 이에 따라 연합국에 대한 독일의 배상금 지불과 미국에 대한 연합국의 전채(戰債) 지불이 중단되었다. 국제수지의 악화를 견디지 못한 영국이 금본위제를 폐지하였다. 대공황은 미국에서 시작되었지만, 유럽의 사태에 의해 더욱 악화되었던 것이다.

1931년 말에 Hoover 대통령은 의회의 협력을 얻어 재건금융공사를 설립하였다. 이 공사는 은행·철도회사 등의 대기업에 큰 도움을 주었으나, 중소기업은 대부분의 경우 그렇지 못하였다. 이 밖에도 다양한 경기부양책을 폈음에도 불구하고, 1932년 봄의 경제는 심각한 단계에 접어들었다. 전체 노동력의 1/3이 실직하였고, 실업은 지역에 따라 더 심각한 곳도 많았다. 일리노이주 남부와 애팔래치아 산맥의 광산도시의 경우는 실직의 후유증으로 가정이 파괴되는 고통을 겪었다. 수백만 명의 굶주린 사람들은 적십자·구세군 등의 자선단체와 독지가들이 개별적으로 베푸는 구호의 혜택을 받기 위해 길거리에 즐비한 행렬을 이루었다.

이와 같은 절망적 분위기 속에서 1932년 대통령 선거전이 시작되었다. 야당인 민주당은 국민의 불만이 극도에 이르러 있었으므로 승리를 자신하였다. 민주당은 Franklin D. Roosevelt를, 공화당은 Hoover 대통령을 다시 공천할 수밖에 없었다. 당시의 시대적 분위기는 상당히 좌경화되어 있었으므로, 중산층 가운데는 사회당을 지지하는 사람이 많았다. 지식인들 가운데는 심지어 공산당을 지지하는 사람도 적지 않았다. 그럼에도 불구하고, 자본주의를 거부하는 사회당과 공산당의 후보는 완패하고 말았다. 여전히 대다수의 미국인은 자본주의체제에 대해 신뢰감을 갖고 있음이 입증되었다. 민주당의 Roosevelt가 당선되어 취임할 때까지 4개월 동안 미국경제와 사회는 최악의 상태에 빠져있었다.

은행의 파산도 절정에 이르러 연방지불준비제도에 속하지 않고 있는 1만 6천 개의 지방은행 가운데 거의 절반이 문을 닫았다. 연방지불준비제도에 속해 있던 7천 5백 개의 은행 가운데서도 1천 4백 개가 문을 닫았다. 예금주들은 돈을 인출하기 위해 은행으로 몰려 들었다. 이와 같은 금융위기는 기업에 더욱 큰 타격을 주었고, 실업자수는 전체 노동력의 1/3에 해당하는 1천 7백만 명에 이르렀다. 이에 따라 생산고는 1929년의 그것의 비해 절반으로 감소하였다.

(3) 뉴딜 정책의 전개

1933년 3월에 대통령으로 취임한 Roosevelt가 취해야 할 가장 시급한 일은 국민에게 체제에 대한 신뢰감을 회복시켜 주고 용기를 불어 넣어 주는 것이었다. 그는 취임사에서 공황을 초래한 문제들을 해결하고 국민에게 안정과 번영을 안겨주기 위해서는 개혁이 필요함을 역설하였다. 그러나 그같은 목표를 달성하기 위해서는 우선 실업자들에게 일자리를 만들어 주는 것이 가장 중요하므로, 그의 정책은 구호사업 · 경기회복 · 개혁의 세 방향으로 진행되었다.

Roosevelt는 그의 정책을 포커 게임에서 사용되는 뉴딜(the New Deal)이란 말로 표현하였는데, 여기에는 새로운 게임을 시작하기 위해 카드를 다시 친다는 뜻에서 개혁의 의미가 포함되어 있었다. 정부의 구호사업을 지원하기 위해 5억 달러의 기금으로 연방비상구호청을 설립하고, 청년층의 실업자들을 수용소에 넣어 산림보호와 홍수방지사업에 투입시켰다. 그리고 술의 제조와 판매를 허용함으로써 논란을 빚어 왔던 금주법을 폐지하였다.

다음으로 뉴딜 정책은 실업자를 구제하기 위해 대대적인 공공사업을 벌였는데, 그 중에서 가장 대표적인 것이 테네시 계곡 개발사업이었다. 정부는 1933년

사진 3-10 ○ 테네시 계곡 개발공사(TVA)의 댐

5월에 테네시 계곡 개발공사(TVA)를 설립하여 테네시강과 그 지류에 댐과 발전소를 건설할 수 있게 하였다. 이 사업으로 수많은 실업자가 일자리를 얻게 되었고, 이 일대의 7개 주가 전력을 공급받게 되었다. 이 밖에도 정부는 민간자원보존단을 조직하여 숲지대를 만들고 토양보존에 힘썼다. 이러한 공공사업은 모두 실업자를 구제하고 자연환경을 보존한다는 이중적인 효과를 거둘 수 있었다. 그러나 무엇보다 중요한 것은 산업부흥이었으므로, 정부는 1933년 6월에 전국산업부흥법(NIPA)을 제정하였다. 산업분야에서도 농업과 마찬가지로 과잉생산·과당경쟁·파산위기·실업문제 등으로 혼란이 일고 있었으므로, 정부는 산업을 통제하려고 시도하였다.

　C. Darrow와 같은 자유주의자들은 전국산업부흥법이 기업가들에 의해 독점의 도구로 이용되고 있다고 비난하였다. 그럼에도 불구하고 이 법은 국가비상시에 이익집단들 간의 협동이 중요하다는 것을 국민에게 인식시키는 데에 기여하였다. 또한 실업자를 구제하기 위한 조치로 연방긴급구호법이 제정되었다. 이 법의 제정으로 여러 구호단체가 설치되었는데, 그 중 공공사업추진청(WPA)은

연방정부의 자금으로 대대적인 공공사업을 전개함으로써 실업자를 흡수하였다. 이 사업으로 도로 · 비행장 · 학교 등이 건설되었고, 공원과 수로가 개량되었으며, 심지어는 연극 · 음악회 · 지도제작 · 안내서 작성에도 정부의 지원금이 지출되었다. 이 밖에도 주택소유자융자법이 제정되어 채무로 집을 잃게 된 가옥주들에게 융자해 주었다.

1935년에 이르러 제1차 뉴딜 정책은 한계에 도달한 듯이 보였다. 경기는 어느 정도 회복세를 나타냈지만, 국민총생산액은 여전히 1929년에 비해 300억 달러가 적었고, 실업자도 900만 명에 머물러 있었다. 더욱이 보수세력이 지배하고 있는 대법원은 뉴딜의 법들이 헌법에 위배된다는 이유로 무효화시키기 시작하였다. 대법원은 1935년에 드디어 전국산업부흥법 가운데에서 생산비율을 할당한 조항이 헌법에 위배된다는 이유로 무효화 판결을 내렸다. 그리하여 행정부는 대법원의 방해로 뉴딜 정책을 포기해야 할 지경에 이르렀다.

사태가 악화되자 Roosevelt와 뉴딜주의자들은 새로운 정책을 모색하려 하였다. 그 결과, 제2차 뉴딜(the Second New Deal)은 더욱 진보적인 성격을 띠게 되었다. 우선 Roosevelt는 「와그너 노동관계법」을 제정하여 노동자들의 단체교섭권을 강화하고, 1925년에는 복지국가의 토대가 될 사회보장법(social security act)을 제정하였다. 그리고 행정부는 자금이 소수의 지주회사와 금융가들의 손에 집중되는 것을 막고 경쟁을 부활시키기 위해 공익사업지주회사법(public utilities holding company act)과 금융법을 제정하였다.

뉴딜 정책이 지속적으로 추진되자 보수세력들은 Roosevelt 행정부를 더욱 맹렬히 공격하였다. 기업인들의 지위는 1920년대와 달리 1930년대에 이르러 거대한 정부와 거대한 노동조합으로부터 심각한 도전을 받았다. 1936년 선거에서 대통령에 재선된 Roosevelt는 국민들의 높은 지지도에 힘입어 뉴딜을 반대하는 대법원을 개편하는 데 성공하였다. 그는 큰 어려움 없이 뉴딜 정책을 뒷받침해 줄 자유주의적인 대법원을 갖게 되었다. 제2차 뉴딜의 시기에 두드러지게 나타난 또 다른 현상은 노동자의 세력이 강화되었고 이민집단과 흑인의 지위가 향상되었다는 점이다.

가장 뒤늦게 이민으로 들어온 이탈리아인 · 폴란드인 · 남부 슬라브인 · 유태인은 1920년까지만 하더라도 노조가입이 금지될 정도로 차별을 받았다. 그러나 뉴딜 시대에 들어와서 산업조직회의는 그들에게 노조가입의 허용은 물론이고, 정부는 정치참여의 기회를 확대시켜 주려고 노력하였다. 그리고 흑인은 전통적으로 불경기시에 가장 먼저 해고되고 가장 늦게 고용되는 불리한 대우를 받아왔다. 그같은 상황에서 흑인들은 남북전쟁에서 그들을 노예상태로부터 해방시켜 준 공화당을 버리고 점차 민주당을 지지하는 노동자·빈민·흑인과 같은 도시의 대중에 기반을 두게 되었고, 그 때문에 뉴딜은 정치혁명을 가져 온 것으로 보이기도 하였다.

그러나 뉴딜정책으로 대공황의 문제가 완전히 해결된 것은 아니었다. 1938년의 불경기는 최악의 상태였고, 실업문제도 해결되지 않았다. 그럼에도 불구하고 뉴딜은 대공황기에 미국 국민들로 하여금 그들의 경제적·사회적 운명을 제어하는 데에 크게 기여하였다. Roosevelt와 뉴딜주의자들은 논리적 이론보다는 유익한 결과적 관점에서 사물을 판단하려는 실용주의자들이었다. 바로 이와 같은 뉴딜주의자들의 실험주의적·실용주의적 태도 때문에, 미국인들은 국가가 위기에 처할 때에도 파시즘이나 볼셰비즘과 같은 극단주의의 길을 걷지 않게 되었다. 다시 말해서, 그들은 자본주의 체제에 사회주의적 요소를 가미한 혼합경제 체제를 건설하는 방향으로 나아갈 수 있었던 것이다. 아무튼 1930년대 도로·공원·주택 등에 대한 사회간접자본의 투자로 미국의 도시는 팽창하였으며, 이를 배경으로 1939년에 H. Hoyt가 선형이론을 제기하였다.

2. 도전과 응전의 시대

(1) 세계 최강의 풍요한 사회

미국인들이 대공황을 극복하기 위해 국내문제에 몰두하고 있는 동안에 유럽과 아시아에서는 제2차 세계대전의 전운이 감돌고 있었다. 당시의 미국 여론은 고립주의의 경향이 강하였으므로, 1935년에 제정된 중립법은 여전히 유효하였다. 1940년의 선거에서 국제주의자인 민주당의 Roosevelt가 승리함에 따라 여론은 반전되었다. 경제가 활기를 되찾게 되면서 여론은 전쟁을 지지하는 쪽으로 기울어져 1941년 3월에 무기대여법이 제정되었다. 미국은 해상에서 독일과 충돌하기도 하였으나, 참전의 계기는 태평양에서 일어났다.

마침내 1941년 12월 7일 일요일 새벽에 일본의 전투기들이 하와이의 진주만을 기습 공격하였다. 그 후 아시아와 유럽에서 전쟁에 참가한 미국은 민간산업을 군수산업으로 전환하였다. 자동차산업은 탱크와 군용트럭을 생산하고, 조선산업과 항공산업은 군함과 전투기의 생산을 담당하게 되었다. 농업생산도 급격히 증가하여 전체 노동력의 5%에 불과한 농민이 미국과 연합군의 군인은 물론 국민을 먹여 살릴 수 있는 막대한 양의 식량을 생산하였다. 전쟁으로 인한 경제팽창은 대공황으로 비롯된 산적한 문제들을 거의 완전히 해결해 주었다.

미국에서는 가공할 무기인 원자폭탄을 비밀리에 제조하고 있었다. 미국 정부는 독일이 먼저 원자탄을 제조할지 모른다는 두려움에서 서둘러 이른바 「맨해튼 계획」을 세웠다. 미국은 일본 본토를 점령하기 위해서는 많은 인명의 희생이 따를 것으로 예상하여 원자탄 사용을 결정하고, 드디어 1945년 8월 6일과 9일에 히로시마와 나가사키에 원자폭탄을 투하하였다. 일본은 8월 14일에 무조건 항복을 선언하였다.

전쟁이 끝나자 납품이 취소되어 노동자들의 파업이 잇달았다. 중산계급은 세금인하를 요구하였다. 미국사회는 제1차 세계대전 직후와 마찬가지로 보수주의와 배외주의의 감정이 팽배해지고 있었다. 이에 보수적인 미국인들은 공산주의와 혁명의 물결이 또다시 유럽으로부터 엄습해 올 것을 두려워하였다. 공산주의의 위협을 막기 위해 의회는 노사관계법을 제정하였다. 이 법의 주목적은 노동자들의 전국적인 파업을 막으려는 것이었다. 노동조합을 견제하기 위해 조합의 재정을 의무적으로 공개하도록 하고, 노동조합의 정치헌금을 금지시켰으며. 노조 지도자들에게는 그들이 공산주의자가 아니라는 서약을 받아내도록 강요하였다.

Roosevelt의 사망으로 대통령직을 계승한 H. S. Truman은 세계공산주의의 위협에 대응하기 위해 포위정책으로 맞섰다. 그러나 소련 공산주의의 팽창을 막기 위해서는 군사적 대응도 중요하지만, 무엇보다도 공산주의를 번창하게 만드는 빈곤문제를 해결하는 정책이 더 중요하다는 사실을 인식하였다. 1950년 6월 25일에 발생한 한국전쟁은 불경기에 빠졌던 미국경제에 활력을 불어 넣었다. 경제성장으로 국민의 사기와 자신감은 크게 높아졌다. 1952년의 선거에서 승리한 공화당의 D. D. Eisenhower 대통령은 민주당 정권이 행정부의 권한을 지나치게 강화했다고 생각하여 대통령의 권한을 축소하는 분권화의 방향으로 전환하였다.

이 당시의 미국은 지구상에 존재하는 나라 중에서 가장 부강한 국가가 되어 있었다. 국민총생산액은 1950년의 2,640억 달러로부터 1961년의 5,100억 달러로 10년간 약 2배의 증가를 보였다. 비록 경제적 불평등이 심하기는 하였지만, 뉴딜 정책과 제2차 세계대전을 거치면서 소득분배에 있어서 중요한 변화가 일어났다. 최상위 1%에 해당하는 계층이 국민 전체 소득에서 차지하는 비율은 1928년의 20%로부터 1946년 8%로 낮아졌고, 최상위 5%의 계층이 차지하고 있는 비율은 1928년의 33%에서 1946년의 18%로 떨어졌다. 그리고 1941~1950년에 이르는 기간에 최하위 40%에 해당하는 계층은 42%의 소득증가를 보였다. 이처럼 소득의 재분배가 이루어진 데에는 사회보험과 복지혜택이 중요하게 작용하였다.

풍요로운 사회의 이면에는 여전히 빈곤의 그늘이 깊이 드리워 있었다. 1960년에 연간소득이 4천 달러 이하인 빈곤가정은 2,500만 가구에 이르렀다. 극빈자 중에는 노인 · 비숙련공을 비롯하여 흑인 · 푸에토리코인 · 멕시코인 · 인디언 등의 소수민족이 있었다. 그럼에도 불구하고 소득은 사회계급들 간의 차이를 크게 좁힐 정도로 재분배되었다. 임금노동자의 수입은 화이트칼라 및 전문직 종사자의 수입과 큰 차이가 없어졌다. 화이트칼라의 수는 계속 증가하여 1950년대에는 블루칼라보다 많아졌다. 1960년에 접어들면서 농민을 제외한 전체 노동력의 거의 절반이 경영직 · 전문직 · 사무직 · 판매직에 종사하고 있었다. 임금노동자들은 화이트칼라의 소비수준과 가치관을 가지기 시작하였다. 공통된 문화적 가치관의 소유는 미국사회의 다양성을 상실케 하는 원인이 되었다.

(2) 미국사회의 동질화 요인

상술한 상황 속에서 미국은 동질화사회(homogenized society)가 되어가고 있었고, 사회에는 획일성이 지배하게 되었다. 이와 같이 미국사회가 동질화의 길을 걷게 된 배경에는 다음과 같은 몇 가지 요인이 크게 작용하였다.

첫째 요인은 회사들의 상품선전, 즉 판매술의 발달이었다. 선전광고가 시장쟁탈의 주요 수단이 됨에 따라 회사들의 광고비도 엄청나게 늘어났다. 광고는 소비자들의 새로운 욕망을 창출해 냈고, 소비자들의 기호를 좌우하였으며, 만족도를 조작해 냈다. 홍수처럼 쏟아져 나오는 광고는 개인을 대량시장의 작은 부속품 정도로 축소시켜 놓았다.

둘째 요인은 대기업을 포함한 거대한 조직의 출현이었다. 국민의 상당수가 회사원이었으므로, 그들은 회사조직이 요구하는 평범하고 순종적인 성품을 공통적으로 가지게 되었다. 청년들은 안정된 직업과 전원주택 등의 개인적 신변에 관한 문제에 주로 관심을 갖는 소시민이 되었다. 개인주의적 윤리 대신에 집단윤리가 새롭게 출현함에 따라, 창조의 원천은 개인이 아니라 집단이므로 개인이 궁극적으로 바라는 것은 개인적 성취가 아니라 소속감에 있다는 것이다. D. Riesman은 그의 소설 『고독한 군중』에서 미국인들이 19세기에서 20세기로 접어드는 사이에 자기지향적 인간으로부터 타인지향적 인간으로 바뀌었음을 지적하였다. 타인지향적 인간은 집단합의(group consensus) 의식으로부터 이탈되었을 때에 죄의식을 느낀다.

셋째 요인은 교육이었다. J. Dewey는 혁신주의 교육을 주장하여 교육과 경험을 일치시키고, 학생들이 학교교육을 통해 사회의 구체적인 문제들에 대비하기 위한 수단을 얻을 수 있어야 한다고 주장한 바 있다. 중등교육이 대중화됨에 따라, 이제 교육은 사회에 대한 적응수단으로 생각되어 교육과정에 요리·자동차 운전·데이트 방법과 같은 실용적인 과목들을 가르치게 되었다. 수학·물리학 등의 기초과목은 1957년 소련이 인공위성을 쏘아 올린 다음에 미국인들이 교육의 낙후성을 깨달을 때까지 소홀히 취급되었다. 그러나 지적 훈련보다 사회적응을 교육의 주목적으로 생각하는 풍토는 쉽게 변하지 않았다.

넷째 요인은 언론의 역할이었다. 특히 동질화의 주요 수단으로 나타난 것은 텔레비전이었다. 텔레비전을 비롯한 대중매체는 엘리트보다는 대중의 기호에 영합하였기 때문에 저질문화를 보급했다는 비판을 면할 수 없었다. 이와 같은 1950년대의 대중문화와 표면상의 풍요에 대해 청년들의 반항이 조용히 일어나고 있었다.

1950년대에 풍요와 획일성에 대한 정신적 불안감이 있었다는 것은 종교에 대한 관심이 커졌다는 사실에서도 엿볼 수 있었다. 1950년대의 종교 붐은 여러 가지 형태로 나타났다. 대통령은 각료회의를 기도로부터 시작하였고, 국회의사당·공항·UN본부, 심지어는 공장에까지 기도실이 마련될 정도였다. 신앙은 개인이 직업에서 성공하고, 국가가 유물론적인 공산주의에 대항한 싸움에서 승리하는 수단으로 생각되었다. 또한 종교적 참여는 사람들로 하여금 자신이 소속된 단체나 사회 속에서 자기 정체성을 확인할 수단을 주는 듯이 보였다. 이에 따라 종교는 소속감과 사회적 정체성을 확인할 손쉬운 방법으로 인식되었다.

이와 같은 배경 속에서 나타난 정치철학이 신보수주의(new conservatism)였으며, 추종자들은 정부의 간섭이 활동의 자유를 위협한다고 생각하였다. 다른 한편에서는 신자유주의(new liberalism)의 정치철학이 일어나고 있었다. 그 추종자들의 관점에서 보면, 1950년대는 확실히 국민소득의 대부분이 공익보다는 사익을 충족시키기 위해 사용된 보수적인 시대였다. 미국 행정부는 1957년에 국방비를 제외한 총생산액의 10.3%만을 공공목적으로 지출하였는데, 이것은 1929년의 7.5%보다는 높은 것이지만, 뉴딜 시대인 1939년의 13.4%보다는 훨씬 낮은 비중이었다. 이것은 학교·도로·병원·의료보험·주택·도시재개발 등의 공공사업에 여전히 정부의 투자가 부족했음을 의미하는 것이다.

(3) 자유주의 정책

1960년 대통령 선거가 다가옴에 따라 민주당은 자유주의자인 John F. Kennedy를 후보로 지명하여 공화당의 젊은 부통령이던 R. M. Nixon과 대결하였다. Kennedy는 동부의 상류계급 출신이었으나 카톨릭교도라는 결정적인 약점을 지니고 있었다. 이것은 전통적으로 프로테스탄트 국가라 생각해 온 미국인들에게는 대단히 중대한 문제였다. 그럼에도 불구하고 Kennedy는 근소한 표차로 승리하였다. 그는 풍요의 그늘에 도사리고 있는 빈곤문제를 해결하려고 시도하였다. 당시의 빈곤은 1890년대와 1930년대의 빈곤과 같이 이민과 실업으로 인한 일시적 빈곤이 아니라 구조적인 것이었다. 1961년에 Kennedy는 지역개발법을 제정하여 펜실베이니아로부터 앨라배마에 이르는 11개 주를 연결하는 애팔래치아 빈곤지대를 개발하려고 하였다.

이와 같은 개혁안은 보수적인 의회의 반대로 실현되지 못하였다. 그러나 그의 개혁정신은 민권운동에서도 잘 나타났다. 그의 동생 R. Kennedy 법무장관은 각 주를 연결하는 교통수단의 이용에서 인종차별을 철폐하고 흑인의 투표권을

사진 3-11 ○ Kennedy 대통령이 암살당한 댈러스의 딜리 프라자

보장해 주려 하였다. 그리고 그는 많은 흑인을 연방정부의 공무원으로 채용하였다. Kennedy 형제는 흑인들의 처지에 대하여 동정적이었으나, 남부 백인들을 중심으로 한 뿌리 깊은 인종차별의 관습을 법으로 폐지할 수는 없었다. 젊고 이상주의적인 대통령으로 인해 미국은 확실히 활기를 찾은 듯이 보였다. 그것은 새로운 개척지로 등장한 우주를 개발하려는 Kennedy의 야심찬 계획에서 잘 나타났다. 그는 1961년 4월 소련이 유인 우주선을 발사한 데 자극을 받아 「아폴로 계획」을 발표한 것이다. 그의 인기가 절정에 오른 듯이 보이던 1963년 11월 22일 금요일에 대통령은 텍사스 댈러스의 딜리 프라자에서 흉탄에 맞아 사망하였다. 이로써 1,000일의 짧은 Kennedy시대는 막을 내렸다.

대통령직을 계승한 Lyndon B. Johnson 부통령은 뉴딜주의자로서 전직 대통령이 구상했던 「빈곤에 대한 전쟁」을 정책의 주된 목표로 삼았다. 1964년 5월에 그는 자신의 정책을 「위대한 사회」라 부르고, 그것을 실현하기 위한 조처로서 8월에 경제기회법을 제정하였다. 이 법은 빈곤의 원인이 취업기업의 부족보다는 교육과 기술훈련의 부족에 있음을 전제로 한 것이었고, 나아가 물질의 양보다 생활의 질을 우선하는 것이었다. Johnson은 1964년의 선거에서 보수적인 공화당 후보를 압도적으로 누르고 자력으로 대통령이 되었다. 그는 낙후된 도시경제를 개발하기 위해 33억 달러를 배정하고, 1965년에는 개인주택에 세 들어 살고 있는 저소득층을 돕기 위해 임대보조금을 주었다. 경제기회청은 1965~1970년 사이에 빈곤을 추방하기 위해 100억 달러를 지출하였다. 그리하여 빈민은 1959~1969년의 10년간에 전체 인구의 22.4%에서 12.2%로 감소하였다. 여기서 빈민이라 함은 1967년을 기준으로 4인 가족의 연간소득이 3,130달러 이하의 도시빈민과 2,190달러 이하의 농촌빈민을 포함하는 것이다. 이러한 결과는 물론 경제성장의 산물이지만, 경제기회청의 역할도 간과할 수 없다. 위대한 사회의 정책으로 연방정부가 지출한 예산은 1964년의 540억 달러에서 1968년의 980억 달러로 크게 증액되었다.

Kennedy의 「뉴프론티어」와 Johnson의 「위대한 사회」로 연결되는 민주당 정권의 자유주의적 개혁정책은 종래의 어느 정권에서 보다도 실질적인 평등을 구현하였다. 예컨대, 1960~1970년의 10년 사이에 1만 달러(1969년 기준) 이상의 구매력을 가진 흑인의 비율은 9%에서 24%로 증가하였다. 또한 1968년에는 주택·도시개발법을 제정하고 3년 동안에 주택건설을 위해 53억 달러 지출하였는데, 이것은 뉴딜의 주택정책에 비하면 큰 규모이다. 1960년대의 민주당 정권은 1930년대 Roosevelt의 민주당 정권이 윤곽을 잡아 놓은 복지국가 내지는 사회봉사국가를 완성하려는 방향으로 나아가고 있었다. 그러나 이와 같은 개혁은 미국이 월남전에 깊이 개입하게 됨으로써 중단되었고, 사회는 걷잡을 수 없는 혼란의 소용돌이에 빠져들었다. 연간 200억 달러에 달하는 막대한 전쟁비용의 지출은 「위대한 사회」의 추진을 사실상 불가능하게 만들었다.

자유주의적인 민주당 정권은 자본주의체제의 테두리 안에서 국민 모두에게 최소한의 생활수준과 발언권을 보장해 주려고 노력하였다. 그럼에도 불구하고 불만과 항의는 사회도처에서 불거져 나와, 이 시기를 「항의의 시대」로 불리게 하였다. 그리고 항의는 과격한 행동으로 나타나, 이 시기를 「폭력의 시대」로도 불리게 하였다. 도시의 범죄도 급격히 증가하여 1970년에 이르기까지 매년 평균 1천만 건의 범죄가 발생했는데, 그 가운데 120만 건은 중범죄였다.

이처럼 미국사회가 폭력적이 된 배경에는 월남전에서 많은 청년들이 참전하고, 전쟁에 관한 생생한 뉴스를 매일 접하다보니 국민의 상당수가 자신도 모르게 폭력에 익숙해졌다는 점에 있었다. 이와 동시에 개인의 자유를 최대한 허용하는 미국사회의 도덕적 구속력이 약해졌다는 사실도 그 원인으로 지적될 수 있다. 그러나 무엇보다도 근본적인 원인은 그 동안 미국사회에서 소외되어 왔던 집단들이 자신들의 불행한 처지에 대하여 새삼스럽게 눈을 뜨게 되었다는 사실이다. 더 이상 미국은 기회균등을 실현할 수 있는 사회가 아닌 것으로 인식되었다.

이와 같은 비관적인 생각은 1960년대의 대대적인 기업합병을 통한 경제력의 집중으로 크게 자극받았다. 이 기간 중 대기업의 영향력은 독점화의 결과로 더욱 강해졌다. 몇 개의 대기업이 시장을 독점하여 거대한 복합기업(the conglomerate)이 나타나게 되었다. 이처럼 기업이 산업과 농업을 지배하고 있었으므로, 미국사회는 「회사적 사회(cooperate society)」란 명칭을 얻었다.

소득의 불균형 역시 사회적 불만의 주요 원인이 되었다. 미국은 주로 중산층으로 구성된 동질적 사회라는 주장에도 불구하고, 실제로는 빈부의 차이는 극심하였다. 1960년대 말에 생산직에서 일하는 블루칼라 근로자는 2천 8백만 명이었는 데 비하여, 교역·수송·금융·교육·보건·정부 등의 서비스직에서 일하는 화이트칼라 근로자는 4천 6백만 명이었다. 이는 그 동안 전문직·기술직·경영직·관리직·개인사업자 등으로 구성된 중산계급이 상당히 커졌음을 의미하는 것이다. 그러나 국민 전체의 소득구조는 크게 달라진 것이 없었다. 즉 가장 부유한 최상위층 1%는 가장 가난한 최하위층 20%가 얻는 만큼의 소득을 차지하고 있었고, 상위층 5%는 하위층 40%가 얻는 만큼의 소득을 차지하고 있었다. 그러므로 풍요가 넘치는 듯이 보이는 미국사회의 이면에는 빈곤이 뿌리 깊이 박혀 있었다.

게토(ghetto)라 불리는 대도시의 슬럼가에 거주하는 북부 흑인들에게 있어서 가장 중요한 것은 역시 일자리와 주택이었다. 그런데 그들은 이러한 것들을 획득하기 위해서는 과격한 사회행동이 필요함을 점차 인식하게 되었다. 이에 따라 그들은 M. L. King의 온건노선에 흥미를 잃고 보다 급진적인 운동에 관심을 갖기 시작하였다. 1965년에는 로스앤젤레스의 왓츠에서 폭동이 일어나 34명이 사망하였고, 1966년에는 시카고에서 대규모의 흑인폭동이 일어나 군대와 충돌하

사진 3-12 ✪ 애틀랜타의 King 목사 기념관

였으며, 1967년에는 탬파·신시내티·애틀랜타·디트로이트·뉴왁을 휩쓸었다. 도시 흑인의 과격화는 마침내 1966년에「블랙 파워」의 선언을 가져오게 하였다. 블랙 파워는 흑인들의 단결과 긍지를 강조하였다.

기존 체제에 대한 반항은 대학 캠퍼스에서 일어나고 있었다. 대학생은 1960년의 380만 명에서 1970년의 850만 명으로 크게 늘어나 과거 어느 때보다도 사회에 미치는 영향력이 큰 집단으로 성장하였다. 또한 그들은 과거 어느 때보다 기성세대와 세대차를 심하게 느끼고 있었다. 이렇게 된 배경에는 전자세대의 전자문화와 기계시대의 활자문화 속에서 형성된 근본적으로 다른 인격 때문이라는 주장이 있고, 청년들이 풍요의 시대에 경제적 어려움을 모르고 자랐기 때문에 자신들의 이상에 따라 자유롭게 행동할 수 있게 되었기 때문이라고 지적하는 사람도 있다.

기존 체제에 불만을 가졌다고 해서 모두가 정치적인 행동주의의 방향으로 나간 것은 아니었다. 불만세력들 중에는 기존 사회를 변혁시키기보다는 그것으로부터 이탈하려는 평화적인 히피족이 있었다. 정치적 급진주의와 문화적 소외를 결합시키려는 움직임은 반문화(counter-culture)를 형성시켰다. 반문화의 형성에는 음악이 중요한 역할을 하였는데, 특히 비틀즈와 롤링 스톤즈와 같은 영국 중창단의 영향이 컸다. 미국인으로서는 미네소타 대학을 졸업한 Bob Dylan의 노래가 큰 영향을 주었다.

(4) 정치·사회적 보수주의

반항의 분위기는 1960년대가 끝나가던 1968년의 대통령 선거전을 계기로 점차 가라앉기 시작하였다. 공화당의 Richard M. Nixon이 당선되자, 그는 마약남용·인종분규·격렬한 데모 등으로 혼란에 빠진 미국사회에 법과 질서를 구현하려고 시도하였다. 그리고 전직 대통령이 빈곤을 추방하기 위해 취했던 연방정부의 도시재개발·직업교육·주택비 보조사업에 관련된 예산을 폐지하거나 대폭 삭감하였다. Nixon의 공화당 정권은 민주당 정권이 시도했던 사회봉사국가의 건설과는 반대되는 방향으로 나아가고 있는 듯이 보였다. 그러나 도시빈민의 반발을 예상하여 시범도시의 건설과 직업훈련단 사업은 그대로 존속시켰다. 베트남 전쟁에서의 패배와 워터게이트 사건으로 미국국민은 정부에 대한 신뢰감을 상실하였다.

1972년의 대통령 선거에서 Nixon이 재선되었으나 워터게이트 사건의 내막이 폭로됨으로서, 1974년에 공화당의 Gerald R. Ford가 대통령에 취임하였다. 그는 보수주의자로 경제에 대한 정부의 간섭을 반대하고 자유방임의 원칙을 지키려는 전임 대통령의 정책을 그대로 시행하려 시도하였다. 또한 그는 경제를 활성화하기 위해 부유층의 세금부담을 크게 줄여 주는 세금인하정책을 단행함으로써 자유주의자들이 우세한 의회와 충돌하였고, 의회가 제정한 환경보전법에 대하여 거부권을 행사하였다. Ford의 인기가 매우 낮았으므로 1976년의 선거에서는 민주당의 Jimmy Carter가 대통령에 당선되었다. 그가 집권할 당시, 미국경제는 오일쇼크의 후유증으로 매우 어려운 상태에 놓여 있었다.

석유가격의 인상으로 가장 큰 타격을 받은 것은 자동차산업이었다. 경영난에 부딪힌 디트로이트의 제너럴 모터스(GM) 회사는 3만 8천 명의 노동사를 해고하고, 4만 8천 명의 노동자를 단기 휴직시켰다. 왜냐하면 소비자들이 에너지가 적게 드는 외국차로 몰렸기 때문이다. 그리고 대외정책은 현실정치 대신 인권정책을 내세웠다. Carter의 인도주의적인 정책에도 불구하고 미국 국민의 신뢰도는 대단히 낮았다. 1980년에 접어들면서 인플레이션은 12.4%에 달하였고, 실업률은 7.5%에 이르렀다. 미국의 국력이 대내외적으로 약화되어 있다는 사실이 명백해지자, 1970년대 말부터는 강력한 영토력과 부국강병을 갈망하는 보수주의의 물결이 거세게 일어나기 시작하였다.

미국의 인구구성과 인구분포를 보면 상황이 보수주의자들에게 유리하게 전개되고 있음을 알 수 있다. 1972~1980년 사이에 정년퇴직한 노령인구가 50% 이상 증가했다는 사실은 곧 정치에 있어서 보수세력의 강화를 의미하는 것이다. 그리고 지리적으로 추운 지방을 뜻하는 스노우 벨트(snowbelt 또는 frostbelt)인 동북부와 중부로부터 따뜻한 지방을 뜻하는 선 벨트(sunbelt)인 남부와 서부로 이동하는 경향을 보였는데, 이것은 정치적으로 자유주의적인 북동부 지방의 인구가 감소하고 보수주의적인 남부 및 서부의 인구가 증가했음을 의미하는 것이다. 이와 같은 분위기 속에서 벌어진 1980년의 선거에서 캘리포니아 출신의 초보수주의자 Ronald Reagan이 대통령에 당선되었다. 그는 국가재건(national renewal)과 활력 있는 경제를 약속하고 사회정책에 대한 정부지출을 크게 삭감함으로써 복지국가를 공격하였다. 그의 정책은 정부의 기능과 책임을 축소함으로써 미국을 자유방임경제와 정치적 보수주의로 되돌아가게 하는 것이었다. Reagan의 경제정책은「공급측면 경제학」(supply-side economics) 또는「레이거노믹스」(Reaganomics)로 불렸다. 그 이론에 따르면, 미국경제가 어렵게 된 근본 원인은 지나치게 세금을 많이 징수함으로써 기업에 투자할 자본이 부족하게 되었다는 것이었다. 그러므로 미국경제의 해결책은 기업이나 부유층으로부터 세금을 적게 거두어 그들로 하여금 새롭게 투자하도록 장려해야 한다는 것이다. 그런데 세금을 적게 거두면 정부세입도 감소할 것이므로, 공급측면의 경제학은 정부지출의 삭감을 전제로 하고 있었다. 그러나 삭감된 부분은 주로 빈민을 돕기 위해 지출되던 사회복지비용이었으므로, 그것은 복지수혜자들과 그들을 도우려는 자유주의자들의 반발을 일으켰다.

이러한 정책이 시행되자 극심한 경기침체가 뒤따랐다. 그러나 얼마 동안의 조정기간이 경과하자 경제는 급속도로 회복되기 시작하였다. 1983년 중반에 이르러 실업률이 2년 전의 11.0%에서 8.2%로 감소하였고, 인플레이션도 5% 이하

로 떨어졌다. 그런데 바로 이와 같은 경기회복의 성공요인이 재정위기를 초래하
였다. Reagan은 국가채무를 갚기 위해 계속 외자를 유치하였다. 그리하여 국가
채무는 1986년에 2조 달러로 엄청나게 증가하였고, 그 때문에 금리는 더욱 높아
졌다. 그 결과, 기업인들의 투자할 재원은 줄어들었고, 적자예산은 달러의 가치
를 지나치게 높게 평가하는 결과를 초래하였다. 한때 세계최대의 채권국이었던
미국은 1980년대 중반에 이르러 세계최대의 채무국으로 전락하였다.

  Reagan은 무역적자와 재정적자를 줄일 뚜렷한 대안을 제시하지 못했음에도
불구하고 1984년의 선거에서 개인적 인기에 힘을 입어 재선되었다. 그러나 그의
행정부는 수많은 부정과 의혹사건으로 시달리게 되었다. 특히 주택·도시개발
부가 자금을 유용하는 사례가 너무 빈번하여, 이 부서의 존속자체가 문제시 될
정도로 심각한 비난을 받았다. 그 뿐만 아니라 Reagan 행정부는 더욱 더 심각해
져 가는 사회문제로 골치를 앓고 있었다. 미국 전역에 걸쳐 도시의 중심부는 급
속도로 쇠퇴해 가고 있었다. 기성시가지(inner city)의 쇠퇴는 젠트리피케이션을
예고하는 것이었다. 가장 많은 예산을 투자한 도심 일대의 쇠퇴는 분명히 불합
리한 것이었다. 또한 도시의 노숙자는 급격히 증가할 뿐더러 교육제도 역시 낙
후되어 가고, 국민보건은 크게 후퇴하고 있었다.

3. 1980년대의 미국

(1) 인구변동과 도시문제

  1980년대 미국에서 발생한 중요한 변화 가운데 하나는 인구상의 변동이었다.
인구변동을 유발한 요인은 무엇보다도 인구증가의 둔화와 신이민제도의 도입으
로 요약될 수 있다. 즉 첫 번째 요인은 인구증가율이 감소하기 시작했다는 사실
이다. 실제로 미국의 인구증가율은 1960년을 정점으로 하여 계속 감소추세에 있
으며, 인구 천 명당 출생자수는 1970년의 18.4명으로부터 1980년대의 16.0명으
로 감소하였다.

  이처럼 출생률이 떨어진 이유는 직업상의 압박 때문에 혼인연령이 늦춰진 데
다가, 혼인한 후에도 경제적인 이유로 자녀를 안 낳거나 적게 낳으려 하였기 때

문이다. 다음으로는 피임약이 발달하였고, 1973년의 대법원 판결로 낙태가 합법
적인 것이 되었기 때문이다. 출생률이 낮아지게 된 또 다른 이유는 평균수명의
연장과 관련하여 총인구에서 노인의 비중이 커졌기 때문이다. 총인구에서 65세
이상의 노령인구가 차지하는 비율이 1970년의 7%에서 1988년의 12%로 높아졌
다. 이같은 인구의 노령화는 사회보장연금의 지출과 보건비용의 지출부담을 가
중시키게 되었다.

　두 번째 요인은 이민의 구성비율이 달라졌다는 사실이다. 1980년대에 미국에
합법적으로 이민을 온 사람은 600만 명이 넘었지만, 1965년에 제정된 이민개혁
법의 영향으로 인종적 구성이 달라지기 시작하였다. 1965년 이전의 이민은 미국
에 거주하는 민족의 비율에 따라 이민 수가 할당되었으나, 그 이후부터는 선착
순의 원칙이 인정되었다. 그 결과, 유럽으로부터의 이민은 1965년 이전에는 총
이민의 90%를 차지하였으나, 1985년경에는 이르러 10% 정도에 불과하였다. 이
는 미국인구 중 백인의 비율이 차츰 낮아져 가고 있음을 뜻하는 것이었다.

　새로운 이민 가운데 히스패닉이라 불리는 라틴 아메리카인들과 아시아인들
이 주류를 이루었다. 특히 히스패닉의 합법·불법이민은 총 이민의 1/3을 차지
할 정도로 급속한 증가를 보였으므로, 백인들은 그들에게 수적으로 압도당하리
라는 두려움을 갖기 시작하였다. 그래서 백인들은 공립학교에서의 에스파냐어
사용을 금지시키려 하였고, 그들을 미국문화에 빨리 동화시키려 노력하였다. 아
시아로부터의 이민은 중국인과 일본인에 이어 1980년대에는 베트남·태국·캄
보디아·필리핀·한국·인도로부터 유입되기 시작하였다. 아시아 이민은 신이
민의 40%를 상회하였고, 백인들은 이들을 경쟁자로 두려워하였다. 이들 중 일본
인·한국인·중국인 가운데는 경제적 성공을 거두어 백인보다 높은 고소득층의
비율이 많아지기 시작하였다. 아시아인들은 다른 인종에 비해 뜨거운 교육열과
강한 근로정신을 지니고 있었던 것이다.

　이들의 문제와 더불어 심각하게 대두된 문제는 도시의 재정난과 사회위기였
다. 이런 현상은 특히 「스노우 벨트」나 「녹슨 공업지대」로 불리는 북동부와 중
서부의 대도시에서 두드러졌다. 동북부와 북서부의 대도시에 입지하던 기업들
은 1970년대부터 도시외곽지대로 이전하거나, 남서부의 「선 벨트」로 이동하였
다. 더욱이 소수민족을 중심으로 한 빈민층이 도심지에 집중됨으로써 사회복지

비의 지출부담이 더욱 커졌다. 이러한 상황에서 시정부들이 재정적 위기를 맞이하게 될 것은 당연하였다. 예컨대, 뉴욕시는 1975년에는 거의 파산상태에 이르렀고, 그 이후에는 연방정부의 보조와 차입으로 겨우 유지해 가고 있었다.

이와 반대되는 현상이 나타나기도 하였다. 즉 1980년대 초부터는 도시재개발운동이 일어나 도시외곽으로 유출되었던 중산층이 다시 도시내부로 회귀하는 경향을 보였다. 이같은 도시회귀(back-to-the city)는 근교에 거주하던 고소득층 내지 중산층의 화이트칼라를 중심으로 진행되었다. 그러므로 그들은 도심지 혹은 구시가지의 낡은 건물을 매입하여 개조하거나 수리하여 쾌적한 공간을 재창출하였다. 이러한 현상을 젠트리피케이션(gentrification)이라 부르는데, 이는 사람의 도시회귀뿐만 아니라 자본의 도시회귀를 의미하는 것이었다. 이에 관해서는 후술할 기회가 있을 것이다.

시정부의 노력에도 불구하고 도시의 전반적인 문제는 전혀 해결될 조짐이 보이지 않았다. 도시재활성화(urban revitalization)의 노력이 부족한 도시의 경우는 대부분의 시설이 노후화 되어 가고, 사회적 무질서가 더욱 심화되었다. 도시의 치안질서가 문란해진 근본적 이유는 결국 마약의 문제로 귀결된다. 마약의 수요가 너무 커졌기 때문에 마약거래는 수십억 달러의 거대한 산업이 되었다. George Bush 대통령을 비롯한 많은 정치인들은 마약의 위험성을 깨닫고 마약에 대한 전쟁을 선포하였다. 그러나 예산부족으로 괄목할 만한 성과를 거두지 못하였다. 1990년대 말에 들어와 중산층에서는 어느 정도 마약이 감소하는 듯이 보였으나, 빈민가에서는 전혀 줄어들지 않았다.

또 하나의 새로운 도시문제는 노숙자(homeless)의 증가였다. 길거리나 시립보호소에서 잠을 자며 구걸이나 공공구호로 연명하는 가난한 사람들은 1980년대에 들어와 놀라운 속도로 증가하였다. 그들의 증가원인은 연방정부의 공공주택건설에 대한 지원과 복지비 지출이 감소한 것에 있었다. 그리고 경제적 침체로 일자리가 감소한 점과 가족적 유대감이 약해진 데에도 원인이 있었다. 심지어는 직업을 가진 사람들도 노숙자가 되는 경우도 많았는데, 그것은 주택가격이나 임대료가 너무 상승하였기 때문이었다.

1970년대에 미국은 이미 종교적 부흥의 시대에 들어섰고, 복음주의적 기독교는 1980년대에 들어서면서 더욱 세력이 커져 갔다. 복음주의자들은 신문 · 잡지·방송국을 직접 소유하였고, 학교와 대학도 운영하였다. 그들은 정치적으로 지방의 문제에 대하여 연방의 간섭을 반대하고 연방정부의 권한을 축소시키기를 희망하였다. 또한 그들은 국제정치에서 미국의 강경노선을 지지하였다.

한편 신우파(New Right) 중에는 다윈의 진화론을 부정하고 학교에서 성서의 창세기를 가르치라고 주장하는 사람들도 있었다. 복음주의는 이들 신우파로 불리는 보수적인 정치세력과도 긴밀히 연결되어 있었다. 그것은 신우파들이 자신들을 복음주의적 기독교인이라고 공언한 사실에서 잘 나타난다. 신우파의 출현은 역사적 뿌리를 가지고 있었다. 그것은 1950년대에 요란했던 반공운동, 1964년의 대통령선거에서 B. Goldwater의 출마, 1980년의 Reagan 대통령 당선으로 연결되는 세력과 맥을 같이 하고 있었다. 그러나 신우파가 기존의 경제·사회적 지배층의 우월한 지위를 지키려는 보수세력인 반면, 구우파는 중산층 이하의 계급에 속하는 사람들이라는 차이점이 있다. 신우파가 지닌 막강한 위력은 가정문제에 대한 열띤 논쟁에서 잘 나타났다. 그들은 여성의 사회적 지위향상을 표방하는 여권주의(feminism)를 맹렬히 비난하였다. 그들은 헌법에 남녀평등권 조항이 포함되지 못하도록 전력을 기울였다.

(2) 환경보전운동

1960년대 말～1970년대 초까지 맹위를 떨쳤던 신좌파(New Left)는 베트남전쟁이 끝나면서 차츰 약화됨에 따라 과격한 투쟁을 포기하고 체제 내에서의 운동을 모색하고 있었다. 그들은 1979년 펜실베이니아 스리마일 섬에 있는 원자력발전소의 방사능누출사건을 계기로 하여 1981년부터 핵무기 확산방지와 군비축소운동을 벌여 나아갔다. 그러나 이 운동은 소련의 개혁·개방정책으로 세계 긴장이 완화되고 미·소간의 군비축소회담이 재개됨에 따라 곧 쇠퇴하였다. 그래서 1988년의 선거에서 핵문제는 크게 작용하지 못하였다. 1980년 말에 이르러 좌파 행동가들의 가장 절실한 문제로 떠오른 것은 환경보전이었다.

환경에 대한 일반국민의 관심은 산업화가 시작된 이래로 끊임없이 증가하였다. 생활공간에 쓰레기 더미가 여기 저기 쌓이게 되자 주민들의 일상생활에도 환경오염이 직접적인 위협으로 다가왔다. 그러므로 공해를 막아 보려는 대중적 운동이 일어나기 시작한 것은 당연한 일이었다. 20세기 초의 환경운동은 야생동물의 서식지를 보호하고 자원개발을 신중히 추진하려는 소극적인 캠페인에 불과하였다.

그러나 1980년대 말의 환경보존주의(environmentalism)의 행동목표는 자원보존주의자들의 그것보다 한걸음 더 나아간 폭넓은 것이었다. 그들의 주장은 환경의 모든 구성요소들 간의 연관성을 종합적으로 검토하려는 생태학에 토대를 두고 있었다. 즉, 지구환경의 요소들은 서로 긴밀하고 미묘하게 연결되어있기 때문에 한 요소의 파괴는 다른 요소들을 파괴할 위험이 있다는 것이다. 그들은 생태학적으로 파괴위험이 있다고 생각되는 도로·비행장·초고속 여객기의 개발도 저지하였고, 오염물질에 의해 오존층이 파괴된다는 것을 경고하였다.

그러나 이러한 심각한 문제에 대하여 대부분의 미국인들은 대체로 무관심하였고, 자신의 개발에 더 관심을 보이고 있는 듯이 보였다. 풍요한 미국인들은 개인적 생활양식에만 깊은 관심을 보였고, 그들의 관심사는 좌파에 뿌리를 둔 환경운동보다 대중문화에 있었다. 그러므로 1980년대 보편적인 미국인상(像)은 여피(yuppie)라 불리는 사람들이었다. 즉 여피족은 도시에 거주하는 전문직의 젊은이들로서, 높은 소득으로 더 큰 물질적 풍요와 안락함을 즐기려는 데에 주로 관심을 가진 부류의 사람들이었다. 이들은 전술한 바 있는 젠트리피케이션을 발생시키는 당사자 중 하나였다.

1988년의 선거에서 공화당의 G. Bush가 대통령에 당선되자, 그는 전임 대통령의 노선을 대체로 답습하였다. 그는 교육개선·환경보전·노숙자와 마약문제에 대하여 Reagan보다 더 깊은 관심을 갖고 있었다. 그러나 이들 문제를 해결할 자금이 없었기 때문에 Bush 주변의 온건보수주의자들은 말로만 지지를 표시할 뿐이었다. 그럼에도 불구하고 그는 집권 초기에 대체로 국민으로부터 호의적 반응을 얻고 있었다. 대통령의 인기는 걸프전쟁과 소련과의 냉전에서 승리함으로써 절정에 달하였다. 미국은 소련과 동구권의 공산주의체제가 붕괴하자 1948년대 말부터 일관해 온 소련에 대한 포위정책을 수정할 수밖에 없었다.

미국은 21세기를 전후하여 많은 변화를 겪었다. 민주당 B. Clinton 정부는 미국경제를 회복시키는 데 성공하여 경제적 번영을 누리게 되었다. 그러나 미국민의 경제적 격차는 오히려 더욱 커져가고 있다. P. R. Krugman(1988)에 의하면, 미국의 의료보험 비가입인구는 총인구의 16%를 차지하며, 미국민의 1%에 해당하는 최상위계층은 전체 부의 40%를 차지하고 있어서, 경제적 부가 일부 계층에 편중되어 있음을 알 수 있다. 지난 1969~1997년간에 중간소득층에 속하는 백인남성(고등학교 졸업자)의 소득은 오히려 30% 정도 감소하였다. 이런 소득격차는 지역 간은 물론 도시내부에서 발생하고 있었다.

민주당의 Clinton 이후, 공화당 G. W. Bush 대통령의 연임은 소득격차의 고착화는 물론 미국을 보수화시키는 결과를 초래하였으며, 이라크 침공과 북한의 핵문제를 둘러싼 Bush 정권의 정책실패는 공화당의 퇴조를 예고하였다. 그 결과, 민주당 후보였던 B. Obama는 여성후보인 R. C. Hillary를 물리치고 대통령에 당선되어 연임에 성공하였다.

03 미국의 도시정책은 어떻게 전개되었나?

1. 미국도시를 표준화시키는 요인

미국은 연방제를 채택하고 있고 국토가 광활하며 다인종이 혼재하는 합중국이므로 도시 및 도시권의 경관이 다양할 것으로 생각하기 쉽다. 그러나 의외로 미국도시는 표준화되어 있어 어느 도시를 가더라도 확연한 차이를 느낄 수 없을 정도이다. 미국인과 미국문화의 형성·구조의 복잡성이란 관점에서 생각하면, 미국은 분열적 현상이 강하고 해체의 위험성이 내재되어 있다고 볼 수 있다. 그럼에도 불구하고 미국은 현실적으로 합중국으로서 강하게 묶여 있으며 민족적 다양성을 뛰어넘어 새로운 「아메리카인」 혹은 「양키 기질」로서 커다란 하나의 존재로 뭉쳐 있다. 여기에는 몇몇의 자연적 혹은 역사적 요인이 작용하여 분열을 저지하고 통일과 융합을 가능하게 만들었다. 그러므로 미국도시가 표준화된 것은 그와 같은 요인이 작용한 결과로(別技, 1989) 간주되어야 한다.

(1) 미시시피강의 역할

'미시시피'란 원래 '강의 아버지'란 뜻의 인디언 말에서 유래되었다. 연장

사진 3-13 ◐ 미시시피강 상류

6,500km에 달하는 미시시피강은 북미대륙의 중앙부를 흘러 동서방향의 크고 작은 지류를 모으면서 남쪽으로 흘러간다. 따라서 이 강은 광대한 지역의 분수계를 보유하며 각지를 수운교통으로 결합시키는 역할을 할 수 있다. 미국이 독립 후 서부로 개척해 나아가 이 강에 도착했을 때, 미시시피 동쪽은 프랑스령이었다. 나폴레옹은 이곳을 프랑스 기지로 삼아 신대륙에 커다란 식민제국을 건설할 꿈을 가지고 있었다. 그러나 유럽에서의 계속되는 전쟁이 프랑스에 재정적 부담이 됨을 간파한 Jefferson 대통령은 나폴레옹으로부터 이 지역을 사들이는 영단을 내렸다. 가격은 겨우 1,500만 달러에 불과하였다. 이로써 미국은 서부개척의 장애를 제거함은 물론 미시시피의 본류와 지류를 자유롭게 이용하고 국토통일로 가는 자연조건을 마련한 셈이 되었다. 하나의 국가로 영역을 확보하기에는 너무 광활한 영토와 이질적 이민집단이 다양한 미국이 분열됨이 없이 하나로 통합되는 데에는 미시시피강의 역할이 절대적이었다.

(2) 청교도 정신

미국은 인종의 용광로라 불리지만 국민의 과반수는 앵글로색슨의 영국계 백인이며, 영국의 역사·관습 등은 어느 정도 공통적이고 미국인들에게 영문학은 결코 외국문학이 아니다. 또한 영어가 국어이며, 원래의 국적이 다양하더라도 공통 언어의 사용은 이윽고 민족통일의 조건이 된다. 더욱이 영국인 중에서도 처음 청교도들이 도착한 것은 미국사회에 커다란 영향을 가지며, 청교도정신을 이해하지 못하면 미국적인 것을 충분히 파악할 수 없다. 가령, 미국적 실용주의가 바로 그것이다. 신에 대한 의무로서 봉사적 노동을 행하고 신이 주는 은혜로서 물질적 보수를 받는다는 청교도정신은 그들의 아메리카 대륙 상륙 후 16년만에 설립한 하버드대학을 보면 알 수 있다. 일류대학이 많은 미국사회에서 아직도 하버드대학이 미국을 대표하는 대학으로 군림하는 것은 청교도정신의 건재함을 엿볼 수 있는 대목이다. 종교의 자유가 헌법으로 보장된 미국은 아직도 대통령 취임식 때에 당선자가 성경책에 손을 얹고 선서를 한다. 한국에서는 상상도 할 수 없는 일이 미국에서는 아무렇지도 않은 듯이 벌어지고 있는 것이다.

(3) 프론티어 정신

「프론티어」라 불리는 개척정신은 미국의 서부개척사에서 이민자들이 공통적으로 체험한 것이며 이른바 양키기질의 형성에 있어 가장 중요한 요소였다. 양키(Yankee)란 원래 미국 북부의 뉴잉글랜드지방 사람들을 가리키는 말이었으나, 남북전쟁 당시에는 남부인이 북군 병사에 대한 모멸적 칭호로 사용했었다. 그것이 이제는 미국인 전체를 가리키는 말이 되었다. 미국은 서부개척의 역사이며, 18세기 말에는 400만 명에 불과했던 인구가 19세기 말에는 7,000만 명, 현재는 3억 2,000만 명에 달하고 있다. 그 대부분은 서부로 확산되어 나아갔다. 근대 유럽 국가들의 발전은 한정된 공간 속에서 기존의 문화민족 상호간의 접촉에서 이루어졌으나, 미국문화의 발전은 문화와 야성과의 끊임없는 접촉에서 비롯되었다. 처음 아메리카의 공간은 공허한 것이었으므로 개인의 활동력이 미국만큼 극도로 자극받을 만한 곳도 없었기에 인내와 모험이 충만한 개인훈련의 기회를 스스로 잡을 수 있었다. 그들은 유럽 타 민족과 인디언에 대하여 자신의 생명을 지키기 위해서라도 극도의 현실주의를 발전시킬 수밖에 없었다.

아메리카는 오랜 역사를 지닌 국가와 달리 환상적인 신화·전설시대를 거치지 않았다. 그들의 문학사를 보면, 처음부터 개척의 체험을 기술한「일기문학」부터 시작된다. 그들의 문학은 무미건조한 체험의 기록에 불과하다. 아메리카의 광활한 공간은 지금도 긴장의 끈을 놓지 않는 개척자 정신을 필요로 하고 있다. 이와 같이 미국적인 생각의 기초는 대부분 여기서 비롯된 것이다. 요컨대 프론티어 정신은 미국문화발전의 원동력이 된 사회적 환경이며, 이 정신으로 인하여 북부의 청교도 정신도 차츰 퇴색되고, 남부의 비평등주의도 그 귀족적 성격이 약화되어 새롭게 일체가 된 미국적인 것으로 거듭나게 만든 요인 중 하나였다.

(4) 지역분화와 상업주의

미국 국토의 기본적 성격은 여러 지역으로 구성되어 있다는 점에 있으며, 그것들은 발달한 교통망으로 연결되어 주민의 생활에 균일화를 부여하였다. 일반적으로 지역성은 자연과 역사적 배경에 의해 형성되는데, 역사가 짧은 미국은 오히려 그것을 계기로 지역적 분화를 꾀할 수 있었다. 지역분화는 생산합리화의 요구에 부응한 것으로, 각 지역은 경제적 자립성을 포기하고 타 지역과의 교류를 전제로 상호보완성(complementarity)을 강화하였다. 지역분화의 바탕에 흐르는 것은 상업주의적 정신이며, 건국 초기부터 미국은 공통적 이상으로서 번영의 관념을 높게 추구해온 국가임을 잊어서는 안 된다. 미국의 각 지역은 각각의 기능을 수행하는 부분으로서의 전체를 구성하고 있다. 미국은 이런 정신으로 일관한 영리적 유기체로서 존재해온 거대국가이다.

이상에서 설명한 바와 같이, 미국은 내적 체험을 바탕으로 외적 세계에 관심을 가지며 열린 세계관과 적응력 있는 성격을 지니고 있다. 미국인들은 전통주의보다는 합리주의를 지향하며 보편적 윤리와 질서를 중시한다. 이러한 국민성이 고도의 지역분화에도 불구하고 모든 도시를 표준화시키는 요인으로 작용하였다. 미국의 도시를 답사해보면, 동부로부터 중부를 거쳐 서부에 이르기까지 경관상 차이를 발견하기 힘든 이유는 대부분의 도시가 표준화되어 있기 때문이다. 미국에서 가장 많은 도시구조이론이 고안된 것은 상술한 사실과 결코 무관하지 않다.

2. 19세기의 도시정책

미국의 도시는 19세기 중엽에 노면전차의 도입으로 기반시설을 충분히 갖추지 못한 채로 급격한 도시팽창이 진행되었다. 도시외곽부와는 달리 도시중심부는 일조량도 거의 없고 위생상태가 열악한 불량주택이 집중된 채로 남아 있었다. 도심부의 주택문제에 대응하기 위해 뉴욕 등의 대도시는 건축규제(tenement act)의 도입, 자선단체에 의한 주거지활동(settlement activity)을 전개하였다. 주거지활동이란 주로 중산층으로 구성된 자선단체의 활동가가 도심 일대의 저급주택지역에 전입해 들어가 그 지역의 생활개선 및 환경개선을 꾀하는 활동을 가리킨다.

무질서한 시가지의 팽창에 대해서는 당시의 지방정부가 제작한 도시계획도에 근거하여 도로건설 예정지에 건축을 규제하려고 하였다. 그러나 지방정부는 그와 같은 규제의 효력을 부정하는 지방재판소의 판결 때문에 규제를 하지 못하고, 도로건설에 지장이 있는 개발에 대하여 수도공급을 거절하는 것으로 대응하였다. 이와 같은 도심부의 주택문제와 무질서한 도시확대에 대하여 일부 공공기관의 대응이 시도되기는 하였으나, 당시의 미국에는 체계적인 주택·도시정책은 존재하지 않았다.

이들과 같은 움직임과는 별도로, 유럽의 도시계획을 모방하려는 경관설계가(landscape architect)가 중심이 되어 도시미관운동(city beautiful movement)이 1890년대에 추진되었다. 이 운동은 공원·간선도로·공공시설 등을 외형적 아름다움에 주안점을 두어 설계·건설하자는 것이었다. 도시미관운동은 처음에는 종합적인 계획을 제창했다는 점에서 평가받았으나, 도시의 미적 측면을 너무 강조한 나머지 경제활동을 위한 도시기능을 고려하지 않았다는 점에서 비판을 받았다. 이 운동은 20세기에 들어와 활성화되지 못하고 시들해졌다.

3. 도시계획의 도입

20세기에 접어들면서 자동차교통의 발달에 따라 도시외곽부는 더욱 팽창되었다. 반면에 도심부는 1929년의 대공황 이전에 이룩한 경제발전에 힘입어 창고 · 섬유공장 등의 입지가 진전되었기 때문에 근교로부터의 자동차 통근으로 야기된 교통체증과 도심주택의 노후화문제가 더욱 심각해졌다. 그러나 이들 도시문제의 발생과는 별도로 이질적 토지이용 간에 불협화음이 도시내부에서 발생하기 시작하였다. 그것은 로스앤젤레스의 경우처럼 주택용지와 공장용지 간의 마찰, 뉴욕의 경우처럼 상점과 공장 간의 마찰이었다. 이 문제를 해결하기 위하여 지방정부는 토지를 선점한 주택 · 상점의 이익을 보호해 주기 위한 조처로 미국의 독자적인 제도인 지역지구제(zoning system)를 제정하였다.

1909년에는 로스앤젤레스시가 공장의 입지를 주거지역으로부터 방출하기 위해 공업지구(industrial district)를 설정하였고, 1916년에는 뉴욕시가 맨해튼의 중앙을 관통하는 5번가의 중소상점의 이익을 보호해 주기 위한 조처로 미국 최초의 종합적 지역지구제(comprehensive zoning system)를 제정하였다. 이 제도는 토지이용지구(land use district)를 주택 · 상업 · 기타의 3종류로 구분하였고, 고도규제지구(height district)를 3종류, 건폐율을 규제하는 지역지구(area district)를 4종류로 구분하고 있다.

이와 같은 지역지구제는 현상유지 내지 현상보호라는 보수적인 목적을 지니고 있었기 때문에 급속한 도시화로 인한 토지이용의 변화를 두려워했던 당시 지배층의 지지를 받았다. 또한 지역지구제는 상무성이 주와 시가 조례제정의 모범이 될만한 2개의 표준법, 즉 표준주지역지구 권능부여법(Standard State Zoning Enabling Act)과 표준도시계획 권능부여법(Standard City Planning Enabling Act)을 제정함에 따라 시당국이 이 제도의 채택을 지원한 것에 힘입어 급속히 발전하였다. 이 제도는 1928년에 이르러 이미 218개 도시에서 채택되었다.

그러나 지역지구제를 둘러싼 합헌성을 놓고 분쟁이 끊이질 않았다. 즉 개발업자가 이 제도로 인해 가장 큰 손실을 입었기 때문에, 개발업자들은 지역지구제의 합헌성을 문제 삼아 계속하여 소송을 걸었다. 유클리드 마을과 앰블러 부동산회사 간에 벌어진 소송에서 1926년의 최종판결은 이 제도의 합헌성을 인정해 주었다. 이 재판에서 인정된 지역지구제는 목적을 복지 · 건강 · 안전 · 도덕 · 편리성에 한정하고, 엄격한 토지이용의 분리 및 명확한 기준의 제정 등을 주된 내용으로 한다. 이 재판은 당시에 「유클리드 판결」이라 알려졌던 탓에 「유클리드 지역지구제」로도 불렸고, 이 제도는 그 후에 목적의 광범위화 및 내용의 유연화가 서서히 진행되어 갔다.

4. 뉴딜 시대의 도시정책

연방정부는 전통적으로 각 주의 계약인 연방헌법에 명시되어 있는 기능만을 갖는 것으로 생각하고 있었다. 그 때문에 주택 · 도시정책은 연방정부의 역할이라고 생각되지 않았으나, 1929년의 대공황에 대처하기 위해 연방정부가 적극적으로 경제정책에 관여할 필요성이 생겨났다. 당시 F. D. Roosevelt 대통령이 이끄는 연방정부는 케인즈 경제학이 적극적인 정부지출을 이론적으로 지원한 것에 힘입어 여러 분야에서 종래의 틀을 뛰어 넘는 새로운 정책을 채택하였다.

주택 · 도시정책의 분야에서는 1933년에 테네시강 개발공사(TVA)라는 연방기관을 설립하여 테네시강의 홍수조절 · 에너지 개발 · 주변의 산업개발 · 주택개발 등이 행해졌다. 그리고 연방정부 내에 처음으로 도시문제를 다루는 국가계획위원회(National Planning Board)와 도시위원회(Urban Committee)를 설치하여 연방정부의 도시정책에 개입의 필요성을 표명하면서 주 정부의 지역계획을 지원하였다. 또한 주택정책 분야에서는 1934년에 주택구입자가 은행으로부터 주택자금을 융자받을 시에 채권을 보증하는 연방주택청(Federal Housing Administration)이 설립되었다. 그리고 1937년에는 지방자치단체가 공공주택을 건설할 비용을 연방정부가 원조해 준다는 1937년 주택법(Housing Act of 1937)이 성립되었다. 이에 따라 연방정부는 적극적으로 저소득자용 주택건설을 추진할 수 있게 되었다.

1900년경 영국에서 시작된 전원도시운동이 실현된 것에 영향을 받은 미국은 1929년에 최초의 전원도시를 뉴저지주에 건설하였다. 뒤이어 연방정부는 1938년부터 1940년에 걸쳐 오하이오주 · 위스콘신주 · 메릴랜드주의 3개소에 전원도시를 건설하였다. 전원도시의 개발에는 주택단지 주변의 그린벨트, 주택 앞에 도로를 만들지 않는 슈퍼 블록, 보행자와 자동차의 분리, 곡선의 구획도로 등이 실험적으로 적용되었다. 이같은 개발은 연방정부의 전원도시 건설사업에 대한 간섭을 배제하는 판결이 나왔고, 이 사업의 본래 목적인 저소득층 주택공급이 불가능하다는 이유로 근교개발로 이어지지 못하였다.

5. 전후(戰後)의 도시정책

제2차 세계대전이 끝나자 전선에서 돌아 온 제대군인과 베이비 붐 등으로 주택수요가 급증하여 1940년대부터는 도시근교의 택지화가 진행됨과 동시에, 도심에는 흑인을 비롯한 소수민족이 거주하는 슬럼(slum)이 발생하였다. 더욱이 1960년대에는 흑인폭동이 일어나는 등, 도심 일대의 슬럼이 미국사회를 뒤흔들어 놓는 문제가 발생함에 따라, 전후의 도시정책은 도심재개발정책을 중심으로 추진되었다.

연방정부는 1949년에 도시재개발 프로그램(urban redevelopment program), 1954년에 도시갱신 프로그램(urban renewal program)을 정하여 슬럼의 불량주택 철거와 주택·상업 빌딩의 건설을 위한 보조를 지방정부에 행하였다. 이들 프로그램이 건물의 철거와 재건축이라는 건설활동을 중시한 것과 달리, Johnson 정권은 1966년부터 도심의 문제해결이 고용개발·교육개선 등의 사회정책을 병행할 필요가 있다는 관점에서 연방정부의 정책을 150개 도시에 집중적으로 전개하는 이른바 모델도시 프로그램(model city program)을 채택하였다. 이 프로그램은 근린주민의 의견을 지역개발에 반영함을 지방정부에 의무화했다는 점과 오늘날의 도시재개발에도 방향을 제시해 주었다는 점에서 높이 평가받을 수 있다. 그러나 도시재개발에 관한 이들 프로그램은 흑인폭동 등과 같은 당시의 격화된 도시문제에 대응하지 못함에 따라 4년 만에 폐지되었다.

공공주택의 건설을 근간으로 한 당시의 주택정책은 민간부문의 활동을 위축시킨다는 민간건설업자로부터 비판을 받게 되자 Kennedy 정권을 거쳐 서서히 축소되었다. 그리하여 공공주택 대신에 민간업자에 의한 임대주택의 건설과 개인주택의 취득을 위해 보조해 줄 수 있는 주택채권보증 프로그램(mortgage insurance program)이 설정되고 연방주택청(FHA)에 의한 주택취득보조를 위한 보증 프로그램이 확충되었다. 이들 프로그램의 영향으로 미국의 주택보급률은 대폭 상승하게 되었다.

Nixon 정권 이후, 미국에는 도시에서 발생하는 다양한 문제를 도시문제로써 파악하고 통합적으로 해결을 꾀하는 것이 아니라 고용·사회정책 등의 각 분야로부터 시책을 추진하려는 생각으로 바뀌어야 한다는 견해가 대두되었다. 즉

이 견해는 도시정책의 역할을 좁게 해석하려는 생각에서 나온 생각이었다. 특히 Nixon 정권은 신연방주의(New Federalism)를 제창하면서 연방이 갖고 있던 권한을 주정부 및 지방정부로 대폭 이양하기로 하였다

이러한 움직임을 반영하여 1974년에 연방정부가 보조금을 일괄적으로 지방정부에 넘기고 지방정부가 독자적으로 판단하여 지출하는 지역개발종합보조금(Community Development Block Grant)이 설정되어 현재에 이르고 있다. 또한 같은 해에 민간건설업자에 의한 저렴한 임대주택건설을 보조하기 위한 이른바 섹션 프로그램이 시행되었다.

Carter 정권은 오일 쇼크로 인하여 경제가 어려운 상태에 처해 있었던 까닭에 행정부 정책수립의 주종을 차지했던 도시정책이 전개되지 못하였다. 이에 대하여 1977년에 도시개발보조금(Urban Development Action Grant)이 의회의 주도하에 설치되어 경제적으로 피폐된 지역에 상업개발을 지원하기 위해 기금이 보조되었다.

참|고|문|헌

박수영(1992), 『서구도시개발론』, 법문사.

이보형(1978), 『미국사 개설』, 일조각.

_____ 편(1984), 『미국사 연구 서설』, 일조각.

이주영(1995), 『미국사』, 대한교과서주식회사.

_____(1988), 『미국 경제사 개설』, 건국대학교 출판부.

岡田泰男 編(1990), 『アメリカ地域發展史』, 有斐閣, 東京.

鈴木圭介 編(1972), 『アメリカ經濟史』, 東京大學出版會, 東京.

別技篤彦(1989), 『世界の風土と民族文化』, 帝國書院, 東京.

日高只一(1938), 『アメリカ文學概論』, 岩波書店, 東京.

中屋健一(1986), 『アメリカ西部史』, 中央公論史, 東京.

_____(1963), 『アメリカ西部開拓史』, 筑摩書房, 東京.

Berry, B. J. L.(1991), Long Waves in American Urban Evolution, J. F. Hart ed., *Our Chaging Cities*, Jojns Hopkins University Press, Baltimore, 31～50.

Borchert, J. R.(1991), Future of American Cities, J. F. Hart ed., *Our Changing Cities*, The Johns Hopkins University Press, Baltimore, 218～250.

Bourne, L. S. and Simmons(1978), *Systems of Cities*, Oxford University Press, New York.

Brown, R. H.(1948), *Historical Geography of the United States*, Harcourt, Brace & World, Inc., New York.

Cornelison, P. and Yanak, T.(2004), *The Great American History: Fact-Finder*, Houghton Mifflin Co., Boston.

Davis, P.(2002), *American Road*, Henry Holt and Company, New York.

Devenport, R.(2003), *American History*, A Pearson Education Co., Indianapolis.

Ellis, E. R.(1997), T*he Epic of New York City*, Pete Hamill, New York.

Freidel, F. and Brinkley, A.(1982), *American in the Twentieth Century*, Alfred A. Knopf Co., New York.

Friis, H. R.(1940), A Series of Population Maps of the Colonies and the United States, 1625～1790, *Geographical Review*, 30, 460～469.

Hartshorn, T. A.(1992), *Interpreting The City: An Urban Geography*, John Wiley & Sons,

Inc., New York.

Johnson, P.(1998), *A History of the American People*, Harper Collins Publishers, New York.

Kelly, C. B.(1999), *Best Little Stories from the American Revolution*, Cumberland House, Neshville.

Knopf, A. A.(2003), *New York: An Illustrated History*, Steeplechase Films, Inc., New York.

Krugman, P. R.(1988), *Market-Based Debt-Reduction Schemes*, National Bureau of Economic Research, Cambridge, MA.

Linklater, A.(2003), *Measuring America*, A Plume Book, New York.

Loewen, J. W.(2000), *Lies Across America*, A Touchstone Book, New York.

Schlesinger, A. M. Jr.(1993), *The Almanac of American History*, Barns & Noble Books, New York.

Weinstein, A. and Rubel, D.(2002), *The Story of America: Freedom and Crisis from Settlement to Superpower*, An Agincourt Press Production, New York.

Zinn, H.(2003), *The Twentieth Century*, Perennial, New York.

미국의 도시재개발

Introduction

도시구조는 대체로 개발이나 재개발에 의해 변화하기 마련이다. 미국도시의 경우는 어떤 계보를 따라 재개발정책이 시행되었는가? 그리고 어떤 유형으로 재개발사업이 적용되었는가? 본장에서는 재개발의 유형과 재개발의 배경에 대하여 살펴보고, 재개발이 필요한 이유와 재개발이 가지는 의미에 대하여 설명할 것이다.

Keywords

위생재개발, 복지재개발, 공공사업재개발, 유도재개발, 슬럼철거재개발, 재개발지원방법, 지역지구제, 기업촉진지구.

01 재개발로 변화된 미국의 도시구조

1. 도시재개발의 개념

도시의 공간구조를 바꾸거나 재구조화하기 위해서는 재개발과 신개발이라는 수단을 이용하게 된다. 즉 기존의 시가지에 대해서는 재개발을, 미개발지에는 신개발이란 수단을 동원하게 된다. 그 가운데 도시재개발(urban renewal)이란 미국과 영국 등의 여러 나라에서 도심을 포함한 구시가지를 새롭게 재개발하거나 도시기능을 회복시키는 것을 의미한다. 따라서 도시재개발은 도시지역을 계속적으로 양호한 상태로 유지 · 발전시키기 위하여 취해야 하는 공적 또는 사적 행동의 총체라 할 수 있다.

현실적으로 도시재개발은 때로는 현재상태의 완전한 변화를 의미하기도 하며, 불량지역과 노후지역의 정화사업, 새로운 도시시설의 건설사업 그리고 대규모의 민간투자나 공공투자에 의한 개발 및 보존사업이 필요하다. 영국의 경우, 도시재개발은 19세기 후반부터 도시빈민을 위한 주택개량사업으로 시작되었다. 그러나 도심에서는 상업지역의 확대로 도심주택지가 일부 철거되고 저소득층의 주민이 도시외곽으로 쫓겨나는 결과를 빚었다. 이러한 희생은 주택을 개량하거나 도시환경을 개선하는 수단으로 재개발을 인식함으로써 정당화되었다.

우리나라의 경우는 도시개발법 및 동시행령에 의거 재개발 대상지역을 선정하고 있다. 즉 도시시설의 질적 · 양적 낙후로 도시환경 및 도시미관이 현저하게 불량한 경우, 과밀로 인하여 생활환경이 저하되어 전염병이나 사회적 범법행위의 발생률이 높거나, 지역의 균형발전 또는 도시발전에 지장을 초래하는 경우에 도시재개발 사업구역으로 지정된다. 재개발사업은 그 대상이 무엇이냐에 따라 도심재개발 · 주택재개발 · 공장재개발 · 시장재개발 등으로 구분되며, 주거환경 개선이나 재건축, 취락구조 개선사업 등도 여기에 포함시킬 수 있다.

2. 도시재개발의 필요성과 의의

도시재개발은 무엇보다도 국가 및 세계를 둘러싼 환경이 변하거나 도시생활
에 필요한 시설들이 부족할 경우에 시행되는 것이 보통이다. 또한 불량한 주거
환경은 각종 질병의 원인이 되며 시설물의 붕괴는 항상 재해발생의 우려가 뒤따
른다. 이와 같은 시민생활의 불편과 불안뿐만 아니라 도시구조는 끊임없이 변화
하는 것이므로 도시개발정책의 근본은 도시의 변화 및 관리를 여하히 할 것인가
에 달려 있다. 도시재개발을 수행하는 근본적인 이유는 대략 경제적 · 사회적 ·
물리적 · 심리적 이유의 네 가지로 요약될 수 있다.

도시재개발이란 넓은 의미에서 정태적인 기존도시의 물리적 환경을 동태적
인 사회 · 경제적 환경에 적응시켜 나가는 도시의 지속적인 성장 및 발전과정이
라 풀이할 수 있다. 그러나 근래에 들어와 도시재개발이 물리적 환경의 개선을
위한 도시계획의 수단으로 제도화됨에 따라 보다 협의의 개념으로 이해되고 있
다. 이러한 관점에서 도시재개발이란 도시인구의 증가 및 산업기술의 발달 등과
같은 도시의 사회 · 경제적 변화에 따라 기존시설을 충분히 활용할 수 없게 되어
개인의 안전 · 위생과 사회복지 및 도시기능상 장애를 초래하고 도시를 쇠퇴시
킬 우려가 있을 때 공권력으로 기존의 도시환경을 변화시키는 도시계획사업이
다. 그러므로 도시재개발은 문제해결을 위한 도시계획수단이라 할 수 있다.

도시재개발은 19세기 런던의 시가지 개조사업, 파리 중심부의 개조계획 및
도쿄 긴자의 재건설 등을 그 기원으로 하고 있다. 그러나 이들 사업은 매우 단편
적이고 제도화되지 못하였기 때문에 실질적인 현대적 의미의 도시재개발의 기
원은 19세기 산업혁명 기간 중에 급속히 도시화가 진전된 영국의 슬럼철거재개
발(slum redevelopment)에서 찾아 볼 수 있다. 그리하여 도시재개발의 개념도 바
뀌어, 재개발은 단순한 물리적 환경의 개선뿐만 아니라 주민의 건강 · 고용 · 교
육 · 세수(稅收) 등과 같은 사회 · 경제적 생활환경의 총체적 개선을 위한 집단
적 조치라는 개념으로 바뀌었다. 또한 최근에는 세계화의 진전에 따라 세계 각
국의 주요도시들이 세계도시로 도약하기 위하여 대대적인 재개발사업을 벌인다
던가, 도시외곽으로 빠져나간 인구를 도시내부로 끌어들이기 위해 젠트리피케
이션의 일환으로 재개발을 시도하는 경우도 있다.

도시재개발은 시행방법에 따라 철거재개발·수복재개발·개량재개발·보전재개발 등으로 구분할 수 있다. 재개발사업의 초기에는 부적당한 기존환경을 완전히 제거하고 새로운 시설물로 완전히 대체시키는 철거재개발(redevelopment)이 주를 이루었으나, 재개발사업의 경제성·효율성·신속성 등을 감안한 수복재개발(rehabilitation)이나 개량재개발(improvement)이 더 많이 적용되고 있다. 또한 역사적 혹은 건축학적 가치가 있는 건물이나 시설물의 보전을 위해서는 보전재개발(conservation)이 적용되며, 이에 따라 건축제한·주거밀도 제한·용도규제를 행하거나 문화재보호법 등의 법률을 제정하기도 한다.

도시재개발사업을 시행하기 위해서는 토지구획정리사업이 선행되어야 한다. 이것은 토지의 구획형질을 변경하고 택지의 이용증진을 꾀함과 동시에 도시시설의 정비 및 도시기능의 갱신을 도모하여 건전한 시가지의 조성을 목적으로 하는 사업이다. 토지구획정리사업은 [그림 4-1]에서 보는 바와 같이 도로·공원 등과 같은 공공용지의 정비와 개선은 물론, 택지에 대해서는 구획정리사업 전후의 토지평가를 적법하고 공평하게 행하여 도시계획에 따라 토지를 바꾸는 환지수법을 이용한다. 이는 토지이용의 효율성을 증진하는 방법이므로 재개발을 위한 가장 효과적인 수법이라 할 수 있다.

토지구획정리사업이 완료되면 본격적인 재개발사업이 시행된다. 재개발사업은 전술한 것처럼 시가지의 합리적이고 건전한 공간의 이용과 도시기능의 갱신을 도모해야 하므로 [그림 4-2]에서 보는 것과 같이 도시재개발법에 의거한 권리변환 수속이 진행되어야 한다. 도시는 토지 및 시설에 대한 소유권과 사용권

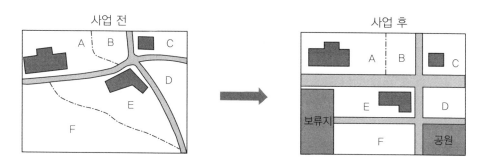

사업 전   사업 후

그림 4-1 토지구획정리사업의 개념도

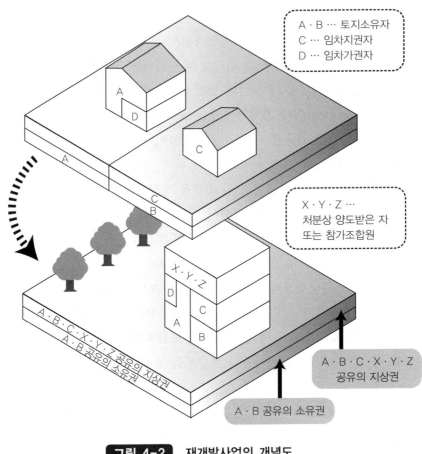

A · B … 토지소유자
C … 임차지권자
D … 임차가권자

X · Y · Z …
처분상 양도받은 자
또는 참가조합원

A · B · C · X · Y · Z 공유의 지상권
A · B 공유의 소유권

A · B · C · X · Y · Z
공유의 지상권

A · B 공유의 소유권

그림 4-2   재개발사업의 개념도

(임대)의 관계가 복잡하게 얽혀 있으므로 권리변환이 용이하지 않다. 즉 동일한 토지상에 토지소유자와 임차인이 공존할 수 있다. 임차인은 토지를 임차한 경우와 건물을 임차한 경우가 있을 것이다. 복잡하게 얽혀 있는 소유권과 사용권에 재개발사업을 적용함으로써 토지와 공간의 효율성을 극대화하고 여유로운 공간도 확보할 수 있게 된다.

3. 도시재개발의 양면성

오일 쇼크 이후, 세계의 주요 선진국은 대부분 공공부문의 경영난에 직면하게 되자 이를 타개하기 위해 민간부문의 활용에 부심하였다. 민간방식의 도시재개발은 민간기업이 개발주체가 되어 세금감면·토지이용규제의 완화 등과 같은 정부가 가지고 있는 각종 권한의 행사와 규제완화가 중심을 이루는 유도형(誘導型) 도시재개발을 뜻한다. 이러한 민간방식의 원류는 공공사업과 도시개발에 국한시켜 볼 때 미국에서 찾을 수 있다. 미국은 200년 역사밖에 안 되는 짧은 기간에 기업의 자율경쟁과 육성이라는 정책이념을 정립하여 공공부문의 사업까지도 사기업이 분담한다는 확고한 전통을 갖고 있다. 도시재개발이 바로 그와 같은 전형적인 사례이다.

한국과 미국을 간단히 대비시켜 보면, 우리나라에서는 상술한 전통이 없을 뿐만 아니라, 관청과 사기업은 공공성과 이윤추구라는 물과 기름과 같은 단순한 이분법으로 이해되어 온 것이 사실이다. 이러한 전통은 아마 미국을 비롯한 유럽의 도시에서는 찾아 볼 수 있어도 한국·일본을 비롯한 동양권의 도시에서는 발견하기 어려울 것이다. 특히 한국사회에서 사기업과 같은 민간기업은 이윤추구를 목적으로 하는 성격 때문에 공공성을 창조할 것이라는 기대는 할 수 없다.

도시재개발의 동기 혹은 수요에는 도시기능 및 도시구조의 근대화와 발전성의 확보, 악화되어 가는 주거환경의 개선이라는 두 요인이 있는 것으로 알려져 있다. 근대적 도시계획에 있어서 유럽의 도시재개발은 공중위생문제의 해결을 목적으로 한 불량주택의 철거에서 그 기원을 찾을 수 있다. 이러한 도시정책은 19세기에 미국에도 보급되어 뉴욕과 시카고를 위시한 대도시의 도심에서 슬럼 재개발을 위하여 일찍이 도입되었다.

그러나 이와 같은 사회개량주의의 정책과는 별도로, 1930년대 대공황이 일어났을 때의 뉴딜 정책 가운데 주택건설과 재개발이 거시적 경제회복의 수단으로 추진된 것을 계기로 미국 특유의 재개발정책이 형성되어 왔다. 그것이 전후의 민간방식에 의한 재개발로 이어져 감과 동시에, 공공부문에의 민간기업의 참여는 재개발의 공공적 측면과 개발이익의 귀속을 둘러싼 사회적 불공정, 이권으로 빚어진 정치권력의 개입 등의 부정적 측면이 교차되어 왔다. 그러나 미국은 사회 정의(social justice)와 공평성(equity)을 존중하는 나라이므로, 재개발사업은 사회적 기술 나름대로의 정책적 균형이 항상 논의되어 그 방향이 수정되어 왔다. 또한 가다듬어진 재개발정책은 차츰 재개발의 당위적 과제를 전통적인 공중위생의 문제해결에만 머물지 않고 인종차별 · 고용 · 지역경제 등과 같은 미국사회의 모순이 내재하는 분야에까지 적용되기에 이르렀다. 도시재개발에 대한 미국의 경험을 살펴 볼 경우에는 바로 상술한 내용을 간과해서는 안 된다. 또한 우리들이 미국의 도시구조를 이해하기 위해서는 미국도시에 적용되어 온 도시재개발정책의 계보를 먼저 고찰해야 한다.

02 | 도시재개발정책의 계보에 대하여

1. 전전(戰前)의 위생재개발과 뉴딜 정책

미국에 있어서 슬럼의 형성과 도시환경문제의 발생은 영국과 마찬가지로 산업혁명을 계기로 한 농촌인구의 급격한 도시유입에 의해 유발되었다. 미국의 산업혁명은 영국보다 약 1세기 뒤늦게 일어났으나, 이미 1870년경부터 대서양 연안의 항구도시와 중부의 공업도시에 젊은 층의 농촌인구가 집중되기 시작하였다. 또한 미국 내의 인구 대이동이 시작되기 이전에 유럽대륙으로부터 대량의 이민도 있었고, 인구의 도시집중이 격화되는 가운데에서도 특히 대도시 저소득층의 주거환경은 심각한 정도를 넘어 악화되고 있었다. 1870년 당시에 이미 시카고 · 뉴욕 · 필라델피아 · 부르클린 등의 도시에서는 인구증가가 매우 현저하였다. C. M. Green(1957)은 그의 저서 『국가성장기의 미국도시』에서 미국의 몇몇 도시에 대한 당시의 상황을 다음과 같이 묘사하였다.

인구가 급증하는 도시에는 다닥다닥 붙어 있는 3~4층 건물의 한 방당 2~3세대씩 살고 있었다. 필라델피아와 볼티모어의 경우는 나란히 들어찬 건물의 층수만 다를 뿐 마찬가지였고, 워싱턴에는 흑인가족들이 햇볕도 들지 않는 뒷골목 주택에 비좁게 살고 있었는데, 그 방보다 오히려 미굿간이 더 넓어 보였다. … (중략) … 백인과 흑인을 불문하고 미국태생의 가난뱅이는 빈민가의 이민집단 주거지에 실지 않았기 때문에 외국태생의 이민자들은 언제까지나 미국인과 동화되지 않았다.

이와 같이 묘사된 내용으로 미루어 짐작컨대, 19세기 말 저소득층의 주거환경은 우리나라 일제강점기의 토막촌(土幕村)이나 한국전쟁 직후의 판자촌과 유사했던 모양이다. 뉴욕시는 비교적 역사가 오래되었고 이민의 중심지였던 까닭에 슬럼의 주거상태가 사회에 미치는 영향에 대하여 일찍부터 관심을 기울였으므로 이미 17세기 중엽에는 주택의 배치 및 화재에 대비한 예방조치, 즉 건축규제가 취해졌다. 그리고 1800년에는 주 의회가 시당국에 대하여 슬럼지구의 토지수용권을 부여하는 슬럼철거(slum clearance)사업을 실시하였다. 이 사업은 슬럼파괴(slum demolition)사업과 슬럼재개발(slum reclamation)사업을 모두 포함하는 것이었다. 미국에서 슬럼의 존재가 처음으로 사회적인 주목을 받게 된 것은 1843년 뉴욕시에서 불량주택이 전염병을 유행시킨 원인제공자라는 사실이 밝혀지면서부터였다. 각 시당국은 서둘러 불량주택에 대한 대응조처로 환기·하수도·청소에 관한 조례를 시행하였다.

한편, 연방정부가 슬럼문제에 대하여 관심을 기울이게 된 것은 그보다 훨씬 늦은 1892년이었다. 이때에 연방의회는 인구 20만 명 이상의 도시슬럼 조사에 2만 달러의 예산을 노동부에 편성해 주었다. 또한 공동주택이 미치는 영향에 주목하여 연방정부는 공동주택에 대한 감사·실태조사·단속규정의 정비를 서둘렀다. 이것을 기초로 하여 1901년에 공동주택의 기준을 내용으로 한 공동주택법을 제정하였다. 그리고 1916년에는 용적률 제한을 포함한 미국 초유의 종합적 지역지구제가 뉴욕시에서 시행되었고, 1920년에는 주주택청(州住宅廳)을 설치하여 임대주택을 건설하기 시작하였다. 이 시기에 일부 사회사업가들은 슬럼지구 내에 모델주택의 건설을 시도하였다.

1929년 월가(Wall Street)의 주식폭락을 계기로 발생한 세계적 규모의 대공황은 대단히 심각한 상황을 보였다. 특히 경제발전의 기반이었던 건설업·자동차산업 등의 부문에 미친 영향은 매우 치명적이었다. 건설업은 제1차 세계대전 후의 주택부족과 주택저당대부에 자극을 받아 1925년에는 93만 7천 호에 달하는 주택건축의 신기록을 경신했으나, 대공황 후에는 200만 명에 달하는 건설업 실업자의 발생에 따라 저당대부금이 동결되고 25만 건에 달하는 주택압류처분이 있었다.

Hoover 대통령은 이런 상황을 타개하기 위하여「주택건설과 소유에 관한 회의」를 소집하고, 응급대책으로서 1932년에 연방주택대부은행법을 제정하였다.
이 제도의 발족과 동시에 긴급구제재건법에 의거한 부흥금융금고를 통하여 저
소득층에 대한 주택공급과 슬럼철거를 위한 융자가 시작되었다. 이러한 대책은
불황타개에 주안점을 두면서도 저렴한 임대공영주택의 공급과 슬럼철거사업의
기초가 되었다.

1933년에는 Roosevelt 대통령이 새롭게 주택소유자금융법에 의거 주택소유자
금융금고를 창설하고 전국산업부흥법에 의거 공공사업국에 주택담당부서를 설
치하였다. 이들 정책은 뉴딜정책의 일환으로 전개되었지만 경기회복에 큰 도움
이 되지 못하였다. 그래서 Roosevelt는 1934년에 국가주택법(National Housing
Act)을 제정함과 동시에 연방주택법(FHA)과 전국저당협회(FNMA)를 창설하
였다. 이들은 그 후의 도시재개발과 주택공급의 중요한 기관으로 발전해 나아
갔다.

이와 같은 일련의 경제정책이 전개되는 가운데 1937년 슬럼개량제도가 연
방정부에 의해 입법화되었다. 그것은 저소득층을 위한 저렴한 임대주택의 공급
을 목적으로 제정된 미국주거법이었다. 이 법의 성립에 따라 설치된 미국주택청
(USHA)은 슬럼재개발과 공영주택의 건설을 담당하는 지방자치단체에 연방보
조금의 교부와 융자를 실시하였다. 이 제도는 슬럼재개발에 의해 파괴된 만큼의
공영주택을 공급한다는 보조금의 교부조건을 전제하고 있다.

그러나 이 정책은 재개발한 슬럼이 얼마 후에 다시 슬럼화하는 뜻밖의 결과
를 초래하였다. 즉 저소득층은 불황속에서 직장을 구하지 못한 채로 새롭게 건
설된 재개발주택에 입주했기 때문에 슬럼으로 되돌아 갈 수밖에 없었다. 이 사
실은 물리적인 환경정비만으로는 슬럼문제의 근본적 해결책이 되지 못하며, 슬
럼주민에 대한 사회적 문제해결이 우선되지 못한 슬럼개량은 성공하지 못한다
는 교훈을 남겨 주었다. 이 교훈은 그 후에 미국의 재개발정책에 반영되었다.

이상에서 언급한 내용은 미국이 세계대전 이전에 경험한 도시재개발에 관한
설명이었다. 이 경험은 전후의 재개발정책을 좌우할 정도로 커다란 영향을 미쳤
다. 이것은 연방정부가 위생재개발로 시작한 사회개량사업을 국민경제의 재건
이라는 공공정책의 틀 속에서 처음으로 공식화했다는 점에 의의가 있다. 그리하
여 이같은 귀중한 경험은 전쟁 후에도 민간기업이 재개발사업에 큰 역할을 담당

하게 되는 상황으로 이어진다.

그러나 한 가지 부언할 것은 슬럼문제가 일찍이 대두된 데 비하여 연방정부의 대응이 신속하지 못했다는 사실이다. 그것의 첫째 이유는 시민사회의 깊숙한 곳까지 국가가 개입하지 않는다는 자유주의의 사조였고, 둘째 이유는 주택문제가 지방정부의 몫이지 연방정부의 정책대상이 아니라는 지방분권의 사조에 있었다.

2. 복지재개발로의 전환

1937년의 미국주거법이 소기의 목적달성에 실패하게 되자, 전후의 도시재개발방식은 크게 방향전환하였다. 1949년의 연방주택법에 앞서 주와 시정부 차원에서도 재개발법이 정비됨에 따라 민간기업이 슬럼재개발에 참여하기 시작하였다. 1949년에는 일보 전진하여 슬럼재개발 용지를 민간기업에 불하하여, 그 용지에 대한 개발기획과 사업경영을 기업의 역량에 맡기는 방법을 취하였다. 이것은 슬럼개량을 위생사업만으로 끝내는 것이 아니라 폭넓은 도시재개발(urban redevelopment)로 승화시킴과 동시에 사회적 개량사업과 국민경제의 활성화에 목적을 둔 것이었다.

그러나 1949년 법에 의거한 슬럼철거사업은 계획입안에 장기간의 시간을 요하고, 토지의 매수 및 수용, 슬럼주민의 이주대책 등으로 거액의 비용이 소요된다는 점, 연방정부에 커다란 재정부담을 안겨 준다는 점 등의 모순을 하나씩 드러내었다. 또한 이 사업은 슬럼의 개량속도보다 발생속도가 더 빨랐고, 재개발 후의 주택이 조세부담능력이 없는 저소득층의 수요에 부응할 수 없으므로 연방정부가 흑인과 소수민족을 내쫓는다고 비판을 받았다. 그 당시 콜럼비아 대학 교수였던 M. Anderson은 재개발사업을 '연방 불도저(Federal Bulldozer)'라고 부르면서, 1949~1962년까지 연방정부가 추진한 도시재개발정책의 실적을 분석한 결과에 근거하여 정책의 부당성을 지적하였다. 그의 주장은 곡학아세(曲學阿世)로 일관하는 출세지향적 교수들에게 귀감이 되었다.

1953년 Eisenhower 대통령이 취임하던 해에 주택 · 도시계획에 관한 자문위원회의 권고사항 중 "주거가능한 기존주택의 효율적 유지와 활용을 도모할 것."

이 지적되었다. 이 권고를 받아들여 1954년 주택법은 철거(clearance)와 재개발(redevelopment)의 개념에 입각한 종래의 지구재개발(地區再開發)에 수복(rehabilitation)과 보전(conservation), 개량(improvement)의 개념이 더해져 재개발의 개념을 도시갱신(urban renewal)으로 확대하여 재구성하기에 이르렀다. 따라서 종래에 사용하던 재개발, redevelopment와 clearance는 철거재개발의 의미를 내포하고 있었으나, renewal이란 용어는 더 범위가 넓은 재개발 용어로 사용되기 시작한 셈이다.

1949년의 주택법에 의거하여 추진된 사업으로 연방정부의 재정이 압박을 받게 되었다는 비판이 고조되는 가운데, 기존의 주택·건물·공공시설을 가능한 한 재이용함으로써 적은 투자로 시가지의 활성화를 도모하는 수복재개발·개량재개발·보전재개발사업이 주목을 받았다. 이와 동시에 이들 수복·개량·보존사업은 막대한 투자와 토지수용의 어려움, 주민이주대책 등의 문제를 안고 있는 철거재개발에 이르기 전에 예방적인 조치를 취할 수 있다는 일석이조의 효과를 거두었다. 그러므로 이와 같은 유형의 재개발을 예방적 재개발(preventive renewal)이라 부른다.

이와 같은 경위를 거쳐 법제화된 1954년 주택법은 주와 시·읍·면의 주택기준(Housing Code)에 근거한 주택개량사업을 촉진시킨다는 효용성도 지니고 있었다. 이 주택법에 의거하여 개개의 재개발사업 프로그램에 시 전체의 차원에서 확실한 기반제공을 목적으로 한 커뮤니티 재개발 프로그램(CRP: Community Renewal Program)이 등장하였다. CRP는 그 후 인구 5만 명 이상의 도시인 경우에는 의무화되었다. 이 프로그램은 면밀한 조사와 분석결과에 기초하여 재개발을 요하는 처리요망지구(treatment zoning)를 기준집행·무원조 보존·원조 보존 및 수복·철거의 4개 수법으로 구분하였다. 여기서 기준집행(code enforcement)이란 건축에 관한 시 당국의 규제로서 건축 및 주택기준의 적격조건을 실현하기 위한 행정수단을 가리킨다. 지방자치단체의 입장에서 보면, CRP는 넓은 의미에서 모든 도시가 대상이 될 수 있으므로 재개발정책의 전역적 전개로 간주할 수 있다.

1965년 주택 및 도시개발법(Housing and Urban Development Act of 1965)에서는 이미 악화되고 있는 지역에 집중적 주거기준 집행사업(program of concentrated code enforcement)을 행하고, 시당국이 추진하는 주택개선은 재개발정책으로 자리매김하여 그것을 연방정부가 지원해 주게 되어 있다. 이에 따라 연방정부는 시정부에게 계획정책과 사업수행에 대한 보조금을 지출하게 되었고, 그 자금에는 가로망의 개량, 가로등 설치와 녹지조성, 기타 환경개선에 소요되는 비용도 포함되어 있다. 또한 지정구역내의 토지건물소유자는 수복보조금(rehabilitaion grant)과 시중금리보다 싼 저리융자를 받을 수 있게 되었다.

이와 같은 유형의 재개발은 지역사회재개발(community renewal) 혹은 커뮤니티 재개발이라 부른다. 요컨대, 이 재개발은 시가지를 커뮤니티 단위로 구분하여 각 단위 마다 주택과 건물의 물리적 환경을 갱신하는 방법을 취한다. 아울러 각 커뮤니티의 복지·교육·고용촉진·시민생활 등의 광범위한 행정과제를 다루는 지역행정의 단위 역할을 담당하는 방향으로 나아갔다. 특히 저소득층에 대한 종합적인 생활지도와 근린개선사업으로 변질해 간 양상은 다민족사회인 미국 도시재개발의 필연적 전개이며 하나의 귀결점이기도 하였다.

도시개발과 주택대책에 대하여 연방정책은 종래 별도로 수립하였으나, 1965년 주택 및 도시개발부(HUD: Department of Housing and Urban Development)의 발족과 함께 통합하여 수립하게 되었다. 이를 위한 최초의 정책 중 하나가 1966년 시범도시 및 대도시 개발법(Demonstration Cities and Metropolitan Development Act of 1966)에 근거한 모델도시 프로그램(model cities program)이다.

종래의 주택법에 근거한 도시갱신사업은 결국 슬럼이나 쇠퇴지역(blighted area)이라 불리는 불량주택지구의 흑인을 비롯한 기타 유색인종 문제를 해결하지 못하였다. 이러한 상황 속에서 흑인들의 공민권운동이 거세지게 됨에 따라 Johnson 대통령은 「위대한 사회」의 실현을 목표로 삼아 재개발정책 역시 주택과 주거환경의 물리적 개선과 사회·경제적 대책을 종합화하는 수법으로 모델도시 프로그램을 채택하였다. 이 프로그램은 미국의 모든 도시 가운데 슬럼과 쇠퇴지구를 선정하여 그곳의 경제적·물리적·사회적 문제를 개선하기 위해 주거환경의 향상과 삶의 질을 개선하려는 민관일체(民官一體)의 시도였다. 이 사업을 위해 연방정부는 총사업비의 80%를 보조하였다.

모델도시 프로그램의 요건으로서는 다음과 같은 4개 사항이 있다. 즉 ① 프로그램 자체가 종합계획일 것: 경제적·물리적·사회적 황폐 등의 기본문제를

개선하기 위해 종합계획의 수립을 의무화하였다. ② 사업을 집중적으로 추진할
것: 계획의 추진을 위해서는 연방정부·주·시 및 민간의 능력을 결집시킨다.
이를 위해 CDA(City Demonstration Agency)를 조직한다. ③ 새로운 창조적 제
안을 가질 것: 시범적 계획(demonstration plan)으로서의 도시문제해결을 위한
새로운 제안이 필요하였다. ④ 주변지역에도 영향력을 발휘할 것: 계획지역 내
뿐만 아니라 주변지역과 타 도시에도 해결법의 제안과 실시를 통하여 영향력을
발휘해야 한다.

　　모델도시 프로그램은 당초의 목표대로 시범적 도시에 연방자금을 집중적으
로 투자하여 문자 그대로 모델도시를 만들 예정이었다. 그러나 입후보한 도시들
이 너무 많았으므로 모델사업으로서의 효과가 감소하고 말았다. 일부 도시의 경
우는 불량주택지구가 최악의 상태에 있었던 까닭에 목표달성이 곤란하였다. 또
한 이 프로그램이 의도했던 대로 각 기관 간의 협력장치가 불완전했으므로 기관
들의 도움을 얻지 못하는 상황도 벌어졌다. 주민들 역시 이같은 형태의 계획참
여에 익숙하지 못하였고, 특정한 개인이나 이익대표자가 제 목소리를 내지 못하
는 경우도 많았다.

　　1974년 주택 및 커뮤니티 개발법(The Housing and Community Development
Act of 1974)은 양호한 주택과 쾌적한 주거환경을 갖춘 도시 커뮤니티의 정비와
저·중소득층을 위한 고용기회의 확대를 위한 광범위한 재량권을 기초자치단체
에 위임할 수 있게 하였다. 보조금제도도 바뀌어 종래의 항목보조금(categorical
grant)으로부터 지방교부금(revenue sharing)과 같은 이른바 블록보조금(block
grant)을 인정하는 제도로 전환되었다. 이 블록보조금은 공식명칭이 지역사회개
발 블록보조금(CDBG: Community Development Block Grant)이라 불렸으며, 그
후에는 기초자치단체에서 벌이는 대부분의 주택개선과 환경개선에 기여하게 되
었다. 그러나 이 보조금 제도의 채택에 따라 기존의 모델도시 프로그램을 비롯
한 도시갱신사업·수복재개발 등의 연방보조가 폐지되었다.

　　CDBG를 적용하기 위해 지방자치단체는 표준대도시통계구역(SMSA)을 대
상으로 하는 유자격 프로그램(Entitlement Program)과 그 밖의 지방자치단체를
대상으로 하는 무자격 프로그램(Non Entitlement Program)으로 구분하여 시행하
였다. 전자는 인구·빈곤도·과밀주택률·노후주택률에 따라 일정한 방식으로

보조금이 분배되었고, 후자는 종합보조금과 단일보조금으로 나누어 분배되었다. CDBG는 개별보조를 통합시키기 위해 신청절차와 심사요건을 경감하는 방안으로 관공서에 대한 수속의 간략화와 더불어 일종의 규제완화로 이어지는 효과도 거두었다.

3. 경제개발로서의 재개발

HUD는 1977년의 주택 및 지역사회개발법에 따라 종래에 없던 시범적인 경제개발을 위하여 도시개발보조금(UDAG: Urban Development Action Grant)제도를 창설하였다. 이 제도는 지방자치단체와 지역사회 및 민간의 협조에 의한 민관합동(public-private partnership)방식을 취하였다. UDAG제도는 그것을 바탕으로 신규개발·투자유치로 쇠퇴한 도시를 활성화하고 도시의 재생을 꾀하는 데에 목표를 두었다. 이 제도는 경제적으로 쇠퇴하고 저·중소득층용 주택 및 고용기회를 제공한 실적이 있는 도시 및 도시권(즉 군, county)으로서 다음과 같은 최저기준을 만족하는 지방자치단체에게 적용된다. 즉 ① 노후주택률, ② 1인당 소득증가액, ③ 빈곤율, ④ 인구증가율, ⑤ 고용증가율, ⑥ 실업률과 같은 기준들이다.

지방자치단체는 통상적으로 개발업자와 계약을 맺고 교부된 자금을 저리 융자대부금으로 사용한다. 융자대상은 공공주차장의 정비와 재개발에 수반되는 이주비·철거비·기반시설 정비 등과 같은 공공이익을 위한 사업이다. 또한 UDAG가 적용되는 사업은 HUD가 개발 또는 재개발이 필요하다고 인정되는 구역으로써 고용창출의 효과가 있고 지방세 수입이 증대될 전망이 있는 것으로서 민간투자를 수반한 민간기업의 사업 모두를 대상으로 한다. 따라서 고용창출이 없고 주민이주에만 그치거나 UDAG자금을 도입하지 않더라도 개발 혹은 재개발이 성립되는 사업은 적용대상이 될 수 없다. 또한 UDAG 이전에 이미 투자가 행해지고 있는 사업 역시 대상이 되지 않는다.

HUD는 개발업자에 대하여 산업수익채권(IRB: Industrial Revenue Bonds)과 같은 UDAG 이외의 공공자금을 효과적으로 이용하도록 장려한다. UDAG의 자금은 1978~1981년까지 약 20억 달러로서 113개 프로젝트에 이용되었고, 121억 달러의 민간투자가 유발되는 효과를 거두었다. 또한 저소득층의 신규고용이 약 30만 명 창출되었고, 모든 프로젝트가 완료된 시점에서는 연간 약 2.2억 달러에 달하는 재산세 수입이 예상되었다. 이 프로젝트의 대표적 사례는 볼티모어의 인너하버 지구에서 찾을 수 있다. 그러나 UDAG의 연방예산은 비대화한 연방정부의 업무를 축소하고 민간부문을 활용하는 방향으로 더욱 기울게 됨에 따라 축소되어 1986년에는 드디어 바닥이 드러났다.

한편, 연방이 출연하는 도시개발보조금과는 전혀 다른 유도재개발(incentive renewal)방식이 연방정책에 호응하는 형태로 행해졌다. 이 방식의 재개발은 지방정부가 행하고 있는 지역지구제의 예외적이고 탄력적인 활용이라고 볼 수 있다. 유도재개발은 주로 용적률을 높여 줌으로서 개발을 경제적으로 유리하게 이끄는 대신에 공지와 각종 디자인 규약(design code)에 공공이익을 부담시키는 인센티브 지역지구제(incentive zoning system)를 근간으로 한다. 또한 교회·공지·민간녹지 등에 대한 공중개발권(空中開發權)을 인접지주에 양도하는 개발권양도제(transferable development right), 철도기지창·역·고속도로상의 공중권(air right) 이용, 경제적으로 쇠퇴한 지역에 인센티브와 세금감면의 혜택을 부여한 뉴욕의 미드타운 지구제로 대표되는 특별지구제(special district system)가 있다. 그리고 연방제도로 법제화된 것은 아니지만 상당수의 주에서 채택하고 있는 기업촉진지구(enterprise zone)제도가 있다. 이것은 영국의 기업촉진지구제도와 약간 다르지만 대체로 유사하다.

4. 미국 재개발정책의 특징

세계대전 이전부터 오늘에 이르기까지 미국 연방정부가 취해 온 재개발정책을 회고해 보면 다음과 같은 특징을 발견할 수 있다.

미국의 재개발정책은 세계대전 이전에 유럽의 영향을 받은 위생재개발과 국민경제에 기여한다는 차원에서 경제개발의 일환으로 추진된 연방재개발의 두 방향에서 시도되었다. 세계대전 이후에는 두 방향의 재개발정책을 융합화 하였으나 오히려 모순이 드러나게 되자 다시 이분화의 방향으로 나아가는 것처럼 보였다. 즉 슬럼이나 쇠퇴지구처럼 물적 기준으로만 선정했던 재개발대상이 결국에는 흑인·유색인종을 비롯한 저소득층의 지역사회·빈곤·고용·주택개선의 방향으로 확대해 나갈 수밖에 없었다.

한편, 경제개발형 재개발은 그것과 분리하여 연방정책에 호응하면서 지방정부가 독자적으로 지역지구제의 탄력적 운영과 세금감면 등의 특혜를 부여함으로서 민간투자를 유발하는 방향으로 나아갔다. 오늘날 미국 도시재개발은 이러한 복지와 사회정의에 기초한 지역재개발과 시장원리에 기초한 경제개발형 재개발이 교차하고 있는 실정이다. 구체적으로, 연방정부가 추진한 시범적인 사업제도는 경제개발에 목표를 두면서도 동시에 저소득층의 사회적 문제를 해결하려는 데에도 목적이 있다.

뉴욕의 맨해튼에서는 인센티브 지역지구제에 의거하여 최고급의 초고층주택과 대기업의 빌딩들이 건설되는 인접한 블록에 저·중소득층의 고층아파트가 건설되고 있는 것을 쉽게 목격할 수 있다. 이 아파트는 공익기업이 뉴욕시 재개발국으로부터 저렴한 가격으로 불하받은 토지에 기업으로부터 받은 주택부과금을 건설비로 충당한 것이다. 이와 같이 미국의 재개발정책은 복지형 재개발과 경제개발형 재개발이 기묘하게 통합되어 추진되고 있는 듯이 보인다.

03 ▶ 도시재개발에는 어떤 유형이 있나?

미국의 도시재개발에 관한 제도적 수법은 연방정부뿐만 아니라 지방정부가 고안한 독자적인 유형이 상당히 많다. 미국은 연방제를 취하고 있으므로 각 주마다 독립성이 강하여 주별(州別)로 재개발방식이 상이하다. 기초자치단체가 만든 재개발방식은 주 경계를 넘어 다른 자치단체에 영향을 미쳐 재생산되는 경우도 있었다. 예컨대, 1980년대부터 시작된 도심의 업무빌딩에 주상복합공간을 의무화하고 주택부과금제도를 실현한 OHPP(Office Housing Production Program)가 바로 그것이다. 이 프로그램은 1980년에 샌프란시스코에서 시작되어 순식간에 다른 도시로 파급되었다.

이와는 달리, 미국의 국토면적이 광대한 탓에 과거에 만들었던 재개발수법이 최근에 들어와서는 전혀 적용되지 않고 있음에도 불구하고 개정되거나 폐지되지 않은 채로 남아 있는 것도 있다. 여기서는 현재 각 도시에서 적용되고 있는 미국 공통의 도시재개발 유형 중 대표적인 수법에 대하여 소개하기로 하겠다.

1. 공공재개발사업

미국의 공공재개발사업은 그 대부분이 연방제도와 연결되어 있다. 주택법·지역사회개발법 등의 연방법에서는 도시재개발사업의 내용과 보조금 지급에 대하여 구체적으로 규정하고 있으며, 각 주정부는 이것을 받아들여 재개발법을 결정하고 사업주체를 규정한다. 사업주체는 자치단체와 공영주택건설을 위한 공익법인, 재개발을 위한 공익법인 등이며, 일부 주정부에서는 민간기업을 사업주체로써 규정하는 경우도 있다. 연방정부는 이들 재개발 사업주체에 직접적으로 장기융자와 보조금을 지급한다.

사업주체는 재개발에 관한 구역·계획내용·토지이용 등의 종합계획을 수립한다. 그리고 연방정부는 그 계획이 기초자치단체 의회의 승인을 요구하며, 주법(州法)에서는 그 자치단체 도시계획위원회의 승인도 필요로 하고 있다. 이러한 요건을 만족시켜야 비로소 사업주체에 사업추진을 위한 권한이 부여되며, 용지매수·토지수용·토지정리·공공시설정비에 착수한 후에야 토지매각과 토지불하가 민간기업에 대하여 이루어진다. 이 경우에는 재개발 종합계획에 적합한 토지이용을 담보받기 위해 조건부개발과 지역지구제가 지정된다.

전술한 바와 같이, 1937년 연방주택법에 의거 시작된 슬럼철거사업에서는 슬럼을 철거한 토지에 공영주택을 건설하여 저소득층을 집단적으로 거주시켰으나 결국에는 슬럼이 재생산되는 결과를 초래하였다. 이에 대한 반성으로, 1949년 주택법은 슬럼주민을 타 지역에 이주시키고 슬럼이 있던 토지를 민간기업의 개발에 맡기게 되었다. 미국은 일반적으로 슬럼이 입지한 장소의 부동산가치가 매우 낮기 때문에 재개발비용을 부담하면 수익성이 전혀 없다. 이에 따라 연방정부는 기업에게 토지의 원가와 처분가격 간의 차액을 보조금으로 메워주는 이른바 가격절하(write-down)방식을 택하지 않을 수 없었다. 토지를 불하받은 기업은 그곳에 아파트·호텔·업무용 빌딩을 건설하였다. 소수민족의 주거지였던 슬럼은 재개발 후에 지가가 급등하였다.

1950년대 가격절하방식에 의한 재개발사업의 사례는 뉴욕 맨해튼 20번가의 스터이브샌트 타운에서 찾아 볼 수 있다. 맨해튼의 남동부 이스트 리버 근처에 위치한 스터이브샌트 타운은 슬럼이던 것을 1945년에 뉴욕시가 슬럼철거지구로 지정하고 뉴욕 메트로폴리탄 생명보험회사에게 불하하여 18개 블록을 하나로 통합한 슈퍼 블록으로 재개발한 곳이다. 당초 계획은 과밀하고 단조로운 계획이 었으나, R. Mumford의 비판을 받아 계획을 수정한 결과, 오늘날에도 뛰어난 주거환경을 유지하게 되었다. 뉴욕 초기의 젠트리피케이션 정책이 성공을 거둔 셈이다.

그 후, 가격절하방식의 재개발은 민간기업에 대한 특혜이며 공익성이 결여되었다는 비판이 일자 1970년대에 폐지되었다. 즉 원가와 불하가격의 차액에 대한 연방보조가 폐지된 것이다. 이에 따라 기초단체들이 그와 같은 재개발방식을 점차 채택하지 않게 되었다. 그러나 이 방식은 공익성을 배려하도록 손질이 가해져 명맥이 유지되었다. 1970년대 후반부터 1980년대에 이르러 그 방식은 연방

사진 4-1 ○ 젠트리피케이션에 성공한 맨해튼의 스터이브샌트 타운

제도로부터 떨어져 나와 새로운 가격절하방식이 탄생되었다. 새로운 방식이란 대도시 중심부의 공지를 일단 시당국이 매입하여 도심활성화에 공헌할 만한 프로젝트를 제안하는 개발업자에게 그 용지를 불하하는 방식이다. 이 경우에는 시당국이 취득한 원가와 처분가격(시가) 간에 차이가 있더라도 민간기업에 토지를 불하한다. 그 차액은 재개발사업 후에 예상되는 재산세의 징수로 해결한다.

공공사업재개발 가운데 전술한 바 있는 수복과 보전이란 개념의 재개발을 빠트릴 수 없다. 수복이란 개념은 1954년 주택법 이전부터 존재하였는데, 이것은 주로 자치단체가 독자적으로 정한 주거기준(housing code) 이하의 불량주택을 그 기준까지 끌어올리기 위한 주택개선사업을 가리킨다. 1954년 주택법에 의거 제기된 도시갱신(urban renewal)이란 개념은 슬럼과 같이 바람직하지 못한 토지이용을 제거함은 물론이거니와 건전한 토지이용의 열악화·노후화를 방지하기 위해 행해지는 모든 사업이 포함된다. 결국, 도시갱신은 주택건설·철거·수복 및 보전 등의 사업을 조합하여 행하는 포괄적 용어이다.

한편, 보전이란 개념은 종합계획에 따라 토지이용 및 인구계획을 수립하여 양호한 상태로 시가지를 유지하는 사업을 가리키는 것인데, 어떤 경우의 수복사업은 개량 및 보전의 개념이 포함되어 있다. 1954년 주택법에 의거한 수복사업계획은 시군(市郡)의 고유업무를 연방도시재개발정책으로써 지원하는 관계로 기초단체의 주거기준보다 높은 수준으로 책정되어 있다. 그리하여 기초자치단체는 이 목표를 달성하기 위하여 우선 부동산소유자에 대하여 주택조례의 기준에 도달할 정도까지 주택의 개선을 강제하였다.

한편, 1965년 주택법에 의거하여 설정된 집중적 주택기준 집행사업(concentrated housing code enforcement program)이라는 연방제도는 보전·수복조치를 필요로 할 정도로 상태가 나쁘지 않더라도 각 건물마다 적법성을 확보하거나 집중적인 환경개선 노력을 필요로 하는 지역에 대하여 연방정부가 지원하는 것이다. 전술한 것처럼 개별적인 주택개선은 자치단체의 소관업무이지만 기준미달의 주택이 집중한 지역에 대해서는 개량형 재개발을 연방정부의 관할 하에 두었다. 이것은 영국이 1969년 주택법에 의거하여 시행한 개량재개발(improvement)과 유사한 사업이다. 연방정부는 사업의 계획·시행에 필요한 비용의 2/3에 상당하는 사업비를 지방정부에 보조하게 되어 있다.

이상에서 살펴 본 것 같이 지방정부의 주거기준에 근거한 주택개선사업은 1970년대 후반에 이르러 급속히 인기가 떨어져 시들해졌다. 그 대신에 1974년 주택·커뮤니티 개발법에 의한 블록보조금이 주택개선사업에 큰 비중을 차지하게 되었다. 재개발사업의 수법에 변화가 생긴 원인은 보조금사용의 자율권과 재량권에 차이가 있었기 때문이었다.

2. 유도재개발(誘導再開發)

(1) 비(非)유클리드 지역지구제

미국에는 연방정부의 경제적 원조와 같은 직접적 수단이 아닌 시정부가 주정부로부터 권한을 위임받은 지역지구제의 조례 가운데 토지이용의 규제와 유도를 통해 민간재개발을 추진하는 각종 재개발수법이 있다. 근대도시계획의 수법으로서의 지역지구제라는 제도는 독일에서 처음 창안되어 영국으로 전파된 후에 미국으로 건너가 독자적으로 발전하였다. 특히 1926년의 유클리드재판(연방최고재판소)의 판결에 따라 지역지구제의 합헌성이 인정을 받게 되었다.

지역지구제는 공해를 억제하기 위해 경찰권을 지방자치단체에 부여할 수 있게 되어 있으며, 이것을 흔히 유클리드 지역지구제(Euclid zoning)라 부른다. 이 제도는 도시를 몇 개로 지역구분하고 각 지역마다 허용될 수 있는 토지이용의 용도·형태를 일정한 기준에 의거하여 규정하는 것으로써, 이 제도의 운용은 본래 획일적이며 경직되어 있었다. 이 제도는 현재 우리나라의 도시계획법에 명시되어 있는 용도지역지구제와 대체로 유사하다고 볼 수 있다.

그러나 현재 미국 각 주에서 채택하고 있는 지역지구제는 유클리드 지역지구제로부터 크게 변질되었다. 그 특징은 이 제도가 갖는 획일성과 경직성을 탈피하기 위하여 유연성과 창조성을 도입했다는 점이다. 특히 1950년대부터 1960년대에 걸쳐 종래 지역지구제의 성격을 바꿀 수밖에 없게 한 클러스터 개발(cluster development)과 계획적 단위개발(PUD)이 등장한 것이다. 이들과 같은 새롭게 등장한 지역지구제를 비유클리드 지역지구제(non-Euclid zoning)라 불렀다. 이것은 한마디로 요약한다면 지역설계라 할 수 있으며, 그 목적하는 바는 유클리드 지역지구제에서 드러난 결점을 배제하기보다는 오히려 이상적인 지역사회의 실현이라는 긍정적 가치의 창조에 있다.

이와 같은 유연성·창조성의 도입을 위해서는 융통성 있는 입법과 광범위한 행정부측의 재량권이 필요하였고, 재산권의 보호를 배려하여 수용했다는 점에서 미국 지역지구제가 확립되었다는 특징을 찾을 수 있다. 비유클리드 지역지구제에 속하는 재개발 유형으로는 부동(浮動)지역지구제(floating zoning), 클러스터 지역지구제(cluster zoning), 계획적 단위개발, 조건부 지역지구제(conditional zoning), 계약지역지구제(contract zoning), TDR 등을 들 수 있다. 다음에는 민간개발을 재개발의 공공성으로 유도하는 각종 수법에 대하여 설명하기로 하겠다.

(2) 계획적 단위개발(PUD)

계획적 단위 개발(planned unit development)이란 제도는 1960년대의 도시 근교에서 행해지던 클러스터 개발이 변형된 것으로서 지역지구제로 인해 야기되는 획일적이고 기하학적 시가지형성의 단조로움에 대한 반발, 자연조건과 지형·지질 등의 배려에서 비롯되었다. 또한 개발의 비효율성에 대한 비판에 귀를 기울여 혼합적 토지이용으로서의 일체개발을 유도하는 PUD는 개별적 구획단위(lot unit)를 상세히 계획함으로써 경직된 규제로부터 벗어날 수 있는 돌파구가 되었다.

재개발사업에서도 PUD가 적용된 이유는 지역지구제가 기계적인 기준으로 토지이용을 제한한다는 결점을 보완하려는 데 있었다. 기존의 지역지구제는 종합적인 설계를 필요로 하는 대규모적 재개발에 대하여 바둑판 형태로 시가지의 가로망을 통합해서 적용하였다. 그러나 PUD에서는 일괄적인 토지이용의 밀집도에 대하여 규제하고, 재개발지구의 전체적 밀도와 토지의 용도규제에 대해서는 주변부의 지역지구제에서 적용되는 일반적인 규제와 균형을 취하고 있다.

(3) 실행지역지구제

실행지역지구제(performance zoning)는 새롭게 조성된 지역 가운데 민간이용을 우선하는 지역에 대하여 사전에 실행기준(performance standard)을 정하고 민간개발업자가 개발계획을 수립하여 시당국에 신청하는 재개발 유형이다. 시당국은 민간개발업자의 계획안 가운데 도로조건·상하수도의 공급·배수시설·공기오염 등을 면밀히 검토하여 실행기준에 합치되면 재개발을 허용한다. 현재 이 제도는 미국의 15~20개 도시에서 채택하고 있다.

(4) 인센티브 지역지구제

이것은 시·군 등의 자치단체가 지역지구제의 규제를 일정한 목적하에 완화해 줌으로써 개발업자에게 경제적인 우대효과를 부여해 주는 대신에 공공이익을 도출해 내는 제도이다. 이 제도는 실로 규제완화에 대한 보너스에 해당하므로 인센티브 제도라고 부를 만하다. 인센티브 지역지구제(incentive zoning)는 현재 미국의 50개 도시에서 채택하고 있는데, 여기서 일정한 목적이란 오픈 스페이스의 녹지확보와 도시미관의 고려, 공공시설의 배려, 지역경제의 활성화 등과 같은 다양한 내용을 담고 있다.

지역활성화의 사례로서는 뉴욕시에서 시행한 바 있는 미드타운 지역지구제를 들 수 있다. 맨해튼 미드타운의 이스트사이드 지구는 이미 개발이 진행 중이며, 더 이상 용적률을 올리면 환경파괴로 이어지므로 이스트사이드는 [그림 4-3]에서 보는 것처럼 용적률 억제지역으로 지정하였다. 이에 대하여 웨스트사이드는 용적률도 낮고 환경쇠퇴가 심하므로 용적률 완화지역으로 지정하였다. 브로드웨이 극장가가 있는 웨스트사이드는 2할에 상당하는 용적률의 완화를 허락받게 되었다.

뉴욕시의 경우, 1916년에 처음으로 지역지구제를 제정하여 건축선 후퇴규정을 명기하였는데, 이것은 건물의 형태규제 수단으로 작용하여 층이 높아질수록 상층부가 후퇴하는 이른바 웨딩케이크 형태의 고층건물을 양산하는 계기가 되었다. 그러나 이 제도는 최소기준만을 지정한 소극적인 규제의 성격이었으므로 바람직한 도시공간을 조성한다는 측면에서는 명백한 한계를 가지고 있었다. 그리하여 기존의 일반지역지구제(ordinary zoning)의 단점을 보완하는 새로운 규제의 필요성이 제기되었고, 1961년에는 상술한 PUD와 인센티브 지역제 등이 고안된 것이다. 특히 인센티브 지역제는 오픈 스페이스 조성과 관련된 최초의 제도였다. 이 제도에서는 민간이 상업지역 또는 주거지역의 사유지 내에 광장·아

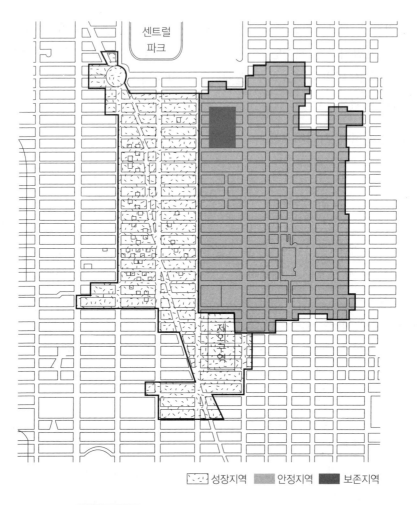

센트럴
파크

제외구역

▨ 성장지역 ▨ 안정지역 ▨ 보존지역

그림 4-3 뉴욕 맨해튼의 미드타운 지역지구제

케이드 등의 오픈 스페이스를 조성할 경우에 20% 이내의 연상면적인 바닥면적률 보너스(floor area ratio bonus)를 부여하는 방안이 시도되었다.

　이러한 보너스 제도를 적극적으로 운용하기 위해서 일반규제를 강화하는 등의 조치가 뒤따라 1961년 이후 뉴욕시에는 많은 오픈 스페이스가 조성되었지만, 이렇게 조성된 오픈 스페이스는 단위 필지를 대상으로 설치되었기 때문에 도시공간의 연속성을 단절하고 기존의 공간과는 유리된 개별적 고층건물을 양산한다는 문제점을 야기시켰다.

우리나라에서는 2006년 서울의 강북을 비롯하여 전국 구도심 혹은 기성시가지의 광역적 개발을 위한 대책으로 인센티브 지역지구제를 도입한 도심재정비 특별법이 제정되었다. 그 내용은 15만 평 이상의 광역 '재정비촉진지구'로 개발하면 용도지역 변경을 위시하여 용적률 인센티브, 층고제한 폐지, 중대형 아파트 비율의 상향조정 등과 같은 파격적 혜택을 주겠다는 것이 핵심 내용이다. 이러한 조치가 과연 서울의 강남·북 격차해소와 지방 대도시의 낙후된 기성시가지 재개발에 전환점이 될는지 지켜보아야 할 것 같다.

(5) 특별지역지구제

상술한 인센티브 지역지구제의 문제점을 보완하기 위해 마련된 것이 특별지역지구(special zoning district) 제도로서, 이것은 지역지구제뿐만 아니라 도시재개발 행정을 개선하기 위해 시도되었으며, 새로운 형태의 법적인 규제를 포함하는 것이었다. 즉 개정된 제도에서는 각 지역을 주거지역·상업지역·공업지역 등으로 구분하고 이에 해당하는 바닥면적률을 정하면서 좀 더 세부적인 지침이 보완되었다. 이로 인하여 기존의 대지면적 전체에 법적으로 해당되는 높이까지 건설되던 대형 빌딩들이 대지면적의 절반 또는 그 이하만 이용하여 동일한 건물면적으로 건설할 수 있게 되었다.

특별지역지구제는 지정된 지역에 보호규제가 필요할 경우에 주로 적용하였다. 예를 들면, 극장·영화관·소규모 공장 등과 같이 뉴욕시민을 위하여 필요한 시설들을 지정하는 경우가 대부분이었다. 따라서 특별지구에서는 토지이용 및 조망, 건물의 위치 및 크기 등과 같은 특징을 지정해 주었고, 이 지구에는 제안된 개발안에 대한 위임심의가 필요하였다. 이에 따라 심의를 위한 자문위원회와 심의위원회가 조직되었다. 이러한 특별지역지구제는 인센티브 지역지구제와 함께 운용되며, 자연스럽게 시 당국·도시계획가·건축가·토지소유자·시민단체 간의 이해관계를 조정하는 제도가 되었다.

(6) 복합용도개발

지역지구제는 토지이용을 규제함으로써 토지이용의 분화 및 등질화 효과를 꾀하는 것이지만, 거꾸로 도심의 매력이 상실되는 부작용을 낳을 수 있다.

사진 4-2 ◑ 맨해튼의 트럼프 타워

이같은 부정적 측면을 고려하여 미국에서는 복합용도개발(MUD: Mixed Use Development)에 대한 관심이 높아졌다. 이 제도는 오픈 스페이스 등을 설립하여 규제완화의 조치를 취해 줌으로써 복합용도개발을 행하는 유도재개발의 일종이다. 복합용도란 주택·사무실·레스토랑·호텔·집회시설·극장·레크리에이션 시설 등을 포함한다.

미국의 100개 이상의 도시에서 이미 적용된 바 있는 복합용도개발은 보스턴의 코프리 플레이스, 뉴욕의 트럼프 타워(사진 4-2) 및 뮤지엄 타워 등지에서 전형적인 사례를 찾을 수 있다. 그리고 1980년대 이후부터 미국의 각 도시에서 도심쇠퇴의 대책으로 고안된 연계 프로그램(linkage program)은 사무실과 주택의 복합개발을 장려한다는 점에서 복합용도개발과 유사하다. 쇠퇴하는 도심의 재개발로서 등장한 연계정책(linkage policy)에 대해서는 후술하기로 하겠다.

(7) 주택고급화 지역지구제

주택고급화 지역지구제(HQZ: Housing Quality Zoning)는 뉴욕시에서 1970년대 중반부터 활용되기 시작한 재개발 유형으로, 주거지역에 대하여 더 높은 수준의 주택을 개발하기 위한 유도재개발의 일종이다.

뉴욕시의 경우, 지역지구제의 조례에서 1층 및 2층 단독주택을 제외한 주거지역은 공지·주차공간 등에 대한 규제기준이 적용된다. 이 제도의 적용결과, 건물의 형태는 고층맨션으로, 건물입구는 주차장이 배치된 일률적인 가로경관으로 바뀌어 버렸다. 이에 대한 대책으로 뉴욕시는 HQZ에 근거하여 건폐율을 낮추고 형태규제를 일부 완화하였으며, 일정한 디자인 기준에 의거 종합적인 심사 후에 허가해 줌으로써 건축디자인에 대한 지역지구제의 경직화된 규제를 완화해 주었다.

(8) 개발권 양도제

개발권 양도제(TDR: Transfer of Development Right)란 특정의 토지이용에 대하여 지역지구제에서 허용하고 있는 용적률과 실제의 용적률 간의 차이를 미이용의 개발권으로 간주해주는 제도를 가리킨다. 이 제도는 일정한 조건에 따라 인접지구 또는 도로 반대편 부지로 이전하는 것을 허용하며, 이전대상 부지에 본래의 지역지구제에서 규제하는 최대용적률에 이것을 더해 줄 수 있게 되어 있다. 단, 이런 경우에 개발권의 양도상한선은 기준용적률 상한선의 2할까지로 제한된다.

TDR의 기원은 1965년에 랜드마크 보존법이 제정됨에 따라 도심의 랜드마크를 보존하기 위한 궁여지책으로 나온 것 같다. 이것의 최초 사례는 1970년대 초 뉴욕시 맨해튼의 그랜드센트럴 역 일대에서 행해진 재개발에서 찾아 볼 수 있다. TDR에서 개발권을 양도할 수 있는 조건은 뉴욕시 지역지구제 조례의 경우 랜드마크의 존재여부이다. 랜드마크가 될만한 건물은 유서 깊은 종교시설과 미술관 등의 역사적 건축물이나 철도역이 이에 해당하며, 뉴욕시에는 약 800개소에 달하는 구역이 지정되어 있다. 랜드마크로서 지정된 건물은 철거 또는 증·개축이 불가능함은 물론이다. 그러나 그 보상책으로서 일정량의 용적률을 인접지구 또는 도로 건너편 반대편 부지로 개발권을 양도해 줄 수 있다.

뉴욕시에서는 TDR에 관한 허가여부를 결정하는 기관으로서 학식과 경험을 갖춘 전문가들로 구성된 랜드마크 위원회를 두고 있다. 이 위원회는 원칙적으로 30년 이상 경과한 역사적 건축물·기념물 가운데 보존의 필요성이 있다고 인정되는 경우에 TDR을 허가한다. TDR은 건물에 대한 규제가 아니라 토지에 대한 규제이므로 건물이 소멸되어도 존재한다. TDR의 내용은 등기되어 있으므로 일반인의 열람도 가능하다. TDR의 거래가격은 1990년대 중반 뉴욕시의 시가로 1평방미터당 600~800달러 정도였다.

3. 재개발 지원방법

이상에서 소개한 공공사업재개발과 유도재개발은 미국 도시재개발의 정석적인 방법이지만 이밖에도 재개발에 관련한 방법이 또 있다. 대표적인 방법으로는 대도시의 구시가지 문제에 대처하기 위한 기업촉진지구(enterprise zone), 민간주도형 재개발의 독특한 장치로도 일컬어지는 사업경쟁입찰방식(program competition), 그리고 세금감면과 융자 등의 특혜제도라 할 수 있는 산업세입채권(IRB) 등을 꼽을 수 있다.

(1) 기업촉진지구

이 제도는 연방제도로서 성립된 것은 아니지만 미국의 여러 주에서 이미 적용하고 있다(그림 4-4). 이 제도가 갖는 의미는 주별 제도보다는 연방제도의 초안이었던 1983년 기업촉진지구 고용 및 개발법(The Enterprise Zone Employment and Development Act of 1983)에 대하여 살펴봄으로써 이해될 수 있다.

이 제도의 입법취지는 세금감면·규제완화·공공서비스의 강화·주민과 기업의 개발계획 참여를 통하여 경제적으로 쇠퇴하고 있는 지역의 투자환경을 개선하고 고용창출과 지역활성화를 꾀하는 데에 있었다. 기업촉진지구로는 ① 인구 5,000명 이상의 SMSA 가운데 4,000명 이상 되는 지구, 기타 1,000명 이상 되는 지구, 특정 농촌지구, 인디언 보호구역, ② UDAG 적용가능지역, ③ 실업률·빈곤율·소득수준·인구감소율이 기준치보다 현저한 지구가 선정된다.

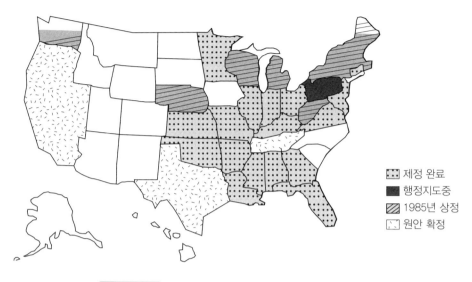

그림 4-4 기업촉진지구 제도를 채택한 주의 분포

제정 완료
행정지도중
1985년 상정
원안 확정

    미국의 기업촉진지구는 국가주도의 규제완화와 금융·재정 지원과 같은 실행가능한 우대조치를 취하는 영국의 그것과 달리 투자세 공제·고용주의 소득세 공제·자본수익의 비과세조치·산업채권의 계속사용 등의 조치가 최고 20년간 적용된다. 더욱이 지방정부의 우대책으로서 지방세 완화·촉진지구 규제·직업면허법·각종 허가요건·건축규제 완화 등을 비롯하여 공공서비스의 민영화와 주민·기업의 계획참여를 실현하기 위한 우대조치 등이 있다. 이와 같은 인센티브의 부여에 따라 기업활동의 활성화를 도모할 수 있다는 것이 기업촉진지구 제도인 것이다.

    기업촉진지구라는 개념은 홍콩에서 자본주의가 보여주었던 역동성을 기초로 영국의 지리학자 P. Hall이 1970년대 말에 영국의 보수당 행정부에 이 아이디어를 제공하였고, 뒤이어 미국의 Reagan 행정부도 이를 수용하게 되었다. 기업촉진지구에 관한 법령은 1981년·1982년·1983년에 각각 의회 통과에 실패하다가, 마침내 1987년에 연방의회는 주택 및 도시개발부 장관에게 100개의 기업촉진지구를 설정할 수 있는 권한을 부여하는 입법안을 통과시켰다.

(2) 사업경쟁입찰

사업경쟁입찰방식은 각 지방정부별 또는 사업종류별로 다양한 방법이 고안
된 바 있으며, 이 방식은 어떤 의미에서는 가장 미국적인 민간방식이라고 볼 수
있다. 즉 재개발 과정의 전반은 공공성을 배려하여 진행하고, 후반에서는 민간
기업의 시장조사ㆍ기획ㆍ경영 등의 능력에 따라 추진된다. 그러므로 이 방식은
진정으로 민간부문의 적극적인 참여의지에 맡길 경우에 적용된다.

여기서는 로스앤젤레스에서 행해지고 있는 사례를 참고하여 이 방식의 개
요를 살펴 보기로 하겠다. 우선, 사업경쟁입찰이 도입되는 것은 주법(州法)에
서 정한 재개발 주체가 슬럼철거 등의 기반정비를 담당하고 건물정비를 민간에
게 맡길 경우이다. 단, 사업규모가 너무 방대하거나 사업채산성이 맞지 않을 경
우에는 사업경쟁입찰방식으로는 응모자가 없으므로 사업수행이 가능한 개발업
자를 지명하여 착수하게 된다. 그러므로 모든 민간기업이 입찰자격을 갖는 것은
아니다. 이 방식의 재개발을 채택할 경우에는 통상적으로 시당국이 경쟁입찰요

사진 4-3 ◐ 사업경쟁입찰방식이 도입된 로스앤젤레스의 벙커힐

강을 공표한다. 입찰요강에는 시위원회에 주민대표도 참가시키며 시의회 의결 시 공청회에서도 주민의견을 받아들이도록 명시되어 있다. 입찰요강의 사례로서 로스앤젤레스 벙커힐 재개발의 경우를 들어보자.

① 재개발 목적: 현재 재개발지구의 상황, 장래 도시의 방향성과 해당지구의 개발방향, 용도 및 계획개념도 등이 명시된다.
② 개발업자가 지켜야 할 사항, 예컨대 설계요건 등도 명시된다.
③ 토지처분수속, 즉 토지를 불하할 것인지 혹은 임대방식을 취할 것인지의 여부가 그 조건과 함께 명시된다.
④ 경쟁입찰에 응모가능한 개발업자의 조건이 명시된다.
⑤ 개발업자의 선정기준과 선정수속 및 그 일정까지 정해 놓는다.

경쟁입찰의 참가형태는 통상적으로 설계사무소와 민간개발업자 간의 연합으로 이루어지며, 참가자격은 대체로 사업수행에 필요한 자금력·경영능력과 경험이 있고 기업내용의 공개가 가능한 기업으로 되어 있다. 입찰에 참가하기 위한 비용은 보통 40~50만 달러에 달하며, 개발업자의 입장에서는 입찰참가가 상당한 위험부담을 안게 된다.

(3) 산업세입채권

주정부가 지역개발을 위해 추진하는 사업은 보조금·저리대출·이자보조·출자 등의 금융보조책, 법인세·소득세 공제 혜택 등의 세제상 특혜, 경영훈련·마케팅·정보제공 등의 서비스 조성책, 개발금융회사가 주도하는 자금조성과 기반시설의 정비 등 다양한 분야에 걸쳐 있다. 이들 가운데 이자수입이 연방세로부터 면제되는 산업세입채권(IRB: Industrial Revenue Bonds)이라는 방법이 있다.

IRB의 발행은 인프라의 정비와 대규모 프로젝트의 자금조달을 위하여 지방정부가 행하며, 그 상환은 프로젝트로부터 얻은 수입에 의존한다. IRB의 대상이되는 프로젝트는 토목사업이나 병원건설 등이 주류를 이루며, 일반적으로 지역의 고용증대가 기대되는 사업이 선정된다. IRB의 발행자는 그 자금을 바탕으로 다음과 같은 방법을 동원하여 사업을 전개한다.

① 자금대출: 민간기업에 저리로 대출하며, 기업은 그 자금을 가지고 프로젝트를 추진한다. 기업은 채권의 원금과 이자를 갚는다.

② 부동산 임대: 발행자는 재산세가 면제될 경우에 그 자금으로 부동산을 매입하여 민간기업에 임대하는 경우도 있다. 채권의 상환은 임대료 수입으로 충당한다.

③ 할부판매: 발행자가 부동산을 매입하여 기업에게 저렴한 가격으로 되판다.

4. 미국 도시재개발의 배경

연방정부가 취해 온 도시재개발정책의 흐름과 재개발 유형을 중심으로 미국 도시재개발의 개요에 대하여 살펴보았다. 이와 같은 재개발의 실체를 이해하기 위해서는 그 배경을 알아야 한다. 미국의 도시구조는 각종 개발 및 재개발정책과 맞물려 형성되고 변화되어 왔다. 대부분의 도시구조이론은 미국도시를 배경으로 하여 탄생하였다. 따라서 미국의 도시재개발을 이해하는 것은 도시구조를 파악하는 기초가 된다.

(1) 미국사회와 재개발

1) 연방정부와 주정부

미국의 도시계획에서 거론되는 연방·주·시군 3개의 공공단체는 그 역할에 있어서 우리나라의 국가·도·시군과 큰 차이가 있다. 역사적으로 볼 때, 미국은 독립한 주정부가 계약에 의해 연방국가를 만든 데 비하여, 한국은 중앙정부와 광역자치단체 및 기초자치단체의 지방정부가 중층적 관계로 자치제도가 만들어졌다. 우리나라는 3개 수준의 각 정부가 수직적인 상하관계인데 비하여, 미국은 반드시 그렇지 않다는 차이점이 있다.

연방정부 차원에서 도시정책을 다루게 된 것은 1965년에 설립된 주택 및 도시개발부이며, 이 부서의 주요 임무는 연방정부 차원의 관점에서 도시정책의 방향을 설정하는 일이다. 그 임무를 달성하기 위한 수단으로써 보조금과 저리의 정책융자, 주택금융 등의 채무보증제도가 이용되고 있다. 연방정부가 지방정부의 권한에 속하는 도시계획업무에 직접적으로 제휴하는 경우는 거의 없다. 또한 연방정부가 공사·공단을 설립하고 이것을 통하여 사업을 추진하는 일도 없다.

연방정부의 자세는 1930년대 뉴딜정책의 추진 이후 정권을 담당한 정당에 따라 많은 차이를 보여 왔다. 대체적으로, 민주당 정권하에서는 연방정부로의 집권화가 추진되어 이른바 대연방정부를 이루며, 공화당 정권하에서는 지방분권화의 정책이 취해져 작은 연방정부를 이룬다. 이와 같은 경향은 보조금과 같은 지원을 통하여 도시재개발에도 반영되었다. 한마디로 요약하면, 민주당 집권기에는 도시재개발이 활발해지고, 공화당 집권기에는 그렇지 못한 경향을 보인다.

미국의 50개 주 의회는 주에 따라 일원제와 양원제를 택하고 있으며, 기초자치단체와의 관계는 일리노이주처럼 지방분권형으로부터 하와이주처럼 중앙집권형에 이르기까지 다양하다. 일반적으로 주정부가 도시계획에 관한 법제도를 관할하고 있으며, 주정부가 자체적으로 도시계획을 직접 추진하는 경우는 매우 드물다. 도시계획은 전통적으로 시·군의 기초자치단체에 위임하고, 주정부는 도시정책에 개입하지 않는 것이 보통이다.

2) 미국사회와 재개발

이미 앞에서 언급한 것처럼 미국의 도시재개발정책은 당초 유럽의 위생재개발을 계승하는 차원에서 전개되었다. 그러나 미국의 슬럼은 유럽의 그것과 상이할 뿐더러 인종문제가 짙은 그림자를 드리우고 있어서 복잡한 계층적·인종적 주택문제의 발원지라 할 수 있다. 미국사회는 「아메리칸 드림」으로 상징되는 계급성을 초월한 능력주의의 표상이다. 그러나 반면에 저소득층(low-income class)을 이루고 있는 흑인·이민·히스패닉 등의 차별문제와 실업문제·복지문제·교육문제 등의 모든 것이 그와 같은 계층간 갈등이라는 행정과제로서 정부에 부담으로 작용하고 있다.

재개발의 공공성(公共性)에는 당초부터 슬럼을 불식시키는 것 이외에 저소득층용 주택건설 혹은 주택개선사업이 포함되어 있었으나, 1949년 주택법의 제정 이후에 시정부가 추구한 것은 토지이용의 근대화와 도시구조의 개편이었다. 그 결과, 저소득층의 주택은 재개발사업으로 소외되었지만, 기존의 지역사회를 붕괴시킴으로서 사회적 대립을 격화시키는 요인이 되었다. 이러한 점이 1960년대 이후 지역복지형 재개발의 필요성을 높여주는 결과를 초래하였다. 구체적으로 커뮤니티 재개발(community renewal)이나 근린개량사업(neighborhood improvement program) 등의 유형이 채택되었다.

미국의 저소득층 주택정책은 영국에 비하여 중앙정부와 지방정부 간에 역할의 차이가 있으나, 주택의 질에 있어서는 각 자치단체별로 엄격한 기준과 임대료 규제가 있으므로 기준달성을 위한 공공사업이 준비되어 있다. 1960년대 후반에 시행된 주택기준 집행사업(housing code enforcement program)과 1970년대의 지역사회개발 블록보조금(CDBG)에 의한 주택개선은 그 사업의 전형적 사례이다.

재개발이 물리적 측면의 사업을 뛰어 넘어 사회·경제적 측면까지 포함하는 종합정책으로 변신할 수밖에 없었던 이유는 미국 특유의 사회구조에 있다. 다른 한편으로는 전술한 바 있는 아메리칸 드림으로 상징되는 활력 있는 사회를 지키기 위하여 시장주의와 자구노력에 대한 강한 지향성이 있음을 지적하지 않을 수 없다.

(2) 도시계획과 재개발

1) 미국 도시정책의 이념

미국의 근대도시계획은 19세기 유럽의 도시계획이 지닌 사조(思潮)·이념·운동이 들어옴에 따라 영향을 받았다. 즉 1893년 시카고 만국박람회를 계기로 한 도시미운동(都市美運動)과 커뮤니티센터 운동, 19세기 말 영국의 전원도시운동의 영향으로 전개된 1920년대의 근교주택지개발과 근린주구론의 형성은 미국 고유의 도시정책인 것처럼 보이지만, 사실은 사회정책적인 색채가 짙은 유럽 도시정책의 영향을 직접·간접으로 받은 것이다. 그러나 1930년대의 뉴딜정책 이후부터는 미국 특유의 공공정책으로 옮아갔다. 특히 1930년대의 경제공황기에는 경제정책이 가미된 도시정책이 수립되었으며, 국민경제의 활성화라는 차원에서 공익이 사익에 우선될 수 있는 기반이 마련되었다.

1940~1950년대에 걸친 전후의 도시정책은 경제부흥과 민간기업의 활성화에 목표를 둔 도시재개발체계를 형성하였다. 1960년대의 흑인운동과 풀뿌리 민주주의로 대표되는 시민운동의 영향을 받은 도시정책은 효율성과 사회정의라는 두 마리의 토끼를 쫓는 방향으로 전개되어 갔다. 이와 같은 정책적 흐름의 와중에서 일관성 있게 전개된 것은 자유주의 경제사회가 추구하는 경쟁원리에 따라 효율성이 높은 사회체제의 유지였다. 경제적 원리를 존중하는 이유는 시장사회를 방치하면 사회정의의 측면에서 기업의 시장독점 등의 문제가 발생할 뿐더러 효율성이 오히려 약화되는 사태가 발생하기 때문이다. 그러므로 정부는 행정력을 통하여 시장에 개입할 수 있다는 것이다.

상술한 내용을 요약하면, 시장사회의 완전경쟁상태를 저해하는 외부효과와 시장독점상태, 정보의 편재 등을 공공부문이 시정하고, 시장사회에서는 공급되지 않는 공공재(도로·상하수도·공원 등)를 공공부문이 제공함과 동시에 소득 재분배를 통하여 사회적 불균형을 시정하며, 나아가 국민경제의 안정성장을 도모한다는 내용이다. 연방정책의 배후에는 그와 같은 미국 특유의 도시정책적 개념이 기본적 틀을 이루고 있다. 이 틀은 뉴딜정책 이후에 유럽의 영향으로부터 떨어져 나와 미국의 도시정책에서 독자성을 갖게 해주었다.

그 독자성의 한 단면은 1970년대 전반의 오일 쇼크 이후 1970년대 말까지 일어난 지역경제와 재개발사업의 후퇴에 봉착하여 민관합동(public-private partnership)방식에 의한 사업이 적극적으로 추진된 사실에서 찾아 볼 수 있다. 또한 자치단체가 수립하는 도시정책에 있어서도 1970년대에 들어와서부터 비유클리드 지역지구제의 전개는 경제적 효율성이 가미된 미국 특유의 토지이용규제의 변화로 이어졌다.

2) 토지이용규제와 유도재개발

미국에서 시행되고 있는 개발권 양도제(TDR)와 인센티브 지역지구제 등과 같은 지역제가 탄력적으로 운용되는 것을 보면 우리나라의 용도지역지구제와 대조적임을 알 수 있다. 가령, 뉴욕 맨해튼의 도심 가운데 가장 중심에 위치한 금융센터, 월가에 인접한 사우스스트리트 시포트의 창고지구는 그 형태만을 보존하기 위한 조처로 개발권을 이전하여 도심쇼핑지구로 재생된 곳이다. 또한 그랜드센트럴 역사(驛舍)는 TDR로 보전되어 지금도 고풍스러운 미국의 분위기를 느끼게 해 준다. 도심 한복판에 그와 같은 역사적 자산이 현대풍으로 남아 있는 것을 보면, 미국은 반드시 시장만능주의만을 추구하는 국가가 아님을 느끼게 해 준다.

현실적으로 TDR은 도시의 랜드마크가 될만한 역사적 건축물과 교회, 미술관과 개인소유의 오픈 스페이스를 보존하기 위하여 일부 도시에서 운용되고 있다. 효율성과 사회정의 및 공익이 상호배반적 개념이라면, 도시계획에 있어서는 미국보다 한국이 훨씬 더 효율성에 치우쳐 있는 것 같다.

3) 도시재개발과 도시설계

비유클리드 지역지구제의 등장은 도시계획의 활성화를 초래했다는 측면도 있다. 그것은 도시설계(urban design)의 복권(復權)이라고 해도 좋을 것이다. 도심의 쇠퇴와 활력의 저하는 도시미화·공공공간의 창출과 경제개발을 위한 투자를 유도하였고, 연출가로서의 도시설계가를 등장케 하였다. 오늘날 미국 대도시의 도심을 거닐다 보면, 포스트 모더니즘의 디자인으로 세워진 고층건물을 곳곳에서 발견할 수 있다. 그들 건물의 대부분은 넓은 의미에서 도시재개발과 도시설계의 결정체인 것이다. 또한 전술한 바 있는 뉴욕시의 주택 고급화 프로그램(housing quality program)에서 적용하고 있는 선택적 지역지구제는 설계요소들 가운데 특정요소를 선택하여 그것을 설계에 반영한다는 대단히 독특한 제도이다. 이것 역시 도시설계 그룹의 아이디어로부터 나온 것이다.

토지이용규제와 도시설계의 결합은 종래에 시행되었던 유클리드 지역지구제의 상식으로는 상상할 수도 없는 일이었다. 지역지구제에서 취하는 규제는 경찰력에 기초한 것이었을 뿐이지 그 자체가 거리를 계획적이고 종합적으로 바꾸는 것은 아니었다. 그러나 J. Barnett은 지역지구제가 도시설계를 제어할 수 있는 강력한 수단이라고 주장한 바 있다. 그를 위시한 도시설계가의 생각은 실로 지역지구제 자체의 성격을 크게 바꿔 놓는 원동력이 되었다. 더욱이 지역지구제의 합헌성을 부여한 미국 재판소의 판결은 이같은 현실의 변화를 탄력적으로 받아들이는 계기를 마련해 주었다.

Barnett(1974)에 의하면, 재판소가 "지역지구제의 합헌성 내지 합법성을 부여하는 방법 중 하나는 지역제가 종합계획을 발현하고 있는지의 여부"이며, 그 경우에는 공공성의 기준으로써 「계획」이 거론되고 있다는 사실에 유념해야 한다. 비유클리드 지역지구제의 방식에 따른 개발사업의 규제 내용을 보면, 개발과 보전을 통합한 종합적 공간규제라는 점에서 영국이나 독일(당시의 서독) 등에서 채택한 유럽의 계획규제와 본질적으로 차이가 없다. 개발위주의 도시계획은 자칫하면 계획을 은폐하여 현실과 타협할 가능성이 내재해 있으며, 그렇게 되면 결코 도시계획의 공공성과 사회정의는 담보될 수 없게 된다.

4) 경제개발로서의 도시정책

Carter 정권의 뒤를 이어 1981년에 등장한 Reagan 정권은 종래에 볼 수 없던 극단적으로도 보이는 도시정책을 수립하기 시작하였다. 이러한 도시정책의 방향선회는 민주당과 공화당 간의 노선차이를 앞지르는 것이었다. 그것은 연방정부의 도시정책을 경제개발의 일환으로 파악하려는 것이었으며, 도시정책은 주정부와 지방정부에 맡기고 연방정부는 단순한 자문역할에 그친다는 내용이었다.

Reagan 행정부의 도시정책은 공공목적을 달성하기 위해 시장주의를 택하는 한편, 유럽국가에서는 보편화된 계획주의를 배제하려고 노력하였다. 민관합동방식의 도시개발은 Carter 정권하에서 1978년 도시정책의 개념으로써 등장하였다. Reagan의 개발방식은 민간부문(private sector)에 비중을 두는 쪽이었다. 즉 Carter정권은 공공서비스부문을 민간부문으로 이양하기 위해 민관합동의 촉진을 위한 연방보조 프로그램을 대대적으로 전개하였으나, Reagan정권은 그와 같은 연방원조를 없애고 지방정부에 맡기려고 하였다.

Reagan 정권은 새로운 주택정책으로서 JVAH(the Joint Venture for Affordable Housing)라 불리는 연방프로그램을 창안하였다. 이 사업은 건설업자·개발업자와 지방정부가 공공으로 주택건설비를 낮추기 위해 지역지구제와 건축기준, 택지분할규제(subdivision control)에 대한 조례를 변경하는 것이었다. JVAH가 등장한 배경은 1980년대에 주택가격과 임대료가 급상승함에 따라 저소득층의 부담이 증가한 데에 있었다.

N. M. Cohen(1983)은 "계획주의는 장기적인 목표를 향하여 중앙집권적 의사결정과정을 필요로 하는 것에 대하여, 시장주의는 무수한 생산자와 소비자 사이에 의사결정을 분산시켜 단견의 잘못된 정책을 낳게 한다."고 주장하였다. 사회정의·공정성·공익성을 지킬 수는 있으나 큰 정부에 기울어져 버리는 계획주의와 공정성과 공익성이 경시되기 쉽더라도 작은 정부를 지향하는 시장주의의 절충은 선진국의 공통된 도시정책으로서 재부상한 1980년대의 경험이었다.

5. 도시재개발의 세계적 확산

(1) 세계적 재개발 붐의 발생

지금까지는 주로 미국의 도시재개발에 대하여 언급해왔으나, 재개발은 비단 미국만의 도시정책은 아니었다. 산업구조가 공업중심으로부터 탈피하기 시작하

사진 4-4 ✪ 파리의 구시가지와 신도심 라데팡스

여 정보화시대의 서막이 올랐다. 산업의 패러다임이 전산업시대에서 산업시대로 전환될 때에 그러했던 것처럼, 산업시대에서 후기 산업시대로 전환됨에 따라 이에 걸맞는 도시구조가 필요하였다. 따라서 도시의 재구조화는 산업구조와 맞물려 진행되는 것이 보통이다. 도시구조의 변화는 구체적으로 도시재개발ㆍ신도시개발ㆍ신시가지개발 등을 수반하게 마련이지만, 이들 중 가장 보편적인 수단은 도시재개발일 것이다.

이러한 배경에서 세계의 주요도시들은 재개발을 서두르지 않을 수 없었다. 도시재개발은 경쟁력을 확보하기 위한 가장 확실한 지름길로 인식되었다. 그리하여 1980년대는 도시재개발의 시대였다고 하여도 과언이 아니다. 그것도 국지적으로 한정된 것이 아니라 세계적으로 나타난 동시적 현상이었다는 점에 특징이 있다. 영국 런던의 도크랜드, 미국 보스턴의 워터프론트, 프랑스 파리의 라데팡스, 오스트레일리아 시드니의 다링하버, 싱가폴의 마리나 스퀘어 등의 수많은 재개발사업은 모두 1970~1980년대에 시행된 대표적인 대규모 프로젝트였다. 이들 가운데 보스턴의 워터프론트 재개발은 '보스턴의 기적'으로 일컬어질 정도로 수변개발(水邊開發)의 모델로 칭찬을 받았고, 런던의 도크랜드는 「21세기 도시」의 전형적 사례로 주목받고 있다.

이밖에도 도시재개발사업은 미국의 뉴욕ㆍ샌프란시스코ㆍ로스앤젤레스, 오스트리아의 빈, 네덜란드의 암스테르담, 독일의 뮌헨ㆍ프랑크푸르트, 일본의 도쿄ㆍ오사카, 중국의 선전ㆍ아모이 등지에서 활발하게 전개되고 있다. 도시재개발은 1980년대를 특징짓는 주요어(key word)라 해도 과언이 아니며, 이것은 2000년대에도 이어졌다.

(2) 도시재개발 붐의 발생원인

1980년대에 접어들면서부터 도시재개발 붐이 세계적으로 발생하게 된 원인은 대체로 다음과 같은 네 가지를 꼽을 수 있다. 첫째 원인은 세계자본주의(global capitalism)라 불리는 새로운 시대가 도래하였다는 점이다. 그것은 구체적으로 1980년대에 자유화ㆍ개방화의 물결이 세계 각국을 뒤덮었고, 대량의 자본이 국경을 넘어 이동함에 따라 세계경제의 동시성이 강화되었으며, 원유가격의 하락ㆍ기술혁신의 진전ㆍ규제완화 등을 계기로 세계경제가 미증유의 호황을 맞이하였다는 사실이다.

1980년대의 경제호황이 영국의 이른바 「대처주의」와 미국의 「레이거노믹스」의 소산인지, 또는 다른 이유에서 비롯된 것인지는 불분명하다. 그러나 영국과 미국이 정체된 자국의 경제를 근본적으로 개혁하기 위해 취한 자유화·개방화 정책이 경제호황의 원동력이었던 사실만큼은 부정할 수 없다.

둘째 원인은 선진국들이 작은 정부를 지향한 결과로서 금융정책을 중심으로 하는 경제운영을 취하여 저금리시대를 유도했다는 데에 있다. 도시재개발사업에는 필수적으로 거액의 자금이 소요되게 마련이다. 그것은 재개발 빌딩의 초고층화·고도정보화·쾌적화에 따른 건축비의 증대와 지가상승 뿐만 아니라, 도시재개발은 대개의 경우 도로건설·철도부설·하수도정비 등과 같은 인프라의 정비를 필요로 하기 때문이다. 원래 도시재개발은 토지의 효율적 이용을 꾀하고 도시기능의 갱신과 도시기반의 정비를 추진하려는 데 목적이 있는 만큼 경우에 따라서는 주변의 관련사업과 연계하여 행한다. 장기저리의 자금이 원활하게 조달될 수 있는지의 여부가 재개발사업의 성패를 좌우하는 열쇠가 되는데, 다행스럽게도 1980년대는 세계적인 금융완화의 시대였으므로 자금조달이 용이하였다.

셋째 원인은 1980년대의 재도시화시대(reurbanization era)에 돌입하면서 대도시의 재활성화(revitalization)가 활발해짐에 따라 도시주택과 사무실에 대한 수요가 늘어나 도시 내의 재개발 기회가 증대된 것에서 찾을 수 있다. 1970년대의 주요 대도시는 역도시화(counter-urbanization) 내지 탈도시화(deurbanization)로 대부분 인구감소를 경험한 바 있다. 뉴욕과 런던은 각 10%, 파리는 거의 6%에 가깝고, 도쿄는 5~6%의 인구감소를 보였다. 한국의 서울·부산과 같은 개발도상국의 대도시는 여전한 인구증가를 보이고 있을 때였다. 대도시의 인구감소는 1980년대에 들어와서도 마찬가지였다. 그러나 정보화·세계화·서비스화의 새로운 국면에 접어들기 시작한 1980년대 초반부터는 금융업·정보서비스업·패션산업·관광 및 문화산업 등의 도시형 산업이 활황을 맞이하게 되었다. 또한 다양한 비즈니스 기회와 고용기회가 대도시에서 창출됨에 따라 주택과 사무실을 공급하기 위한 재개발사업이 활발하게 전개되었다.

넷째 원인은 신보수주의가 대두됨에 따라 도시개발에 시장 메커니즘을 적극적으로 활용하기 위한 규제완화·개발권 양도제(TDR) 등의 유인책이 강구된

데에서 찾을 수 있다. 미국의 경우는 1981년의 경제재건법에 의거 투자세 공제액의 인상이 각종 규제완화책과 맞물려 건설투자에 대한 우대조치가 비약적으로 증대되었다. 1970년대에는 주민참여원칙을 도시계획과 도시재개발에 확립시키는 일이 주요한 과제였으나, 1980년대에 들어와서는 지역민주주의에 입각한 도시재개발계획보다도 민간부문을 중시한 편리주의(opportunism)의 도시재개발이 채택되기에 이르렀다. 예컨대, 영국에서는 지역주민과 기초자치단체가 중심이 되어 수립한 커뮤니티 계발계획을 파기하는 대신에 기업촉진지구를 중앙정부가 설정하여 자치단체로부터 권한과 토지를 도시개발공사에 위임하는 방식으로 재개발사업을 실시하고 있다. 이에 따라 민간기업은 저렴한 가격으로 토지를 분양받을 수 있게 되었다.

　이상에서 열거한 네 가지 원인은 세계 여러 도시가 처한 상황 속에서 추출한 공통분모라 할 수 있다. 이밖에도 국가 혹은 도시가 처한 상황에 따라 재개발을 촉진시킨 다른 원인도 작용했을 것이다. 아무튼 1980년대의 재개발 붐은 일반적 원인이라 할 수 있는 글로벌 요인과 특수 원인이라 할 수 있는 로컬 요인이 상승작용한 결과라고 생각된다.

┤참│고│문│헌

김세용(2006), "뉴욕시의 특별지역지구 제도의 변천(1): 공개공지 기준의 변천을
　　　중심으로," 도시정보, 287, 13~17.

남영우(1998), "도심재개발을 위한 연계정책연구," 국토계획, 33(6), 49~65.

노춘희(1986), 『도시재개발』, 경영문화원.

박경원(1989), "젠트리피케이션과 합동재개발의 비교분석," 도시행정연구, 4,
　　　273~292.

박병주(1985), 『한국도시개발 계획론』, 일지사.

박수영(1992), 『서구도시개발론』, 법문사.

이주영(1995), 『미국사』, 대한교과서주식회사.

유재윤(1997), 『도심재개발 활성화방안 연구』, 국토개발연구원.

장준호 역(1990), 『세계도시재개발 NOW』, 도서출판 국제.

정석희(2002), "도시개발의 필요성과 목적," 『도시개발론』, 보성각.

조성기(1997), 『도시주거학』, 동명사.

하성규(1997), "재개발의 발전배경과 주요쟁점," 주택금융, 207, 1~26.

한근배(1997), 『도시재개발계획』, 태림문화사.

한원택(1983), 『도시개발론』, 대학문화사.

황용주(1983), 『도시계획원론』, 녹원

菊竹淸訓(1978), 『人間の都市』, 井上書院, 東京.

鈴木 廣・高橋勇悅・篠原隆弘(1989), 『都市』, 東京大學出版會, 東京.

佐木晶二(1988), 『アメリカの住宅・都市政策』, 經濟調査會, 東京.

日笠 端(1985), 『先進諸國における都市計劃手法の考察』, 共立出版株式會社, 東京.

日端康雄・木村光宏(1997), 『アメリカの都市再開發』, 學藝出版社, 東京.

佐貫利雄(1977), 『現代都市論』, 學研, 東京.

山崎正和 外 14人(1977), 『都市の複權』, 河出書房新社, 東京.

稙田政孝(1992), 『現代都市のリストラクチャリング』, 東京大學出版會, 東京.

柴田德衛・伊藤滋 編(1975), 『都市の回復』, 日本放送出版協會, 東京.

田邊健一・高野史男・二神 弘(1978), 『都心再開發』, 古今書院, 東京.

林　上(1995), 『經濟發展と都市構造の再編』, 大明堂, 東京.

Anderson, M.(1964), *The Federal Bulldozer*, M.I.T. Press, Cambridge.

Abrams, C.(1967), *The city is the Frontier*, Harper & Row, New York.

Barnett, J.(1974), *Urban design as public policy-practical methods for umproving cities*, Architectual Record, New York.

Brown, R. H.(1948), *Historical Geography of the United States*, Harcourt, Brace & World, Inc., New York.

Cohen, N. M.(1983), The Reagan Administration's Urban Policy, *Journal of AIP*, 54(3), pp. 304~315.

Freidel, F. and Brinkley, A.(1982), *American in the Twentieth Century*, Alfred A. Knopf Co., New York.

Friedmann, J. and Alonso, W.(1964), *Regional Economic Planning*, MIT Press, Cambridge.

Glaab, C. N. and Brown, A. T.(1967), *A History of Urban America*, The Macmillan Co., New York.

Green, C. M.(1957), *American Cities in the Growth of Nation*, John DeGraff, New York.
_____(1965), *The Rise of Urban America*, Harper & Row, New York.

Handlin, O. and Burchard, J. eds.(1963), *The Historian and the City*, MIT and Harvard Press, Cambridge.

Kenneth, T., Jackson, T. and Schultz, S. K.(1972), *Cities in American History*, Alfred A. Knopf, New York.

McKelevey, B.(1952), American Urban History Today, *American Historical Review*, LVII, pp. 919~929.

Miller, Z. L.(1973), *The Urbanization of Modern America: A Brief History*, Harcourt Brace Jovanovich, New York.

Reps, J. W.(1965), *The Making of Urban America: a History of City Planning in the United States*, Princeton Univ. Press, Princeton.

Lloyd, P. E. and Dickson, P.(1977), *Location in Space: A Theoretical Approach to Economic Geography*, Harper & Row, London.

Sakolski, A. M.(1932), *The Great American Land Bubble*, Harper, New York.

Smith, W.(1964), *City and Country in America*, Appleton-Century-Crofts, New York.

역사적 변혁기의 도시공간구조론

Introduction

도시구조는 일단 조직화되면 쉽게 변화하지 않는 속성이 있다. 그러나 도시는
경제 · 사회적 변화에 따라 그것에 맞는 구조로 변모하기 마련이다. 봉건제도가
붕괴되면서 도시구조도 변화할 수밖에 없었다. 그렇다면 경제조직의 변화에 따
라 도시구조는 어떻게 변화하였는가? 고대도시를 포함하여 중세 및 근세로부터
현대로 옮아오면서 도시구조는 어떤 과정을 거쳐 재구조화 되었는가?

Keywords

고대도시, 우르, 테오티우아칸, 폼페이, 봉건제도, 조카마치[城下町], 쇼쿠닌마치[職
人町], 메이지유신[明治維新], 전산업도시, 빅토리아시대, 도시재구조화, 현대도시.

01 ▶ 고대도시는 어떻게 형성되었나?

1. 고대도시의 성립

(1) 고대도시의 성립배경

인류는 수렵 · 채집경제로부터 농업경제로의 경제생활로의 변화와 이동생활에서 정착생활로의 주거형태의 변화를 겪게 되었다. 이러한 변화는 노동활동과 사회조직의 변화에도 큰 영향을 미쳤다.

수렵생활을 영위하기 위해서는 약 15세대 내외의 작은 취락이 형성되었으나, 농업생활은 더 많은 인구를 필요로 하여 취락의 규모가 커지게 되었다. 당시에는 하나의 취락이 자체 인구의 출산력을 높이고 주변지역에 대하여 인구흡인력을 발휘하게 되기까지에는 잉여생산물이 전제되었다. 그리하여 고대사회에 주민 간의 협력, 공동노력의 이용, 식량의 생산과 저장, 잉여상품의 교환 등에서 개개인의 사회적 역할에 대한 전문화가 이뤄지게 되었다.

새로운 사회 · 경제적 관계의 발달은 한정된 장소에 더 많은 사람들이 거주할 수 있는 가능성을 만들어주었다. 농법이 발달하고 규모의 경제가 작용하여 주민들이 더 많은 잉여식량을 생산하게 되자, 그들은 잉여분을 다른 상품과 교환할 수 있었고, 또 그것을 관리하는 계급이 형성될 수 있게 되었다. 즉 지배계급 · 상인계급 · 농민계급 등과 같은 사회계층의 분화가 진행된 것이다. 이에 따라 생산지와 소비지(취락) 간 또는 타 취락 간의 교통로가 만들어지고, 각 사회계층의 주택을 비롯하여 왕궁 · 신전 · 시장 · 창고시설 등이 건설되면서 도시가 형성되기에 이르렀다.

이러한 일련의 변화는 신석기혁명이라 불리며, 이 혁명은 도시혁명으로 이어지게 되었다. 최초의 고대도시는 B.C. 6000~B.C. 5000년 사이에 구대륙에 등장하였다. 그러나 이 시기에 출현한 도시가 과연 얼마만큼 도시다운 면모를 갖추었을까 하는 의문이 생긴다. 이 의문은 고대도시를 정의함으로써 명확해진다.

고대도시(古代都市)란 수천 명 이상의 주민이 집단적으로 정주하는 비교적

사진 5-1 ○ 고대도시의 밀집된 주거형태

큰 규모의 취락이며, 주로 비농업적 기능, 즉 상업 · 공업 · 정치 · 종교 · 문화 · 군사적 기능을 보유하거나 부분적으로는 농업중심지로서의 기능도 보유한 취락을 가리킨다. 일반적으로는 취락에 대다수의 주민이 비농업적 직업에 종사하고 일련의 통합된 건축물들이 존재하며, 단일한 정부에 의해 통치되고 그 영향력이나 지배력이 주변지역까지 확대될 경우, 그 취락의 규모에 상관없이 고대도시로 확대해석한다. 그러나 이완되지 않고 고도로 조직된 사회에서만 도시가 형성되므로 문자사용이 전제되어야 한다.

문자의 존재는 사회질서 속에서 다양한 전문분야의 분화가 발생하도록 유도하는 원동력이 된다. 최근 터키 아나톨리아 지방의 선사취락(先史聚落)인 차탈휘위크가 인류 최초의 도시일 것이라는 학설이 조심스럽게 제기되고 있으나, 아직 발굴이 4%에 불과하여 위에서 언급한 고대도시의 정의에 부합될지 의문이다(남영우, 1999).

(2) 고대도시의 성립

상술한 것과 같은 고대도시의 정의에 부합되는 도시의 출현은 신석기시대인 B.C. 3500년경에 있었다. 인류의 역사에서 최초의 정착주거형태는 곡물의 경작과 함께 나타났으며, 도시적 취락은 잉여식량이 충분히 확보되면서 발생한 것이다. 식량생산에 있어 최초의 성공적 경험은 서남아시아의 메소포타미아에 위치한 퍼타일 크레슨트(Fertile Crescent)지대에서 얻어졌다. 이 지대는 현재의 이라크에서 시리아와 레바논을 거쳐 이스라엘과 이집트에 이르는 초승달 모양의 비교적 비옥한 지역이므로 간혹 「비옥한 초승달」로 오역되지만, 이것은 지명을 뜻하는 고유명사이므로 번역해서 부르면 안 된다(그림 5-1). 퍼타일 크레슨트 지대에서 인류 최초의 도시가 등장한 것은 이곳이 구대륙의 지리적 중심부에 해당하는 곳으로, 아프리카 · 유럽 · 아시아의 문화가 교차하기 때문인 것으로 풀이된다.

퍼타일 크레슨트 지대의 농업혁명은 메소포타미아의 충적지와 작물화 및 가축화에 힘입은 바 크다. 이 지대는 주변지역에 비해 수목이 잘 생장하는 비옥한 충적지인 까닭에 잉여생산이 빠른 시기에 달성될 수 있었다. 이 일대의 주민들

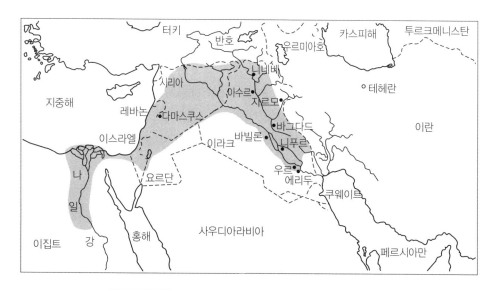

그림 5-1 퍼타일 크레슨트 지대의 주요 고대도시

1. 지구라트   3. 사원
2. 궁정   4. 성곽

그림 5-2 메소포타미아의 고대도시 우르의 도시구조

출처: Collins Atlas of Archaeology(2003).

은 이미 B.C. 8000년경부터 그들이 채집하고 사냥하던 동식물의 서식범위를 잘
파악하고 있었기에 작물화와 가축화가 빨랐다. 그들은 우기에 내리는 비와 건기
의 티그리스강과 유프라테스강의 물을 이용하여 밀·보리 등의 화본과식물을
재배하였다. 인류는 농사를 짓기 시작하면서 정착생활을 하게 되었으며 계획적
인 식량소비나 파종할 종자의 비축 등과 같은 지적(知的) 계획이 필요함에 따라
논리적 사고를 전개할 수 있게 되었고 나아가서 과학기술의 필요성을 깨닫게 되
었다.

인류 최초의 도시는 티그리스강과 유프라테스강의 메소포타미아 저지대에
서 시작되었다. 초기 고대도시 중 하나인 우르는 B.C. 2300∼B.C. 2180년에 걸
쳐 수메르 제국의 수도였으며, 우르와 에리두 등의 남부도시들은 B.C. 1885년에
바빌로니아에 정복당했다. 메소포타미아의 고대도시구조를 엿볼 수 있는 우르
의 경우, 8미터 높이의 성벽이 도시를 둘러친 성곽도시로서 36ha의 면적에 최고
35,000명의 인구가 거주하였다. 성곽은 0.8km의 폭에 1.2km의 길이를 가진 불
규칙한 형태였으며, 이 도시는 [그림 5-2]에서 보는 것처럼 서쪽에는 유프라테

스 강이 흐르고 북동쪽으로는 항해할 수 있는 운하가 설치되어 있었다. 도시의 북쪽과 서쪽에는 선박이 정박할 수 있는 항구가 있었고, 북서쪽(그림의 1)에는 종교시설인 지구라트가 있었는데, 오늘날에도 현존한다. 지구라트(ziggurat)는 신과 지상을 연결시키기 위하여 종교의식을 행하는 피라미드 형태의 성탑이다. 따라서 메소포타미아의 지구라트는 이집트의 피라미드와는 성격을 달리하며 오히려 메소아메리카의 피라미드와 유사하다. 사원은 성곽 내 곳곳에 분포하였다. 그리고 성곽 내의 나머지 공간은 주거 또는 기타 지역이었던 것으로 추정되며, 주택은 벽돌로 지은 2층집이었다. 성곽내부의 도시에는 일직선의 간선도로와 광장이 있었다. 성곽 밖에 거주하던 인구를 합하면 그 규모가 25만 명에 달하는 도시국가였던 것으로 추정된다.

많은 인구가 하천변의 충적지를 이용하여 잉여식량을 확보하고 집단적으로 모여 살게 되면 문화수준이 향상되어 문명을 발달시키기 마련이다. 이러한 과정은 메소포타미아의 뒤를 이어 나일 강 유역·인더스 강 유역·황하 유역·메소아메리카에서도 되풀이되었다. 여기서 우리는 고대도시의 발생지가 고대문명의

사진 5-2 ○ 고대도시 우르의 발굴현장

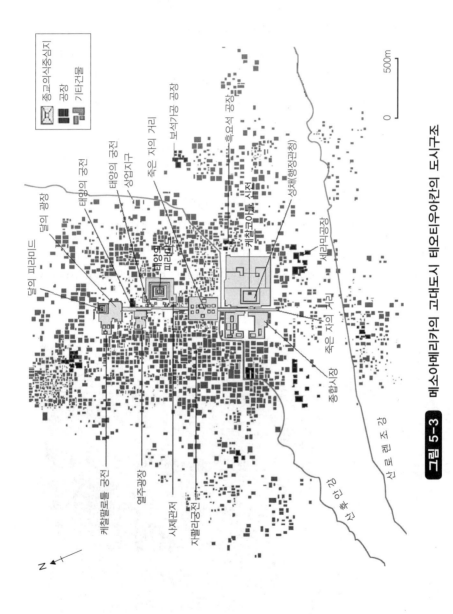

그림 5-3 메소아메리카의 고대도시 테오티우아칸의 도시구조

출처: E. Pasztory(1997)의 것을 저자가 수정.

사진 5-3 ☉ 테오티우아칸 전경

발상지와 일치한다는 사실을 알 수 있다. 이들 가운데 특히 메소아메리카의 테오티우아칸은 신대륙에서 발생한 최초·최대의 고대도시라는 점에서 주목을 끌고 있다.

테오티우아칸은 B.C. 200년~500년에 걸친 시기에 가장 번성하여 23.5 평방 키로미터의 면적에 12.5만~20만 명의 인구가 거주했던 것으로 추정되는 신대륙 최대도시였다. 이 규모는 멕시코 분지 총인구의 50~60%를 차지하는 것으로, 대규모 인구집단을 밀집형태로 거주할 수 있게 계획된 도시였다. 풍수사상이 가미된 것으로 추정되는 초기의 도시설계는 [그림 5-3]에서 보는 것처럼 테오티우아칸 사람들의 우주관이 반영되어 도시의 중앙부를 남북으로 관통하는 '죽은 자의 거리'를 축으로 여러 개의 신전과 피라미드가 건설되었다(Sugiyama, 1993). 도시 내에서 가장 규모가 큰 '태양의 피라미드'가 북동쪽에 위치하고, '죽은 자의 거리' 북쪽 끝에 위치한 '달의 피라미드'와 그 남쪽에 인신공양을 올린 케찰코아틀 신전이 있다. 그리고 왕이 살았던 케찰팔로틀 궁전은 '달의 피라미드' 옆에 위치하였는데, 우르와 테오티우아칸에서 볼 수 있는 것처럼 신전과 피라미드(또는 지구라트)가 도시설계에서 중요한 비중을 차지한 것은 제정일치시대의 배경을 시사해 주는 것이다.

아즈텍문명보다 빠른 시기에 번창했던 테오티우아칸 문명이 이곳에서 발달한 요인은 잉여식량이 인디오의 주식인 옥수수였다는 사실 이외에도 흑요석 산지가 가까운 곳에 있었고 멕시코분지의 교역로상에 위치하였으며 관개와 용천수에 의한 집약적 농업이 가능하였다는 사실을 꼽을 수 있다. 이러한 고대도시의 성립요건은 전술한 차탈휘위크·우르 등의 고대도시에서도 공통적으로 관찰되는 것들이다.

2. 고대도시 폼페이의 도시구조

(1) 폼페이의 형성과 도시계획

위에서 설명한 고대도시에 관한 내용으로는 고대도시의 구조를 명확히 알수 없으므로, 여기서는 베수비오 화산폭발로 매몰된 이탈리아 캄파니아 주(州)의 고대도시인 폼페이에 대하여 설명하기로 하겠다. 폼페이의 도시형성과정에 관해서는 F. Haverfield(1913) 등이 주장한 「다단계 확대발전설」과 A. Maiuri (1930)가 제기한 「동시형성설」의 두 학설로 대별된다. 전자는 폼페이 시가지가 적어도 2단계의 확대과정을 거쳐 발전했다는 것이며, 후자는 폼페이 시가지가 도시건설 당초부터 거의 동시기에 형성되었다는 학설이다. B.C. 3세기부터 A.D. 79년까지 번성했던 폼페이는 지형적 여건상 용암대지의 말단부로부터 동북쪽의 충적평야부로 확대되어 나갔을 것으로 추정되므로 동시형성설이 타당하다고 볼수 없다.

폼페이는 대부분의 로마 도시와 마찬가지로 비교적 정교하게 계획된 도시임이 여러 학자에 의해 밝혀진 바 있다(Laurence, 1994). 도로망과 공공시설은 위계적 배열과 기하학적 배치에 입각하도록 설계되었다. 고대 로마의 도시계획은 현대의 도시계획과 마찬가지로 지형적 여건을 고려하고, 국지적 교통수요·사회적 여건·경제상황·자연환경 등에 따라 공간을 조직할 수 있게 설계되었다.

폼페이의 블록 배열은 상술한 것처럼 지형과 밀접한 관계가 있다. 즉 시가지

사진 5-4 ○ 폼페이 유적지

를 구성하고 있는 블록은 전체적으로 북쪽에서 남쪽으로 또한 서쪽에서 동쪽으로 경사진 토지에 배열되어 있고, 시가지의 서남부는 기하학적 배열이 아니라 불규칙한 배열의 블록들로 구성되어 있다. 이에 대하여 Haverfield는 고대 로마의 도시계획에 기하학적 시스템이 엄격히 적용된 것은 사실이나, 포럼 주변지역이 초기 선사취락이었기 때문에 격자상 블록이 적용되지 않았음을 지적하였다. 그는 문명화된 도시사회의 상징 중 하나를 기하학적 격자형태의 도시계획이라 인식하였다.

　영국의 고고학자 R. Laurence(1994)는 폼페이에 지리학적 도시구조이론이 적용될 수 없음을 지적한 바 있다. 그러나 그는 폼페이에 CBD에 해당하는 중심지가 존재하고 있었음을 적시하면서 포럼 일대가 바로 중심업무지구라고 주장하였다. 포럼(forum)이라 불리는 광장은 행정·종교·정치·경제기능이 집중된 장소였기 때문이다. 이 포럼으로부터 도시의 관문까지 방사상으로 연결된 일련의 도로망은 폼페이의 농촌배후지까지 뻗어 있다. 그렇다고 해서 폼페이의 도시구조가 선형구조로 계획되었다는 것은 아니며, 물론 동심원구조도 나타나지 않는다. 동심원 혹은 선형구조는 19세기 산업혁명 이후의 구미도시와 20세기 서구의 도시계획법을 경험한 도시에서만 찾아 볼 수 있다(Ayeni, 1979, pp. 11-13). 그러므로 폼페이의 도시구조는 토지이용과 공간적 분화의 측면에서 볼 때 현대도시의 그것과 동일시하기 어렵다.

폼페이의 공간적 특성을 파악하기 위해서는 물적 특성뿐만 아니라 사회적 배경도 고려해야 한다. 일반적으로 도시공간과 사회 간의 관계는 대단히 복잡하다. 따라서 폼페이의 도시구조 역시 폼페이 사회의 특성을 반영하여 형성된 것으로 간주되어야 한다. 폼페이 시민사회의 구성원들은 이미 건설된 도시환경에서 태어나 그것에 적응하는 것만이 아니라 도시환경을 수정하거나 새롭게 만들어가는 주체였다. 그뿐만 아니라 폼페이의 도시공간은 스스로의 구조와 법칙을 가지고 있었다. 즉 로마도시로서 폼페이의 도시시설은 무작위적으로 배열된 것이 아니며, 각 건물은 도로로부터 직접 출입이 가능하도록 설계되었고 거주자의 프라이버시를 보장해 주기 위한 독립적 출입문을 필요로 하였다. 그리고 가로망과 블록의 배열은 지형적 여건과 사유재산의 보호를 고려하여 작위적으로 설계되었다. 또한 토지이용과 사회적 분화는 도시공간의 배열에 따르는 경향을 보였고(남영우, 2003), 주거지의 개인적 선호와 각종 활동과 분산을 비롯한 폼페이 사회의 이데올로기 등은 도시공간의 무작위성에 따라 정해졌다(Laurence, 1994, p. 19).

사실상 폼페이는 도시구조가 도시계획에 의한 것보다 공간의 무작위적 특성에 따라 변화하고, 사회·경제적 수요에 따라 공간이 형성되는 양상을 보인 셈이다. 따라서 폼페이의 도시공간은 계획된 실재라기보다는 사회적 산물의 결과였다고 볼 수 있다.

(2) 폼페이의 도시구조

1) 폼페이의 공간분화

M. Weber(1958)가 지적한 것처럼 로마문화는 도시문화였다고 규정할 수 있다. 주지하는 것처럼 이탈리아 반도에 도시를 건설한 선구자는 그리스인과 에투루리아인이었으며, 폼페이는 그와 같은 문화적 전통을 계승한 도시이다(岩井,

2000, pp. 273-274). 고대도시는 현대도시와 마찬가지로 배후지인 농촌의 상품구매지인 동시에 소비시장임에도 불구하고 소비의 특징이 도시구조와 관련지어 설명되지 못하였다. 그러므로 도시와 농촌의 대비는 전자본주의사회에서는 적절치 않다고 보아야 한다(Giddens, 1981, p. 117). 본래 Weber의 관심은 고대도시의 설명에 있었던 것이 아니라 자본주의 도시의 성립배경에 있었다. 그와 같은 점 때문에 Weber의 도시연구는 도시학자들로부터 강한 비판을 받은 바 있다.

　폼페이의 도시내부는 시간의 경과에 따라 인구가 증가하면서 토지이용에도 변화가 있었을 것으로 추정된다. 한정된 공간 내에서 점증하는 공간수요는 필연적으로 토지이용의 변화를 수반할 수밖에 없었다. 그 변화는 B.C. 2세기 이후 서서히 시가지가 확대해 나아가는 과정에서 건축물은 물론 여러 분야에서도 일어났다. 이는 폼페이가 경관적 도시화에 기능적 도시화가 수반되었음을 의미하는 것이다. 폼페이의 도시화는 B.C. 1세기에 이르러 다양화하는 양상을 보였다. 구체적으로 도시화는 주택도시화와 더불어 상업도시화 및 공업도시화가 병행되는 양상을 띠었다. 폼페이의 주요도로에 면한 부지는 상점과 공장이 들어서게 되었고, 이들은 도시중심부로부터 외곽부로의 순차적 확대가 아닌 비지적 확대인 스프롤(sprawl)의 양상을 보였다. B.C. 1세기 이후의 폼페이 시가지는 시공간적으로 무질서하게 확장되었다.

　도시의 성문으로부터 중앙의 포럼과 삼각 포럼에 이르는 통과도로는 시민활동의 주요 동맥이었다. 상점은 그와 같은 통과도로에 집중적으로 입지하는 경향을 보였다. 상점과 달리 제빵·식품·방직·염색·피혁 등의 작업장이 있는 공장은 시가지 곳곳에 고르게 분포하는 경향을 보였으나, 특히 포럼의 동쪽과 동문으로 향한 간선도로변에 집중적으로 분포하였다. 환락시설로는 카우포네(cauponae)라 불리는 여관과 음료수 상점의 원조격인 포피네(popinae)라 불리는 주점을 비롯하여 윤락가를 꼽을 수 있는데, 여관과 주점은 성문 근처에 입지하거나 포럼 동쪽의 도시중심부에 분포하는 경향을 보였다. 그리고 윤락가는 엘리트의 주거지역에서 멀리 떨어진 이면도로에 분포하였다(그림 5-4).

　폼페이의 공공시설은 대부분 포럼 주변에 집중적으로 건설되었고, 극장과 원형경기장은 고대 로마의 상징적 건축물로 인식되었다(Lefebvre, 1991, p. 220). 포럼은 B.C. 2세기까지만 하더라도 단순한 시장의 역할에 국한되었으나, 아폴로

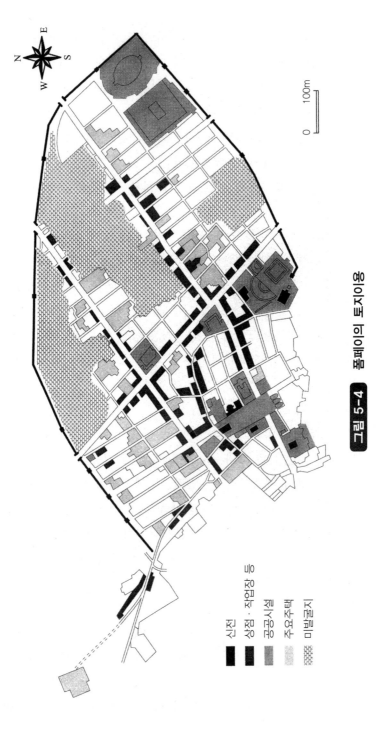

그림 5-4 폼페이의 토지이용

신전

상점·작업장 등

공공시설

주요주택

미발굴지

신전과 같은 종교시설은 B.C. 6세기부터 이미 존재하고 있었다. 로마제국 초기에는 포럼 주변에 새로운 건축물이 건설되었고, 공공건물은 지배자의 권력과 이데올로기는 물론 폼페이 사회의 정체성을 심어주었다(Rossi, 1982). 시가지 남동쪽 끝에 위치한 원형경기장은 B.C. 80년에 소극장을 건설한 바 있는 두 명의 집정관에 의해 건설된 세계 최초의 경기장이다.

이 밖에도 시민들의 경제생활과 법률문제가 처리된 바실리카를 비롯하여 식품시장인 마첼럼, 공중목욕탕, 대극장과 소극장 등이 건설되었으며, 시민들의 신앙생활의 중심이었던 신전이 여러 곳에 입지하였다. 신앙의 대상은 포도생산과 관련하여 헤라클레스 · 박카스 · 비너스의 3신이 주를 이루었으나, 폼페이가 로마의 식민도시로 바뀌면서 로마종교화의 길을 걸었다. 로마의 종교는 외국의 신에 대하여 항상 호의적이었다.

2) 주거지역의 분화

고대도시의 공간구조는 시민의 사회적 선택 · 관습 · 제도와 그것을 만든 사회적 상황을 반영해 준다. 그러므로 폼페이의 도시유적은 도시구조와 도시민의 생활을 파악케 하는 열쇠가 된다. 더욱이 고대도시로서는 비교적 잘 정비된 폼페이에서 현대인의 주목을 끄는 것은 주택이다. 주택은 거주자의 지위와 부를 반영하는 것이므로 사회 · 경제적 지위에 기초한 주거지역의 분화 정도를 엿볼 수 있게 해준다.

폼페이의 주거지역에 관한 연구는 폼페이가 현대적 의미의 지역지구제(zoning system)가 존재하지 않았던 탓에 토지이용이 무질서했다는 R. A. Raper (1977)의 선구적 연구를 비롯하여 폼페이의 주거지역이 사회 · 경제적 지위에 따라 분화되었음을 지적하고 그들 분포패턴을 형성케 만든 공간적 메커니즘의 존재를 주장한 M. Grahame(1995)의 연구가 있다.

폼페이의 주택들은 호화스런 대규모의 저택으로부터 보잘 것 없는 소규모의 주택에 이르기까지 매우 다양하며, 이것으로 시민들의 사회 · 경제적 지위에 폭넓은 스펙트럼이 존재하였음을 확인할 수 있다. 고급주택의 지표가 되는 아트리움(응접공간)과 중정(中庭)을 호화롭고 우아하게 꾸며주는 기둥인 열주랑(列柱廊)의 유무로 주택의 질적 수준을 분석한 결과 4개 유형으로 구분될 수 있다. 제

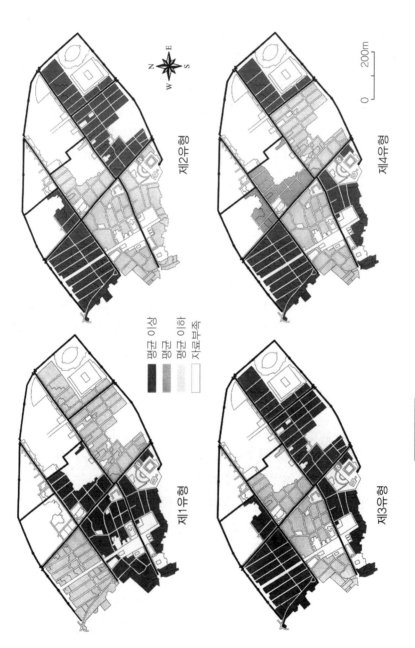

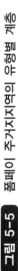

그림 5-5 폼페이 주거지지역의 유형별 계층

1유형은 사회·경제적 지위가 낮은 저급주택이고, 제4유형은 엘리트계층이 거주하는 고급주택에 속한다. 그리고 제2유형은 저급주택에 가까우며, 제3유형은 고급주택이거나 중급주택에 해당한다고 간주된다.

이들의 공간적 분포패턴을 분석한 결과, [그림 5-5]에서 보는 바와 같이 고급주택은 공간적으로 분화되지 않은 채 광역에 걸쳐 분포하며, 저급주택은 중앙포럼과 삼각포럼 주변에 집중적으로 분포한다는 사실이 밝혀졌다. 특히 고급주택이 성문과 연결되는 통과교통로를 따라 분포하는 것은 엘리트들의 정치활동을 위한 것이며, 고급주택이 국지화되지 않은 것은 엘리트들 간의 정치적 경합을 피하기 위함으로 풀이된다.

3) 생활권의 분화

근린(neighbourhood)이란 일반적으로 주민들 간의 상호작용에 의해 직접적인 면식관계로 맺어진 도시지역의 일부분을 가리키며 공간적으로 한정된 공동체를 의미한다. 시카고 학파는 등질지역을 창출하는 주거분화에 대비되는 개념으로 균형화근린(balanced neighbourhood)이란 용어를 고안하였다. 이는 도시사회의 각 그룹이 공간적으로 분화된 주거지역을 점유하는 것이 아니라 도시의 모든 집단이 골고루 점유하기 때문에 각 근린은 전체 도시의 일부를 구성하며 하나의 균형화된 모자이크상의 작은 우주를 형성한다는 개념이다. 따라서 동일한 근린단위는 침입과 천이를 방지하므로 근린의 안정성을 확보할 수 있게 된다. 결국 근린의 개념이 관심 있는 대상의 대면접촉과 교류의 공간적 범위라면, 근린단위를 설정하는 일은 기능지역적 도시구조를 규명하는 것과 다름없을 것이다.

로마제국의 도시는 소규모 행정단위인 비치(*vici*) 또는 비쿠스(*vicus*)들로 구성되어 있는데, 이 단위는 도시의 동질적 장소의 의미를 지니는 주거단위였다. 동일한 비치 및 비쿠스에 거주하는 근린주민을 비치니(*vicini*)라 불렀다. 로마의 행정구역은 B.C. 7년 아우구스투스 통치하에 기초가 만들어졌는데, 「비치」는 선거구를 의미하는 근린의 단위이기도 하였다. 그러나 당시의 근린단위였던 비치는 문헌적 자료가 없어 복원이 불가능하다. 그리하여 폼페이에서 근린지역, 즉 생활권의 설정지표가 되는 사당과 공동수도의 분포를 분석하여 근린단위를 설정한 것이다.

그림 5-6   폼페이의 생활권과 성장

그 결과, [그림 5-6]에서 보는 것과 같은 권역이 설정되었는데, 근린단위의 공간적 범위는 비치가 아닌 비쿠스에 가깝다는 사실이 규명되었다. 비치는 도로를 따라 길게 펼쳐진 근린인데 비하여, 비쿠스는 일반적인 근린을 의미한다. 사당과 공동수도의 이용권이라고 할 수 있는 이들 권역은 이질적 주민들로 구성된 균형화근린에 해당한다. 이러한 결과는 고대도시와 현대도시에서 공통적으로 관찰되는 도시구조의 본질과 관련된 사항이라 할 수 있다.

02 ▶ 봉건제도의 붕괴에 따라 도시공간구조는 어떻게 변화하였나?

1. 일본 조카마치[城下町]의 공간구조

일본에서는 봉건도시에 관한 연구가 지리학과 역사학 분야에서 수행된 바 있다. 특히 주쿠바마치(宿場町)·몬젠마치(門前町)·토리이마에마치(鳥居前町) 등에 관한 연구가 많이 축적되어 있으나, 여기서는 「조카마치」라 불리는 성하정 (城下町)의 사례를 들어 봉건사회의 도시구조에 관하여 설명하기로 하겠다.

일본의 조카마치는 인구규모가 수천 명부터 수만 명에 이르기까지 다양하며 「한슈」라 불리는 번주(藩主), 즉 영주의 도시계획에 입각하여 건설된 도시이다. 이 도시의 내부구조는 매우 단순하다. 즉 다음과 같은 4개 지역으로 구분될 수 있다.

(Ⅰ) 성곽지역[城]
(Ⅱ) 무사주거지역[侍町]
(Ⅲ) 상업지역[町人町]
(Ⅳ) 사원지역[寺町]

성곽지역(Ⅰ)은 영주의 주거지인 동시에 한[藩]이라 불리는 영역의 군사적 거점이며 정치를 행하는 장소이기도 하다. 영주는 다이묘[大名]라고도 한다. 이

성곽지역만은 호리[堀]라 불리는 해자와 성벽으로 둘러싸여 있다. 무사주거지역 (Ⅱ)은 계급에 따라 상급(a), 중급(b), 하급(c)의 3 지역으로 세분되며, 이들 각 지역 간에 소토보리[外堀]라 불리는 바깥쪽의 해자가 있는 경우도 있다.

상업지역(Ⅲ)은 특권이 부여된 상인들이 거주하는 중심상점가(a), 일용품을 판매하는 상점가(b), 각종 쇼쿠닌[職人], 즉 노동자들이 거주하는 지역(職人町) 혹은 노동자주거지역(c)으로 세분될 수 있다. 그리고 사원지역(Ⅳ)에는 다수의 사찰과 묘지가 있으며, 경우에 따라서는 신사(神社)가 있다.

이상에서 설명한 각 내부지역은 방어의 관점에서 성을 중심으로 하여 배열되어 있다. 즉 상급 무사주거지역은 영주의 거처인 성에 가장 가까운 장소에 입지하며, 중급 무사주거지역이 그 다음에 입지하고 가장 바깥쪽에 하급 무사주거지역이 있다. 사원지역 역시 하급 무사주거지역과 마찬가지로 가장 바깥쪽에 위치해 있다. 상업지역의 일부는 도로를 따라 무사 주거지역을 관통하며, 다른 일부는 그것과 직교하여 성문에 이르는 도로변에 위치해 있다. 이 교차점의 상업지역이 중앙상점가를 이루며, 종종 특권상인의 규모가 큰 상점이 입지하고 주변에 작은 규모의 상점과 쇼쿠닌마치[職人町]가 있었다.

[그림 5-7]은 조카마치의 도시구조를 모식적으로 표현한 것이다. 그러나 실

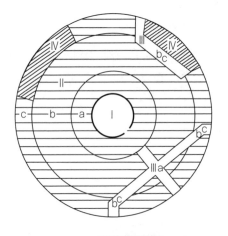

Ⅰ	행정·군사지역
Ⅱa	고급 주거지역
Ⅱb	중급 주거지역
Ⅱc	저급 주거지역
Ⅲa	중심상점가·업무가
Ⅲb	근린상점가
Ⅲc	경공업지역·노동자 주거지역
Ⅳ	녹지·공원지구

그림 5-7 조카마치[城下町]의 도시구조

출처: 田邊健一(1979).

제적으로는 그림에서 보는 것과 같은 동심원지대는 형성되어 있지 않다. 그것은 격자상 도로망이 기준이기 때문이 아니라 각각의 도시가 위치한 지형이 상이하기 때문이다. 결국 조카마치의 도시는 성곽지역을 중심으로 상급·중급·하급 무사의 순으로 주거지역이 배치되고 성문 앞에 상업지역이 입지하는 봉건시대의 전형적인 도시구조를 보인다고 할 수 있다.

이상에서 설명한 지역구조는 두말할 것도 없이 등질지역구조로서 현재의 도시용어로 바꾸어 쓰면 다음과 같다.

(Ⅰ) 성곽지역 ······························· Ⅰ 행정·군사지역
(Ⅱ) 무사주거지역 (a) 상급 ···················· Ⅱa 고급주거지역
(Ⅱ) 무사주거지역 (b) 중급 ···················· b 중급주거지역
(Ⅱ) 무사주거지역 (c) 하급 ··················· c 저급주거지역
(Ⅲ) 상업지역 (a) 특권 ·················· Ⅲa 중심상점가·업무가
(Ⅲ) 상업지역 (b) 비특권 ························· b 근린상점가
(Ⅲ) 상업지역 (c) 쇼쿠닌마치 ······ c 경공업지역·노동자주거지역
(Ⅳ) 사원지역 ······························· Ⅳ 녹지·공원지구

조카마치의 도시형태는 지형적 여건에 따라 성이 한쪽에 치우쳐 반원형으로 발달한 것이 있는가 하면, 거의 원형으로 발달한 것까지 다양하다. 도시의 기능은 조카마치가 건설된 초기에는 영역 전체를 다스리기에 충분한 세력이 있었으며, 성곽지역(Ⅰ)은 명실공히 도시의 중심부에 해당하였다. 그러나 그 중심은 도쿠가와[德川]시대의 장기간에 걸친 봉건적 평화기에 사회의식이 깨이고 경제활동의 활성화에 따라 서서히 상업지역으로 바뀌어 갔다. 그럼에도 불구하고 성을 중심으로 한 각 지역의 배열에는 별다른 변화가 나타나지 않았다.

2. 봉건제도의 붕괴와 도시구조의 변화

메이지유신[明治維新]이라는 급격한 사회개혁은 조카마치에 커다란 영향을 주었다. 도시내부 중 가장 넓은 면적을 차지하고 있던 무사주거지역의 무사계급

사진 5-5 ○ 일본의 히메지 성

이 생활의 기반을 상실하게 되면서 귀향하거나 개척사업에 보내져 조카마치의 인구는 대부분 현격히 감소하였다. 이에 따라 그들이 살던 주거지는 상당부분 농지로 바뀌었다. 그러므로 조카마치의 주택지구는 대부분 도시지역으로부터 모습을 감추었으나, 상업지역인 조닌마치[町人町]는 거의 그대로 존속하였다.

성의 일부는 관청과 군사용지로 사용되고, 어떤 곳은 신사와 공원으로 바뀌었다. 후자의 경우는 물론이거니와 전자의 경우 역시 성은 이미 중심이 될 수 없는 상태가 되었다. 그 이유는 새로운 정치와 군사력이 봉건시대의 그것과 달라 도시민에게 미치는 영향이 이전처럼 강력하지 않았기 때문이다. 이에 따라 상업지역의 중심부는 새로운 도시의 중심적 의미를 지니게 되었고 면적상으로나 지리적으로 실제적인 중심이 되었다.

무사주거지역이었던 구주거지역이 축소되고 상업지역이었던 과거의 조닌마치가 그대로 유지된 것은 조카마치로부터 새로운 도시로 변화하는 시기의 명백한 특징이다. 중심상업지역은 특권이 부여된 상인들이 영역 전체의 도매상권을 장악하고 있었으며, 봉건시대 말기에는 도시활동의 중심지였었다. 그 지역은 봉

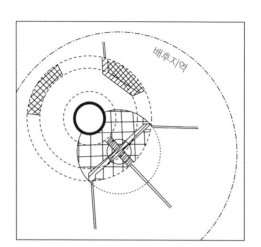

그림 5-8 메이지유신기[明治維新期] 조카마치[城下町]의 도시구조

출처: 田邊健一(1979).

건체제가 붕괴된 후에도 새로운 도시발전의 출발점이 되었다.

메이지유신에 따른 사회개혁기의 새로운 도시구조를 모식적으로 나타낸 것이 [그림 5-8]이다. 이 시기의 조카마치에는 새로운 행정중심지가 된 것과 쇠퇴한 것의 두 종류가 있다. 그것은 오랜 정치단위의 규모와 관련되어 있었다. 새로운 행정중심지가 된 조카마치는 서서히 발전하여 새로운 도시구조를 완성하여 나아갔으나, 행정중심지가 되지 못한 것은 면적상으로 축소과정을 거쳐 정체되거나 지방도시로 전락하였다. 그러나 훨씬 뒤에 그곳은 공업화의 물결에 휩싸여 성장지역으로 부상하게 된다.

3. 19세기 말 이후의 도시구조

일본의 전국적인 간선철도망이 완성된 것은 19세기 말인 1887~1897년의 일이다. 철도의 완성으로 각 도시에 철도역이 설치되었는데, 철도역의 위치는 도시구조에 커다란 영향을 미쳤다. 그 영향이란 도시구조의 변화를 가리킨다. 역의 설치위치는 [그림 5-9]에서 보는 바와 같이 4 종류로 분류된다. 역의 설치가 도시에 미친 첫 번째 영향은 도심의 이동이다.

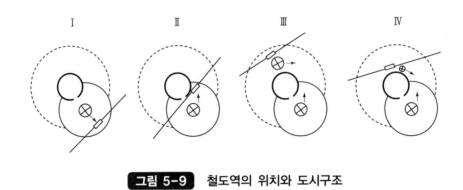

그림 5-9   **철도역의 위치와 도시구조**

출처: 田邊健一(1979).

성과 도심과의 대칭적 위치에 역이 설치되는 것이 가장 일반적인 경우이며, 그 다음이 도심과 성과의 반대 방향에 설치되는 경우도 상당히 많은 편이다. 전자의 경우가 [그림 5-9]의 유형 Ⅰ에 속하고 후자가 유형 Ⅲ에 속한다. 유형 Ⅰ의 변형이 성과 도심 사이에 설치되는 유형 Ⅱ이며, 유형 Ⅲ의 변형이 유형 Ⅳ이다. 일본의 도시 중 유형 Ⅰ은 센다이·후쿠시마 등이고, 유형 Ⅱ는 야마가타·시라카와, 유형 Ⅲ은 모리오카, 유형 Ⅳ는 아키다 등이다.

네 종류의 유형 중 어느 경우라 할지라도 도심은 일반적으로 역이 위치한 방향으로 이동하는 경향이 있으며, 발전하는 도시에서는 상업지역이 역을 향하여 확대되는 경향이 있다. 그러나 유형 Ⅲ의 경우는 도심과 역이 떨어져 있으므로 역전 혹은 역과 가까운 곳에 제2의 도심상점가가 형성되는 경우가 종종 있다. 그리하여 구도심과 신도심 간의 경합이 벌어지게 된다.

이상에서 설명한 것처럼 성곽지역의 재개발과 관계없이 철도역이 미치는 영향력은 매우 강력하며, 도시가 발달함에 따라 도시권 내의 인구흡인을 주도하는 창구로서 점차 강력한 구심력을 키워 나간다. 정체형 도시에서는 도심의 이동은 크고, 구도심은 서서히 하층의 주변상점가(그림 5-7의 Ⅲb형 상점가)로 변형된다.

이와는 달리 발전형 도시에서는 구도심의 상점가가 업무가로 바뀌는 센다이와 같은 경우가 있는가 하면, 업무가와 행정지역이 성과 인접한 상급 무사주거지역이 있던 곳에 형성되는 경우도 있다. 특히 모리오카의 경우처럼 과거의 중

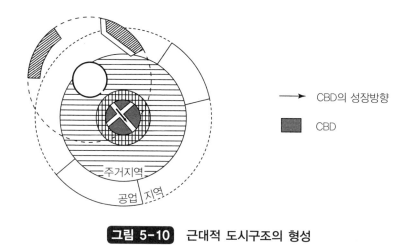

그림 5-10 **근대적 도시구조의 형성**

출처: 田邊健一(1979).

심지였던 성의 바깥쪽에 연결된 상점가라 할지라도 이와 가까운 곳에 새로운 중심상점가가 형성되어 역과 직접 연결되면 구중심지와 신중심지가 격렬한 경합을 벌이기도 한다.

이와 같이 철도역의 위치에 따라 도심이 이동하거나 도심의 확대방향이 좌우되는 것은 Burgess가 지적한 동심원구조의 왜곡요인으로 해석되어서는 곤란하다. 도심의 이동과 역 방향으로의 도심 확대는 봉건시대의 전근대적 도시로부터 근대적 도시로 발달해 가는 과정에서 나타난 하나의 현상으로 이해되어야 한다. Burgess가 지적한 왜곡요인은 철도선이 양쪽의 연락을 두절시키므로 역의 안쪽과 도심으로부터 철도선으로 격리된 지역의 발전이 둔화됨을 의미하는 것이다.

이러한 과정을 거쳐 봉건제도하의 도시구조는 서서히 동심원지대를 형성케 되며, 뒤를 이어 공업화가 진전되면서 동심원적 패턴이 완성된다. 공업화는 노동력을 필요로 하므로, 각종 공장은 노동력이 풍부한 도시에 입지하게 된다. 이 단계의 도시구조를 모식화하면 [그림 5-10]과 같다. 즉 공업화가 진행되기 전에 이미 어느 정도의 근대적 도시구조가 형성되어 있으므로, 뒤늦게 생겨난 공업지역은 주거지역의 외곽부에 배치될 수밖에 없다는 것이다. 이와 같은 도시구조의 형성은 일본경제가 고도성장을 이룩한 1970년대 급격한 도시화의 결과이며, 이 현상은 1980년대까지 지속되었다.

03 ▶ 경제조직의 변화에 따라 도시공간구조는 어떻게 바뀌었나?

1. 전자본주의(前資本主義) 도시공간구조 [17세기 이전]

(1) Sjoberg의 전산업도시공간구조

18세기의 자본주의경제가 완전한 모습을 드러내고 19세기의 산업혁명이 도래하기 이전 단계에서는, 도시는 본질적으로 상업경제와 중세 봉건제도에서 유래한 엄격한 사회질서에 기반한 소규모 취락에 불과하였다. 사실 17세기 이전까지 영국에서는 소위「도시형 귀족」이 출현하지 않았고, 시골에 거주하면서 자신의 토지를 관리하는「전원형 귀족」이 주류를 이루고 있었다. 17세기에 이르러 영국은 전 세계에 걸쳐 많은 식민지를 소유하여 자본을 축적하였고 활발한 해외무역을 통하여 자본주의시대가 급속히 도래하였다. 그 결과, 사회의 중추기능이 도시로 모이게 되었고 인구의 도시집중이 가속화되면서 종래의 전원귀족을 위시한 상류층들은 도시에 생활의 근거지를 마련할 필요성을 느끼게 되었다.

산업혁명 이후 도시형성의 원동력은 근대공업임은 두말할 필요가 없으나, 도시의 오랜 역사를 유라시아 대륙 전체로 보았을 경우 도시의 경제기반은 무엇보다도 상업이었다. 이와 같은 도시에 대한 전통적 지식은 G. Sjoberg(1960)의 전산업화 도시구조 모델로부터 도출할 수 있다.

Sjoberg의 모델은 전산업화도시의「소수 엘리트」대「다수 프롤레타리아」라는 양극화한 사회구조에 대응하여「쾌적하고 배타적인 중심부」대「중심부를 둘러싼 과밀하고 조잡한 건물의 비위생적 주변부」라는 공간구조가 출현하는 것으로 특징지을 수 있다(그림 5-11). Sjoberg에 의하면, 엘리트 집단은 도시의 종교적 · 정치적 · 사회적 기능을 지배하는 상류계급의 사람들로 구성되어 있다. 한편 상인계급은 재산을 축적하여 부자가 되더라도 일반적으로는 엘리트계급으로는 진입하지 못하였다. 왜냐하면 경제적 재산과 같은 세속적인 것을 추구하는 직업은 지배집단의 종교적 · 철학적 가치체계에 배치되는 것이었기 때문이다(Sjoberg, 1960, p. 83).

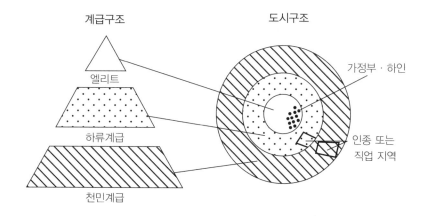

그림 5-11 전산업도시의 계급구조와 도시구조의 관계

출처: J. P. Radford(1979).

　이처럼 엘리트계급은 가치체계에 부합하여 도심에 입지하는 특성을 지니고 있었다. 즉 그들은 행정·정치·종교시설에 가까운 장소에 거처를 마련했다는 것이다. 이렇게 하여 배타적이고 독점적인 상류계급의 핵이 형성되기에 이르렀다. 그 과정을 거치면서 엘리트 계급은 도시사회의 타 부분으로부터 점차 단절되어 버렸다. 그 이유는 하류계급이 상류계급과 융화되지 못하였을 뿐더러 엘리트 계급 내부에서 친족관계와 내혼관계로 유대를 공고히 하여 군집화가 진행되었기 때문이다.

　이 핵심지역을 이루는 중심부의 바깥쪽에는 하류계급이 거주하고 있었다. 그곳에는 사회·경제적 군집이 각종 기능공의 공간적 결합의 결과로 발달하였다. 공간적 결합을 강화시킨 것은 길드(guild)와 같은 사회조직이었으며, 이것이 집단의 응집력과 구성원의 공간적 접근성을 향상시킨 것이다. 내부적 결집력이 강한 상공업자와는 달리 빈민이나 민족적·종교적 소수파에 속하는 조직력이 미약한 집단은 도시의 주변부로 밀려나가 조밀하고 열악한 주거환경에 거주하였다. 이밖에도 피혁업과 같이 악취가 나는 직업이나 청소부·행상 등의 직업에 종사하는 천민계급도 도시주변의 열악한 주거지에 거주하였다. 인도의 도시에서는「도비가트」와 같은 불가촉천민의 주거지를 쉽게 찾아볼 수 있다.

　소수 엘리트들이 거주하는 배타적 중심부가 존재하고, 그보다 넓은 지역이

사진 5-6 ○ 뭄바이의 불가촉천민 주거지 도비가트

에워싸고 있는 배열상태에서 사회적 지위와 경제력이 도심으로부터 멀어질수록 저하되어 나아간다는 Sjoberg의 이론은 Vance(1971)의 이론에 의해 부분적으로 부정되었다. J. Vance, Jr.는 수공업 길드에 의해 결성된 사회ㆍ경제조직 간의 상호관계로부터 발생되는 직업적 군집화를 더욱 중시하였다. 그의 이론이 Sjoberg 와 다른 점은 도시내부 중 하층계급의 역할을 강조하고 엘리트계급과 천민계급의 역할을 비교적 과소평가했다는 것이다.

Sjoberg와 Vance의 이론 중 어느 쪽 이론이 타당한지에 대한 검증이 Radford (1979)를 비롯하여 J. Lupton(1954)과 E. Jones(1980) 등에 의해 행해졌다. 그들은 각각 남북전쟁 전의 미국도시와 17세기의 영국도시를 대상으로 분석한 결과, 양쪽 이론 모두 불만족스럽지만 역시 Sjoberg이론이 전산업도시를 더욱 사실적으로 설명했다는 확증을 포착하였다. 그러나 여기서는 어느 쪽 이론이 더 타당한가에 관심을 기울이기 보다는 두 이론의 공통점에 주목하는 것이 생산적이라고 판단하였다. 첫 번째 공통점은 도시의 모습이 직장과 가부장제적ㆍ가족적 집단의 형태로 조직됨에 따라 자택과 직장 간의 거리가 제약을 받던 보행자 도시(walking city)의 모습을 설명하고 있다는 점이다.

두 번째 공통점은 두 이론에서 설명하는 도시가 본질적으로 비물질적인 가치체계에 근거하여 불변적 사회질서의 형식을 취하고 있었다는 것이다. 셋째로, 정도의 차이는 있으나 양쪽 이론 모두 도심에 거주하는 귀족적 엘리트 지구와 중간지대에 위치한 복합지구, 도시주변부에 거주하는 최빈곤층의 천민계급 주거지역이라는 3종류의 지대가 존재하였음을 인정하고 있다는 점이다.

(2) 도시의 재구조화

이상에서 설명한 전산업시대의 도시구조는 산업시대인 현대도시에서는 찾아보기 힘들다. 다시 말해서 전산업도시구조는 사회적 측면이나 형태적 측면에서도 그 특징이 거의 소멸하였다는 것이다. 관광을 목적으로 전산업도시의 경관을 복원시킨 도시를 제외하면, 대부분의 도시들은 극적인 변화를 거쳤다. 도시의 오래된 구역과 노후화한 건물들은 새로운 구역과 건물로 대체되었을 뿐만 아니라 도시를 구성하는 주요 요소 간의 상대적 위치와 요소 간의 관계까지도 크게 변화한 것이 대부분이다. 도시구조가 완전히 뒤바뀐 것이다. 구체적으로, 부유층이 거주하는 고급주택지역은 종래의 중심부로부터 빈곤층이 거주하던 주변부로 교체되었다. 그리고 직업적 군집화는 사회 · 경제적 지위와 가족구성에 따른 주거지분화로 바뀌었다. 도시 내의 권력과 지위는 이미 전통적 가치관에 따라 결정되는 것이 아니라 경제력에 의해 결정되기에 이르렀다.

토지소유권은 토지사용권과 분리되었고, 직장과 주택은 멀어졌다. 가족구성은 가부장제적 대가족으로부터 핵가족의 소단위로 변화하였다. 우리나라의 경우, 평균가구원수는 1960년 5.56명에서 1970년 5.19명, 1980년 4.54명, 1990년 3.71명, 2005년 2.88명으로 감소하고 있다. 이러한 핵가족화의 심화는 가족해체로 인한 전통 · 관습의 변화는 물론 도시가 재구조화하는 계기를 제공하게 된다.

이와 같이 변화한 도시구조는 사회적으로 혼합된 직업지구를 이룬다는 Vance의 이론과는 전혀 상이하게 변모하였다. 또한 빈곤층이 거주하는 저급주택지역의 대부분이 기성시가지에 집중하고, 부유층이 거주하는 고급주택지역은 도시근교로 집중함으로서 Sjoberg의 이론과는 정반대의 배열로 바뀌었다. 이러한 도시재구조화(urban restructuring)의 원인은 우선 경제적 이유를 들 수 있다. 그것

은 자본주의의 출현으로 생산과 교환수단이 바뀐 데에 있고, 산업혁명을 통하여
나타난 기술의 발달에 의해 빚어진 변화였다.

Radford(1981)에 의하면, 산업화에 수반한 규모 · 이질성 · 지향성의 변화는
다음의 세 가지 힘이 작용함으로써 발생한다는 것이다.

① 공장에 기초를 둔 공업이 출현하고, 그 결과 직주분리가 나타났다는 점.
② 도시 내 교통기술의 혁신이 가져온 영향력이 컸다는 점.
③ 중심업무지구(CBD)의 확대와 분화가 진행된 점.

이와 같은 경제 · 사회 · 도시의 재구조화는 대개의 경우 상기한 세 가지 힘
사이의 인과관계가 맞물려 복잡한 양상을 띠며 전개된다. 그러나 여기서는 도
시구조의 변화에 영향을 미치는 부분에 한정하여 변화요인을 설명해 보도록 하
겠다.

자본주의의 도입과 대량생산체제의 발흥에 따른 가장 근본적인 변화는 새롭
게 출현한 2개의 사회집단일 것이다. 즉 그것은 산업자본가와 미숙련 공장노동
자들이다. 이들 두 집단은 낡은 질서를 대신하는 새로운 엘리트와 새로운 프롤
레타리아가 되었다. 기업가는 개인의 자본축적이 허용됨은 물론 지위와 권력의
주요 기준이 됨에 따라 도시 내에 벌인 사업에 새롭게 물질적 가치체계를 도입
하였다.

한편 전통적 문화형태와 문화양식은 집합적 도시생활의 경험으로 새로운 문
화양식과 사회 · 경제제도가 나타남에 따라 소멸되거나 퇴색해 버린다(Barth,
1980; Bailey, 1983). 또한 새로운 경제질서는 연령과 성별에 따른 사회분열이라
는 중요한 변화를 초래한다. 가령 수공업자의 도제제도(徒弟制度)가 일반성을
상실함에 따라 기능을 습득하기 위하여 스승의 밑에서 노무에 종사하던 어린 직
공들이 감소하였다. 그 대신 의무교육법에 따라 학교교육이 생겨 청소년들이 자
택에 있는 기간이 길어졌다. 그들은 새로운 경제가 필요로 하는 분야를 학교에
서 교육받게 된 것이다.

이렇게 하여 「청춘기」라 불리는 인생기간의 하나가 19세기 말에 출현하여
(Moch, 1983, p. 130) 새로운 청년문화가 형성되었다. 더욱이 도시생활이 보편

화됨에 따라 젊은이의 에너지와 정열에 가치가 부여되어 연령과 경험에 대한 존경이 경시되기에 이르렀다. 더욱 극적인 현상은 가족생활이 재편성되고 여성의 역할에 변화가 일어난 것이다. 여성 노동자계급은 가내수공업의 경제 속에서 주도적 역할로부터 점차 멀어진 반면에, 제조업과 서비스업의 공식부문에서는 종속적인 역할에 머무르게 되었다. 이와는 달리 중산계급의 여성들은 점차 부르주아지의 새로운 라이프 스타일 속에서 주부로서의 역할을 부여받기에 이르렀다.

새로운 공장과 그에 부수된 창고·점포·사무실 등이 최적의 접근성을 갖는 장소를 찾아 입지경쟁을 벌임에 따라 토지이용에 처음으로 본질적 변화가 발생하였다. 토지는 전통적인 사용자집단이 보유하는 것이 아니라 최고의 지대(地代)를 인정하는 이용자의 소유물이 되었다. 공장과 상업지가 확보되면, 그 주변에는 노동자와 그 가족을 거주케 할 다량의 주택지가 출현하였다. 이러한 과정을 거쳐 등장한 새로운 도시구조는 더욱 더 분화가 진전되고, 자택은 이미 직장으로 이용될 수 없게 되었다. 주택지는 위치별 지대에 따라 계급화되었다. 경제력에 따라 새롭게 규정된 사회적 지위는 지대지불능력과 동의어가 되었고, 주거지는 사실상 경제적 지위에 따라 분화되기에 이르렀다.

주택의 규모와 질은 가격과 정비례하며, 가격은 건설업자의 이익과 정비례하는 것이 원칙이다. 그러므로 빈민층을 위한 주택은 최저의 품질로 지대비용(rent cost)을 감당하기 위해 고밀도 건설이 불가피하게 되었다. 이와는 달리 상류층은 도시주변부의 새로운 토지로 이주하였다. 도시중심부에 공장과 창고 등이 침입해 들어오면서 밀려난 부유층은 그 자리를 노동자계급에게 물려주고 그들과 사회적 거리를 두려고 하였다. 19세기 초엽에 도입된 새로운 교통서비스의 도움을 받아 상류층은 투기꾼이 건설한 근교주택으로 이전하였다. 투기꾼들에게 근교주택의 건설은 새로운 시장을 개척한 셈이었다.

그 후, 의료기술의 발달과 공중위생의 개선에 힘입어 인구의 자연증가와 취업기회의 증가에 의한 사회증가가 상승작용하여 도시성장은 가속적으로 진행되었다. 건축기술의 발달에 따라 도시는 수평적으로만 확대되는 것이 아니라 수직적 방향으로도 확대가 가능해졌다. 자본주의 경제의 경기순환과 도시 인프라의 개선에 따라 성장기의 사이클이 만들어져 현대도시에는 근교지대가 도시외곽부에 형성되었다.

　　자본주의의 등장으로 야기된 도시재구조화는 극적인 변화라 할 수 있으며, 그것은 대단히 복잡한 과정이었고 도시발전에 몇몇의 중간적 단계를 설정하면 이해하기 쉬워진다. 발전단계는 각 단계별로 독자적인 사회적 배경을 지니고 있으며, 오늘날 자본주의 도시 속에 형태적·사회적 유산을 남기고 있다. 역사적 시대구분법에 너무 구애받는 것도 위험하지만, 미국도시의 발전단계를 논할 경우에는 Mumford의 시대구분을 채택하는 것이 무난하다. 즉 ① 1820～1870년, ② 1870～1920년, ③ 1920～현재의 3시기가 그것이다(Mumford, 1934; Borchert, 1967; Warner, 1972).

　　이와는 달리 유럽, 특히 영국에서는 시대구분을 ① 1780～1830년, ② 1830년～1920년, ③ 1920～현재의 3시기로 Mumford의 시대구분과 상이하게 설정하였다. 그러나 어떤 지역이라도 도시발전의 시기를 일반화하는 것에는 혼동이 발생할 우려가 있다. 그러므로 본서에서는 자본주의도시의 발전단계를 구분함에 있어서 엄격한 시대구분을 유보하고 일부 중복을 허용하는 시대구분을 채택하기로 한다. 그 구분은 과도기도시, 빅토리아왕조도시, 현대도시의 3시기이다.

2. 과도기의 도시공간구조 [18~19세기 전반]

　　1775년경부터 1850년경까지, 즉 18세기 말엽의 4반세기로부터 19세기 전반에 이르는 기간은 기계의 발명과 증기기관의 발달을 이룩한 시대이다. 그러나 이와 같은 다수의 신기술이 출현했음에도 불구하고 직물업과 제철공업의 일부를 제외하면 기계화된 생산은 극소수였다. 도시발전에 중요한 역할을 한 것은 운하와 철도와 같은 새로운 교통 네트워크였다. 이 교통 네트워크의 영향으로 거대한 광역중심도시가 성장하게 되고, 광역시장과 금융중심지의 주변에 경제의 조직화가 진행된 것이다. 그럼에도 불구하고 과도기에는 대도시라 하여도 컴팩트한 도시에 불과하였다. 대부분의 대도시는 도보로 1시간 이내에 갈 수 있는 규모였다.

　　도시내부의 사업활동은 소규모에 지나지 않았고, 기업의 공간적 수요는 보잘 것 없었기 때문에 작업장과 공장은 도시 내에 분산 입지하는 경향이 강하였으며, 토지이용의 전문화는 유치한 단계에 머물러 있었다. 대도시의 번화가라 할

지라도 그 지구에는 다양한 공장과 작업장이 혼재해 있었다. 예컨대 뉴욕의 워
싱턴 스퀘어와 같은 중심부에 피아노 · 가구 · 초콜릿 · 화물 · 의복 등을 생산하
는 공장이 밀집하여 있었다(Warner, 1972, p. 82).

A. Warnes(1973, p. 180)가 지적한 바와 같이, 이 시기의 모습을 초기 산업화
도시의 구조라고 일반화시키기에는 곤란한 측면이 있다. 그 이유는 외견상 무질
서하다는 것뿐만 아니라 경작가능한 토지와 광산자원 · 수력발전 · 교통시설 ·
경제특화의 정도가 지방마다 상이하다는 점이 강한 영향을 미쳤기 때문이다. 그
러나 당시의 도시가 규칙성이 전혀 없었던 것은 아니다. 과도기의 도시는 소공
업도시와 대상업도시라는 두 유형으로 대별되는 구조를 지니고 있었다.

19세기의 도시를 관찰하였던 J. Kohl은 당시의 도시에서 공통적으로 나타나
는 패턴을 개념화한 모델을 제시하였다. 그의 모델에 의하면, 도시는 수직방향
과 수평방향의 두 방향으로 구조화되어 있다는 것이다. 장소의 효용은 수직방향
에서 각 건물의 1층과 2층이 가장 높으며, 지하층이나 3층 이상으로 갈수록 저
하된다. 그리고 수평적으로는 도심으로부터 거리가 멀어질수록 장소의 효용이

표 5-1 **과도기 산업도시의 주거지역구조**

층수	도심	도심 인접지대	중간지대	주변지대
아래층	전문직 종사자 건물주인 소비재 생산자 (은행가 · 양복 점 · 구두점)	토지 없는 상류층 대도시의 타운하우 스 거주자	가내공업 · 비가내공업 쌍 방의 미숙련 · 반숙련 노 동자. 최근의 이민자를 포 함한 유동성 높은 인구 전형적 고용주: 작업장, 공장, 주물공장, 가스공장, 로프공장, 목재소	토지를 보유한 귀족 · 상류층 자작농, 가내공업주 수력사용 공업노동자 공업노동자(벽돌제조공, 광산노동자, 채석공)
윗층, 지하 실, 마당, 뒤뜰	가정, 점포, 사무 소 등의 종업원	가정부		가정부
시설	종교시설 교육시설	종교시설 교육시설	빈민구제소의 노령자, 빈곤층	

출처: A. Warnes(1973).

저하된다(Peucker, 1968; Berry & Rees, 1969).

이상에서 설명한 Kohl의 관찰에 따르면, 과도기 도시구조의 주요한 특징은 〈표 5-1〉과 같이 요약될 수 있다. 대도시에서는 이러한 원형적 근린은 더 명료한 분위기와 성격을 띠고 있다. 중심부의 도심에서는 작업장·점포·공장·도살장 등의 건물들이 즐비하여 매력 없는 혼합밀집지역을 형성하고 있었다. 이들과 함께 법률·금융·보험업 등의 고급스러운 회사건물도 있었다. 도심으로부터 조금 떨어진 장소에는 부유한 상인·공장주·전문직 종사자의 주택들이 모여 있는 몇몇의 블록으로 구성된 구역이 있었다. 그들은 상승하는 지가를 부담할 능력이 있고 도심이라는 장소성이 갖는 고급스러움과 편리성에 매력을 느낀 것이다.

런던의 벨그라비아, 파리의 퍼부르산노레 거리, 몬트리올의 웨스트마운트, 보스턴의 비콘힐 등의 구역은 오늘날에도 이 시기에 엘리트의 상당수가 소유하고 있던 주택선호의 기념비로 남아있다. 도시가 외곽부로 확대될 경우에 고소득층은 도심 주변의 기성시가지로부터 이전의 부자들이 살던 곳과 동일한 방향을

사진 5-7 ◐ 근대적 도시주택의 원형 타운 하우스

따라 이동해 나아간다(Firey, 1947; Hoyt, 1939; Johnston, 1971).

이러한 고급주택지역(prestigious area) 부근에는 건물 주인이 주택을 방·다락방·지하실 등으로 분할하여 저소득층에게 임대해 주는 근린지구가 있다. 주민들은 도심의 직장 근처에 거주할 필요가 있기 때문에 이런 곳을 찾게 된다. 이 근린지구야말로 빅토리아 왕조시대에 급속히 성장하여 기성시가지의 대부분을 차지하게 된 빈민굴(rookery)의 원조였다.

1837∼1901년에 걸쳐 64년 간 빅토리아 여왕이 통치한 시기에는 18세기 후기에 일어났던 산업혁명이 절정에 이르러 도시는 공장지대가 되어 농촌인구가 도시로 집중되었다. 영국은 산업 및 과학의 발달과 국제무역에 힘입어 세계 최강국이 되었다. 그러나 이곳 주민들은 전산업도시에 형성되었던 직업구역(occupational district)의 계승자였다. 사실 가장 급속하게 성장하는 도시에서는 공업지대의 바깥쪽을 이민노동자주택인 빈민가(shanty-town)가 에워싸고 있다(Ward, 1971). 그러므로 과도기의 대도시는 Sjoberg의 전산업도시 패턴과 유사한 공간구조를 보이고 있었다. 그러나 대부분의 경우, 과도기 도시의 프롤레타리아 계급은 중산층과 자리를 바꾸면서 도시전역에 걸쳐 임대주택에 거주하였다.

전원형 귀족들이 도시형 귀족으로 바뀌면서 도시내부에 중산층 이상의 계층이 증가하기 시작하였다. 오랜 동안 전원의 넓은 저택에 익숙해 있던 그들은 도시의 협소한 주택에 거주하기를 꺼려했으며, 그들의 신분에도 맞지 않는다고 생각하였다. 그 결과, 동일한 계층이 모여 사는 형태, 즉 수십 호의 주택들이 집단을 이루어 하나의 커다란 건물을 이루고 외부공간을 공유하는 프랑스식의 주거유형을 강구하게 되었다. 이러한 상황을 배경으로 하여 런던을 중심으로 테라스하우스(terrace house)라 불리는 상류층의 타운 하우스(town house)가 속속 건설되었다.

상류층의 주거유형으로 건설되기 시작한 타운 하우스는 산업혁명기를 거치면서 중산층은 물론 서민층에 이르기까지 광범위하게 적용되었다. 오늘날 대부분의 영국도시와 미국의 여러 도시에서 흔히 볼 수 있는 타운 하우스가 일반화되는 계기가 마련된 셈이다. 이는 도시형 연립주택의 효시이며 근대적 도시주택의 원형이라고 할 수 있다. 타운 하우스의 건설을 통해 종래 직주겸용의 주거양

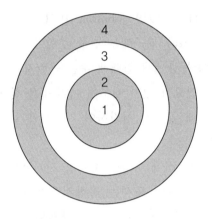

1. 도심
2. 부르조아 주거지역
   (고급주택지)
3. 공업지역
4. 이민자 주거지역
   (저급주택지)

그림 5-12 과도기(18~19세기 전반)의 도시공간구조

식이 완전히 사라졌고, 또한 건물이 격자형 가로망에 질서있게 자리함으로써 도시구조의 효율성을 높일 수 있게 되었다.

중산층과 중산층 지도자의 출현과 발전은 사회로 하여금 원시적이며 농업적 조건을 버리고 산업적 도시발전이라는 미지의 목표를 추구하는 이유에 다름 아니다. 중산층 혹은 중류계급은 기존의 권력구조인 봉건적 또는 식민지적 권력구조에 도전하는 개혁의 창시자들을 양산한다. 사회계층의 재편성은 도시화과정의 부산물이며 도시이론의 구성요소 중 하나이다. 또한 중산층의 양산을 지향하는 사회계층의 재편성은 사회발전의 동력이 된다. 도시는 단지 산업의 요구에만 응하는 것이 아니라 중산층의 사회적 요구에 응하는 존재로 이해할 수 있다.

[그림 5-12]에서 보는 것처럼 과도기의 도시구조는 도심 주변에 부르주아 주거지역이 위치하고 그 외측에 공업지역과 이민자 주거지역이 분포하는 패턴을 이루었다. 이와 같은 공간구조는 엄밀하게 볼 때 Sjoberg의 이론과 대응하는 것이다. 그러나 이 시기는 부유층의 주거지역이 중심부로부터 도시외곽으로 탈출하는 과도기에 해당하며 노동자주택과 혼재하고 있으므로 Sjoberg의 모델과는 상이하다.

3. 빅토리아 시대의 도시 [19세기 후반]

빅토리아 시대의 도시는 이 시기에 발생한 경제 · 사회 · 인구의 대변화의 산물로 이해될 수 있다. A. Briggs(1968, p. 16)에 의하면, "빅토리아 시대의 도시는 빅토리아 시대의 눈부신 성과이며, 규모는 매우 컸으나 비전은 밝지 못하였다. 많은 기회를 창출하였지만 여러 문제를 낳았다."고 술회하였다. 19세기 후반까지의 도시는 공간적 범위 · 조직적 복잡성 · 인구성장 · 이동수준 · 기술 · 문화 등의 여러 측면에서 극적인 변화를 보였다. 이들 중 지리적 변화에 대하여 설명하면 다음과 같다.

고급주택지는 도시의 근교 또는 원교에 입지하는 경우가 많아졌고, 도심에 가까운 높은 지가의 토지일지라도 저밀도를 유지하였다. 도심으로부터 멀리 떨어진 경우라 할지라도 교통이 편리한 토지에 여유 있는 밀도를 유지하도록 건설되었다. 주거지분화는 가난한 저소득층들을 도심 근처의 게토에 모여 살게 만들었고, 격심한 사회적 이동은 주택여과(residential filtering)의 효과로 이어졌다.

사진 5-8 ◐ 런던의 중심부

바로 이 시기에 CBD는 도시경제와 문화활동의 중추가 되었고, 공업지역과 교통로는 대도시의 주택지역을 고급 · 중급 · 저급으로 분할시켰다(Conzen, 1980, p. 122).

이러한 도시발전의 전 단계에서 중심에 있었던 것은 과거 유례를 찾아 볼 수 없을 정도의 급속한 도시성장률이었다. 그것은 산업화의 기회와 수요에 부응한 이민유입의 사회증가가 도시발전의 계기로 작용한 결과이며, 인구학적 변화로부터 비롯된 인구의 자연증가로 더욱 심화되었다(Lees and Lees, 1976; Vance, 1977; Lamberd, 1983). 1801년에 이미 인구 90만 명의 상업도시가 된 런던은 별개로 치더라도, 영국의 지방도시는 사상 처음으로 상술한 인구학적 변화를 경험하였다.

1821~1831년간에 맨체스터 · 리즈 · 글래스고 · 리버풀 · 버밍엄 등의 도시는 모두 45~65%에 달하는 놀라운 성장률을 보였다. 이와 같은 증가율은 20년간 지속된 후에야 조금씩 낮아졌다. 이들 도시 중 일부는 1851년까지 코너베이션(연담도시화)으로 성장하였다. 한편, 런던은 인구규모가 250만 명에 달하였고, 잉글랜드와 웨일스 인구의 반수 이상은 도시(urban)로 분류되는 취락에 살게 되었다(Lawton, 1983). 런던은 1881~1891년의 10년간에 최고의 인구증가율을 보였고, 1911년의 인구는 약 500만 명에 달하였다(Briggs, 1968).

영국 이외의 유럽 여러 나라와 북미에서는 영국도시에 필적할 만한 도시성장률은 조금 늦게 출현하였으나 후기 빅토리아 시대에 집중적으로 나타났다. 미국의 경우, 2.5만 명 이상의 도시에 거주하는 인구의 총인구에 대한 비율은 1860년에 12%에 불과하였으나, 1920년에는 36%로 상승하였다(Ward, 1971). 산업혁명이 일어나던 영국에서 혁명의 진원지가 되었던 도시를 충격도시(shock city)라 부르는데, 전기 빅토리아 시대의 충격도시는 맨체스터였다. 미국의 경우, 1860년대와 1870년대에 충격도시의 역할을 수행한 곳은 시카고였다. 시카고의 인구는 1850년에 3만 명에도 미치지 못하였으나, 1870년에는 30만 명 가깝게 성장하였다.

변화의 배후에는 상업경제의 확대와 공업화라는 원동력이 있었다. 빅토리아 시대의 사람들은 노동력을 공장의 생산체제 속에 조직화하고 노동분업과 규모경제의 장점만을 추구하였다. 공장의 시계에 묶이고, 기계의 필요에 따라 제약을 받는 새로운 생활의 리듬이 생겨남과 동시에 새로운 사회경제관계가 출현하였다(Thompson, 1967; Gordon, 1984). 공업기술이 복잡화하고 생산규모가 확대됨에 따라 소유권과 관리의 집중화가 요구되었다. 즉 기업의 회계를 보고 문서를 처리하며 시시각각 변화하는 시장조건에 기업가가 대처하기 위한 정보를 제공하는 사무직과 하청업자의 무리가 등장하기 시작한 것이다. 이렇게 탄생한 제3의 계급이 중산층(middle class)인 것이다. 그들의 구매력·주택선호·도시에 대한 태도 등이 도시사회에 지대한 영향력을 미치게 되었다(Friedrichs, 1978).

　도시의 토지이용은 사회경제조직이 변화하는 압력에 대응하여 고도로 전문화하였다. 공업·업무·주택 등의 부문은 토지이용에서 가장 적절한 지대를 부담할 수 있는 능력에 따라 각기 공간적으로 분화되었다. 도시의 공간적 범위가 확장함에 따라 천이(succession)와 분화(segregation)라는 서로 관련된 공간과정이 도시학자들에 의해 발견되었다. 즉 도심 또는 CBD에서는 비주거목적의 공간이용에 대한 수요가 증대됨에 따라 상업·업무지구로 특화되는 제1분화가 일어나고, 제2분화는 부유층의 근교로 이동하는 천이가 발생하며, 제3분화는 구시가지에 해당하는 기성시가지(inner city)로 노동자계급이 집중되는 천이를 가리킨다. 바로 이와 같은 과정을 거쳐 현대도시의 골격이 빅토리아 시대에 완성된 것이다.

　N. S. B. Gras(1922)는 유럽과 북미 도시의 CBD가 1800년대 중엽부터 식료품점·의류점·금융 등의 시설이 증가하면서 형성되기 시작하였으나, 여기에 행정시설을 비롯한 소매상과 도매상점이 입지하던 1900년대 전반에 CBD의 구조가 확정되었음을 확인하였다(그림 5-13).

　빅토리아 시대의 사람들이 자신들의 도시를 보고 가장 당황했던 것은 사회적 계층화현상이 현저했다는 사실일 것이다. 이것이 가장 현저했던 도시는 전술한 것처럼 빅토리아 시대 초기의 「충격도시」인 맨체스터였다. 당시의 맨체스터는 상이한 계층의 주거지 사이에 높은 담을 쌓아 분리하여 거주하고 있었다. 오늘날에는 주거지역의 차별화를 생태학적으로 설명하므로 segregation을 '분화'라 번역하지만, 빅토리아 시대의 그것은 다분히 인위적이었으므로 '분리'라 번역해도 무방할 것이다.

　주거지역의 공간적 분화에 관한 가장 유명한 요약적 분석은 맨체스터에 관

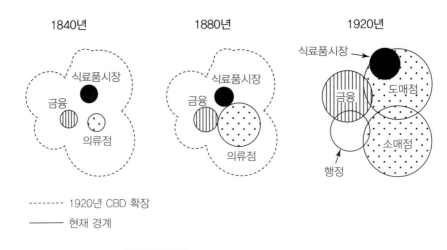

출처: K. T. Jackson and S. K. Schultz(1972), p. 170에서 재인용.

한 F. Engels(1844)의 연구일 것이다. 그것은 그의 저서 『잉글랜드 노동자 계급의 상황』으로, 친구였던 K. Marx가 이론을 정립함에 있어 도움을 제공한 것이다. Engels가 설명한 공간구조는 당시의 또 다른 학자에 의해 대부분의 내용이 인정을 받았다. 즉 Faucher는 상점·창고 등으로 구성된 도심을 둘러싼 공장·기계 조립장 지대 사이에 입지한 철도의 종착역 역할을 강조하면서 동심원 패턴이 주요 도로를 축으로 형성되어 있음을 지적하였다. 그리고 Marr는 주요 교통로를 따라 공업지역이 선형(sector)으로 발달되고 있음을 강조하였다.

이처럼 동심원 패턴이 공업지역의 선형 축에 의해 왜곡되는 도시의 공간구조가 빅토리아 시대 대부분 도시의 전형적인 모델이었다(그림 5-14). 1900년까지 런던은 대부분의 시민이 주거를 포기한 도시의 핵심부와 그 주변을 둘러싸고 있는 4개의 동심원지대로 파악될 수 있는 구조를 이루었다. C. Booth(1903)의 저서 『런던 시민의 생활과 노동』에서 일련의 사회지도(social map)를 게재하였는데, 이 지도 속에 4개의 동심원지대가 명확하게 명시된 바 있다.

북미의 도시 역시 동심원 패턴으로 설명되는 공간구조를 갖고 있으나, 동심원 못지않게 섹터패턴이 중요하게 인식되었다. 미국에서는 시카고가 미시간호라는 자연적 제약이 있으나 전형적인 도시였다. 사실, 20세기 초부터 수십 년간

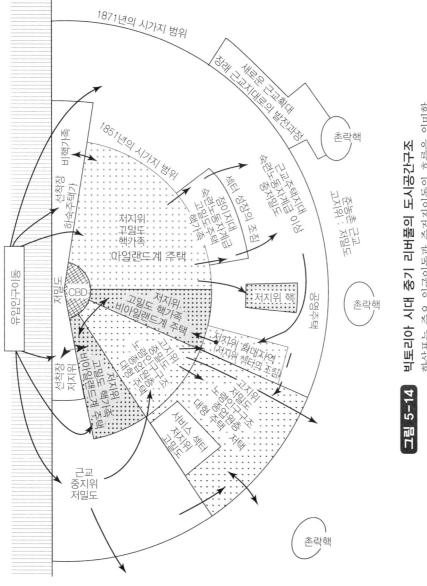

그림 5-14 빅토리아 시대 중기 리버풀의 도시공간구조

화살표는 주요 인구이동과 주거지이동의 흐름을 의미함.

출처: W. Dodgshon and R. A. Butlin(1978), p. 352.

에 걸쳐 시카고의 도시사회는 도시지리학자·도시사회학자에게 이상적인 이론의 온상이며, 모델이고, 도시의 사례와 이념의 원천이었다(Robson, 1975, p. 4). 시카고에서는 동심원도 섹터도 명확한 구조를 지니고 있었다. 그 요인은 이민노동자의 대량유입 효과에 기인한 동심원구조와 도심으로부터 외곽으로 뻗어나간 방사상의 철도발달에 따라 공업지대의 형성에 기인한 선형구조가 복합된 것에서 찾을 수 있다(Warner, 1972).

이와 같이 정리된 도시구조의 이미지는 오해를 불러일으킬 가능성이 있다. 많은 사례연구에서 지대(zone)와 섹터(sector)를 명확히 구별할 필요가 제기된 바 있다(Dennis, 1984). 지대와 섹터는 19세기 도시의 누적적 발달과정을 거쳐 태어난 패턴임에 분명하지만, 빅토리아 시대의 도시는 정태적 모델이 아니라 동태적 모델로 이해하는 것이 더 정확할 것이다. 그로부터 도출되는 결과는 오히려 변화하는 존재로서 인식되어야 하는 도시이다.

빅토리아 시대 토론토를 상세하게 분석한 P. Goheen(1970)에 의하면, 빅토리아 시대 초기 및 중기의 도시는 빅토리아 시대 후기의 도시와 상이하며, 그것은 계급분열의 특성이 바뀌었다는 사회적 변화보다도 오히려 그 분열이 지도상에 표시될 만큼 지리적 변화 쪽이 크다는 사실이다. 그리고 또 하나 주목할 만한 사실은 D. Ward가 지적한 것처럼 각 사회적 계급 간의 주거지분화 정도가 현대적 수준까지 이르게 된 것이 빅토리아 시대 후기에 들어와서의 일이라는 것이다(Ward, 1975; 1980; 1983).

4. 현대도시 [20세기]

지금까지 본 장에서 설명한 봉건제도의 붕괴에 따른 도시공간구조의 변화를 비롯하여 전자본주의 도시·과도기 도시·빅토리아 시대의 도시에 관한 도시공간구조의 문제점을 파악한 것처럼 현대도시구조의 변화에 대하여 요약해 보는 작업도 중요한 의미를 갖는다. 19세기 후반까지의 도시와 마찬가지로 현대도시 역시 경제조직의 산물로 간주할 수 있으며, 도시공간구조의 변화는 그 속에 내재하고 있는 사회적 관계의 반영이라 할 수 있다. 또한 도시공간구조는 교통수단의 종류에 따라 형성되는 존재일 뿐만 아니라 시대의 지배적 정신으로부터 비

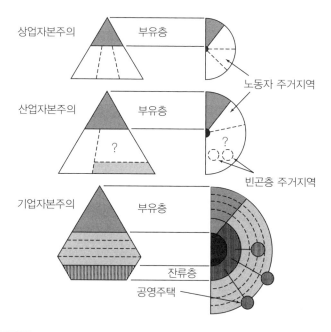

그림 5-15 전산업자본주의 · 산업자본주의 · 기업자본주의의 도시공간구조

출처: D. Ward(1983).

롯되어 온 공공정책의 유무와 개인의 라이프스타일에 따라 끊임없이 변형되는 존재인 것이다.

그러나 오늘날에는 19세기 산업혁명의 발흥에 필적할 만한 경제조직 단독의 격심한 변화는 존재하지 않는다. 오히려 대량소비를 위한 생산확대 기술의 지속적인 진보, 생산활동의 입지를 자유롭게 하는 새로운 교통수단, 도시근교의 저밀도 개발을 가능케 하는 개인 이동수단 등에 의해 더욱 복잡한 변화가 초래되고 있다. 이와 동시에 선진국 경제의 많은 부분이 농업 · 광업 · 중공업으로부터 서비스 공급 · 글로벌 비즈니스의 조직화 · 공공재와 사회복지 서비스의 관리공급 등의 부문으로 구조전환을 경험하기에 이르렀다. 이러한 변화의 결과, 경제적 안정성과 사회적 유동성은 높아지고 계층적으로 분화된 노동력이 생겨났으며, 그 가운데에서도 「신중산층」 혹은 「하급중산층」이라 불리는 노동력이 점차 중요성을 더하였다.

이처럼 현대의 「탈공업화 자본주의」 혹은 「기업자본주의」는 보다 작은 형태의 프롤레타리아를 필요로 하고 있다. 그러나 한편으로 도심의 외곽지역에 달라붙어 있던 가난한 세대의 잔류층이 상당수 그대로 남겨져 있음은 분명한 사실이다. 그들의 대다수는 도심을 둘러싼 기성시가지 또는 이심화한 도시근교의 공공주택에 집중적으로 거주하고 있다(그림 5-15).

　현대도시는 극단적인 형태의 새로운 도시화를 만들어내고 있다. 그것은 메갈로폴리스(megalopolis), 연담도시화(conurbation), 도시 다권역(urban realms) 등이다. 이러한 형태의 도시들은 다수의 저밀도 취락과 고도의 재화 및 서비스의 생산과 소비를 촉진하는 공공·민간 부문의 복잡하고 특화된 네트워크를 가진 존재이다. 메갈로폴리스는 프랑스 출신 지리학자 J. Gottmann(1957), 연담도시화는 사회생물학자 P. Geddes(1915)와 지리학자 C. B. Fawcett(1932), 「도시 다권역」은 J. E. Vance(1964)가 제안한 용어이다. 스웨덴의 지리학자 N. Björsö는 연담도시화와 차별화되는 보완도시화(interurbanization)란 용어를 제시하였다. 연담도시화는 별개로 성장한 다수의 도시가 팽창하여 시가지가 서로 연담되는 것을 뜻하는데 비하여, 보완도시화는 인접한 별개의 도시들이 서로 보완적 관계를 맺고 있는 경우의 연담도시화를 의미한다.

　Gottmann이 고안해 낸 메갈로폴리스는 미국 동부 연안의 보스턴으로부터 뉴욕·필라델피아·볼티모어를 거쳐 워싱턴에 이르는 도시화지대를 지칭하는 것이다. 이 지대는 북미에서 역사적으로 일찍부터 도시화된 지역으로 도시와 농촌의 구별이 어려운 미국 최대의 인구집중지역이다. 이 지대는 다수의 거대도시가 연속적으로 분포하여 다핵구조를 이루며 각종 도시활동이 집중되어 있고 미국 전체에 대한 영향력이 매우 크다. 메갈로폴리스는 샌프란시스코로부터 로스앤젤레스에 이르는 미국 태평양연안 메갈로폴리스, 밀워키와 시카고로부터 디트로이트와 피츠버그에 이르는 미국 오대호연안 메갈로폴리스, 리버풀·맨체스터·셰필드·리즈로부터 버밍엄을 거쳐 런던과 그 주변부에 이르는 잉글랜드 메갈로폴리스, 도쿄에서 나고야를 거쳐 오사카에 이르는 도카이도[東海道] 메갈로폴리스 등이 있다.

　현대도시와 메갈로폴리스의 내부에서는 도시적 생활의 패턴이 집중화와 분산화라는 두 종류의 상호 모순되는 힘에 의해서 형성되고 있다. 그것은 바로 C. C. Colby(1933)가 지적한 원심력(centrifugal force)과 구심력(centripetal force)을

사진 5-9 ◐ 도쿄의 신주쿠 부도심

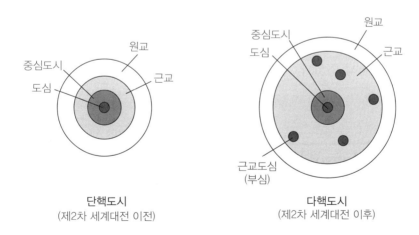

단핵도시
(제2차 세계대전 이전)

다핵도시
(제2차 세계대전 이후)

그림 5-16 도시공간구조의 변화

출처: T. A. Hartshorn(1995).

가리킨다. 이들의 작용에 따라 정치·경제적 권력은 CBD에 집중하고 상점과 사무실의 입지가 자유스러워짐에 따라 직장의 분산화가 진행되었다.

[그림 5-16]에서 보는 것처럼, 제2차 세계대전 이전의 비교적 단순한 도시구조는 세계대전 이후의 다핵도시(polycentric city)와 뚜렷한 대조를 이룬다. 자동차의 보급으로 도시에는 2~4개의 부도심이 형성되었다. 특히 일본의 대도시에는 부도심이 잘 발달되어 있다. 이 부도심들은 각각 과거 기존의 도심과 연관되었던 중심지기능을 놓고 우열을 다투게 되었다. 도쿄의 부도심 중 신주쿠는 도심에 버금가는 중심지기능이 집적되어 있으며 어떤 시기에는 도심의 긴자[銀座]보다 지가가 비싼 경우도 있을 정도이다.

시민의 평균임금이 상승함에 따라 자동차보급으로 도시공간의 주거지역구조가 변화를 겪게 되었다. 도시내부의 토지이용은 차츰 특화되거나 분화되어 나아갔다. 이러한 변화가 결국에는 일상적인 인간활동의 패턴에 혁명을 가져왔다. 부유층은 쇼핑·여가·사교 등의 기회를 자유롭게 확대하면서 현대도시가 창출한 이익을 향유할 수 있게 되었다. 이와는 대조적으로 빈곤층으로 도시의 새로운 기회공간으로부터 물리적·경제적으로 멀어지게 되었고, 미숙련 노동자는 가난의 굴레에서 벗어나기 어려워졌다. 이 굴레에는 열악한 주택·비위생·낮은 교육수준·제한된 취업기회·저임금·실업 등의 요인이 작용하여 박탈과 사회병리 환경을 낳고 있다.

04 ▶ Alonso와 Schnore의 도시발달이론에 대하여

1. Alonso의 역사·구조이론

W. Alonso(1964)는 「도시형태의 역사·구조이론」이란 연구에서 미국도시들의 사례연구를 통하여 도시확대에 관한 고전적 모델을 제시하였다. 즉 도시주변부의 확대패턴은 침입-천이과정을 통하여 결정된다는 것이다. Alonso는 도시확대의 패턴을 역사이론(historic theory)과 구조이론(structural theory)으로 나누어

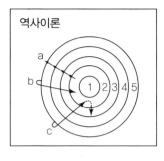

역사이론

a: 1950년대까지 지속적
　유출.
b: 재개발로 인한 재유입.
c: 중심부 유입의 지속.
　새로운 재개발지를
　찾아 이동.

구조이론

a: 도시외곽으로 이동.
b: 유출된 인구가 선별적
　으로 유입(독신 · 핵가족 등).
c: 모든 지대에 고층 아파트
　발생.

그림 5-17　미국 도시성장의 역사 및 구조이론

설명하였다(그림 5-17).

먼저 역사이론에서는 도심으로부터 도시외곽을 향한 인구유출이 1950년대까지 지속되었음을 설명하고 있다. 이는 도심 일대의 주거환경이 악화됨에 따라 사회적 여과과정(social filtering process)을 거쳐 단계적으로 외곽지대로 이동하는 현상을 의미한다. 이에 따라 도심인구의 공동화현상이 발생함은 물론이다. 도심을 중심으로 한 기성시가지에 대한 활성화를 위하여 재개발사업이 전개되면 원심력을 받아 외곽지대로 빠져나갔던 일부 시민이 새로운 주거공간의 확보로 재유입된다.

도심의 점이지대에 대한 재개발사업이 마무리 되면, 그 다음에는 노동자들의 주거지역인 저급주택지대로 새로운 재개발사업이 확대된다. 기성시가지의 재개발사업은 악화된 주거환경의 회복으로 새로운 수요자를 불러들인다. 중산층 내지 고소득층의 도시회귀는 사람뿐만 아니라 자본의 회귀를 수반하기 마련이다. 이에 따라 중 · 고급주택지 주변에는 그것에 어울리는 상점 · 식당 · 레저시설이 입지하게 된다.

한편, 구조이론에서도 전술한 역사이론과 동일한 내용이 기술되고 있다. 다만 도심으로부터 도시외곽을 향한 유출로 인하여 도시가 확대되지만, 여기에 개인의 취향·선호·라이프 스타일이 반영된다는 사실을 구조이론에서 강조하고 있다. 구체적으로, 도심 일대의 거주자는 주거환경의 악화로 대부분 근교로 이동하지만, 일단 유출된 인구가 전부 도심으로 회귀하는 것이 아니라 선별적으로 유입된다는 것이다. 그들은 독신으로 살아가는 여피족이거나 핵가족이며 한 곳에 정착을 못하는 떠돌이 인간들도 섞여 있다. 여피족(Yuppie)이란 젊은(young), 도시(urban), 전문직(professional)의 머리글자를 딴 YUP에서 나온 용어로 신세대 가운데 고등교육을 받고 도시근교에 살며 전문직에 종사하는 젊은 이들을 가리킨다. 1970년대 이후에 등장한 여피족은 베이비붐으로 가난을 모르고 태어난 높은 수입을 보장받고 있으며 인생관·가치관·라이프 스타일이 기성세대와 사뭇 다르다.

이와 같은 침입·천이과정의 결과로 점이지대로부터 도시외곽의 근교에 이르기까지 고층아파트가 발생한다. 핵가족과 여피족은 사회적 동질감에 중점을 두는 전통적인 규범보다는 오히려 개인적인 밀실과 프라이버시에 더 큰 가치를 부여하고 있으므로 아파트를 선호하는 경우가 많다.

이상에서 설명한 역사이론과 구조이론은 도시의 확대패턴을 침입·천이 과정으로 설명하였다는 점에서 동일하다. 두 이론은 모두 도시확대가 인구성장을 수반하는 것으로 설명하고 있으며, 기동력이 떨어지는 노인세대는 도심 부근에 머물러 거주하는 경향을 지적하고 있다.

2. Schnore의 도시구조발달 모델

L. F. Schnore(1964, p. 76)는 「도시의 공간구조」라는 그의 연구에서 G. Sjoberg의 전산업도시(pre-industrial city)와 E. W. Burgess의 동심원지대이론에 입각하여 남미도시를 분석하였다(Schnore, 1965). 그의 모델에 의하면, 도시의 공간구조는 과학기술과 사회·경제적 조직의 차이에 따라 상이하다는 것이다. 구체적으로, 도시구조는 전산업시대에서 산업시대로 전환되면서 변화하였으며 산업도시가 비대해져 메트로폴리스로 성장함에 따라 다시 한번 변화를 거친다는 내용

사진 5-10 ✿ 재개발이 완료된 신시내티의 점이지대

이다(그림 5-18).

먼저 전산업도시의 경우는 세포상 구조를 띠고 있었으므로 각각의 세포가 독자적 기능을 하기 위해 복합적 기능을 보유하고 있었다. 이에 따라 중심도시 이외의 지역은 다수의 지방중심지를 보유하게 되며, 각 중심지는 상업중심지로서의 성격이 약하다. 전산업시대에는 중심지에 영주 및 귀족의 주거지대 위치하고 저급주택지대가 외곽부에 배열된다. 그리고 인구는 중심부로부터 외곽부로 향함에 따라 밀도가 급격히 낮아지며 분포한다.

전산업도시가 산업도시로 바뀌면서 경제적 요인이 도시구조에 가장 중요한 영향을 미치게 된다. 즉 도시공간은 도심으로부터의 접근성에 따라 가치가 좌우된다. 다시 말해서 접근성의 차이에 따라 지대 및 지가가 결정되며, 지대지불능력의 차이에 따라 기능적 분화가 발생한다. 도시의 중앙부에 형성된 도심은 단일한 중심지로서 상업중심지의 성격이 강하다. 산업시대에 들어오면서 도심을 중심으로 점이지대, 저급주택지대, 중급주택지대, 고급주택지대의 순으로 배열된다. 이와 같은 도시구조의 변화에 대해서는 본장의 제2절에서 이미 설명한 바

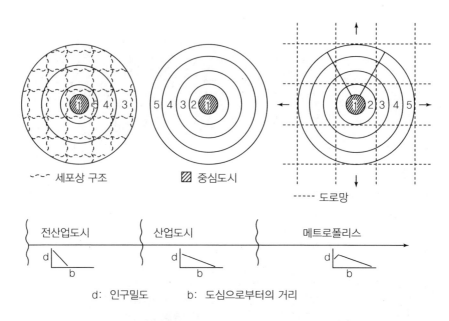

d: 인구밀도   b: 도심으로부터의 거리

그림 5-18 **도시공간구조의 발달모델**

출처: L. F. Schnore(1965).

있다. 그리고 인구는 중심부로부터 외곽부로 향함에 따라 밀도가 완만하게 낮아
지며 분포한다.

산업도시가 더욱 성장하여 메트로폴리스를 형성하게 되면 시가지의 평면적
확대가 이루어져 인구는 더욱 광역적으로 분포하게 된다. 도시 고속도로는 도시
외곽지대의 개발을 촉진하여 근교화가 급속하게 진행된다. 이에 따라 접근성의
향상으로 주요 결절점에 다수의 제2차적 중심지가 형성되며, 도심의 기능은 상
대적으로 약화된다. 구심력보다 원심력이 강하게 작용하면서 도심인구는 감소
하여 공동화현상이 발생한다.

참│고│문│헌

남영우(1999), "터키 아나톨리아의 先史聚落 차탈휘위크," 한국도시지리학회지, 2
　　(2), 47~59.
＿＿＿(2003), "이탈리아 고대도시 폼페이의 도시구조," 한국도시지리학회지, 6
　　(2), 9~29.
＿＿＿(2011), 『지리학자가 쓴 도시의 역사』, 푸른길.
장준호 편역(2006), 『도쿄 도시계획 담론』, 구미서관.

高橋伸夫・菅野峰明・村山祐司・伊藤 悟(1997), 『新しい都市地理學』, 東洋書林,
　　東京.
國松久彌(1971), 『都市地域構造の理論』, 古今書院, 東京.
木內信藏(1979), 『都市地理學原理』, 古今書院, 東京.
岩田經男(2000), 『ローマ時代イタリア都市の研究』, ミネルヴァ書房, 京都.
田邊健一(1955), "仙台市の地域構造," 都市計畵, 3(4), 12~19.
＿＿＿(1979), 『都市の地域構造』, 大明堂, 東京.
服部二朗(1969), 『大都市地域論』, 古今書院, 東京.
山口惠一朗(1970), Urban land use maps in Japan, Japanese cities: a geographical
　　approach, *Association of Japanese Geographers*, 79~83.
阿部和俊(2003), 『20世紀の日本の都市地理學』, 古今書院, 東京.
矢守一彦(1970), 『幕藩社會の地域構造』, 大明堂, 東京.
＿＿＿(1970), 『都市プランの研究』, 大明堂, 東京.
＿＿＿(1972), 『城下町研究ノ學ブ』, 古今書院, 東京.
＿＿＿(1972), 『城下町』, 學生社, 東京.
靑山和夫・猪 健(1997), 『メソアメリカの考古學』, 同成社, 東京.

Alonso, W.(1964), The Historic and Structural Theories of Urban Form: Their
　　Implications for Urban Renewal, *Land Economics*, 40, 227~231.
Ayeni, B.(1979), *Concepts and Techniques in Urban Analysis*, Croom Helm, London.
Bailey, P.(1983), Sport and the Victorian City, *Urban History Review*, 12, 71~76.
Barth, G.(1980), *City People: The Rise of Modern City Culture in Nineteenth Century
　　America*, Oxford University Press, New York.

Berry, B. J. L. and Rees, P. H.(1969), The Factorial Ecology of Calcutta, *American Journal of Sociology*, 74, 455~491.

Booth, C.(1903), *Life and Labour of the People of London*, Macmillan, London.

Borchert, J. R.(1967), American Metropolitan Evolution, *Geographical Review*, 57, 301~332.

Briggs, A.(1968), *Victorian Cities*, Penguin, Harmondsworth.

Colby, C. C.(1933), Centrifugal and centripetal forces in urban geography, *Annals of the Association of American Geographers*, 23, 1~20.

Collins(2003), *Past Worlds: Atlas of Archeology*, Borders Press, Ann Arbor.

Conzen, M. P.(1980), The morphology of nineteenth century cities in the United States, in W. Borah, J. Hardoy and G. A. Steller(eds.), *Urbanization in the Americas The Background in Comparative Perspective*, National Museum of Man, Ottawa, 119~142.

Dennis, R.(1984), *English Industrial Cities of the Nineteenth Century: A Social Geography*, Cambridge University Press, Cambridge.

Dodgshon, W. and Butlin, R. A. eds.(1978), *An Historical Geography of England and Wales*, Academic Press, London.

Engels, F.(1844), *The Condition of the Working Class in England*, Panther, London(reprint 1969).

Fawcett, C. B.(1932), The Distribution of the Urban Population in Great Britain in 1931, *Geographical Journal*, LXXIX, 100~116.

Firey, W.(1947), *Land Use in Central Boston*, Harvard University Press, Cambridge, Mass.

Friedrichs, C. R.(1978), Capitalism, mobility and class formation in the Early Modern German city, in P. Abrams and E. A.Wrigley(eds.), *Towns in Societies*, Cambridge University Press, Cambridge, 187~214.

Geddes, P.(1915), *Cities in Evolution, reprinted in 1947*, J. Tyrwhitt(ed.), Williams & Norgate, London.

Giddens, A.(1981), *A Contemporary critique of historical materialism*, Routledge, London.

Goheen, P.(1970), *Victorian Toronto, 1850 to 1900*, Research Paper No.127, Department of Geography, University of Chicago, Chicago.

Gordon, D. M.(1984), Capitalist development and the history of American cities, in W.K. Tabb and L. Sawers(eds.), *Marxism and the Metropolis*, Oxford University Press, New York, 21~53.

Gottman, J.(1961), *Megalopolis*, Twentieth Century Fund, New York.

Grahame, M.(1995), *The House of Pompeii: Space and Social Interaction*, Ph. D. thesis, University of Southamton.

Gras, N. S. B.(1922), The Development of the Metropolitan Economy in Europe and America, *American Historical Review*, XXVII, 695~708.

Haverfield, F.(1913), *Ancient Town Planning*, Oxford University Press, Oxford.

Hartshorn, T. A.(1995), *Interpreting the City: An Urban Geography*, John Wiley & Sons, New York.

Herbert, D.(1974), *Urban Geography: A Social Perspective*, Praeger Publishers, New York.

Hoyt, H.(1939), *The Structure and Growth of Residential Neighbourhoods in American cities*, Federal Housing Administration, Washington, D.C.

Jacson, K. T. and Schultz, S. K.(1972), *Cities in American History*, Knopf, New York.

Johnston, R. J.(1971), *Urban Residential Patterns: An Introductory Review*, Bell, London.

Jones, E.(1980), London in the early seventeenth century: an ecological approach, *London Journal*, 6, 123~133.

Lampard, E.(1983), The nature of urbanization, in D. Fraser and A. Sutcliffe (eds.), *The Pursuit of Urban History*, Arnold, London, 3~53.

Laurence, R.(1994), *Roman Pompeii*, Routledge, London.

Lawton, R.(1983), Urbanization and population change in nineteenth-century England, in J.Patter(ed.), *The Expanding City*, Academic Press, London, 179~224.

Lee, A. and Lee, N.(1976), *The Urbanization of European Society in the Nineteenth Century*, D. C. Heath, Lexington, Mass.

Lefebvre, H.(1991), *The Production of Space*, Oxford University Press, Oxford.

Lupton, J. and Mitchell, G. D.(1954), *Neighbourhood and community*, Liverpool University Press, Liverpool.

Maiuri, A.(1930), Studi e ricerche Sulla fortificazione di Pompei, *MonAnt*, 33, 113~290.

Moch, L. P.(1983), *Paths to the City*, Sage, Beverly Hill.

Morris, A.(1994), *History of Urban Form*, Longman, Harlow.

Mumford, L.(1934), *Technics and Civilization*, Routledge, London.

Pacione, M.(2006), *Urban Geography: a global perspective*, Routledge, London.

Pasztory, E.(1997), *Teotihuacan: An Experiment in Living*, University of Oklahoma Press, Norman.

Peucker, T. K.(1968), Johaan Georg Kohl, a theoretical geographer of the nineteenth century, *Professional Geographer*, 20, 247~250.

Radford, J. P.(1979), Testing the model of the pre-industrial city: the case of antebellum Charleston, South Carolina, Transactions, *Institute of British Geographers*, 4, 392~410.

_____(1981), The Social Geography of the nineteenth century US City, in D. T. Herbert and R. J. Johnston(eds.), *Geography and the Urban Environment*, Vol. Ⅳ, Wiley, Chichester, 257~293.

Raper, R. A.(1977), The Analysis of the urban structure of Pompeii: a sociological study of land use, in D. Clarke (ed.), *Spatial Archaeology*, Pion, London.

Robon, B. T.(1975), *Urban Social Areas*, Oxford University Press, London.

Rossi, A.(1982), *Architecture and the City*, Cambridge, Mass.

Scargill, D. I.(1979), *The Form of Cities*, Bell & Hyman, London.

Schnore, L. F.(1964), Spatial Structure of Cities, *American Journal of Economics and Sociology*, 23, 241~248.

_____(1965), *The Urban Scene*, The Free Press, New York.

Sjoberg, W.(1960), *The pre-industrial city, past and present*, The Free Press, Glencoe, Illinois.

Sugiyama, S.(1993), Worldview Materialized in Teotihuacan, Mexico, *Latin American Antiquity*, 4, 103~129.

Thompson, E. P.(1967), Time, work discipline and industrial capitalism, *Past and Present*, 38, 56~97.

Vance, J. E. Jr.(1964), *Geography and Urban Evolution in the San Francisco Bay Area*, Institute of Governmental Studies, University of California Press, Berkeley.

_____(1971), Land assignment in pre-capitalist, capitalist and post-capitalist cities, *Economic Geography*, 47, 101~120.

_____(1977), *This scene of man: The role and Structure of the city in the geography of Western civilization*, Harper & Row, New York.

Ward, D.(1971), *Cities and Immigrants*, Oxford University Press, New York.

_____(1975), Victorian cities: how modern? *Journal of Historical Geography*, 1, 135~151.

_____(1980), Environs and Neighbours in the 'Two Nations': residential differentiation in mid-nineteenth century Leeds, *Journal of Historical Geography*, 6, 133~162.

_____(1983), The progressive and the urban question: British and American responses to inner-city slums 1880-1920, Transactions, *Institute of British Geographers*, 9,

299~315.

Warner, Jr. S. B.(1972), *The Urban Wilderness: A History of the American City*, Harper & Row, New York.

Warnes, A. M.(1973), Residential Patterns in an emerging industrial town, in Clark, B. D. and Gleave, M. G.(eds.), *Social Patterns in Cities*, Institute of British Geographer, London, 169~189.

Weber, M.(1958), *The City*, The Free Press, New York.

인간생태학의 도시공간구조론

Introduction

도시연구의 업적을 논함에 있어서 시카고학파의 공로를 빠트리면 안 된다. 지금은 고전적 도시구조이론이라 평가되지만, 20세기 전반을 풍미한 시카고학파의 동심원지대이론과 선형이론은 도시구조론의 금자탑이라 평가받을 수 있을 것이다. 도시공간은 왜 동심원 패턴으로 구조화되며, 그것은 왜 선형 패턴으로 변형되었는가? 이에 대하여 본장에서는 침입과 천이라는 생태학적 설명이 전개된다.

Keywords

시카고, 시카고학파, Burgess, 동심원지대이론, 침입, 천이, 신도시사회학, Hoyt, 선형이론, 지대지역, 주택지역, 슬럼, 달동네.

01 ▶ 동심원지대이론이란?

1. 시카고의 지리적 배경

미시간호의 남서쪽에 위치한 시카고는 수상교통시대에는 유리한 위치를 점하고 있었으며 개척시대에는 서진(西進)의 과정에서 경제적 중심도시로서 발전하였다. 시카고 대도시권의 인구는 1960년대까지만 하더라도 뉴욕 대도시권과 쌍벽을 이루었으나, 1970년대에 들어와서는 뉴욕·로스앤젤레스에 이어 미국 제3의 도시가 되었다.

시카고가 경이적인 발전을 이룩하여 미국 중서부의 최대도시로 성장한 것은 오대호와 하천을 이용한 수상교통과 철도의 발달에 힘입은 바 크며 남북전쟁으로 인한 개척전선의 확대에도 원인이 있다. 1847년 C. H. McCormik이 농기구제조공장을 세우고, 다음해 시카고 곡물거래소와 철도가 건설된 것을 계기로 1860년에는 인구가 10만 명을 넘어서게 되었다. 이 시기의 시카고 시가지는 1867년 하수도의 완성, 1869년 전화망의 완비 등과 같은 토목공사가 곳곳에서 진행되었다.

그러나 1871년에는 대화재가 발생하여 17,500호의 주택이 소실되는 타격을 입었다. 이 대화재는 시카고의 성장을 일시적으로 저해하였지만 오히려 기존의 난잡한 시가지 팽창을 재정리하는 계기를 마련하였다. 도시의 중심부에는 이른바 시카고 건축학파가 고안한 마천루의 건물들이 건설되었다. 1890년의 시카고 인구는 이미 100만 명을 돌파하였다. 20세기에 들어와서도 시카고는 지형조건과 교통의 유리함을 살려 지속적인 성장을 거두었다.

시카고는 [그림 6-1]에서 보는 것처럼 제조업지대인 동부와 농목업지대인 서부를 연결하는 관문(gateway)의 역할을 담당하였다. 특히 제1차 세계대전이 발발하여 군수물자로서의 식량이 필요하게 됨에 따라 시카고 일대를 비롯한 중서부지방은 농업생산의 기지로 부상하였다. 이것은 곧 시카고 경제기반의 강화로 이어졌다.

1920년대로 접어들면서 기업의 본사건물이 대폭 증가하기 시작하였는데, 이

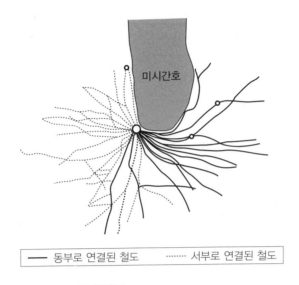

────── 동부로 연결된 철도   ⋯⋯⋯⋯ 서부로 연결된 철도

그림 6-1   철도의 관문(시카고)

출처: E. J. Taaffe and H. I. Gauthier(1973).

는 뉴욕으로부터 이전해 온 것들이었다. 그러나 이 시기의 인구증가는 상대적으로 저하하는 경향을 보였다. 시카고시는 물론 시카고 도시권(SMSA)의 인구증가율은 1930년 이후에는 현격히 떨어졌다(표 6-1). 1920년에는 D. H. Burnham이 작성한 시카고 도시계획이 제안되어 많은 사람의 주목을 받았다. 이 계획의 초안은 1909년에 '시카고계획(plan of Chicago)'이란 이름으로 공표된 바 있었다. 이 도시계획에 입각하여 1919년부터 미시간호 연안지대의 정비가 시작되었

표 6-1   시카고의 인구추이(1890~1930년)   (단위: 천명, %)

연도	미국*		일리노이주		시카고 SMSA		시카고시	
	인구	증가율	인구	증가율	인구	증가율	인구	증가율
1890	62,948	–	3,826	–	1,390	–	1,100	–
1900	75,995	20.7	4,822	26.0	2,092	50.5	1,699	54.5
1910	91,972	21.0	5,639	16.9	2,753	31.6	2,185	28.6
1920	105,711	14.9	6,485	15.0	3,522	27.9	2,702	23.7
1930	122,775	16.1	7,631	17.7	4,676	32.7	3,376	24.9

* 알래스카와 하와이주의 인구를 제외한 것임.

사진 6-1 ○ 1900년대 초 시카고의
메디슨 거리
출처: Chicago(2004).

다. 도심부와 인접한 쇠퇴지대를 대상으로 한 도시기반의 정비에도 Burnham의
도시계획안이 적용되었다.

미시간호에 흘러드는 작은 하천 'Checagou'라는 인디언어에서 유래된 시카고
는 1673년 L. Jolliet와 J. Maquette라는 2명의 신부에 의해 세상에 알려진 이래로
성장을 거듭해왔다. 시가지의 확대는 시카고 경제의 발달과 관련한 교통망의 확
대와 밀접한 관계가 있다. 즉 시제(市制)가 시행된 1830년대만 하더라도 시카고
는 소규모의 항구에 지나지 않았으나, 대륙횡단교통로의 부설로 서부개척의 거
점이 되면서 [그림 6-1]에서 보는 것과 같은 교통의 요충지가 되었다. 이리 운하
의 건설이 성공을 거두자, 전국적으로 운하건설의 붐이 일어났다. 이 무렵에 건
설된 일리노이 미시간 운하는 시카고의 지형적 여건에 따라 그 위치가 결정되었
는데, 이 운하로 통하는 시카고 강의 남쪽 지류변에 시가지가 조성되었다. 오늘

날 시카고의 CBD가 그곳에 위치한 이유를 여기서 알 수 있다.

　1850년대에 접어들면서 시카고는 전례 없는 철도교통시대를 맞이하였다. 1856년에는 시카고가 10개 노선에 달하는 간선철도의 집합점이 되어 하루에 58회의 여객열차와 38회의 화물열차가 발착하는 세계최대의 철도중심지가 되었다. 더욱이 동부의 주요철도회사가 철도와 기선의 환승시설을 만들게 됨에 따라 시카고는 철도와 수운교통의 접합점으로서도 미국 유수의 중심지로 부상하였다. 이에 따라 시카고의 정육·제재업은 비약적으로 발전하게 되었고, 농기구제조업과 철도차량제조업이 새롭게 일어났다. 철도교통시대에 시가지의 확대에 가장 큰 영향을 준 것은 말이 끄는 철도마차였다. 시카고 시티 철도회사와 노스 시카고 시티 철도회사가 합작하여 도심에 철도마차를 달리게 한 것을 계기로 하여, 그 후에는 남부로, 순차적으로 북부 및 서부로 그 노선망을 확대해 나아갔다. 이 교통기관은 케이블카와 노면전차로 대체되어 나아갔으나, 그 교통망은 그대로 유지된 채였으므로 시카고의 도시화에 중요한 역할을 하였다.

　1871년의 대화재로 시카고의 발달은 일시적으로 저지되었으나, 그 복구가 빨랐던 까닭에 1900년까지는 대화재 발생 이전의 시가지보다 2배 정도 확대되었다. 이 시기의 발달은 두말할 필요 없이 중서부의 농목업발달과 시카고를 연결하는 철도망의 확장에 의한 공업활동의 비약적 발전에 기인한 것이다. 도시내부의 교통발달 역시 시가지 확대의 주요인이었다. 철도마차와 케이블카에 이어 등장한 노면전차는 1890년에 시카고 남부의 카루멧 지구에서 운행을 개시한 이래 1906년에는 모든 노선이 전철화되었다. 그 뿐만 아니라 1900년을 전후하여 시카고의 근교 중 남교(南郊)와 서교(西郊)에 이르는 고가철도의 건설은 비지적 도시화(urban sprawl)가 대규모로 진행되는 계기가 되었다.

　동심원지대이론의 탄생배경이 된 1900년~1930년의 시기는 도시 내 교통망이 한층 더 충실해짐에 따라 시가지가 확대되고, 통근철도의 서비스 수준이 향상됨에 따라 데스프레인즈 강 서쪽의 택지화와 남쪽의 공업지화가 대규모로 진전되었다는 특징이 있다. 이와는 반대로, 각종 도시문제가 발생하기 시작하여 계획적인 도시정비에 착수한 시기도 이 무렵이다. 교통망의 정비는 시카고 일대의 거리마찰을 현저하게 감소시켰고 도심에의 접근성을 높여주어 시가지의 기능을 분화시키는 요인으로 작용하였다. E. W. Burgess의 이론은 바로 이 시기의

사진 6-2 ○ 철도의 중심 시카고

시카고 시가지에 대한 토지이용을 모식화한 것이다. 이와 병행하여 CBD를 순환하는 철도인 루프(loop)가 완성되어, 1920년대 후반에는 현재와 거의 동일한 고가철도망이 형성되었다.

한편, 도시 외곽부의 전철화사업은 1900년대에 들어와 진행되어 통근 서비스가 향상됨에 따라 레이크 퍼리스트 · 엘진 · 오로라 · 조리에트 · 시카고 하이츠 등이 통근권 내에 들어오게 되었다. 이들 도시가 시카고의 위성도시로 출발한 것도 철도의 전철화에 의거한 것이었다. 시카고의 공업은 정육 · 제재 · 농기구 · 철도차량 등을 주축으로 하였으나 철강 · 전기 등의 새로운 업종으로 바뀌었다. CBD의 서쪽 시세로에는 1922년 웨스턴 전기회사가 진출하여 대규모의 전기공업지역을 형성하고, CBD 남쪽 카루멧 강의 하구에는 철강회사를 중심으로 한 중공업지역이 형성되었으며, 미시간호의 남쪽 게리에는 US 철강회사가 대규모의 제철업을 개시하였다.

공업의 급속한 성장은 시카고 강 연안의 주거환경을 악화시키거나 불량주택지를 형성케 하였고 도심의 노후화를 촉진하였다. 이를 배경으로 번햄 플랜

표 6-2 시카고市의 CBD 유입 교통량

연도	노면전차	고가고속철도	외곽철도	승용차	계
1926	38%	29%	14%	19%	100%
1959	17%	30%	15%	38%	100%

출처: 시카고시 교통국(1960).

(Burnham's plan)이 1909년에 제창되어, 시카고 시역 전체를 대상으로 한 도시 종합계획이 확정되었다. 이 계획에 따라 시카고 강 연안의 CBD와 미시간호 주변의 시카고 항구 일대가 정비되었다. 1930년대 이후에는 대중교통수단을 기초로 형성된 성형(星型)의 시가지가 도로교통의 발달에 힘입어 원형으로 바뀌었다. 철도와 전차는 자동차에 압도되어 쇠퇴의 길을 걷게 되었고, 노면전차는 1938년부터 철폐되기 시작하여 1958년에는 완전히 자취를 감추었다. 시카고시 교통국의 조사에 따르면, CBD로 유입되는 교통량은 〈표 6-2〉에서 보는 것처럼 1926년에는 노면전차의 비율이 가장 높았으나, 1959년이 되면 승용차가 도시교통의 주역이 될 만큼 증가하였다.

2. E. W. Burgess(1886~1966)의 업적

Burgess는 캐나다 출신으로 1913년 미국의 시카고 대학에서 박사학위를 취득하여 1916년에 시카고 대학 사회학과 조교수를 거쳐 주임교수가 되었다. 그는 미시간 대학과 하바드 대학원 출신의 R. E. Park(1864~1944)와 달리 순수한 시카고 대학 사람이었다. Burgess와 Park의 만남은 그의 학문적 방향을 결정짓는 계기가 되었다. 두 사람의 공저 『사회과학개론』은 Park가 골격을 만들고 Burgess가 살을 붙여 1921년에 출간된 것으로 전해지고 있다.

그의 연구는 도시연구 이외에도 가족(family)에 관한 연구에서 큰 공적을 남겼다. 즉 그의 연구는 소집단으로써의 가족에 대한 사회심리학적 연구의 출발점이 되었으며, 특히 가족을 「제도형(制度型)」으로부터 「우애형(友愛型)」으로의 이행으로 간파한 것도 유명하다. 이처럼 Burgess는 미국의 사회학계에서 가족 및 결혼연구에 지대한 공헌을 하였다. 그러나 그의 이름을 떨친 것은 역시 도시연구에서 비롯된 동심원지대이론이다. 이것은 1923년에 열린 미국사회학회에서 "도시의 성장"이란 제목으로 발표된 것을 그 이듬해 미국사회학회지(*Publications, American Sociological Society*, Vol. 18)에 게재된 것이다. 그는 이 논문의 말미에 연구결과를 다음과 같이 요약해 놓았다.

> "필자의 연구목적은 사회학 분야가 도시발전의 연구에 적용할 수 있는 고찰의 관점과 방법, 즉 확대 · 천이 · 집심으로 도시성장을 묘사하고, 조직분해력이 조직형성력보다 강할 경우의 확대가 신진대사를 어떻게 착란시키는지를 규명하는 데에 있다. 그리고 도시성장을 유동성의 증대로 규정하고, 양적 조작이 용이한 확대와 신진대사의 측정지표로써 지역사회의 맥박이라 할 수 있는 유동성 문제를 제기하였다."

Burgess는 이와 같은 방침을 정하고 시카고 학파의 젊은 학생들을 지도하였을 뿐더러, 또한 그 자신도 CBD의 서쪽에 있는 웨스트사이드의 유태인 지역사회를 연구대상으로 하였다. 그의 논문에서 제기한 동심원지대이론은 인간생태학에 의거하여 과학적 기초를 마련했던 만큼 학계의 주목을 받았으며 걸작으로 평가받았다. 그의 이론을 계기로 하여 선형이론 · 다핵심이론 등의 새로운 도시구조이론이 뒤를 따랐다. 그 뿐만 아니라 비판도 있었다.

이들 새로운 이론과 비판은 시카고시 이외의 도시를 대상으로 한 연구결과에 바탕을 두고 있었으므로 시카고만을 대상으로 해서는 보편타당성이 없다는 주장이다. 이에 대하여 Burgess는 다음과 같이 항변하였다.

> "시카고에서는 물론이거니와 또 다른 어떤 도시에서도 나의 이론과 이념적 구도가 완전히 일치하지 않는 것은 두말할 필요가 없다. 동심원패턴이 모식적으로 나타나지 않는 것은 호반 · 하천 · 철도 · 공장 등에 의한 역사적 요인과 침입에 대한 지역사회의 저항 등에 따라서도 왜곡되기 때문이다."

아무튼 그의 논문은 시카고학파가 제기한 인간생태학적 특색을 유감없이 발휘하여 동심원지대이론을 전개한 것으로서 도시사회학뿐만 아니라 모든 도시연구분야의 필독서가 되었다. Burgess는 Park와 함께 시카고학파를 형성하는 추진체가 되었고, 1934년에는 미국사회학회장에 선출되었다. 그리고 1942년에는 가족관계 전국협의회장, 1945년에는 사회과학연구회 의장 등을 역임하기도 하였다.

Burgess(1925)의 이론에 앞서 인간생태학적 관점에서 제기된 첫 번째의 도시구조이론은 R. M. Hurd(1903)가 그의 저서 『도시지가의 원리』에서 제기된 성형이론(star theory)이다. 이 이론은 도시가 중심지로부터 주요 간선교통망을 따라 외곽방향으로 성장해 나간 결과 별 형태가 된다는 단순한 내용이다. 저자는 Hurd의 성형이론보다 Burgess의 이론을 사실상 첫 번째 제기된 인간생태학의 도시구조이론으로 꼽고 싶다. 왜냐하면 성형이론 속에는 인간생태학이 누락되어 있기 때문이다.

3. Burgess의 동심원지대이론

E. W. Burgess는 1925년 "도시의 성장(the growth of the city)"이라는 연구논문에서 도시의 발달과정에 비춰 본 공간구조는 동심원지대로써 파악될 수 있다는 획기적인 이론을 제기하였다. 이 동심원지대이론(concentric zone theory)은 미국 시카고시의 실태조사로부터 입수된 자료에 근거하여 도출된 것으로, 대도시의 성장은 반드시 도시의 외연적 확대를 수반하며, 그 확대과정은 5개 지대(zone)로 구성된 동심원상의 형태로 가장 잘 설명될 수 있다고 하였다.

동심원지대이론은 도시를 중심으로 상이한 경영방식의 농업지역이 동심원상의 배열을 이룬다는 H. von Thünen의 고립국이론의 개념을 응용한 것이다. 이 이론은 다음과 같은 여섯 가지의 주요한 명제로 이루어져 있다.

첫째, 도시의 성장 또는 확대과정은 [그림 6-2]와 [그림 6-3]에서 보는 바와 같이 동심원상의 5지대로 설명될 수 있다. 즉 중심업무지구(CBD), 점이지대, 노동자주택지대, 주택지대, 통근자지대가 그것이다. 시카고를 대상으로 도출된 각 지대별 특성을 설명하면 다음과 같다.

제 I 지대: 중심업무지구, 즉 CBD(Central Business District)는 도시가 확대되어 가는 데 초점이 되는 곳이다. 이 지구는 경제 · 사회 · 시민생활의 초점이 되기도 하며, 그 핵심부에는 백화점 · 사무실 · 소매업

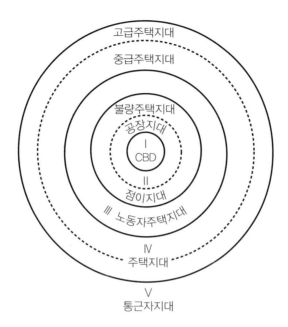

그림 6-2 동심원지대이론의 모식도

소·호텔·은행·극장·회사(본사) 등의 각종 시설이 집중되어 있다. 그리고 상점·사무실·오락시설이 집중하는 지구를 둘러싸고 도매업지구가 입지해 있다. CBD는 보행자와 교통량이 도시 내에서 가장 밀집한 공간으로 주간인구가 상주인구에 비해 훨씬 많고 지가 및 임대료가 가장 높은 최고지가점이 있는 곳이다. 또한 CBD는 흔히 다운타운(down town)이라 부르며, 전술한 것처럼 이를 둘러싼 순환교통로를 상징하여 루프(loop)라고 부를 때도 있다. 중심업무지구는 엄밀히 말하면 도심과는 약간 다른 의미를 갖는다.「도심」또는「도심부」란 용어는 일본의 저널리스트에 의해 학문적 검토 없이 만들어진 것이므로, 지리학 용어인 중심업무지구와는 성격이 약간 상이하다.

　이와는 달리 사회주의 통제경제체제하의 도시에는 CBD가 형성되지 않는 것이 보통이다. 비교적 도시규모가 큰 모스크바·베이징 등의 도시에는 개혁·개방정책이 도입되기 전까지 CBD가 형성

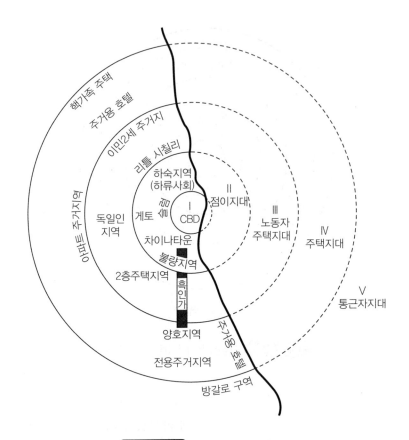

그림 6-3 시카고의 도시구조

출처: E. W. Burgess(1925).

되지 않았으나, 최근에 이르러 형성되었거나 형성되어가는 조짐을 보이고 있다.

제II지대: 점이지대(zone in transition)는 중심업무지구를 둘러싸고 있으며, 이곳에는 제I지대, 즉 CBD에 입지해 있던 업무시설이라든가 경공업이 비집고 들어와 주택지대로서의 주거환경을 악화시킴으로써 형성되는 지대이다. 이 지대의 내측에는 공장지대가 있으며, 외측에는 악화일로에 있는 주택지대가 있으므로 점이지대라 부르는 것이 타당할 것이다. 또한 이 지대의 주택지역은 대체로 이민 1세들의 저급주택과 빈민가의 발생으로 슬럼(slum)이 형성되기도 한다. 그러므로 이 지대에 거주하는 주민들 가운데 생활수준이 높아지면 이곳으로부터 제Ⅲ지대로의 이주를 시도하는 사람이 많다. 20세기 전반의 점이지대는 부분적인 재개발의 대상이 되는 경우가 많았으나, 1980년을 전후해서는 CBD와의 접근성이 양호하다는 점에서 젠트리피케이션의 대상이 되고 있다.

　한국의 경우, CBD를 중심업무지구가 아닌 도심으로 인식하는 경우가 흔히 있는데, 이는 잘못된 것이다. 구태여 도심을 동심원지대이론에 적용하여 경계를 정한다면, CBD와 점이지대를 포함하는 범위가 될 것이다.

제Ⅲ지대: 노동자주택지대(zone of workingmen's homes)는 제Ⅱ지대인 점이지대로부터 이주해온 공장노동자들이 거주하는 주택지구이다. 그들은 직장에 출근하기 쉽다는 접근성의 유리함 때문에 이 지대에 거주하고 있다. 오늘날의 시카고 공업지역은 분산화경향이 현저해짐에 따라 6개 공업지역 중 도심공업지역과 시카고시를 포함한 군(郡)경계 내의 공업종사자 수가 감소추세에 있고 시카고 SMSA의 그것이 증가하고 있지만, 1920년대 당시의 공업지역은 시카고 강의 수운에 의존하여 형성된 도심공업지역의 규모가 가장 컸다. 이 공업지역은 뉴욕시의 맨해튼 공업지역과 마찬가지로 소규모의 공장이 밀집해 있고, 의복·기타 섬유·인쇄·출판업종이 주종을 이루고 있었다. 따라서 공장노동자를 비롯한 블루칼라들은 이 지대에 거주하는 것이 편리했던 것이다. 미국의 여러 도시에서는 이민 2세들이 노동자주택지대에 많이 모여 살고 있는 편이다. 당시 시카고의 경우, 이 지대의 주택은 대부분 2층의 아파트였다.

제Ⅳ지대: 제Ⅲ지대의 바깥쪽에 있는 주택지대(residential zone)는 그 내용에 있어서 대체로 내측의 중산층주택지대(zone of middle income residence)와 외측의 우량주택지대(zone of better residence)로 세분될 수 있다. Burgess는 단지 '주택지대'라고 명명하였으나, 이 지대는 고급주택지대와 중급주택지대를 포함하고 있다. Burgess는 이 지대의 명칭을 1927년의 논문에서 중급주택지구(middle-class residential district)와 고급주택지구(higher-class residential district)로 수정한 바 있다. 이 주택지대에는 미국 태생의 중류층에 속하는 백인 주민들이 단독주택이나 아파트에 거주하고 있다. 당시의 미국사회는 이미 마이카 시대에 돌입해 있었으므로, 자가용 소유자였던 주택지대의 주민들은 고속도로를 이용하여 그들의 직장이 있는 CBD까지 통근할 수 있었다. 그리고 이 지대 가운데 교통조건이 양호하여 접근성이 높은 곳에는 위성도심(satellite loops) 혹은 업무부도심(business subcenter)이라 불리는 부도심(subcenter)이 형성된다. 이들 부도심이 성장하면 제2차적 CBD로 간주되는 부중심업무지구(sub-CBD)가 형성되기도 한다.

제Ⅴ지대: 통근자지대(commuter's zone)는 제Ⅳ지대의 바깥쪽에 있으며, 이 지대는 도시의 시 경계를 넘어 중심업무지구로부터 승차시간 30~60분가량 소요되는 통근범위 내에 있다. 시 외곽부의 근교에 입지한 통근자지대는 그 규모로 보아 소도시 혹은 위성도시라 간주할 수 있거니와, 이들은 주로 야간인구로 구성된 침상도시(bed-town)를 이룬다. 이 지대 중에서 고속도로에 면한 곳에는 고급주택이 산재하며, 철도에 면한 곳은 중급주택 이하의 주택지가 전개되어 있다. 그러나 이 지대에 거주하는 주민들은 대부분이 도시철도의 정기권사용자들로 낮에는 CBD의 직장에서 일하고 밤에는 이곳으로 귀가한다.

둘째, 각 지대를 내측과 외측으로 세분할 때, 내측의 시설물이 외측의 지대로 차츰 침입(invasion)해 들어감으로써 그 지역을 확대해 가는 경향이 있다. 즉 도시의 토지이용이 침입과 천이(succession)의 반복과정에 의해 바뀌게 된다. 예컨대, 현재의 중심업무지구(제Ⅰ지대)는 시카고의 경우 초기에는 상기한 제Ⅰ~Ⅳ지대였던 범위 속에 모두 포함되어 있었다. 제Ⅱ지대는 과거에는 제Ⅲ지대였으며, 제Ⅲ지대는 과거에 제Ⅳ지대였던 곳이다. 이와 같은 도시성장은 각 지대가 점차 바깥쪽으로 확대되어 간다는 이른바 천이의 과정으로써 설명될 수 있다.

셋째, 도시성장의 일반적 확대과정은 위에서 언급한 침입과 천이의 과정뿐만 아니라 집심(concentration)과 이심(decentralization)의 과정이 포함되어 있다. 가령, 중심업무지구에는 여러 지역으로부터 모여드는 유입교통과 여러 지역으로 흩어지는 유출교통이 발생하기 때문에 경제·정치·문화생활 등이 여기에 중심을 두게 되는 집심과정이 생긴다. 한편, 부도심과 같은 2차적 중심지가 도심 이외의 지대로 옮아가 형성되는 이심과정도 엿볼 수 있다. 이처럼 도시가 성장하면, 동일한 도시내부에서 서로 상반되는 현상이 동시다발적으로 발생하는 경우가 흔하다. 따라서 도시의 성장과정에서는 국지적인 지역사회가 집심적으로 분산된 이른바 집중적 분산체계(centralized decentralized system)로 재편성되는 과정을 관찰할 수 있다.

넷째, 도시의 성장과정은 위에서 지적한 바 있는 물리적 측면은 물론 그것에 수반하여 형성되는 사회조직과 인간의 유형에서 비롯된 변화과정의 측면에서도 설명될 수 있다. 왜냐하면 도시성장은 도시공간의 형성 메커니즘의 하나인 조직(organization)의 형성과 분해의 결과로써 인식될 수 있기 때문이다. 이것은 사람의 신진대사(metabolism)인 소화와 배설과정에 비유될 수 있을 것이다. 사회조직의 형성과 분해는 통상적으로 상호관계를 가지면서 진보라 간주되는 목표를 향하여 작용하면서 차츰 균형을 잡아 사회적 질서가 유지되는 과정을 밟는다. 예컨대, 도시에 신규로 전입자가 대량 유입하면 종래의 관습과 도덕관 혹은 윤리관이 악화되어 버린다. 이렇게 되면, 결국 그 도시사회의 조직은 분해되어 재조직화하는 과정을 밟게 된다. 또한 도시의 사회적 신진대사는 무질서하게 되어 질병·범죄·비위생·자살 등이 빈번하게 발생한다.

다섯째, 도시의 확대는 개인 및 집단을 주거지별·직업별·소득수준별로 분화시켜 재배치시킨다. 예컨대, 미국도시의 경우, 중심업무지구 주변에는 중서부 지방으로부터 유입된 무주택의 이주민들이 거주하고 있으며, 이를 둘러싼 쇠퇴지역(deterioration area)에는 이른바 슬럼이나 불량주택지대가 형성되어 있다. 슬럼이 형성될 조짐이 보이면, 이런 곳에는 유태인가(Ghetto), 이탈리아인가(Little Sicily), 그리스인가(Greek-town), 중국인가(Chinatown)와 같은 이민집단의 주거지가 형성된다. 그러나 그와 같은 인종·민족별 주거지분화(residential segregation)는 당시의 도시현상으로 오늘날에는 그대로 유지되는 것과 소멸되고 있는 것도 있다. 그리고 점이지대와 노동자주택지대에 걸쳐 분포하는 흑인가

사진 6-3 ○ 시카고의 도시경관

(black belt)도 여러 대도시에서 관찰할 수 있다.

　이와 같이 도시지역은 부분지역별로 자연적·경제적·문화적 집단으로 분화함으로써 도시에 일정한 형태와 성격이 형성되는 것이다. 도시가 성장하면서 독특한 물리적 특성과 아울러 그곳 주민들의 문화적 특성으로 성격이 부여되는 지역을 자연지역(natural area)이라 부르는 경우도 있다. 그러나 「자연지역」이란 용어는 실질적인 도시구조보다는 생태학적 이론에 입각한 것이므로 적절하지 않거니와 기능적 측면과 사회·경제적 측면을 간과하는 경향이 있다. 또한 기존의 등질지역으로 구분된 각 지역의 명칭과도 혼동을 불러일으킬 소지가 많다.

　여섯째, 도시의 성장 내지 확대는 유동성(mobility)의 증대를 수반한다. 유동성은 인체의 맥박에 비유될 수 있는 「지역사회의 맥박」이므로 지역사회에서 일어나는 모든 변화를 반영하는 것이며, 또한 그 변화를 초래하는 과정이기도 하다. 유동성을 구성하고 있는 두 요소는 ① 인간의 유동성의 상태, ② 그 환경 속에 존재하는 접촉 또는 자극의 양과 종류이다. 여기서 ①의 구체적인 지표로서는 도시인구의 성별·연령별 구성의 변화, 사회·경제적 지위의 변화, 가족과 집단의 붕괴 정도를 들 수 있다. 그리고 ②의 지표로서는 인구증가보다 큰 교통량 또는 통화량의 증가를 들 수 있을 것이다. 한편, 지가도 유동성을 민감하게 반영하는 지표가 된다. Burgess의 연구에 의하면, 지가의 다양성은 특히 임대료의 차이와 상호관계를 맺고 있으므로 도시의 성장 및 확대에 따른 모든 변화를 가장 잘 나타내 주는 척도이다.

이상에서 설명한 여섯 가지의 명제는 도시성장을 연구하는 관점과 연구방법을 제기하였다는 점에서 Burgess의 업적을 평가할 수 있는 부분이다. 또한 Burgess가 도시의 공간구조를 설명할 수 있는 이상적인 형태로써 동심원을 내세운 점도 주목할 만하다. 그는 이와 같은 동심원상의 공간구조를 왜곡시키는 요인으로써 지형 · 철도 · 공장의 위치 · 도시화에 대한 사회적 저항의 정도 등을 지적하였다.

4. 동심원지대이론의 평가

(1) 동심원지대이론의 비판

Burgess의 이론이 발표된 이래 많은 도시사회학자들이 동심원지대이론을 적용하여 도시의 사회현상을 분석하였다. 그러나 이 이론에 대한 비판의 소리도 높았다. 특히 예일대학의 M. R. Davie는 "도시성장의 패턴(the pattern of urban growth)"이라는 그의 논문에서 다음과 같은 비판을 가하였다.

Davie는 먼저 C. R. Shaw(1929)가 시카고를 대상으로 범죄지역(delinquency area)의 동심원 패턴에 관하여 고찰한 논문을 검토하고, 토지이용 · 인구 · 시설의 분포가 동심원 패턴에 일치하지 않는다는 사실을 지적하였다. 즉 Davie는 미국의 뉴헤이븐시와 그 밖의 약 20개 도시의 토지이용을 검토하여 다음과 같은 Burgess의 오류를 지적하였다.

① 중심업무지구는 원형이 아닌 불규칙한 형태를 띠고 있으며, 상업지역은 중심업무지구로부터 방사상으로 뻗은 도로에 면하여 위치하거니와 그 주요교통로의 교차점에 부중심지(subcenter), 즉 부도심이 형성된다. ② 중공업은 하천 · 호수 · 운하 등을 이용한 수상교통이나 철도교통을 따라 입지한다. Burgess는 중

공업의 입지에 대해서 언급을 하지 않았는데, Davie가 왜 이러한 비판을 가했는지는 불분명하다. ③ 경공업은 도시 내 전역에 걸쳐 입지한다. 따라서 경공업이 중심업무지구와 점이지대에 입지한다는 Burgess의 주장은 오류라는 것이다. ④ 저급주택은 공업지구와 교통지구에 인접하여 위치한다. 즉 불량주택이나 노동자주택이 점이지대나 그 외곽지대에 분포한다는 Burgess의 주장은 잘못된 내용이라는 것이다. 저급주택지대는 CBD와의 접근성이 양호한 위치에 형성된다기보다는 주거환경이 악화된 곳이라면 어디에도 분포한다. ⑤ 핵가족이 거주하는 고급주택이나 2세대 이상의 대가족이 사는 중급주택은 노동자주택지대 외곽만이 아니라 어느 곳이라도 분포한다. 이들 중 고급주택은 주로 약간 높은 구릉지나 공원과 가깝고 공해가 없는 곳에 위치하며, 중급주택은 업무지역이나 공업지역과 인접한 곳에 분포하는 경향이 있다. 그러나 대가족 세대는 가능한 중심부와 가까운 곳에 거주하려는 경향이 있다.

Davie는 위에서 지적한 Burgess의 오류를 근거로 하여 동심원지대의 구조는 존재하지 않으며, 도시내부에는 공간구조를 설명해 주는 일반적인 패턴도 없을 뿐더러 Burgess가 주장하는 것처럼 이상적인 패턴조차도 없다고 결론지었다.

(2) 동심원지대이론에 대한 학자들의 견해

1) Quinn의 견해

신시내티 대학의 J. A. Quinn(1940)은 그의 논문 "Burgess의 동심원지대 가설과 그 비판(the Burgess zonal hypothesis and its critics)"에서 Burgess의 이론을 지지하였다. Burgess의 동심원지대이론에 대한 비판의 대부분은 도시가 현실적으로는 가장 이상적 형태라 간주되는 원형상의 패턴과 일치하지 않는다는 점이다. 실제로 공간구조가 동심원지대를 이루고 있는 도시는 찾아보기 힘들며, Burgess가 연구대상으로 하였던 시카고조차도 완전한 원형이 아니라 반원에 가까울 뿐더러 불규칙성을 지니고 있다. 그러므로 대부분의 경우 도시의 부분적인 불규칙성이 기하학적으로 모식적인 동심원지대의 패턴을 왜곡시킨다는 점을 부인할 수 없는 사실인 것이다.

그러나 Burgess의 이론을 지지하는 학자들은 공간구조가 여러 요인에 의하여

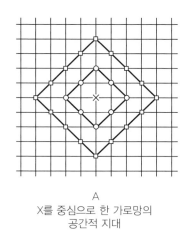 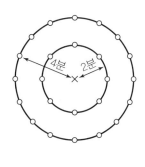

A
X를 중심으로 한 가로망의
공간적 지대

B
X를 중심으로 한 가로망의
등시간 거리의 생태적 지대

그림 6-4 **가로망의 공간적 지대와 등시간 거리의 생태적 지대**

출처: J. A. Quinn(1950).

왜곡됨에 따라 불규칙성을 갖게 된다는 사실은 인정하면서도, 그 왜곡요인을 설명하지 않은 채 동심원가설의 타당성과 그 이론의 가치만을 고집하였다. 이와는 달리 Burgess의 이론을 비판하는 학자들 가운데에는 단순히 그의 가설을 부정하면서 도시의 이상적인 패턴은 존재하지 않는다고 주장하는 부류와, 이론적이고도 이상적인 패턴에 접근해 가는 경향이 있음은 인정하면서도 그와 같은 패턴이 여러 요인에 의하여 심하게 왜곡되어 버리기 때문에 Burgess의 가설은 가치가 없다는 부류가 있다.

이에 대하여 Quinn은 동심원패턴의 이상적인 공간구조가 여러 요인에 의해 왜곡된다 하더라도 여러 도시에서 동심원상의 흔적만큼은 발견할 수 있다는 점에서 Burgess이론의 타당성을 찾을 수 있다고 주장하였다. 또한 그는 동심원패턴의 공간구조가 존재하지 않는다는 비판에 대하여 공간적 직선거리(spatial linear distance)가 아닌 생태적 시간-비용거리(ecological time-cost distance)를 도시내부에 적용한다면 동심원지대를 도출해 낼 수 있다고 주장하였다.

바꿔 말하면, Burgess가 주장하는 동심원지대의 존재여부는 직선거리(또는 지리적 거리)와 생태적 거리를 구별하지 않음으로써 비롯된 논쟁이라는 것이다. 그러므로 Quinn은 이들 양자의 거리를 구별하여 생각하면 얼마든지 해결될 수

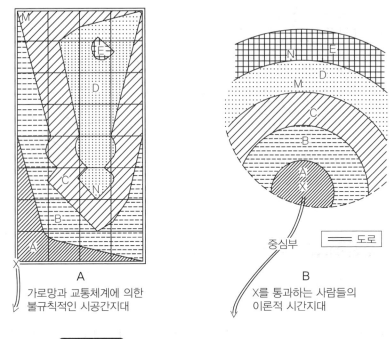

A
가로망과 교통체계에 의한
불규칙적인 시공간지대

B
X를 통과하는 사람들의
이론적 시간지대

중심부 ▭▭ 도로

그림 6-5 시공간 지대와 이론적 시간지대의 대비

출처: J. A. Quinn(1940).

있는 것으로 생각하였다. Davie는 앞에서 지적한 바와 같이 도시의 중심업무지구는 그 형태가 원형이 아니라 불규칙하거나 사각형을 이루는 경우가 많다고 하였다. 이러한 사실은 중심업무지구가 원형을 이룬다는 Burgess의 이론과 모순되는 것이다. 그러나 [그림 6-4]에서 보는 것처럼 사각형이나 불규칙한 공간적 패턴은 도시내부의 경우 바둑판 모양의 가로망이 탁월하여 가로망을 따라 교통의 편리함이 좌우되므로 시간과 비용의 측면에서 보았을 때 실제로는 원형의 공간적 패턴과 일치하게 될 것이다.

　이런 관점에서, Davie의 중심업무지구에 대한 비판은 사실상 Burgess의 이론을 지지하는 셈이 되며, 적어도 동심원지대이론을 부정하는 주장은 아닐 것이다. 다만 도시공간구조가 생태적 구조와 완전히 일치하는 예가 매우 드물다는 것이다. 도시의 생태적 구조는 [그림 6-5]에서 보는 것처럼 시간 또는 비용으로 치환된 생태적 거리(ecological distance)의 개념으로 추상화해야만 관찰될 수 있으며, 이것은 도시구조를 파악하는 방법 가운데 하나라고 할 수 있다.

　Quinn은 위에서 설명한 바와 같이 생태적 거리로 설명되는 생태적 구조를 강조하는 한편, 이러한 구조의 중요한 왜곡요인으로서 역사적 관성(historical inertia)을 들고 있다. 즉 일정 시점에 있어서 도시의 공간구조와 생태구조는 그 도시의 역사성에 의존한다는 것이다. 예컨대, 도시의 기반시설 중 건물·도로·철도 등은 쉽게 이동될 수 없기 때문에, 그 도시의 규모가 작았을 때에 당시의 생태적 원리에 맞게 입지한 각종 기능은 그 도시의 규모가 커진 후에는 생태적 원리에 맞지 않게 된다. 이러한 현상은 서구의 도시보다는 한국과 같은 역사 깊은 전통도시에서 더욱 현저할 것으로 짐작된다.

2) 이시미즈[石水]의 견해

　Burgess의 동심원지대이론을 평가하는 입장은 다양할 수 있으므로 여러 가지 측면에서 검토되어야 할 것이다. 일본의 도시지리학자 이시미즈(石水, 1974)는 Burgess의 이론을 도시공간구조론이라는 관점에서 다음과 같은 네 가지 사항을 검토하였다. 즉 "① Burgess의 이론은 어떤 목적 하에서 제기되었는가, ② 그 내용은 어떤 것인가, ③ 그 이론의 해석에 관한 이론구성은 어떠한가, ④ 일반적 이론으로서의 적용가능성은 어떠한가?"라는 것들이었다. 여기서는 이와 같은 관점에서 피력한 이시미즈의 견해를 소개하기로 한다.

　첫째, Burgess는 도시의 성장과정을 단계적인 지역분화의 형태로써 설명하려고 시도하였다. 바꿔 말하면, 그의 이론은 단지 도시지역의 토지이용이 일반적으로 어떤 배열상태를 이루고 있는가를 모식적으로 나타낸 것이 아니라, 도시의 전형적인 확대과정을 공간적으로 분석하여 그 과정에서 분화된 지역의 유형을 나타낸 것이다. 그 가운데 Burgess가 대도시의 중심부를 집중적으로 분석하여 이론화한 점은 높이 평가할 만하나, 도시외곽의 주변부를 근교 및 원교로 설명하지 않고 단지 통근자지대로서 간단히 처리한 점은 오늘날의 도시에서는 설명부족이라고 생각된다. 즉 뉴어바니즘(new urbanism)에 대한 간과를 지적한 것이다.

　둘째, Burgess는 도시의 확대과정을 주로 주택지를 대상으로 주거의 측면에서 분석하였으나, 생산 또는 교통 등의 다양한 측면에서 검토했어야 할 여지를 남겼다. 그러므로 도시의 내부지역에 관한 복합적인 도시적 사상(urban feature)을

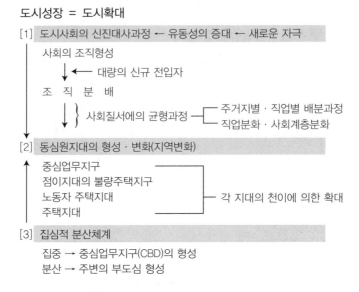

그림 6-6 동심원지대이론의 구성

출처: 石水照雄(1974).

종합적으로 고찰할 필요가 있다. 여기서 생산의 측면이란 제1차~제3차 산업의 생산측면을 뜻한다.

셋째, Burgess는 도시성장을 도시확대라는 형태로 파악하고, 도시의 확대과정과 밀접한 관련성을 갖는 사회적 신진대사과정(social metabolism process)과 유동성의 증대를 들어 도시의 확대과정을 설명하려고 시도하였다. 도시성장을 도시확대라는 형태로 파악한 것은 Burgess의 이론이 도시의 공간구조(혹은 지역구조)에 관한 이론이라는 점에서 볼 때 사회학뿐만 아니라 지리학적으로도 우수한 업적이라 할 수 있다. 이와 같이 사회의 신진대사과정이나 유동성의 증대를 들추어 도시를 분석한 점은 주목할 만하며, 그 점에 있어서는 사회학적 이론으로 간주될 수 있다. 그러나 동심원지대이론이 도시의 공간구조를 설명하기 위하여 사용되었다는 점에서는 지리학적 이론이라고 할 수 있다. 이시미즈는 Burgess의 이론구성에 대한 핵심적 내용을 [그림 6-6]에서 보는 바와 같이 요약하였다.

넷째, Burgess의 동심원지대이론은 모든 도시의 확대경향을 모식화하려고 시도하였다. 그의 이론은 지나치게 모식화되어 현실적으로 실제 대도시와 잘 부합되지 않는다는 점이 비판의 대상이 되었다. 그러나 동심원지대이론은 Burgess 자신이 언급한 바와 같이 모든 도시의 확대경향을 단순화한 것이며, 시카고이거나 다른 도시거나 간에 모식화한 것이 완전하게 부합될 수 없다는 점은 당연한 사실로 받아들여야 할 것이다. 대부분의 이론·법칙·모델은 어디까지나 일반성을 추구하는 것이 목적이지 개별적인 사실의 설명이 목적은 아닐 것이다. 그러므로 특정 도시의 사례를 들어 Burgess의 동심원지대이론이 맞아 떨어지지 않는다는 결과가 나올지라도, 그것은 그의 이론을 부정적으로 비판하였다고 보기 어렵다. 동심원지대이론에 대한 정당한 비판은 어디까지나 다수의 도시를 비교 검토한 연구결과로부터 일반화된 결론이 내려짐으로써만이 가능할 것이다.

3) 종합적 견해

이와 같은 의미에서, Davie에 의한 Burgess 이론의 비판은 몇몇 도시를 사례로 행한 연구결과에 근거를 두긴 하였으나, 특정 도시가 동심원지대이론과 일치하지 않는다고 하여 Burgess의 이론을 비판하는 데에는 다소 문제가 있다. Davie는 Burgess의 이론을 단지 동심원지대라는 패턴에만 한정시켜 비판하였을 뿐, 각 지대(zone)의 천이에 의한 확대라든가 도시사회의 신진대사과정에 대해서는 거의 외면하였다.

이와 마찬가지로 Burgess이론에 대한 Quinn의 지지 역시 동심원지대라는 패턴에 한정하여 부분적인 검토에 머무른 것이었다. Quinn은 도시지역의 공간구조와 생태구조를 대비시켜 생태적 패턴으로 인식하면 Burgess의 이론에 수긍할 수 있다고 주장하였다. 그러나 그는 이론적으로만 설명했을 뿐 구체적인 사례를 들어 그와 같은 사실을 증명하지는 않았다. 또한 생태거리로 표현되는 시간거리와 운임거리를 공간구조의 이념에서 제외시킨 채로 생태구조를 우선시키려고 한 점은 좀 무리였다는 느낌을 준다. 즉 Quinn은 생태구조를 가지고 공간구조를 설명하려고 시도하였으나, 사실상 생태구조는 공간구조의 이념 속에 포함시킬 수 있는 성질의 것이다. 그러므로 공간구조(또는 지역구조)를 설명하기 위해서는 예컨대 Burgess의 신진대사론이라든가, 혹은 사회·경제·정치적 조건을 들어 설명해야 마땅하다고 이시미즈는 강조하였다.

02 동심원지대이론은 어떻게 수정되었는가?

1. 수정동심원지대이론

(1) Fisher의 수정동심원지대이론

전절에서 우리는 동심원지대이론에 대한 Davie, Quinn, 이시미즈[石水]의 비판과 견해를 음미해 보았다. 이와 같은 Burgess의 동심원지대이론에 대하여 도시기능이 지역적으로 분화되는 경험적 사실을 바탕으로 한 수정이론이 제기되었다. E. M. Fisher의 이른바 수정동심원지대이론이 바로 그것이다. 그의 이론을 요약하여 설명하면 다음과 같다.

Fisher는 도시의 내부구조를 Burgess와 달리 6개로 분화된 지대로 설명하였다. 제Ⅰ지대는 금융·업무지대(financial and office zone)로써 도시의 중심부에 위치한다. 제Ⅱ지대는 중심소매업지구(central retail district)로 제Ⅰ지대의 외곽을 둘러싸고 있으며, 이곳에는 대형백화점이나 고급전문점을 비롯한 소매업 점포들이 입지해 있다. 제Ⅲ지대는 도매업·경공업지대(wholesale and manufacturing zone)로 중심소매업지구의 주변에 배열된다. 이 지대 일대에는 노후한 불량주택들이 들어차 있고, 하급노동자·부랑자·떠돌이 노동자들로 구성된 저급주택지역을 형성하고 있다. 이곳에는 슬럼이 입지한 경우가 보통이며, 염가의 고가구점이 많고 저렴한 남성전용의 포르노 영화관이나 천박한 코미디 클럽이 성업을 이루고 있다.

제Ⅳ지대는 중공업지대(heavy manufacturing zone) 혹은 노동자주택지대(zone of workingmen's homes)가 위치한 곳이다. 이 지대는 제Ⅲ지대의 외측에 위치한 중공업용 토지가 잠식해 들어옴에 따라 동심원패턴의 등질성이 파괴되고 있는 곳이다. 중공업을 위한 토지이용은 주요교통로를 따라 산재한다. 또한 이 지대는 블루칼라의 노동자들이 거주하는 주택지대가 입지한다. 노동자주택지내는 아파트를 비롯한 비교적 양호한 상태의 임대주택으로 구성되어 있다. 이 지대는 중공업지대에 인접해 있거나 중공업지대와 혼재해 있는 경우가 많다. 제Ⅴ지대

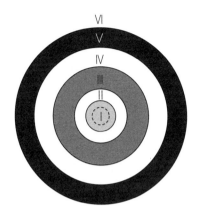

I : 금융 · 업무지구 ⎤
II : 중심소매업지구 ⎦CBD
III : 도매업 · 경공업지대, 저급주택지대
IV : 중공업지대, 노동자주택지대
V : 주택지대
VI : 통근자지대

그림 6-7   Fisher의 수정동심원지대이론의 모식도

출처: E. M. Fisher(1930).

는 주택지구(residential district)가 위치한 곳으로, Burgess와 마찬가지로 중급주
택과 고급주택지대를 별도로 구분하지 않았다. 이 지대에는 상태가 양호한 고급
아파트와 단독주택이 탁월하게 입지해 있다. 마지막으로, 제Ⅵ지대는 훌륭한 품
격의 주택이 있는 통근자지대(commuter's zone)이다.

이상에서 설명한 수정동심원지대이론이 Burgess의 이론과 다른 점은 두 가지
로 요약될 수 있다. 첫째는, Fisher의 이론에서는 Burgess의 이론과 달리 중심업
무지구(CBD)를 2개의 지대로 세분하고 있다는 점이다. 즉 CBD를 금융 · 업무
지대와 중심소매업지구로 구분하였다. 두 이론 간의 중요한 차이는 Burgess의 이
론에서는 도시발전의 핵을 중심업무지구 내에 있는 고급소매업지구로 간주하고
있는 데 대하여, Fisher의 이론에서는 금융 · 업무지대를 도시발전의 핵으로 규정
한다는 점이다.

둘째는, Burgess의 이론에는 언급되지 않았던 중공업지대가 Fisher의 이론에는
포함되어 있다는 점이다. 다만, 수정동심원지대이론에서는 중공업지대를 하나의
실질적인 지대(zone)라기보다는 교통로를 따라 중공업이 입지해 있다는 의미에
서 오히려 동심원구조를 왜곡시키는 인자로 간주하고 있다. 또한 Burgess의 동심
원패턴에서 제Ⅲ지대에 속하는 노동자주택지대는, Fisher의 수정동심원지대이론
에서는 2개의 지대로 나누어져 있다. 즉 제Ⅲ지대의 도매업 · 경공업지대에 포

함된 저급주택지대와 제Ⅳ지대의 노동자주택지대가 그것이다.

이미 앞에서 언급한 바와 같이 Burgess는 그의 이론을 여섯 가지의 명제를 들어 설명하였다. 그러나 Fisher는 그의 이론에서 Burgess이론의 제1명제인 동심원패턴의 5개 지대를 수정하는 데에 그치고, 제2명제(천이)·제3명제(이심과 집심)·제4명제(신진대사)·제5명제(주거지별·직업별 분화), 그리고 제6명제(유동성)에 대해서는 전혀 언급하지 않았다. 그러므로 동심원지대이론은 도시성장의 동적 측면을 간파했다는 점이 가장 주목할 특징인데 비하여, 수정동심원지대이론에서는 그와 같은 측면이 간과되었다는 느낌이 들 수밖에 없다. 또한 Burgess의 이론에서는 중공업·교통·지형 등의 조건이 동심원구조에 대한 왜곡요인으로 간주한 것에 비하여, Fisher의 이론에서는 그들 중공업을 도시지역의 기본적 분화구조의 하나로 간주하고 있다.

이상과 같은 지적에도 불구하고, 1920~1930년 당시의 미국도시와 오늘날의 미국도시 간에 발생한 큰 차이를 인정해야만 할 것이다. 가장 큰 차이점은 탈도시화(deurbanization)에 수반한 도시외곽지대의 근교화와 도시회귀(back-to-the-city)에 수반한 재도시화(reurbanization)가 현저해졌다는 사실과 관련하여 Burgess가 제시한 집심(集心)과 이심(離心)에 관한 제3명제를 더욱 상세하게 설명할 필요가 생겨났다는 점이다.

지금까지 우리는 Burgess와 Fisher의 이론을 비교하면서 공통점과 차이점을 음미해 보았다. 그 당시의 미국도시가 지닌 공간구조는 캐나다 및 유럽도시의 그것과 견주어 볼 때 미세한 차이가 발견되면서도 대체로 대동소이함을 알 수 있다. 그러나 한국도시와 미국도시 간의 공간구조에는 많은 차이가 발견될 수 있을 것이다.

우선적으로 지적할 수 있는 차이점은 사회적·공간적 분화와 도시외곽지대의 통근자지대에 있으며, 미국의 도시는 도시화의 최전선에 고소득층이 진출하지만, 한국의 도시는 저소득층이라는 반대적 현상이 나타난다. 따라서 20세기 산업시대의 도시구조를 미국·아시아·유럽 등의 대륙별로 비교할 수 있는 연구의 필요성이 있음을 인정하지 않을 수 없다(제7장의 제4절을 참고할 것).

(2) Kearsley의 수정동심원지대이론

1940년대에 전통적인 인간생태학이 쇠퇴하면서 새로운 도시연구의 패러다임을 수립하려는 시도가 있었다. 정확히 표현하면, 패러다임의 변화라기보다는 쇠퇴한 생태학적 접근방법의 부활이었다고 볼 수도 있다. 왜냐하면 종래의 접근방법 가운데 정교하지 못한 기계론적이고 생물학적인 유추를 제거한 인간생태학이었기 때문이다.

사실 종래의 인간생태학은 실증주의적 방법론에 기초를 두는 한편, 인간조직의 패턴을 결정하는 배후의 힘을 이론화하려는 시도를 거부하였다. 또한 추상화된 생태학적 커뮤니티의 개념을 발전시켜 정당화하려는 한편, 관찰 가능한 물리적 판단기준을 모색하려는 시도를 거부하였다. Park가 연결시키려고 하였던 공간적 형태와 공간과정의 두 문제는 최종적으로 나누어서 고찰하지 않으면 안 되게 되었다. 이런 상황에서 이미 인간생태학은 유효성이 실추되고 만 것이다.

1960년대 생태학적 접근방법의 부활을 대표하는 연구는 시카고 기성시가지의 슬럼을 고찰한 G. Suttles(1968)의 연구이다. 그는 슬럼주민을 인종별로 분석하여 슬럼의 사회적 계층을 파악하긴 하였으나 도시구조를 모델화하지는 않았다. 사실상 Burgess의 이론에 수정을 가한 것은 1980년대에 제기된 G. Kearsley (1983, p. 12)였다. 그는 도시지리학자로서 새로운 국면을 맞이한 1970년대의 도시들을 관찰하여 [그림 6-8]에서 보는 바와 같은 더욱 상세하고 복잡한 도시구조이론을 제시하였다.

Kearsley는 도시의 구조적 변화가 기성시가지(inner city)뿐만 아니라 도시외곽지대에서도 발생함을 지적하였다. 즉 Burgess의 이론은 기성시가지의 쇠퇴와 더불어 나타나는 젠트리피케이션, 점이지대의 변화와 노동자주택지대의 분화 및 개발에 따라 수정되어야 한다는 것이다. 그리고 CBD 내부는 금융·정보·소매·업무 등의 활동이 집적되어 다수의 특화된 결절점이 존재함을 지적하였다.

한편, 기성시가지의 외곽은 단순한 통근자지대가 아니라 1918년 이후에 개발된 다양한 토지이용패턴이 존재하고 있다. 즉 통근자취락을 비롯하여 상류층 및 중산층 주택지대가 분포하는 섹터와 도시간 상공업지구와 제조업지구, 공영주택단지 등이 분포하는 노동자계급의 섹터가 엇갈려 존재한다. 근교 외곽의 원

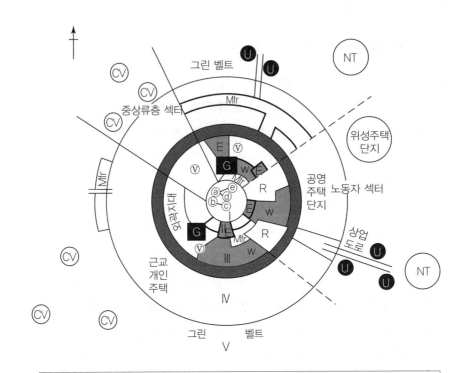

R: 지방자치단체 개발
Mfr: 제조업지구
Ⅴ: 도시내부의 고립촌락
G: 젠트리피케이션 지역
W: 안정적 노동자계급의 커뮤니티
CV: 통근자 촌락
E: 소수민족의 주거지역
U: 도시간 상공업지구
a·b·c·d·e: CBD 내부의 특화된 결절점

Ⅰ: CBD
Ⅱ: 점이지대: 노후화지대
Ⅲ: 1918년 이전의 주택개발
Ⅳ: 1918년 이후의 근교개발
Ⅴ: 통근자취락의 원교지대
NT: 뉴타운
▨: 기성시가지와 근교의 경계

그림 6-8 Kearsley의 수정동심원지대이론

출처: G. Kearsley(1983).

교에는 그린벨트 사이사이에 위성주택단지와 신도시 및 통근자촌락이 입지하고
있다. 이러한 내용은 Kearsley가 대도시에서 발생하는 집심화와 이심화를 모두
관찰하여 도출한 결과일 것이다.

이상에서 언급한 바와 같이, Kearsley의 이론은 동심원상의 패턴이 부분적으
로 선형패턴으로 바뀐다는 점과 도시외곽으로의 탈도시화와 도시중심으로의

재도시화를 근거로 Burgess의 이론에 수정을 가했다는 점에 의의가 있다. 따라서 그의 이론은 현대적인 도시상황에 부합되도록 개량한 수정이론이긴 하지만, 1920년대의 상황과 1980년대의 그것을 동일시할 수 없다는 측면에서 당연한 귀결이라고 볼 수밖에 없다.

(3) 타나베[田邊]의 신동심원지대이론

일본의 지리학자 타나베는 1975년 Burgess의 동심원지대이론과 Dickinson의 3지대이론을 혼합하여 새로운 동심원지대이론을 발표하였다. 그가 제안한 신동심원지대이론의 특징은 중심업무지구 주변부의 내측 점이지대와 도시 외연부의 외측 점이지대에서 찾아 볼 수 있다(그림 6-9).

① **중심지역(central area)**: 이 지역은 중심업무지구에 해당하는 곳으로 많은 기능들이 모자이크 형태로 집중되어 있는 도시활동의 중심이다. 이 중심부는 Dickinson의 중앙지대(central zone), 또는 Burgess의 루프(loop)에 해당한다.

② **주요지대(main zone)**: 중심지역을 둘러싼 건축지역으로 시가지의 대부분을 차지하고 있다. 일반적으로 이 지대는 주택지역으로, 거대도시의 경우에는 몇몇의 부도심이 있다. 부도심의 내측에는 20세기 초반까지 발달한 시가지가 있고, 그 외측은 당시 근교였던 곳으로 철도 및 전차노선을 따라 시가지가 확대되었다. 유럽은 제1차 세계대전 후, 일본의 경우는 제2차 세계대전 후 시가지로 충진되었다. 주요지대의 내측은 구시가지, 외측은 신시가지이므로, 양자는 경관적으로 구별된다. 이 지대의 내측인 중심지역의 주변은 내측 점이지역(inner transitional area)을 이룬다.

내측 점이지역은 도심주변부라고도 불리며, 주요지대와 도심부 간의 사이에서 도심적 요소가 점이적으로 분포하고 있다. 이 지역은 도심부의 수평적 확대가 진행되는 단계에서는 도심화지대라 볼 수 있다. 도심부의 수평적 확대가 정지하던가, 내측 점이지역의 바깥쪽 주요 지대에 고급고층주택지대가 형성되는 단계에 돌입하며 내측 점이지역의 확대가 정지된다. 이 지역은 유럽도시의 경우 Dickinson의 중앙지대 외곽부에 속하며,

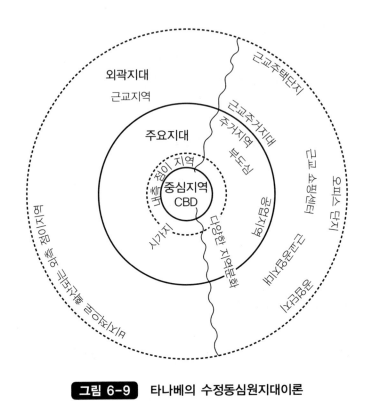

그림 6-9 타나베의 수정동심원지대이론

출처: 田邊健一(1979).

미국도시의 경우는 Burgess의 점이지대에 해당한다. 일본도시의 경우는 내측 점이지역이 대단히 넓고 도심적 요소와 경공업 요소 및 노동자주택지대의 혼합지대를 이룬다는 특징이 있다. 이 혼합지대는 도심부의 기능이 침입해 들어온 탓도 있겠으나, 과거 소도시였을 때 형성된 소규모 공장과 노동자주택이 외곽이동을 하지 않고 그대로 남아 있었기 때문에 형성된 것이다. 도심부의 수평적 확대가 서서히 정지하여도 혼합지대의 확대가 계속되면 퇴폐지구로 바뀌게 된다.

③ 외곽지대(outer zone): 이 지대는 도시와 농촌 간의 점이지대적 성격을 띠는 곳으로, 내측 점이지역에 대하여 외측 점이지역(outer transitional area)이라 할 수 있다. 이 지대는 도시확대의 영향으로 도시화 혹은 근교화현상이 나타나고 있으며 도시적 요소들이 거리가 멀어짐에 따라 체감하는 양

상을 보인다. 외곽지대를 중심으로 주요지대 근처에는 근교주택지를 이루며, 지형적 조건에 따라서는 근교공업지대를 형성하기도 한다. 이와는 반대로 외곽지대에서 바깥쪽으로 가면 농경지와 산림이 나타나고 그 사이에 주택단지와 공업단지 등과 같은 이질적 시설이 들어서 비지적 도시확산이 관찰되기도 한다. 이들 중심부·주요지대·외곽지대의 3개 동심원 구조는 역사적 요소와 지형적 요소에 의해 변화가 나타날 수 있다. 그러므로 타나베는 일반화시킬 수 있는 모델구축은 2차적 문제로 생각하였다.

2. 시카고의 도시쇠퇴와 도시재개발

(1) 도시쇠퇴: 침입과 천이

시카고는 미국의 다른 대도시와 마찬가지로 외국으로부터 유입해 온 이민집단(migrant group)이 대단히 많아 외국계 주민이 약 31%를 점유하고 있다. 그들은 이른바 소수민족집단(minority group)을 형성하고 있으며, 지역적으로 독자적인 주거구역을 이루는 것은 폴란드인·멕시코인·푸에르토리코인 등이다. 폴란드인은 시카고시의 북서부에 있는 훔볼트 공원의 동쪽과 유니온 스토크야드 주변, 멕시코인은 시카고시 거의 중앙에 해당하는 더글러스 공원의 동쪽과 칼멧 하버 서쪽, 푸에르토리코인은 도시중심부에 위치한 가필드 공원 주변에 각각 그들의 주거구역을 형성하고 있다. 그 밖의 소수민족들은 시역 전체에 걸쳐 산재해 있다.

Burgess(1928)의 또 다른 연구에 의하면, 1920년대 이민집단은 [그림 6-10]에서 보는 바와 같이 시카고시 북부의 독일계 및 스칸디나비아계, 서부의 이탈리아계·유태계·보헤미안계, 그리고 시카고 강 남쪽 지류의 이남에는 아일랜드계·폴란드 및 리투아니아계 등이 분포하고 있었다. 이들은 대체로 그림에서 보는 것처럼 일정한 루트를 따라 중심부에서 외곽부로 이동해 나아갔다. 이들 이민집단은 도시의 외곽부로 이동하기 전에는 Burgess가 주장한 동심원구조의 점이지대, 즉 불량주택이거나 슬럼에 거주하고 있었다.

도시문제의 발생측면에서 본다면, 최대의 불량주택을 형성하거나 도시쇠퇴

| 표 6-3 | 시카고의 흑인인구 추이(1860~1910년) | | | | |

연도	흑인인구	비율(%)	연도	흑인인구	비율(%)
1860	955	0.9	1920	109,458	4.1
1870	3,691	1.2	1930	233,903	6.9
1880	6,480	1.1	1940	277,731	8.2
1890	14,271	1.3	1950	492,265	13.6
1900	30,150	1.9	1960	812,637	22.9
1910	44,103	2.0	1970	1,102,620	32.7

출처: A. H. Spear(1967); City of Chicago(1973).

를 촉진시키는 인종은 흑인집단이라고 할 수 있다. 그들은 외국계 이민집단은 아니었으나 제3장에서 언급한 바와 같이 미국사회에서 차별받는 계층이었다. 시카고의 흑인인구는 미국도시 가운데에서도 매우 많은 편에 속한다. [그림 6-10]에서 보는 바와 같이, 1930년대 이전까지만 하더라도 흑인가 또는 흑인지대 (Black Belt)라 불리는 흑인들의 주거지역은 도시문제를 발생시킬 만큼 심각하지 않았다. 즉 1940년의 흑인인구는 시카고시 인구의 8.2%를 차지하는데 불과하였다(표 6-3).

그러나 1940년대에 들어와서는 CBD 주변뿐만 아니라 도시외곽지대까지 흑인밀집구역이 확대되기 시작하였다. 흑인주거지역이 공간적으로 확대된 것은 1950년대가 가장 현저하였고, 1960년대에 들어와서도 그 현상은 여전하였다. 1970년의 흑인인구는 총인구의 32.7%에 이르렀다. 흑인주거지역의 확대는 세수(税收)의 감소, 사회간접자본의 감소, 주거환경의 악화를 수반하였다. 도시 내의 많은 인구가 도시외곽으로 유출되었다. SMSA에서 시카고시 인구가 차지하는 비중은 급속히 저하되어 1970년대에는 48%를 밑돌게 되었다. 미국에서 도시인구의 탈도시화는 대체로 1960~1970년에 진행되었으나, 시카고의 경우는 약 10년 빠른 1950~1960년에 본격적으로 진전되었다.

중산층의 백인들이 거주하던 주택지에 저소득층 내지 빈민층의 흑인들이 침입해 들어오기 시작하면 시간이 경과됨에 따라 "악화는 양화를 구축한다."는 그레샴의 법칙(Greshamm's law)이 작용하여 흑인주거지역은 공간적으로 확대되어 갔다. 1920~1950년의 30년간 센서스 자료를 분석한 B. Duncan and O. D.

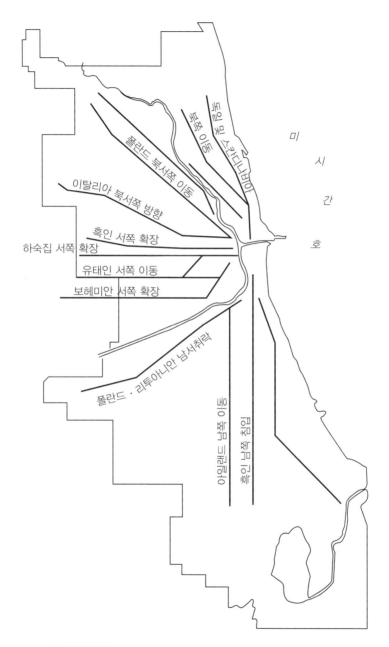

그림 6-10 시카고시 이민집단의 이동루트(1920년대)

출처: E. W. Burgess(1928).

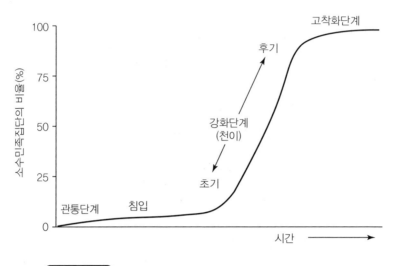

출처: R. J. Johnston(1974).

그림 6-11 침입(invasion)과 천이(succession)의 과정

Duncan(1960)은 시카고의 게토(ghetto)가 확대되는 과정을 [그림 6-11]과 같이 설명하였다. 즉 그들은 흑인을 비롯한 소수민족집단의 정착과정을 성장곡선(growth curve) 혹은 S자형 곡선(S-shaped curve)으로 설명한 것이다. 소수민족은 백인주거지역에 초기에는 오랜 시간에 걸쳐 서서히 침투해 들어와 관통단계(penetration)를 거쳐 침입단계(invasion)에 돌입하지만, 어느 정도 시간이 경과되면 그들의 유입속도가 급속히 빨라지게 되어 강화단계(consolidation)에 들어선다. 강화단계는 초기에서 후기로 갈수록 더욱 빨라지는데, 이 단계를 천이(succession)라 부른다. 백인주거지역이 거의 흑인 또는 기타 소수민족으로 대체되고 나면 그 증가속도가 둔화되어 고착화단계(pilling up)에 도달한다.

[그림 6-12]에서 시카고 CBD의 북쪽에 흑인주거지역이 형성되는 과정을 관찰할 수 있는데, 이곳은 제2차 세계대전 이전에는 전형적인 저소득층 백인주거지역이었다. 이 사실은 시카고 남부 및 서부의 중산층 백인주거지역을 흑인들이 침투해 들어간 다음에 북부의 저소득층 백인주거지역까지도 침투가 행해짐을 뜻하는 것이다. 뉴욕의 할렘가 역시 이와 유사한 과정을 거쳐 슬럼화한 바 있다.

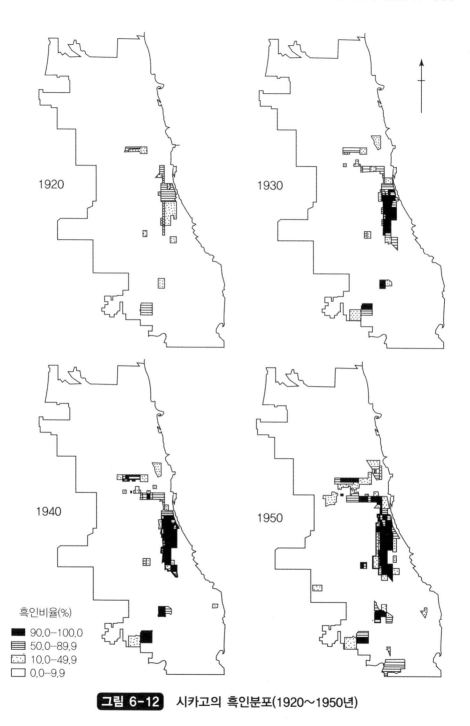

흑인비율(%)

■ 90.0–100.0
▤ 50.0–89.9
▨ 10.0–49.9
□ 0.0–9.9

그림 6-12 시카고의 흑인분포(1920~1950년)

출처: O. D. Duncan and B. Duncan(1957).

(2) 도시재개발과 문제점

시카고의 재개발은 1871년에 발생한 대화재의 복구사업에 기원하고 있으나, 기성시가지의 본격적인 재개발은 흑인의 불량주택지역의 철거를 목적으로 한 재개발사업부터 시작되었다고 보아야 한다. 즉 1947년에 「일리노이 쇠퇴지구 재개발법」이 제정됨에 따라 시카고 토지정리위원회가 창립되었는데, 이 위원회는 최초의 재개발 프로젝트라 할 수 있는 시카고 남쪽 레이크메도우 지구의 흑인불량주택에 대한 개량사업에 착수하였다. 이것을 계기로 하여 「일리노이 도시 커뮤니티 보존법」에 근거한 커뮤니티 개량사업에 따라 불량주택 발생방지를 위한 커뮤니티의 개량·보존과 공공시설의 정비가 추진되었다.

1961년에는 「일리노이 도시재개발 통합법」에 따라 시카고 토지정리위원회와 커뮤니티 보존국이 도시재개발국으로 통합되었다. 그 후, 재개발의 대상은 수송기관의 정비, 도로망의 개선, 의료시설의 정비, 상·공업기능의 재배치 등 광범위해졌으며, 재개발의 기본은 커뮤니티의 개량사업을 주로 하는 도시계획이었

사진 6-4 ◐ 개량사업이 적용된 시카고의 레이크메도우 지구

다. 불량주택의 제거를 목적으로 한 주택재개발 사업은 합헌성을 일리노이주 최고재판소로부터 부여받게 되자 원활하게 추진되었다. 그러나 Burgess와 Fisher의 연구시점이었던 1920～1930년대의 시카고시는 재개발사업이 체계적으로 이루어지지 못하였다.

한편, 재개발사업은 주택뿐만 아니라 병원·학교·공원·교회 등의 공공시설에도 적용되었다. 공공시설에 대한 가장 극적인 재개발은 일리노이 공과대학과 미카엘리즈 병원에 대한 계획이었다. 그리고 상업수요에 따라 각종 업종을 한곳에 모은 대형 쇼핑센터를 건설함으로써 상점가의 요구와 도시행정의 요구를 연결시켰다.

부단한 재개발에도 불구하고 시카고의 쇠퇴는 1970년대까지 지속되었다. 도시재개발과 주택공급정책의 추진에도 불구하고 기성시가지의 인구감소·경제활동의 부진·흑인 게토의 확대·주택방기 등의 현상이 속출하였다. 여기서는 재개발사업의 문제점과 관련하여 기성시가지의 주택공급에 초점을 맞춰 주택의 여과과정(filtering process)이 인종차별에 기인한 주택시장의 이중성으로 기성시가지의 쇠퇴를 초래하게 된 실태에 관하여 살펴보겠다. 또한 주택시장의 이중성을 존속시키게 만든 메커니즘에 대해서도 고찰할 필요가 있다.

도시쇠퇴와 주택공급은 도시재개발과 밀접한 관련이 있는데, 이에 대한 문제점을 개관한 HUD(Department of Housing and Urban Development, 1975)의 보고서는 25년간에 걸쳐 시행된 도시재개발의 사업내용을 담고 있다. 이 보고서에 의하면, 1949년 이래 미국의 1,200개 도시에서 약 3천 건의 연방보조에 의한 재개발사업이 실시되어 120억 달러에 달하는 연방자금이 투입되었다.

재개발사업은 몇 가지 특징적 변화가 있어 왔으나, 1967년을 경계로 하여 현저한 변화가 있었다. 즉 1949～1967년에는 재개발의 중점이 슬럼철거, 경제력 회복, 중·고소득층 주택공급에 두어져 이주대책을 위한 보상비가 적었으므로 큰 피해를 입은 소수민족의 반대가 심했다. 그러나 1967년부터 재개발의 중점은 수복 및 보전재개발로 옮아가게 되어 불량주택의 철거를 위한 이전보상비가 필수적으로 고려되어야 했다. 보상비가 증대되고 시민참여가 빈번해 짐에 따라 재개발의 사업기간이 장기화하는 문제점이 발생하였다.

위에서 언급한 두 시기의 특징적 차이에도 불구하고, 도시재개발은 다음과 같은 네 가지 목적을 추구하였다. ① 쇠퇴구역의 철거, ② 도시경제의 강화, ③ 저소득층 주택의 개선, ④ 저소득층 근린주거구역의 개량이다. 이들 목적이 충분히 달성되지 못했다는 반성에서, HUD의 보고서는 도시재개발사업이 이루어낼 수 있는 한계를 명확히 인식해야 함을 강조하였다. 즉 도시재개발은 어디까지나 물리적 측면의 사업인 까닭에 도시의 사회적·경제적 문제를 해결할 수 없을 뿐더러 인종문제를 다룰 수 없다는 것이다.

3. 여과과정과 주택시장의 이중성

미국의 주택건설은 대부분이 민간부문에서 이루어지며, 주택의 신축은 통상적으로 시가지 외곽의 빈 공간을 지향하면서 진행된다. 따라서 도시의 중심으로부터 외곽으로 향함에 따라 주택의 질이 향상되고 중산층의 비율이 높아진다. 이러한 이유로 도시에서는 신구(新舊)주택 취득자의 소득수준과 주거지의 분포가 명료하게 대비된다. 여기에 소득상승을 수반한 생애주기(life cycle)가 겹쳐져서, 주택이 노후화함에 따라 고소득자는 더 외곽에 있는 새로운 주택으로 이주한다(그림 6-13). 그들이 거주하던 주택에는 그들보다 소득수준이 낮은 계층이 입주한다(Johnston, 1974, p. 98).

이와 같은 주택의 여과과정이 반복되면, 주택수준은 전체적으로 향상하게 된다. 미국에서는 1950~1970년의 20년 동안에 3,050만 호의 주택이 건설되었는데, 이들 중 표준 이하의 주택(substandard units)은 1,700만 호에서 500만 호로 70% 정도 감소하였다. 따라서 여과과정을 통하여 전체적인 주택수준이 향상한 것은 분명한 사실인 듯하다.

그러나 이 과정이 저소득층의 주택수요에 부응할 수 있는 간접적 방법으로써, 그리고 도시중심의 쇠퇴화를 방지하는 수단으로써 유효한지의 여부에 대해서는 평가가 엇갈린다. A. Downs(1973)의 주장에 의하면, 빈곤층이 배제됨에 따라 번거로운 문제가 생기지 않는 주택지의 경우 양호한 주택에 입주가능한 계층에게는 여과과정이 효과적으로 기능한다고 평가될 수 있다는 것이다. 그러나 도시의 빈곤층, 특히 소수민족에게 이 과정은 자신들을 도심에 인접한 쇠퇴구역에 가둬 버리는 사회적 재앙이 되고 만다.

여과과정

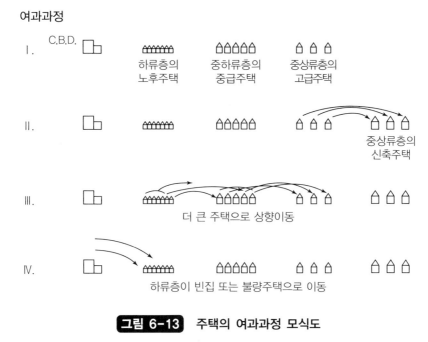

그림 6-13 주택의 여과과정 모식도

출처: R. J. Johnston(1974).

　빈곤층의 집중은 빈곤에 수반한 각종 문제를 증폭시키게 되므로, 이를 시정하기 위해서는 막대한 사회적 비용을 부담하지 않으면 안 된다. 그래서 W. F. Smith(1971)는 주택복지의 측면에서, "여과과정은 과연 바람직한 것인가? 저소득층의 주택수준을 향상시키기 위해서는 보다 직접적인 투자가 필요하다."라는 문제를 제기한 바 있다.

　만약 F. S. Kristof(1972)가 제시한 다음의 조건이 만족된다면, 여과과정은 도시중심의 빈곤층과 소수민족에게 의미 있는 것으로 판정할 수 있을 것이다. ① 통상적인 주택증가에서 필요한 분량 이상의 신축이 있을 것. 즉 여과가 진행될 만큼의 수요를 상회하는 과잉공급을 전제로 한다. ② 주택의 신축이 기존주택의 가격(또는 임대료)을 인하하는 압력으로 작용할 것. 즉 더 저소득인 세대가 기존의 주택보다 양호한 주택을 저렴하게 구입할 수 있어야 한다. ③ 소득수준과 주택가격의 비율을 포함한 외생적 요인이 일정하게 유지될 것. ④ 주택가격이 떨어질 정도로 유지비와 수리비로 인한 질적 저하가 발생하지 말 것. ⑤ 최저수준의 주택가격을 상승시키지 않는다는 전제하에 주택시장에서 최악의 주택을 제거하는 메커니즘이 존재할 것.

B. J. L. Berry(1979)는 시카고의 주택시장을 분석한 결과를 토대로 이들 조건이 만족되고 있는 것으로 파악하였다. 즉 그는 여과과정이 효과적으로 작용하여 빈곤층을 비롯하여 전반적으로 주택수준이 향상되었다고 주장하였다. Berry의 연구결과를 요약하면 다음과 같다.

(a) 시카고 대도시는 소득, 사회ㆍ경제적 지위, 인종의 혼합도, 주택의 노후정도, 생애주기 등에 따라 구별되는 비교적 등질적인 하위시장(sub-market)이 공간적으로 배열된 시스템의 일종이다.

(b) 이들 하위시장은 대도시지역의 주변부에서 행해진 주택건설로 인한 여과 메커니즘(filtering mechanism)에 의해 서로 연결되어 있다. 즉 신축주택의 증가는 주거지 이전을 촉진시키며, 흑인과 소수민족의 주거비는 도시중심의 주택수요가 감소했으므로 결과적으로 백인들에 의해 저렴해진 셈이 된다. 또한 주택가격의 상승률이 낮은 저급주택지역에서는 주택잉여가 증대하여 주택방기가 발생한다.

(c) 증가일로의 소수민족을 위한 주택공급이 차별행위로 제약받을 경우에는, 하위시장의 주택가격은 소수민족의 침입이 있더라도 급격히 상승한다. 다만 그와 같은 차별은 근교의 주택건설이 부진하여 백인들의 탈출가능성이 적을 경우에 발생하기 쉽다. 바로 이와 같은 배경에서 주택여과에 대한 부정적 견해가 잉태되었다고 볼 수 있다. 즉 주택여과의 성패는 주택산업과 국가전체의 경기변동에 달려 있다는 것이다. 경제불황 하에서는 도시외곽으로 탈출할 수 없는 백인이 흑인의 침입에 맞서기 위해, 흑인은 더 많은 주거비부담을 강요받게 된다. 이와는 달리 경제의 호황기에는 백인의 탈출이 성행하여 흑인의 부담은 경감된다.

(d) 백인이 흑인의 침입이 예상되는 주거지역을 지위하락의 징조로 생각할 경우에는 주택가격이 급락한다. 즉 주택가격은 흑인의 침입이 예상되는 곳에서 급격히 떨어지지만, 막상 흑인이 침입해 들어오기 시작하면 다시 상승한다. 근린주거지역 전체가 흑인의 하위시장으로 전이되면 주택가

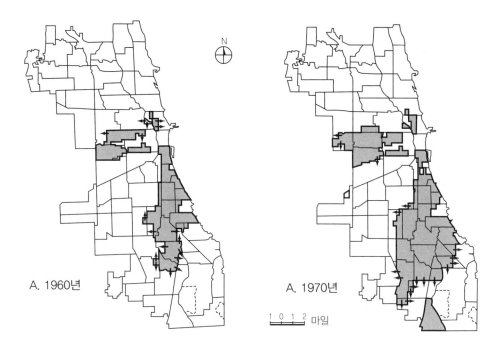

그림 6-14 흑인주거지역과 인접 백인주거지역의 소득격차

주: 음영부분은 흑인인구율 40% 이상의 센서스 구역.
   화살표는 흑인이 고소득인 경우의 센서스 구역.
출처: Chicago Urban League(1977).

격은 다시 저하된다. 흑인지구와 인접한 백인지구의 주택가격과 가격상
승률은 흑인팽창지구의 가격보다 낮고, 흑인게토의 가격은 그보다 더 낮
은 것이 사실이다.
(e) 그러나 라틴계의 경우는 상기한 (d)의 메커니즘이 작용하지 않는다. 라
틴계 팽창지구의 주택가격은 인접한 백인지구의 가격보다 훨씬 더 낮고,
팽창지구의 가격상승률은 라틴계 게토의 상승률보다 낮다. 다시 말해서,
시카고의 백인들은 상류층 라틴계가 침입하는 것에 대해서는 거부반응을
보이지 않는다는 것이다.

    인종별로 분할된 시카고의 주택시장이 백인들의 근교탈출로 여과과정을 거
쳐 중심부의 흑인들에게 주택선택의 폭을 넓혀주고 주거비의 상대적 저하를 가

져왔다는 Berry의 주장은 반론에 부딪치게 되었다. 흑인의 지위향상을 도모하기 위해 1910년에 창설된 도시연맹(Urban League)은 1977년의 조사보고서에서 인종차별로 인한 주택시장의 이중성이 여과과정의 효용성을 저해하여 흑인의 주거환경의 향상을 가로막고 도시쇠퇴를 부추긴다고 주장한 것이다.

『시카고 도시연맹의 보고서(Chicago Urban League, 1977)』에 의하면, 시카고의 주택시장은 백인시장과 흑인시장의 2개 하위시장으로 분리되어 있으며, 양 시장 간에는 자유로운 주택의 이전이 존재하지 않는다는 것이다. [그림 6-14]에서 보는 것처럼, 흑인주거지역은 1960~1970년에 CBD와 인접한 중심부보다도 기존 흑인지구의 바깥쪽(특히 남부)에서 확대되고 있다. 더욱이 그 확대는 흑인지구 내부의 흑인소득이 인접백인지구의 소득을 상회하는 곳에서 발생하고 있다. 즉 Berry가 주장하는 것처럼 도시중심부에서 백인으로부터 흑인으로의 주택이전이 발생하지 않는다는 것이다. 또한 흑인주거지역에서는 단독주택이 과잉공급되었다고 볼 수 없으며, 주택가격의 인하를 유도하는 강력한 압력도 존재하지 않는다.

4. 시카고학파에 대한 평가

(1) 시카고학파의 원류

도시이론의 정립에 기여한 분야는 도시사회학 및 도시지리학이며, 도시연구의 패러다임을 구축한 주체는 시카고학파라 할 수 있다. 그들은 대체로 인간생태학의 개념에 입각하여 도시를 연구한 시카고대학 사회학과의 구성원들이었다. 그들의 도시연구는 주로 제1·2차 세계대전 중에 이루어졌으며, 이들은 20세기 전반의 시카고를 생태학적 이론과 사회조사방법을 적용하여 파악하려고 시도하였다. 당시의 시카고는 도시연구를 위한 일종의 실험실이었다. 그러나 시카고학파의 전성기는 선벨트의 타 지역에 주도권을 빼앗기면서 쇠퇴기로 대체되었다. 시카고학파의 싱크탱크이며 견인차였던 시카고대학 지리학과가 폐과되면서 도시연구의 주도권을 캘리포니아 학파를 비롯한 타 학파에 내줄 수밖에 없었다. 이는 Berry가 하버드대학으로 스카웃된 후유증이라고 할 수 있다.

사진 6-5 ◐ 시카고학파의 메카 시카고대학 캠퍼스

E. W. Burgess와 D. J. Bogue(1964)는 시카고학파의 르네상스를 도모하기 위해 『도시사회학에 대한 공헌』이란 저서를 출간하였다. 이 저서에는 총 42편의 대표적인 시카고학파의 논문이 수록되어 있는데, 이들 중 "도시사회조사연구: 역사적 관점"이란 제목을 붙인 편저자의 서문이 주목할 만하다. 특히 시카고 도시사회학의 실질적 창설자이며 도시연구의 아버지라 불리는 R. E. Park의 동료이며 후계자인 Burgess는 시카고학파가 일궈낸 연구의 흐름을 다음과 같이 4시기로 구분하였다.

제1기는 연구비 없는 시기(the period without funds)이며, 제2기는 조직화된 조사 프로그램의 탄생, 제3기는 경제불황과 제2차 세계대전(the economic depression and war years), 그리고 제4기는 전후기(postwar period)로 명명되었다. 미국 사회학 전반의 번영기는 두말할 필요 없이 제4기에 해당하며, 도시사회학 내지 도시지리학 역시 도시연구의 일부문으로써 자리매김될 수 있다.

제1기의 연구비 없는 시기란 도시조사를 추진함에 있어서 연구원들이 도시락을 싸들고 다니면서 연구에 임할 수밖에 없었던 춥고 배고픈 시대를 가리킨다. 이 시기에 해당하는 1916~1923년은 Park가 사회적 실험실로서의 도시(the city as a social laboratory)에 관한 인식 틀을 제시한 대표적 논문 "도시: 도시환경에 있어서 인간행동고찰의 지침"이 출판되었다. 그리고 Burgess가 시카고 대학에 부임한 1916년부터는 「미국사회과학 조사회의」로부터 25,000달러의 연구비가 시카고대학측에 제공되기도 하였다. 그럼에도 불구하고 N. Anderson(1923)은 300달러의 비용만으로 그의 연구 『호보(*The hobo*)』를 완성시키기도 하였다. 300달러와 25,000달러의 차이는 금액상의 차이뿐만 아니라 시카고 생태학에 대한 조사 연구의 형식이 바뀌었다는 의미가 포함되어 있다.

제2기에 해당하는 1920~1930년대는 제1기의 시카고학파적 정신을 체계화한 시카고 생태학의 황금기인 동시에 조직화된 조사 프로그램의 탄생기였다. Burgess는 1923년을 하나의 변환점으로 인식하면서 Park 교수와의 만남을 회상하였다. 이 회상은 과거에 대한 단순한 향수가 아니라 회상의 형식을 빌어 전기(前期) 시카고 도시연구의 원류를 더듬어 보았다는 데에 참뜻이 있다. 록펠러 재단이 시카고대학을 미국을 대표하는 명문대학으로 키우기 위해 기부금을 내기 시작한 것은 1930년대의 일이다.

(2) 전후 미국의 사회학

상기한 바 있는 Burgess and Bogue(1964)의 저서에서 Park의 애제자이며 초기 시카고학파의 정신을 배운 유일한 생존자 E. C. Hughes는 시카고학파의 입장을 변호하고, 미국 사회학계 전반에 걸친 시카고의 전통이 지닌 의미의 정당성을 주장하였다. 더 나아가 미국 사회학 안팎에서 일고 있는 시카고 사회학의 부흥에 대해서도 언급하였다.

전후 미국 사회학의 도달점은 '쇠퇴'라는 패러다임이었는데, 이는 Hughes가 미국사회학회의 회장 취임강연에서 지적한 상징적 표현이었다. 그는 미국의 사회학이 행동과학을 모델로 하는 전문과학으로서의 엄밀성과 실증성에 치우쳐 사회학자의 문제의식과 방법에서 지나치게 표준화하려는 폐해를 통감해야 한다고 지적하였다. 또한 Hughes는 사회에 대한 참여와 관찰을 통하여 현실을 다루는 한편으로, 미래의 모든 가능성을 추구하는 유토피아적인 상상력을 가지고 현실을 설명하는 접근방식의 필요성을 역설하였다.

Hughes는 다양한 경력의 소유자로서 신문기자 · 흑인교화사업 등을 거쳐 50
세가 넘어서야 시카고에 오게 되었다. 이런 점에서 그의 인생은 Park와 유사하였
다. 그는 Park, Burgess와 Wirth 등이 세상을 떠난 후에도 시카고를 지켰으며, 그
의 연구테마는 인종문제와 도시를 비롯하여 직업 · 조직 · 제도화 등과 같이 광
범위하였다. Hughes는 Park의 애제자였던 H. M. Hughes(결혼 후의 이름)와 결
혼하였는데, 이들 부부에게 있어 Park는 그들의 지도자임과 동시에 일생의 절친
한 친구였다.

1984년에는 D. Riesman과 H. Becker에 의해 추도논문집이 간행되었다. 『사
회학적 안목』이라는 이 논문집에는 Hughes의 초기 논문을 포함하여 총 58편의
논문이 수록되어 있다. 『Hughes의 사회학』이라 불릴 수도 있는 이 논문집에는
그의 일관된 사회연구의 동기가 기록되어 있다.

(3) 신도시사회학의 대두와 시카고학파에 대한 비판

1970년대에 들어와 유럽에서는 마르크스주의의 계보에 속하는 도시연구자가
신도시사회학(new urban sociology)의 이름으로 혜성처럼 등장하였다. 이런 조짐
은 미국사회학계 내부에도 있었던 듯하였다. 이에 따라 미국도시사회학의 패러
다임이었던 시카고학파의 전통적 연구방법이 비판을 받게 되었다.

신도시사회학의 이론적 기수는 프랑스의 M. Castells였는데, 그의 대표작
은 『도시문제: 마르크스주의적 접근(*The urban Question: A Marxist Approach*, 영
어판 1997, 불어판 1972)』을 비롯하여 『도시, 계급, 권력(*City, Class and Power*,
1978)』, 『경제위기와 미국사회(*The Economic Crisis and American Society*, 1980)』
등과 같은 정력을 쏟은 성과물이 있다. 신도시사회학 분야의 저서는 M. Harloe
(1997)의 『억류된 도시(*Captive Cities*)』와 C. G. Pickvance(1976)의 『도시사회
학(*Urban Sociology: Critical Essays*)』 등이 있다.

이들은 도시정치사회학(urban political sociology)의 입장에서 도시사회운동
(urban social movement)에 대한 분석을 바탕으로 독자적인 연구영역을 개척하
고 있다. 이들은 전통적인 시카고학파에 대하여 도시인식을 비롯한 도시사회학
의 이론적 근거에 의문을 품고 있다. 그러나 직접적으로는 1960년대에 미국 국
토를 휩쓴 환경파괴 · 공해, 인종 · 인권문제, 사회적 불평등 · 불공정 등의 문제

해결에 기존의 사회학적 전통이 기여하지 못함을 비판하였다. 또한 1970년대에 들어와서는 대도시의 위기, 구체적으로는 기성시가지의 문제를 소재로 하여 도시문제의 과학적 인식과 개념화를 둘러싼 주제가 그들의 관심사로 대두되었다. 즉 그들은 사회 전체의 경제체제와 정치의사결정기구가 입체적으로 엇갈리는 문제들을 해결함에 있어서 고전적인 시카고학파의 이론이 오늘날에도 유효하다고 생각하지 않았다.

이러한 조류는 비단 도시사회학뿐만 아니라 인접과학인 지리학분야에서도 일어났다. D. Harvey(1973)의 『사회정의와 도시(*Social Justice and the City*)』를 필두로 R. Peet(1977)의 『급진지리학: 사회적 현안에 대한 대안적 견해(*Radical Geography: Alternative Viewpoints on Contemporary Social Issues*)』, D. M. Smith(1994)의 『지리학과 사회정의(*Geography and Social Justice*)』 등이 그것이다. 또한 Castells(1989) 역시 1980년대 들어와 유명한 『정보화도시(*The Informational City*)』를 출간하였다.

하나의 상징적 사건이 1978년 신도시사회학자측에서 마련한 공개 심포지엄에서 발생하였다. 「마르크스와 도시」라는 제목의 심포지엄은 마르크스주의 도시연구자와 비마르크스주의 도시연구자 간의 연구입장을 둘러싼 논의가 도시이론의 정립에 크게 기여할 것이라는 확신 하에 기획되었다. 이러한 목적을 실현하기 위해서는 서로의 입장에서 중요시되고 있는 문제들을 명확히 하고 용어상의 차이를 확인하며, 이론적 발전을 저해하는 이데올로기의 장해물을 제거하는 것이 무엇보다도 필요하다. 1960년대까지만 하더라도 이와 같은 대화가 실현되리라고는 아무도 상상하지 못하였다. 그러나 심포지엄 이후 오늘날에 이르기까지 미국·영국·프랑스를 비롯한 동구권 국가에서는 마르크스주의적 입장 또는 경제학적 입장으로부터 도시 및 지역의 현상들을 고찰하려는 연구가 많이 쏟아져 나왔다.

토론은 심포지엄 전체를 통하여 마르크스주의를 지지하는 사람들에 의해 주도되었으며, 시카고학파를 비판의 표적으로 삼는 데에 그친 감이 없지 않았으나, 오히려 마르크스주의 지지자들도 시카고학파의 전통을 계승하려는 의도가 엿보였다. 예컨대, 그것이 대도시의 기성시가지 문제이건, 도시근교 문제이건 간에 구조적 문제를 풀어나가는 데 있어서 시카고학파의 전통적 영역으로서는 해결할 수 없는 것이 사실이다. 그러나 가령 인종과 지역·계층분화에 관한 거시적 이론이라 할지라도 백인들이 근교로 진출해 들어오는 중산층 흑인 간의 분쟁·갈등을 유효적절하게 설명할 수 있다는 보장이 없다. 이런 경우는 현실적 지역을 자기장(磁氣場)으로 하는 흑인과 백인의「통합」혹은「분열」을 둘러싼 직관적 종합판단력이나 구상력이 요구된다. 아무튼 이 심포지엄의 주요 테마는「공간과 사회의 상호규정성」과「공간의 사회조직화」에 관한 인식이었다.

신도시사회학의 이론적 중심에 섰던 Castells는 1979년 파리대학으로부터 캘리포니아(버클리)대학으로 옮겨 도시 및 지역계획학과에서 사회학자·지리학자·도시계획학자들과 교류하면서 현재는 사우스 캘리포니아대학에서 네트워크 사회론으로 연구업적을 쌓아가고 있다. 그의 사례연구는 매우 다양하여 역사적 사례연구로부터 탈공업화사회의 기성시가지 연구에 이르기까지 폭넓은 분야에 걸쳐 있다. 연구지역 역시 미국의 샌프란시스코를 비롯하여 라틴 아메리카, 스페인의 마드리드, 프랑스의 파리, 영국의 글래스고 등에 이르기까지 범세계적이다.

시카고학파의 도시이론이 정립된 지 반세기를 넘었다. 이 기간 동안에 도시시설·도시기능·시민구성·시민행동 등이 바뀌어 도시구조에 변화가 온 것은 당연한 이치일 것이다. 시카고학파의 실험장이었던 시카고가 20세기 전반까지만 하더라도 도시생태를 관찰할 수 있는 전형적인 도시였음은 분명하지만, 시카고가 모든 도시의 정황을 대표할 수 있는 공간은 아니었다. 더욱이 1970년대 이후에는 선벨트에 입지한 도시에서 새로운 양상이 발생하고 있다. 따라서 시카고학파의 이론을 일반화하기에는 현실과 비교해 볼 때 잔차가 너무 크다.

시카고학파가 보여준 사회병리·사회해체에 관한 지적은 동·식물생태학에서 도입한 인간생태학적 접근이라는 점에서 높이 평가할 만하지만, 그들은 단순한 센치멘탈에 그쳐서는 안 된다고 주장하면서도 실제는 현상적 측면의 지적에 머물렀다는 약점을 지니고 있다. 구체적으로, R. S. Lynd and H. M. Lynd(1929)의 주장처럼, 권력구조·지배구조·계층구조의 분석과 같은 문제의식이 결여되었음을 지적하지 않을 수 없다. 이와 같은 결함은 시카고학파가 취한 생태학적 방법과도 깊은 관련이 있다.

생태학적 방법은 시카고학파의 간판에 해당하며 도시연구의 패러다임이다. 그런데 그 방법은 시카고학파의 결함과 관련이 깊다. 우선 지적될 수 있는 것은 공간적인 것을 중시한 나머지 시간적 요소를 경시했다는 비판이다. 원래 인간생태학(human ecology)은 일정한 지역의 인구분포상태를 생태학적으로 다루는 분야이다. 그러나 그들은 시카고를 실험실로 간주하여 Burgess의 동심원지대이론과 같은 도시연구를 전개하였으나, 이에 대하여 M. Alihan(1938), H. Hoyt(1963), W. Firey(1946), C. D. Harris and E. L. Ullman(1951), J. A. Quinn(1950) 등과 같은 미국 내의 여러 학자들로부터 비판이 쏟아져 나왔다. 이들은 전술한 바와 같이 생태학적 방법을 존중하더라도 시카고만의 공간구조이론은 보편타당성이 없다고 비판하였다. Burgess는 물론 그의 이론전개에 신중을 기하고 있지만, 시카고에만 국한하여 분석했다는 한계는 지적하지 않을 수 없다.

시카고학파의 생태학적 방법론의 결점은 시간적 요소를 경시하고 있다는 점이다. 어떤 도시라 할지라도 역사와 전통의 시간적 요소가 깊이 연관되어 있게 마련이다. 그들은 미국도시를 연구대상으로 했던 까닭에 시간적 요소를 경시한 것이 이해는 가지만, 미국도시와 조건이 전혀 다른 유럽과 아시아의 도시인 경우는 그들의 이론이 그대로 적용될 수 없을 것이다. R. E. Dickinson(1951)의 견해를 비롯하여 G. Sjoberg(1960) 및 L. Mumford(1961) 등의 견해에 귀를 기울여야 할 필요가 있는 것은 바로 그 때문이다.

시카고학파의 생태학적 방법론은 다윈류의 생존경쟁설과 깊은 관련이 있다. 그들이 경쟁과 도태의 과정으로 커뮤니티의 형성을 다룬 것은 그 때문일 것이다. 생태학이 생물학의 일분과로 자리매김한 것은 1866년 E. Haeckel이었고, 이것이 사회학에 접목된 것은 1921년 시카고대학의 Park와 Burgess에 의한 것이었다. 그들은 R. D. Mackenzie의 협력을 받아 1925년 인간생태학을, 1950년에는 J. A. Quinn과 A. H. Hawley가 각각 인간생태학 교과서를 집필하였다.

그 후, 1961년에 G. A. Theodorson은 인간생태학적 논문을 인문지리학과 접목시켰으나, 이보다 앞서 지리학자였던 A. von Humbolt가 생태지리학적 이론을 정립해 놓은 바 있다. 뒤를 이어 E. Huntington(1915), B. T. Robson(1969), D. R. Stoddart(1965) 등의 지리학자들이 지리적 공간과 생물적 공간을 연관시키는 연구를 수행하였다. 그럼에도 불구하고 생태학적 방법론은 다음과 같은 결함을 지니고 있다.

첫째, 그들은 생존경쟁설에 준거하고 있기 때문에 생활력이 강한 사람들이 살아남고 유리한 공간을 점유한다는 결론을 내렸다. 동심원지대이론 역시 그런 준거의 소산이다. 시카고학파는 그것을 「경제적 우열」로 간주하고 있다. 따라서 사회병리현상에 대한 지적 역시 Malthus의 인구론이 범한 오류와 동일한 결과를 초래할 수밖에 없다. 즉 이러한 지적은 전술한 바와 같이 현상적 측면에 그쳤다는 것이다.

둘째, 그들은 경쟁과 도태의 과정에서 형성된 인간사회를 커뮤니티로 간주하였고, 투쟁·적응·동화의 과정에서 합의가 성립하는 곳에 사회의 성립이 관찰된다고 주장하였다. 이와 같은 인간사회에 대한 시카고학파의 이분법적 해석은 양자의 관계가 명확하지 않기 때문에 항상 옳지 않다. 원래 생태학적 방법은 커뮤니티가 형성되기까지는 적용될 수 있어도 사회가 형성되면 무리가 뒤따른다. 다시 말해서, 생태학적 방법은 공간구조를 파악하는 데에는 효과적일지라도 권력구조·사회 및 경제적 복합성·문화 및 전통 등을 파악하기는 어렵다는 것이다. 이러한 관점에서 도시사회를 규명할 만한 새로운 방법론이 모색될 수밖에 없었던 것이다. 신도시사회학의 등장 역시 이것과 궤를 같이한다고 볼 수 있다.

03 선형이론(扇形理論)이란?

1. 선형이론의 배경

(1) 이론적 배경

전술한 인간생태학적 관점이 결여된 R. M. Hurd(1903)의 성형이론(星型理論)과 시카고학파의 대표적 이론인 Burgess의 동심원지대이론에 대하여 H. Hoyt(1939a)의 독창적인 이론이 제기되었다. 그는 1939년 "미국도시에 있어서 근린주택지구의 구조와 성장"이란 연구와 "도시지역의 구조와 성장"이란 논문에서 시간의 경과에 따른 도시의 생태학적 변화를 포착하려고 시도하였다. Hoyt는 1900, 1915, 1936년의 세 시기 동안에 걸쳐 142개 미국의 도시내부에서 임대료가 차이를 보이는 패턴을 지도화하여, 주거지역의 공간구조가 부채꼴 모양의 선형구조(sectoral structure)로서 파악될 수 있다는 이론을 제기하였다.

Hoyt의 선형이론(sector theory)은 도시내부의 공간적 패턴이 동심원보다는 선형이 탁월하다는 것으로, 그는 미국의 142개 도시에 관한 상세한 주택자료를 수집하여 이와 같은 이론을 제안한 것이다. 따라서 선형이론은 결과적으로 동심원지대이론을 부정한 것이라기보다는 수정을 가한 이론으로 간주하는 것이 타당할 것이다

동심원지대이론이 제기된 1920년대와 선형이론이 제기된 1930년대는 시대적 상황이 많이 달랐다. 왜냐하면, 1926년의 이른바 유클리드 판결에 따라 지역지구제(zoning system)가 정착되었고, 1930년대에 들어와서는 도시위원회(Urban Committee)가 설치되어 연방정부가 지방정부의 도시정책에 개입하기 시작하였기 때문에 도시지역의 변화가 급격하였다. 또한 1934년 연방주택청의 설립과 1937년 주택법의 제정으로 도시지역에 많은 주택이 건설되기도 하였다. 이 시기에 건설된 간선교통로와 주택은 선형이론이 제기된 하나의 요인으로 작용하였을 것이다.

(2) 분석지표

Burgess의 동심원지대이론에서는 도시의 공간구조를 파악하기 위하여 주택·업무·경공업을 들어 토지이용의 패턴을 분석하였다. 이에 대하여 Hoyt는 주거지 토지이용(residential land use)만을 분석지표로 삼았다. 이것은 주택적 토지이용이 미국의 도시에서는 민간단체가 개발한 토지 가운데 가장 큰 비중을 차지하기 때문이다. 그리하여 Hoyt는 도시내부에서 가장 넓은 면적을 차지하는 주택지역을 다시 부분지역(sub-area)으로 재구분해야 한다고 생각하였다.

재구분하는 지표로써 Hoyt는 지대(rent)를 선정하였다. 지대는 토지 또는 건물을 빌리는 사람이 지주 또는 건물주에게 지불하는 임차료 혹은 임대료를 뜻하므로 지가와 비례적 관계가 있다. 그러므로 지대는 지가를 반영한다고 간주될 수 있다.

주택지역의 경우 각 블록의 평균지대(average rent)는 그 블록의 특성을 잘 반영하므로, 지대의 분포패턴은 주택지역의 공간구조를 파악할 수 있는 지표로 간주될 수 있다. 이와 같이 Hoyt가 분석지표로써 지대만을 채택한 것은 Thünen의 고립국이론과 유사하며, Hurd(1903)의 성형이론 및 지가이론과도 맥을 같이 하는 것이다.

각 블록을 평균지대별로 계급구분하면, 고지대지역(high rent area), 중지대지역(middle rent area), 저지대지역(low rent area)과 같이 구분될 수 있으며, 이들 지대지역(rent area)의 분포 패턴 속에서 공간구조의 일반적 경향을 찾아낼 수 있을 것이다. 여기서 Hoyt가 지적한 것은, 그 분포패턴은 저지대지역(低地代地域)이 CBD에 가깝고 고지대지역(高地代地域)이 도시주변부에 위치하는 동심원상의 패턴이 아니라는 사실이다. 그는 각 블록별 지대지역의 분포패턴으로부터 일반적 패턴을 찾아내는 것이 곧 도시의 공간구조를 파악하는 것이라고 생각하였다.

(3) 지대지역(地代地域)의 분포요인

Hoyt는 주택지역의 확대·이동과 같은 공간적 변동을 파악하기 위한 전제로써 미국 도시에 대한 36년간에 걸친 시계열적 분석으로 주택지역의 일반적 변화에 관한 고찰결과를 다음과 같이 요약하였다.

일반적으로, 일정한 유형의 주택지역이 새로운 위치로 이동하는 속도는 그 도시의 인구증가율과 밀접한 관계를 갖는다. 즉 인구증가율이 보이지 않거나 보인다 해도 미미한 증가밖에 보이지 않는 정체된 도시에서는 토지이용과 마찬가지로 주택지역의 패턴 역시 변화하지 않는다는 것이다. 이와는 반대로 급속도로 성장하는 도시에서는 기존의 공간구조에 새롭고 이질적인 요소-예컨대 새로운 공업시설 등-가 침입해 들어와 주택지역의 성격에 변화를 가져오도록 재촉한다.

더욱 중요한 사실은 인구증가가 새로운 주택건설을 촉진한다는 점이다. 새롭게 전입인구가 도시로 유입되면, 도시 내의 모든 주택지역에 근본적인 영향을 미칠 만한 주거지의 재편성이 발생한다. 이들 신규 전입인구는 반드시 새로운 주택에 거주할 것이라는 보장이 없다. 오히려 그들의 대부분은 오래되었거나 노후한 주택에 거주할 가능성이 높을 것이다. 또한 증가된 만큼의 인구는 기존 공간에 압력을 가하게 되고 임대료를 상승시키게 되어 결국에는 주택의 신축을 유발하게 된다. 인구의 도시유입은 이처럼 건축물의 수를 증가시키는 데 그치지 않고 주택지역의 질적 변화도 초래한다.

주택지역의 변화에는 지역주민의 속성·건물의 종류 등과 같은 국지적 요인도 영향을 미치지만, 호경기로 인한 인구급증은 고급주택지를 새로운 위치로 이동시키는 중요한 요인이 되기도 한다. 국지적 요인으로써는 예컨대 반영구적 건축물·자연적 장애물·행정상의 제약·주민의 안정성 등이 있으며, 이들은 주택지의 이동을 제한한다. 또한 인구증가율이 동일하더라도 주택지역의 변화정도는 도시마다 각기 상이하다. 주택지역의 변화정도는 각 도시로 유입되는 인구의 구성요소에 따라 차이가 있다. 미국의 북부와 중서부의 도시에서는 외국인과 흑인의 미숙련노동력을 흡인한 탓으로 주택지역의 변화는 빨랐으나, 남부와 서부의 도시에서는 처음부터 거주하던 주민과 동일한 인종 또는 국적을 가진 인구가 증가한 탓으로 주택지역의 변화가 완만하였었다.

Hoyt는 새로운 주택의 건설에는 경기변동에 따른 주기가 있다고 주장하였다. 노동인구가 호경기를 맞아 고용증대에 따라 도시로 유입하게 되면, 그 도시의 주택시설에 인구압(population pressure)이 작용하여 임대료(집세)가 상승하게 되고 주택도 부족하게 된다. 그 결과 주택의 신축 붐이 일어나게 된다. 그러나 고용수준이 최고에 달하거나 미미한 증가밖에 나타나지 않게 되면, 주택공급이 인구증가를 상회하여 부동산시장은 정체되거나 급속히 침체되고 만다. 이러한 상황에 이르면, 궁극적으로는 경기의 후퇴와 함께 주택의 신축은 사실상 정지되어 버린다.

주택신축은 기존의 주택지역에서 행해질 때가 드물며, 기존 주택지역의 바깥쪽에 점차로 부가되어 가는 경향이 있다. 그런 까닭에 하나의 주택지역이 다른 성격의 지역으로 천이되기까지에는 많은 시간이 소요되며, 동일한 주택단지 내에도 시간차(time-lag)를 둔 주택들을 찾아볼 수 있다.

2. Hoyt의 선형이론

(1) 지대지역(地代地域)의 분포패턴

Hoyt는 도시구조를 파악하기 위해 편의상 도시내부를 내대·중간대·외대의 3개 지대와 방향별 섹터로 구분하여 블록별 평균지대를 조사하였다. 즉 동심원상의 지대와 섹터상의 지대를 교차시켜 평균지대의 분포패턴을 정리한 것이다. 그 결과는 다음과 같이 요약될 수 있다(그림 6-15).

고지대지역으로 표현되는 고급주택지역은 어느 도시의 경우일지라도 하나 이상의 섹터에 입지하고 있으며, 그것은 모든 도시에서 90° 이내의 각도 범위에 걸쳐 분포한다. 이들 고지대지역으로부터 모든 방향으로 지대는 점이적으로 혹은 급격히 저하된다. 고급주택지역은 외대(outer zone)의 모든 섹터에 걸쳐 분포하는 것이 아니라 1개 또는 2~3개소의 섹터 외대에만 존재하는 경우가 있다. 그러나 고급주택지역은 외대뿐만 아니라 중간대(middle zone) 또는 내대(inner zone)에도 분포하는 경우도 있다. 특히 동일한 섹터 내에서 내대로부터 외대에 걸쳐 뻗어 있는 경우가 있다.

그리고 중지대지역으로 표현되는 중급주택지역은 고급주택지역과 동일한 섹

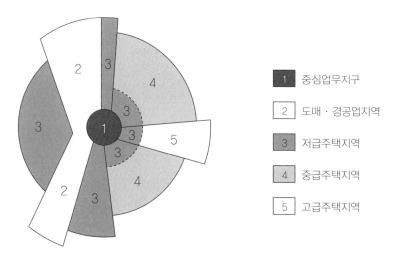

그림 6-15 선형이론의 모식도

터에 위치하며 반드시 고지대지역과 인접하여 있다. 그러나 저급주택지역은 내대에 한정되지 않고 중간대 혹은 외대에도 분포하며, 특히 내대로부터 외대에 걸쳐 긴 섹터 모양으로 뻗어 있는 경우도 있다. 즉 저지대의 저급주택지역은 모든 도시에서 그 도시의 한쪽에 치우쳐 분포하거나 몇몇 섹터의 주변부에 걸쳐 광범위하게 분포한다.

만약 Burgess의 동심원지대이론에 따른다면, 주택지역의 지대는 내대로부터 중간대 그리고 외대로 나아갈수록 상승할 것이다. 그러나 실제로는 지대가 그와 같은 방향을 따라 높아지지는 않는다. 왜냐하면 전술한 바와 같이 지대는 각 섹터마다 차이가 매우 심하기 때문에, 도시의 공간구조는 동심원상의 패턴으로보다는 섹터상의 패턴으로 파악해야만 한다는 것이 Hoyt이론의 골자인 것이다.

(2) 도시성장의 형태와 토지이용의 변화

Hoyt는 주택지역의 확대 및 이동과 같은 공간적 변동을 파악하기 위한 전제로서 도시의 외부적 변화와 내부적 변화에 대하여 고찰하였다. 외부적 변화란 도시성장의 형태를 뜻하고, 내부적 변화는 도시내부에서 발생하는 토지이용의 변화를 가리킨다. 이들 변화는 도시의 인구증가와 그에 따른 건축물 증가의 영향 또는 결과를 뜻하는 것이다. 이에 대한 Hoyt의 견해를 요약하면 다음과 같다.

일반적으로 도시에서 건축 붐이 발생할 때, 주택의 신축이 도시의 주택공급을 증가시키는 경우는 다음과 같은 세 가지가 있다. 첫째, 기존의 주택지역에 있는 단독주택이 아파트와 같은 공동주택으로 변하여 주거공간이 수직적으로 확대되는 경우, 둘째는 기존 주택지역 내의 공터에 주택이 들어서는 경우, 셋째는 새롭게 구획정리된 도시 주변부의 토지에 주택이 건설됨으로써 수평적으로 확대되는 경우이다. 이들 가운데 셋째 경우인 수평적 확대과정에서는 도시지역의 지형이 제약요인으로서 작용한다. 지형은 도시형태·주택지역의 형태·도시의 발전방향 등에 영향을 미친다. 도시의 폭발적인 성장으로 인하여 막대한 경비를 지출하면서도 지형의 개변을 꾀할 때도 있으나, 이것은 경제적으로 수지타산이 맞을 때의 일이다. 일반적인 경우에는 그 지역의 지형적 여건 한도 내에서 도시가 성장한다.

한편, 인구압은 도시의 외부형태를 변화시킬 뿐만 아니라 도시내부에 있어서

사진 6-6 ⊙ 미시간 호변을 따라 선형으로 확대되는 고급아파트

주택지의 이동과 토지이용의 변화에도 영향을 미친다. 도시에서의 토지이용의 집약화－바꿔 말하면 토지이용의 입체화－는 비교적 급속히 성장하는 대도시의 중심부일수록 현저하다. 급성장하는 도시인 경우는 우선 도심에 있어서 소매업과 금융업을 위한 토지이용이 확대되고, 그곳은 곧 도심과 인접한 주택지역으로 침입해 들어간다. 그 때문에 도심 가까이 거주하던 주민들은 그곳에서 더욱 멀리 떨어진 도시외곽으로 전출하게 된다. 즉 최고지가의 CBD가 확대되면 중심업무지구보다 집약도가 낮은 주택을 밀어내고 그 자리에 업무시설이 침입해 들어간다는 것이다.

그러나 CBD 주변부에 있어서 상공업적 토지이용의 확대는 도심건축물의 고층화와 유통기구의 변혁에 따른 도매업용지 수요의 축소 또한 공업전용지구의 성립과 공장의 분산에 따른 공업용지 수요의 감퇴 등과 같은 이유로 완화된다. 그 결과, CBD 주변에 위치한 점이지대는 차츰 쇠퇴해 간다. 왜냐하면 점이지대의 재개발 비용은 막대하므로 저렴한 가격의 공영주택을 건설하는 것은 곤란하기 때문에, 이 지대는 점차 쇠퇴하거나 퇴폐해 질 수밖에 없다. 또한 중산층이나 상류층 주택은 그 지역으로부터 가능한 멀리 떨어진 곳에 입지하려는 경향이 있거니와 통상적으로 도시의 외곽지대에 건설된다. 이와 같은 고급주택지역의 확대방향을 따라 CBD가 이동하는 경향도 뉴욕·시카고·마이애미·시애틀·디트로이트 등의 여러 도시에서 엿볼 수 있다.

요컨대, 성장하는 도시에서는 도심에 입지한 금융·상업·업무의 토지이용이 확대하여 그 밖의 다른 토지이용을 밀어낸다. 밀려난 토지이용은 곧 외측의 또 다른 토지이용 속으로 침입해 들어감으로써 토지이용상에 연쇄반응을 일으킨다. 소매업의 중심은 고급주택지역의 성장방향을 따라 입지하는 경향도 엿볼 수 있다. 금융·상업·업무와 같은 도심성(都心性)이 높은 토지이용은 건축공학의 발달에 힘입어 수직적 발전이 가능하므로 수평적 발전이 완만하게 진행된다. 또한 성장하는 도시에는 도매업의 중요성이 떨어지며, 그것은 수직적 발전의 경향도 나타난다. 한편 제조업은 CBD와 인접한 곳보다는 좀 떨어져 있는 공업전용지구에 입지하는 경향이 있다. 지금까지 설명한 것처럼 도심성이 높은 토지이용의 발전속도와 방향이 변화함에 따라 그들 지역의 내부와 주변에 슬럼이 발생한다.

도시가 성장하면, CBD 이외의 지역에서도 상업적 토지이용을 찾아 볼 수 있게 된다. 소도시에서는 식료품점·잡화점·주유소 등이 CBD에 집중하여 입지한다. 그러나 인구가 증가하면 주택지가 이동하고 도시주변부에 인구가 급증하는 한편, 중심부에 거주하는 상주인구가 감소한다. 그 결과, 새로운 주택지역에 위성업무 부중심지(satellite business subcenter)가 형성된다.

일반적으로 도시주변에 형성되는 업무중심지는 세 가지 요인에 의하여 성립된다. 첫째, 도시주변부의 인구급증과 도심의 인구 및 구매력의 감소, 둘째 요인은 CBD에 있어서 자동차교통의 혼잡과 자동차에 대신한 도심-주택지 간의 고속교통수단의 결여, 셋째는 도심에 필적할 만한 시설과 서비스를 갖춘 쇼핑센터의 발전이 그것이다. 이들 도심주변의 상업중심지는 간선도로의 교차점이나 지하철·고가철도·근교철도의 역 주변 등에 입지한다.

한편, 공업적 토지이용은 대규모 공업중심지에 있어서 입지 패턴의 변화가 현저하다. 대부분의 대도시에서는 트럭수송이 일반화되고 공업전용지구가 형성됨에 따라 공업지역이 도시주변부로 이동하는 경향이 나타난다. 이런 변화는 노동자가 자가용 승용차로 통근할 수 있게 된 것 이외에도 기존 시가지에 있어서의 과중한 세금·토지의 부족·고층 공장건물의 불리함 등이 원인으로 작용한 결과이다. 그로 인하여 공업이 주택지역에 침입하는 현상은 별로 찾아 볼 수 없게 되었고, 지가가 저렴하여 1층 건물의 공장건설이 가능한 도시주변부로 이동하게 된 것이다.

그러나 상공업의 발달은 주택지역의 성격을 변화시킨다. 만약, 어떤 토지가더 집약적으로 이용될 수 있을 만큼 토지의 효율성이 높아지면, 양호한 상태의건물일지라도 헐어버리고 그 자리에 고층건물이나 점포를 건설하게 된다. 이렇게 하여, 단독주택은 점포나 공장뿐만 아니라 고층아파트로 대체되기도 한다. 일반적으로 현재의 주택은 시간이 경과할수록 노후화하여, 그 주택은 결국 소득수준과 사회적 지위가 낮은 사람들에 의하여 점거되며, 그렇게 되면 건물의 질은 물론 주택지역으로서의 질 역시 저하된다. 따라서 도시의 새로운 단독주택은도시주변부에 건설되는 경향이 있다.

(3) 주택지역의 이동패턴

고지대(고급주택)·중지대(중급주택)·저지대(저급주택)와 같은 각 지역의 분포패턴은 주택지역의 이동과정에서 볼 때 시간적으로 하나의 단면에 지나지 않는다. 여기서 이동이라 함은 건물 자체의 이전이 아니라, 주택지역의 변화를 일으키는 주체, 즉 주민의 이동에 따른 주거지역의 성격변화를 뜻하는 것이다. 이와 같은 의미에서 주택지역의 이동·변화를 설명하는 원리는 무엇인가?

이러한 의문에 대하여 Hoyt의 답변을 요약하면, "도시의 고지대지역, 즉 고급주택지역은 이동과정에 있어서 무질서하게 무작위적으로 이동하는 것이 아니라, 그 도시 가운데 하나 이상의 섹터 내에서 일정한 도로를 따라 이동한다."는것이다. 이러한 사실은 주택지역이 선형이론에 입각하여 이동한다는 것을 시사하는 것이다.

사실 미국의 도시에 있어서 여러 가지 유형의 주택지역은 도시의 외곽을 향하여 확대되어 가는 경향이 있으며, 하나의 섹터에서 새로운 주택지역의 발전은그 섹터가 이전부터 갖고 있던 성격에 따르는 경향이 있다. 예컨대, 도시의 어느섹터가 처음부터 저급주택지역으로 시작되면, 도시의 성장과정을 통하여 변함

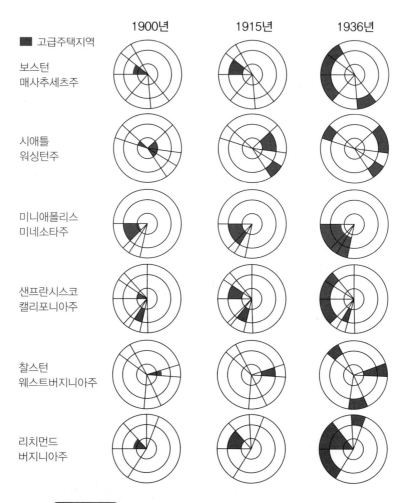

그림 6-16 미국 6개 도시의 고급주택지역의 분포변화

출처: H. Hoyt(1939a).

없이 저급주택지역으로서의 성격을 유지하면서 도시외곽으로 뻗어간다는 것이다. 고급주택지역의 경우도 동일한 현상을 보인다.

고급주택지역의 중심은 [그림 6-16]에서 보는 것처럼 시간의 경과에 따라 도심으로부터 외곽지대로 이동하는 경향이 있다. 또한 고급주택지역은 중심부로부터 주변부의 새로운 지역으로 건너뛰는 경우도 있다. 이러한 현상은 일종의 비지적 도시확대(urban sprawl)로 볼 수 있다. 그러나 새롭게 형성된 고급주택지역은 통상적으로 고지대지역의 성장선상에 있다.

이와 같은 고급주택지역의 외측이동은 고급주택을 초기에 형성된 주택지역과는 멀리 떨어진 곳에 입지케 하는 경우가 대부분이다. 그곳에 거주하는 사람들은 고소득층 주민이므로 타인들이 살던 주택에 입주하지 않는다. 그러므로 그들이 외측이동을 할 경우에는 빈 터에 새로운 주택을 신축해야 한다. 여기서 이들 고소득층의 주택입지는 고급주택의 발전방향, 즉 동일한 섹터 내에서 도시주변부로 향하게 된다는 것이다.

다음으로, 우리는 "고급주택지역의 발전방향 및 패턴을 결정짓는 것이 과연 무엇인가?"에 대한 의문을 품게 된다. 이와 같은 의문에 대하여 Hoyt는 다음과 같은 아홉 가지 원리를 제시하였다.

첫째, 고급주택지역의 성장은 일정한 발생기점으로부터 기존의 교통로를 따라 혹은 상업중심지와 같은 도시주변부의 중심지가 위치한 방향을 향하여 진행하는 경향이 있다.

둘째, 고지대지역(고급주택지역)은 홍수의 위험이 없는 구릉지를 따라 진행하거나, 공업용으로 이용되지 않는 호수·만·바다의 연안을 따라 뻗어 나가는 경향이 있다. 그러나 경관이 양호하더라도 오염되었거나 척박한 환경인 경우는 예외이다.

셋째, 고급주택지역은 도시경계를 넘어선 주변부의 개방된 공간 가운데 자연적 또는 인공적 장벽을 피하여 확대해 나아가는 경향이 있다.

넷째, 도시지역 내에서 최고의 고급주택지역은 지역사회의 지도자급 저명인사들이 거주하는 주택지를 향하여 성장하는 경향이 있다.

다섯째, 사무소·은행·상점은 고급주택지역을 그것들과 동일한 방향으로 이동케 하는 경향이 있다. 예컨대, 하나의 업무용 빌딩이 어떤 지점에 건설되면, 이것과 접근하기 쉬운 범위 내에 고급주택지역의 성장이 용이해지는 경우를 들 수 있다. 그러나 CBD에 입지해 있는 상점·사무소·은행 중에는 고지대(高地代)의 주택지역에 끌려 이동하는 것도 있다.

여섯째, 고급주택지역은 현존하는 고속교통로-예컨대, 고속도로·자동차전용도로·전철·지하철 등-를 따라 발전하는 경향이 있다.

일곱째, 고급주택지역은 장기간에 걸쳐 확대방향을 바꾸지 않고 동일한 방향으로만 성장을 계속한다.

여덟째, 호화스런 고급 아파트지역은 낡은 주택지역 내의 업무중심지 근처에 형성되는 경향이 있다. 그러나 이것은 소수의 대도시에서나 볼 수 있을 뿐이며, 모든 도시에서 발견할 수 있는 일반적 현상은 아니다.

아홉째, 부동산 투기업자는 고급주택지의 성장방향을 바꿀 수 있다. 부동산 업자가 막대한 자금과 노력을 투입하여도 고급주택지의 발전방향을 왜곡시키거나 역행시키는 일은 거의 불가능하지만, 그것은 자연적인 발전방향을 촉진시키거나 약간 수정하는 일은 가능하다.

Hoyt가 제시한 이상의 아홉 가지 원리 가운데, 일부 혹은 모든 것이 복합적으로 작용하여 고급주택지역이 도시의 어떤 섹터에 형성되면, 그 섹터를 도시주변부까지 이동하도록 유도한다는 것이다. 고지대의 섹터는 일반적으로 CBD에서 멀어질수록 면적이 넓어지게 되므로, 고급주택지역의 확대와 고소득층의 증가로 인한 토지공급은 별로 어려운 문제가 아니다.

3. 선형이론의 평가 및 비판

(1) 선형이론의 재음미

Hoyt의 선형이론은 주로 1934년에 조사된 자료를 이용하여 1939년에 발표된 것이므로 오늘날의 시점으로는 매우 오래된 고전적 도시이론이다. 그로부터 25년이 지난 후, Hoyt는 1964년에 발표된 그의 논문에서 1960년대 초의 도시화 동향에 기초하여 자신의 이론을 재음미하였다. 여기에서는 선형이론에 대한 Hoyt 자신의 재음미 결과에 관하여 설명하기로 하겠다.

우선, Hoyt의 선형이론이 제기된 1930년대의 미국과 1960년대의 미국 간에는 어떠한 도시화의 변화가 일어났는가에 대하여 살펴볼 필요가 있다. 이에 대하여 Hoyt는 다음과 같은 네 가지 사실을 지적하였다.

먼저 지적할 수 있는 것은 미국 대도시권의 눈부신 발전, 특히 도시근교의 발전일 것이다. 구체적으로, 1930년 당시의 미국 대도시구역(metropolitan district)은 140개로 약 5,800만 명의 인구를 보유하고 있었다. 그 가운데 69%에 달하는 약 4,000만 명이 중심도시에 거주하고, 31%에 달하는 약 1,700만 명이 그 외곽지대에 거주하고 있었다. 그러던 것이 1960년에는 표준대도시권(standard metropolitan area)이 216개로 늘어났고, 그 인구는 약 1억 1,600만 명으로 증가되었다. 그 가운데 절반에 해당하는 약 5,800만 명이 중심도시에 거주하고, 약 5,700만 명이 그 바깥쪽의 근교에 거주하게 되었다. 따라서 1930년대와 1960년대의 도시구조 간에는 많은 변화가 있을 것이라는 사실을 염두에 둬야 한다. 이러한 현상은 1970년에도 지속되어 중심도시와 근교의 인구비가 4 : 6에 이르렀다.

　두 번째로 지적할 수 있는 것은 중심도시에 유색인종이 급격하게 증가되었다는 점이다. 그 인구는 1930년에 약 360만 명이었던 것이 1960년대는 약 1,000만 명이 되었다.

　세 번째로는 도시규모에 따라 도시인구의 증가폭에 많은 차이가 나타난다는 점을 지적할 수 있다. 구체적으로, 인구 5만 명 이상의 도시는 급격한 인구증가를 보인 데 비하여, 인구 5만 이하의 소도시는 그 증가율이 작거나 감소한다는 것이다. 그러므로 도시구조의 변화는 대도시 · 중도시 · 소도시에 따라 상이하다고 보아야 한다.

　마지막으로 지적할 수 있는 것은 국민소득의 증가, 특히 중산층의 소득이 증대되었다는 점을 비롯하여 자가용차량의 증가, 도시간 또는 도시주변의 고속도로 건설 등이 1920~1930년대의 도시형태 및 도시구조를 변화시켰다는 점이다.

　한편, Hoyt는 세계 각국의 대도시 발전추세를 전망하면서 미국도시의 발전패턴과 다른 나라 도시의 발전패턴을 비교하여 이들 간에 차이점이 생기는 요인에 대하여 다음과 같이 설명하였다.

　첫째는 자동차의 보유 정도를 들 수 있다. 자동차의 보유는 인구의 근교분산 · 단독주택의 확산 · 쇼핑센터의 발달 · 공장의 분산을 유발하는 요인이다. 그러나 이와 같은 자가용차의 대중화는 세계적인 현상이긴 하지만, 미국도시와 유사한 패턴으로 발전하고 있는 곳은 캐나다 · 오스트레일리아 · 뉴질랜드 정도뿐이다. 호주대륙의 도시와 미국도시의 차이점이라면, 도심 부근의 점이지대가 미국도시와 달리 호주의 도시들은 쇠퇴하거나 슬럼화되지 않았다는 점이다. 아직 호주의 도시들은 침입과 천이과정을 거칠 만한 충분한 시간을 거치지 않았다. 세계적으로 도시인구의 대부분은 버스와 자전거에 의존하거나, 지하철 · 노면전차·버스 등의 대량수송교통을 저렴하게 이용할 수 있는 아파트에 거주하고 있다. 그러므로 도시가 외곽의 농촌지역으로 확대해 가는 것은 근교철도와 지하철이 부설된 곳에서만 한정되어 나타난다.

둘째는 토지재산의 사유제를 들 수 있다. 1916년 뉴욕에 최초로 채택된 용도지역지구제는 토지이용의 종류·밀도·높이를 제한하는 제도로, 오늘날에는 이 제도가 세계적으로 널리 채택되고 있다. 이 제도는 초기에 별로 효과를 거두지 못하였으나, 그 후에 여러 차례의 개정을 거쳐 쇼핑센터의 건설과 녹지대 및 오픈 스페이스의 보전에 기여하게 되었다. 그러나 한 가구당 1~5에이커의 토지를 필요로 하는 주택지역에서는 상하수도의 시설비용이나 도로의 포장비용이 많이 소요되며, 이런 곳은 부유층의 주거만 허용되므로, 중산층이나 저소득층의 주택을 건설하는 것이 사실상 불가능한 지역도 있다. 이와는 달리, 토지가 국유화되어 있는 공산권 국가나 핀란드와 같이 토지이용을 엄격하게 제한하고 있는 곳에서는 조밀한 아파트 단지가 지하철의 연변에만 건설될 뿐이며, 지하철 노선 상호간의 토지는 공지로 남아있다.

셋째는 도심 특히 CBD의 매력을 들 수 있다. 미국을 제외한 그 밖의 나라에서는 도시의 중심업무지구 중 소매업지구가 쇠퇴하지 않고 있다. 이는 미국만큼 자가용차의 소유자가 적거니와 CBD 외의 쇼핑센터도 많지 않으므로, 도시내부에서 쇼핑센터 간의 경합이 없기 때문인 것으로 풀이된다. 미국 이외의 국가에서는 상점가·관청가·유흥가·박물관·식당 등이 CBD에 집중되어 있으므로 중심업무지구가 매력 있는 곳으로 인식되어 있다. 미국도시의 CBD는 적어도 1960년대까지만 하더라도 매력을 상실하고 있었다.

넷째 요인으로는 통화의 안정성을 꼽을 수 있다. 미국의 경우는 비교적 통화가 안정되어 있던 까닭에 건축 붐과 쇼핑센터의 건설이 순조롭게 진행되었다. 그러나 브라질과 같이 이자율이 높고 통화가 불안정한 국가에서는 1970년대 이후 은행의 장기대출이 불가능하므로 좀처럼 건축 붐이 일어나지 않는다.

다섯째는 도시재개발의 관계법규를 들 수 있다. 미국 연방정부는 1952년에 불량주택지구의 매수가격과 신규개발을 위한 불하가격의 비율을 2 : 3으로 정함으로써 도심재개발이 가능해졌다. 다른 지역보다도 도심의 재개발은 도시전역에 커다란 파급효과를 미친다.

이상에서는 미국도시의 발전패턴과 다른 나라의 그것 간의 차이를 유발시킨 다섯 가지 요인에 관하여 살펴보았다. 이와 같은 고찰결과에 근거하여 Hoyt는 다음과 같은 결론을 내렸다. 즉, 1930년대 이전의 미국도시로부터 도출한 도시성장과 도시구조에 관한 원리는 수정할 필요가 있다는 것이다. 그것은 단지 과거 수십 년 간에 걸쳐 미국도시가 변화하였다는 단순한 이유 때문만이 아니라, 미국도시와 다른 나라 도시가 상이하기 때문이기도 하다.

미국도시에서 추출된 원리를 다른 나라의 도시에 적용하려고 시도할 경우에는 그 원리의 수정이 더욱 요구된다. 그러나 Hoyt는 스스로 자신의 이론을 수정한 적이 없었으며, 그의 업적인 선형이론의 타당성만을 시사하였다. 또한 Hoyt는 미국도시의 연구로 도출된 도시구조이론을 구체적으로 어떻게 수정해야 하는가에 관하여 전혀 언급한 바 없다.

(2) 선형이론의 비판

W. Firey는 1947년 Hoyt의 선형이론에 대하여 다음과 같은 비판을 가하였다. Firey는 그의 저서 『보스턴 중심부의 토지이용(*Land Use in Central Boston*)』에서 선형이론을 동심원지대이론과 마찬가지로 모식적 설명으로 인식하였다. 즉 선형이론에서는 시민의 사회활동이 균등한 지리적 패턴에 따라 분포하며, 그 패턴은 사회활동을 자동적으로 자연의 공간상에 세분하게 된다. 그러나 여기서는 인간의 적극적이고 능동적인 역할이 은연중에 부정되어 있다. 그러므로 Hoyt의 이론은 도시이론의 기본적인 문제를 고려하지 않은 채로 경험적 왜곡을 범했다고 Firey는 비판하고 있다.

또한 Firey는 선형이론이 동심원지대이론과 마찬가지로 결정론에 바탕을 두고 있음을 지적하였다. 즉 Hoyt의 이론 가운데 도시의 토지이용은 자연적인 추세에 따라 결정된다고 한 것이나, 토지이용은 거의 필연적으로 외측방향으로 이동한다고 주장한 것이 바로 그것이다. 뿐만 아니라 Hoyt는 도시의 토지이용이 현실적으로 섹터상의 선형패턴(sector pattern)으로부터 동떨어지게 나타나는 점에 대하여 충분한 설명을 하지 못하였다.

Firey는 미국의 보스턴에 선형이론 및 동심원지대이론이 적용될 수 있는지의 여부를 검토해 보았다. 선형이론에 의하면, 고급주택지역은 인접지역으로 연담

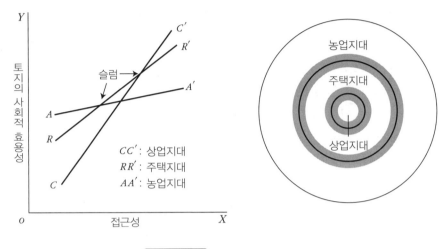

그림 6-17 도시슬럼의 입지

되어 방사상으로 끊임없이 확장되어 갈 것이다. 그러나 Firey의 보스턴 토지이용에 관한 연구에서는 고급주택지역의 섹터내부에 고급주택이 아닌 곳이 있으며, 그 바깥쪽의 저급주택지역과 중급주택지역에서도 고급주택이 다수 관찰되었다. 이와는 반대로, 노동자계급이 거주하는 저급주택지역은 선형이론에 의하면 CBD로부터 도시주변으로 뻗은 섹터상에 형성된다고 하였다. 보스턴의 경우에서도 저급주택지역이 형성된 섹터가 확인되긴 하였으나, 노동자계급의 과반수는 그 섹터의 바깥쪽에 거주하고 있다는 사실이 밝혀졌다.

이렇게 볼 때, 보스턴의 토지이용은 과거와 현재도 동심원 혹은 섹터의 모식적 설명이 불가능함을 알 수 있다. 도시의 토지이용이 규칙적인 패턴을 보인다고 하더라도, 각 지대(zone) 또는 각 섹터(sector) 내부의 이질성이 동질성보다 더 탁월하다. 그리고 선형이론은 순간적인 상식을 이해하기에는 실용성이 있어서 좋을런지 모르겠으나, 논리적인 바탕에 근거한 체계적 이론으로써의 의의는 적다. 이상과 같이 Firey는 Burgess의 동심원지대이론과 Hoyt의 선형이론을 신랄하게 비판하였다.

요컨대, Firey의 주장은 주택의 입지과정에 있어서 문화적 요소를 중시해야만 한다는 데에 있다. 즉 물리적 공간(physical space)도 입지과정에서 문화적으로 성격짓게 된다는 것이다. 또한 문화에 따라 달라지는 가치체계의 소산으로써 사

사진 6-7 ○ 서울의 슬럼 경관

회체제를 고려하지 않고서는 왜 토지가 현재와 같은 용도로써 이용되고 있는가를 충분히 이해할 수 없다는 것이다. Firey는 토지이용이 물리적 공간의 함수로써 뿐만 아니라 사회체제의 성격·구조의 함수로써도 나타낼 수 있다고 주장하였다.

  Firey(1946)가 주장한 것 가운데 슬럼의 입지에 대한 비판이 있다. 그것은 슬럼이 CBD 외곽의 점이지대에 입지한다고 주장한 Burgess와 Hoyt의 이론에 대한 비판이었다. 그는 도심과 그 주변지역의 토지이용에 대하여 [그림 6-17]에서 보는 것과 같은 그래프로 도시슬럼(urban slum)의 입지를 설명하였다. 그림에서 Y축은 토지의 사회적 효용성(social utility), X축은 도심에 대한 접근성을 가리킨다. Y축은 지가나 지대에 비례하며, X축은 도심과의 거리에 비례한다고 생각하면 될 것이다. 그러므로 이 그림은 외곽지대로부터 도심으로 갈수록 각 토지이용별 지가의 경향을 나타낸 것이라고 볼 수 있다.

  일반적으로 접근성에 가장 민감한 토지이용은 상업지대이며, 반대로 가장 둔

사진 6-8 ◐ 서울의 슬럼 구룡마을

감한 토지이용은 농업지대일 것이다. 그리고 주택지대는 그 중간 정도에 해당할 것이다. 따라서 그림 속 직선의 기울기는 CC', RR', AA' 순으로 가파르게 그려진다. 여기서 슬럼은 상업지대(CC')와 주택지대(RR')가 교차하는 곳, 그리고 주택지대와 농업지대(AA')가 교차하는 곳에 발생한다. 한국도시의 경우에는 주로 구릉지·하천변·철도변에 입지하였다. Firey는 전자를 중앙슬럼지역(central slum area), 후자를 도시주변슬럼지역(rurban slum area)이라 불렀다. 요컨대 Firey의 이론에 의하면, 슬럼은 토지이용의 점이적 성격이 짙은 지역에 발생할 가능성이 높다는 사실을 시사하고 있다.

이상에서 설명한 Firey의 이론을 1970년대의 서울에 적용해 보면, 도심 부근에 발생하는 중앙슬럼지역은 창신동·숭인동·신당동·만리동·옥수동 등이며, 도시 변두리에 발생하는 도시주변슬럼지역은 상계동·하계동·답십리동·면목동·미아동·봉천동·신림동·만리동·사당동·거여동·신정동·홍은동·홍제동 등이 해당된다. 이들 지역의 위치가 Firey의 이론과 약간 차이가 있는 것은 서울의 시가지 확장이 시차적으로 진행되었음을 감안하면 이해가 될 것

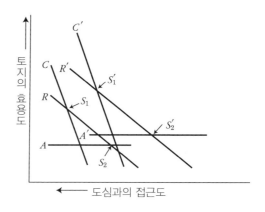

CC' : 상업지대
RR' : 주택지대
AA' : 농업지대
S_1, S_1' : 중앙슬럼지역
S_2, S_2' : 도시주변슬럼지역

그림 6-18　도시슬럼의 입지변화

출처: 남영우(1991).

이다. 현재는 이들 지역 중 재개발사업으로 철거되었거나 현지개량된 곳도 많이 있다. 이들 슬럼지역은 과거 구릉 · 하천변에 입지한 까닭에 산동네 · 뚝방 동네로 불리거나, 근교의 화훼단지에 입지한 경우에는 꽃동네 등으로 불렸다. 이들 불량주택지역은 어느 소설 속에 달을 보고 나가 달을 보고 귀가한다는 뜻에서 '달동네'로 통칭되기도 하였다. 이와는 대조적으로 고급주택지역을 '도둑촌'이라 부른 것은 재산을 불법적으로 취득하였고 도둑이 들끓는다 하여 붙여진 것에서 유래한다.

이들 슬럼은 1950~1971년에 시행된 철거이주 정착사업 및 양성화사업, 그 후에 실시된 현지개량사업 · 불량지역 재개발사업 등에 의해 도시중심으로부터 외곽으로 이동한 것이다. 최근에도 지속적인 재개발사업으로 슬럼이나 불량주택지는 외곽으로 밀려나고 있다. 도시빈민의 주거지역이 도심재개발사업과 시가지확대와 맞물려 도시외곽으로 이동하는 과정을 모식적으로 표현한 것이 [그림 6-18]이다.

즉 일제강점기의 토막촌 및 한국전쟁 후의 판자촌의 입지가 S_1이던 것이 도심 재개발사업으로 상당수가 S_2로 이동한다. 얼마 후 시가지의 확대로 중앙슬럼지역은 S_1'로, 도시주변슬럼지역은 S_2'로 입지변화가 일어난다. 여기서 주목해야 할 것은 도심주변의 슬럼 S_1은 결코 소멸됨이 없이 확대된 도심 주변인 S_1'로 확산될 가능성이 높으며, 도시외곽의 S_2 역시 마찬가지 현상이 나타난다는 점이다. S_2'로 이동한 사례로 서울시 강남구의 구룡마을을 들 수 있다. 구룡마을은 1988년을 전후로 하여 강남구 개포동 일대에 형성된 무허가 정착지이다. 우리나라 최고의 부촌 중 하나인 강남구의 모퉁이에 자리한 이 마을은 보는 이에게 그 자체로 매우 불편한 경관이다(고려대학교 미래국토연구소, 2013, pp. 24-25). 이와 같은 양상은 우리나라의 대도시뿐만 아니라 중남미의 그린벨트가 없는 개발도상국에서는 더욱 뚜렷하게 나타난다(남영우, 1989; 1991).

╶┤참 | 고 | 문 | 헌

고려대학교 미래국토연구소(2013),『경관, 그리고 지리학의 시선』, 푸른길.

김　인(1988),『都市地理學: 理論과 實際』, 법문사.

_____(1991),『都市地理學原論』, 법문사.

김형국 편(1989),『불량촌과 재개발』, 나남.

김원경(1987),『대도시 상점가의 계층구조』, 경북대학교 대학원 박사학위논문.

남영우(1985),『都市構造論』, 법문사.

_____(1989), "일제하 京城府의 土幕村 형성," 문화역사지리, 1, 39〜52.

_____(1991), "리마 도시빈민 바리아다의 형성과 그 교훈," 도시행정학보, 4, 115〜130.

박삼옥 · 남기범(1997), "서울 대도시지역의 생산자서비스 활동의 발전과 공간구의 변화," 지역연구, 13(2), 1〜23.

손승호(2003), "수도권의 통근통학통행과 지역구조의 변화," 한국도시지리학회지, 6(1), 69〜84.

_____(2005),『사회 · 경제적 특성과 공간적 상호작용으로 본 서울의 지역구조』, 고려대학교 대학원 박사학위논문.

양재섭(2003),『서울 도심부의 주거지 특성과 거주인구 변화』, 서울시립대학교 대학원 박사학위논문.

원제무 · 이재길 · 최막중(2000),『서울시 도시공간구조 변천과정』, 백산서당.

이경택(1993),『서울시 빈민지역의 형성과정에 따른 경관 및 분포패턴의 변화』, 고려대학교 교육대학원 석사학위논문.

이경택(2011),『서울의 도시경관 형성과 변화에 관한 동인 연구』, 고려대학교 박사학위논문.

이기석(1975), "서울 중심지역의 1960년 인구 및 주택특색의 분포에 관한 다변수분석," 지리학과 지리교육, 4, 1〜26.

_____(1980), "대도시거주지역분화와 패턴에 관한 연구: 서울시를 중심으로,"『한국의 도시와 촌락연구』, 보진재출판사, 128〜172.

이숙임(1987),『서울시 주거지 공간분화에 관한 연구』, 이화여자대학교 대학원 박사학위논문.

이영민(2001), "구도심 활성화를 위한 장소의 역사 · 지리적 의미의 재구성: 인천 구도심지를 사례로," 한국도시지리학회지, 4(2), 1〜14.

이현욱(1995), "지가변동과 도시내부구조의 변화에 관한 서울과 東京의 비교연구," 국토계획, 31(5), 121~138.

주경식(1985), "대전시의 내부구조," 지리학연구, 10, 299~330.

최원회(1985), "인천시의 거주지역분화와 공간패턴에 관한 연구," 지리학과 지리교육, 15, 44~71.

_____(1987), "인천시의 거주지역구조: 1970~1980," 지리학, 36, 58~76.

_____(1988), "대전시의 도시내부 인구이동의 구조와 사회 · 경제적 특성," 국토계획, 23(2), 55~91.

최은영(2004), 『서울의 거주지 분리 심화와 교육환경의 차별화』, 서울대학교 대학원 박사학위논문.

주종원 · 하재명 · 박찬규(1998), 『도시구조론』, 동명사.

하성규 · 김재익(1992), "주거지와 직장의 불일치 현상에 관한 연구: 수도권을 중심으로," 국토계획, 27(1), 51~71.

한국도시연구소(1998), 『한국도시론』, 박영사.

허우긍(1993), "서울의 통근통행: 지리적 특성과 변화," 대한교통학회지, 11(1), 5~21.

홍경희(1984), 『도시지리학』, 법문사.

國松久彌(1978), 『都市地域構造の理論』, 古今書院, 東京.

吉川公雄(1978), 『人間生態學』, 東海大學出版會, 東京.

上野建一(1982), "都市の居住地域構造研究の發展," 地理學評論, 55, 715~734.

成田孝三(1987), 『大都市衰退地區の再生』, 大明堂 , 東京.

石水照雄(1974), 『都市の空間構造理論』, 大明堂, 東京.

植田政孝 編(1992), 『現代都市のリストラクチャリング』, 東京大學出版會, 東京.

阿部和俊(2003), 『21世紀の日本の都市地理學』, 古今書院, 東京.

奧田道大(1985), 『大都市の再生: 都市社會學の現代的視点』, 有斐閣, 東京.

田邊建一(1979), 『都市の地域構造』, 大明堂, 東京.

Alihan, M. M.(1938), *Social Ecology: A Critical Analysis*, Columbia University Press, New York.

Anderson, N.(1923), *The Hobo,* University of Chicago Press, Chicago.

Anderson, M.(1964), *The Federal Bulldozer*, M.I.T. Press, Cambridge.

Berry, B. J. L.(1979), *The Open Housing Question: Race and Housing in the Chicago 1966-1976*, Cambridge, Mass.

Burgess, E.W.(1925), The Growth of the city, in R. E. Park, E. W., Burgess and R. D. Mekenzie (eds.), *The City*, University of Chicago Press, Chicago.

_____(1928), Residential Segregation in American Cities, *Annals of the American Academy of Political and Social Science*, 149, 114~123.

_____and Bouge, D. J.(1964), *Contributions to Urban Sociology*, University of Chicago Press, Chicago.

Castells, M.(1977), *The Urban Question: A Marist Approach*, Arnold, London.

_____(1978), *City, Class and Power*, Macmillan, London.

_____(1980), *The Economic Crisis and American Society*, Princeton University Press, Princeton.

_____(1989), *The Informational City*, Basil Blackwell, Oxford.

Chicago Urban League(1976), *The Sixtieth Year*, Chicago Urban League, Chicago.

_____(1977), *The Black Housing Market in Chicago, A Reassesment of Filtering Model*, Chicago Urban League, Chicago.

City of Chicago(1973), *Chicago Statistical Abstract Part 1*, 1970 Census Community Area Summary Tables, Chicago.

Davie, M. R.(1937), The Patterns of Urban Growth, in G. P. Murdock, ed., *Studies in the Science of Society*, Yale Univ. Press, New Haven, 133~161.

Dickinson, R. E.(1951), *The West European City: A Geographical Interpretation*, Routledge, London.

_____(1964), *City and Region*, Routledge, London.

Downs, A.(1973), *Federal Housing Subsidies: How are they working?* D.C. Heath, Lexington, Mass.

Duncan, O. D. and Duncan, B.(1957), *The Negro Population of Chicago*, Univ. of Chicago Press, Chicago.

Duncan, B. and Duncan, O. D.(1960), The Measurement of Intra-City Locational and Residential Patterns, *Journal of Regional Science*, 2, 37~54.

Firey, W.(1945), Sentiment and Symbolism as Ecological Variables, *American Sociological Review*, x, 140~148.

_____(1946), Ecological consideration in planning for rurban fringes, *American Sociological Review*, 2, 411~423.

_____(1947), *Land Use in Central Boston*, Harvard Univ. Press, Cambridge.

Fisher, E. M.(1930), *Advanced Principles of Real Estate Practice*, McMillan Co., New York.

_____and Fisher, R. M.(1954), *Urban Real Estate*, Henry Holt & Co., New York.

Gans, H. J.(1962), Urbanism and Suburbanism as Ways of Life, in Rose, A.(ed.), *Human Behavior and Social Process*, Hougton Mifflin, Boston, 625~648.

Harris, C. D. and Ullman, E. L.(1951), The Nature of Cities, *Annals of the A.A.P.S.S.*, 242, 7~17.

Harvey, D.(1973), *Social Justice and the City*, Arnold, London.

Hawley, A. H.(1950), *Human Ecology: A Theory of Community Structure*, Ronald Press, New York.

Hoyt, H.(1939a), *The Structure and Growth of Residential Neighborhoods in American Cities*, Federal Housing Administration, Washington, D. C.

_____(1939b), *The Structure and Growth of Urban Areas*, Federal Housing Administration, Washington, D. C.

_____(1963), The Growth of Cities from 1880 to 1960 and Forecasts to Year 2000, *Land Economics*, 39, 167~173.

_____(1964), Recent distortions of the classical models of urban structure, *Land Economics*, 40, 199~212.

Hughes, E. C.(1984), *The Sociological Eye: Selected Papers*, Transaction Books, Chicago.

Huntington, E.(1915), *Civilization and Climate*, Yale Univ. Press, New Haven.

Hurd, R. M.(1903), *Principles of City Land Values*, Record and Guide, New York.

Johnston, R. J.(1974), *Urban Residential Patterns*, Bell and Sons, London.

Keasley, G.(1983), Teaching Urban Geography: the Burgess model, *New Zealand Journal of Geography*, 75, 10~13.

Kristof, F. S.(1972), Federal Housing Polices: Subsidized Production, Filteration and Objectives: Part 1, *Land Economics*, 48(4), 309~320.

Knox, P.(1982), *Urban Social Geography*, John Wiley & Sons, New York.

Lynd, R. S. and Lynd, H. M.(1929), *Middletown*, Harcount Brace and World, New York.

Mumford, L.(1961), *The City in History*, Secker & Warbury, London.

Park, R. E.(1919), *The City: Suggestions for the Investigation of Human Behavior in the Urban Environment*, Univ. of Chicago Press, Chicago.

_____, Burgess, E. W. and Mackenzie, R. D.(1925), *The City*, Univ. of Chicago Press, Chicago.

Peet, R.(1977), *Radical Geography: Alternative Viewpoints on Contemporary Social Issues*, Methuen, London.

Quinn, J. A.(1940), The Burgess zonal hypothesis and its critics, *American Sociological Review*, 5, 210~218.

_____(1950), *Human Ecology*, Prentice-Hall, Englewood Cliffs, NJ.

Robinson, W. S.(1950), Ecological Correlations and the Behavior of Individuals, *American Sociological Review*, 15, 103~125.

Robson, B. T.(1969), *Urban Analysis*, Cambridge Univ. Press, London.

Shaw, C. R.(1929), *Delinquency Areas*, Univ. of Chicago Press, Chicago.

Sjoberg, G.(1960), Comparative Urban Sociology, in Merton, R .K. (ed.), *Sociology Today*, The Free Press, New York, 86~108.

Smith, D. M.(1994), *Geography and Social Justice*, Blackwell, Oxford.

Smith, W. F.(1971), Filtering and Neighborhood Change, in L. S. Bourne (ed.), *Internal Structure of the City*, Oxford Univ. Press, Oxford. 317~323.

Spear, A. H.(1967), *Black Chicago, The Marking of a Negro Ghetto 1890~1920*, The Univ. of Chicago Press, Chicago.

Stoddart, D. R.(1965), Geography and the ecological approach: the ecosystem as a geographic principles and method, *Geography*, 50(228), 242~251.

Suttles, G. D.(1968), *The Social Order of the Slum: Ethnicity and Territory in the Inner City*, Univ. of Chicago Press, Chicago.

Taaffe, E. J. et al.(1973), *Geography of Transportation*, Prentice-Hall, Englewood Cliffs, NJ.

Theodorson, G. A.(1961), *Studies in Human Ecology*, Row, Peterson, New York.

Wilson, R. A. and Schulz, D. A.(1978), *Urban Sociology*, Prentice-Hall, Englewood Cliffs, NJ.

산업시대의 도시공간구조론

7

Introduction

공업화를 주측으로 한 산업화의 물결은 도시확대를 촉진하였다. 도시지역은 수직적 확대와 수평적 확대를 수반하였다. 이에 따라 도시내부 및 외부에는 다수의 핵심지가 형성되고 도시구조도 더욱 복잡해졌다. 등질적 구조에 치우쳤던 도시연구는 결절적 구조에도 관심을 기울이게 되었다. 미국과 영국의 도시를 중심으로 하던 도시연구는 제3세계에까지 확대되었다. 사회구조적 산물로서 등장한 인자생태학은 무엇이며, 도시구조를 입체적으로 분석할 수 있는 방법은 무엇인가?

Keywords

다핵심이론, 사회지역분석, 인자생태, 사회지표, 박탈, 결절적 구조, 근대화이론, 종속이론, 세계체제론, 제3세계, 아파르트헤이트.

01 다핵심이론이란?

1. 다핵심이론의 배경

워싱턴 학파인 C. D. Harris와 E. L. Ullman은 1945년 "도시의 본질"이라는 연구논문에서 도시내부의 공간구조가 다수의 핵심지를 중심으로 형성되므로, 도시구조는 다핵심구조로서 파악되어야 한다는 이론을 제기하였다. 그들은 도시의 토지이용패턴을 동심원·선형·다핵심의 각 패턴이 결합되어 있는 것으로 파악하였다. Harris와 Ullman은 도시 토지이용의 모식적 패턴으로서는 동심원지대의 관점이 다른 패턴보다 융통성이 풍부하다는 장점을 지니고 있으며, 주택지의 외측이동이라는 점에서는 섹터의 관점이 동심원의 관점보다도 식별력이 크다는 사실을 인정하였다. 이러한 측면에서 볼 때, 다핵심이론은 전술한 동심원지대이론이나 선형이론을 근본적으로 부정한 이론이 아니라고 볼 수 있다.

동심원지대이론 및 선형이론은 모두 단일의 도시핵을 전제로 하여 제기된 이론이다. 도시규모가 크지 않을 경우는 하나의 중심지만으로 도시기능을 공급할 수 있으나, 도시규모가 거대도시화하면 중심핵에 모든 도시기능이 집중되는 것이 물리적으로 불가능하다. 그것은 중심핵의 고층화에 한계가 있음을 의미하는 것이다. 도시가 성장하여 거대도시가 되면 교통체증이 발생하여 시간거리를 증대시키게 되므로 다수의 중심핵이 필요하게 된다.

그뿐만 아니라 도시내부에는 중심핵을 지향하여 도시기능을 분리시키려는 요인이 작용하고 있다. Harris와 Ullman은 그 분리요인으로서 ① 핵심부의 지가가 높다는 점, ② 도시활동의 중심은 시외교통과 토지공간의 형편 등에 따라 좌우되는 경우가 있다는 점, ③ 각기 다른 도시활동은 분산되며, 유사한 기능은 한 곳에 집중하는 편이 유리하다는 점을 지적하였다. 그들은 그와 같은 요인 때문에 도시내부에 다수의 핵이 형성된다고 생각하였다. 바로 그와 같은 점이 전술한 동심원지대이론이나 선형이론과 다른 점이라 할 수 있다.

2. 다핵심이론

(1) 다핵심의 입지

Harris와 Ullman은 앞에서 설명한 바와 같이 도시의 토지이용이 수개의 핵심지를 중심으로 전개된다는 점에 착안하여 다핵심이론(multiple nuclei theory)을 제기하였다. 그들은 도시의 내부공간에서 토지이용의 핵심이 입지하는 곳으로써 다음의 여섯 가지를 들고 있다.

첫째, CBD(중심업무지구)는 도시내부의 교통기관이 모이는 초점에 입지한다. 중심업무지구는 지형이나 그 밖의 조건에 따라 도시의 중심부에 위치하지 않은 것이 보통이다. 중심업무지구는 도시의 중앙적 위치가 아니더라도 그 도시 내에서 가장 교통이 편리하며 지가가 높은 곳에 위치한다는 것이다. 이러한 점은 전술한 동심원지대이론이나 선형이론과 다른 점이다. 소도시의 중심부에는 금융기관과 업무가가 소매상점가에 혼재하지만, 대도시에서는 금융가가 타 지역과 분리되어 입지한다. 중심업무지구 가운데에서도 가장 교통이 편리한 곳에는 소매상점이 입지하며, 일반적으로 사무실과 행정기관은 그 근처에 입지한다.

둘째, 도매업지구와 경공업지구는 도시내부 가운데 시외교통기관의 터미널이 위치한 곳에 접근하여 입지한다. 이는 교통이 편리하여 접근성이 양호한 곳에 입지한 때문이다. 이들 두 지구는 철도의 연변에 집중하는 경향이 있으며, 중심업무지구와 인접한 곳에 입지한다.

셋째, 중공업지구는 현재 또는 과거의 도시주변부였던 곳 근처에 입지한다. 도시주변부는 토지의 확보가 용이할 뿐만 아니라, 도로나 철도의 순환선이 통과하거나 간선도로가 교차하는 곳은 도심 근처보다 오히려 더 양호한 교통서비스를 받을 수 있다. 그리고 공장의 소음·악취·폐기물 등의 공해발생과 화재의 위험성 등도 중공업을 도시주변부로 입지케 하는 요인이 된다.

넷째, 일반적으로 고급주택지역은 배수가 양호한 고지대에 입지하여 전망이 좋은 곳을 선택하며, 소음·매연 등의 각종 공해와 철도로부터 멀리 떨어진 곳에 입지하는 경우가 대부분이다. 이와는 반대로 저급주택지역은 도시 내의 공장지대나 철도연변에 형성되기 쉬우며, 도시중심부의 낡은 주택지역에는 저소득

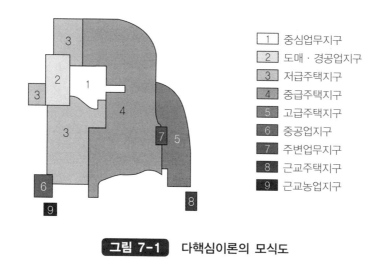

그림 7-1 다핵심이론의 모식도

출처: C. D. Harris and E. L. Ullman(1945).

층의 주민들이 침투해 들어오기 쉽다.

다섯째, 소핵심지(minor nuclei)는 문화센터·공원·근린상업지구·주변업무지구를 비롯하여 작은 공업중심지에 형성된다. 대학캠퍼스는 준독립적인 지역사회의 핵을 형성한다. 공원과 레크리에이션 지역은 고급주택지의 핵이 되는 경우가 있다. 소규모의 시설이나 경공업은 도시전체에 흩어져 있으므로 결코 지역의 핵이 되는 경우가 없다.

여섯째, 근교는 주택지역이건 공업지역이건 간에 대부분의 미국 대도시에서 볼 수 있는 특징 중의 하나이다. 대도시 주변의 도시화, 즉 근교화는 자동차의 보급과 근교철도의 개선으로 촉진되기 시작하였다. 또한 위성도시는 일반적으로 모도시로부터 수마일 떨어진 곳에 위치해 있는 까닭에 모도시와의 사이에 통근자가 적지만, 위성도시의 경제활동은 중심도시의 경제활동과 밀접한 관계를 맺고 있는 점에서 근교와 구별된다.

(2) 다핵심의 형성요인

도시 내에 형성되는 핵심지는 도시규모가 크면 클수록 수가 많으며 동시에 전문화한다. 그러므로 동일한 도시 내의 핵심지일지라도 그 기능과 성격의 측면에서는 각기 상이하다. 이들 핵심지는 다핵심이론에서 다음의 4개 요인이 복합적으로 작용하여 형성되는 것으로 설명하고 있다.

　　제1요인: 몇몇의 도시활동은 전문적인 편익을 필요로 한다. 예컨대, 소매업의 중심은 도시 내에서도 교통이 가장 편리하고 접근성이 양호한 지점에 입지하며, 항만시설은 바다와 하천변에, 또 공업시설은 넓은 토지를 확보할 수 있고 수상교통과 철도교통과의 연결지점에 입지한다.

　　제2요인: 서로 유사한 도시활동은 집적함으로써 생기는 이익 때문에 한 곳에 집중한다. 공장의 경우는 전문화된 서비스를 이용할 수 있으며, 소매업이나 도매업도 일정한 장소에 집단화하는 편이 유리하다. 그 밖에 금융기관과 사무소도 상술한 시설과 마찬가지로 집적의 이익이 발생하므로 한 곳에 집중하여 입지한다.

　　제3요인: 서로 다른 도시활동은 집적함으로써 오히려 불이익을 초래하는 경우가 있다. 예컨대, 공장과 고급주택의 경우라든가, 소매업과 도매업이라든가, 소매업과 공업과는 제1장의 「도시공간의 구성 메커니즘」에서 언급한 조성단위의 이질성 때문에 집적하게 되면 오히려 불이익을 초래하게 된다.

　　제4요인: 어떤 도시활동은 가장 유리한 지점의 높은 지대(혹은 임대료)를 부담할 능력이 없으므로 접근성이 양호한 곳의 입지가 불가능하다. 예컨대, 도매업이나 창고업과 같은 활동은 CBD나 그 주변에 입지하는 것이 유리하겠으나, 이들과 같은 도시활동은 넓은 토지를 필요로 할 뿐더러 높은 지대에 견딜 수 없기 때문에 별도의 핵을 형성하지 않으면 안 된다. 이런 경향은 저급주택지역의 경우도 마찬가지이다.

　　Harris와 Ullman은 도시의 토지이용패턴이 하나의 중심지를 핵으로 하여 형성되는 것이 아니라, 수개의 불연속적인 핵의 주변에 형성되는 도시들이 많음을 지적하였다. 일반적으로 도시의 원초적 핵심지는 중심도시의 경우 소매상점가가 위치한 곳이며, 교통도시는 항만이나 철도시설, 특수기능도시의 경우는 공장·광산·해안 등이 위치한 곳이다. 이와 같은 수개의 핵을 중심으로 도시의 토지이용은 여러 지역으로 분화한다. 미국 도시의 경우는 대체로 업무 및 상업지역·공업지역·주택지역으로 분화된 핵심지를 갖는다.

3. 다핵심이론의 평가

(1) 다핵심이론의 비판

E. M. Fisher와 R. M. Fisher는 1964년 『도시의 부동산』이라는 그들의 저서에서 Harris와 Ullman의 다핵심이론에 대하여 비판을 가하였다. 이 저서 속에는 동심원지대이론과 선형이론에 대한 비판도 들어 있다. 그들의 비판내용은 다음과 같다.

먼저, 두 Fisher는 도시 내에서 가장 넓은 면적을 차지하는 토지이용이 주택지·공지·가로의 세 가지임을 지적하였다. 즉 댈러스·시애틀·미니애폴리스·필라델피아·워싱턴·뉴욕 등의 24개 미국도시에 관한 1950년의 자료에 의하면, 주택지는 도시의 총 토지면적 가운데 최저 19%에서 최고 60%로 평균 30%의 면적을 차지하고 있다. 또한 공지는 최저 11%에서 최고 39%로 평균 25%의 면적을 차지하고 있다. 그리고 가로는 최저 8%에서 최고 28%를 차지하는데 비하여, 공업용지는 최저 2%에서 최고 17%이며, 상업용지는 최저 1%에서 최고 10%의 면적을 차지하고 있다. 공업용지와 상업용지는 이 자료에 따르면 매우 작은 비중을 차지하고 있으나, 만약 토지면적이 아닌 건물의 연상면적으로 계산된다면 그보다 큰 비중을 차지하게 될 것이다.

그들은 다핵심이론이 동심원지대이론 및 선형이론과 마찬가지로 건축물 중 1층의 토지이용만을 문제로 삼고 그 이상의 공간이용과 지하층의 그것에 대해서는 전혀 언급되어 있지 않다고 비판하였다. 오늘날의 대도시에는 고층건물이 많아지고 있으므로, 토지이용의 비율은 1층보다도 그 이상의 부분에서 증대되고 있다. 즉 2층 이상의 공간에는 각 층마다 서로 다른 용도로 이용되고 있다는 것이다. 따라서 도시의 토지이용은 수평방향의 평면적 토지이용과 수직방향의 입체적 토지이용도 동시에 고려되어야 할 것이다. 이와 같은 관점에서 Fisher는 1층이 상업용지로 분류된다고 하더라도, 2층과 3층은 업무·주거·기타 용도로 이용되는 경우가 많으므로 수직방향의 토지이용도 중시하지 않으면 안 된다고 지적하였다.

마지막으로, 그들은 각 이론에서 토지이용의 개념이 명확하게 규정되어 있지 않음을 비판하였다. 동심원지대이론을 비롯하여 선형이론과 다핵심이론에서는 토지이용이란 용어가 건축물을 의미할 뿐, 도로·공원·교통 등의 용지에 대해서는 전혀 언급하지 않았으며, 동일한 공업용지라 할지라도 제조부문과 영업부문, 즉 본사와 판매기능을 구별하지 않으면 안 된다는 것을 지적하였다.

(2) 다핵심이론에 대한 이시미즈[石水]의 견해

일본의 지리학자 이시미즈는 다핵심이론에 대하여 그의 견해를 다음과 같이 피력하였다. 다핵심이론은 동심원지대이론 및 선형이론을 부정하고 이들 이론을 배제할 수 있는 대체이론으로써 제기된 것이 아니다. Harris와 Ullman은 도시의 토지이용이 기본적으로 동심원·선형·다핵심의 세 가지 패턴으로 배열된다고 주장하였으며, 다만 다핵심이론은 나머지 두 이론에 대하여 보완적임을 시사하고 있다. 그러나 실제로 이들 세 이론을 도시에 적용해 볼 때, 도시내부의 핵은 다수의 핵으로 분화되는 것이 보통이므로, 다핵심이론은 특히 대도시의 경우에 더 많은 설득력을 지니고 있다고 생각할 수 있다. 핵의 분화를 일으키는 네 가지 요인에 대해서는 앞에서 이미 설명한 바 있다.

Harris와 Ullman이 다핵심이론에 포함시킨 도시활동은 동심원지대이론의 경우와 별로 다를 바 없다. 단, 다핵심이론에서는 업무·도매업·경공업·주택 이외에도 소규모 핵심지를 들고 있다. 이 이론에서는 도시활동의 중요한 측면이라고 할 수 있는 교통은 포함하지 않았다. 이것은 앞에서 소개한 Fisher의 지적에서도 언급된 바 있다.

다핵심이론의 이론구성에 대해서는 먼저 도시핵의 분화에 관한 네 가지 요인이 검토되지 않으면 안 된다. "도시활동은 전문적인 편익을 필요로 한다."라는 요인은 각각의 도시활동이 각기 특수한 입지조건과 관련되어 있으므로 특별히 주목할 만한 새로운 지적은 아니다. 여기에는 교통조건과 자연조건이 포함되어 있어야 마땅하다. 특히 교통조건에 관해서는 적어도 접근성이라는 점에서 CBD 이외에도 양호한 교통조건을 가진 다수의 핵이 형성될 가능성을 도식화할 필요가 있을 것이다. 그렇지 않으면, 단일의 도시핵이 아니라 다핵심을 제기하고 있는 이 이론의 가장 중요한 기본원칙이 구현되어 있지 않은 셈이 되기 때문이다. 예컨대, 다핵심이론이 동심원지대이론과 선형이론의 보완적 이론이라고 한다면,

동심원과 섹터와의 교차지점에 교통상의 결절점이 생기고, 그곳에 주변업무중심지 혹은 근린상업중심지가 형성되는 교통조건에 대하여 검토해야 할 것이다.

"서로 유사한 도시활동은 집적함으로써 발생하는 이익 때문에 한곳에 집중한다."라는 요인은 공업입지론에서 말하는 집적의 원리는 물론 본서 제1장 「도시형성의 메커니즘」에서 설명한 도시화경제(urbanization economy)와 동일한 것이다. 그러나 이들 요인은 주요한 도시활동이 도시핵인 CBD에 집적하지 않고 몇몇의 핵에 분산되어 집적한다는 점을 명확히 설명하지 못한다. 도시 내의 서로 다른 장소에서의 집적은 서로 다른 집적의 이익을 가져온다는 사실에 대한 검토가 다핵심이론에서는 필요하다. 이러한 점은 "서로 다른 도시활동은 집적함으로써 오히려 불이익을 초래하는 경우가 있다."라는 요인에 있어서도 해당되는 것이다. 따라서 "어떤 도시활동의 경우는 가장 유리한 지점의 높은 지대(地代)를 부담할 능력이 없으므로 그러한 곳의 입지가 불가능하다."라는 요인이 작용하여 지대가 더 낮은 곳에 별도의 핵심지를 형성한다는 사실은 핵의 분화를 설명하는 유일한 요인이라고 단정질 수 있을 것이다. 그러나 그와 같은 사실의 근본이 지대의 분포에 기인하므로, 이시미즈는 지대분포를 규정짓는 요인에 대한 설명이 필요하다고 주장하였다. 이러한 관점에서 볼 경우에는 다핵심이론보다 오히려 선형이론이 더욱 합리적이라 할 수 있다.

다핵심이론의 문제점으로 지적될 수 있는 것은 도시핵이 어떤 성격의 핵으로 분화할 것인가에 있다. 다핵심이론에서는 중심업무지구 · 도매업 및 경공업지구 · 중공업지구 · 주택지구 · 소핵심지 · 근교 또는 위성도시의 여섯 가지를 들고 있다. 그러나 도시의 공간구조이론을 제기할 때 가장 중요한 관점은 토지이용패턴의 공간적 규칙성에 있으며, 이 이론도 그러한 관점에 서 있다. 그럼에도 불구하고 다핵심이론에서는 여섯 종류의 핵 또는 지구(地區)의 배열상태가 도시마다 상이하다고 하였을 뿐, 이에 대한 일반화가 시도되지 않았다.

토지이용패턴의 공간적 규칙성이야말로 다핵심이론의 존재가치를 좌우하는 것이라고 생각할 수 있다. 바로 그와 같은 측면에서 다핵심이론을 평가한다면, 이 이론은 동심원지대이론이나 선형이론보다 나을 바가 없다. 또한 이시미즈는 "다핵심이론의 존재가치는 분화한 도시핵이 어떻게 배치되는가?"하는 공간적 규칙성을 규명할 때 비로소 인정될 수 있을 것이라고 주장하였다.

또 한 가지 추가하여 지적하고 싶은 것은 다핵심이론의 적용성에 관한 문제이다. 이 이론은 비교적 융통성이 큰 이론임에도 불구하고 동심원지대이론이나 선형이론에 비하여 적용사례가 적은 것으로 생각된다. 이것은 앞에서 지적한 바와 같이 토지이용의 공간적 패턴에 관한 규칙성의 모식화가 이루어지지 않은 이론이라는 점에서 비롯되었다고 할 수 있다. 결국 이 이론은 여러 도시에서 검증되지 못한 탓으로 도시의 핵과 지구가 어떤 배열을 이루는가에 대한 설명이 불가능하였던 것이다.

그리고 두 Fisher가 지적한 수직적이고 입체적인 토지이용을 중시해야 한다는 비판은 경청할 만한 가치 있는 충고로 받아들여져야 할 것이다. 물론 그들도 자신들이 지적한 내용을 도시의 공간구조이론으로써 일반화하지 못하였다. 결국 어떤 방법으로든 3차원의 형태로써 도시의 토지이용패턴을 파악하여 모식화할 만한 테크닉의 개발이 요청된다. 그 뿐만 아니라, 도시의 토지이용을 중심업무지구·주택지구·공업지구 등과 같이 분류하는 종래의 구분법도 새로운 시점에서 현대도시에 맞게 개선할 필요성이 있다.

4. 도시다권역 모델

J. E. Vance(1964)는 『샌프란시스코 만 지역의 지리와 도시발달』이란 저서에서 상술한 바 있는 다핵심이론과는 한 차원 다른 도시다권역 모델(urban realms model)을 제안하였다. 그는 샌프란시스코 만 지역에 입지한 여러 도시의 형태변화의 분석을 토대로 [그림 7-2]에서 보는 것과 같은 모델을 주장하였다. P. O. Müller(1981)를 비롯한 여러 학자들은 훗날 Vance의 분석 틀을 로스앤젤레스와 뉴욕의 대도시권에 적용한 바 있다.

도시다권역 모델의 핵심적 요소는 기존의 전통적 CBD와 중심도시와는 별개로 독립적인 각각의 도심이 중심지를 이루고 있는 근교지역의 등장에 있다. 이들 근교는 모도시의 기능적 영향을 받지 않는 대규모의 자족적인 지역을 이루고 있다. 다수의 근교도심(suburban downtown)은 각 권역의 중심지로서 전통적인 CBD와 더불어 공존하는 형태를 취하고 있다. 이러한 이론에 따르면 대도시권 전역은 일련의 독립적인 도시권역들로 구성된 광역적 도시로 재구조화될 것

사진 7-1 ○ 전형적인 도시다권역 모델의 로스앤젤레스

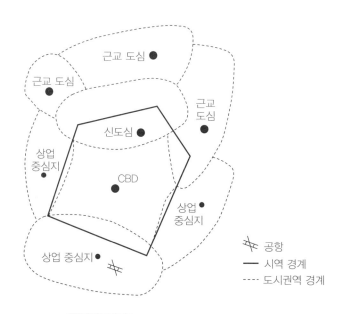

그림 7-2   도시다권역 모델의 모식도

출처: J. E. Vance(1964).

이다. 하나의 광역적 대도시권이 여러 권역들로 쪼개져 있는 형태이므로 페페로니 피자 모델(pepperoni pizza model)이라고도 불리는 이 모델은 자동차의 영향이 도시구조와 형태에 미친 결과를 극명하게 보여주고 있다.

각 도시권역(urban realm)의 공간적 범위를 비롯하여 그 특성과 내부구조는 다음의 다섯 가지 기준에 따라 형성된다. ① 기복, 특히 지형과 하천 등의 자연적 장벽, ② 대도시권의 전체 규모, ③ 각 권역 내에 존재하는 경제활동량, ④ 경제중심지가 지배하는 권역 내의 접근성, ⑤ 근교 권역들 간의 상호 접근성이 중요하다. 특히 순환도로와 직항로의 연결 네트워크가 중요하며, 이들 권역간 연결망에 의해 외곽의 권역들이나 멀리 떨어진 대도시에 도달하기 위하여 근교 권역들이 중심권역과 반드시 직접 연결될 필요성이 없어졌다.

02 사회지역분석을 증명한 인자생태학에 대하여

1. 사회지역분석

(1) 사회지역분석의 배경

도시지리학자들은 오랫동안 도시토지이용의 공간적 분포를 설명하는 서로 다른 세 이론을 원용하는 상태에 있었다. 세 이론은 도시의 토지이용패턴이 CBD로부터의 거리함수에 따라 규칙적으로 변한다는 동심원지대이론, 도시의 토지이용이 교통축을 따라 확대되어 간다는 선형이론, 비록 분화된 토지이용 간의 공간적 관계를 일반화시키지는 못했으나 도시내부에 토지이용의 몇몇 핵이 존재한다는 다핵심이론을 가리킨다.

다수의 지리학자 및 도시학자들은 이들 세 이론 간의 상충적 내용에만 주목하였을 뿐, 이론 간의 상호관련성을 심각하게 생각하지 않았다. 만약 우리가 기존의 세 이론을 포기하고 새로운 대안적 이론을 도출하려고 한다면, 지가·교통·토지이용 간의 유기적 관계에 주목할 필요가 있을 것이다. 그와 같은 과제를 해결하기 위해서는 상이한 측면에서 설명하려는 시도와 도시토지이용의 상이한 차원에서 도시공간구조를 도출하려는 노력이 필요하다.

그와 같은 시도와 노력은 도시사회학자인 Burgess와 도시경제학자인 Hoyt의 고전적 모델을 재해석함으로써 가능해진다. 그들의 이론은 주로 인간에 관한 것이었다. 즉 그들이 강조하고 싶었던 것은 서로 다른 생활양식을 가진 다양한 사회계층에 관한 공간적 분포패턴이었다. 도시내부에 혼재하는 여러 계층의 분포패턴을 규명하기 위한 방법이 통계자료와 센서스 트랙을 이용한 컴퓨터의 등장으로 가능해졌다. 그 결과, 생물학의 생태학적 이론은 인간생태학과 도시생태학으로 발전되었다. 인자분석(factor analysis)이라는 통계적 기법은 새로운 도시구조이론을 정립하는 데 결정적 계기를 제공해 주었다. 이러한 접근방법은 인자생태연구를 촉진하였다.

생태학적 연구는 비록 사회과학의 한 분과로부터 출발되었으나 연구물의 축적으로 더욱 발전되어 나아갔다. 이것은 사회학·도시학·지리학 등의 각 분야로 발전되었다. 생태학적 접근방법은 처음에 사회지역 분석가들이 도시민의 사회·경제적 구조를 설명하기 위해 도입되었고, 후에는 T. R. Anderson과 같은 인간생태학자가 도시인구의 공간적 분포패턴을 규명하기 위해 적용하였다. 또한 이러한 연구는 도시사회지리학자들과 P. H. Chombart de Lauwe의 사회형태론으로 통합되었다.

A. Buttimer는 사회공간의 지리학적 연구로써 사회지리학을 정의하면서, 사회공간은 3요소로 이뤄진다고 주장하였다. 그것은 ① 지역을 공간적으로 요약하고 사회·경제적 척도를 지도화 함으로써 얻어지는 외형적 특징(formal characteristic), ② 사회활동의 초점으로서 점(點)을 공간적으로 요약한 기능적 특징(functional characteristic), ③ 선(線)을 상품·서비스·사람·아이디어 등의 흐름과 인간의 인식공간으로 요약한 순환적 특징(circulatory characteristic)을 가리킨다.

(2) 사회지역분석

사회지역분석(social area analysis)은 좁은 의미에서 주로 L. Wirth의 이론에 기초한 「사회변화의 연역적 모델」의 일부로 도시사회지리학의 중심적 내용이다. 이 이론은 학문적으로 열띤 논의를 불러일으킨 바 있으며, 현재도 사회지역 연구의 원천을 이루고 있다. 처음에는 E. Shevky, I. Williams, W. Bell이 로스앤젤레스와 샌프란시스코의 커뮤니티 지역을 설정하려는 것으로부터 시작되었다. 그들은 센서스 자료에 미국도시의 다양한 사회·인구·경제 통계가 망라되어 있음에도 불구하고 개인의 수입·직업 등과 같은 변수만으로는 복잡한 현상을 규명할 수 없다고 생각하여 분류기준을 이용하기로 하였다. 그 분류기준은 제2차 세계대전 후 북미 산업화사회의 사회분화에 관한 일련의 가설에 근거한 것이다.

Wirth이론의 개념에 크게 의존함에 따라 도시의 사회지역은 사회의 증가척도(도시화에 따라 사회규모가 확대하는 것)의 표현인 3대 사회적 경향의 산물로 간주되었다. 3대 경향이란 ① 관계의 범위와 강도의 변화, ② 기능분화의 증대, ③ 사회조직의 복잡성 증대를 의미한다. 이 3대 경향은 사회시스템의 구체적 변화추세라 할 수 있다. 즉 노동분업의 변화(사무·관리·경영기능으로의 분화), 가족의 역할변화(여성의 사회진출과 비전통적 가족패턴의 보급), 인구구성의 변화(이동성의 증대경향과 그 결과에 기인된 공간적 주거지분화의 진전)로 나타난다는 것이다.

Shevky 등의 학자들은 3대 경향의 개념을 센서스 자료에 의거하여 사회지역의 분류방법론 속에 포함시켰다. 〈표 7-1〉은 센서스에 포함된 조사항목 중 복합지표로 측정될 수 있는 3개 구성개념을 밝힌 것이다. 3개의 구성개념이란 각각 사회계층(social rank), 도시화(urbanization), 주거지분화(segregation)로 명명된 것인데, 이들은 다음과 같은 변수들로 구성되어 있다([그림 7-3]을 참조할 것).

〈사회계층〉   1. 육체노동자 비율
                  2. 교육기간 9년 이하의 성인비율
〈도시화〉   1. 출생률
                  2. 여성취업률
                  3. 핵가족 주택비율
〈주거지분화〉 1. 소수민족집단의 통합된 비율
                  2. 흑인, 기타 인종, 동유럽 및 남유럽 태생의 백인,
                  3. 유럽 이외의 구대륙 출신자

표 7-1   사회지역분석: 구성체와 지표를 만드는 일련의 단계

산업사회와 관련된 가정(증가척도의 관점) (1)	경향을 나타내는 통계 (2)	특정 사회시스템의 구조변화 (3)	구성개념 (4)	구성개념과 관련된 표본통계 (5)	(5)에서 도출된 척도 (6)
관계의 범위와 강도의 변화	숙련도의 분포변화: 육체·생산노동작업의 중요성 저하 사무·관리·경영작업의 중요성 상승	기능에 기초한 직업배치의 변화	사회계층 (경제적 지위)	학력 고용상 지위 노동자의 계급 주요 직업집단 주택별 임대료 하수도 정비와 수리상태 1개 방당 인원 냉난방 정비	지표 Ⅰ ⋯⋯⋯⋯ 직업 학력 임대료
기능의 분화	생산활동의 구조변화: 1차산업 생산성의 중요성 저하−도시를 중심으로 하는 관계의 중요성 상승−경제단위로서 세대의 중요성 저하	생활양식의 변화−여성의 도시적 직업진출−새로운 가족패턴의 보급	도시화 (가족적 지위)	연령과 성별 자택 또는 세입자 가옥 구조	지표 Ⅱ ⋯⋯⋯⋯ 출생률 여성취업률 핵가족 주거단위
조직의 복잡화	인구구성의 변화	공간의 재배치화−부양·피부양인구의 비율변화−집단의 고립화와 주거지 분화	주거지 분화 (인종적 지위)	세대당 가족수 인종과 출생국 시민권	지표 Ⅲ ⋯⋯⋯⋯ 상대적으로 고립된 인종·국적집단

출처: E. Shevky and W. Bell(1955), p. 4.

이상의 구성명칭을 Bell은 각각 경제적 지위·가족적 지위·인종적 지위라 불렀다. 이와 같은 3개의 구성개념을 측정하기 위한 지표는 위에서 열거한 변수들의 표준화점수를 산출하고 그것의 평균값에 근거하여 정해졌다. 이와 같이 구해진 지표의 표준화점수로 논리적 구별을 행하여 각 센서스 통계구역을 분류할 수 있다.

가장 일반적인 방법은 Shevky and Bell이 1955년에 제시한 것으로 사회계층(경제적 지위)과 도시화(가족적 지위) 지표를 각각 종축과 횡축에 취한 그래프

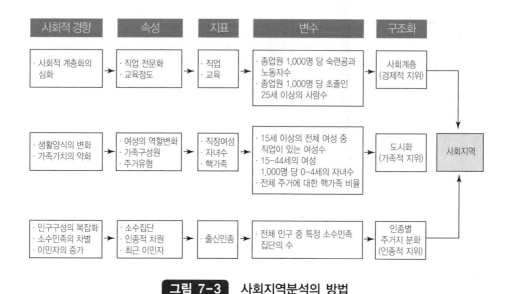

그림 7-3 사회지역분석의 방법

출처: M. Pacione(2005).

위에 각 사회지역의 대표점을 프로트하는 방법이다. 2개의 지표가 갖는 값의 범
위는 0~100인데, 이것을 4등분하면 16개의 유형이 도출된다. 여기에 세 번째
지표인 주거지분화를 추가하여 이것의 평균값이 그것을 상회하는가, 하회하는
가에 따라 모두 32개의 유형으로 세분된다.

　[그림 7-4]는 Shevky and Bell이 샌프란시스코의 사회지역을 유형화한 사례이
다. 이 그림은 종종 사회공간 다이어그램(social space diagram)이라 불리는데, 이
것은 도시인구의 사회·경제적 구성을 요약하는 요긴한 방법이다. 즉 경제상태
와 가족상태에 관한 지표를 각각 횡축과 종축에 취하여 그래프 속에 각 센서스
통계구역을 프로트한다. 2개의 지표가 취하는 범위는 0~100을 4등분하여 양자
의 조합인 16개 유형이 만들어진다. 이와 같은 유형화방법은 여기서 소개하는
다이어그램 외에도 군집분석(cluster analysis)으로도 가능하다. 이 다이어그램으
로부터 도출된 분류의 정보를 실제적인 도시공간에 지도화함으로써 도시의 사
회지역지도가 만들어진다. Shevky and Bell의 주장에 의하면, 이와 같은 사회지
역은 "일반적으로 동일한 생활수준, 동일한 생활양식, 동일한 민족적 배경을 가
진 사람들을 포함하고 있으며, 특정 유형의 사회지역에 거주하는 사람들은 다른

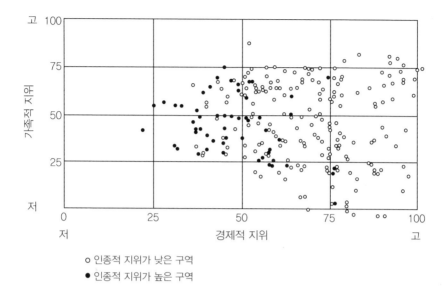

출처: E. Shevky and W. Bell(1955).

그림 7-4 의 사회공간 다이어그램 아래 텍스트:

그림 7-4 샌프란시스코의 사회공간 다이어그램

유형의 사회지역에 거주하는 사람들과 비교하여 태도와 행동의 특징이 규칙적으로 상이하다."고 가정하였다(Shevky and Bell, 1955, p. 20).

사회지역분석은 이와 같은 성격을 띠고 있으므로 도시지역을 대상으로 표본조사를 행할 경우에 매력적인 기초적 방법이라 할 수 있다. 왜냐하면, 연구자는 이것에 따라 특정 사회집단이 어디에 있을 것이며 특정 사회환경이 어디에 가면 볼 수 있을 것인지 알 수 있기 때문이다. 또한 「사회지역점수」는 사회적 주거지 분화를 민감하게 나타내는 척도이기 때문에 어떤 현상의 설명요인(독립변수)으로서 행태연구에서도 이용된다. 물론 사회지역점수의 지도는 사회지역 간의 공간적 관계를 규명하는 수단이 되지는 못한다.

Shevky and Bell(1955)의 샌프란시스코 연구를 보면, [그림 7-5]에서 알 수 있듯이 도시의 동남부에 위치한 해안 상공업지역의 주변부는 사회계층이 낮고 도시화(가족적 지위)도 낮은 지역이 존재하고 있다. 또한 도시의 남서부에는 사회계층이 높고, 도시화는 낮은 지역이 광범위하게 분포한다. CBD와 수변공간인 워터 프론트의 부두 사이에 위치한 점이지대에는 사회계층이 낮고 도시화가

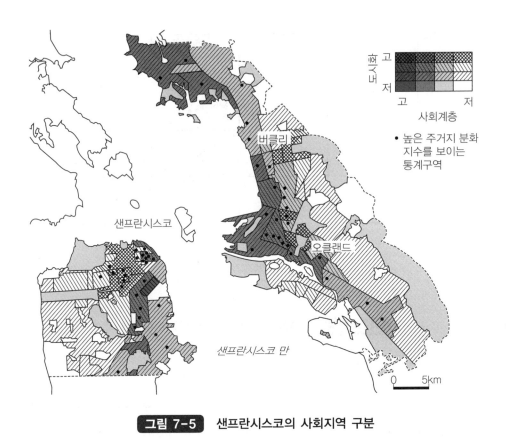

고 사 저 낮

고 저
사회계층

● 높은 주거지 분화
지수를 보이는
통계구역

버클리

샌프란시스코

오클랜드

샌프란시스코 만

0   5km

그림 7-5   샌프란시스코의 사회지역 구분

출처: E. Shevky and W. Bell(1955).

높은 지역이 소규모로 분포한다. 도시의 북부에는 사회계층이 높고 도시화 역시
높은 지역이 분포하며, 도시 북동부의 CBD 주변부에는 소수민족집단이 집중되
어 있다. 이러한 패턴은 샌프란시스코의 독특한 입지와 지형에 기인한 것이다.
그러므로 이 도시의 사례연구는 일반화하기 어렵다.

　　도시구조의 일반화는 T. R. Anderson and J. A. England(1961)에 의해 시도
된 바 있다. 그들은 도시의 사회지역점수의 분포패턴이 동심원패턴인지 선형
패턴인지를 평지에 입지한 인구 20~50명 규모의 미국도시를 선정하여 분산
분석을 행하였다. 그 결과, 모든 도시에 공통적으로, 사회계층득점은 선형패턴
을 취하며, 도시화득점은 동심원지대패턴을 취한다는 사실을 확인할 수 있었
다. 이와 동일한 결과는 J. H. Curtis, F. Avesing and I. Klosek(1967)와 D. T.

사진 7-2 ◐ 샌프란시스코의 도시경관

Herbert(1972) 등에 의해서도 확인되었다. 이것은 또 유럽 · 호주 · 아시아의 도시에서도 유사하다는 사실이 밝혀진 바 있다.

(3) 사회지역분석의 비판

사회지역분석은 여러 가지 관점에서 비판을 받게 되었으며, 이런 비판을 둘러싼 논의를 통해 도시공간구조의 이론화 내지 일반화를 꾀하였다. A. H. Hawley and O. D. Duncan(1957)은 사회지역분석이 공식화된 이론적 기초가 부족하다는 이유로 비판하였고, 특히 이 분석에서 사용한 접근법의 전체적 원리에 비판을 가하였다. 즉 그들은 사회지역분석의 접근법이 선험적으로 센서스의 변수와 지표를 선정해 놓고 사후적으로 정당화 · 합리화를 시도한 것이라고 비판한 것이다.

W. Bell and I. Moskos(1964) 역시 그 후에 이와 같은 비판을 받아들였고, T. R. Anderson and L. L. Bean(1961)의 지적도 받아들이기에 이르렀다. 그들의 지적은 도시화라는 구성개념이 가족주의(familysm)와 어바니즘(urbanism)이라는

두 개의 본래 이질적인 사회적 변수의 구별을 하지 않고 무리하게 하나로 간주했다는 점이다.

J. R. Udry(1964)는 Shevky and Bell(1955)이 가정한 3개의 사회적 경향이 그 이전 10년간에 미국에서 발생한 전형적 현상이 결코 아님을 실증적으로 증명하였다. 그는 더 나아가 사회변화의 이론을 사회지역의 유형론으로 전환할 근거가 없음을 지적하였다. 즉 사회지역분석의 제안자가 균일한 사회집단이 최종적으로는 주거지를 달리하는 메커니즘 또는 과정의 존재에 관하여 어디에서도 언급하지 않았다는 것이다. D. W. G. Timms(1971)도 사회지역분석의 도식에 대하여 광범위한 고찰을 하면서 비판한 바 있다. 그는 사회변화가 완전히 경제적 용어로 표현되어 있고 사람들의 가치관의 차이와 권력의 분배 등에 대하여 거의 언급하지 않은 점을 문제로 삼았다.

D. C. McElrath(1968)는 사회지역분석의 다이어그램을 새롭게 정식화하면서 이와 같은 결점을 극복하려고 시도하였다. 그의 연구는 구조적 변화와 사회적 분화 간의 관계에 초점을 맞추었다. 「산업화」는 취업구성·학력·가족구성·여성활동비율 등의 분화를 야기시킨다. 「도시화」는 지리적 이동성·라이프 사이클의 특성·인종적 지위 등의 분화를 촉진한다.

이러한 사회지역분석의 비판에 자극을 받아 수많은 실증적 연구가 행해졌다. 그 결과, 어느 정도의 결점은 밝혀지게 되었으나, 사회지역분석의 방법론이 유용성이 있다는 사실은 결코 놀라운 일이 아니었다. 방법론적 관점 중에서도 폭넓게 검증받은 것이 Shevky and Bell이 가정한 구성개념 간의 관계였다. 각 구성개념을 측정할 지표들끼리는 분석수법에 따르면 통계적으로 상호 독립적이어야 한다. 그 결과, 하나의 동일한 구성개념을 표현하기 위해 선정된 변수들끼리는 서로 밀접한 관련이 있어야 하며, 별도의 구성개념을 표현하는 변수들끼리는 유의한 관계가 있어서는 안 된다.

변수 간의 상호관계, 즉 상관계수에 대한 엄격한 검정은 인자분석으로 가능하다. 이것은 자료행렬에 내재하는 변동의 독립적 패턴을 확인하는 방법이다. Bell 역시 이 기법을 샌프란시스코의 통계자료를 이용하여 6개의 구성변수가 3개의 독립된 차원으로 요약되어 사회지역분석의 가설과 동일하게 각각 사회계층·도시화·주거지분화로 나타남을 밝힌 바 있다. M. D. Van Arsdol, S. F.

Camilleri and C. F. Schmid(1958)는 이 분석을 여러 도시에 적용하여 상기한 것과 동일한 결론을 도출하였다. 그러나 미국 남부도시 중 일부에서는 출생률 패턴이 도시화뿐만 아니라 사회계층과도 관련되어 있음이 밝혀졌다.

P. Knox(1995)는 그와 같은 결과가 남부도시의 특수한 사회구성에 기인한 것이라고 설명하였다. 아무튼 이들 결과는 확실성이 결여되어 있다고 주장하는 학자들도 있다. 즉 그들이 사용한 변수보다 더 많은 변수를 입력하더라도 사회분화를 나타내는 3개 차원으로 요약될 수 있을까에 대한 의문이다. 이를 계기로 하여 대두된 귀납적 연구방법론이 다음에 설명하려는 인자생태연구이다.

2. 인자생태 연구

(1) 계량혁명과 사회공간 연구

다변량분석기법 가운데 인자분석(factor analysis)과 주성분분석(principal components analysis)은 여러 종류의 사회연구방법론 중에서 가장 널리 이용되고 있는 통계적 테크닉이다. 또한 이들 기법은 오늘날 복잡한 도시사회의 공간적 분화를 측정하는 문제에 당면하였을 때에 널리 이용되는 방법이다(그림 7-6). 이러한 의미에서 인자분석은 우선 다양한 사회·경제·인구·주택특성 간의 관계를 분석하는 귀납적 수단이며, 만약 통계자료에 공통된 패턴이 존재한다면 그것을 규명할 목적으로 사용되는 것이다. 이 기법은 두말할 필요 없이 사회지역분석과 대조적이다. 왜냐하면 사회지역분석에서는 변수 간의 관계를 연역적인 이론에 따라 사전에 가정해 두었기 때문이다.

이미 언급한 바와 같이 인자생태적 접근은 사회지역분석의 암묵적인 가정을 증명하려고 제기된 것이다. 그러므로 사회지역분석과 인자생태연구는 같은 뿌리에서 파생된 동일한 도시구조이론이라 할 수 있으므로 종종 동일시되기도 한다. T. R. Anderson and L. L. Bean(1961)은 Bell(1955)과 Van Arsdol et al.(1958)이 고찰한 사회지역분석의 6개 표준변수에 대한 인자분석을 행하여 접근법을 확장하였다. 그 목적은 별개의 변수를 입력하더라도 Shevky and Bell이 가정한 바 있는 3대 차원으로 도시구조를 설명할 수 있는지의 여부를 추구하기

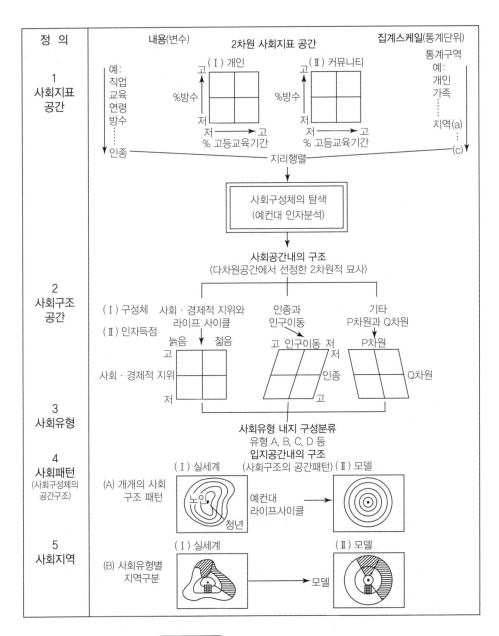

그림 7-6 도시사회의 공간구조

출처: W. K. D. Davies(1984).

위함이었다.

Anderson and Bean(1961)은 오하이오주 토레도의 센서스 통계구역에 대하여 13개 변수의 통계자료를 이용한 결과, 실제로 통계자료 속에 서로 독립된 변수의 패턴, 즉 4개의 차원이 존재함을 발견하였다. 그 하나는 사회계층, 두 번째는 주거지분화이며, 나머지 2개의 차원은 도시화의 구성개념을 의미하는 것들이었다.

이 연구결과를 계기로 다른 연구들도 등장하였다. 특히 E. Gittus(1964)와 F. L. Sweetser(1965a; 1965b)를 비롯하여 C. F. Schmid and K. Tagashira(1965) 등과 같은 도시사회학자들의 연구가 유명하며, 연구방법은 계량적 기법에 대한 일반적 관심이 고조됨에 따라 즉시 도시지리학자와 도시계획자들에게 보급되었다. 더욱이 컴퓨터의 발달과 프로그램의 진보 덕분에 입력변수의 개수도 증가되어 더욱 명확하게 귀납적 접근법을 추구할 수 있게 되었다. 그 결과, 지리학분야에 계량혁명을 일으키는 계기가 마련되었고 수많은 도시의 인자생태연구가 행해지게 되었을 뿐더러 도시사회의 공간구조에 관한 신뢰성 있는 높은 수준의 일반화를 위한 기초가 만들어지기에 이르렀다. 그러나 그 후, 지리학에 GIS의 공간통계학적 기법이 도시연구에 기계적으로 적용되면서부터는 오히려 도시구조의 분석에 초점을 흐리는 결과를 가져오게 되었다.

(2) 인자생태의 사례연구

여기서는 1980년 미국 볼티모어 시를 사례로 센서스 통계자료를 이용한 P. Knox(1995)의 전형적인 인자생태연구를 소개하기로 하겠다. 사례연구에서 사용된 20개의 입력변수는 미국도시의 연구에서 흔히 볼 수 있는 전형적인 변수들이다(표 7-2). 이 통계자료 중 이탈리아계 인구는 볼티모어에서 많은 비중을 차지하는 소수민족이므로 분석에 포함시켰고, 멕시코계 미국인은 그 규모가 작으므로 제외시켰다. 자료행렬에 인자분석을 적용한 결과, 입력변수는 4차원으로 요약되었다. 4개의 인자, 즉 4개의 차원은 전체변동의 72.2%를 설명하고 있다.

전 변동량의 32.5%를 설명하는 제1인자의 인자부하량을 보면(표 7-3), 빈곤·불편함·임대주택·독신자 등의 변수와 정(+)의 관계를 가지며, 이 인자는 궁핍화한 근린의 「하층계급」이 도시내부에서 분화되고 있음을 시사하고 있

표 7-2 볼티모어의 인자생태연구에 사용된 입력변수

1. 19~30세 비율	8. 흑인 비율	15. 비주거 가옥
2. 65세 이상 비율	9. 최근의 이민자 비율	16. 민간임대주택 비율
3. 미혼자 비율	10. 실업률	17. 욕실 2개 이상의 주택 비율
4. 성비	11. 관리·행정·전문직 비율	18. 침식 1개 이하의 주택 비율
5. 대졸 성인 비율	12. 공장노동자 비율	19. 완전한 부엌설비가 없는 주택 비율
6. 이탈리아계 비율	13. 평균가족수입	20. 편부모 세대 비율
7. 스페인어 사용자 비율	14. 빈곤층 이하의 가족 비율	

출처: W. K. D. Davies(1984), p. 305.

표 7-3 볼티모어의 1980년 인자구조

(A) 각 인자의 설명력

인자	변동설명량(%)	누적변동설명량(%)	고유치
I	32.5	32.5	6.8
II	18.2	50.7	3.8
III	14.4	65.1	3.0
IV	7.1	72.2	1.5

(B) 각 인자의 성격

인자명	변수(변수 번호)	인자부하량
I.「하층계급」	임대주택(16)	0.88
	빈곤(14)	0.79
	비주거 가옥(15)	0.70
	부엌미비(19)	0.68
	독신자(3)	0.68
	실업(10)	0.65
II.「사회·경제적 지위」	욕실(17)	0.85
	가족수입(13)	0.84
	대졸(5)	0.78
	관리·행정·전문직(11)	0.75
III.「청장년층/이민」	이민(9)	0.88
	19~30세 연령(1)	0.88
	성비(4)	0.84
	스페인어 사용(7)	0.57
IV.「흑인 빈곤층」	흑인(8)	0.82
	이탈리아계(6)	−0.68
	편부모(20)	0.55
	빈곤(14)	0.64

출처: P. Knox(1955), p. 48.

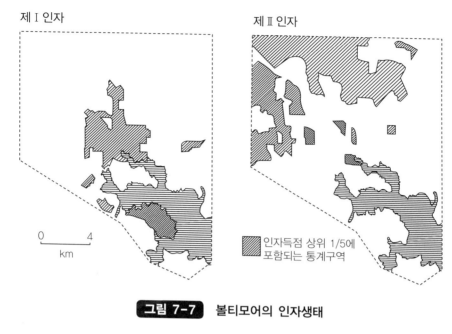

제Ⅰ인자   제Ⅱ인자

0   4
km

인자득점 상위 1/5에
포함되는 통계구역

그림 7-7 볼티모어의 인자생태

출처: P. Knox(1955).

다. 단, 흥미 있는 것은 흑인과 노동자계급의 일반적 인구비율과는 관계가 없다
는 점이다. 제2인자는 수입 · 학력 · 직업 · 물질적 소유 등과 같은 「사회 · 경제
적 지위」를 반영하고 있다. 이것은 도시내부에서 고급주택지역과 저급주택지역
이 분화되고 있음을 나타내며 전 변동량의 18.2%를 설명하고 있다. 전 변동량
의 14.4%를 설명하는 제3인자는 「소수민족 · 이주자」를 반영하는 특징적 차원
을 나타내고 있다. 이 인자는 이민 · 청년층 인구 · 스페인어 사용자 · 남성인구
의 탁월 등의 특징을 갖는 변수들로 구성되어 있다. 제4인자는 흑인세대 · 여성
빈곤층 · 편부모 등의 변수들로 구성되어 있으며, 전 변동량의 7.1%를 설명한다.

[그림 7-7]은 볼티모어에 나타난 주거지분화의 제1인자와 제2인자를 지도화
한 것이다. 이들 두 인자는 전 변동량의 50.7%를 설명하는 2대 차원이라 할 수
있다. 여기서는 볼티모어의 도시사회를 상세히 설명할 필요성이 없겠으나, 중
요하다고 생각되는 특징만을 지적해 두려고 한다. 특히 이 도시의 기성시가지
(inner city)에는 「하층계급」차원과 관련된 통계구역이 응집분포하고 있으며, 시
가지 북쪽도 마찬가지이다. 또한 「사회 · 경제적 지위」차원과 관련된 제2인자는

시가지의 북부와 서부 근교에 응집분포하고 있다. 이는 도시내부의 기성시가지 일대에 저급주택지역이 분포하고, 근교에 고급주택지역이 위치하고 있음을 의미하는 것이다.

(3) 인자생태학의 일반성

위에서 소개한 사례연구의 결과는 비단 볼티모어뿐만 아니라 북미의 여러 도시를 비롯하여 오스트레일리아 · 뉴질랜드는 물론 한국 · 일본 등의 세계각지에서도 찾아 볼 수 있다. 세계 대다수의 도시에서는 인자생태의 연구결과가 통상적으로 종래 사회지역분석의 구성개념이었던 사회계층 · 도시화 · 주거지분화와 유사한 3대 인자로 나타난다. 이러한 사실은 Shevky와 Bell이 가정한 「구성개념」에 대하여 실증적 사례를 제공해 주는 것만이 아니라 인자생태의 비교분석으로 도시지역의 주거지분화에 기초한 정밀한 모델을 구축할 수 있다는 가능성을 시사하는 것이다.

도시구조의 일반화 경향을 분석한 학자로는 P. H. Rees(1971; 1972; 1979)를 비롯하여 D. W. G. Timms(1971) 등을 꼽을 수 있다. 지금까지 규명된 주요 결과는 대부분 도시의 주거지분화가 제1차원(인자)인 「사회 · 경제적 지위」, 제2차원(인자)인 「가족적 지위/라이프 사이클」, 제3차원(인자)인 「소수민족의 주거지분화」에 의해 지배된다는 인자구조의 원칙이었다. 더욱이 차원구조는 사용한 입력변수와 통계적 기법을 바꿔도 그 결과에 변함이 없이 안정적이다. 또한 지금까지 살펴 본 것처럼 인자생태의 변화에 관한 연구성과에 의하면, 이들 3차원은 적어도 20~30년간의 세월이 흘러도 큰 변동이 없다는 사실이다(Greer-Wootten, 1972; Hunter, 1974; Johnston, 1973; Murdie, 1969). 그리고 이들 차원의 공간적 표현도 역시 도시와 센서스의 시점이 달라도 보편적이고 공통적인 패턴을 갖고 있다.

P. D. Salins(1971, pp. 243-245)는 1940 · 1950 · 1960년의 10년 간격으로 세 시점에서 버펄로 · 인디애나폴리스 · 캔자스시티 · 스포캔의 미국 4개 도시를 대상으로 사회 · 경제적 차원이 선형패턴을 보이고 가족적 차원이 동심원패턴을 나타낸다고 언급하였다(그림 7-8). 그리고 인종적 차원은 응집형 패턴, 즉 다핵심 패턴을 보이면서 선형적으로 확산되는 공통점을 나타낸다. 이와 같은 공간적

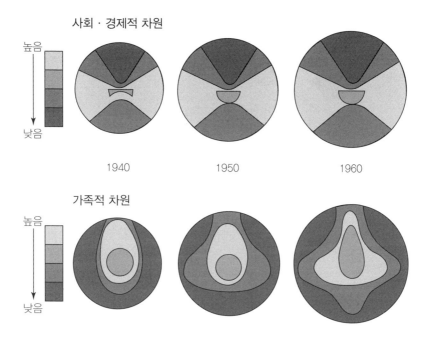

사회 · 경제적 차원

높음

낮음

1940　　　1950　　　1960

가족적 차원

높음

낮음

그림 7-8　미국 도시의 사회 · 경제적 차원과 가족적 차원의 변화패턴(1940~1960년)

출처: P. D. Salins(1971).

패턴의 원칙과 일반성은 다른 연구결과를 보아도 동일한 결과임을 확인할 수 있다. 그러므로 도시구조는 어떤 차원(또는 인자)에서 보는가에 따라 각기 다른 패턴을 보이기 때문에, 사회지역분석 및 인자생태론은 「다차원이론」 또는 「3차원이론」으로도 불린다.

　R. A. Murdie(1969)는 사회 · 경제적 지위, 가족적 지위, 인종적 지위를 각각 경제상태(economic status), 가족상태(family status), 인종상태(ethnic status)라 부르면서, 이들 3차원은 사회공간(social space) 내부를 설명하는 중요한 차원이라고 해석하였다. 이 사회공간을 도시의 물리적 공간과 중첩시켜 봄으로써 섹터(선형)와 동심원지대로 얽혀진 이중격자의 세포형태로 등질지역이 사회적으로 분리되어 있음을 알 수 있다(Murdie, 1969, p. 168). 이러한 결과는 전술한 Salins의 지적처럼 선형과 동심원패턴이 다핵심 패턴보다 더 중요함을 시사하는 것이다.

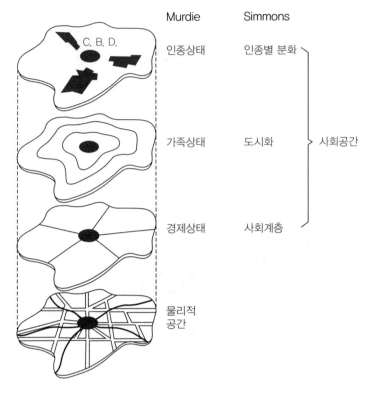

Murdie　　　　Simmons

인종상태　　　　인종별 분화

C. B. D.

가족상태　　　　도시화　　　　사회공간

경제상태　　　　사회계층

물리적
공간

그림 7-9　**도시생태구조의 모델**

출처: R. A. Murdie(1969), p. 168의 것을 수정.

[그림 7-9]는 이상에서 설명한 도시생태구조의 이념적 모델을 도식화한 것이다. 그러나 Murdie도 시인한 바와 같이, 실제로는 이들 섹터와 동심원지대는 단순하게 「도시형태학」에 맞아떨어지도록 중첩시켜도 일치하지 않는다. 이들은 도시내부에서 각 요소들 간에 발생하는 상호작용의 결과로 이해해야 한다. 예컨대, 방사상 교통망은 섹터의 위치와 방향을 좌우하고 동심원패턴을 왜곡시키는 역할을 한다. 이와 마찬가지로 섹터와 동심원지대의 배치는 토지이용과 도시성장의 특정 패턴에 의해 좌우되기 쉽다.

상기한 특징을 모형화함으로써 도시지리학자들은 현실세계와 보다 근접한 이론을 도출한다. 이러한 시도는 시카고의 사례연구에 기초한 [그림 7-10]에서 찾아 볼 수 있다(Berry and Rees, 1969). 이 모델은 주거지분화의 3차원이라 할

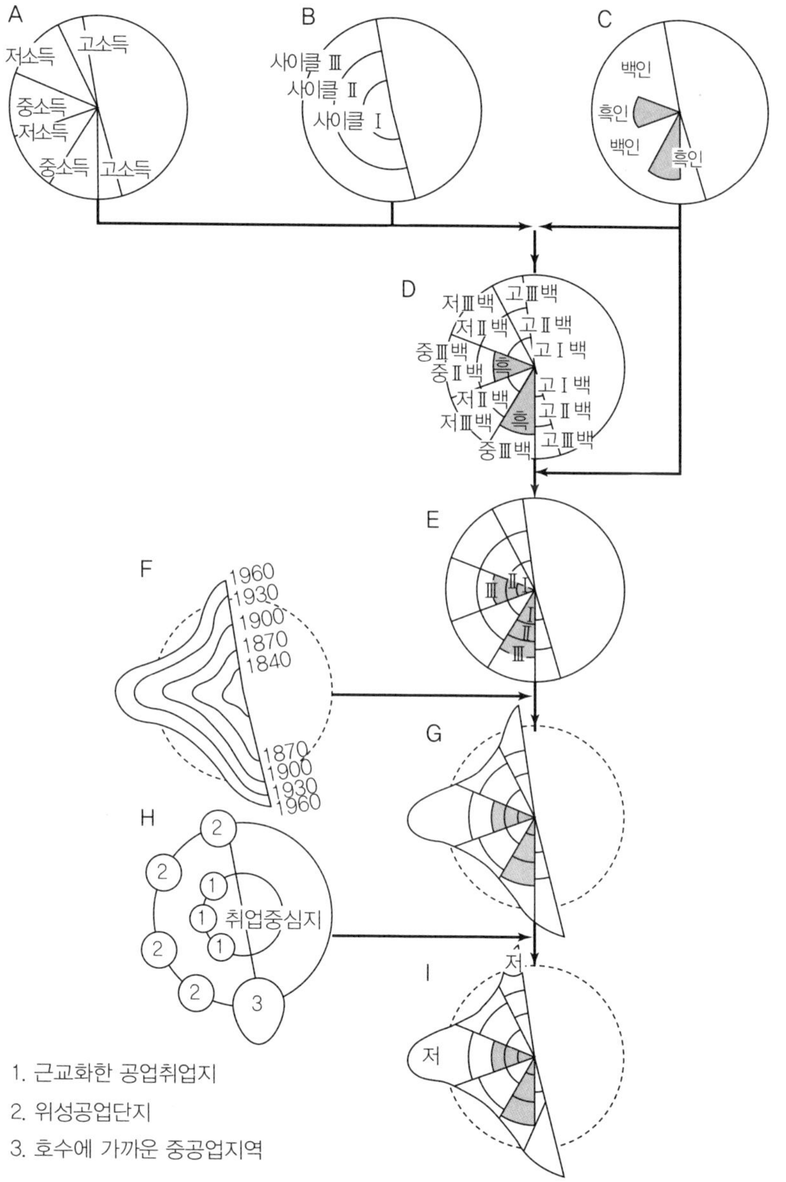

A
저소득   고소득
중소득
저소득
중소득   고소득

B
사이클 Ⅲ
사이클 Ⅱ
사이클 Ⅰ

C
백인
흑인
백인
흑인

D
저Ⅲ백   고Ⅲ백
저Ⅱ백   고Ⅱ백
고Ⅰ백
중Ⅲ백
중Ⅱ백   고Ⅰ백
저Ⅱ백   고Ⅱ백
저Ⅲ백   고Ⅲ백
흑
중Ⅲ백

E
Ⅲ
Ⅱ
Ⅲ

F
1960
1930
1900
1870
1840
1870
1900
1930
1960

G

H
2
2
2
1
1   취업중심지
1
2   1
2   3

I
저
저

1. 근교화한 공업취업지
2. 위성공업단지
3. 호수에 가까운 중공업지역

그림 7-10   대도시의 통합공간모델

출처: B. J. L. Berry and P. H. Rees(1969).

수 있는 사회 · 경제적 지위(A), 가족적 지위(B), 소수민족(C)이 서로 얽혀 일련의 등질적인 커뮤니티(D)를 형성한다는 이론이다. 그 다음으로, 이들 속성은 그 밖의 다양한 인자와 통합되어 기본적인 「섹터 · 동심원지대의 중첩형태」가 변형된 것이다.

첫째 변형으로서 분화된 소수민족지역은 모든 생애 주기적 특성을 그 지역 속에 집약시킨 형태를 취하고 있으므로, 가족상태의 차원이 보여주는 동심원구조(E)는 도심으로부터 본 방향에 따라 변화하게 된다. 둘째 변형은 도시성장에 내재하는 방향적 변동성(F)에 의해 발생한다. 이 결과, 도시의 형상은 별모양의 성형(星型)을 이룬다. 이 경우에는 방향별 차별성장에 의해 섹터별 동심원지대가 서로 엇갈리게 된다(G). 셋째 변형은 산업의 이심화(離心化)라는 요소(H)가 도입되면서 일어난다. 이 결과, 몇몇의 근교 공업중심지의 주변에 사회 · 경제적 지위가 비교적 낮은 지역이 형성된다(I).

인자생태연구에서는 위에서 언급한 것처럼 3개의 차원 이외에도 주거지분화와 관련된 기타 차원들이 거론되는 경우가 있다. 기타 인자는 지역적 여건의 특수성과 관련이 된 경우가 많지만, 그 중 몇몇은 상당히 보편적으로 나타난다. W. K. D. Davies(1984, p. 323)는 그와 같은 인자를 6개나 더 들고 있다. 그것은 3대 인자 이외에 인구이동 인자 · 불량주택 및 슬럼 인자 · 청년층 가족(독신세대) 인자 · 노년층 가족 인자 · 도시외곽 인자 · 주택소유형태 인자의 6개의 인자이다. 이들은 [그림 7-11]에서 볼 수 있는 것처럼 각기 특징적인 공간적 패턴을 나타내고 있다.

이와 같은 관찰결과는 고도의 수준에서 일반화된 것이며, 경우에 따라서는 모호하거나 모순된 연구결과가 도출될 수 있음에 주의할 필요가 있다. 예컨대, 몬트리올의 경우, 사회 · 경제적 지위의 차원은 몇몇의 소수민족적 요소를 포함하고 있기 때문에 순수한 차원이라 볼 수 없다(Foggin and Polese, 1977; Greer-Wootten, 1972). 그럼에도 불구하고 상당수의 지리학자들은 이상적 3대 인자가 서구문화권의 도시에서 일반성을 가진다고 생각하고 있다. 이러한 주장은 캐나다(Davies and Barrow, 1973), 오스트레일리아(Stimpson, 1982), 뉴질랜드(Johnston, 1973b)의 도시에서 충분히 입증된 바 있다. 그러나 유럽의 도시는 아직 확정적인 증거를 제시하지 못하고 있다.

1. 사회 · 경제적 지위　　2. 가족상태　　3. 소수민족

4. 인구이동　　5. 불량주택 및 슬럼　　6. 청년층 가족

7. 노년층 가족　　8. 도시외곽(UF) / 9. 주택소유(T)

높음
중간
낮음
▲ 도시중심

그림 7-11　도시구조의 주요차원과 관련한 공간적 패턴

출처: W. K. D. Davies(1984).

　전체적으로 볼 때, 유럽 도시의 주거지분화는 다른 구미의 도시처럼 제1인자가 사회 · 경제적 지위(경제상태)의 차원에 의해 좌우됨이 분명하다. 또한 제2인자 역시 가족적 지위(가족상태)와 관련되어 있다는 점에서 고전적인 생태학적 모델과 부합되지만, 제3인자는 소수민족(인종상태)의 차원이 독립적으로 나타나지 않는다. 특히 영국의 도시는 일반적인 서구모델과 반드시 일치하지 않는다. 그 이유는 고전적 모델의 주요차원이 거대한 공공주택부문의 건설과 임대정책에 의해 왜곡되는 부분이 있기 때문이다. [그림 7-12]는 영국도시의 전형적인 모델이다. Davies(1984, p. 341)는 영국도시의 사회지역을 CBD · 기성시가지(inner city) · 근교 · 중교 · 원교의 동심원상으로 설명하였다.

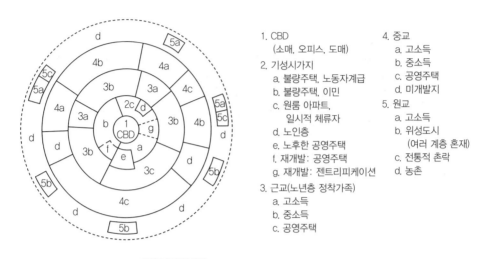

1. CBD
   (소매, 오피스, 도매)
2. 기성시가지
   a. 불량주택, 노동자계급
   b. 불량주택, 이민
   c. 원룸 아파트,
      일시적 체류자
   d. 노인층
   e. 노후한 공영주택
   f. 재개발: 공영주택
   g. 재개발: 젠트리피케이션
3. 근교(노년층 정착가족)
   a. 고소득
   b. 중소득
   c. 공영주택
4. 중교
   a. 고소득
   b. 중소득
   c. 공영주택
   d. 미개발지
5. 원교
   a. 고소득
   b. 위성도시
      (여러 계층 혼재)
   c. 전통적 촌락
   d. 농촌

그림 7-12　영국도시의 사회지역모델

출처: W. K. D. Davies(1984).

(4) 사회구조적 산물로서의 인자생태학

이상에서 살펴 본 바와 같이 서양의 도시구조는 보편성을 지니는 일반적 모델로 설명될 수 있다. 만약 이 모델과 부합되지 않을 경우는 특수한 조건을 지닌 도시이거나 고전적 3대차원이 나타나기에 필요한 조건이 결여되었기 때문일 것이다. 그렇다면 이러한 필요조건이란 과연 무엇일까? J. Abu-Lughod(1969)는 사회·경제적 지위에 의한 주거지역의 분화가 발생하는 것은 다음과 같은 경우라고 주장하였다.

1) 사회 전반에 걸쳐 사실상 계급체계가 존재할 경우에는 인구가 지위와 신분에 따라 분화한다.
2) 이 계급체계에 대응하여 주택시장의 세분화가 존재할 경우에도 마찬가지이다.

이와 마찬가지로 가족적 지위의 차원이 나타나는 것은 가족의 생애주기가 다른 단계의 가족이 상이한 주택수요를 가질 뿐더러 주택재고의 특성과 공간적 배치가 이 수요를 충분히 충족할 수 있는 경우이다. 이들 조건의 배후에는 인구가 활발한 이동성을 갖고 있으며 사회적 지위와 생애주기에 따른 수요를 기존의 주택기회에 적용시킬 수 있다는 중요한 가정이 암묵적으로 전제되어 있다. Abu-Lughod는 이러한 가정과 조건이 만족될 수 있는 사회가 오늘날 북미의 도시사회라 주장하였다. 현대 북미의 사회는 복지국가의 전 단계에 있어 지리적 이동성이 매우 높고, 사회적 지위는 주로 직업과 수입에 의해 결정되기 때문이다.

이와 같은 생각이 옳다면, 인자생태를 보다 넓은 사회적 시각과 연결시킬 수 있으며 서구도시의 일반화된 이론을 도출할 수 있을 것이다. 그러나 많은 학자들은 의견의 일치를 보지 못한 채로 인자분석의 상이한 결과에 대하여 찬반양론에 몰두하였다. 이러한 상황에서 볼 때, Abu-Lughod의 연구가 일반화된 모델과의 불일치를 설명하기 위한 틀이 되었음을 아무도 부정할 수 없다. 예컨대, 몬트리올에서는 사회·경제적 지위가 소수민족의 차원과 중복되고 있다. 이것은 이 도시에 소수민족으로는 상당수의 프랑스어계 주민이 존재하고 동시에 그들이 사회계층 중 하부계급을 차지하고 있기 때문이다(Foggin and Polese, 1977).

또한 스웨덴의 도시에서는 가족적 지위의 차원이 셋으로 세분되어 나타나는데, 이것은 미국적 시각으로 보면 스웨덴 시민의 이동성이 매우 낮기 때문으로 풀이된다(Janson, 1971). 그리고 영국도시의 생태학이 주택시장의 특성에 좌우되기 쉬운 것은 고도로 발달한 영국의 공공부문을 반영한 것이다. 대부분의 영국도시에서는 가족적 지위의 차원과 과밀성의 척도가 연계되어 있으며, 이것은 지방자치단체의 주택임대정책에 원인이 있다고 생각된다.

Davies(1984, p. 309)는 D. W. G. Timms(1971)의 논의를 발전시켜 도시구조에 다양성이 생겨나는 원인을 설명하기 위하여 별도의 틀을 제시하였다(그림 7-13). Davies는 역사적으로 볼 때 모든 도시지역에서 사회계층·가족의 지위·소수민족 이외에 이민자의 지위(migration status)라는 사회적 분화의 4대 차원이 지배한다고 생각하였다. 그는 이들 각 차원이 상이한 종류의 사회에서 서로 다른 양식으로 결합되어 다양한 도시구조가 형성됨을 규명하였다.

전통적 봉건사회에서는 사회구조를 지배하는 것이 가족관계일 것이다. 왜냐하면 권위와 지위는 먼저 친족관계에 기초를 두고 있기 때문이다. 더욱이 봉건도시 내부에서의 분화는 단일축의 형태로밖에 출현하지 않는다. 그것은 사회계

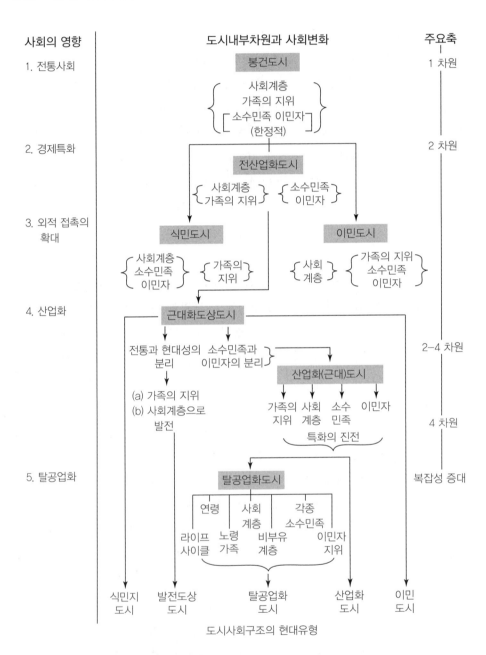

사회의 영향 　　　　　　　도시내부차원과 사회변화 　　　　　　　주요축

1. 전통사회

봉건도시 　　　　　　　　　　　1 차원

사회계층
가족의 지위
소수민족 이민자
(한정적)

2. 경제특화 　　　　　　　　　　　　　　　　　　　　　　　　　　2 차원

전산업화도시

사회계층 　　소수민족
가족의 지위 　이민자

3. 외적 접촉의
　 확대

식민도시 　　　　　　　　　이민도시

사회계층 　　가족의 　　　　사회 　　가족의 지위
소수민족 　　지위 　　　　　계층 　　소수민족
이민자 　　　　　　　　　　　　　　이민자

4. 산업화

근대화도상도시

전통과 현대성의　소수민족과
분리 　　　　　이민자의 분리

산업화(근대)도시 　　　　　　2-4 차원

(a) 가족의 지위
(b) 사회계층으로
　　발전

가족의　사회　소수　이민자
지위 　 계층　민족

특화의 진전 　　　　　　　4 차원

5. 탈공업화 　　　　　　　　　　　　　　　　　　　　　　　복잡성 증대

탈공업화도시

연령 　　사회 　　　각종
　　　　계층 　　　소수민족

라이프 　노령 　비부유 　이민자
사이클 　가족 　계층 　　지위

식민지 　　발전도상 　　탈공업화 　　산업화 　　이민
도시 　　　도시 　　　　도시 　　　　도시 　　　도시

도시사회구조의 현대유형

그림 7-13 **사회구조의 발전단계론**

출처: W. K. D. Davies(1984).

층과 가족적 지위를 통합하고 여기에 소규모의 소수민족과 이주자의 변동을 부가한 단 하나의 차원을 가리킨다. 다음으로 경제적 전문분화와 외부경제와의 관련성이 발달함에 따라 노동분업이 진행되고 상인계급이 정치적 엘리트층에 합류하게 되며, 이주자의 선별적 유입은 도시의 사회적·소수민족적 구조를 복잡하게 만든다.

Davies의 이론에 의하면, 이러한 변화에 따라 도시구조에는 세 가지 상이한 형태가 생겨날 가능성이 있다는 것이다. 이 세 가지 도시구조의 변화형태는 기본이 되는 4대 차원이 각각 상이한 양식으로 2개씩 짝을 만들어 분화의 2대 지배 축을 형성함으로써 만들어진 것이다. 전산업도시(pre-industrial city)에서는 가족·친족의 패턴과 엘리트의 지배는 여전히 유지되므로, 분화의 단일축인 사회계층/가족적 지위의 차원은 그대로 남아 있다. 한편 별개의 민족적 뿌리를 갖는 이민자집단이 유입함에 따라 분화의 제2축으로서 소수민족/이민자의 차원이 분리된다. 오래전부터 원주민이 살고 있는 지역에서 발생한 식민도시(colonial city)에서는 이민자가 정치적·사회적인 지배층을 형성하므로 사회계층/소수민족/이민자지위의 3차원이 결합하여 하나의 차원으로 합쳐진다. 반면에 나머지 가족의 지위 차원은 독립적으로 분화된다.

이민도시(immigrant city)에서는 식민도시와 달리 원주민이 정치적 엘리트로서 지배층을 형성하고 있다. 이민자들은 연령·민족·성별에 따라 선별적 과정을 거치면서 가족적 지위가 결정된다. 그 결과, 사회계층차원과 이민자/소수민족/가족적 지위의 차원이 주거지구조의 2대 차원으로 출현한다. 교통기술의 발달로 대규모적인 근교화가 가능해짐에 따라 사회적 권위의 특성과 가족조직에 변화가 일어나게 되며, 최종적으로는 사회계층과 가족의 지위에 따라 극명한 분화패턴이 이루어진다. 현대산업도시의 원형적 구조는 주거지분화의 과정(process of residential segregation)에 따라 다양한 소수민족집단과 이민자집단이 도시내부의 서로 다른 장소에서 분리되어 완성된다.

(5) 인종별 주거지분화의 두 모델

1) 용광로 모델(melting pot model)

시카고학파의 생태학자에 의하면, 인종별 주거지분화는 사회계층적 분화에 따라 나타나고, 인종집단 간의 사회·경제적 분화에 따라 지위별로 주거지를 달리하여 살아간다. 그들의 대부분은 인종에 대한 사회적 인식이 좋아져 차별이 점차 감소할 것으로 믿고 있다.

그들이 타 인종과 동화되어가는 4단계는 ① 새로운 이민자는 가난하지만 저축하기 위해 저렴한 주택을 찾는다. 점이지대의 주택은 저렴하고 직장과 가까워 계토에 집중적으로 분포한다. ② 시간이 경과함에 따라 수입이 많은 이민자는 더 좋은 주택을 구입할 수 있게 되고, 침입과 천이과정을 거치면서 외곽으로 이동하기 시작한다. ③ 인종별 집단의 공간적 재배치는 물리적 집중을 완화시키며 전통적인 문화적 결속력을 약화시킨다. ④ 거듭된 이주는 집단내의 구성원을 분

사진 7-3 ○ 로스앤젤레스의 리틀 에티오피아

리시키면서 주변 사회에 동화되어 간다.

2) 인종지위 모델(ethnic status model)

인종별 계층은 타 인종집단 간에 주거적 차이성을 지니고 있다. 이것은 주택의 선택과 사회적 제약의 산물이다. 한편, 특정의 인종적 정체성을 유지하려는 열망은 유사한 인종적 배경을 가진 사람들끼리 모여 살게 만들고, 문화·학교·기업·예배당·조직 등의 제도적 구조에 따라 도시 내에 그들만의 집단주거지를 형성케 한다. 이 모델은 용광로 모델과 대조적으로 인종집단이 구성원의 사회적 지위와 상관없이 주거적 차별을 받게 되는 것으로 설명하고 있다(Schwab, 1992).

3. 도시공간의 사회지표

(1) 사회지표

이상에서 살펴 본 바와 같이, 전통적 인자생태연구의 커다란 결함 중의 하나는 입력변수들 가운데 환경의 질을 비롯한 병원·쇼핑센터·도서관·공원 등과 같은 시설에의 접근성이라든가 범죄·비행·마약 등과 같은 사회병리현상의 발생지역 등 도시생활의 중요한 측면이 누락되어 있다는 것이다. 이와 같은 삶의 질(quality of life)과 영역적 정의(territorial justice)에 관한 주제가 인문지리학의 주요과제가 된 배경에는 이러한 문제를 더욱 심층적으로 탐구함으로써 사회·경제적 분화패턴에 대하여 새로운 관점이 얻어질 것이라는 기대가 저변에 놓여 있다.

가장 먼저 유념해 두어야 할 것은 도시내부에 있어서 사회복지(social well-being), 삶의 질, 사회병리의 분포패턴에 대한 관심 그 자체는 이미 오래 전부터 있었다는 사실이다. C. Booth(1893)는 빅토리아 왕조 런던 근린의 사회조건을 측정하기 위하여 빈곤·과밀·사망률 등의 6개 변수를 이용하여 사회조건의 복합변수를 사용한 바 있다. 그러나 박탈(deprevation)과 삶의 질로 나타나는 변동패턴은 특히 1970년대 지리학의 중심과제가 되었다.

도시지리학의 분야에서 사회지표(social indication)는 크게 긍정적 측면과 부정적 측면으로 구분된다. 전자는 사회복지와 삶의 질이라는 측면이고, 후자는 사회병리와 박탈이란 측면을 뜻한다. 이들 중 박탈이란 단순한 개인적 빈곤과 불만에 의한 병리적 상황이 아니라 사회적·집단적 모순의 결과로 야기된 빈곤과 불만에 의한 사회적 병리현상을 의미하며, 이것은 사회 정의의 문제와 깊은 관련이 있다. 박탈에 관한 연구가 고조되기 시작한 것은 1960년대까지 소급될 수 있다(Smith, 1977; 1979). 이 시대에는 권리획득을 위한 흑인폭동이 미국의 도시를 무대로 전개되었고, 유럽 국가에서는 대기업과 정부의 지배에 대항하는 학생과 노동자들의 시위가 전개되었다.

이러한 폭동의 규모는 매우 컸고, 그 영향력은 강하였다. 1965년 로스앤젤레스의 폭동은 수많은 희생자와 재산손실을 낳았다. 1968년 프랑스에서는 80만 명이 넘는 군중이 집회에 가담하였고 농촌 노동자의 2/3 이상이 파업에 참가하였다. 이와 같은 일련의 사태는 장기간에 걸쳐 영향을 미쳤다. 지리학자와 사회과학자들은 정치가와 대중매체들과 함께 사회문제 및 환경문제에 관하여 정밀조사에 착수하였다. 이러한 문제는 경제성장에서 비롯된 필연적 부산물이었다. 그 결과, 중앙정부와 지방정부의 목표는 경제성장의 추구보다도 삶의 질을 개선하는 데 두었다. 그러나 문제는 삶의 질이 개선된 정도를 어떻게 계측하는가에 있다.

학계·행정·정책입안자 등이 일체가 되어 이른바 「사회지표운동(社會指標運動)」에 나섰다. 이 운동은 미국 우주국이 활동의 「사회적 부작용」을 측정하기 위한 정량적 척도의 개발이 계기가 되어 일어났다. 사회지표는 즉시 연방정부의 행정입안과정 속에서 확고한 입장을 구축하기에 이르렀다(Bauer, 1966).

D. M. Smith에 의하면, 영역적 사회지표(territorial social indicators)는 영역이 공간을 의미하는 바와 같이 지리적 분석을 행함에 있어서 매우 긴요한 기술적 도구가 된다. 그는 인문지리학에 있어서 복지접근법(welfare approach)의 사례를 제시하였다. 이 접근법에 의하면, 영역적 사회지표는 서로 다른 공간규모에서 사회복지지리학(geography of social well-being)의 정립을 가능케 하는 역할을 하였다. 영역적 사회지표는 복지의 영역적 불평등을 야기시키는 메커니즘과 과정을 설명하는 실증적 연구의 기초가 될 뿐만 아니라, 일반적인 사회적 가치기준

에 근거하여 불평등을 평가하고 필요하다면 개선책을 수립하는 데 도움이 된다 (Smith, 1973b; 1974; 1977). 1970년대 전반 이후, 영역적 사회지표를 도시내부에 적용하려는 움직임이 시작되었다. 여기서는 국지적 사회복지의 종합적 변동을 기술하는「삶의 질」연구와 불이익을 받고 있는 주민의 주거지역을 발견하는「박탈」연구에 대하여 설명해 보겠다.

(2) 도시적 삶의 질

삶의 질을 대상으로 연구하는 까닭은 그것이 양호한 지역부터 불량한 지역에 이르기까지 수준의 차이가 다양하므로 도시적 커뮤니티의 사회지리학적 표현이 가능해지고 도시를 지역구분하는 훌륭한 지표가 얻어질 수 있기 때문이다. 그렇지만 이와 같은 지표를 설정하기에는 많은 문제가 산적해 있다. 먼저 해야 할 일은 통계적 지표의 복합체로 간주될 수 있는 형식으로 사회복지를 정의하는 일이다. 이것은 사회과학자들을 고민케 만드는 문제였는데, 그것은 사람들의 복지수준에 잠재적으로 영향을 미치는 인자가 너무 광범위하기 때문이다. 더욱이 관련인자라 할지라도 그것의 중요도를 판단하기 어렵다. 또한 이들 인자는 지역의 규모에 따라 중요성에 차이가 생길 수 있다.

Smith(1973a, p. 46)는 상기한 문제에 대하여 다음과 같이 결론을 내린 바 있다. 그는 "우리들이 직면하고 있는 문제는 직접관찰이 불가능한 것을 측정하려는 데 있다. 이 관찰불가능한 대상을 수치로밖에 일반비율로 정하기 어렵고, 이론이 수립되더라도 그것은 궁극적으로 사회적 가치에 의존하여 수립된 것이다."라고 지적하였다. 결국 그의 언급은 사회복지의 결정적이고 보편적 정의를 내리기 어렵다는 것이다. 그럼에도 불구하고, Smith(1973a, p. 47) 자신이 술회한 것처럼 "복지지리학의 실증적 사례연구에 이러한 정의가 아무래도 필요하므로, 우리들은 곤란하다는 것을 알면서도 분석을 수행해 나아가야 한다."는 것이다.

그가 행한 플로리다주 탬파 시에 관한 연구는 삶의 질을 분석지표로 도시내부구조를 실증분석한 좋은 사례이다. 이 연구에서 사용된 변수는 복지의존도·대기오염·레크리에이션 시설·마약범죄·가족의 안정성 등에 관한 47개 변수이다. 이는 종래 도시지리학자가 전통적으로 취해 온 도시의 관점과는 명확한 대비를 이룬다. 이들 통계자료를 센서스 구역별로 모든 변수를 표준득점으로 환

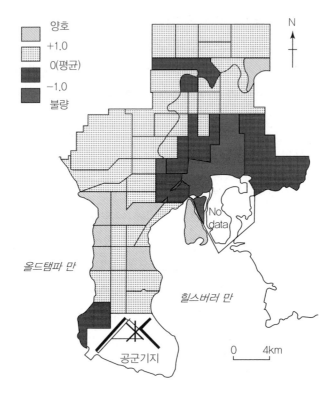

그림 7-14 사회복지의 일반지표에 관한 표준득점의 분포(플로리다주 탬파)

출처: D. M. Smith(1973).

산하여 사회복지의 종합적 척도를 도출할 수 있다. 그 결과를 지도화한 것이 [그림 7-14]이다.

탬파의 도시형태가 특이하지만, 복지지리학을 이해할 수 있는 명확한 패턴을 엿볼 수 있다. 즉 복지수준이 낮은 지역은 기성시가지에 모여 있고, 그 다음으로 열악한 지역은 북동쪽 시 경계에까지 분포한다. 복지수준이 가장 높은 지역은 그 반대쪽인 남서방향에 위치하며, 대부분의 근교지역은 평균 이상의 삶의 질을 누리고 있다. 그 밖의 삶의 질에 관한 연구에서도 동일한 결과가 얻어졌다. 즉 도시내부의 사회복지수준은 섹터적 패턴과 동심원적 패턴으로 나타나며 극도로 양극화되어 있다는 것이다. 또 다른 연구에서는 삶의 질이 인종과 밀접한 관련이 있다는 사실이 규명되기도 하였다.

(3) 박탈의 분포패턴

박탈의 특성과 범위에 관한 논쟁에서 기본적 쟁점은 절대적 빈곤과 상대적 빈곤 사이에서 생겨난다. 영국의 사회학자 B. S. Rowntree(1901)가 주장한 빈곤의 절대적 정의는 "총수입이 물리적 효용의 유지를 위하여 필요로 하는 최소필수품을 얻는 데 부족하다면 빈곤한 가정이다."라는 것이다. 최소 생계요구치와 관련된 빈곤의 개념은 제2차 세계대전 후의 영국에서 사회복지법의 발달에 중대한 영향을 미쳤다. 이와 유사하게 미국의 정의는 연방정부가 가정의 규모 · 가장의 연령 · 18세 이하 자녀 수를 기준으로 빈곤의 최소요구치 범위를 규정하였다. 빈곤의 최소요구치는 객관적 측정치를 제공하기 위해 매년 경제사정에 따라 조정되고 있다.

한편, 객관적 빈곤은 직업의 안정성 · 업무 만족감 · 연금 등의 후생복지를 비롯하여 지위 · 권력 · 자부심과 같은 상위차원의 만족감 등을 포함한 다양한 요소로 구성되어 있다. 절대적 빈곤은 선진적 경제사회에서 감소되는 반면, 상대적 관점은 빈곤이 항상 존재한다고 보는 관점에서 접근된다. 그러므로 빈곤은 박탈의 문제에서 중심적 요소로 파악할 필요가 있다. 박탈의 주요 원인은 저임금 · 실업 · 복지예산 감소의 3요소로 설명된다(Pacione, 2005).

사회복지에 대한 관심이 급속히 확산됨에 따라 복지의 종합적 척도를 추구함은 물론 도시민이 느끼는 박탈감의 정도가 최악인 문제지역과 사회적 스트레스지역 · 사회병리지역을 발견할 수 있도록 명확한 영역적 지표를 설정하는 일이 시도되기에 이르렀다(Smith, 1979). 빈곤과 박탈은 우리가 생각하는 것보다 광범위한 지역에 걸쳐 확산되어 있다. D. Rusk(1994)는 미국 도시 중 폭력범죄의 발생률이 높은 애틀랜타 · 댈러스 · 휴스턴 · 뉴올리언스 · 피닉스 · 샌안토니오 · 워싱턴 D.C. 등의 13개 도시를 '아드레날린 도시(adrenaline city)'라 칭하였다. 아드레날린이란 척추동물의 혈관 틈 사이에 있는 부신수질에서 분비되는 호르몬으로, 이 화학물질은 교감신경을 흥분시켜 혈압을 상승케 하는 작용을 한다. 그러므로 상기한 도시들은 폭력범죄의 다발로 시민을 흥분시키는 도시라는 것이다. 여기에 속하는 도시인구는 미국인구의 37%에 해당하는 1억여 명에 달한다.

도시계획가와 행정가들은 문제지역을 해결·개선하기 위한 공간정책을 수립할 목적으로 박탈의 정도를 정량적으로 측정할 수 있는 수단을 강구하였다. 이 결과 수립된 정책은 대부분「적극적 차별정책」이라는 형태를 취하게 되었다. 그것은 박탈이 발생된 장소 또는 박탈감을 느끼는 주민들에게 일정한 자원을 지원해 주는 방법이다. 여기서는 이런 정책의 유효성에 대한 의문점을 지적해 보고, 박탈의 지표가 무엇이며 그것이 보여주는 공간적 패턴에 대하여 관심을 기울여 보도록 하겠다.

상술한 것처럼 우리들이 박탈의 지표와 분포패턴에 관심을 갖는 가장 큰 이유는 그것이 도시지리학을 포함한 도시연구의 중요한 측면을 반영하고 있기 때문이다(Herbert, 1978). 그것을 규명하기 위해서는 박탈을 다원적인 것으로 간주하고 박탈의 공간적 패턴과 상호관련성에 눈을 돌리는 것이 효과적이다. 노르웨이의 지리학자 A. Aase(1978)는 박탈의 다양한 패턴에는 4개 유형이 있음을 지적하였다.

1) 무작위형: 박탈의 상이한 측면 간에 공변동이 관찰되지 않는 경우.
2) 보 상 형: 어떤 지역에서 박탈의 특정한 측면이 출현했을 때, 삶의 다른 측면에서 평균 이상의 양호한 조건이 나타나 그것을 보상해 주고 있는 경우.
3) 누 적 형: 박탈의 상이한 측면들이 서로 공통적인 공간적 패턴을 보이고 뚜렷한 박탈현상이 누적된 지역을 형성할 경우.
4) 복 합 형: 상이한 종류의 박탈지역이 상이한 조합의 박탈로 구성되어 그 박탈의 분포가 사회문제의 특징적 분포를 형성하고 있는 경우.

이상의 네 유형에서 알 수 있는 바와 같이, 우리의 관심대상은 개인적 박탈이 아니라 지역적 박탈이며, 그것은 공간적으로 정의된 인간집단의 평균적 특성에 의해 정의된다. 또 유의해야 할 것은 생태학적 오류에 빠질 위험성을 경계해야 한다는 것이다. 즉 박탈지역에 거주하는 사람 모두가 박탈감을 느낀다고 생각해서는 안 되며 누적박탈지역에 거주하는 모든 사람이 모든 박탈감을 누적적으로 느낄 필요도 없다.

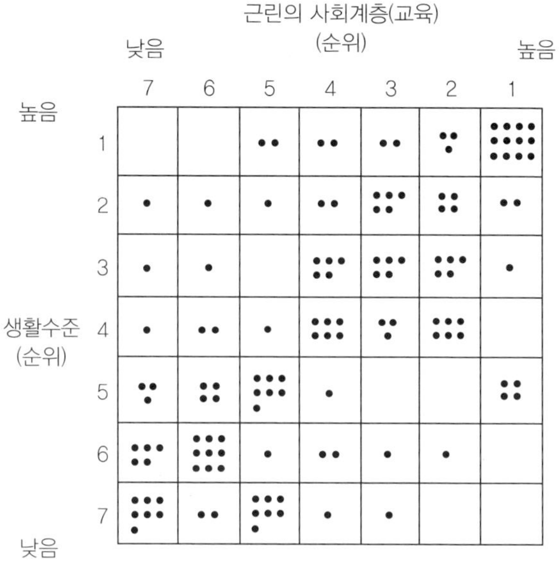

근린의 사회계층(교육)
(순위)

그림 7-15 노르웨이 트론하임에 있어서 박탈의 지역특화

출처: A. Aase and B. Dale(1978).

Aase and Dale(1978, p. 49)의 공동연구에 의하면, 노르웨이 도시내부의 경우 박탈의 분포는 전술한 유형 중 누적형을 보이는 경향이 있다. 가령 트론하임의 경우, 사회적 지위가 낮은 지역은 박탈과 행복의 상대적 수준을 합한 19개 지표의 대부분에서 좋지 않은 성적을 보이는 경향이 있다(그림 7-15).

박탈의 누적형 분포를 보이는 또 하나의 사례는 영국 리버풀의 박탈에 대한 공간적 패턴에서 관찰될 수 있다. [그림 7-16]은 리버풀 도시내부를 14개 종류의 박탈을 구별(區別)로 지도화한 것이다. 이 사례에서 알 수 있는 것은 기성시가지와 근교의 주민들이 느끼는 박탈감이 가장 나쁘다는 사실이다(Brooks, 1977, p. 26). 일부 근교의 경우에는 특히 가출아동·강도·교육환경의 측면에서 박탈이 최악의 수준이다. 물론 박탈을 측정하는 지표에 따라 상이한 분포패턴이 나타나기도 한다. 그런 이유로 인해 박탈의 종합지표를 개발할 필요성이 제기된다. 즉 박탈의 분포가 누적형이므로 각 지표를 일괄적으로 종합하여 단일한 지표로 표현할 수 있다는 것이다(Smith, 1979).

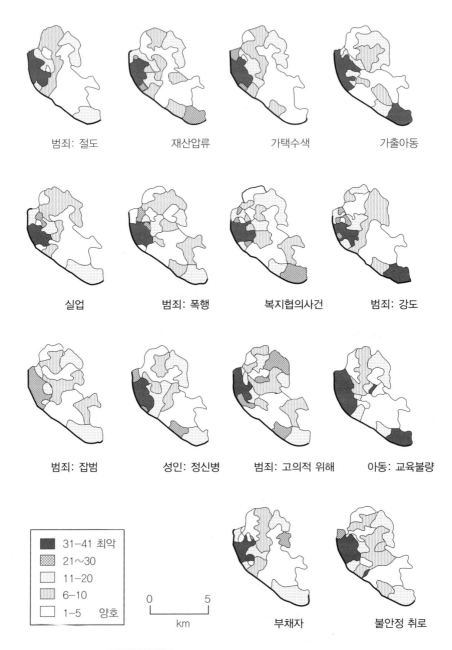

그림 7-16 영국 리버풀의 박탈의 분포패턴

출처: E. Brooks(1977).

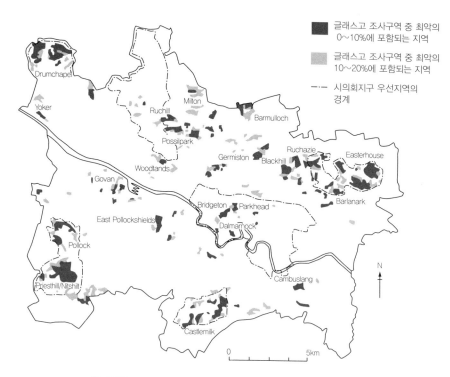

글래스고 조사구역 중 최악의
0~10%에 포함되는 지역

글래스고 조사구역 중 최악의
10~20%에 포함되는 지역

시의회지구 우선지역의
경계

그림 7-17 영국 글래스고 사회적 박탈지역의 분포

출처: J. Rae(1983).

이와 같은 접근법은 영국 글래스고 도시계획국의 분석에서 찾아 볼 수 있다 (Rae, 1983, p. 20). 여기서는 센서스 단위지구별로 박탈을 측정할 수 있는 10개 의 지표(주거의 쾌적성 · 과밀 · 공실률 · 유년인구밀도 · 저소득 · 직업 · 실업 · 장애자 · 결손가정 · 대가족)를 이용한 인자분석을 적용하여 종합적 지표를 도 출하였다. [그림 7-17]에서 보는 바와 같이, 글래스고의 경우는 도시전역에 걸쳐 포켓 모양의 박탈지역이 분포하고 있다. 그것은 중심도시의 노후한 민영 아파트 가 많은 지역뿐만 아니라 도시외곽지대에 입지한 새로운 공영주택단지 중 몇몇 곳에서도 탁월하게 분포한다.

이러한 접근법은 선정된 지표의 타당성과 지표별 가중치를 부여해야 한다는 문제점을 안고 있다. 상기한 트론헤임과 리버풀의 사례에 의하면, 박탈의 일반 적 패턴은 내부도시라 불리는 기성시가지에서 누적형 패턴을 보이며, 영국에서는 몇몇 주변지대에 입지한 공영주택단지에서 누적적 분포를 나타낸다는 사실이 확인되었다. 통계적 정밀분석에 의하면, 박탈의 특수한 측면은 흔히 특정장소에 국지적으로 분포한다는 것이다. 그러나 이와 같은 연구들도 몇 가지 개념적 문제와 방법론적 문제를 해결하지 못한 것들이다. 박탈을 반영할 수 있는 지표의 개발이 선행되어야 할 것이다.

03 ▶ 도시구조를 입체적으로 규명할 수 있는 방법은?

1. 통합적 도시구조의 분석틀

도시의 공간구조는 본서의 제2장에서 설명한 바와 같이 등질지역의 관점과 결절지역(혹은 기능지역)의 관점으로부터 입체적으로 접근할 수 있다. 전자의 관점은 토지이용의 공간적 분화에 수반되어 이루어진 도시구성요소의 배열상태를, 또 후자의 관점은 각 지역 간의 기능적 관련상태를 분석하는 데에 중점을 둔다.

국내외를 불문하고 이들 두 관점에서 도시내부를 입체적으로 접근한 선행연구가 없었다. 더 구체적으로 설명하면, 도시구성요소의 공간적 분포패턴과 인적·물적 유동패턴 간의 관계에 대하여 고찰하는 경우를 의미하는 것이다. 이와 같은 접근방법을 공간적 시스템에서 각종 활동의 분포와 그 유동 간의 긴밀한 유기적 관계를 밝히는 것이며, B. Berry의 연구 이후에 몇몇 연구에서 원용된 바 있다. 이러한 분석틀은 유동패턴과 분포패턴과의 상호의존관계 또는 인과관계를 규명하는 데 있어서 가장 유력한 방법으로 사료된다(石水, 1972).

공간구조의 규명을 국가 또는 광역적 차원에서 시도한 연구는 많지 않더라도 약간 찾아볼 수 있다. 그러나 그것은 분석대상으로 하는 연구지역이 거시적 규모였던 탓으로 분석지표가 일상적인 도시교통의 주체라고 할 수 있는 인구의 일상적 유동(daily movement)이 아니었다. 도시의 공간구조를 분석할 경우에 도시내부의 유동패턴을 파악하기 위해서는 여러 가지의 분석지표가 이용될 수 있을 것이다. 특히 도시내부에서 인구의 일상적 유동은 B. Ayeni(1979)가 지적한 것처럼 도시민의 일상적 움직임에 의하여 형성되는 유동패턴을 잘 표현하는 것이며, 사회·경제적 특성에 따라 양적·질적으로 변화하는 것이다. 이런 측면에서 도시의 일상적 리듬을 분석함으로써 시공간구조(spatio-temporal structure)를 파악한 일본의 지리학자 이토(伊藤, 1977)의 연구는 주목할 만하다.

일반적으로 도시구조라는 것은 본서에서 되풀이하여 설명한 것처럼 여러 가지 사회·경제적 특성으로 이뤄진 도시구성요소의 공간적 배열양식이며, 또한 그들 각 요소가 기능적으로 조직된 공간적 통합체로써 인식되는 것이라고 정의할 수 있다. 바꿔 말하면, 전자는 등질지역구조로서, 그리고 후자는 결절지역구조로서 인식될 수 있다. "구조라는 것은 본질적으로 변증법적인 것이며, 그것을 구성하고 있는 요소들이 이질적이면서도 서로 반응을 보여 통일성 또는 관련성을 갖는 개념이다."라고 O. Dollfus(1971)는 정의하였다. 이러한 정의에 비춰 볼 때, 상술한 공간구조의 개념은 그 적합성을 잃지 않는다. 또한 Dollfus는 공간구조(또는 지역구조)에 관한 분석이 지리학연구에 있어 매우 중요하다고 강조하였다.

공간구조를 규명하기 위한 첫 번째 단계는 연구지역의 결절구조(nodal structure)를 파악하는 일이다. 결절구조의 파악은 J. C. Lowe and S. Moryadas(1975)가 지적한 바 있듯이 유동구조를 규명함으로써 가능해진다. 또한 유동구조를 규명하기 위해서는 다음의 두 가지 접근이 가능할 것이다. 하나는 장소와 장소 간의 유동과 그 규모를 분석하는 것이며, 또 하나는 장소 간 유동의 공간적 통합체를 찾아내는 것이다. 전자의 접근은 지역 간의 연결체계를 고찰함으로써, 후자는 결절지역을 설정함으로써 각각의 권역구조를 규명할 수 있다.

다음 단계에서는 설정된 각 결절지역의 특성을 밝히기 위하여 출발지의 발생교통 및 도착지의 흡수교통에 대한 생성요인을 도출하고, 지역별 사회·경제적 특성에 관련된 변수를 동원하여 그 자료행렬에 인자분석을 적용한다. 이 경우에는 각 인자가 갖는 고유치·인자부하량·인자득점 등을 검토함으로써 인자의 수와 각 인자의 상대적 중요성 등이 밝혀지게 된다.

도시의 공간구조를 규명하려고 시도할 때에 가장 적절한 분석지표는 전술한 바와 같이 인구의 일상적 유동이다. 이 유동은 주거지·직장·소비지·교육시설 등의 장소와 장소 간의 통행을 포함하는 것이므로 도시민의 일상적인 행동을 잘 반영한다. 이러한 인구의 일상적(daily) 유동 이외에도 주간(weekly) 또는 월간(monthly)의 인구유동도 고려할 수 있다. 그러나 이들과 같은 시간의 단면에서 본 인구유동은 일상적인 도시생활을 반영하였다고 볼 수 없으며, 통상적으로 우리가 매일 접하고 있는 도시내부의 공간구조를 반영한다는 측면에서 유효성이 상실된다. 여기서 말하는 인구의 일상적 유동이란 주소가 변경됨이 없이 하루 동안에 정기적 또는 부정기적으로 이동하는 통행량을 일컫는다.

R. A. Mitchell and C. Rapkin(1954)을 비롯하여 오쿠노(奥野, 1965)는 사람 통행(person trip), 즉 인간교통이 무엇보다도 도시교통의 가장 기초적이며 주체적인 것이라고 역설하였다. 그뿐만 아니라 유동패턴을 고찰함으로써 도시구조를 밝히려고 할 경우에는 사람의 통행이 가장 적절한 분석지표임을 지적하면서 일상적 인구유동의 분석이 대단히 중요함을 강조하였다. 또한 Ayeni(1979)는 일상적 인구유동은 도시민의 일상적인 생활행동의 형태를 나타내는 가장 적절한 지표이며, 인간의 공간적 행동에 의하여 조직되는 공간구조를 분석할 경우에는 이 지표가 결정적인 실마리를 제공한다고 주장하였다.

2. 결절지역의 설정

(1) 지역연결체계

결절지역을 설정하기 위해서는 지역연결체계(regional linkage system)를 검출해야 하며, 이를 위해서는 그래프이론(graph theory)을 이용하면 편리하다. 그래프이론의 개념을 도입한 결절지역의 분석법은 Nystuen and Dacey(1961)에 의하여 개발된 것으로 지역의 연결체계라든가 결절지역을 설정하려고 할 경우에 이 분석법이 높이 평가받으며(Tinkler, 1979), 가장 빈번하게 이용되어온 기법의 하나이다. 여기서는 그들의 기법을 변형한 저자의 방법에 따라 검출된 서울의 최대결절류(dominant nodal flow)의 연결체계에 근거하였다(남영우, 1981).

[그림 7-18]에서 볼 수 있듯이 1970년대 말 서울에는 11개에 달하는 최종결절점이 존재하며, 이들은 거의 독립적인 연결체계를 형성하고 있다. 11개의 최

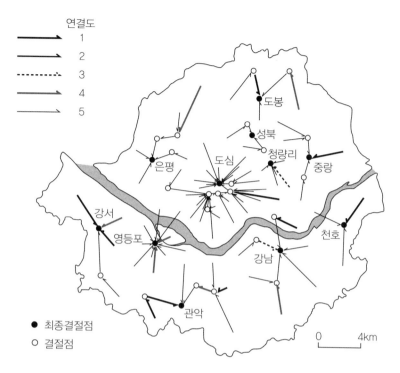

그림 7-18 서울의 지역연결체계(1970년대 말)

출처: 南繁佑(1983).

종결절점은 종로 1~3가동·미아 4~6동·창동·망우동·청량리동·삼성동· 신림동·영등포동·화곡동·역촌동에 존재한다. 이들 최종결절점을 핵으로 하 는 11개의 연결체계에 대하여 각각 도심체계·성북체계·도봉체계·청량리체 계·중랑체계·천호체계·관악체계·영등포체계·강서체계·은평체계와 같 이 편의상 대부분 구(區)의 명칭에 따라 체계 이름을 붙였다. 도심과 청량리의 두 체계를 제외한 대부분의 연결체계의 범위는 당시의 행정구역과 거의 일치하 였다.

　이들 11개 체계 가운데 가장 규모가 크고 강한 결절성을 갖는 것은 서울의 중앙부를 차지하는 도심체계이다. 이 체계는 CBD에 그 주변부가 종속된 것으 로, CBD내의 연결을 제외하면 모두 33개의 하위지구가 포함된 체계이다. CBD 에 연결되는 종속지구는 군자동을 제외한 연결수준이 5의 연결도를 보이고 있다. 또한 도심체계의 공간적 범위를 관찰해 보면 대체로 과거 조선시대의 시역(市域)과 일치한다는 사실을 알 수 있다.

도심체계의 다음으로 강한 결절성을 갖는 것은 영등포체계이다. 이 체계의 최종결절점인 영등포동(여의도 포함)에 연결되는 종속지구는 모두 10개에 달하며, 그들 지구는 영등포동에 직접 연결되어 있다. 종속지구 가운데 한강을 가운데 끼고 위치한 염리동과 서교동이 최종결절점과 직접 연결된 것은 영등포체계의 결절성이 얼마나 강력한가를 보여주는 증거이다.

(2) 중심지의 결절지역과 계층구조

앞에서 검출된 연결체계를 기초로 하여 어느 특정 중심지의 결절지역과 그것의 계층구조를 설정할 수 있다. 최대결절류에 의하여 검출된 연결체계의 형태를 고찰함에 있어 밝혀진 바 있듯이, 서울은 28개의 중심지를 초점으로 하는 각기 28개의 권역으로 나누어질 수 있다. 이들 권역은 영역(territory)의 중복을 허용하지 않으므로 기능지역이 아닌 결절지역으로 간주해야 한다. 이 점이 권역의 중복을 허용하는 장(field)의 개념인 기능지역과의 차이점이다. 이들 중심지 가운데 최종결절점의 자격을 갖는 중심지는 11개이므로 최종적으로는 11개의 권역으로 통합된다.

도시내부의 결절구조는 국가 및 광역적 규모와 달리 도시 특유의 구조를 이루고 있다(南繁佑, 1981; Davies, 1972). 도시내부의 중심지 계층성에 관해서는 많은 논의가 있었으나, 대부분의 연구는 도시시설의 측면, 즉 중심지가 보유하고 있는 인구 또는 시설의 규모에 근거를 두어 계층화를 시도하였다. 이와 같은 종래의 중심지에 대한 계층화방식과는 달리, 본서와 같이 도시내부의 중심지가 갖는 결절성(nodality)을 근거로 한 계층성의 연구는 시도된 바가 드물다. Berry and Baruum(1962)이 지적한 것처럼, 중심지 주변의 인구밀도나 중심성의 고저가 공간적으로 상이할 경우는 동일한 규모의 중심지일지라도 그 계층적 지위는 달라지게 되므로 유동패턴의 완결성 또는 결절성에 근거하여 계층화하는 편이 한층 현실적이라 생각된다.

그리하여 각 결절점의 결절류(nodal flow)를 이용한 순위규모곡선에 변곡점을 찾아 중심지를 4계층으로 구분함으로써 [그림 7-19]에서 보는 것과 같은 결

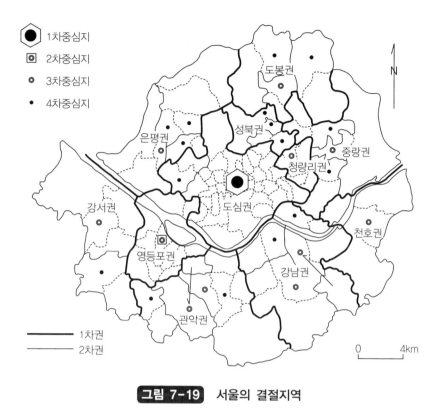

그림 7-19 서울의 결절지역

출처: 南繁佑(1983).

절지역이 설정된다(남영우, 1985, p. 153). 이것으로 알 수 있듯이 서울의 결절지역은 11개 권역으로 나누어지며, 각 권역의 명칭은 전술한 체계명을 그대로 사용키로 한다. 이는 당연한 것이지만 결절지역의 수와 규모가 각각의 최종결절점을 중심으로 하는 연결체계의 그것과 일치하기 때문이다. 그리고 각 체계를 구성하는 하위체계의 수준에서 「하위지역」이라 부를 수 있는 새로운 권역을 설정하면 26개의 하위권역(sub-region)으로 나누어진다.

　11개 권역의 중심지인 CBD를 비롯하여 미아동・창동・청량리동・천호동・삼성동・신림동・영등포동・화곡동・역촌동 등의 결절지역에 대하여 고찰하면, 청량리동・천호동・영등포동을 중심으로 하는 3개 권역은 2차 권역, 즉 하위권역을 보유하지 않고 있음을 알 수 있다. 청량리동과 천호동은 그 자체를 3차 중심지로 하는 1차권을 구성하며, 영등포동은 그 자체를 2차중심지로 하는 1

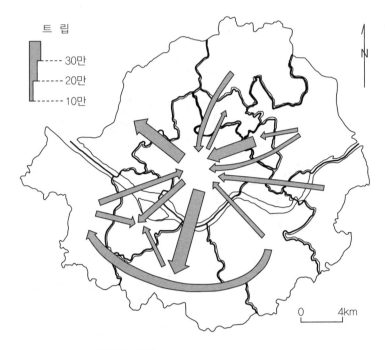

트립

----- 30만
----- 20만
----- 10만

0   4km

그림 7-20 서울의 결절지역 간 유동

출처: 南綮佑(1983).

차권을 구성한다. 도심권은 CBD를 1차중심지로 하는 2차권과 남가좌동을 4차
중심지로 하는 2차권으로 구성된다. 결절지역의 규모면에서 최대인 도심권이 2
개의 2차권을, 더욱이 4차 중심지의 2차권을 갖는다는 것은 CBD가 그 주변지역
에 대하여 강력한 지배력을 갖고 있기 때문이다.

　한편, 그 밖의 결절지역은 강서권을 제외하고는 모두 3～4개의 2차권을 갖
는다. 강서권은 3차 중심지인 화곡동과 4차 중심지인 오류동의 2차권을 2개 갖
는다. 여기서는 각기 독립된 11개 권역으로 구성되는 결절지역을 설정하였으나,
CBD가 보유하고 있는 중추관리기능은 CBD보다 저차의 중심지와 지배관계 또
는 보완적 관계에 있다는 사실에 비춰 볼 때(Buursink, 1975), 각 권역은 서로
완전히 독립되어 있다고 볼 수 없다는 것이다. 이러한 사실은 [그림 7-20]을 보
아도 이해할 수 있다. 이 그림에서 알 수 있듯이, 도심권과 그 밖의 권역 간의 관
계는 지배·종속관계뿐만 아니라 상호보완적 관계도 존재하고 있음을 확인할

수 있다.

그리고 각 권역의 공간적 범위가 전술한 바와 같이 자연적 장애물이나 행정구역과 대체로 일치한다는 사실에도 주목하지 않을 수 없다. 이러한 사실은 각 권역의 결절류가 구의 경계를 넘어 다른 구로 뻗지 않기 때문이며 행정구역이 지형과도 밀접한 관계에 있기 때문이다. 특히 도심권은 14세기 당시의 서울시(한성부)역 내에서 사람의 왕래가 이루어지고 있었으며, 영등포권 · 청량리권 · 성북권과 같은 3개 권역의 공간적 범위는 1949년 당시의 시역과 일치하고 있다. 그 밖의 권역의 범위는 1949년 이후 확대된 시역과 일치한다.

상술한 내용으로 미뤄 볼 때, 서울에서 가장 먼저 형성된 권역은 도심권이며, 그 다음이 영등포권의 순일 것으로 생각된다. 이들 권역은 1945년경에는 이미 형성되어 있었던 것으로 추측된다. 그 후, 청량리권 · 성북권 · 천호권 등의 권역이 형성되었을 것이다. 강서권 · 도봉권 · 관악권 · 강남권 등의 권역이 형성된 것은 1970년을 전후한 시기이다.

3. 등질지역의 설정

(1) 지역성의 도출

여기서는 지역성(regional characteristic)을 도출하기 위하여 30개의 변수를 이용한 지리적 속성행렬을 작성하였다. 입력변수는 〈표 7-4〉에서 알 수 있듯이 인구밀도와 연령구성 등의 인구특성과 지가에 관한 특성들을 나타내는 것들이다. 이 행렬(111×30)에 R기법의 주축형 인자분석을 적용한 결과 1.0 이상의 고유치를 갖는 8개 인자가 추출되었다. 그리고 각 인자의 해석을 용이하게 하기 위하여 배리맥스 회전(Varimax rotation)을 행하였다. 제1인자~제8인자까지의 누적설명량은 79.9%이며, 각 변수의 공통인자에 대한 변동설명량을 나타내는 공통도(communality)는 최저 0.326에서 최고 0.997까지이다.

제1인자는 전 변동의 23.6%를 설명하는 인자로, 특히 성별 인구 · 세대당 가족수 · 초등학생 비율 · 총학생수 · 주택지 연상면적 비율 등에 관한 변수의 부하량이 높다. 그러므로 제1인자는 서민주택지역에 관한 인자로 해석된다. [그림

표 7-4   입력변수와 인자부하량

입력변수＼인자명	1	2	3	4	5	6	7	8	공통도	잔차분산
1. 인구[1]	0.974								0.977	0.003
2. 남자인구 비율[1]	0.978								0.991	0.009
3. 여자인구 비율[1]	0.971								0.987	0.013
4. 15~24세 연령인구 비율[1]		0.665							0.568	0.432
5. 60세 이상 연령인구 비율[1]		0.518	−0.786				0.542		0.860	0.140
6. 세대당 인원[1]	0.974							0.448	0.983	0.017
7. 외국인수[1]		0.307							0.337	0.663
8. 인구밀도[1]	0.274				0.732				0.664	0.336
9. 초등학생 비율[2]	0.841								0.767	0.233
10. 중·고등학생 비율[2]									0.333	0.667
11. 대학생 비율2[2]						0.727			0.609	0.391
12. 총학생수[2]	0.631					0.523		0.215	0.771	0.229
13. 제1차산업 고용자율[1]							0.533		0.583	0.642
14. 제2차산업 고용자율[1]		0.295	0.923	0.323					0.990	0.010
15. 서비스업 고용자율[1]		0.744							0.847	0.153
16. 총고용자율[1]			0.581						0.950	0.50
17. 주택지 연상면적 비율[1]	0.834			0.307				−0.353	0.960	0.040
18. 상업·업무지 연상면적 비율[1]		0.943							0.940	0.060
19. 제조업 연상면적 비율[1]			0.887						0.853	0.147
20. 공공기관 연상면적 비율[1]		0.842							0.765	0.235
21. 교육시설 연상면적 비율[1]		0.479			0.826				0.952	0.048
22. 총연상면적 비율[1]	0.671	0.467	0.350	0.269					0.953	0.047
23. 상업지 평균지가[3]		0.909							0.910	0.090
24. 주택지 평균지가[3]		0.224		0.554	0.327			0.579	0.841	0.159
25. 상업지 최고지가[3]		0.854						0.208	0.863	0.137
26. 주택지 최고지가[3]		0.256		0.530	0.455			0.389	0.738	0.262
27. 지가상승률[3]					−0.435				0.326	0.674
28. 세대당 평균소득[1]				0.711					0.579	0.421
29. 자가용 보유율[1]				0.809					0.708	0.292
30. 면적[2]				−0.234	−0.645		0.701		0.990	0.010
고유치	7.081	6.450	2.969	2.039	1.795	1.436	1.153	1.035		
변동설명량	23.6	21.5	9.9	6.8	6.0	4.8	3.8	3.5		
누적변동설명량	23.6	45.1	55.8	61.8	67.8	72.6	76.4	79.9		

출처: 1) KIST(1978).   인자부하량 |0.2| 이상만 표시.
     2) 인구 및 주택센서스(1975).
     3) 한국감정원(1978).

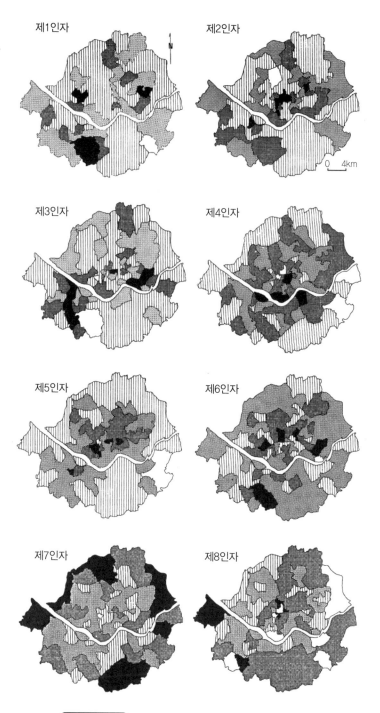

제1인자 제2인자

제3인자 제4인자

제5인자 제6인자

제7인자 제8인자

그림 7-21 지역별 속성인자의 득점분포 패턴

7-21]에서 알 수 있듯이, 제1인자의 인자득점이 높은 곳은 면목동·봉천동·신림동·남가좌동 등의 지역으로 현재에도 그렇지만 1980년대까지 서민들이 거주하던 인구조밀지역이었다.

제2인자의 변동설명량은 21.5%로서 제1인자와 함께 큰 비중을 차지하고 있다. 이 인자는 정(+)의 상관값을 갖는 여러 변수로 구성되어 있다. 제2인자는 상업·업무지 연상면적 비율을 비롯하여 상업지 평균지가와 상업지 최고지가, 공공기관 연상면적률, 서비스업 고용률 및 총고용률 등의 변수가 높은 부하량을 갖는 것으로 미루어 볼 때 상업·서비스업·행정 등의 중추관리기능을 보유한 도심 또는 부도심적 활동을 반영하는 인자일 것으로 판단된다. 제2인자의 해석은 [그림 7-21]의 인자득점(지도상에는 범례의 농도로 표시됨) 패턴을 보면 알 수 있듯이, 정(+)의 인자득점을 갖는 지역은 종로1~3가동·소공동·명동·남대문로3~5가동·을지로3~5가동의 CBD와 영등포동·청량리동 등의 2·3차 중심지로 계층구분된 곳이다.

제3인자는 전 변동의 9.9%를 설명하며 제2차 산업고용률, 제조업 연상면적 비율, 총고용률, 총연상면적 비율에 관한 변수와 높은 상관관계를 갖는다. 이 인자는 특히 높은 정상관의 관계에 있는 변수의 내용으로 미루어 보아 공업지역 또는 공업활동을 반영하는 인자로 해석된다. 60세 이상의 노령인구를 나타내는 변수가 부(−)의 방향으로 나타난 것은 공업지역에서 볼 수 있는 특징 중의 하나이다. 제3인자의 해석은 [그림 7-21]의 인자득점 패턴으로도 입증된다. 이 인자가 제조업 연상면적 비율과 제2차 산업 고용률의 두 변수와 높은 상관을 갖는 것이라던가, 14~24세 인구비율이 높은 지역과 일치하여 분포하는 것은 제조업 고용자가 직장과 주거지를 동일한 지역 또는 인접지역에서 선택한다는 사실을 반영하고 있다. 반면에 부(−)의 인자득점을 나타내는 지역은 봉천본동·신림동·아현동을 비롯한 CBD의 주변부 등이다.

제4인자는 전 변동의 6.8%를 설명하며 자가용 보유율·세대당 평균소득·주택지 평균지가 및 최고지가·외국인수의 각 변수와 높은 정(+)의 상관을 갖는다. 이들 변수로 판단하면, 이 인자는 제1인자와는 반대로 부유한 고급주택지를 나타내는 인자일 것으로 해석된다. 여기서 자가용 보유율과 외국인수의 두 변수가 추출되었다는 사실은 1970년대 한국의 경우 자가용의 보유가 부의 척도가 되었으며 또한 외국인 주거지의 대부분이 양호한 주거환경의 주택지에 있다는 사실로 미뤄 볼 때 납득이 가는 결과이다. 제4인자의 인자득점은 도심의 외곽부와 한강 연안부, 근교주택지의 일부에서 높게 분포한다.

전 변동의 6.0%의 설명량을 보인 제5인자 역시 제1인자 및 제4인자와 마찬가지로 주택지적 특성을 반영하는 인자이다. 이 인자는 인구밀도·주택지 평균 및 최고지가의 변수와 정(+)의 상관을 가지며, 면적과 지가상승률과 부(-)의 상관을 갖는다. 이들 상관관계를 기준으로 판단하면, 제5인자는 전술한 제1인자나 제4인자의 내용과는 이질적인 주택지의 특성을 나타내는 인자임을 알 수 있다. 즉 높은 인구밀도를 보임과 동시에 주택지의 지가가 높다는 사실은 고급주택지도 아니며 저급주택지도 아닌 중급주택지임을 시사하는 것이다. 인자득점이 높은 지역은 1940년대에 택지화한 지역이거나 1950년대 후반부터 도시화된 지역이다.

제6인자는 전 변동의 4.8%를 설명하며, 교육시설 연상면적 비율·대학생 비율·총학생수와 높은 정(+)의 상관을 갖는다. 이 인자는 추출된 변수의 내용으로 보아 교육활동 또는 문교지역을 나타내는 인자임이 확실하다. 제7인자는 전 변동의 3.8%를 설명하며, 60세 이상 인구 비율·제1차 산업 고용률·면적의 3변수와 높은 상관관계를 갖는 단순한 인자이다. 그러므로 이 인자는 농촌성을 반영하는 인자라 할 수 있다. 이 인자의 득점은 도시외곽의 근교지역에서 높게 나타난다. 마지막으로 제8인자는 전 변동의 3.5%를 설명하며, 주택지 평균지가·주택지 최고지가·가족 수(세대당 인원)와 높은 상관관계를 보이고 주택지 연상면적률과 부(-)의 상관을 갖는다. 이들 변수의 내용만으로는 인자의 의미를 정확히 해석하기 곤란하나, 인자득점이 높은 지역은 도심 일대와 공업단지 및 근교 등이다.

이상에서 추출된 8개 인자 가운데, 서울의 공간적 특성을 대표하는 인자는 각 인자의 변동설명량으로 판단할 때 제1인자와 제2인자이며 여기에 제3인자도 첨가될 수 있다. 이들 3개 인자만으로도 전 변동의 55.8%가 설명된다. 즉 서울의 공간적 특성을 일반서민층의 주택지역·도심·공업지역의 3개 인자만으로 전 변동의 절반 이상이 설명될 수 있다는 것이다.

(2) 등질지역 구분

여기서는 앞에서 추출한 8개 인자를 이용하여 서울을 등질지역의 관점으로 부터 지역구분을 시도해 보았다. 즉 인자득점행렬(111×8)에 대하여 군집분석 (cluster analysis)을 적용함으로써 8개 군집이 얻어졌다. 이들 군집은 각기 공간 적 특성이 비교적 유사한 지역이므로 등질지역으로 간주할 수 있다.

서울의 등질지역은 [그림 7-22]에서 보는 것처럼 A~H 유형으로 구분된다. 유형 A지역은 CBD와 2차 중심지인 영등포동 그리고 3차 중심지인 청량리동 등 으로 구성되며, 근래에 인구감소가 현저하고 서비스업과 상업활동이 활발한 도 심성 높은 중심업무지구(central business district)이다. 이 지역은 전술한 제2인자 가 중심이 되는 유형이다. 유형 B지역은 유형 A지역을 에워싸는 형태로 분포하 며 인구밀도가 높은 전통적 주택밀집지역이다. 이 지역은 1940년을 전후하여 도 시화되어 비교적 오래된 주택지로 구성되어 있고, 제5인자가 중심이 되는 유형 이다. 유형 C지역은 유형 B지역보다 더 바깥쪽에 위치하며, 구릉지에 밀집해 있 는 불량주택지구와 인구밀도가 높은 지역들로 구성되어 있으므로 서민주택지역

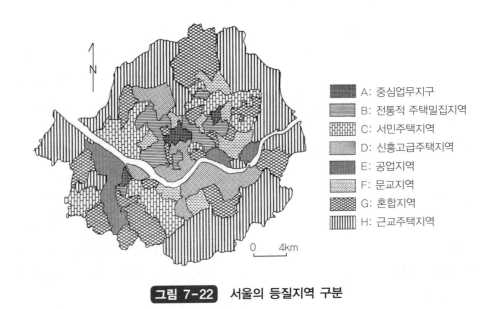

▨	A: 중심업무지구
▤	B: 전통적 주택밀집지역
▦	C: 서민주택지역
▧	D: 신흥고급주택지역
▩	E: 공업지역
▥	F: 문교지역
▨	G: 혼합지역
▥	H: 근교주택지역

그림 7-22   서울의 등질지역 구분

출처: 南縈佑(1993).

사진 7-4 ◑ 서울의 CBD 경관

이라 부를 수 있는 곳이다.

한편, 유형 D지역은 섹터형태로 분포하고 제4인자와 대응한다고 볼 수 있다. 즉 CBD를 중심으로 하여 남북방향의 섹터와 한강 연변의 섹터에 고급주택지가 분포하고 있으므로 신흥고급주택지역이라 할 수 있다. 유형 B · C · D지역은 모두 주택지적 특성을 나타내고 있으나, 자세히 관찰해 보면 유형 D가 고급주택지, 유형 C가 저급주택지, 유형 B가 그들의 중간적 특성을 갖고 있다는 사실이 간파될 수 있다. 유형 E지역은 제3인자의 인자득점이 높게 나타난 공업지역이며, 유형 G지역은 주택지역을 비롯하여 상업지역 · 공업지역 · 문교지역이 혼재하는 혼합지역의 특성을 갖는다. 그러므로 유형 B · C · D를 순수주거지역이라면, 이들은 준주거지역이라고 할 수 있다. 그리고 유형 H지역은 서울의 외곽지대에 분포하며 제7인자 및 제8인자와 대응하는 지역이므로 근교주택지역에 해당한다.

이상에서 설명한 것은 사회 · 경제적 특성을 내포하고 있는 도시구성요소로써 서울의 등질지역을 설정한 것이었다. 그 결과, 서울의 공간적 배열에는

Burgess가 제기한 동심원 패턴과 Hoyt가 제기한 선형 패턴의 혼합형을 띠고 있음이 밝혀졌다. 구체적으로, 8개 유형의 지역으로 요약되는 등질지역의 공간적 배열은 서울의 중앙부에 위치한 중심업무지구로부터 거리가 멀어짐에 따라 등질지역의 성격이 변화함과 동시에 교통로와 하천을 따라 선형 배열을 이룬다는 것이다. 따라서 서울에는 동심원적 배열과 선형적 배열이 혼재해 있다고 여겨진다. 또한 일부 지역에는 다핵구조도 엿보인다. 그러나 이들 패턴 가운데 선형패턴(sector pattern)이 상대적으로 탁월하다. 그 이유는 도시개발의 방향이나 도시화의 진전상황에 따라 서울의 골격이 형성되었기 때문인 것으로 생각된다.

4. 결절지역과 등질지역 간의 관계

앞에서 설정된 바 있는 결절지역의 핵인 결절점, 즉 중심지에 대하여 지역성을 고찰함으로써 결절지역과 등질지역 간의 관계를 검토할 수 있다. 그 내용을 종합적으로 정리하여 요약하면 [그림 7-23]에서 보는 바와 같다. 즉 공간적 상호작용에 의하여 규정되는 결절지역은 그 속에 여러 종류의 공간적 특성을 나타내는 중심지들과 등질지역들로 이루어져 있으며, 다양한 도시활동이 행해지는

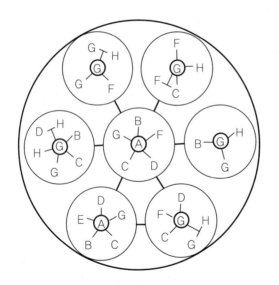

A: 중심업무지구
B: 전통적 주택밀집지역
C: 서민주택지역
D: 신흥고급주택지역
E: 공업지역
F: 문교지역
G: 혼합지역
H: 근교주택지역

그림 7-23 결절지역과 등질지역 간의 관계

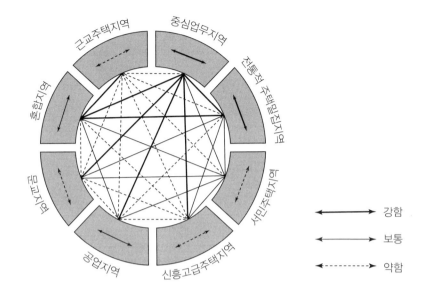

그림 7-24   등질지역간 및 등질지역 내의 상호작용

공간이므로 「이질적인 공간의 집합체」라고 간주된다.

　이와 같은 모자이크상의 구조는 신시가지보다 구시가지일수록 현저하게 나타난다. 그러므로 각각의 결절지역은 서로 공간적 특성, 즉 지역성을 달리하는 경향이 있으며, 그 자체가 하위 시스템(sub-system)으로서 상호 보완하여 서울이라는 하나의 상위 시스템을 형성하게 된다. 그리고 각 결절지역의 최종결절점이 되는 중심지에 관하여 공간적 특성을 살펴보면, 도심권과 부도심권은 중심업무지역적 특성을 가지며, 그 밖의 권역은 혼합지역적 특성을 갖는다. 이러한 사실은 각 결절지역의 중심지가 아직 성숙하지 못하여 미분화 상태에 있다는 것을 시사하는 것이거니와 이것이 서울에서 볼 수 있는 공간구조의 한 특징이기도 하다(손승호·남영우, 2006).

　이상과 같은 분석으로 결절지역과 등질지역 간의 관계가 밝혀졌다고 볼 수 있다. 다음으로 각 등질지역 간 및 등질지역 내에서 나타나는 상호작용의 상태에 관하여 요약하면 [그림 7-24]와 같다. 즉 지역 간 또는 그 지역 내의 상호작용은 각 등질지역마다의 특성 여하에 따라 상호작용의 강약관계가 결정된다. 예를 들면, 최고차의 중심기능을 갖는 중심업무지역은 타 지역과의 연결이 강하

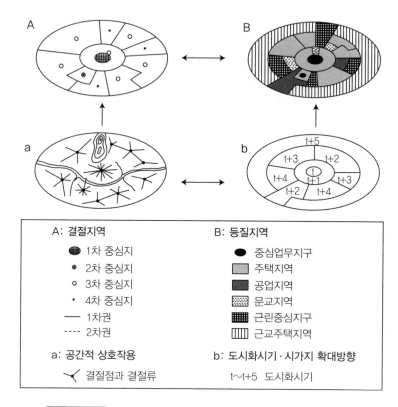

A: 결절지역

- ◍ 1차 중심지
- ◉ 2차 중심지
- ○ 3차 중심지
- • 4차 중심지
- —— 1차권
- ---- 2차권

a: 공간적 상호작용

- ⅄ 결절점과 결절류

B: 등질지역

- ● 중심업무지구
- 주택지역
- 공업지역
- 문교지역
- 근린중심지구
- 근교주택지역

b: 도시화시기·시가지 확대방향

- t~t+5 도시화시기

그림 7-25 결절지역과 등질지역과의 관계로 본 도시구조

출처: 南繁佑(1993).

며, 혼합지역의 경우도 마찬가지이다. 이와는 대조적으로 중심기능을 갖지 못
하는 근교주택지역은 타 지역과의 공간적 상호작용이 약하다. 이러한 사실은,
지역 간의 공간적 상호작용은 특정한 기능 또는 공간적 특성을 기반으로 하여
타 지역이 보유하지 않는 기능을 상호보완하기 위하여 발생한다는 전제와 일치
한다.

이상의 결과로 미루어 볼 때, W. Christaller의 중심지이론에서 상위계층의 중
심지는 하위계층의 중심지가 보유하는 모든 기능을 포함한다고 하는 것은 적
어도 도시내부에서는 적절하지 않다는 사실이 규명되었다. 서울과 같은 도시내
부의 경우는 Christaller의 이론보다 Lösch의 이론 쪽이 더욱 적합하다고 생각된
다. 왜냐하면 결절지역을 구성하는 각 단위지구 또는 1차권을 구성하는 2차권은

여기서 밝혀진 바와 같이 기능적으로 상위하며 서로 보완적 관계에 있기 때문이다.

결절지역과 등질지역 간의 관계가 마치 동전의 양면과 같은 관계에 있는 이유는 E. L. Ullman(1980)이 지적한 것처럼 지표상에서는 공간적으로 상호작용이 발생하기 때문이다. 그는 공간상호작용(spatial interaction)의 발생 메커니즘을 상호보완성·기회간섭·수송가능성으로 꼽았다. 상호보완성(comple-mentarity)이란 상품과 서비스의 이동을 유발하는 수요와 공급의 필요성을 의미할 뿐만 아니라 생산지와 수요지, 원료와 시장 간에 발생하는 사람과 물자의 이동을 가리킨다. 기회간섭(intervening opportunity)은 최초의 공급원보다 더 가깝게 존재하는 대체 공급원을 뜻하며, 그것은 이동량의 증감에 영향을 미친다. 그리고 수송가능성(transferability)은 공급지와 수요지 또는 생산지와 시장 간의 이동시간과 운송비가 임계 한도를 벗어나지 않는 거리 내에 있어야 이동이 발생할 수 있음을 가리키는 용어이다. 이들 세 메커니즘이 작용함으로써 지표공간상에서는 이동이 발생하게 되고, 이에 따라 결절지역과 등질지역 간에는 상호 유기적 관계가 형성되는 것이다.

이와 같이 등질지역과 결절지역 간의 유기적 관계를 규명하는 연구 들은 B. J. L. Berry가 고안한 「공간행동의 일반적 장이론(general field theory of spatial behavior)」에 근거한 것이다. 이것은 도시를 일종의 유기체로 간주하여 도시에서 전개되는 모든 활동은 도시를 구성하는 요소의 공간적 분포패턴에 의해서만 좌우되는 것이 아니라 그들 요소 간의 공간적 상호작용에 의해서도 결정된다는 이론이다. 장이론은 물리학 이론을 사회물리학에 도입된 것을 Berry가 지리학에 적용한 이론으로 높은 평가를 받은 바 있다.

5. 도시공간구조의 경관

우리는 앞에서 서울을 사례로 도시구조의 형성과정에 관하여 고찰해 보았다. 이것을 랜드마크적 아이콘으로 알기 쉽게 표현하면 [그림 7-26]과 같이 모식화할 수 있다(이경택, 2011, p. 598). 즉 서울은 조선왕조의 건국으로 개성에서 현재의 서울로 옮겨와 성곽을 완성하고 난 후 중세의 도시적 경관을 갖추기 시작

조선시대	
일제 강점기	
현 대	

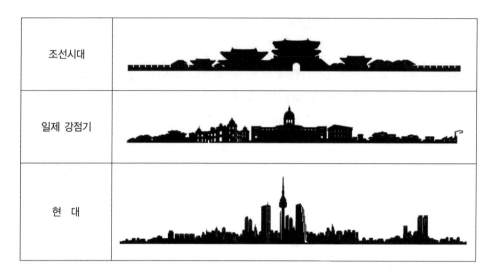

그림 7-26   랜드마크적 건축물 아이콘으로 본 서울의 경관 변화

출처: 이경택(2011).

하였다. 17세기를 전후하여 한성부시대의 인구는 10만을 돌파하였고, 도시화지역은 성곽을 넘어 그 범위를 확대해 나아갔다. 그리고 도성의 주변에는 한성의 위성도시의 기능을 가진 취락중심지가 산재해 있었다.

그 후, 서울의 성장은 상업자본의 도입으로 인한 중심상점가의 형성과 교통기관의 발달에 따른 대중교통수단의 출현으로 인하여 촉진되었다. 20세기 전반에는 공업지역이 형성됨에 따른 노동력의 수요와 일본인의 이주 등이 요인이 되어 경성부시대인 1942년에 서울은 백만도시가 되었다. 1950년에 발발한 한국전쟁은 서울의 도시구조를 변화시키는 계기가 되었으며, 서울은 1960년을 기점으로 하여 전근대적 도시로부터 근대적인 도시구조로 변모하였다. 이것은 도심의 확대 · 부도심과 근린상점가의 출현 · 도시역의 확장 등에서 볼 수 있는 것이며, 서울이 발전한 배경에는 한국경제의 고도성장이 밑바탕을 이루고 있었다.

오랜 세월이 흐르면서 서울의 모습은 상전이 벽해될 정도로 많은 변화가 있었다. 특히 경관상 변화는 획기적인 차이를 보였다. 600년이 넘는 장구한 기간의 변화를 요약해 보면, 조선시대의 입체적 도시경관은 도보교통의 제약으로 평면적 확대는 물론 건축기술의 제약으로 수직적 확대 역시 낮은 경관을 보일 수밖에 없었으며, 일제강점기에 들어서면서 근대적 교통수단과 건축기술의 도입으로 평면적·수직적 확대가 가능하기에 이르렀다. 6·25전쟁 후에 진행된 복구사업과 경제성장에 따른 국부의 축적은 서울의 평면적·수직적 확대를 수반하였다. 이를 랜드마크적 건축물 아이콘(icon)으로 모식화하여 나타내면 것이 [그림 7-26]이다. 이 그림에서 보는 것처럼 시대의 변천에 따른 서울의 경관은 지형적 제약을 완전히 극복할 수는 없었으나 어느 정도 직선화 및 평탄화 과정을 거치면서 공간적으로 확대될 수 있었다. 이는 수평적 확대는 물론 수직적 확대를 모두 수반하는 것이었다. 분지형 지형과 하천의 존재는 서울의 도시경관을 물리적으로 양분시켰을 뿐만 아니라 경관적으로 이질화시키는 요인으로 작용하였다.

04 ▶ 제3세계의 도시공간은 어떻게 구조화되었는가?

1. 제3세계의 도시화

(1) 제1세계와 제3세계의 도시화의 차이점

1950년 이후 도시화는 세계적인 현상이 되었다. 비록 국가간·지역간에 다양한 국면이 전개되었으나 실질적으로 제3세계의 모든 국가들은 빠른 속도로 도시화하였다. 일부 대도시는 성장속도가 둔화되고 다핵적 대도시권의 형태가 공간적으로 분화되는 양극화 현상들이 최근 나타나고 있다. 이는 제3세계가 점차 도시화되고 있다는 주장을 뒷받침하는 것이다.

「제3세계」라는 용어는 정치적·경제적 의미를 함축하고 있다. 특히 냉전시대에 정치적 측면에서 세계를 3개 부분으로 구분하였는데, 제1세계는 산업화된 자본주의 시장경제국가를 의미하고, 제2세계는 사회주의국가, 제3세계는 어느 진영에도 속하지 않으면서 결국 강대국의 속국이 되는 국가를 가리킨다. 소련의 붕괴와 동유럽 공산권의 소멸은 「제3세계」라는 용어의 의미를 퇴색시켰다. 결과적으로 제2세계의 소멸은 세계체제(world system)에서 제1세계와 제3세계 간의 관계를 강화시키는 결과를 초래하였다. 제3세계라는 용어의 포괄적 의미가 개별 국가 간의 문화적·경제적·사회적·정치적 차이를 나타내기에는 모호한 것이 되어버렸지만, 일반적으로 개발도상국(developing country)과 같은 용어를 대신할 수 있다는 장점이 있다.

제3세계의 도시화는 제1세계에서 초기에 진행된 도시화과정과 대비되는 중요한 점들이 있다. 그것을 영국의 도시지리학자 M. Pacione(2005)은 다음과 같이 요약하였다.

1) 도시화는 경제발전이 최고 수준에 달한 유럽과 북미의 국가보다 최저수준의 국가에서 활발하게 진행되고 있다.

2) 최저수준의 평균기대수명·영양상태·에너지소비·교육 등의 상황에 처한 국가들이 여기에 포함된다.

3) 선진국 국민들보다 더 많은 농촌주민들이 포함된다.

4) 이민이 양적으로 증가하고 있으며 그 속도가 빨라지고 있다.

5) 이주자의 대부분이 도시에서 기껏해야 최저임금 수준의 일자리를 찾을 정도로 제3세계의 산업화는 도시화율에 비하여 현저히 떨어지고 있다.

6) 제3세계의 도시환경은 서구의 산업도시와 달리 농촌보다 양호하다. 제3세계의 도시 인구부양력과 순재생산율(net reproduction rate)은 과거 산업국가들보다 더 높다.

7) 불량주택지역의 집단적 슬럼지역은 제3세계 대도시에서 공통적으로 관찰할 수 있는 특징 중 하나이다.

8) 사회변화에 대한 압력은 서구보다 오히려 제3세계가 강하며, 이에 따른 높은 기대감을 갖고 있다.

9) 혁명적 정부전복을 유발하는 정치적 상황은 종종 제3세계 국가들이 대부분 식민지적 상태로 몰고 가는 결과를 초래한다.

10) 대부분의 제3세계 국가들은 중앙집권적 행정을 계승함에 따라 도시개발을 시행함에 있어 정부가 19세기 서구가 경험했던 것보다 더 큰 어려움에 처해 있다.

이상에서 지적한 제1세계와 제3세계의 도시화과정 간에 차이가 있음에도 불구하고 모든 국가가 개발과정에서 경험한 도시화는 국가마다 상이하다는 사실을 인식해야 한다. 왜냐하면, 도시화는 여러 요인들이 복합적으로 상호작용한 결과물이기 때문이다.

(2) 도시화 및 개발이론

제3세계의 도시화와 저개발을 설명하기 위하여 근대화이론·종속이론·세계체제론 등과 같은 패러다임이 제안된 바 있다(Pacione, 2005). 이에 대하여 간략히 설명하면 다음과 같다.

1) 근대화이론

선진국의 경우 경제개발과 도시화는 산업화 및 근대화과정과 연결되어 있다. 이에 따라 제2차 세계대전 기간에 서구의 이론가들은 제3세계 국가들의 경제개발을 위하여 도시산업화의 필요성을 역설하였다. 근대화이론(modernization theory)은 서구에서 시작된 경제·문화적 혁신의 확산이 서유럽과 북미에 널리 보급되었던 경제·사회·정치적 선진구조의 형태로 저개발국가가 발전되었다는 관점에서 제3세계의 근대화를 설명하고 있다.

W. W. Rostow(1959)의 경제성장 단계모델(stages of economic growth model)은 이러한 관점을 뒷받침하였다. 그는 국가경제의 발전과정은 어느 나라이든지 간에 5단계를 거쳐 발전해 나아간다고 보았으며, 현재 세계 각국은 이들 5단계 중 어느 한 단계에 놓여 있다고 주장하였다. 그는 전통사회→도약을 위한 준비단계→도약단계→성숙단계→고도의 대중소비단계의 5단계를 제시하였다. 이 단계에서 수위도시는 혁신을 다른 지역으로 전달하는 중요한 역할을 수행하게 된다.

근대화이론은 다음과 같은 이유로 비판을 받았다. 즉, 근대화이론은 제3세계 국가 간의 정치·경제적 다양성을 간과하였다는 점, 개발과정에서 문화적 요인의 역할을 고려하지 않았다는 점, 그리고 선진산업국가들과 제3세계의 본질적 관계에 대하여 충분한 주의를 기울이지 않았다는 점이다.

2) 종속이론

종속이론(dependency theory)은 1960년대 급진주의자 A. G. Frank(1966)와 같은 라틴아메리카의 사회과학자들에 의해 주창된 이론이다. 이것은 세계경제 질서 하에서 중남미 자본주의가 선진국을 중심으로 한 세계자본주의에 예속된 데에서 벌어지는 모순을 시정하고 종속에 수반되는 정치 · 경제 · 사회적인 병리현상을 설명함으로써 탈종속의 대안을 제시하려는 것에서 비롯된 이론이라고 볼 수 있다.

저개발국들은 1970년대까지 지속된 대부분 국가들의 경제불황으로 서구의 도시화모델을 더 이상 따르지 않았다. 종속이론에서는 서구 국가들의 세계경제 질서에 대한 헤게모니 쟁탈과 주변부 국가들을 착취하는 국가들과 다국적기업의 능력을 강조하고 있다. 이 이론은 1970년대 초기부터 1980년대 중반까지 세계를 풍미하였다. 그러나 종속이론이 세계자본주의체제의 영향을 과대평가하였고 한국과 같은 동아시아의 신흥경제발전국가들의 경제성장을 제대로 설명할 수 없다는 점에서 비판을 받았다. 그럼에도 불구하고 남미 여러 나라에서는 아직도 종속이론이 유효한 것으로 인식하고 있다.

3) 세계체제론

세계체제를 설명하는 이론이 세계체제론(world systems theory)이다. 세계체제론은 미국의 사회학자 I. Wallerstein(1974)이 그의 저서 『현대 세계체제』에서 제기한 이론이다. 사회과학은 국민사회 · 국민경제와 같이 분석단위를 국가로 하는 것이 일반적이나, 이 이론에서는 국가가 아닌 세계체제를 분석단위로 한다는 점에서 그 특징을 찾을 수 있다.

Wallerstein은 「자본주의 세계경제」를 하나의 시스템으로 간주하고 그 성립시기인 15세기로부터 오늘에 이르기까지 변천과정을 추적하였다. 인류역사상 지구상에는 호혜 · 교환적인 「미니 시스템」과 「세계 시스템」의 두 체제가 존재해 왔다. 이 가운데 세계 시스템, 즉 세계체제는 하나의 정치체제만을 인정하는 「세계제국」과 시장경제에 기초한 「세계경제」로 나누어진다. 미니 시스템 · 세계제국 · 세계경제는 역사적으로 많이 존재하였으나, 세계경제는 그 후 확대되어 다

사진 7-5 ○ 세계체제론을 제기한 Immanuel Wallerstein 석좌교수

른 시스템을 모두 흡수하였다. 오늘날에는 지구의 대부분이 자본주의 세계경제로 뒤덮여 있다.

세계경제는 단일시장과 다수의 국가들로 구성되어 있는 중층적 공간을 형성케 하였다. 세계경제를 구성하는 각 영역은 일률적으로 동일한 생산물을 산출하는 것이 아니라 영역별로 전문화되어 있다. 그 결과, 생산성의 격차에 따른 비교우위가 발생함에 따라 세계경제를 구성하는 각 영역은 중핵부 · 준주변부 · 주변부의 3지대로 계층화한다(그림 7-27).

중핵(core)이란 고임금과 첨단기술을 수반한 영역이며, 주변(periphery)은 저임금에 낙후된 기술을 수반한 영역을 의미한다. 그리고 준주변(semi-periphery)은 중핵부와 주변부의 중간에 위치하면서 중핵에 종속됨과 동시에 주변을 착취한다. 이와 같이 세계경제는 3개의 중층적 지대구조로 구성되어 있으며, 중핵부가 세계경제 전체의 잉여분을 수탈하는 형식으로 세계적 분업이 이루어진다는 것이 세계체제론의 요지이다.

세계체제론은 초기의 종속이론과 달리 세계 각국의 상대적 지위는 변화하며 영원한 주변부의 저개발은 운명적이거나 숙명적인 것이 아니라는 내용을 담고

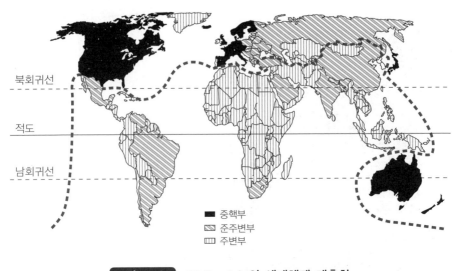

북회귀선

적도

남회귀선

■ 중핵부
▨ 준주변부
▥ 주변부

그림 7-27 Wallerstein의 세계체제 계층화

출처: M. Pacione(2005).

있다. 또한 각 도시들의 규모 · 역할 · 특성 등은 세계체제에서 그 사회의 위치를 반영하는 것이다.

제3세계의 개발과 도시화에 관한 세계체제론의 가장 중요한 결론은 ① 경제와 도시개발의 상호의존성에 대한 인식, ② 제3세계의 현대도시지리학을 이해함에 있어서 역사적 구조에 관한 접근의 필요성을 인식하게 만들었다. 제3세계 도시화의 본질이 변화한다는 사실을 논의할 경우에는 이상에서 언급한 내용을 수용해야 할 것이다.

2. 제3세계의 도시구조

제3세계의 도시화는 단순하고 정형화된 현상이 아니다. 저개발국들의 도시화는 글로벌 경제의 영향력과 로컬 문화적 배경 간의 관계를 반영하여 여러 가지 다른 과정으로 전개된다. 제3세계의 도시라 하여 모든 도시가 동일한 도시화과정을 거치는 것은 아니며, '제3세계도시'라고 정형화시킬 수 있는 것도 존재하지 않는다. 그러므로 경제적 · 문화적으로 양상을 달리하는 지역별로 도시의 공간구조를 살펴보는 일은 대단히 중요하다고 M. Pacione은 역설하였다.

(1) 라틴아메리카의 도시구조

스페인의 정복으로 파괴된 중남미의 도시들은 고유의 도시문명이 거의 남아 있지 않다. 미합중국이 건국되기 이전에는 보고타와 멕시코시티와 같은 도시가 내륙에 입지하는 경향이 있었다. 그러나 중상주의(重商主義) 식민지정책이 도래함에 따라 내륙을 지향하던 고유의 도시체계는 항구도시를 중요시하게 되었으며, 리우데자네이루와 리마가 그 예이다.

Griffin and Ford(1983)는 라틴 아메리카의 도시는 타 지역에 비하여 식민지시대에서 유래되어 현재까지 지속되고 있는 일반적 도시구조가 더 분화되었다고 주장하였다. 스페인어권의 중남미 도시는 식민통치기간 중 인디오의 법칙에 따라 통치되었다. 도시계획의 골자는 중앙광장 주변에 주요 정부청사와 교회를 배치하고 이곳을 상업적·사회적 활동의 중심으로 삼았으며, 그 외곽에 격자형 도로망을 조성하는 것이었다. 이에 따라 고용기회가 도심에 집중될 수밖에 없었

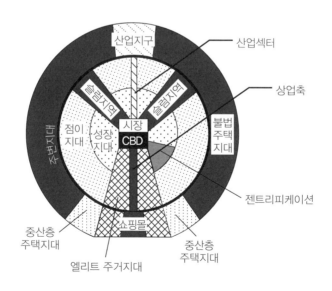

그림 7-28   라틴 아메리카의 도시구조 모델

출처: L. Ford(1996).

다. 도심과 주거지역의 접근성은 사회적 신분의 상징이 되었다.

　　Griffin and Ford(1983)는 근대화과정의 결과로 나타난 도시구조의 전통적 요소들을 결합시킨 라틴 아메리카 도시의 공간구조를 제안하였다. 그 후, Ford (1996)는 그것을 보완하여 [그림 7-28]에서 보는 것과 같은 수정된 모델을 제시하였다. 그의 모델은 도시가 도심지역·상업중심축·상류층 주거지대로 특징지을 수 있고, 도심에서 멀어질수록 주거환경의 질이 떨어지는 일련의 동심원지대를 이룬다는 것이다.

　　1) 도심과 내부도시: 도심에는 현대적인 중심업무지구(CBD)와 전통적인 상업지구로 구분된다. 대부분의 북미의 대도시들과는 달리 라틴 아메리카 도시의 CBD에는 식민시대에 건설된 주요 시설물들이 많이 남아 있다. 이는 CBD를 중심으로 하는 대중교통과 도시내부에 부유한 중산층이 거주하고 있음을 의미한다.

　　CBD는 내부도시인 기성시가지로 둘러싸여 있고 북미의 도시처럼 경제와 인구가 감소하는 공동화현상은 나타나지 않는다. 라틴 아메리카의 내부도시는 경

사진 7-6 ❍ 멕시코시티의 소칼로 광장

사진 7-7 ◐ 라틴아메리카 도시의 구시가지

제성장 요소들과 안정적인 노동자 계층이 존재하고 있을 뿐만 아니라 이주자들이 지속적으로 유입되어 상주인구가 감소하지 않는다. 그리고 내부도시는 저렴한 식료품점·의류 도소매 시장과 소규모 공장에서 생산되는 양질의 상품을 제공하는 상업지구로서 경제적 생존력이 강하다. 내부도시는 영국이나 북미의 도시처럼 열악한 상황이 아니다.

2) **상업중심축 및 상류층 주거지대:** 모든 라틴 아메리카 도시들의 도시구조상 탁월한 현상은 상류층 주거지대로 둘러싸여 있는 중심상업·공업축이 CBD로부터 외곽방향으로 확장된다는 것이다. 이곳에는 주요 호텔·박물관·극장·병원 등의 쾌적한 시설들도 입지해 있다. 상류층 주거지대의 경우는 북미도시와 유사하게 상류층이 떠난 도심과 인접한 고급주택지구가 중산층으로 대체되는 경향이 나타난다. 상류층 주거지대의 외곽에는 중산층의 아파트와 주택이 입지하게 되는데, 이는 주택수요의 증가 때문이기도 하지만 가까운 곳에 위치한 불법주택지대와의 완충지를 조성하기 위한 이유도 있다.

라틴 아메리카 도시들의 경우 대부분 도시근교의 쇼핑 몰이나 경계도시(edge

city)의 개발은 중심축의 도시외곽부에서 행해진다. 20세기 초 멕시코시티의 경우, 소칼로 광장을 중심으로 도시가 성장하였는데, 상업중심축을 따라 차폴테펙 공원의 서쪽에 엘리트가 거주하는 상류층 주거지대는 폐쇄적 공동체로 구성되어 있다(남영우, 2006).

3) 공업지대: 철도나 간선도로를 따라 발달되는 공업지대는 종종 공간적으로 공장과 창고를 수용할 수 있을 정도의 광활한 면적이 확보되는 근교에 형성된다. 주변에 고속도로가 건설되어 있긴 하나, 시가지가 확대되기에는 도시 인프라가 정비되어 있지 않은 관계로 여전히 제약이 많다. 상류층 주거지대가 위치한 섹터의 경우는 외곽순환도로가 노후한 주택지와 신개발 주택지 간의 경계를 이루기도 한다.

4) 기타 주택지대: 기타 주택지대는 상업중심축과 상류층 주거지대와 떨어져 위치한다. Burgess의 동심원지대이론과 달리 라틴 아메리카의 도시구조는 한국도 마찬가지이지만 도심과의 거리가 멀어질수록 사회 · 경제적 지위와 주택의 질이 저하되는 패턴을 보인다. 여기서 기타 주택지대란 과거 상류층이 거주하던

사진 7-8 ◐ 리마의 바리아다

사진 7-9 ◐ 멕시코시티의 상류층 주택지대

전 상류층 주택지대, 거주자의 침입과 천이가 활발하게 진행되는 점이지대, 외곽순환도로 바깥쪽에 형성되는 중급주택지대, 가난한 이주민들이 거주하는 불법주택지대를 가리킨다.

극빈자들의 무허가주택지를 한국에서 달동네라고 부르는 것처럼, 리마의 바리아다(barriadas), 카라카스의 란초(ranchos), 리우데자네이루의 파벨라(favelas), 부에노스아이레스의 빌라 미사리아(villas misarias), 멕시코시티의 코로니아 프로레타리아(colonias proletarias), 산티아고의 카람파(callampas) 등으로 부른다.

(2) 아프리카의 도시구조

아프리카는 도시형태가 어느 대륙보다 다양한 대륙이다. 다양한 차이는 특히 서부 아프리카의 고유한 도시전통과 패권주의를 표방한 식민지 강대국이 아프리카 도시에 남긴 흔적에서 발생한 것이다. UN(1973)은 아프리카 도시의 일반적 모델을 제시하였는데, 그것은 기존의 독특한 중심부와 서로 다른 민족의 분

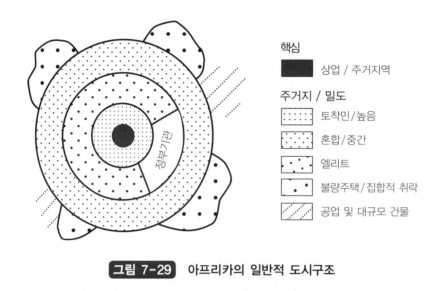

그림 7-29   **아프리카의 일반적 도시구조**

출처: UN(1973).

포에 기초하여 만들어진 것이다. 구체적으로, 식민지 지배계층은 저밀도의 토지
이용을 원하고, 원주민들은 고밀도의 토지이용을 선호하는 형태로 도시가 구조
화하였다(그림 7-29). 이 모델은 식민지시대 이후 아프리카 도시들이 많은 변
화를 거치면서 비판을 받았다. A. O'Conner(1983)는 아프리카의 도시를 다음과
같이 7개 유형으로 분류하였다.

　1) **고유도시:** 아프리카의 고유도시(indigenous city)는 유럽 식민지시대 이전
에 아프리카 고유의 지역적 전통과 가치에 따라 건설된 도시를 가리킨다. 나이
지리아 남서부에 위치한 요루바의 이페시와 에티오피아의 아디스아바바시가 대
표적이다. 이들 도시들은 식민통치를 받기 전에는 이바단시처럼 인구 5만 명을
상회하는 도시가 적어도 10개는 되었다.

　2) **이슬람 도시:** 이슬람 도시(Islamic city)는 비록 사하라 사막을 넘어온 도
시적 전통의 영향을 받았으나, 대부분은 성장 초기에 아프리카인들에 의해 지방
중심지로 건설되었다. 이 유형에 속하는 도시로는 말리의 톰북투, 나이지리아의
카치나 및 소코토 등이 있다.

　3) **식민도시:** 식민도시(colonial city)는 19세기 후반부터 20세기 초에 걸쳐
유럽인들에 의해 건설되었다. 열대 아프리카의 도시중심부와 오늘날의 수도 대

사진 7-10 ○ 이슬람 도시의 경관

부분이 식민도시이다. 비록 도시구조는 원주민에 의해 결정되었으나, 아직도 국제적 경제체제의 틀속에서 제약을 받고 있다. 오늘날에는 과거 유럽인들의 주거지역이었던 곳에 서구화된 원주민들이 거주하고 있으나, 주거지역의 분화는 인종에 대신하여 소득이 좌우하게 되었다.

4) **유럽풍 도시:** 유럽풍 도시(European city)에는 나이로비·루사카·요하네스버그 등과 같은 도시들이 있다. 이 도시들은 대부분 아프리카 남부와 동부에 유럽인들을 위하여 건설되었다. 유럽풍 도시에는 아프리카인들도 거주하였으나, 이들은 유럽인들의 필요에 따라 노동력을 제공하였던 사람들이다. 원주민들은 대부분 유럽 백인들과 격리되어 도시외곽에 거주하였다(후술하는 아파르트헤이트 도시를 참조할 것).

5) **이원도시:** 이원도시(dual city)는 상술한 식민도시와 유럽풍 도시형태가 하나의 도시에 공존하거나 두 개의 연담도시에 각각의 형태가 나타난 도시를 뜻한다. 가령, 나이지리아 내륙지방의 카노시에서 볼 수 있는 것처럼 토담으로 둘러싸인 이슬람 고유의 형태와 양철지붕의 주택들이 혼재하며, 나일강으로 양분

사진 7-11 ⊙ 카이로의 도시경관

사진 7-12 ⊙ 요하네스버그의 경관

된 하르툼과 옴두루만의 경우는 각각 이슬람식 도시형태와 식민도시의 형태를
보이고 있다.

6) **혼성도시**: 혼성도시(hybrid city)는 고유한 요소들과 외부에서 유입된 요
소들로 구성되어 있다. 상술한 이원도시는 서로 다른 요소들이 비슷한 비율을
이루지만, 혼성도시는 이질적 요소가 통합되어 나타난다. 이러한 도시형태는 유
럽국가의 식민통치로부터 해방되면서 증가하였으며, 도시가 확장될수록 더 통
합되는 경향을 보인다. 가나의 아크라·쿠마와 나이지리아의 라고스 등이 그 예
이다.

7) **아파르트헤이트 도시**: 아파르트헤이트(apartheid)란 원래 분리 또는 격리

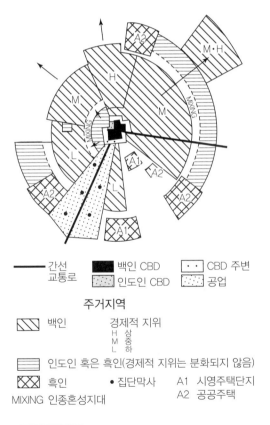

그림 7-30 아파르트헤이트 이전의 격리도시

출처: A. Lemon(1991).

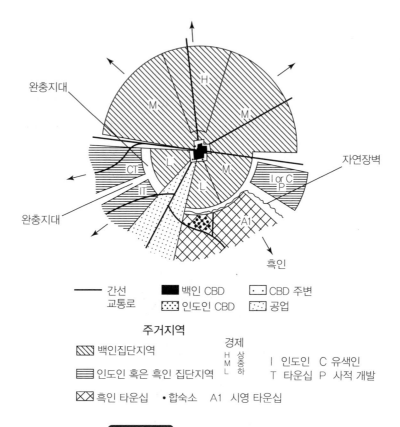

완충지대

자연장벽

완충지대

흑인

간선 교통로	백인 CBD	CBD 주변
	인도인 CBD	공업

주거지역

백인집단지역

인도인 혹은 흑인 집단지역

흑인 타운십   •합숙소   A1 시영 타운십

경제
H 상
M 중
L 하

I 인도인   C 유색인
T 타운십   P 사적 개발

그림 7-31   아파르트헤이트 도시

출처: A. Lemon(1991).

를 뜻하는 아프리카어로 백인우월주의에 근거한 인종차별을 가리킨다. 특히 남
아프리카는 약 16%의 백인이 84%의 유색인종을 경제·사회적으로 차별해 왔
다. 인종차별은 17세기 중엽에 백인의 이주와 더불어 점차 제도로써 확립되어
왔는데, 1948년 네덜란드계 백인인 아프리카나를 기반으로 하는 국민당의 단독
정부 수립 후 더욱 강화되어 「아파르트헤이트」로 불리게 되었다. 이에 따라 인
종차별 정책이 반영된 도시들을 아파르트헤이트 도시(apartheid city)라 부르게
되었다. 남아프리카의 아파르트헤이트 도시는 1950년대 이후의 국가도시시스
템에서 대표적인 형태로 도시사회의 인종차별정책을 반영하고 있다. 이 도시는
'분리개발'의 개념과 초기 영국의 식민지정책에서 기인하였다. 식민지 격리도시

(segregation city)에 관한 Davies(1981)의 모델은 남아프리카의 아파르트헤이트 도시의 이전 형태를 잘 보여주고 있다(그림 7-30).

그러나 인종차별을 위한 여러 법령이 제정되면서 아파르트헤이트 도시의 공간구조는 인종 간의 접촉을 최소화하는 방향으로 설계되었다. 이러한 도시정책에 따라 [그림 7-31]에서 보는 것처럼 백인들의 주택지와 인도 및 아프리카 원주민들의 주택지는 더욱 군집화하는 경향을 보였다. 서로 다른 주거환경은 사회적 · 정치적 신분을 그대로 반영하고 있다. 인종차별정책이 폐지되었음에도 불구하고, 아파르트헤이트 도시정책은 오늘날까지 남아프리카의 도시구조에 큰 영향을 미치고 있다. 다만 약간의 변화가 있다면, 상류층으로 신분상승한 일부 흑인들이 주거환경이 양호한 주택지로 이동했을 뿐이다.

(3) 서남아시아와 북 아프리카의 도시구조

최초의 취락이 서남아시아에 등장한 이래로, 도시는 인구와 문화의 결절점으

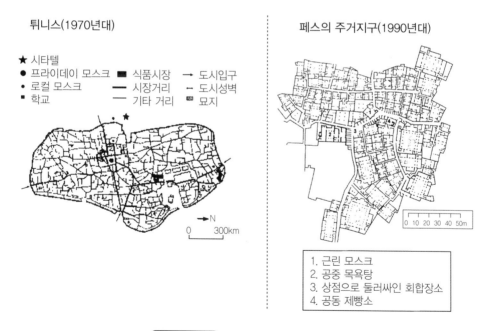

그림 7-32 이슬람권의 도시구조

출처: S. Lowder(1983).

사진 7-13 ● 페즈의 도시경관

로 존재해 왔다. 이슬람교가 서남 아시아인들에게 미치는 영향을 고려하여 종교적 원리가 반영된 도시구조의 이슬람 도시모델이 서구의 동양학자들에 의하여 제기된 바 있다.

[그림 7-32]에서 보는 바와 같이, 이슬람 도시에는 프라이데이 모스크(Friday Mosque)라 불리는 중요한 회교사원이 있다. 이곳은 예배를 보는 장소이며 일련의 복지 및 교육기능을 담당하는 시설이다. 도시규모가 커짐에 따라 지역별 사원도 늘어나는데, 마이크 시설이 없던 시대에는 기존의 사원에서 음성이 들리지 않는 한계점에 새로운 사원이 입지하게 된다. 시장 혹은 수크(suq, souk)는 이슬람의 도시에서는 핵심적인 도시요소이다. 「수크」는 소규모로 연속된 일련의 노점으로 구성된 시장을 가리킨다. [그림 7-32]에서 보는 것처럼 미로형태의 통로로 연결되어 있는 것은 강렬한 햇빛을 피하거나 외세의 침략에 대비하기 위해 고안된 형태이다. 가령, 노점상 중 구두를 만드는 사람 옆에 그것을 판매하는 상인이 있는 것과 같이 상호보완적인 교역을 통해 기능적으로 특화된 시장이 수크이다.

사진 7-14 ○ 카이로 구시가지의 시타델

튀니스에서 보는 것처럼 도로망이 불규칙하고 복잡한 이유는 튀니지와 같은 북아프리카의 국가나 도시에 도시계획 관련기관이 없기 때문이다. 가옥구조는 모든 방이 안쪽의 정원을 마주하는 형태로 매우 조밀하게 배치되어 있다. 이와 같은 가옥구조는 자신의 사생활을 이슬람사회에 귀속시키는 풍토를 반영한 것이며, 이 사회에서는 특히 여성들에게 엄격한 계율을 요구한다. 가령, 주택의 출입구와 응접실 등은 남성과 여성 전용이 별도로 마련되어 있어서 남녀 간의 접촉을 금한다.

이와 같이 형태학적 요소들이 북아프리카와 서남아시아의 도시에 독특한 모양으로 남아 있으나, 「이슬람 도시」의 개념은 구조적 특징들이 종교적 요인에 의해 비롯되었다기보다는 지역적 풍토와 관련된 것이 많을 것이라는 의문을 갖게 만든다. 오늘날 서남아시아의 도시 중에서 오래된 이슬람 도시 또는 「메디나」라 불리는 구시가지는 도시계획에서 큰 문제점을 안고 있다. 특히 도시구조에서 비롯된 교통문제가 심각하다. 또한 메디나(medina)는 아랍어로 '도시'란 뜻으로 가난한 사람들과 최근 이주해 들어온 사람들로 폭주하고 있다. 그들과는

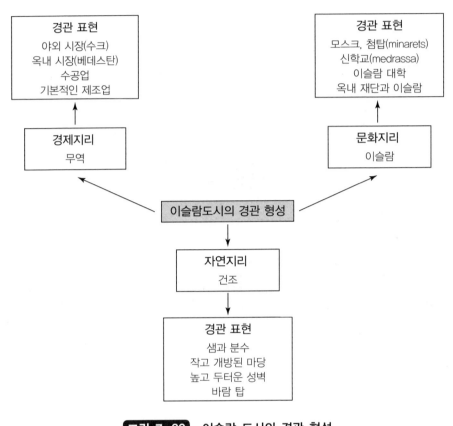

그림 7-33 이슬람 도시의 경관 형성

출처: 한국도시지리학회 역(2013).

대조적으로 부유층들은 보다 현대적인 주거환경을 구비한 주택지로 이동하고 있다. 그 결과, 전통적인 이슬람 도시는 슬럼화되어 가고 있으며, 신개발지역은 아파트와 같은 빌딩이 건설되어 형태상의 변화가 크다.

인구 1,000만 명의 카이로는 서남아시아 최대도시인데, 이촌향도로 인한 인구의 급증으로 인구밀도가 매우 높고 주택이 부족하여 구시가지인 메디나는 슬럼화되고 있다. 이런 지역의 인구밀도는 평방키로 미터당 10만 명을 상회할 정도로 매우 열악하다. 무계획적인 도시확대는 나일강 유역의 비옥한 농경지를 잠식해가고 있다. 이슬람 도시 중 시리아의 다마스쿠스는 고대에 발생하여 오늘날에도 현존하는 가장 오랜 역사도시이다. 구약성서에도 등장하는 이 도시는 사막의 선상지에 입지한 오아시스 도시로 형성된 이래 기원전부터 오리엔트의 정치·문화 중심지였던 곳이다. 구시가지는 현재에도 다마스쿠스 도시구조의 일부를 이루고 있다.

 이슬람권은 모로코로부터 북부아프리카를 거쳐 서남아시아와 중앙아시아를 모두 포함하는 광범위한 지역을 가리킨다. 이 광활한 지역은 지리적 특성이 유사하고 공통된 문화적 배경을 지니고 있다(그림 7-33). 자연적 특성의 측면에서 이 지역은 매우 건조한 까닭에 유대교·기독교·이슬람교라는 이른바 '오아시스 종교'가 탄생했으며 도시가 입지할 수 있는 곳은 하천과 오아시스에 제한될 수밖에 없다. 문화적 특성의 측면에서 이 지역은 이슬람 제국 및 주변과의 교류를 역사적으로 공유하고 있다. 그리고 위치적으로 서남아시아는 유럽·아시아·아프리카 3개 대륙의 중간에 놓여 있으므로 이들 문명이 교차하는 지점이

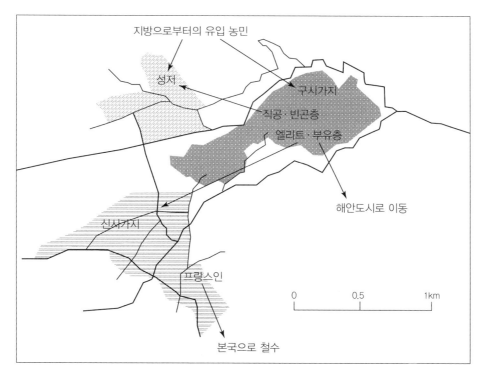

그림 7-34 독립 후 페즈의 인구이동

출처: 남영우(2011).

란 비교우위를 살릴 수 있다. 이에 따라 서남아시아의 도시는 물, 신, 무역에 바탕을 두고 구조화된 것이다. 이들 세 요소는 20세기 후반 석유경제가 등장하기 전까지 도시규모를 좌우했다.

구체적으로, 오아시스 종교 중 이슬람교는 이슬람 사원인 모스크의 첨탑이 경관적 특징으로 나타나며, 모스크는 영혼의 중심과 지적 생활의 중심이 된다. 그것은 신과 인간 간의 관계뿐만 아니라 인간들끼리의 관계를 갖는 중심이기도 하다. 해상경로가 발견되기 이전인 15세기까지 주요 문명권 간의 무역은 유럽과 아시아를 비롯한 건조지역을 통과해야만 가능하였다. 이들 중심에 서남아시아가 있었던 까닭에 이 일대의 도시에서 부를 창출하는 새로운 방식인 자본주의가 탄생할 수 있었다.

북부아프리카를 일컫는 '마그레브' 지역에 분포하는 이슬람 도시의 중심에는 「카스바(kasbah)」라 불리는 성채가 있었다. 역사적 중심을 이루는 성채는 오늘날 사람들이 거주하는 경우 모로코의 페즈처럼 구시가지인 메디나가 자리하고 있는 경우도 있다. 페즈의 메디나처럼 구시가지는 근대화과정에서 살아남아 세계문화유산으로 등재된 곳도 있다.

[그림 7-34]에서 보는 것처럼 프랑스로부터 독립 후의 모로코 신시가지에는 프랑스인들의 본국 귀환으로 구시가지로부터 이전해온 모로코인들로 대체되었다. 특히 구시가지에 거주하던 엘리트 및 부유층은 신시가지로 이전하거나 수도 라바트와 경제도시 카사블랑카와 같은 해안도시로 주거지를 옮겼다. 이에 따라 자동차중심의 도로와 광장의 카페, 영화관 등의 서구풍 시설은 모로코인들이 이용하게 되었다. 이촌향도에 따른 유민의 인구유입이 가장 집중된 곳은 구시가지였다. 프랑스 보호령시대 이전의 구시가지 인구는 8~10만 명 정도로 추정되지만, 1971년에는 20만 명에 육박하여 두 배 증가하였다. 구시가지의 인구과밀화는 성곽 내부에서의 스프롤 현상을 보였다. 1900년까지 메디나 성곽 내의 시가지는 아직 성벽에 다다를 정도는 아니었고, 성벽과 시가지 사이의 완충지대로서 녹지와 묘지가 존재했다. 오늘날처럼 성곽 내부가 시가지로 채워진 것은 농촌으로부터 유입된 인구가 아무런 규제가 없던 당시에 불량주택지를 형성하면서부터의 일이다. 오늘날 구시가지에 거주하는 주민들은 과거와 달리 지방의 농촌 출신보다 페즈 출신자가 점차 증가하는 추세에 있다.

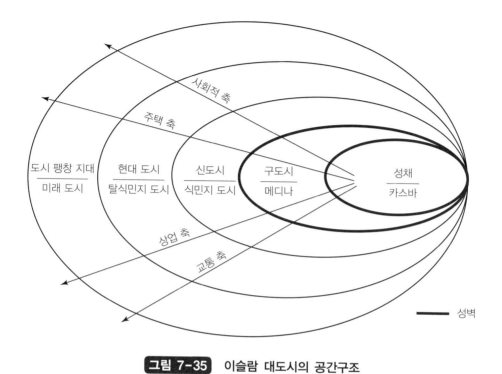

도시 팽창 지대 / 미래 도시

현대 도시 / 탈식민지 도시

신도시 / 식민지 도시

구도시 / 메디나

성채 / 카스바

사회적 축

주택 축

상업 축

교통 축

── 성벽

그림 7-35 이슬람 대도시의 공간구조

출처: 한국도시지리학회 역(2013).

이상에서 설명한 이슬람 도시의 공간구조를 D. J. Zeigler는 알기 쉽게 [그림 7-35]에서 보는 것처럼 도식화하였다. 즉 구시가지 메디나의 핵을 이루는 카스바로부터 식민지 도시인 신도시와 탈식민지 도시인 현대도시는 물론 현재 진행형이라 할 수 있는 미래도시에 이르기까지 주택 축과 상업 축을 비롯한 사회적 축과 교통축으로 관통하여 이슬람 도시의 공간구조를 설명할 수 있다는 내용이다.

(4) 사하라 이남 아프리카의 도시구조

사하라 이남의 아프리카는 세계에서 가장 도시화율이 낮은 지역에 속하지만 1960년대 이후로는 전 세계에서 가장 빠르게 도시화가 진행되고 있다. 이 지역의 일부에서는 식민통치가 시작되기 전, 이미 여러 지역에 도시가 발달하였고, 식민주의는 도시발달에 큰 영향을 미쳐 해안을 따라 종주도시를 발달시켰다. 도시 종주성의 비율은 일부 예외적인 사례가 있지만 대체로 높은 편이며, 경제적 생산과 정치기능은 수도인 종주도시에 집중되어 있다.

급속한 도시성장은 경제의 공식 부문에서 창출되는 고용 증대나 효율적 거버넌스가 배제된 상황에서 진행되었다. 아프리카 도시는 점차 증가하고 있는 사회·경제적 불평등과 함께 도시 기반시설과 기본적인 도시 서비스의 부족을 겪고 있어 부정적 견해가 만연해 있다. 아프리카 도시는 문화를 변화시키는 창조적 동인으로 작용하고 있으며 정치적으로는 역동적인 중심지로 기능하고 있다.

사하라 이남 아프리카의 도시는 다양하고 이질적 요소들로 구성되어 있다. 도시의 공간구조 측면에서 아프리카 도시의 이상적 모델을 찾아보기란 쉬운 일이 아니다. 전술한 A. O'Conner(1983)의 7개 유형 가운데 여섯 번째 유형인 혼성도시는 다수의 형태적 특성을 갖춘 모든 도시를 거의 망라할 수 있는 유형이었다. 왜냐하면 시간이 경과함에 따라 아프리카의 많은 도시들은 혼성도시가 되어가고 있기 때문이다.

아프리카의 도시가 혼성도시로 변해가는 과정은 대단히 복잡하며 자가당착적인 측면이 있다. 대부분의 도시들은 유럽의 식민열강이 아프리카 대륙에 교두

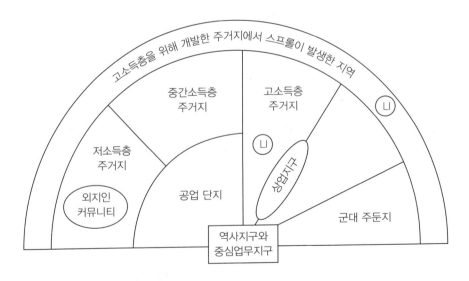

그림 7-36 사하라 이남 아프리카의 도시구조

출처: 한국도시지리학회 역(2013).

보를 만들면서 형성되었지만, 이와 같은 도시들의 성장과 발전은 일정한 패턴을 따르지 않았다. 유럽식 민주주의의 지배하에 발생한 도시형성과정은 아프리카 도시에 토지구획이나 건축양식에 지울 수 없는 흔적을 남겼으나, 이러한 특성은 시간이 경과되면서 몰라볼 정도로 변형되었다. 사하라 이남 아프리카의 도시들은 식민통치로부터 독립한 지 50여년이 지나면서 급격한 변화를 초래하였다. 유럽의 영향은 주로 [그림 7-36]의 역사지구와 중심업무지구에 남아있지만, 그 주변에는 공업단지와 군대 주둔지가 입지하고 있다.

중심업무지구로부터 뻗어나간 간선도로변에는 상업지구가 입지하고 그 후면에 고소득층 주거지가 분포한다. 저소득층 주거지는 열악한 주거환경의 저임금 노동자들이, 그 가운데에는 생존을 위해 타 지역으로부터 이주해온 외지인 커뮤니티가 일종의 슬럼을 이룬다. 도시정부는 기반시설, 사회적 서비스 등을 제공하지 못함에 따라 상당수의 저소득층은 비공식 부문에 의존하여 생계를 유지하고 있다. 이들과 달리 고소득층은 기성시가지로부터 쾌적한 주거환경을 찾아 근교로 이동하여 별도의 주거지역을 형성하고 있다. 이러한 도시확대는 무계획적으로 진행되고 있다.

(5) 남부 아시아의 도시구조

제3세계의 다른 지역과 마찬가지로 남부 아시아에서도 현대의 도시형태는 전통적 요소와 식민통치의 잔재가 모두 잔존해 있다. A. G. Noble 등(2003)에 의하면, 남부 아시아의 도시형태는 식민지기반도시(colonial-based city)와 시장기반도시(bazar-based city)로 대별된다.

1) 식민지기반 도시구조: 식민지기반 도시모델은 [그림 7-37]에서 보는 것과 같은 특징이 나타난다. 즉, 인도의 경우 식민도시들은 일반적으로 해안가의 워터 프론트를 끼고 입지한다. 그 이유는 무역과 군사적 목적을 위한 것이며 초기 도시의 성장거점이 된다. 항구에 인접한 성벽으로 둘러싸인 성채는 식민지 이주자를 보호하기 위해 축조된 것이었다. 또한 이곳에 본국으로 수출하는 농산물을 가공하는 공장이 세워지기도 하였다. 성채 주변의 오픈 스페이스는 방어를 위해 조성해 놓은 것이며, 성채와 유럽인 주거지역 사이에는 군대사열대와 여가시설이 있다. 오픈 스페이스의 뒤쪽에는 성채와 행정부서에서 근무하는 원주민 마을

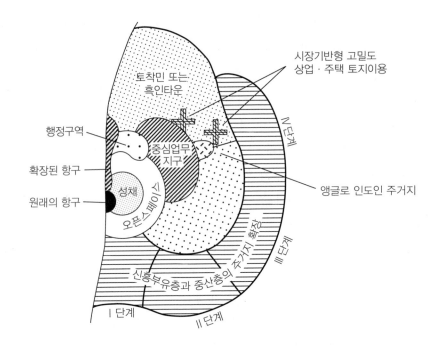

시장기반형 고밀도
상업 · 주택 토지이용

토착민 또는
흑인타운

행정구역

확장된 항구

원래의 항구

성채

중심업무
지구

오픈스페이스

신흥부유층과 중산층의 주거지 확장

앵글로 인도인 주거지

Ⅰ 단계   Ⅱ 단계

그림 7-37 남부 아시아 식민지기반도시의 공간구조

출처: S. Brunn and J. Williams(1983).

이 위치해 있는데, 이곳은 주거환경이 번잡하고 비위생적이며 무계획적인 지역
이다.

서구식 CBD는 주요 상업 및 행정기능을 수행하며 공공기관들이 입지해 있
고 주거밀도가 낮다. 남부 아시아의 시장과 같은 형태의 상업지역은 원주민 마
을에 발달해 있다. 계획적으로 건설된 유럽인 마을은 원주민 마을과 멀리 떨어
진 곳에 가로수가 있는 대로를 따라 입지해 있고 대규모 방갈로들이 들어서 있
다. 흑인 마을과 백인 마을 사이에 영국계 인도인들의 주거지역이 발달해 있다.
영국계의 앵글로 인도인들은 종교가 힌두교가 아닌 기독교이며 영국인과 인도
인 사이에 태어난 혼혈이다. 이들은 원주민사회와 백인사회 모두에서 환영을 받
지 못한다.

식민도시가 성장함에 따라 도시외곽에 새롭게 개발되는 지역은 상류층의 주
거공간으로 공급된다. 이들의 주거환경은 대개의 경우 시 당국의 세금을 바탕으

사진 7-15 ◐ 뭄바이의 도시경관

로 정비된다. 콜카타(캘커타)·뭄바이(봄베이)·첸나이(마드라스)와 같은 인
도의 도시들이 식민지기반도시의 전형적인 사례이다. 인도에 대한 식민지 강대
국의 영향력이 공고해지면서 식민지 수도는 1911년 내륙의 델리로 이동하였다.

또 다른 계획적 내륙도시로는 찬디가르를 꼽을 수 있다. '힌두 여신이 사는
곳'이란 의미의 찬디가르는 1947년 파키스탄에서 유입되는 힌두교 난민들을 수
용하기 위하여 당시의 인도 수상이었던 J. Nehru가 펀잡주의 주도(州都)로 개발
한 신도시이다. 유명한 건축가이며 도시계획가인 Le Corbusier는 Nehru 수상의
요청으로 찬디가르 신도시를 계획하였다. 슈퍼 블록의 개념이 도입된 찬디가르
는 파키스탄이 자존심과 불사항전의 의지로 C. A. Doxiadis에게 의뢰하여 이슬
라마바드 신도시를 건설한 것에 대항하는 정치 및 국방의 맥락에서 건설된 계획
도시였다. 인도와 파키스탄의 도시경쟁은 도시계획가인 Le Corbusier와 Doxiadis
의 대결로 이어진 셈이다.

2) **시장기반 도시구조**: 전통적인 시장기반도시는 남부 아시아에 널리 분포하
고 있으며, 영국의 식민통치를 받기 이전의 도시구조가 남아있다. 시장기반도시

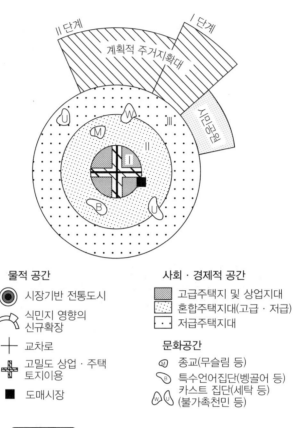

물적 공간

◉ 시장기반 전통도시

⤳ 식민지 영향의
   신규확장

╋ 교차로

✚ 고밀도 상업 · 주택
   토지이용

■ 도매시장

사회 · 경제적 공간

▨ 고급주택지 및 상업지대

▦ 혼합주택지대(고급 · 저급)

⬚ 저급주택지대

문화공간

종교(무슬림 등)

특수언어집단(벵골어 등)

카스트 집단(세탁 등)
(불가촉천민 등)

그림 7-38 **남부 아시아 시장기반도시의 공간구조**

출처: S. Brunn and J. Williams(1983).

는 [그림 7-38]에서 보는 바와 같이 동심원 패턴을 기초로 하여 제안된 모델이다. 이 도시는 주로 농산물 교환에서 비롯된 교역을 기반으로 성장하였으며 종교 · 행정 · 교통의 중심지에 입지한다.

도시중심부에 교차로가 있으며, 여기에 고밀도의 상업 및 주택지가 입지해 있다. 이 주변에는 부유한 상인들의 주택지역과 그들의 상점가도 입지해 있다. 중앙적 위치의 시장은 음식점 · 의류점 등의 생활필수품을 판매하는 소매업소가 주류를 이루어 중심지기능을 수행하고 있으며 기능적으로 특화되어 있다. 중심지의 외곽에는 부유층들이 그들의 하인들과 함께 살고 있으나 같은 건물을 사용하지는 않는다. 빈곤층이 거주하는 저급주택지역은 세 번째 동심원에 위치하며 주택수요와 가격이 낮다.

시장기반도시에서는 도시성장에 따라 인종·종교·카스트제도에 따라 서로 분리되어 거주하는 패턴이 나타난다. 또한 천민들은 항상 도시주변부에 거주하며, 힌두교가 우세한 지역인 경우 이슬람교도들과 떨어져 거주한다. 그러므로 이런 경우는 segregation이 '주거지분화'가 아닌 '주거지격리' 내지 '주거지분리'라 불러야 할 것이다.

인도의 도시계획에는 선사시대부터 전해 내려오는 만다라식 요소가 담겨져 있다. 가령, 모헨조다로와 같이 인더스강 유역의 직교형 가로망을 가진 도시구조는 만다라(mandala)의 영향을 받은 것으로 간주된다. 오늘날에는 그 형태가 소멸되었으나, 남부의 마두라이와 북부의 자이푸르에서는 만다라의 영향이 명확하게 확인되었다(Noble, 1998). 특히 거대한 사원도시인 마두라이는 도시형태가 명백한 만다라식 계획의 결과임을 보여주는 현존하는 도시 가운데 전형적 사례일 것이다(그림 7-39). 그러나 N. E. Sealey(1982)가 고찰한 것처럼 18세기에 만들어진 자이푸르는 고전적인 만다라의 요소를 적용한 도시임에는 분명하나, 만다라의 영향이 마두라이만큼 명확하게 남아 있지는 않다. 만다라는 마

마두라이 도시계획   만다라 모델

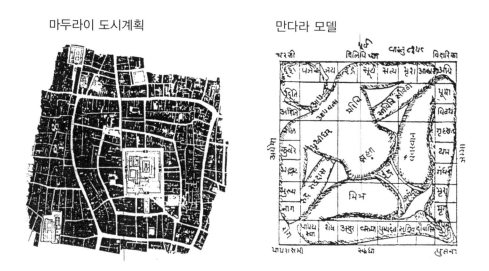

그림 7-39 마두라이 도시계획과 만다라 모델

출처: K. Lynch(1960).

치 가부좌를 튼 부처의 모습과 유사한 형태를 띠는데, 이와 같은 만다라 양식은 우주를 기하학적으로 표현하거나 모형화한 것으로 힌두교 또는 불교와 관련이 있다.

동남아시아의 우주론은 원과 그 중앙에 원의 원리를 따라 만들어진 이상도시와 정방형의 원리에 따라 만들어진 격자를 결합시킨다. 이런 결합을 문화적으로 가장 오묘하게 보여주는 것이 위에서 설명한 「만다라」이다. 만다라는 2차원의 형태로 이루어진 신비로운 우주의 상징이기도 하다. 도시계획을 위한 여러 가지 형태나 만다라 중에서 어느 것을 선택하는가의 문제는 사제(司祭)의 몫이다. [그림 7-39]는 마두라이의 경우일 뿐이다. 만다라식 요소가 가미된 도시는 인도뿐만 아니라 네팔 카투만두 부근의 키르티푸르와 같은 도시에서도 찾아볼 수 있다.

만약 Sjoberg가 주장한 전산업도시(pre-industrial city)의 고전적 모델을 받아들인다면, 동심원 패턴의 보편성에 대한 광범위한 사례를 찾아낼 수 있을 것이다. 이 모델은 도시 중심이 항상 통치·종교·지배계층의 주거지로 점유되었으며, 하층계급은 변두리로 밀려났기 때문에 동심원 패턴을 만든 의도는 도시가 비록 무질서하게 조직되어 있다고 하더라도 모든 전산업도시에서 나타난다고 할 수 있다(양윤재 역, 2009, pp. 179-182).

(6) 동남아시아의 도시구조

동남아시아의 도시들은 외래문화의 영향을 많이 받은 편이다. 1511년 포르투갈이 처음으로 식민지개척에 나선 이후, 19세기에 이르러 유럽 열강들이 본격적으로 식민지개척에 나서면서 동남아시아의 도시시스템에 많은 영향을 미쳤다. 해외로부터 이주민들이 유입되면서 생겨난 인종적 다양성은 T. McGee(1967)의 동남아시아 도시모델의 중요한 요소가 되었다.

[그림 7-40]에서 보는 바와 같이, 상업지대는 인종에 따라 분리되어 나타나는데, 인도인과 중국인들로 구성된 외국인 상업지대와 서양인 상업지대가 그것이다. 상류층 주거지대는 관청지대로부터 외곽을 향하여 확장된다. 불법주택지대는 도시주변부에 위치하며 도시가 성장함에 따라 도시외곽으로 계속 확장되어 나아간다. 또 다른 특징은 '캄풍'(Kampung)이라 불리는 전통적인 마을이 도

신산업단지

확장된 대도시권(EMR)

시장전원지대

신 근교지대 및 불량주택지역

B

A

B

중밀도 주택지대

A

AC

AC

신흥고급주택지

WC

고급주택지

항만지대

복합토지이용지대

관청지대

A: 불량주택　AC: 외국인 상업지대
B: 근교　WC: 서양인 상업지대

그림 7-40　동남아시아 도시의 공간구조

출처: T. MaGee(1967).

시의 발전과 함께 성장하면서 도시에 통합되어 간다는 것이다. 동남아시아의 대
도시에서 볼 수 있는 도시슬럼은 인도네시아의 캄풍뿐만 아니라 필리핀 마닐라
의 바롱바롱(Barong Barong), 미얀마 양곤의 퀘티츠(Kwettits) 등이 있으며, 터
키에는 이스탄불의 게제콘두(Gecekondu) 등이 있다.

　이들의 대부분은 무허가주택지(squatter settlement)라 불리는데, 이는 불법점
거자 또는 무단점거자라는 의미가 포함되어 있으므로 도시빈민주거지의 문제
해결에 도움이 되지 않을 뿐더러 법률상으로 그들이 불리한 호칭이다. 그리하
여 D. J. Dwyer(1975)는 그와 같은 주거지역을 자연발생적 주택지(spontaneous
settlement)란 전혀 새로운 용어를 제안한 바 있다. 공유지의 무단점거는 적어도
도시빈민들에게는 생존권에 관한 문제였으나 정부의 입장에서는 범법행위를 한
불법점거자들이었다. 이들은 사회의 구조적 빈곤의 희생양인 경우가 많아, 가령
마닐라의 슬럼인 바롱바롱 지역의 바세코에 거주하는 주민들은 가난을 벗어나

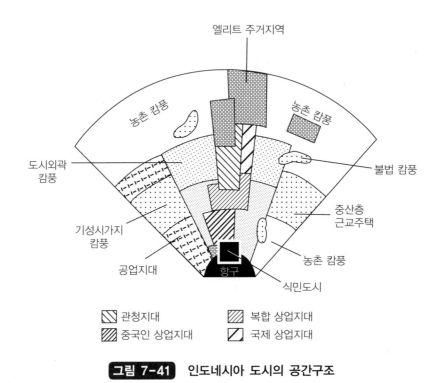

엘리트 주거지역

농촌 캄풍

농촌 캄풍

도시외곽
캄풍

불법 캄풍

중산층
근교주택

기성시가지
캄풍

농촌 캄풍

공업지대

항구

식민도시

관청지대   복합 상업지대
중국인 상업지대   국제 상업지대

그림 7-41   **인도네시아 도시의 공간구조**

출처: L. Ford(1993).

려 불법적인 장기매매까지 서슴치 않는다. 그들은 약 100~200만 원을 받고 장
기를 팔아도 가난의 굴레에서 벗어나지 못한다.

　이러한 특징들에 대한 언급은 L. Ford(1993)가 9개의 주요지대로 구분하여
설명한 인도네시아의 도시모델에서 구체화되었다. 인도네시아 도시의 9개 지대
는 다음과 같다(그림 7-41).

　1) 식민항구도시지대: 식민항구도시지대(port-colonial city zone)는 인도네시
아 대부분의 해안도시에 남아있는 형태적 요소이다. 심지어 신항만 시설이 건설
된 곳에서도 과기의 항구가 정상적으로 일부기능을 수행할 정도이다. 반면, 그
와 인접한 네덜란드 식민도시는 주변기능을 맡은 경우 가시적 도시경관의 요소
로 남아 있을 뿐이다. 일반적으로 식민지 초기에는 식민내륙도시보다 식민항구
도시가 더 많다.

　2) 중국인 상업지대: 인도네시아의 경우 중국인들은 도시인구의 10~40%를

사진 7-16 ◐ 이스탄불의 도시슬럼 게제콘두

차지한다. 중국인의 자본은 인도네시아 경제의 여러 부분을 지배하고 있다. 중국인 상업지대(Chinese commercial zone)는 전통적 상점과 쇼핑 플라자 등으로 구성된 고밀도의 토지이용을 보이고 있으며, 이것은 상업중심축을 따라 식민도시로부터 도시외곽으로 확장된다.

3) **복합상업지대:** 복합상업지대(mixed commercial zone)는 인종적·기능적으로 복합적인 활동과 다양한 건축물들이 나타나는 도시의 경제적 심장부를 가리킨다.

4) **국제상업지대:** 국제상업지대(international commercial zone)는 주요 기념비적 대로변에 입지하고 주요 업무빌딩·컨벤션 센터·고급 쇼핑센터·호텔·여가시설 등이 있다. 이 지대의 바로 옆에는 저급주택지대인 캄퐁이 위치한 까닭에 국제상업지대의 확장이 억제된다.

5) **관청지대:** 관청지대(government zone)는 상대적으로 식민도시에서 멀리 떨어져 있으며, 관공서는 도시의 허파 역할을 하는 공공의 오픈 스페이스에 입지한다. 상류층 주거지대는 종종 근처에 입지한다.

6) 상류층 주거지대: 상류층 주거지대(elite residential zone)는 현대적 도시 서비스와 토지이용이 관리되는 주택지이다. 호화스러운 폐쇄적 공동체는 의도적으로 농촌의 캄풍 주변에 건설된다.

7) 중산층 근교주거지대: 중산층 근교주거지대(middle income suburb)는 최근까지만 하더라도 중산층 숫자가 상대적으로 적었으므로 형성되지 않았으나, 근래에 새롭게 등장한 주택지대이다. 이것은 대부분 상류층 주거지대와 캄풍에서 떨어진 중심축 양쪽에 입지한다.

8) 공업지대: 대부분의 인도네시아 도시에서 중공업이 차지하는 비중이 미미하므로 공업지대(industrial zone)가 잘 형성되지 않지만, 대도시의 경우 항만시설과 가까운 곳에 형성된다. 1970년대 항만시설·근교공업단지·위성도시 건설 등을 통하여 미래의 도시구조를 개선할 목적으로 시도되고 있다.

9) 캄풍: 이들은 무계획적으로 형성된 저소득층 주거지역으로, 인도네시아의 도시구조에서 볼 수 있는 특징적 요소이다.

(7) 중국의 도시구조

중국의 도시는 지난 50년 간 많은 변화를 겪었다. 중국의 도시개발은 5개의 주요 시기로 시대구분 될 수 있다(Gaubatz, 1998). 그것은 ① 초기 전통적 도시형태(early traditional urban form)로 통치 및 군사적 목적으로 직사각형의 성곽도시를 건설한 A.D. 202~618년의 시기, ② 후기 전통적 도시형태(late traditional urban form)는 통치를 위한 것보다는 경제적 목적으로 건설된 A.D. 618~907년의 시기, ③ 개항장 시대(the treaty port era)는 중국과 영국 간의 아편전쟁으로 맺어진 난징조약에 의해 상하이에서 보는 것처럼 외국인 주거와 사업활동이 가능해진 치외법권의 서구식 도시가 건설된 1842~1949년의 시기이다. 이로 인하여 도시 내에 공장지대·상업지역·주거지역 등이 형성되었고, 도시의 성곽은 철거되었으며 도시근교에는 무허가 주택지대가 양산되었다. ④ 마우쩌둥 도시(the Maoist city)는 1949년 공산혁명으로 수립된 사회주의 이데올로기를 표방한 도시가 건설된 1948~1978년의 시기를 가리킨다. 이 시기에 건설된 중국도시에는 대규모 집회를 위한 광장이 조성되었다.

⑤ 현대적 거대국제도시(the contemporary 'great international city')는 1979년

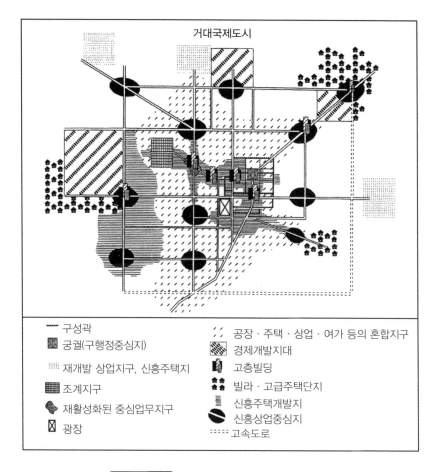

거대국제도시

﹏﹏﹏ 구성곽	╱╱ 공장 · 주택 · 상업 · 여가 등의 혼합지구
▦ 궁궐(구행정중심지)	▨ 경제개발지대
▒ 재개발 상업지구, 신흥주택지	▮ 고층빌딩
▦ 조계지구	♠♠ 빌라 · 고급주택단지
◉ 재활성화된 중심업무지구	▤ 신흥주택개발지
⊠ 광장	◐ 신흥상업중심지
	⋯⋯ 고속도로

그림 7-42 현대적 중국도시의 공간구조

출처: P. Gaubatz(1998).

이후부터 나타난 직주분리의 구조와 도심이 형성된 시기이다(그림 7-42). 이 시기에 들어와서는 상업적 네트워크와 도시계층이 만들어졌고, 외국인 직접투자를 위한 경제개발지대가 조성되었다. 새롭게 등장한 고급주택지와 상공업 클러스터는 고속도로 · 지하철 · 경전철 등의 현대적 운송체계에 의해 연결되어 있다. 베이징 · 상하이 · 선전 · 광저우 등의 도시는 서구도시와 유사한 고층경관을 보일 뿐만 아니라 탈도시화 및 사회 · 공간적 양극화(socio-spatial polarization)의 심화라는 공통점을 보이기 시작하였다. 중국이 개혁 · 개방정책으로 전환하면서

사진 7-17 ✿ 중국의 현대적 도시 상하이

급변하는 중국 도시의 중심부에는 상업중심지와 업무중심지가 조성되어 CBD형
성이 진행 중에 있거나 이미 완료된 상태에 놓여있다.

┤참│고│문│헌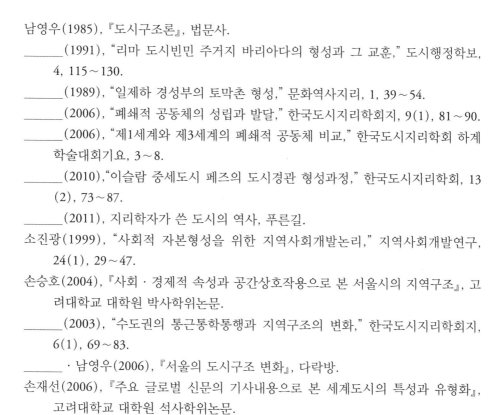

남영우(1985),『도시구조론』, 법문사.

_____(1991), "리마 도시빈민 주거지 바리아다의 형성과 그 교훈," 도시행정학보,
　　　4, 115~130.

_____(1989), "일제하 경성부의 토막촌 형성," 문화역사지리, 1, 39~54.

_____(2006), "폐쇄적 공동체의 성립과 발달," 한국도시지리학회지, 9(1), 81~90.

_____(2006), "제1세계와 제3세계의 폐쇄적 공동체 비교," 한국도시지리학회 하계
　　　학술대회기요, 3~8.

_____(2010), "이슬람 중세도시 페즈의 도시경관 형성과정," 한국도시지리학회, 13
　　　(2), 73~87.

_____(2011), 지리학자가 쓴 도시의 역사, 푸른길.

소진광(1999), "사회적 자본형성을 위한 지역사회개발논리," 지역사회개발연구,
　　　24(1), 29~47.

손승호(2004),『사회·경제적 속성과 공간상호작용으로 본 서울시의 지역구조』, 고
　　　려대학교 대학원 박사학위논문.

_____(2003), "수도권의 통근통학통행과 지역구조의 변화," 한국도시지리학회지,
　　　6(1), 69~83.

_____ · 남영우(2006),『서울의 도시구조 변화』, 다락방.

손재선(2006),『주요 글로벌 신문의 기사내용으로 본 세계도시의 특성과 유형화』,
　　　고려대학교 대학원 석사학위논문.

양윤재 역(2009),『역사로 본 도시의 모습』, 공간사.

양재섭(2003),『서울 도심부의 주거지 특성과 거주인구 변화』, 서울시립대학교 대
　　　학원 박사학위논문.

윤인진(1998), "서울시의 사회계층별 거주지 분화형태와 사회적 함의," 서울학연구,
　　　24(1), 229~270.

이경택(1993),『서울시 빈민지역의 형성과정에 따른 경관 및 분포패턴의 변화』, 고
　　　려대학교 석사학위논문.

_____(2011),『서울의 都市景觀 形成과 變化에 관한 動因 硏究』, 고려대학교 대학
　　　원 박사학위논문.

한국도시지리학회 역(2013),『세계의 도시』, 푸른길.

高橋伸夫・管野峰明・永野征男 (1984),『都市地理學入門』, 原書房, 東京.

近藤康男(1979),『チウネン孤立國の研究』, 農山漁村文化協會, 東京.

南繁佑(1981), "ソウルにおける結節地域の構造とえの特性," 地理學評論, 54, 637~659.

_____(1981), "ソウルにおける結節地域の構造とその特性," 地理學評論, 54, 637~659.

_____(1983),『空間的相互作用からみた巨大都市ソウルの地域構造』, 筑波大學 大學院 博士學位論文.

上野健一(1982), "都市の居住地域構造研究の發展," 地理學評論, 55, 715~734.

石水照雄(1974),『都市の空間構造理論』, 大明堂, 東京.

奧野隆史(1965), "東京都區部における發生・吸收交通に關する研究," 地理學評論, 38, 426~446.

伊藤 悟(1997),『都市の時空間構造』, 古今書院, 東京.

田邊健一(1979),『都市の地域構造』, 大明堂, 東京.

Aase, A.(1978), *Interregional and interurban variation in levels of living*, Kazimierz, Poland.

Aase, A. and Dale, B.(1978), *Interregional and interurban variations in levels of living*, paper delivered to the joint seminar of the Committee of the Regional Science Association, Kagimierg.

Abu-Lughod, J. L.(1969), Testing the theory of social area analysis: the ecology of Cairo, Egypt, *American Sociological Review*, 34, 198~212.

Anderson, T. R. and Bean, L. L.(1961). The Shevky-Bell social areas: confirmation of results and a reinterpretation, *Social Forces*, 40, 119~124.

Anderson, T. R. and England, J. A.(1961), spatial aspects of social area analysis, *American Sociological Review*, 36, 392~399.

Ayeni, B.(1979), *Spatial interaction in the urban system, Concepts and Techniques in Urban Analysis*, Croom Helm, London.

Bauer, R. A. ed.(1966), *Social Indications*, M.I.T. Press, Cambridge.

Bell, W.(1955). Economic, family and ethnic status: an empirical test, *American Sociological Review*, 20, 45~52.

_____ and Moskos, I.(1984), A comment on Udny's increasing scale and spatial differentiation, *Social Forces*, 42, 414~417.

Berry, B. J. L. and Barnum, H. G.(1962), Aggregate relations and elemental components of central place systems, *Jour. of Reg. Sci.*, 4, 35~68.

Berry, B. J. L. and Rees, P. H.(1969), The factorial ecology of Calcutta, *American Journal of Sociology*, 74, 455~491.

Booth, C.(1893), *Life and Labour of the People of London*, Macmillan, London.

Brooks, E.(1977), Geography and public policy, in *Values, Relevance and Policy*, Open University Course D204, Unit 30, Open University Press, Milton Keynes, 1~40.

Brunn, S. and Williams, J.(1983), *Cities of the World*, Harper & Row, New York.

Buursink, J.(1975), Hierarchy, a concept between theoretical and applied geography, *Tijdsch. Econ. Soc. Georg.*, 66, 194~203.

Curtis, J. H., Avesing, F. and Klosek, I.(1967), Urban Parishes as Social Areas, *The American Catholic Sociological Review*, 18, 319~325.

Davis, R. L.(1972), Structural models of retail distribution, *Tran. Inst. Br. Geogr.*, 57, 59~82.

Davies, W. K. D.(1984), *Factorial Ecology*, Grower, Aldershot.

_____ and Barrow, G.(1973), Factorial ecology of three prairie cities, *Canadian Geographer*, 17, 327~353.

Dollfus, O.(1971), *L'analyse geographique*, Press Universitaires de France, 田邊裕・浜田眞之 譯(1977), 『地域分析』, 白水社, 東京.

Dwyer, D. J.(1975), *People and Housing in Third World Cities: Perspectives on the problem of spontaneous settlements*, Longman, London.

Fisher, E. M. and Fisher, R. M.(1954), *Urban Real Estate*, Henry Halt & Co., New York.

Foggin, P. and Polese, M.(1977), *The Social Geography of Montreal in 1971*, University of Toronto, Research Paper No. 88, Toronto.

Ford, L.(1993), A model of the Indonesian city structure, *Geographical Review*, 83(2), 374~396.

_____(1996), A new and improved model of Latin American city structure, *Geographical Review*, 83(3), 437~440.

Frank, A. G.(1966), The Development of Underdevelopment, *Monthly Review*, 18(4), 17~21.

Griffin, E. and Ford, L.(1983), Cities of Latin America, ins. Brunn and J. Williams (eds.), *Cities of the World*, Harper & Row, New York, 199~240.

Gaubatz, P.(1998), Understanding Chinese urban form: contexts for interpreting continuityand change, *Built Environment*, 24(4), 251~270.

Gittus, E.(1964), The structure of urban areas, *Town Planning Review*, 35, 5~20.

Greer-Wooten, B.(1972), Changing social areas and the infra-urban migration process, *Review de geographie de Montreal*, 26, 271~292.

Harris, C. D. and Ullman, E .L.(1945). The nature of cities, *A.A.A.P.S.S.*, 242, 7~17.

Hawley, A. H. and Duncan, O. D.(1957), Social area analysis: a critical appraisal, *Land Economics*, 33, 227~245.

Herbert, D. T.(1972), *Urban Geography: A Social Perspective*, David & Charles, Newton Abbot, New York.

Hunter, A. A.(1974), Comunity Change: a stochastic analysis of Chicago's local communities, 1930-1960, *American Journal of Sociology*, 79, 923~947.

Janson, C-G.(1971), A preliminary report on Swedish urban spatial structure, *Ecomonic Geography*, 47, 249~257.

Johnston, R. J.(1973a), Social area change in Melbourne 1961-1966, *Australian Geographical Studies*, 11, 79~98.

_____(1973b), Spacial patterns in suburban evaluations, *Environment and Planning*, 5A, 385~395.

Jung, H.(2005), Theories and Issues of Gentrification: Contextual Analysis through Comparative Studies, *Journal of Geography Education*, 49, 321~335.

Knox, P.(1995), *Urban Social Geography: An Introduction*, Longman, New York.

Lemon, A.(1991), *Homes Apart*, Chapman, London.

Lowder, S.(1983), *Inside Third World Cities*, Croom Helm, London.

Lowe, J. C. and Moryadas, S.(1975), *The Geography of Movement*, Houghton Mifflin Co., Boston.

Lynch, K.(1960), *The Image of the City*, MIT Press, Cambridge, Mass.

Mangin, W.(1967), Latin American squatter settlements: a problem and solution, *Latin America Research Review*, 2, 65~98.

McElrath, D. C.(1968), Social scale and social differentiation, in S.Greer, *et al.* (eds.), *The New Urbanization*, St. Marin's Press, New York, 33~52.

McGee, T.(1967), The Southeast Asian City, Praeger, New York.

Mitchell, R. A. and Rapkin, C.(1954), *Urban Traffic/A Functional of Land Use*, Columbia University Press, New York.

Müller, P. O.(1981), *Contemporary Suburban America*, Prentice Hall, Englewood Cliffs, NJ.

Murdie, R. A.(1969), *Factorial Ecology of Metropolitan Toronto 1951-1961*, Research

Paper No.116, Department of Geography, University of Chicago, Chicago.

Noble, A. G.(1998), *Regional Development and Planning for the 21st Century*, Ashgate, New York.

Noble, A. G., Dutt, A. and Subbiah, S.(2003), *Challenges to Asian Urbanization in the Twenty-first Century*, Kluwer, Dordrecht.

Nystuen, J. D. and Dacy, M. F.(1961), A graph theory interpretation of nodal region, *Papers and Proceedings, Reg. Sci. Ass.*, 7, 29~42.

O'Connor, A.(1983), *The African City*, Hutchinson, London.

Pacione, M.(2005), *Urban Geography: a global perspective*, Routledge, London.

Rae, J. H.(1983), *Social Deprivation in Glasgow*, city of Glasgow District Council, Glasgow.

Rees, P. H.(1971), Factorial ecology: an extended definition, survey and critique, *Economic Geography*, 47, 220~233.

_____(1972), Problems of classifying sub-areas as within cities, in B. J. L. Berry(ed.), *City Classification Handbook: Methods and Applications*, Wiley, New York, 265~233.

_____(1979), *Residential Patterns in American cities: 1960*, Research Paper No.189, Department of Geography, University of Chicago, Chicago.

Rostow, W. W.(1959), The Stages of Economic Growth, *The Economic History Review*, 12(1), 1~16.

Rowntree, B. S.(1901), *Poverty: A Study of Town Life*, Macmillan and Co., London.

Rusk, D.(1994), Bend or die: inflexible state laws and policies are dooming some of the country's central cities, *State Government News*, February, 6~10.

Salins, P. D.(1971), Household location patterns in American metropolitan areas, *Economic Geography*, 47, 234~248.

Schmid, C. F. and Tagashira, K.(1965), Ecological and demographic indices: a methodological analysis, *Demography*, 1, 194~211.

Schwab, W.(1992), *The Sociology of Cities*, Prentice-Hall, Englewood Cliffs, N. J.

Sealey, N. E.(1982), *Planned Cities in India*, University of London School of Oriental and Africa Studies, London.

Shevky, E. and Bell, W.(1955), *Social Area Analysis*, Stanford University Press, Stanford.

Shevky, E. and Williams, M.(1949), *The Social Areas of Los Angeles*, University of California Press, Los Angeles.

Smith, D. M.(1973), *An Introduction to Welfare Geography*, Occasional Paper No.11, University of Witwartersrand, Johannesburg.

_____(1973), *The Geography of Social Well-Being in the United States*, McGraw-Hill, New York.

_____(1974), *Crime rates as Territorial Social Indicators*, Occasional Paper No.1, Department of Geography, Queen Mary College, London.

_____(1977), *Human Geography: A Welfare Approach*, Arnold, London.

_____(1979), Inter-city depravation: problems and policies in advanced capitalist countries, *Geoforum*, 10, 297~310.

Stimpson, R. J.(1982), *The Australian City: A Welfare Geography*, Longman Cheshire, Melbourne.

Sweetser, F. L.(1965), Factorial ecology: Helsinki, *Demography*, 2, 372~385.

_____(1965), Factor structure as ecological structure in Helsinki and Boston, *Acta Sociologica*, 8, 205~225.

Timms, D. W. G.(1971), *The Urban Mosaic: Towards a Theory of Residential Differentiation*, Cambridge University Press, Cambridge.

Tinkler, K. J.(1979), Graph Theory, *Progress in Human Geography*, 3, 85~116.

Udry, J. R.(1964), Increasing scale and spatial differentiation: new tests of two theories from Shevky and Bell, *Social Forces*, 42, 404~413.

Ullman, E. L.(1980), *Geography as Spatial Interaction*, University of Washington Press, Seattle.

UN(1973), *Urban Land Policies and Land Use Contral Measures*, 1, United Nations, New York.

Van Arsdol, M. D., Camilleri, S.F. and Schmid, C. F.(1958), The generality of urban social area indexes, *American Sociological Review*, 23, 277~284.

Vance, J. E.(1964), *Geography and Urban Evolution in the San Francisco Bay Area*, Institute of Government Studies, University of California, Berkeley.

Wallerstein, I.(1974), *The Modern World-System*, Academic Press, New York.

Wirth, L.(1938), Urbanism as a way of life, in R. Sennett(ed.), *Classic Essays on the Culture of Cities*, Appleton-Century-Crofts, New York, 143~164.

후기산업시대의 도시공간구조론

Introduction

도시활동을 담는 그릇의 역할을 하는 도시는 도시활동의 종류가 바뀜에 따라 그릇도 변하게 된다. 산업시대에서 후기산업시대로 전환됨에 따라 도시공간구조는 어떻게 변화하였는가? 경제적 변화는 물론 기술적·인구학적·문화적·정치적 변화는 도시에 어떤 영향을 미쳤는가? 본장에서는 교통·통신의 발달이 도시공간구조에 미친 영향과 세계화에 따른 도시의 재구조화에 대하여 설명하고, 미래의 도시구조에 대하여 전망해 보기로 한다.

Keywords

탈번영기, 세계경제, 시공간의 단축, 재활성화, 연계징책, 세계도시, 도시경영, 근교, 원교, 지속가능성, 도시재구조화, 유비쿼터스 도시, 압축도시, 네트워크 도시, 뉴어바니즘.

01 ▶ 20세기 말부터 도시공간구조는 어떻게 변화하는가?

　　우리들은 지금까지 산업시대의 도시공간적 측면을 계통적으로 살펴보면서 그들의 다양한 패턴에 과거부터 작용해왔거나 혹은 현재에도 작용하고 있는 주요한 공간과정을 추구해 왔다. 본장에서는 20세기 말 도시의 경제적 · 기술적 · 인구학적 · 문화적 · 정치적 변화의 복합적 효과가 어떤 의미를 갖는지 개관하고, 21세기의 도시발전과 도시재구조화의 가능성이 엿보이는 미래의 도시공간구조를 예상해 보기로 하겠다.

　　이런 과제를 해결하려는 이유 중 하나는 전장에서 설명한 많은 도시공간구조론에 대하여 역동적 맥락에서 재접근하여 요약 · 정리해 봄으로써 도시공간구조론에 대한 본서 나름대로의 결론을 도출해보기 위함이다. 또 다른 이유는 저자가 근래에 이르러 새로운 전환기를 맞고 있는 현대사회의 흐름을 포착하였기 때문이다. 물론 이 변화는 도시화와 도시발전의 본질에 있어서 중요한 의의를 갖고 있다.

　　새로운 전환기는 자본주의의 역학, 특히 자본주의경제의 국제화 내지 세계화, 거대한 다국적기업 내지 초국적기업의 시장지배, 제조업으로부터 서비스업으로 이행하는 세계경제의 변화에 기초하고 있으며, 이는 선진자본주의 · 기업자본주의 · 독점자본주의 · 후기자본주의 등으로 불리는 단계인 것이다. 그러나 이와 같은 경제의 기본이 전환됨에 따라 기술 · 인구구성 · 문화생활 · 정치생활의 영역에서도 변화가 구체화되기 시작하였다. 이 구체화는 대개의 경우 1970년대 전반에 발생한 오일 쇼크를 계기로 진전된 것이므로 「탈번영기」라는 수식어가 따른다. G. Gappert(1979)에 의하면, 탈번영기 사회로의 전환은 다음과 같은 특성을 나타낸다.

① 베이비 붐 세대의 인구학적 영향이 크게 나타났다는 점이다: 제2차 세계대전 후의 인구급증기에 태어난 세대의 영향으로 현재 주택시장과 노동시장이 과밀화하기 시작하였다는 점 .

② 사회가 경제적으로 양극화된다는 점이다. 즉 전통적 노동자계급과 자영업 등의 중산층이 몰락하고, 관리직·전문직으로 구성된 신엘리트층과 서비스 부문에 종사하는 신하층 계급이 출현하였다는 점.

③ 주요한 정치경제체제 속에서 불확실성과 결정력이 상실되는 현상이 나타났다는 점이다.

④ 사람들(특히 중산층)의 기대가 무너지는 「탈번영기의 의식」이 나타나고, 또 그것을 인정하기에 이르렀다는 점이다.

⑤ 직장 및 세대의 내부적 변화와 직장 및 세대 간의 관계적 변화가 나타난다는 점이다.

⑥ 성차별이 차츰 없어지는 「중성적 문화」 속에서 공동의 라이프 스타일이 전개되었다는 점이다.

이상에서 열거한 변화특징은 21세기에 접어든 현재도 지속적으로 나타나고 있다. 이들 특징은 1970년대의 미국사회에서는 발견하기 어려운 것들이었다. 그러나 이들 변화상은 가까운 장래에 바뀔 가능성이 높다. 탈번영기의 도시변화를 평가하기 위해서는 경제·기술·인구·문화·정치적 변화에 대한 폭넓은 관점에서 고찰해 볼 필요가 있다.

1. 경제적 변화

(1) 세계경제의 변화

1960년대 이후, 세계의 경제핵심은 "무엇을 생산할 것인가? 어떻게 생산할 것인가? 어디에서 생산할 것인가?"라는 점에서 근본적으로 새로운 단계에 돌입하였다.

먼저 "무엇을 생산할 것인가?"라는 관점에서 볼 때, 주요한 변화 방향은 농업·제조업으로부터 서비스 활동으로의 전환이라고 할 수 있는 「경제의 유연화」에서 찾을 수 있다. 이러한 산업의 부문 이동(sectoral shift)은 몇몇 과정의 누적적 상호작용으로부터 유래되었다. 서비스업 부문의 역할이 확대된 원인 중의 하나는 산업화에 수반한 전문화까지 소급할 수 있다. 전문화의 결과, 거래행위가 자극을 받아 활성화될 뿐만 아니라 거래와 관련된 서비스와 기업이 특화하기 위한 서비스 등의 고용과 투자의 새로운 기회가 생겨난다. 여기서 거래와 관련된 서비스는 교통·통신·공익사업·도매 등의 분배서비스를 지칭하고, 기업이 특화하기 위한 서비스는 마케팅·광고·관리·금융·보험 등의 생산자서비스를 포함한다.

한편, 노동력의 필요성은 농업·제조업의 생산성이 기계화·자동화·경영조직의 혁신 등으로 개선되었기 때문에 절실히 요구되지 않는다. 소비자는 재화 및 상품시장의 일부가 포화상태에 이르렀기 때문에 수입의 대부분을 여러 가지 개인서비스에 사용할 수 있게 되었다. 기업도 마찬가지로 제조업부문의 시장이 포화상태에 이르렀기 때문에 기존의 생산품을 더 저렴하고 우수하게 만들 수밖에 없게 되었다. 기업들이 신제품을 개발하여 시장에 내놓은 결과, 또 다른 종류의 생산자서비스와 연구·개발(R&D)이 생겨났다. 마지막으로, 공공부문에서는 사회·경제조직의 복잡화에 대응하기 위하여 중앙정부 및 지방정부가 그 활동과 책임의 범위를 넓혀감에 따라 많은 취업기회를 창출하였다.

가령, 미국의 경우 제조업부문은 1947년에 전체고용의 약 1/3에 달하였으나, 1980년에 이르러서는 1/4 이하로 비중이 낮아졌다. 이 기간 중에 서비스업부문은 고용의 비중을 약 12% 증가시켰다. 영국의 경우, 서비스업부문은 1980년대 중반까지 전체고용의 약 65%에 달하였다. 그 뿐만 아니라 제조업부문의 고용자 중 약 1/3은 실제로는 사무·기술·관리직에 종사하고 있었다. 그런데, 서비스업의 유형에 따라 성장률에 실질적 차이가 있었다. 소매 및 소비자서비스가 선진국경제의 원동력일 것이라는 일반적 견해와는 달리, 실제로는 이런 유형은 괄목할 만큼 급성장하지 않는다. 오히려 서비스업부문의 고용확대에 가장 공헌하는 것은 생산자서비스·공공부문서비스·비영리적 서비스(주로 고등교육과 건강의료)였다.

다음으로 "어떻게 생산할 것인가?"라는 관점에서 보면, 주된 경향은 시장점유율에서 독과점화 되어가고 있다는 것이다. 즉 더 거대하고 능률적인 기업이 경쟁자를 누르고 자기 회사의 경영을 다각화해 간다. 미국에서는 1960년대 후반에 무려 3천 건이 넘는 기업합병이 단행되었다. 그 결과, 제조업의 경우에 상위

50개 회사가 1957~1977년의 30년간에 독과점률이 17%로부터 24%로 높아졌다. 이를 상위 200개 회사까지 범위를 넓혀보면 30%로부터 44%로 증가하였음을 알 수 있다. 서비스업부문의 내부에서는 소매서비스 · 생산자서비스의 관리는 특히 더 집중화되었다.

마지막으로 "어디에서 생산할 것인가?"라는 관점에서 볼 때의 주된 경향은 거대한 복합기업체의 재구조화에 대응한 도시권, 국가, 국제, 세계적 규모에서의 활동에 재배치화가 단행되었다는 것이다. 새로운 거대기업체가 비대해짐에 따라 다양한 방법의 경영합리화가 모색된다. 구체적으로 중복된 업무활동을 정리하거나, 단순노동과 조립노동을 임금이 저렴한 지역으로 이전하는 것, 각종 지원활동을 임대료와 세금이 낮은 근교로 이전하는 것, 본사기능과 R&D연구소를 거점에 통합시켜 강화하는 것 등을 가리킨다. 대단히 복잡하고 모순되는 듯한 일련의 과정이 세계경제를 변화시켜 왔다. 그 결과, 도시의 공간구조에 영향을 미친 것은 다음의 세 현상으로 요약될 수 있다.

첫째, 유럽과 북미의 공업핵심지대에 위치한 도시와 도시지역의 탈공업화(deindustrialization)현상.

둘째, 대도시권 내부에 입지하던 제조업과 서비스업 고용의 이심화(decentralization)가 진전되는 현상.

셋째, 대도시 내부의 몇몇 기능 중 정보 · 지식의 생산 · 처리기능이 특화한 세계도시화를 경험하는 현상.

(2) 경제위기와 경제전환

전술한 구조전환과 재구조화에도 불구하고 국제경제체계는 1973~1982년의 10년간 장기적 위기를 경험하였다. 이 위기는 몇몇 요인이 복합적으로 작용한 결과였다. 즉 경제성장의 둔화, 인플레의 상승, 국제적 금융불안의 증대, 에너지가격의 급상승, 국제경쟁의 격화, 정치불안의 재연, 개발도상국에 들이닥친 채무문제의 심각화 등이 그것이다(Castells, 1980). Carnoy and Castells(1984)에 의하면, 이 위기에 대처하기 위하여 새로운 경제축적 · 사회조직 · 정치적 정당성모델을 구축하려고 시도하였는데, 그 결과가 현재의 선진자본주의 경제라는 것이다.

이와 같은 새로운 현상 하에서 자본과 노동 간의 새로운 관계가 만들어졌고, 자본은 임금과 규칙에 관한 새로운 리더십을 회복할 수 있었다. 공공부문의 새로운 역할도 생겨났다. 그것은 단지 정부의 개입과 원조를 줄이는 것뿐만 아니라 집단소비로부터 자본축적으로, 또 합법성으로부터 지배성으로 중심의 이동을 수반한 것이었다. 이러한 진행과정의 중심에는 부문별 전환과 기업의 구조조정의 결과로 파생된 국제적·광역적·도시권적 노동분업이 있다. 즉 자본·노동·생산·시장·관리의 공간적 형태가 변화함에 따라 새로운 관계가 확립되는 것이다.

상술한 기본적 조건의 변화에 따라 도시의 공간구조에 큰 변화가 나타남은 물론이거니와 계급구조와 커뮤니티 조직으로부터 도시서비스공급과 도시정치구조에 이르기까지 모든 것에 영향을 미쳤다. 다른 한편으로 경제위기와 경제전환은 이미 도시 노동시장의 구성에 중대한 변화를 일으키고 있다. 그 변화상을 요약하면 다음과 같다.

① 첫 번째의 명확한 결론은 실업률이 현저히 증가하고 있다는 점이다. 서유럽에서는 실업수준이 1971년의 300만 명으로부터 1981년의 1,000만 명을 상회하였다. 1981년에는 영국만 보더라도 300만 명을 넘는 실업자가 발생하였다. 미국의 실업자는 1970년의 400만 명에서 1983년의 1,070만 명으로 증가하였다. 더욱이 이들 중 40%는 장기적 실업자였다.

② 두 번째 결론은 블루칼라 고용이 감소하고 화이트칼라 고용이 증가하였다는 점이다. 구체적으로, 블루칼라 고용의 감소는 제조업으로부터 서비스업으로 이행됨에 따라 수반된 것이고, 화이트칼라 고용의 증가는 블루칼라 고용의 감소분을 채우는 형태로 전개되었다.

③ 세 번째 결론은 화이트칼라 고용 자체도 관리직·전문직과 기계직·사무직으로 점차 분리되어 양극화되고 있다는 점이다. 한편, 제조업부문에서도 기술향상과 자동화의 진전에 따라 전문기술적 직업과 미숙련·반숙련 노동직으로 양극화하기 시작하였다. 서비스업 부문에서도 소매·소비자서비스는 임시직과 비정규직이 대부분을 차지하게 되었다. 이와는 달리

정부서비스는 서서히 임금과 안정성이 높은 주류적 직업으로 각광을 받기 시작하였다.

이상과 같은 변화상을 종합하여 Stanback and Noyelle(1982)는 경제적 양극화가설을 제시하였다. 그 내용은 노동의 질과 임금이 높은 직업과 비정규직은 증가하지만, 이와는 대조적으로 노동시장의 중간층이 쇠퇴한다는 것이다. 이와 같은 양상은 1960~1975년의 15년간에 미국의 고용시장에서 입증된 바 있다.

이러한 변화의 결과, 「최저생활임금」이라는 개념이 의미를 상실해가고 있다. 바꿔 말하면, 노동자계급과 중산층계급의 가족 가운데 외벌이 수입으로 생활의 최저수준을 유지하려고 하는 것이 차츰 곤란해지는 사람이 많아진다는 것이다. 이에 대한 대응책은 맞벌이 세대의 확대에서 찾을 수 있으며, 또 다른 방법은 지하경제 혹은 비공식부문의 성장이다. 그 결과, 도시사회에는 신종의 세대조직, 가정공간과 도시공간의 새로운 분업, 신종의 커뮤니티 관계 등이 생겨나기 시작하였다(Pahl, 1981).

마지막으로, 경제전환으로 초래된 변화는 대부분의 대도시에서 동시적으로 발생하고 있다. 대도시에서 관찰할 수 있는 공통점은 생산자서비스의 성장, 외국인노동자를 착취하는 공장의 증가, 관리직 · 기술직에 종사하는 신부유층의 출현, 새로운 불이익집단의 주변화 등이 다발적으로 진행되고 있다는 점이다. 그 결과, 대도시의 지역사회는 더욱 복잡화되기 마련이다. 이 경향은 대도시의 내부에서 발생하는 사회적 불평등과 주거지역의 공간적 분화라는 종래의 현상과는 상이하다(Castells, 1985, p. 24). 즉 부유층과 빈민층, 백인과 유색인 간의 격차와는 별개의 것이다. 이는 과거와 전혀 다른 생산과 사회조직의 시스템이 만들어졌기 때문에 비롯된 것이다. 그러나 이와 같은 상이한 세계는 각기 고유한 운동법칙에 따라 독립적으로 전개된다.

2. 기술적 변화

경제적 변화가 도시재구조화에 미치는 영향은 인류가 생산하고 소비하고 상호작용하고 생활하는 양식을 바꿔가는 기술적 진보에서 비롯되었다. 1970~

1980년대 전반기의 선진국경제는 신기술의 상품화 및 보급화에 힘입어 상승국면으로 진입하기 시작하였다. 신기술이라 함은 고속컴퓨터·전기통신기술·로봇 공학·바이오테크놀로지·에너지 시스템 등의 에너지기술을 가리킨다. 아울러 전산화된 업무체계, 대량수송과 고속교통체계를 비롯하여 에너지 자원의 유한성 인식과 에너지 비용상승의 기술적 대응 등도 무시할 수 없을 것이다.

신기술을 도입한 기업 및 공장의 입지는 종래의 입지론으로 설명할 수 없는 장소로 정해졌다. 그 결과, 기술발달의 직접적 영향을 받은 것은 일부 도시의 특정 장소에 국한되었다. 그로부터 소외된 지역은 종전의 진부한 기술을 사용하여 쇠퇴의 조짐이 나타나고 있다. 현대사회의 경제적·기술적 변화는 입지자유성(locational freedom)에서 그 특징을 찾을 수 있다. 일반적으로 직장과 주택 양자의 이심화(離心化)가 오피스 자동화·온라인 정보서비스·전자자금 변환시스템·텔레쇼핑 등의 발달에 의해 촉진될 가능성이 크다. 이리하여 대도시권의 이심화와 무서류 오피스(paperless office), 텔레콤(전자통신)도시(telecommunication city), 사이버(가상)도시(cyber city) 등의 다양한 시나리오가 도시의 미래상으로 부각되기에 이르렀다(Coates, 1982). 최근에는 한국에서 첨단정보통신과 유비쿼터스 서비스를 융합시킨 이른바 u-City 혹은 유비쿼터스 도시도 그 중 하나일 것이다. 이에 대해서는 후술할 것이다.

그럼에도 불구하고 몇몇 학자들이 지적한 것처럼 사회·경제적 활동이 더욱 더 거리의 제약을 받지 않게 된다고 할지라도 사회·경제조직의 공간적 특성이 소멸되는 일은 없을 것이다. 오히려 경제·사회·정치적 조직체의 입지는 특정 장소에 한정되는 경향이 생겨날 것이다. 다시 말해서 세계화된 21세기 중에도 여전히 공간적 분화가 중요한 요소로 작용할 것이며, 차츰 유동공간이 주목을 받게 될 것이다. 즉 기능의 계층성은 대도시권·국가·국제 간의 공간을 구조화하고, 생산·배분·관리의 단위를 더 양호한 환경에 입지시키기 위해 분리시킴과 동시에 이들 요소를 교통·통신수단을 통하여 결합시키게 될 것이다(Webber, 1980). 그러나 각각의 장소가 갖는 역할과 의미는 통신수단과 조직논리의 끝없는 변화와 대규모 조직의 다각화에 따라 지속적으로 변화해 가는 경향이 엿보인다(Castells, 1985).

더욱 중요한 점은 대도시권에서 나타나는 이심화는 선택적으로 진행되고 있다는 사실이다. 금융서비스의 고용은 좋은 예라고 할 수 있다. 보험업의 대부분은 대도시권의 주변부로 이심화하는 경향이 있다. 왜냐하면 보험업무의 일상적 사무는 대부분이 컴퓨터에 파일화된 문서로 처리되고 있기 때문에 입지의 유연성이 생겨난 것이다.

이와는 달리 은행업무 가운데 이심화하는 것은 극히 일부에 한정되어 있다. 그 이유는 은행의 주요 거래가 대부분 일종의 신용과 신속한 판단이 요구되며, 여기에는 대면접촉이 반드시 필요하기 때문이다. 그리고 상업 · 소매업이 근교로 빠져나간다고 하여 반드시 CBD가 쇠퇴할 이유는 없으며, 다만 질적 변화가 이뤄지는 것으로 인식할 수 있다. 전통적인 CBD활동이 타 지역으로 이전하는 경향도 있는 것은 사실이지만, 대기업 · 방송 · 출판 · 여행 · 회의 등과 관련된 서비스활동의 본사기능은 CBD 내에서 확대되고 있는 것도 사실이다. 그러나 서울의 출판사들은 경기도 파주시에 조성된 출판단지로 이주하고 있는 예외적인 상태이다.

3. 인구학적 변화

지난 20세기 후반에 이르러 주요 국가에서는 중요한 인구학적 변화가 발생하여, 그 영향은 이미 20세기 말과 21세기 초의 도시사회에서 나타나기 시작하였다. 가령, 앞치마를 두른 가정주부가 2명의 자녀를 위하여 밥을 짓거나 빨래를 하고, 온 가족이 가장인 남편(아버지)의 귀가를 기다리는 풍경은 이제 TV 드라마에서 조차 찾아보기 어렵게 되었다. 예컨대, 미국의 경우 대부분의 가정은 맞벌이 부부이건 성장한 자녀이건 2명의 소득자를 갖는 세대로 바뀌었다. 대부분의 세대가 편부 또는 편모세대로 급격히 바뀌었고, 전 세대의 1/4은 독신세대이다(표 8-1). 이와 같은 세대유형의 변화는 지난 세기 중 미국뿐만 아니라 대부분의 서양사회에서 공통적으로 관찰될 수 있다.

여러 가지 인구학적 변화 중 가장 중심에 있는 것은 제2차 세계대전 직후에 출생한 베이비 붐 세대가 출현한 사건이다. 이 세대가 등장한 이유는 전쟁으로 낮아진 출생률을 회복하려는 과정에서 비롯된 것이고, 또 다른 이유는 평균결혼연령이 급격히 낮아진 결과이다. 이들 인구급증세대의 출생률은 1960년대 중

| 표 8-1 | 미국의 세대구성(1950~1980년) | | | | | | (단위: %) |

연도	주부		여성세대주	개인[3]	기타[4]	합계
	주부[1]	취업여성[2]				
1950	59.4	19.6	8.4	10.8	1.8	100.0
1955	54.2	21.7	8.8	12.8	2.5	100.0
1960	51.2	23.2	8.5	14.9	2.5	100.0
1965	47.0	25.6	8.7	16.7	2.0	100.0
1970	41.6	28.9	8.8	18.8	1.9	100.0
1975	36.6	29.2	10.0	21.9	2.3	100.0
1980	30.0	30.6	10.8	26.1	2.2	100.0

1) 미취업 아내와 남편으로 구성된 가족(자녀유무에 따라 더 세분됨).
2) 취업 아내와 남편으로 구성된 가족.
3) 성인 독신세대이거나 혈연관계가 아닌 타인과의 동거세대.
4) 주로 현재 아내가 없는 남성이 세대주인 가족으로 구성.

출처: P. Knox(1987).

기에 절정을 이루었다. 결과적으로 그들은 경제불황기에 노동시장에 뛰어들어 그 후 적어도 20년 정도 노동시장뿐만 아니라 주택시장과 그 밖의 생활 속에서도 타세대보다 치열한 경쟁에 시달리게 되었다. 그들의 불리함은 통계수치를 보더라도 입증된다. 예컨대, 미국에서는 세대주의 연령이 25~34세인 가정의 수입(세금공제후의 순소득)은 1961년에 비해 1982년이 실질적으로 2.3% 낮아졌다. 이와 같은 수입의 감소는 1인당 수입으로 계산하면 더 심한 편이다. 왜냐하면 1982년 세대의 맞벌이 가족 수가 많아졌기 때문이다.

1960년대 중반 이후에 출생률은 크게 하락하였다. 이와는 반대로 사망률의 변화는 작기 때문에 인구증가율은 급격한 하락세를 보였다. 때로는 인구감소를 보이기도 하였다. 이런 경향이 가장 현저했던 나라는 독일(당시의 서독)이었다. 이러한 변화는 몇 가지 원인에서 비롯되었다. 첫째, 가족주의로부터 소비주의로 옮아가는 라이프 스타일의 변화가 널리 파급된 점을 들 수 있다. Young and Willmott(1973)는 그들의 저서 『대칭적 가족』에서 20세기 중반에 출현한 가족과 기술의 결합에 관한 설명을 하면서 가족을 생산단위로 보기보다는 소비단위로 간주해야 한다고 주장하였다. 둘째, 전술한 바와 같이 최저생활비의 개념이 소멸됨에 따라 더 많은 여성이 직업을 갖게 되고, 자녀출산을 뒤로 미루거나 출산 후 즉시 재취업하는 경향이 두드러진 점이다. 이들 경향은 도시사회의 생태에는 물론 도시공간구조에도 영향을 미쳤다.

소비주의적 도시 라이프스타일의 증가, 출생률의 저하가 집단소비의 여러 측면(가령 학교입학자 수)에 미치는 영향, 여성취업률의 증가가 보육기관에 미치는 영향 등도 중요하지만, 이와 아울러 사회적 태도의 변화도 중요하다. 예컨대, 미국의 맞벌이 부부는 다른 부부와 비교해 보면 종교에 관심이 적고 친척에 대한 관심도 없으며 친구를 사귀는 일에도 흥미를 느끼지 못한다. 또한 직장과 주거지를 비교적 자주 바꾸는 경향이 있다(Spain and Nock, 1984). 그러므로 우리들은 생활양식으로서의 어바니즘(urbanism) 개념에 중대한 변화가 일고 있음을 목격하고 있는 것이다. 아마 그중에서 가장 중요한 것은 여성의 지위에 대한 태도변화로 기인한 소비주의와 노동시장에의 참여 등과 수반한 것들이다(Gerson, 1983).

여성의 지위에 대한 태도변화는 여성의 교육기회가 개선되고 취업선택의 폭이 확대되는 것으로 나타난다. 여성의 교육과 취업은 나아가 비전통적 가족구조와 라이프 스타일의 변화를 촉진시킨다. 아울러 섹스가 생식만을 목적으로 행해지는 것이 아니라 여성도 능동적으로 즐길 수 있다는 진보된 생각을 하게 되었다. 결혼에 대한 사회적 가치가 저하된 결과, 혼인율의 저하를 비롯하여 평균결혼연령의 고령화와 이혼율의 증가현상이 발생하였고, 정식으로 결혼하지 않은 채로 배우자와 동거하는 사람들이 생겨났다.

이러한 현상은 출생률의 감소에 박차를 가함과 동시에 편모 및 편부세대를 다량으로 낳는 결과를 빚었다. 이와 같은 비전통적 세대는 필연적으로 비전통적 주택수요를 창출하였고, 비전통적 주거행태를 취하게 만들었거니와 비전통적 도시서비스의 수요를 낳았다. 한편, 모자(母子)가정이 늘어나고 노동시장에서의 낮은 여성지위는 도시사회에서 대단히 중요한 의미를 갖는「빈곤의 여성화」라는 현상을 발생시키는 계기를 제공하였다(McDowel, 1983).

핵가족화로 인한 사회문제는 예상보다 심각할 것으로 전망된다. 우리나라 평균세대원 수는 1955년에 5.45명이던 것이 1975년에 5.04명, 1985년에 4.22명, 1995년에 3.44명, 2005년에 2.88명으로 줄어들어 10년 단위로 0.5명씩 감소하고 있다. 다시 말해서 6.25전쟁 직후에는 한 부모 슬하에 3~4명의 자녀를 두었으나, 오늘날에는 부모 슬하에 자녀가 1명도 채 되지 않는 상황으로 바뀌었다는 것이다. 이런 경향이 앞으로도 지속될 전망이고 보면 가구 수의 증가속도가 인구의 증가속도를 능가할 수밖에 없다.

가구 수의 증가는 주택수요를 유발함은 물론 가족해체로 야기되는 라이프 스타일의 변화를 수반할 것이 자명하다. 가까운 장래에 큰 아버지, 작은 아버지, 삼촌, 외삼촌, 고모, 이모, 사촌, 조카 등의 친족관계와 호칭은 국어사전에서만 찾아볼 수 있게 될 것이다. 반만년을 전해 내려온 우리의 풍속과 전통이 핵가족화로 엄청난 변화 앞에 직면해 있다. 이와 더불어 나타날 도시의 변화를 누가 예측할 수 있겠는가.

마지막으로, 간과해서는 안 될 것은 출생률의 저하에 따라 발생한 인구성장의 가속화가 도시변화에 중대한 영향을 미쳤다는 사실이다. 이런 문제는 우연하게도 기술적 변화의 영향이라고 할 수 있는 노동력과잉·조기 정년화 등의 사회문제와 겹쳐 더 심각화하였다. 고령화와 관련된 더 심각한 문제는 1965년 이후 출생한 세대에 부여된 부양의무였다. 국민 1인당 공공지출의 측면에서 볼 때, 노령자는 어린이의 2배에 달하는 예산이 소요된다. 이는 연금뿐만 아니라 주거시설, 특수한 건강의료시설, 재택 서비스, 특수한 교통·환경설계 등의 투자가 필요하기 때문이다(Amman, 1981; Millas, 1980).

고령화사회의 도래에 따라 도시의 시니어 산업과 실버 타운 또는 은퇴자 타운의 등장이 도시연구의 테마가 될 것이다. Hoyt(1939)를 비롯한 Berry and Rees(1969) 등의 여러 학자들이 지적한 것처럼 독신세대와 노령인구는 도심이나 그와 가까운 곳에 거주하는 경향이 있다. 그러므로 핵가족화와 노령화는 도시공간구조에 커다란 영향을 미칠 것으로 전망된다.

4. 문화적 변화

상업주의가 융성하고 물질적 가치가 만연하는 것은 대표적인 문화적 변화 중 하나이다. 본장에서 언급하고 있는 타 분야의 변화와 마찬가지로, 그것은 자본주의경제의 발전에 기초를 둔 것이다. 자본주의가 이윤을 추구하기 위해 「생산영역」으로부터 「소비영역」으로 전환됨에 따라 사람들은 더욱 물질주의에 빠져

버리게 된다(Gartner and Reissman, 1974). 사람들은 자본주의가 이룩한 상대적 번영으로 소비만능주의에 감염되었다.

이러한 소비주의적 조류에 대항하여 1960년대에는 급진적 중산층 젊은이들의 저항문화(counter-culture)가 출현하였다. 이것은 물질주의와 첨단기술에 대한 저항에 뿌리를 두고 있다. 이와 같은 생각은 널리 퍼지게 되어 도시변화에 큰 영향을 미칠 정도까지 이르렀다(Hall, 1984). 그들의 영향력은 도시개발과 집단소비에서 생태적 가치의 정치화에까지 미쳤다(Ley, 1980). 또한 「정신과 물질」의 영역에 나타나거나, 포스트 모던 혹은 신낭만주의적 건축양식으로 표현되었다. 그러나 간과해서는 안 될 것은 이러한 대항문화적 가치의 확대가 대개의 경우 물질주의를 불식시키는 것이 아니었다는 점이다. 오히려 양자는 병존하면서 성장해 나아갔다. 중산층은 떡을 손에 쥐고 있으면서 결국 자신들이 먹어치우는 이른바 '누이 좋고 매부 좋고'식의 상황이 벌어진 것이다. 그러나 1970년대 전반에 발생한 오일 쇼크와 경제불황의 결과로 또다시 가치관이 변질되었다.

1973~1975년에 미국 중산층의 꿈은 산산조각이 나버렸다. 이 2년간에 미국달러의 구매력은 약 20% 떨어지고, 세대별 저축액과 자산가치는 12% 절하되었으며, 세대별 부채액은 18% 이상 커졌다(Gappert, 1979, p. 49). 이 결과, Gappert가 주장하는 탈번영기 의식이 나타나게 되어 사람들에게 필요와 욕구의 재평가를 강요받게 만들었다. 그의 지적에 의하면, 미국의 자동차 소형화, 근교주택의 소형화, 아파트와 같은 공동주택의 선호 등은 모두 탈번영기 의식의 징후였다. 다만 이러한 의식이 단순한 상황변화에 따라 강요된 결과로 빚어진 것인지, 아니면 과장적 소비지향을 과장적 검약이나 자발적 금욕으로 대신하는 근본적 태도변화의 시발점으로 간주할 것인지 알 수 없다.

한편, 경제적 변화와 기술적 변화에 의해서도 문화적 변화가 상당하게 발생하며, 그것은 더 피드백 되어 사회적 행동과 커뮤니티 조직에 영향을 미친다(Fischer, 1985). 예컨대, 대중매체의 효과에 관한 연구에 의하면, 문화의 획일적인 조류가 형성되고 있다는 사실, 이에 따라 시카고학파가 도시화로 인하여 소멸되었다고 지적한 집단의식이 다시 형성되고 있다는 사실이 나타나고 있다. 경제전환과 기술혁신의 변화로 인한 하나의 결과는 인간생활 속에서 장소의 의미가 소멸해 가고 있다는 사실이다. 이에 대하여 M. Castells(1983b, p. 7)는 다음과 같이 언급하였다.

> 외적인 경험과 내적인 경험이 서로 분리되었다. 새롭게 나타난 도시의 의미는 인간이 생산물과 역사로부터 공간적 · 문화적으로 분리되고 말았다는 것이다. 그것은 집단소외와 개인폭력의 공간이 되고 말았다. … 생활은 추상적이었고, 도시는 그림자가 되었다.

5. 정치적 변화

이상에서 설명한 것처럼 복잡하게 뒤엉킨 변화는 수많은 문제와 난관을 수반하며, 그것은 1980년대 후반으로부터 1990년대에 걸쳐 중요한 정치적 과제로 다가올 수밖에 없었다. 노동의 새로운 공간적 분화는 점차 구조적 방향만이 아니라 지리적 방향을 따라 계층의 재편을 초래하였다. 대도시권에서 나타난 사회적 복지의 양극화는 도시질서를 소란케 하는 선동적 분위기를 만든다(Scott, 1985). 더욱이 기업의 지속적인 구조조정으로 노동시장은 세분화되어 성장과 쇠퇴과정이 별도로 반복되고, 사회 · 경제력의 균형변화가 정치적 경관을 재편케 한다. 그에 따라 정치적 긴장은 상존하게 마련이다.

한편, 탈번영기의 경기후퇴에 대응하여 근본적인 정치변화가 발생하였다. 신보수주의의 기치 하에 공공부문의 역할과 방향에 실질적인 변화가 일어난 것이다. 호주 · 뉴질랜드 · 영국 · 네덜란드 · 미국의 선거에서 우익정당의 승리는 복지국가를 지향하다 발생한 사회문제의 반작용이었다. 즉 부당하게 높게 책정된 세율, 재정부족, 근로의욕 및 저축의욕의 상실, 생산성 낮은 오만한 노동자계층과 귀족노동자의 출현을 야기시켰고, 문제집단에 대한 정부의 대처가 유약하고 미흡했다는 여론이 그것이었다. 얄궂게도 이러한 이데올로기가 유권자들에게 공감을 불러일으킨 것은 복지국가의 성공이 물질적 박탈의 공포를 유권자들의 마음으로부터 지워버릴 수 있었기 때문이다. 결과적으로 복지예산은 지출우선권에서 멀어졌다.

지금까지 살펴본 것처럼, 공공부문의 예산삭감은 도시경관에 중대한 변화를 초래하였다. 가령, 주택과 공공서비스의 탈집단화가 그것이다. 보다 폭넓은 관

점에서 보면, 이런 변화는 집단소비로부터 자본축적으로의 전환이라고 해석할
수 있다. 더욱이 그것은 세계체제의 주도적 경제가 자본주의의 위기를 모면해
보려는 메커니즘의 일환인 것이다(Castells, 1985). 이런 맥락에서 주택·공공서
비스의 탈집단화는 도시정치에 있어서 더 큰 변화를 예고하는 서곡에 지나지 않
는다고 할 수 있다(Knox, 1986).

   한편, 탈공업화와 경기후퇴가 진행되고 있다는 것은 사회적 불평등이 공간
적으로 진행된다는 사실을 시사한다. 미국대통령 직속의 「1980년대 국가적 의
제(National Agenda) 위원회」는 도시빈민의 출현을 저지할 수 없음을 인정하였
다. 만약 도시빈민층의 규모가 커져 상황이 악화되면 정치적 대응이 마련되어야
한다. 이럴 경우, 전통적인 노동자의 계급정치가 매력을 상실하여 사회주의정치
로 전환되는 변화가 나타나게 된다. 이러한 변화의 기수는 중산층 공무원(Piven
and Cloward, 1984), 중산층의 직업정치가(Elliot and McCrone, 1984), 중산층
지식인(Lojkine, 1984) 중에서 출현한다.

   도시에 빈민이 증가하는 개발도상국을 주요 대상으로 제기된 것이 「포용도
시」의 개념이다. 포용도시(inclusive city)란 개발도상국이나 대도시에서 흔히
볼 수 있는 도시빈곤을 해결하기 위해 도시계획을 혁신적으로 재구축하는 것으
로, 비공식 부문의 노동자들을 도시계획 속에 반영하여 보다 아름답고 보다 친
환경적이며 보다 사회적으로 감성적 도시를 건설하는 지속가능한 도시의 한 형
태이다. 2008년에 시작된 「포용도시 프로젝트」는 워킹 푸어(working poor)의
MBO(Membership-Based Organization) 국제연맹과 가난한 노동자들인 워킹 푸
어가 처한 현실을 개선하기 위한 협동조직으로 시작되었다. 이 프로젝트로 도
시에 거주하는 비공식부문의 노동자에게는 자신들을 도시계획과정에 반영될
수 있는 루트를 확보할 수 있는 기회가 주어진 것이다(Steinberg and Lindfield,
2011).

02   도시공간은 어떻게 재구조화하는가?

전술한 변화를 종합적으로 생각해 보면, 많은 도시들이 21세기에 들어와 큰 변화를 경험할 것으로 예상된다. 요컨대, 문제는 "어떻게 변화할 것인가?" 그리고 "얼마만큼 변화할 것인가?"에 있다. 또한 기존의 도시형태와 주거지분화의 관성이 변화 속에서도 존속될 것인가? 여기서는 도시공간의 변화에 직접적인 영향을 미친 교통·통신의 발달과 도시구조의 변화에 관한 현재의 개념을 다시 한번 정리하고, 현재 도시에서 발생하고 있는 변화의 특징을 평가해 보기로 하겠다.

1. 교통·통신의 발달과 도시공간의 상대적 축소

(1) 교통수단의 발달과 도시공간의 변화

교통수단의 발달은 도시의 공간적 발전에 대하여 지대한 영향을 미친다. 도시내부는 공간규모와 인구·시설규모가 비례하여 조화를 이루기 어렵다. 도시에 집중한 인구와 사업체가 과밀상태에 빠지지 않게 하기 위해서는 교통수단을 매개로 하여 적당한 수준에서 분산화시킬 필요가 있다. 대도시는 방사상 혹은 환상의 지하철망과 고속도로망이 설치되어 이를 따라 주택지역을 비롯한 공업·상업지역의 확대를 촉진한다. 중도시와 소도시인 경우도 주요 도로망과 도시 외곽부를 향한 도로의 신설에 따라 시가지가 확대된다.

이러한 도시지역의 평면적 확대의 결과, 도심으로부터 시가지 주변부까지의 거리는 길어질 수밖에 없다. 그러나 도시공간의 중심과 주변부까지 이동하는데 소요되는 시간거리는 그 정도까지 늘어나지 않았다. 오히려 지하철이나 도시고속도로 등을 이용하면 더 빠른 시간 내에 이동할 수 있게 되었다.

이와 같이 교통수단의 발달에 따라 도시지역이 확대된 결과, 도시내부의 이동공간은 더욱 복잡화하였다. 예컨대, 노면전차와 버스가 주요한 대중교통수단

사진 8-1 ⊙ 도쿄의 간선도로와 상업용 빌딩의 입지

이었던 시대의 상업지역은 주요도로를 따라 길게 형성되어 있었다. 그러나 지하철이 대중교통수단으로 등장하면서부터 지하철역 주변의 편리성이 높아졌기 때문에 역세권이 주요 상업지역으로 부상하였다. 이와는 반대로, 지하철역과 역 간의 상업지역은 편리성이 상실되어 쇠퇴할 수밖에 없었다. 결국, 도심으로부터의 거리에 따라 접근성이 저하한다는 단순한 공간구조는 무너지고 교통기관의 전개상황에 따라 접근성이 좌우되는 상황이 발생한 것이다.

　미국은 2000년대에 들어와 자동차보유가 100명당 77.5대로 높아졌다. 이런 증가는 결국 자동차 이동거리의 증가를 초래하였다. 더욱이 도보 및 대중교통으로부터 자가용 자동차를 이용하는 추세로 바뀌었다. 영국의 경우도 1950년 200만 내에서 2000년에 3,000만 대를 넘어섰다. 도로망의 확충이 교통량 증가에 미치지 못함에 따라 도시교통은 악화될 수밖에 없었다. 이는 도시활동의 분산화와 직장-주택 간 통근거리가 늘어난 결과이다. 이런 경향은 세계 거대도시라면 어디에서나 나타난 현상이다. 오늘날 도시민들의 이동시간은 과거와 비슷하지만 직장을 가기 위해 더 먼 거리를 이동해야 한다. 거리가 증가되었으나 평균이동

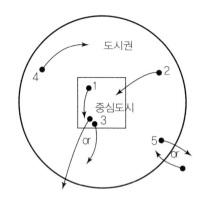

1유형: 도시내부에 거주하는 노동자들의 이동

2유형: 대도시권의 근교에 거주하는 통근자들의 이동

3유형: 중심도시에 거주하는 노동자가 도시외곽으로 이동(역통근)

4유형: 중심도시 밖에 주거지와 직장이 있는 통근권 내의 이동

5유형: 주거지와 직장 중 하나가 도시권에 있을 경우의 횡단통근

그림 8-1   통근 흐름의 유형

출처: D. Plane(1981).

시간이 비슷한 것은 교통체계의 개선과 대중교통수단의 정비 및 카풀제도의 덕분이다.

그 결과, 거대도시의 통근패턴은 점차 복잡해질 수밖에 없었다. [그림 8-1]은 도시내 통근 흐름을 유형화한 것이다(Plane, 1981). 1유형은 중심도시 내에서 발생하는 이동으로, 도시의 행정구역 내에 거주하면서 일하는 노동자의 이동이며, 2유형은 근교 및 대도시권에서 도시내부로 이동하는 전통적인 통근자와 도시에서 타 도시로 통근하는 노동자들의 이동이다. 3유형은 중심도시에서 외곽으로 이동하는 역통근(reverse commuting)이며, 4유형은 중심도시 밖에서의 횡측통근(lateral commuting), 5유형은 중심도시의 통근권으로 들어오거나 나가는 횡단통근(cross-commuting)을 뜻한다.

사실 1990년대 미국의 경우 4유형에 속하는 도시외곽에서 외곽으로의 통근은 모든 대도시 통근의 34%를 차지하는 것으로 조사되었다. 2유형은 17%, 역통근인 3유형은 6%로 집계되었다. 개인이동의 88%가 통근목적이므로 기타 쇼핑·통학·사교 등의 목적교통은 비중이 적은 편이다. 그러나 통근 이외의 목적교통도 급증하고 있는 추세이다. 이런 추세는 고소득 맞벌이 가구의 증가로 여가이동이 증가하였고 핵가족이 늘어난 때문이다.

[그림 8-2]는 대도시에서 관찰할 수 있는 지가(地價)의 분포패턴을 모식적으로 나타낸 것이다(林, 1991, p. 227). 이 그림으로 알 수 있는 것처럼, 대체적으

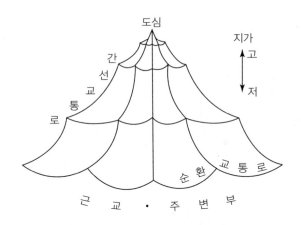

도심

간
선
교
통
로

지가
고

저

순환 교통로

근 교 • 주 변 부

그림 8-2   대도시 내부의 지가분포

출처: 林 上(1991).

로 도심을 정점으로 하여 주변으로 갈수록 지가가 낮아짐을 알 수 있다. 그러나 더 자세히 보면, 주요도로변과 그 교차로 부분이 접근성이 양호한 까닭에 타 지역보다 지가가 높음을 알 수 있다.

　도시내부의 지가는 접근성과 밀접한 관련이 있기 때문에, [그림 8-2]는 접근성의 공간적 분포를 나타낸 것이라고도 할 수 있다. 현대의 대도시에서는 도심 이외의 부도심과 부부도심이라 할 수 있는 지역중심지가 주요교통의 결절점에 형성되어 있다. 거꾸로, 도심과 부도심 사이에 위치한 지역에서는 도심으로부터의 거리가 가까움에도 접근성이 높지 않기 때문에 발전가능성이 낮으며, 경우에 따라서는 쇠퇴지역으로 전락하는 곳도 있다. 기성시가지의 문제가 대두될 때 이런 지역이 거론되는 경우가 많다.

　개인적 속성에 따라 공간에 대한 인식이 다르고 또한 이동수단의 차이에 따라 행동내용이 다양화하는 것처럼, 도시공간도 교통수단의 종류에 따라 다양한 구조를 띠게 된다고 간주할 수 있다. 상식적으로 알 수 있는 것처럼, 규모가 큰 중심지의 소매업집적은 대중교통수단의 결절점을 중심으로 형성되어 있다. 이에 비하여 리본형태의 소매업집적은 도로변에 전개되어 있고, 그 고객은 당연히 자동차를 이용하는 사람들이다. 즉 교통수단이 상이하면 그에 따라 시설입지가 달라지며, 전체적으로 이중·삼중의 공간구조를 갖는 도시가 형성된다고 생각할 수 있다.

(2) 정보통신수단의 발달과 그 영향

지금까지는 도시의 공간적 발달에 대하여 교통수단의 발달과 관련하여 설명하였으나, 동시에 간과해서는 안 될 사실은 정보통신수단의 발달이다. 정보화사회가 도래함에 따라 경제활동은 사회·문화·생활에 관련된 분야에서도 새로운 정보처리수단과 통신수단이 이용되기에 이르렀다.

이와 같은 새로운 정보처리수단과 그 시스템의 도입은 도시활동의 입지와 형태에 영향을 미치고, 결과적으로는 도시의 공간구조도 변화시킨다. 가령, 대외접촉이 중요한 업무활동은 고도의 정보처리를 원활히 하기 위하여 정보통신 네트워크와 컴퓨터를 통합한 시스템을 활용하게 되었다. 이것이 인텔리전트 빌딩의 건설로 이어져 동일한 빌딩 내에 입주해 있는 각 기업간·분야간 접촉은 물론 외부와의 접촉도 정보통신 수단으로 효율화되었다. 기존의 오피스 빌딩과의 차별화를 꾀한 인텔리전트 빌딩은 도심에 입지한 업무활동의 중심거점이 되고 있다.

경제활동분야에서 활용되는 정보통신 수단은 유통부문의 경우 일찍부터 도입된 바 있다. 예컨대, 소매업에서는 판매단계에서 입수된 정보를 수집하여 그 후의 납품과 재고관리에 활용하는 이른바 POS(Point Of Sale)시스템이 보급되어 판매하고 있다. 이 시스템은 수요의 지역적 차이를 정확히 파악함에 있어서 유리하므로 각 지역에 적합한 분산적 판매체제를 확립하게 만든다. 또한 이와는 별도로 소매업과 도매업 간에 행해지는 수주 및 발주를 컴퓨터 온라인 시스템으로 처리하기에 이르렀다. 온라인화의 발달로 인하여 도매업은 소량주문이나 빈도 높은 납품 혹은 긴급한 납품에 대응할 수 있게 되었다. 이에 힘입어 지역중심도시를 위시하여 영업거점을 각지에 설치하는 분산형 재고방식이 도입될 수 있었다.

이밖에도 유통부문에서는 운송업자를 중심으로 상품의 발주·납입·입금통지 등의 업무를 통신네트워크로 연결하는 이른바 VAN(Value-Added Network)시스템도 만들었다. 이와 같은 유통업무의 정보네트워크화는 업무시설의 효율적 배치를 촉진하고, 나아가서는 도시공간구조의 변화를 초래한다.

도시내부의 정보화는 의료 · 복지 · 재해방지 등의 사회적 서비스 분야에서도 진행되고 있다. 복잡화하는 현대도시의 질병 · 사고 · 재난 등에 적절히 대처하기 위해서는 정보네트워크의 활용이 불가피하다. 정확한 정보를 신속히 입수하여 대응책을 마련하기 위해서는 도시 전역을 망라한 정보네트워크의 설치가 필요하다. 그러나 이를 위해서는 막대한 예산이 소요된다. 더욱이 도시가 확대됨에 따라 사회적 서비스의 대상범위도 넓어지기 마련이며, 도시성장에 대응하기 위해서는 더욱 많은 비용이 소요된다. 그러므로 낭비 없는 서비스를 가능한 효율적으로 제공하기 위해서라도 고도의 정보네트워크 시스템은 장차 그 중요성이 더욱 고조될 것이다.

(3) 교통 · 통신의 발달에 따른 시공간의 단축

교통 · 통신수단의 발달과 더불어 도시공간은 상대적으로 축소되는 경향이 있다. D. G. Janelle(1969)은 이것을 시공간 수렴화(time-space convergence)라 불렀다. 이는 단위시간에 극복할 수 있는 거리가 비약적으로 증가하는 축소지향적 세계를 의미한다. 예컨대 오늘날 비행기로 지구를 한 바퀴 도는데 2일이 걸린다면, 이것은 과거에 배를 타고 지구를 일주하는데 80일이 걸렸던 것과 비교하여 40배가량 축소된 세계에 살고 있는 셈이 된다. 이러한 현상은 도시간 차원은 물론 도시내 차원에서도 관찰될 수 있다.

가령, [그림 8-3]은 뉴질랜드의 크라이스트처치시의 도심을 중심으로 하여 주변부로 이동하는데 소요되는 시간을 연대별로 표기한 것이다. 이것에 의하면, 1880년 당시는 주요교통 수단이 도보이며, 걸어서 이동하는데 소요되는 시간은 굵은 선의 길이에 해당한다. 이것이 1916년이 되어 노면전차가 등장함에 따라 도보와 병행하여 이동하는 시간이 가늘게 표시된 선의 길이만큼 짧아졌다. 또한 1970년이 되어 자동차의 이용이 일반화되면서 이동시간은 더욱 단축되었다. 이처럼 대개의 경우 소요시간은 단축되었으나 예외적인 곳도 있음을 알 수 있다. 그림 속의 ② ⑤ ⑥ ⑪ 방면은 1970년이 1916년에 비해 오히려 더 긴 시간이 소요되고 있다(Gatrell, 1983).

상술한 예외적 사례는 도시중심부에서 발생하는 교통체증을 그 원인으로 꼽을 수 있으며, 이러한 사례는 비록 크라이스트처치시뿐만 아니라 대부분의 대도

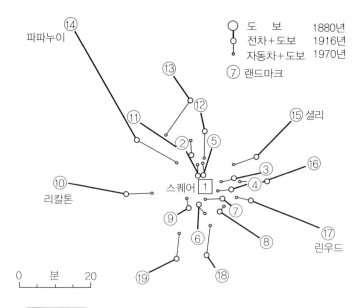

그림 8-3　뉴질랜드 크라이스트처치 시내의 시공간 단축

출처: A. C. Gatrell(1983).

시에서 찾아 볼 수 있을 것이다. 이와 같은 사실은 시공간의 단축이 모든 지역에서 일정하게 나타나는 현상이 아님을 시사하는 것이다. 즉 대도시권이라 할지라도 고속도로 및 전철이 지나는 곳과 교통체증이 심한 곳에 차이가 발생한다는 것이다.

　시공간의 수렴이 공간적으로 일정하게 나타나지 않게 되면, 이것이 원인이 되어 경제활동의 입지에도 영향을 미치게 된다. 교통체증과 같은 외부불경제가 원인으로 작용하여 기업의 이심화가 촉진되는 것은 여러 도시에서 관찰될 수 있는 현상이다. 시공간이 대폭적으로 단축된 도시주변부에서는 여러 기능들이 입지하게 된다. 전술한 바 있는 뉴질랜드의 크라이스트처치를 비롯하여 영국 런던 대도시권의 북동부와 한국 서울의 동남부를 중심으로 공공 및 민간업자에 의한 주택건설이 진행되는 것도 그와 같은 사례일 것이다. 주거지에서 도심까지의 장시간 운전을 기피하는 소비자를 교통이 편리한 고속도로가 지나는 도시외곽의 결절점으로 유인하는 근교형 쇼핑센터의 입지전략은 이러한 배경에서 도출된 것이다.

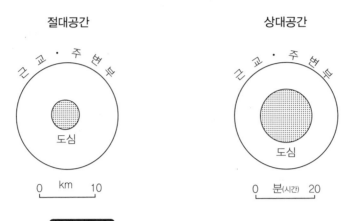

절대공간   상대공간

근교 · 주변부   근교 · 주변부

도심   도심

0   km   10   0   분(시간)   20

그림 8-4 도시 내부의 절대공간과 상대공간

출처: 林 上(1991).

자동차교통이 오늘날처럼 혼잡하지 않던 무렵, 도시내부의 이동은 비교적 용이하게 이루어졌다. 그러나 도심을 비롯한 대도시지역의 교통체증이 일상적으로 나타나게 되면서부터 시가지의 중심부는 자동차로 이동하기 어려운 공간으로 바뀌었다. 이와 더불어 통행규제와 주차사정의 악화가 이러한 상황을 더욱 심화시켰다. 그 결과, 면적이 비교적 협소한 도시중심부의 시공간이 상대적으로 넓은 것에 비하여, 면적이 넓은 도시주변부의 시공간이 거꾸로 상대적으로 협소한 상황이 발생하였다(그림 8-4). 이것은 물론 자동차교통을 상정한 시공간의 경우이며, 지하철이나 고가도로의 경우라면 이와 상이한 시공간으로 표현될 것이다.

교통수단에 비하여 통신수단의 발달에 따른 도시내부의 시공간은 얼마만큼 단축되었는지 명확하지 않다. 동일한 이동일지라도 정보를 통신수단으로 보낼 경우는 거리의 저항이 작기 때문에, 도시내부는 물론 도시간 이동 역시 기술발달의 효과는 별로 뚜렷하게 나타나지 않는다. 통신수단의 경우 오히려 문제가 되는 것은 비용공간(cost space)의 상대적 축소이다.

정보통신의 대표적 수단인 전화의 경우, 통상적으로는 동일한 도시내부라 할지라도 거리와 관계없이 균일요금이다. 즉 비용공간은 이미 극한상태까지 축소되었다고 해도 무방하다. 과거에는 장거리통화요금이 단거리에 비해 비쌌기 때문에 거리저항이 큰 상황에서 공간구조가 형성되었으나, 오늘날은 전화요금의 저렴화, 이동통신의 등장, 인터넷의 발달 등으로 과거와는 상이한 공간구조가 형성되어 가고 있다.

도심의 교통체증은 모든 도시가 해결해야 할 과제이다. 런던시는 이 문제를 해결하기 위해 혼잡교통료 제도를 시행하고 있다. 런던의 중심부에는 매일 100만 명 이상이 통행하고 있어 평균차량속도가 15km/h에 불과하다. 그리하여 교통체증으로 인한 혼잡비용이 매년 약 300~400억 원에 이르렀다. 런던시가 도심으로 진입하는 전기자동차를 제외한 모든 차량에 대하여 혼잡통행료를 부과하자 교통정체가 26% 정도 개선됨은 물론 승용차 배기가스도 감소하여 공해감소 효과도 나타났다. 이러한 효과에도 불구하고 서민들의 생계형 자동차 이용을 억제한다는 문제점과 통행료를 징수해도 자동차의 평균주행속도가 기대한 만큼 개선되지 않았다는 문제점이 지적되고 있다.

(4) 도시교통과 도시구조

도시교통과 도시구조 사이에는 대단히 긴밀한 공생적 관계가 존재하고 있다. 대부분의 도시민들은 일상생활을 하기 위해 목적에 따라 이동해야 하기 때문이다. 산업혁명을 계기로 수송속도와 능력이 향상됨에 따라 도시규모의 제약이 완화되고 도시형태가 복잡해졌다.

M. Thompson(1977)은 차량의 보유정도에 따라 네 종류의 일반적 도시교통 전략이 있음을 확인한 바 있다. [그림 8-5]에서 볼 수 있는 4개 모델 중 도시의 재구조화에 완전히 부합되는 유일한 교통전략은 없을지라도 다양한 도시구조에 따라 일반적 지침은 제공해 줄 수 있을 것이다.

1) 전자동차화 전략(full motorisation strategy)

이것은 자동차가 이동수단으로 결점도 있으나 그보다 장점이 더 많기 때문에 자동차를 최대한 이용할 수 있도록 도시를 구조화하는 전략이다. 인구 25만명 이하의 소도시의 경우에는 방사상 도로망을 직교형으로 개선하여 주차장과 인접한 중심부 주위에 내부순환도로를 건설할 수 있다. 그러나 대도시의 경우는 전통적 단핵도시에서 탈피하지 않으면 도로와 주차공간의 충분한 확보가 불가능하다. 만약 직교형 가로망의 도시에서 단일 중심지가 존재한다면, 그 중심지는 더 작아질 것이며 중심지 외곽으로 고용·쇼핑·여가활동 등이 확산되어 본래의 중심지 역할을 수행하지 못하게 된다. 전자동차화 전략의 1차적 목표는 자동차 접근도의 수준을 대도시권 전역에 걸쳐 높게 유지하는 데 있다. 미국의 로스앤젤레스가 이 모델에 가장 가깝다.

2) 중심지 경감전략(weak center strategy)

도시중심의 결절성이 미약하고 분산력이 탁월한 도시, 즉 구심력보다 원심력이 강한 도시를 지향할 필요가 있을 경우에는 전통적 도심의 중심성이 다른 근교중심지와 비교하여 너무 강력하지 못하도록 약화시킬 필요가 있다. 이런 유형의 도시에는 중심지 경감전략을 도입할 필요가 있다. 이 전략의 요체는 방사상의 도로망과 소중심지역(small central area)으로 운행하는 부차적인 통근철도를 건설하는 데 있다. 순환도로망과 방사상 도로망을 함께 조성하면 결절점에 공업과 상업의 발달을 유도할 수 있고 전략적 근교중심지가 성장하게 된다. 이 전략을 도입한 사례가 미국의 보스턴이다.

3) 중심지 강화전략(strong center strategy)

세계 최대의 도시들은 자동차교통이 도시구조에 영향을 미치기 전에 중심지역에 이미 도시활동이 집중되어 있었다. 그와 같은 도시의 교통체계는 중심지의 강력한 영향력이 유지될 수 있도록 설계되었다. 그러한 이유 때문에, 교통체계는 도시중심부를 제외하고 순환고속도로가 없이 방사상 도로와 철도 네트워크로 구성된다. 중심지역의 지배적 위치는 그곳으로 유입되는 교통량을 분산시키기 위해 짧은 구간과 운행횟수가 많은 지하철과 같은 대량수송능력을 가진 대중교통체계를 필요로 하게 될 것이다. 이런 전략에 기초한 이상적 모델은 도쿄의 도시구조에 잘 반영되어 있다.

4) 저비용 전략(low-cost strategy)

여러 도시들은 이상에서 열거한 전략을 고비용 때문에 도입할 수 없다. 소수만이 자가용 승용차를 보유하고 있는 도시의 경우는 사회·경제적으로 신규 도

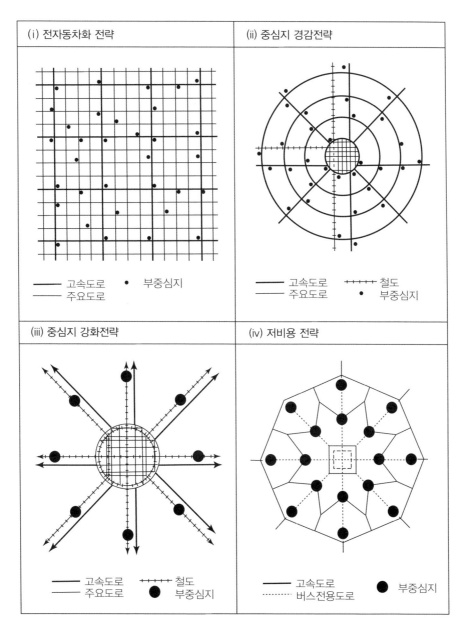

(i) 전자동차화 전략

고속도로   ● 부중심지
주요도로

(ii) 중심지 경감전략

고속도로   ┼┼┼┼ 철도
주요도로   ● 부중심지

(iii) 중심지 강화전략

고속도로   ┼┼┼┼ 철도
주요도로   ● 부중심지

(iv) 저비용 전략

고속도로   ● 부중심지
┄┄┄ 버스전용도로

그림 8-5   교통정책과 도시구조 간의 관련성 모델

출처: M. Thompson(1977).

로 및 철도망을 위한 공공지출이 정당화될 수 없다. 교통문제는 운영을 개선하고 기존 인프라의 이용을 극대화하는 저비용 접근법을 모색해야 한다. 이런 전략에 기초한 이상적 모델은 비주거활동이 집중되고 수많은 버스와 노면전차 노선이 부설된 하나의 중심지를 가진 고밀도 도시에 적용된다. 홍콩이 이런 도시형태의 대표적인 예이다.

2. 도시공간구조의 지속적 변화

(1) 분산화와 집중화

도시의 형태적 발전에 영향을 미치는 역학적 관계에 대하여 C. C. Colby (1933)는 원심력(centrifugal force)과 구심력(centripetal force)으로 설명한 바 있다. 이에 대하여 N. Pressman(1985)도 Colby와 마찬가지로 도시의 분산화와 집중화의 두 요인으로 도시공간구조의 변화를 설명하였다. 즉 분산적 도시패턴과 집중적 도시패턴을 촉진하는 상반된 행태적 힘이 역동적으로 상호작용하면서 도시활동의 분산과 집중을 유도한다는 것이다. Pressman(1985)에 의하면 다음과 같은 경향은 더욱 분산적 도시패턴을 촉진하는 것으로 알려져 있다.

① 원거리 통신기술의 용량증대와 첨단화.
② 모든 종류의 경제활동에 영향을 미치는 입지의 유연성 증대.
③ 비영업부서인 사무직의 근교화.
④ 저밀도의 전원적 환경에 대한 선호의 증대.
⑤ 노후한 대중교통의 혼잡과 운전비용의 증대.
⑥ 경제의 세계화.

이와는 달리 다음과 같은 경향은 더욱 집중적 도시패턴을 촉진시키는 것으로 간주된다.

① 경제활동 중 여전히 대면접촉의 필요성이 존재하는 활동.

② 에너지 비용의 상승과 에너지 공급의 불확실화.

③ 반기술적 태도의 출현.

④ 궁핍화하는 도시빈민의 잔류.

⑤ 젠트리피케이션에 의한 기성시가지의 활성화.

⑥ 고가의 첨단통신장비에 대한 빈곤층의 접근불가능.

상술한 바와 같은 상반된 힘은 최종적으로 분산 또는 집중으로 나타날 것인데, 두 종류의 역학관계는 상대적 균형에 의존하며 경제적 상황과 역사적 배경 등에 따라 장소별로 상이하게 나타난다. 부연하면, 분산과 집중의 두 메커니즘에 의한 결과가 어떻게 나타날 것인지를 불문하고 독립적인 단핵도시의 집심화와 이심화의 문제가 아니라 복잡하고 다핵적인 대도시권이란 개념으로 파악할 문제이다. J. E. Gibson(1977)에 의하면, 이러한 대도시권의 구조는 수많은 중심지의 배치 중 도시계획이나 교통정책에 따라 결정될 것이다.

대도시권의 미래상에 대한 도시전문가들의 일치된 견해는 상대적으로 다양화하면서 통합된 결절점(중심지)을 갖는 배치구조로 ① 현재의 대도시권보다도 광역적으로 도시화가 전개되고, ② 반면에 도시권 내부가 고도로 통합되고 집심화가 진행되고 있는 형태라는 것이다(Pressman, 1985). B. Rubin(1979)에 의하면, 이와 같은 새로운 대도시권의 형태는 주로 생산보다 소비의 공간적 논리에 의해 결정된다는 것이다.

미국의 경우 1,000만~2,000만 명의 인구가 150~500km 정도의 광역에 퍼져 거주하는 대도시권의 확대에 따라 도시민은 상이한 스케일의 생활을 동시에 영위할 수밖에 없다. 즉 ① 작은 스케일에서는 대부분의 직장·쇼핑·여가의 활동체를 중심으로 하여 그 주변에 더 작게 집중한 커뮤니티가 형성되며, ② 이와는 달리 큰 스케일에서는 전문적 직장·서비스·쾌적성을 유지하는 훨씬 규모가 큰 기능적 집합체가 있다. 그러므로 큰 스케일의 대도시권은 교통유동보다도 통신으로 연결될 수밖에 없다. 즉 지역차원의 통근은 교통유동이 탁월한 데 비하여, 광역차원의 그것은 다르다는 것이다. 그 결과, 대도시권의 중핵지대와 주변부의 배후지에 위치한 소도시는 번영을 누릴 수 있으나, 중간대의 근교는 현재의 인구와 성장수준을 유지하기 어려워진다. 대도시의 원교에 경계도시(edge city)가 생성되는 것도 그러한 이유 때문이다.

(2) Hall의 도시발전 5단계 모델

영국의 지리학자 P. Hall(1984, p. 248)은 상술한 내용을 그의 저서 『세계도시』에서 도시발전을 최종적인 5단계로 설명하였다(그림 8-6).

1) 제1단계 [수위도시＝절대적 집심]
[타 도시＝도시의 절대적 감소 속의 집심]

Hall 모델의 제1단계는 19세기의 경제적 상황 하에 있는 도시의 상황에 대응한 내용이다. 주변지역을 기능적으로 지배하는 수위도시의 핵심부는 그 밖의 모든 지역을 희생하면서 급속도로 성장하는 반면, 타 도시지역도 중심적 결절점의 주위에 집심화하기 시작한다. 이 단계에 핵심부가 증가하고 주변부가 감소하는 것이 절대적 집심이다.

2) 제2단계 [수위도시＝상대적 집심]
[타 도시＝절대적 집심]

Hall 모델의 제2단계에 이르면, 산업화의 물결은 대도시로부터 다수의 지방도시에 미치게 된다. 지방도시는 마치 지남철처럼 농촌에서 유출되는 노동력을 흡수하게 된다. 지방도시는 제1단계의 수위도시가 그러했던 것처럼 절대적 집심 단계에 도달한다. 즉 핵심부는 여전히 농촌적 주변부를 희생시키면서 성장하는 반면, 도시권 전체도 순수 농촌지역을 희생시키면서 인구가 증가한다. 한편, 수위도시체계는 통상적으로 도시진화의 제3의 상태로 돌입하여 발전한다. 주변부역시 핵심부와 같이 증가상태로 바뀐다. 즉 핵심부와 주변부의 양쪽이 증가하며, 핵심부의 증가속도는 주변부의 증가속도보다 여전히 빠르다. 이와 같은 제3의 상태를 Hall(1984)은 상대적 집심이라 하였다.

3) 제3단계 [수위도시＝상대적 이심]
[타 도시＝상대적 집심]

제3단계에 접어들면, 수위도시는 핵심부의 성장이 여전히 지속되지만, 주변

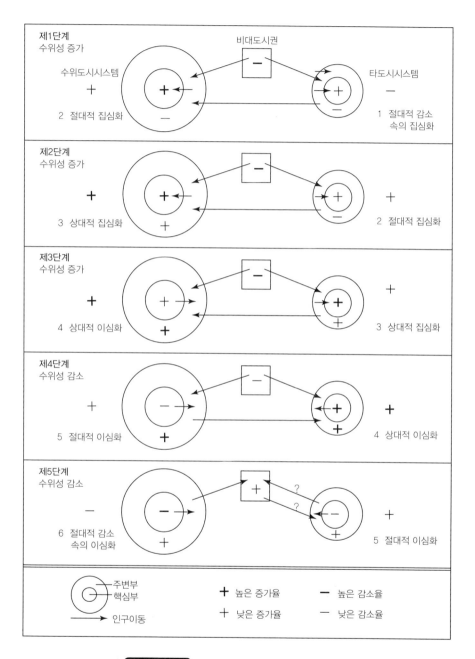

그림 8-6 Hall의 도시발전 5단계 모델

출처: P. Hall(1984).

부의 성장 속도가 더 빨라지는 상대적 이심의 단계에 도달하게 된다. 이에 대하여 지방도시의 핵심부는 더욱 성장하여 상대적 집심의 단계에 도달하게 된다.

4) 제4단계 [수위도시=절대적 이심]
[타 도시=상대적 이심]

제4단계에 접어들면, 지방도시가 상대적 이심의 단계에 돌입할 때, 수위도시는 핵심부에서 인구가 감소하는 현상이 나타나고, 근교의 주변부는 여전히 인구증가가 지속된다. 이것이 절대적 이심의 단계로, 제4단계는 자동차시대와 함께 나타나는 것이 보통이다. 수위도시의 수위성 감소와 지방도시의 절대적 이심화는 제2차 세계대전 이후 대부분의 선진국 도시에서 관찰할 수 있다.

5) 제5단계 [수위도시=절대적 감소 속의 이심]
[타 도시=절대적 이심]

Hall은 제5단계를 도시발전의 최종단계라 불렀다. 그가 이 단계를 최신단계라 부르지 않고 최종단계라 칭했는지는 설명하지 않았다. 제5단계에 접어들면, 종주도시의 핵심부가 더욱 쇠퇴하며 비대도시권으로의 인구이동이 나타나게 된다. 이런 조짐은 이미 영국과 미국의 도시에서 나타나고 있다. 한편, 타도시의 핵심부는 인구유출과 절대적 이심화가 진행되고, 이와는 달리 근교의 성장은 유지되는 단계에 접어든다. 이렇게 되면 수위도시를 지탱해 온 수위성(primacy)이 떨어지게 되는 것이 보통이다. 즉 도시규모법칙의 역현상이 발생한다는 것이다. 소도시체계는 인구증가로 성장하지만, 수위도시 및 타 도시 체계는 정체되거나 쇠퇴한다. 이 단계에 도달한 국가의 경우는 비대도시권의 성장속도가 비로소 대도시권의 그것을 상회하게 되어 역도시화가 발생한다(Hall, 1984).

그러나 역도시화라는 현상이 명확하게 나타나는 단계에 도달했다는 생각은 아직 완벽하게 확립되어 있지 못하다. 왜냐하면 비대도시권적 환경으로의 인구유입은 이미 둔화되고 있을 뿐더러 도시회귀의 조짐이 나타나고 있기 때문이다. 도시가 지닌 매력은 마약과 같은 것이므로, 특별한 사건이 발생하지 않는 한 일순간에 도시가 몰락하는 것은 상상하기 어렵다.

3. 도시공간의 등질화

(1) 도시중심과 근교의 변화

도시형태의 틀이 변화해 가는 와중에 주거지분화의 패턴을 바꾸는 복잡한 메커니즘이 작용하는 경우도 있다. 그 결과, 인자생태학을 기초로 도시공간구조를 설명한 제6장과 제7장에서 지적한 것처럼 고전적 도시이론이 과장될 가능성이 제기되었다. 동시에 원거리 통신기술의 발달에 따라 종래의 공간적 거리마찰력이 경제활동뿐만 아니라, 모든 활동에 작게 작용하게 되어 도시공간은 등질화할 가능성이 높아졌다. 이는 주거지분화가 없어진다는 의미가 아니다. 고전적 도시공간구조이론에서 사회·경제적 지위, 가족적 지위, 인종적 지위와 결부되어 있는 동심원, 선형, 다핵심 등의 구조보다 더 복잡하고 상세한 차원의 주거지분화가 출현할 가능성이 있다.

W. K. D. Davies(1984)는 생태적 구조에 대한 경제적·기술적·인구학적·사회학적 변화의 의미를 개관하면서 다음과 같이 결론지었다. "사회의 복잡성이 증대됨에 따라 더 많은 주거지분화의 차원이 나타날 것이다. 그 중에서 몇 가지는 … 과거의 도시에서 나타났던 복합적 차원이 분열하여 출현한 것이다." 그것을 요약하면 다음과 같다(Davies, 1984, p. 311).

① 주거지분화의 잠재적 요인으로서 거론되는 이주자 지위의 출현.
② 새로운 이민집단의 도착에 의한 인종별 주거지분화의 강화.
③ 서비스 관련 직업의 확대에 수반하여 직업별 주거지분화라는 새로운 차원의 출현.
④ 복지혜택의 의존도에서 커다란 격차의 출현.
⑤ 도시빈민의 정착으로 슬럼의 중요성 제고.
⑥ 세대구성의 변화에 기인한 청·장년층과 노년층의 공간적 주거지분화의 진전.
⑦ 특징적 도시 외곽부의 근교 환경 조성.

이미 미국의 도시에서는 중심도시지역의 생태적 구조가 일반적인 복합인자의 일부였던 특수차원의 분열에 의해 더욱 정밀한 주거지분화가 진행되고 있다. 한편 T. Pahl(1981)은 도시근교의 공간이 보다 일반적인 복합인자를 중심으로 등질화하고 있음을 지적하였다. 동시에 근교는 경제적 성장기관으로서의 역할을 도심으로부터 물려받게 되었으며(Erickson, 1983; Schwartz, 1976), 또한 일상생활의 축이 되었다(Sly and Tayman, 1980). 그 뿐만 아니라 전통적 중심도시의 특징으로 간주되던 몇몇의 경제활동을 갖추게 됨에 따라 오랜 동안 지속되어 온 중심도시와 근교 간에 격차가 사라지기 시작하였다. 도시외곽부의 근교는 경우에 따라 원교를 포함하는 범위이다.

이와는 달리 대부분의 중심도시는 기성시가지가 젠트리피케이션의 수단으로 격상되는 도시재생이 행해졌고, 일부 근교에서 볼 수 있는 사회·경제적 양상과 인구학적 양상이 기성시가지로 흡수되는 상황이 벌어지고 있다. 그 결과, 미국의 중심도시와 근교의 구별은 인종상태만으로 가능하게 되었다(Gober and Behr, 1982). 요약하면, 백인의 중산층은 근교의 영역을 원교까지 확대하여 타 지역과 차별화하는 데 성공하였고, 기성시가지의 근린지구에 침입하여 재활성화하는 데 성공한 셈이다. 반면에 흑인·중남미계·기타 소수민족집단은 자신들의 영역을 확대하는 데에 크게 성공을 거두지 못하였다. William and David(1999)는 미국 리치먼드의 사례를 들어 후기 근교시대(post-suburban era)가 이미 도입되어 원교가 성장함에 따라 근교가 변모되고 있음을 밝힌 바 있다.

(2) 중심도시의 재활성화

도시공간의 재구조화는 경제·기술·인구·문화·정치적 변화와 국지적인 사회·경제·정치적 상황 사이의 복잡한 상호작용의 산물이다. 이것의 대표적 사례 중 하나가 도시근린의 재활성화이다. 여기서 말하는 재활성화(revitalization)란 상업재개발·주택고급화·젠트리피케이션 등을 포함하는 것이다. 이들은 1970년대 미국도시에서 그 중요성을 높인 바 있다. 미국 동부의 보스턴과 볼티모어 중심부에 위치한 서민주택은 중산층주택으로 개축되었다. 미네소타주의 세인트폴에서는 과거 창고·공장·교통의 거점이었던 로워타운이 상업·주택지역으로 거듭났다. 워싱턴의 일부 근린은 상류층 주택지역으로 젠

사진 8-2 ⊙ 쾌적한 주택지역으로 재개발한 벤쿠버의 아파트

트리피케이션 사업이 진행되었다. 캐나다의 밴쿠버에서는 낡은 공업지역이 쾌적한 주택지역으로 바뀌었다.

다음으로 유럽에서 찾아 볼 수 있는 사례는 런던의 도크랜드 재개발, 파리의 말레구역 재개발, 에딘버러의 티스톨 센터 및 세인트 제임스 센터 건설 등이 있다. 런던의 경우는 상기한 재개발 이외에도 빅토리아 시대에 건설된 근교의 주택지에 대량 젠트리피케이션이 적용되었다.

이와 같은 재활성화의 사례를 소급해 보면, 본서의 제4장에서 설명한 바와 같은 1950년대와 1960년대에 시행된 강력한 도시재개발사업을 거론할 수 있다. 이 사업을 현재의 시점에서 되돌아보면, 도시의 경제기능 및 구조가 전환되는 과정이었음을 알 수 있다.

J. H. Mollenkopf(1981)에 의하면, 도시재개발은 마치 현재 대도시의 기초인 기업경제가 잉태됨에 있어 산파와 같은 역할을 한다는 것이다. 최근 세계 각 도시에서 일고 있는 도시재활성화의 붐 역시 이와 동일한 이론에 근거하고 있다. 그것은 경제·인구·사회·문화적 변화에 의해 나타난 입지적 가치의 증가분을

창출하고 부의 축적에 장애요소를 제거하는 수단이기도 하다.

　도심의 상업재개발 계획은 통상적으로 주택지의 극히 일부분만을 사업지구에 편입시키지만, 도시공간구조의 변화에 있어서는 중심적 역할을 담당한다. 재개발사업은 자산가치의 상승효과와 고용기회의 패턴을 변화시키는 기능을 갖고 있기 때문이다. 최근에 이르러 도심재개발의 열기가 고조되는 것은 본래 높았던 도심의 자산가치가 도시의 이심화에 의해 심각한 위협을 받고 있다는 점에 재투자하려는 시도로 해석될 수 있다. 이런 재투자는 여러 도시에서 동일한 전략의 형태를 취하여 왔다. 즉 해안 및 하천변의 워터 프론트 개발, 프라자(광장) 및 보행자 몰의 설치 등과 같은 대담한 물리적 형태를 취하고, 새로운 상점과 오피스를 비롯한 회의장 · 스포츠 경기장 · 미술관 · 콘서트 홀 등을 비치하고 있다.

　재투자는 탈번영기의 기업과 정치의 풍조에 따른 민관협력체제가 만들어지는 특징이 있다. 즉 재벌급의 개발업자 · 금융기관 · 지역의 지도자들이 시의회 · 관료와 협력하게 되었다는 것이다(Rees and Lambent, 1985). 이리하여 재개발의 주도권은 공공기관으로부터 기업으로 넘어갔다. 이 변화는 여전히 지속되고 있는 듯하다. 기업은 쇠퇴지역을 찾아내어 재개발계획을 입안하고 계획단을 조직하여 시당국과 필요한 절충을 수행해 나가는 가운데 주도권을 장악하게 된다. 그것의 대표적 사례는 필라델피아의 「플랭크린 타운 계획」에서 찾아볼 수 있다. 1995년 필라델피아에서는 2.9만 채의 주거용 건물이 방치되었으며, 그 가운데 1.9만 채는 심각할 정도로 파손되어 재생비용이 1채당 11만 달러로 총비용은 20억 달러를 훨씬 상회하는 것으로 추산되었다(Downs, 1968). 필라델피아의 쇠퇴는 1950년대에 찾아 온 조선공업의 몰락과 함께 시작되었다. 1980년대 초기에는 직물 및 섬유공업의 몰락이 절정에 이르렀다. 그 결과, 펜실베이니아주는 더 이상 미국의 심장부가 아니었다.

　주택포기(housing abandonment)는 1960년대 이후 미국 북동부 도시의 기성시가지에서 나타나기 시작한 심각한 도시문제로 떠올랐다. 1965～1968년간에 뉴욕에서 방치된 주택 수는 30만 명이 살기에 충분할 정도였다. 1978년까지 버려진 주택에 대한 세금미납은 무려 15억 달러에 달하였으며, 이는 뉴욕시를 재정위기로 내모는 요인이 되었다(Pacione, 2005). 1970년대에 들어와 미국에서 주택포기율이 가장 높은 도시는 세인트루이스와 몽고메리였다. 그 이유는 범죄

사진 8-3 ○ 미국 대도시 중심부의 젠트리피케이션

와 반달리즘이 만연하였고 주택가격이 급락하였으며, 부동산 소유주들은 주택
융자금 상환을 중단하였다(Rossi, 1995).

지역의 산업자본가들은 자신들의 사업에 적신호가 켜질 때에 지역의 쇠퇴를
느꼈던 것이다. 그 결과, 주요한 상업·주택의 복합개발, 정비된 가로망, 조경이
가미된 오픈 스페이스가 만들어졌다. 이러한 계획은 디트로이트의 제너럴 모터
스, 브루클린의 화이자 회사에 의해 시작되었다. 즉 자신들의 회사 주변지역을
재활성화하려는 시도의 일환이었던 것이다.

주택재활성화 역시 근래에 이르러 도시부흥을 위해 각광을 받고 있는 사업일
뿐만 아니라 1980년대를 전후하여 세계 각지에 널리 보급된 도시계획의 일종이
다. 그러나 이 사업은 중심도시의 구조적 변화에 지대한 영향을 미치는 것이 아
니다. 미국도시의 경우, 주택재활성화사업은 전체 도시의 절반이 경험한 바 있
으며, 그 가운데에서 동부의 오래 된 대도시에서 그 사업을 전개한 것으로 조사
되었다(Clay, 1979). 특히 뉴욕시에서는 1만 개가 넘는 공업용 창고가 주거지
로 전용되었고, 연간 90만 호 이상의 세대가 젠트리피케이션에 의해 타 지역으

로 이동하였다(Le Gate and Hartman, 1981). 그러나 상대적으로 볼 때 주택재활
성화는 단편적이며 불평등한 사업이다. 왜냐하면 각 도시내부에는 재활성화사
업과 관련된 인구가 통상 전체의 5%를 밑돌기 때문이다. 경우에 따라서는 1%를
밑도는 사례도 있다.

재활성화사업이 시행된 각 근린내부에 포함된 재생자산은 5~30% 정도로 다
양한 차이가 있다(De Giovanni, 1984). 그러나 주택재활성화의 참된 의의는 도
시변화에 질적·상징적 의미를 제공하는 데 있다고 하여도 과언이 아니다. 다
른 종류의 사업은 근린의 변화가 완만함에 비하여, 재활성화는 비교적 급속하며
지역성의 명확한 변화를 수반한다. 재활성화는 주거환경의 개선에 기여하고 새
로운 소매활동을 자극하며 최소한의 공적 자금으로 지방의 세원을 확대할 수 있
다. 그렇기 때문에 도시정치의 신우파(new right)는 재활성화사업을 도시변화의
상징으로 인식하고 있다(Thomas, 1986). 또한 사회주의 도시정치에 있어서도
재활성화는 자본축적, 중산층 확대, 도시경제의 전환에 적합한 도시공간의 재구
조화를 촉진하는 데 기여한다.

주택재활성화에 관한 연구가 이처럼 다양한 관점을 반영하는 것은 당연한 일
일 것이다(Williams, 1984). 그렇다면 도시구조변화와의 관계에서 재활성화의
과정을 어떻게 개념화해야 할 것인가? 이에 대한 가장 유력한 대답은 주택재활
성화를 두 종류의 메커니즘으로부터 비롯된 산물로 간주할 수 있다는 것이다.
즉 ① 구조적·경제적 변화로부터 도출된「전제조건」, ② 그「전제조건」을 조
절할 것인가, 이것이 아니라면 그것에 저항하려는 인간의 행위주체가 국지적·
일시적으로 만들어 낸 우연적 요인일 것이다(Jackson, 1985).

주택재활성화의 전제조건으로는 탈공업화와 이심화라는 조류 때문에 쇠퇴해
버린 도시중심의 근린주거지에 자본을 재투자할 필요성, 새로운 형태의 숙련노
동력을 도시내부에 확대하는 일, 새로운 가치관을 가진 새로운 유형의 세대 출
현, 젠트리피케이션을 적용한 근린 주민의 서비스 요구에 유연하게 대응할 수
있는 공공부문의 존재 등이 있다.

4. 세계도시의 등장배경

1980년대에 들어오면서 사회학과 지리학분야에서 세계도시론에 관한 연구가 성행하게 된 배경에는 1960년대부터 1970년대에 걸쳐 나타난 탈도시화(deurbanization)와 역도시화(conter-urbanization)의 조류 속에서 쇠퇴해질 수밖에 없었던 뉴욕·런던·도쿄 등의 거대도시가 세계도시화의 기치를 내걸고 도시재생을 시도하였던 시대적 상황이 있었다.

사실 도시는 농업·수공업·상업을 기반기능으로 한 전산업시대로부터 제조업을 기반기능으로 한 산업시대를 거쳐 정보·통신·금융 등을 기반으로 하는 정보화시대로 발전해 왔다. 도시는 시대가 바뀔 때마다 경제재구조화가 진행되었으며 거의 동시적으로 도시재구조화가 수반되었다. 이러한 과정 속에서 [그림 8-7]에서 보는 바와 같은 경제조직 및 생산방식의 변화는 물론 도시규모와 도시구조의 변화가 뒤따랐다. 전산업시대에서 산업시대로 이행할 때에는 도시개발과 도시재개발이 도시재구조화의 수단이었으나, 산업시대에서 정보화시대로 이행할 때에는 도시재구조화가 그 수단이었던 것이다.

제2차 세계대전 직후부터 1970년까지 유럽과 북미의 대도시는 도시내부의 기능·인구·자본 등이 원심력을 받아 도시외곽으로 빠져나가게 됨에 따라 기성시가지(inner city), 특히 도심의 공동화현상이 발생하고 도시내부가 쇠퇴하는 국면을 맞이하게 되었다. 그러나 1980년대를 전후하여 구심력의 작용을 받아 재도시화의 징후가 보이기 시작하였는데, 이와 같은 일련의 움직임은 도시의 쇠퇴국면을 반전시킨다는 의미에서 도시재생(urban regeneration)이라 표현하기도 하고 도시부흥(urban renaissance)이라 부르기도 하였다. 그렇지만 쇠퇴한 도심 일대의 재도시화가 도시 전체의 르네상스를 의미하는 것은 아니었다. 오히려 도시의 부분적 재구조화는 도시의 양극화현상을 심화시킬 따름이었다. 다시 말해서, 세계도시화전략으로 재생된 도심과 그로부터 소외된 지역 간의 격차를 심화시켰다는 것이다.

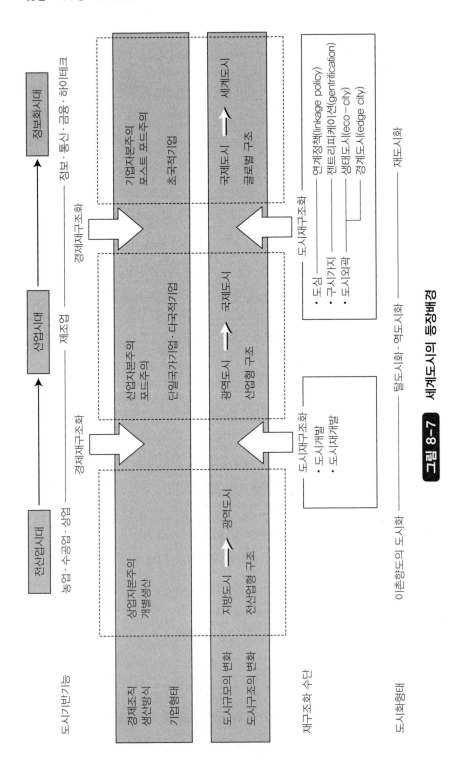

그림 8-7 세계도시의 등장배경

5. 세계도시의 재구조화

(1) 도시재구조화의 배경

1980년대에 진입하면서 세계도시라 불리게 된 뉴욕·런던·도쿄 등의 거대도시는 과거에는 모두 공업활동이 활발하게 전개되던 대도시였다. 그러나 선진국의 탈공업화가 본격화되고 공업생산이 대도시로부터 지방 혹은 해외로 이동함에 따라 대도시들은 성장기반을 상실하고 말았다. 그것의 전형적인 사례는 미국의 뉴욕에서 찾아볼 수 있다. 뉴욕은 기업 본사의 유출, 인구감소, 교통과 사회서비스 등의 도시기반 악화, 거기에다 세수입의 감소현상이 발생하여 1970년대 중반에는 재정위기에 빠졌다. 그 후, 재정을 회복하면서부터는 당시까지의 상황이 바뀌어 뉴욕은 재생의 길을 걸을 수 있게 되었다.

뉴욕으로 대표되는 대도시의 재생배경에는 경제가 세계화하는 확실한 조짐이 있었다. 제조업체의 해외 이전의 뒤를 이어 진출한 금융기관과 각종 생산자

사진 8-4 ○ 미국 미네소타주의 경계도시 블루밍턴

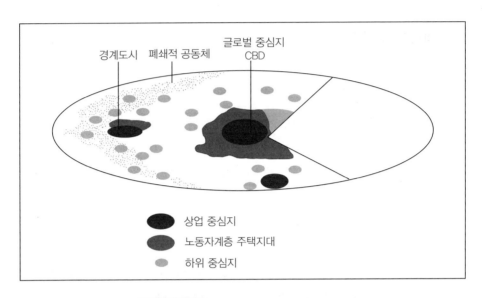

그림 8-8 후기 산업사회의 세계도시

출처: E. W. Soja(1989); M. Davis(1992).

서비스업은 정보인프라에 유리한 이들 대도시로 활동거점을 정하였다. 점차 사라져 가는 공업시설과 유통시설 대신에 초고층 빌딩으로 상징되는 각종 사무실이 입주한 업무빌딩이 건설되어 갔다. 그곳에서 일하는 취업자가 세계 각지로부터 몰려와 산업구조와 함께 취업구조도 크게 바뀌었다. 기업 본사 외 생산자 서비스업에서는 전문능력을 갖춘 취업자가 필요하였으나, 반면에 그들을 지원하는 비전문직의 노동력도 필요하게 되었다.

변화는 취업형태뿐만 아니라 크게 발달한 정보처리·통신수단에 힘입어 서비스 제공의 방법상에도 나타났다. 이것 때문에 건물과 설비의 규모·형상·배치에도 변화가 일어났다. 전형적인 예는 인텔리전트 빌딩의 건설이며, 빌딩 내외로의 정보통신의 용이함과 안전·자동관리시스템을 갖춘 업무빌딩이 속속 건설되었다. 또한 도심의 높은 임대료를 피하여 도시외곽으로 사무실을 이전하려는 기업을 위한 오피스 파크(office park)도 건설되었다. 초창기의 오피스 파크는 업무빌딩의 집합체에 불과하였으나, 차츰 소매·서비스·주택 등의 기능을 겸비한 복합적인 것으로 변화해 갔다. 취업환경 및 업무환경의 향상을 중시한 유

사진 8-5 ⊙ 소매 및 여가시설이 복합된 몰 오브 아메리카(MOA)

형의 업무빌딩이 각지에 건설되었다.

　변화는 취업구조와 기업시설에만 한정되지 않았다. 새롭게 취업하는 사람들을 위하여 주택이 필요하게 되었고, 주택건설과 주거환경의 개선이 뒤따랐다. 이 과정에서 지금까지 쇠퇴국면에 처했던 도시내부의 시가지는 활성화할 수 있는 기회를 잡았으나, 반면에 새로운 사회문제를 잉태하게 되었다. 기업 본사와 생산자서비스업이 대도시의 도심으로 진출하게 됨에 따라 토지이용과 도시경관은 크게 변화하였다. 이러한 일련의 변화는 세계도시와 그 주변부에서 쉽게 관찰되는 현상이며, 세계화·정보화·서비스 경제화의 조류에 휩싸이면서 세계도시의 내부구조는 크게 바뀌어 갔다.

　[그림 8-8]은 후기 산업사회의 세계도시를 E. W. Soja(1989)가 모식화한 것이다. 이것은 포드주의로부터 포스트 포드주의로 전환된 1995년 이후의 대도시권 구조를 나타낸 것이다. 제조업 중심의 산업사회에서 지식정보산업 중심의 후기 산업사회로 전환되어도 CBD는 대도시의 권역 전체에 중심지 기능을 제공하며 중추관리기능이 입지한다는 점에서 여전히 중요한 공간이다. CBD에는 전문

교육기관·레크리에이션 지구·전문화된 생산중심지 등이 입지하며, 특수한 대면접촉활동을 중시하는 병원·미장원 등도 입지해 있다.

이와 같은 상업중심지는 타 지역에도 생성된다. 또한 대도시권 외곽부에는 모도시에 종속되지 않고 기능적으로 거의 자족적이며 독립적인 상업중심지라 할 수 있는 경계도시가 형성된다. 초대형 쇼핑센터를 건설하여 모도시의 성장방향을 견인한 사례는 미국 미네소타주 블루밍턴의 몰 오브 아메리카(MOA: Mall of America)와 캘리포니아주 오렌지카운티의 사우스 코스트 몰(SCM: South Coast Mall)을 들 수 있다. 특히 1992년에 개장한 몰 오브 아메리카는 소매점포 및 백화점과 오락시설을 갖춤에 따라 8마일 떨어진 미니애폴리스 모도시(母都市)로부터 기능적으로 독립할 수 있는 계기를 제공해 주었다. 이와 같이 CBD의 상업기능을 능가하는 쇼핑센터를 근교에 건설함으로써 경계도시를 조성하여 도시구조를 다핵화한 사례는 애틀랜타·인디애나폴리스·샌안토니오 등의 미국 대도시권에서 찾아볼 수 있다.

대도시의 중심부는 교통체증과 환경악화 등으로 비경제적이고 비효율적이므로 중심지 기능이 외곽부로 분산화한다. 즉 원격통신기술은 공간적 확산을 가능케 하기 때문이다. 세계도시의 계층간 양극화는 더욱 심화되며, 노동자 계층의 주거지역은 산업사회의 도시구조와 마찬가지로 CBD의 주변부에 입지하거나 주변도시의 외곽부에 입지하게 된다. 이와는 달리 부유층은 근교에 거주하거나 젠트리피케이션 사업이 시행된 중심부로 이전한다.

(2) 포스트 포드주의의 도래와 도시공간구조의 변화

포드주의 체제가 갖는 결정적인 문제는 시장과 기술적 변화에 대한 대처에서 경직성을 보였다는 점이다. 유연성은 포드주의 체제를 포스트 포드주의 체제로 수정함에 있어 나타나는 다양한 변화를 포괄하는 핵심적 요소이다. 특히 유연성은 변화하는 시장조건 하에서 기업이 생산수준과 형태를 조정하는 능력을 포함하는 것이다.

포스트 포드주의가 도입됨에 따라 [그림 8-9]에서 보는 것과 같이 도시공간구조에 지대한 영향을 미쳤다. 포스트 포드주의 기술과 노동에서 볼 수 있는 주요 특징 중 하나는 제품생산에 요구되는 노동자 수가 줄어들었다는 점이다. 또

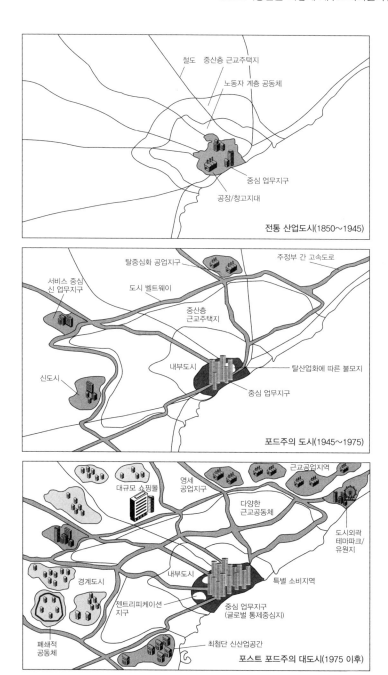

철도　중산층 근교주택지

노동자 계층 공동체

중심 업무지구

공장/창고지대

전통 산업도시(1850~1945)

탈중심화 공업지구

주정부 간 고속도로

서비스 중심
신 업무지구

도시 벨트웨이

중산층
근교주택지

내부도시

탈산업화에 따른 불모지

신도시

중심 업무지구

포드주의 도시(1945~1975)

근교공업지역

대규모 쇼핑몰

영세
공업지구

다양한
근교공동체

도시외곽
테마파크/
유원지

경계도시

내부도시

특별 소비지역

젠트리피케이션
지구

중심 업무지구
(글로벌 통제중심지)

폐쇄적
공동체

최첨단 신산업공간

포스트 포드주의 대도시(1975 이후)

그림 8-9　포스트 포드주의의 도래에 따른 도시공간구조 변화

출처: P. Knox and S. Pinch(2010).

한 표준화된 제품생산은 서구도시가 아닌 다른 저임금지역에서 행해지고 있다. 그 결과로 나타난 것은 대규모 탈공업화와 전통적 공업도시의 변화이다. 전통적 공업지역의 쇠퇴와 함께 나타난 것이 신산업공간(new industrial space)이라 불리는 신산업 클러스터의 출현이다. 거래비용의 절감과 대면접촉을 위한 상호작용의 활성화는 관련 업종들이 클러스터를 이루는 요인 중의 하나이다. 이러한 클러스터의 대표적 사례는 미국 캘리포니아의 실리콘 밸리와 오렌지 카운티, 그리고 보스톤 루트 128, 영국의 M4 도시회랑과 프랑스의 그르노블, 독일의 바덴-뷔르템베르크 등이다(Knox and Pinch, 2010). 여기에서 우리는 본서의 제2장 제1절에서 지적한 바와 같이 내부도시로부터 외부도시로의 확대가 종래의 「내부구조의 도시공간」을 넘어 근교와 원교를 포함한 도시공간주조임을 확인할 수 있다.

미국의 로스앤젤레스는 새로운 유연적 축적체제에 의한 도시화가 나타나고 미래도시형태의 선구적 역할을 하는 사례도시로 자주 언급된다. 전술한 Soja(1989)는 포스트모던 글로벌 메트로폴리스(post-modern global metropolis)와 코스모폴리스(cosmopolis)란 용어를 사용한 바 있다. 로스앤젤레스는 중심부인 CBD가 글로벌 통제중심지로 성장하면서 재중심화 현상이 강하게 나타남과 동시에 경계도시(edge city)를 발달시키는 탈중심화 현상이 동시적으로 나타나고 있다. 경계도시란 J. Garreau(1992)가 설명한 바와 같이 시카고학파가 설명하는 어바니즘과 달리 일정한 업무공간과 소비공간을 보유하여 상주인구가 밀집한 자족적 도시를 가리킨다. 이런 도시는 기능적으로 모도시에 종속되어 있지 않기 때문에 어느 쪽에도 속하지 않는 경계(edge) 상에 입지해 있다고 하여 명명된 것이다.

(3) 산업구조와 취업구조의 변화

세계도시에서 나타난 산업구조의 변화는 취업인구의 구성변화에 여실히 나타나 있다. 가령 뉴욕에서는 1977년부터 1987년에 걸쳐 공업취업자수가 22만 명 감소한 데 비하여 서비스업의 그것은 124.2만 명이나 증가하였다(Daniels, 1985; 1993). 그 결과 서비스업이 산업 전체에서 차지하는 비율은 74.7%로부터 79.3%로 상승하였다.

이런 추세는 일본의 도쿄에서도 관찰할 수 있다. 즉 도쿄의 서비스업은 80만

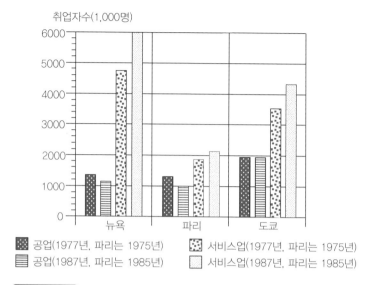

그림 8-10 뉴욕 · 파리 · 도쿄의 공업 및 서비스업 취업자수 변화

출처: 林　上(1995).

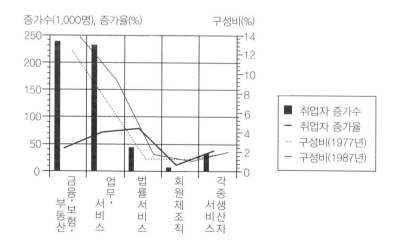

그림 8-11 뉴욕 대도시권의 생산자서비스업 취업자 증가수와 구성비의 변화

출처: 林　上(1995).

명이 증가하여, 비율은 59.2%로부터 67.9%로 상승하였다. 프랑스 파리의 경우, 서비스업의 비율상승이 컸던 것은 공업의 쇠퇴가 격심했던 것이 그 요인이며,

뉴욕을 능가하는 28.6만 명이 감소하였다(그림 8-10).

1980년대를 통하여 세계도시의 서비스업을 크게 신장시킨 것은 생산자서비스업이다. 뉴욕의 경우, 1977년부터 1987년에 걸쳐 생산자서비스업의 취업자수는 54.9만 명이 증가하였으며, 이것은 이 시기에 증가한 서비스업 전체의 44.2%에 해당하는 비중이다(Scanlon, 1990). [그림 8-11]에서 보는 것처럼, 그 가운데에서도 이른바 'FIRE'라 불리는 금융·보험·부동산을 비롯하여 업무 서비스의 증가율이 높고, 이들은 생산자서비스업의 43.2%와 14.9%를 차지한다. 영국의 런던은 뉴욕 정도는 아니지만 1981~1987년에 걸쳐 생산자서비스업이 34.3% 증가하였다(Daniels, 1993). 같은 시기의 총취업자수와 서비스업 취업자수의 증가율이 각각 11.3%와 6.4%였던 것을 감안하면, 역시 생산자서비스업의 기여율은 매우 컸다고 볼 수 있다.

생산자서비스업은 단지 취업률을 높이는 것뿐만 아니라 도시발전에 기여하는 바도 크다고 할 수 있다. 이런 사실을 입증하는 자료는 많지 않지만, 뉴욕에 관한 M. P. Drennan(1985)의 연구에 의하면, 기반활동의 총수입 260억 달러(1958년 기준) 중 100억 달러가 외부로부터 벌어들인 것이었다. 이 100억 달러 중 45%는 금융·부동산·보험과 기타 생산자서비스업에 의해 벌어들인 것이다. 1983년이 되어 총수입은 480억 달러였는데, 이 가운데 외부로부터 벌어들인 수입은 190억 달러로 증가하였다. 금융·보험·부동산과 기타 생산자서비스업이 차지하는 비율은 52.8%로 상승하였다. 그 중에서도 금융부문 중 증권이 차지하는 비율이 높고, 1958년의 7%가 1983년에는 17%로 높아졌다.

(4) 기업입지의 패턴 변화

1980년대를 통하여 세계도시에서는 기업본사와 생산자서비스업의 입지가 활발하였으며, 그것과 병행하여 기업의 입지패턴에도 변화가 일어났다. 도심부와 주변부를 비교할 경우, 도시 근교의 기업입지가 더 활발하며, 근교입지의 비율이 높았다. [그림 8-12]는『포춘지』가 선정한 상위 500대 기업의 도시별 본사수의 변화를 나타낸 것이다. 이것에 의하면 본사의 입지 수는 거의 예외 없이 중심도시에서 감소하는 반면, 거꾸로 근교에서는 증가하고 있다. 특히 현저한 것은 뉴욕이며, 맨해튼에서의 감소현상이 뚜렷하다.

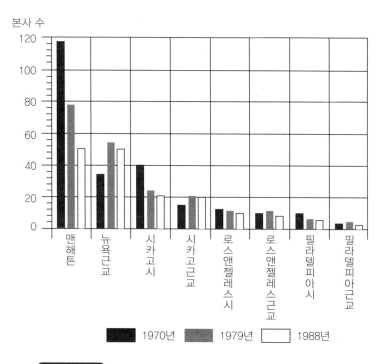

본사 수

그림 8-12 도시별 본사 입지수의 변화(1970~1988년)
주: 『포춘지』가 선정한 상위 500대 기업

출처: 林　上(1995).

　　뉴욕에서는 대기업의 본사뿐만 아니라 주요한 생산자서비스업에 대해서도 도심으로부터 근교로의 상대적 이전이 진전되었다. 1977~1987년에 걸쳐 10년 간 도심부와 주변부의 근교를 포함한 지역 전체에서 생산자서비스업의 사업소는 543개소 증가하였다. 이것을 도심부와 주변부를 포함한 뉴욕시와 그 이외의 지역으로 나누면 각각 38.1%와 61.9%이다(Daniels, 1993). 뉴욕 시내의 입지 비율이 시외에 속하는 근교의 입지비율을 능가하는 것은 법률 서비스뿐이다. 금융·보험·부동산은 44.3%가 뉴욕 시내이고 그 나머지 55.7%가 근교에 입지해 있다. 업무서비스의 경우는 전체의 7할 이상이 근교에 입지하였다.

　　뉴욕과 동일한 양상은 영국의 런던에서도 찾아볼 수 있다. 1983~1988년의 5년간에 걸친 생산자서비스업의 취업자 수는 18만 명 증가하였으며, 증가분의 지역별 비율은 도심, 도심주변, 근교가 각각 22.2%, 17.8%, 60.0%였다

| 표 8-2 | 런던 생산자서비스업 취업자의 지역별 분포 | | |

지역별	생산자서비스(전체)	기반활동	비기반활동
도심	22.2%	34.7%	13.3%
도심주변	17.8	17.3	18.1
근교	60.0	48.0	68.6
계	100.0%	100.0%	100.0%

출처: D. E. Richmond(1989).

(Richmond, 1989). 여기서 주목할 만한 사항은 〈표 8-2〉에서 알 수 있는 것처럼 취업자의 18만 증가분 중 도심의 비율이 기반활동은 34.7%인데 비하여 비기반활동은 13.3%에 불과하다는 것이다. 이 사실은 도시 외부로부터 소득을 올리는 광역적 서비스업이 도심부에서 비교적 많이 증가한데 비하여, 시장이 국지적으로 제한된 서비스업은 오직 주변부에서 증가하였음을 의미한다.

도심부에 비하여 도시 주변부의 근교에 더 많은 기업이 입지해 있는 배경에는 도심으로부터 근교로의 입지 이전이 활발하다는 도시적 상황이 있었다. CBD의 빌딩에 사무실을 둔 기업이 업무가 확장됨에 따라 공간이 협소해지고 임대료의 상승을 피하여 근교로 이전하는 경우, 또한 업무의 일부를 분리시켜 근교로 옮기는 경우 등 다양한 사례가 있다. 대외적 접촉빈도가 높은 기업본사와 생산자서비스를 도시 주변부로 이전하는 일은 과거에는 상상조차 할 수 없었다. 그러나 정보통신 수단이 발달한 오늘날에는 부정적 요소는 경감하였다. 중핵적 업무는 도심부에 남기고 대외적 접촉이 적은 업무는 보조시설로 주변부에 설치한다는 이른바 선별적 이심화가 일반화되기에 이르렀다.

도심부로부터 근교로 업무를 이전하는 사례는 런던의 경우 1960년대부터 시작되었으며 매년 7천 명 안팎의 직장이 이전하였다(Daniels, 1993). 1970년대 중반 이후부터는 사무실 이전 장려정책이 추진된 바 있고, 이로 인한 고용은 4천 명 정도 감소하였다. 그러나 1990년대에 들어와 이전은 다시 활발해지게 되어 1만 명을 넘는 취업자가 런던 시가지를 떠났다. 국제기업의 진출이 활발하던 1985~1989년에 걸쳐 런던에서는 시설이 양호한 인텔리전트 빌딩의 임대료가 2배 이상 상승하였다. 1986년에 실시된 금융거래 규제완화가 이런 풍조를 부추겼던 것으로 생각된다. 임대료가 상승한 도심을 벗어나기 위해 기업은 임대료가 저렴하고 노동력의 확보가 용이한 근교로 이전해 갔다.

03 ▸ 연계정책이란?

1. 연계정책의 개념

전절에서 설명한 도시재구조화는 도시재활성화와 같은 도시부흥을 위한 것이다. 도시부흥이 도시 전체의 재생을 의미하기 위해서는 도심 일대에서 진행되고 있는 세계도시화의 영향이 도시내부의 사회적 · 물적 활성화에도 파급되도록 유도하는 도시정책이 필요하다.

연계프로그램이 실제로 도심재개발에 적용된 것은 1981년 미국의 샌프란시스코시를 필두로 하여 1990년경까지 이미 10여개의 도시에서 실시된 바 있다. 이에 관해서는 D. Keating(1986)을 포함한 여러 학자들의 논문이 도시관련 잡지에 게재된 바 있다. 그리고 영국 웨일즈 대학의 R. Hambleton(1991)은 영국의 도시정책이 미국으로부터 배워야 할 교훈으로서 연계정책(linkage policy)을 꼽았다. 또한 J. Dawson and C. Walker(1990)는 이미 영국에서 「링키지」가 정치적 과제로 부상되어가고 있음을 지적하기도 하였다.

문헌상에서 링키지(linkage)란 용어를 도심재개발사업과 관련하여 처음으로 사용한 사람은 전술한 Keating을 위시하여 여러 학자들에 의해 사용되기 시작하였다. 그러나 그들이 사용한 「링키지」의 개념은 사용자에 따라 약간의 차이를 보였다. 즉 링키지를 좁은 의미로 국한시키는 경우도 있거니와 넓은 의미로 확대하여 사용하는 경우도 있다(남영우, 1998, p. 50).

먼저, 일본의 사사키(佐々木, 1988, p. 171)는 연계정책을 "도심의 빌딩건설과 주택건설을 연계시켜 저소득층의 주택건설을 촉진하려고 시도하는 개발유형"이라고 협의적 정의를 내렸다. 이에 대하여 Andrew and Merrian(1988, p. 200)은 "시 당국이 신규로 상업적 개발을 허가해 주는 대신에 개발업자에게 주택 · 고용기회 · 보육시설 · 교통시설 등의 건설을 촉구하는 다양한 프로그램"으로, 또한 Keating(1986, p. 133)은 "도심이 성장함에 있어서 역기능적 영향을 완화하기 위하여 대규모 상업지구의 개발업자에게 일정한 고용·시설·서비스를 제공케 하거나, 혹은 그에 상응하는 부과금의 지불을 요구하는 개발유형"으로 광의적 정의를 내렸다. 더 나아가 도시토지국(ULI)은 "지역사회의 요구에 부응하기 위해 자금을 여유 있는 부문에서 모자란 부문으로의 이전을 강제함으로써 소득재분배의 효과를 기대하는 개발유형"으로 확대시켜 규정하였다.

이처럼 정의의 폭이 각기 다른 것은 연계프로그램의 정책적 내용이 차츰 확대되어 나아가고 있음을 반영하는 것이다. 왜냐하면 초기에는 이 유형의 재개발이 주택과의 연계만을 추구하였으나(Hausrath, 1988), 그 후에는 연계대상이 차츰 교통시설·보육시설·공원·고용촉진·소수민족 등의 지원사업으로 확대되어 나아갔기 때문이다. 또한 일부 학자들은 주택연계(housing linkage)에 대하여 "도심에서는 주택이 배제된 업무용 빌딩만이 번창하는 경향이 있으므로 도심인구의 공동화를 막기 위하여 업무용 빌딩건설에 주택정비를 의무화해야 한다."고 주장하면서도 "반드시 저소득층의 주택이 아니어도 된다."면서 폭넓은 정의를 내렸다(矢作·大野, 1990). 그뿐만 아니라 ULI의 정의에서는 연계개발(linkage development)이 반드시 도심재개발에만 직접적인 관련이 있어야 하는 것이 아니라는 전제하에 소득재분배의 기능을 겸하고 도시내부의 격차를 줄일 수 있는 최선책이라 하였다.

이와 같은 개념적 정의에 따라 연계프로그램의 명칭 역시 다소의 차이를 보인다. 즉 Keating(1986)은 연계화 도심개발(linking downtown development)이라 칭하였고, Smith(1988)를 비롯한 Keating and Krumholz(1991)는 각각 연계개발정책(linked development policy) 또는 연계정책(linkage policy)이라 불렀다. 이에 대하여 샌프란시스코의 도심재개발에 대한 경제적 기반을 분석한 Hausrath(1988)는 직주연계(linking job and housing)로, 그리고 Huffman and Smith(1988)는 사무실개발 연계비용(office development linking fees)이라는 용어를 사용하였다.

이들의 각기 다른 용어를 종합해 보면, 전술한 것처럼 재개발의 위치가 도심으로부터 도시 전역으로, 또 주택연계에서 모든 시설 간의 연계로 확대해 나아가는 경향에 따라 재개발사업의 유형으로서는 연계개발 프로그램 또는 연계 프로그램으로, 이를 위한 도시정책으로서는 연계개발정책 또는 연계정책으로 명명하는 것이 좋을 것 같다(Andrew and Merrian, 1988, pp. 199~200).

2. 도시회귀와 연계정책

선진자본주의국가의 대도시는 급격한 인구와 산업의 집중에 따라 과대화·과밀화하면서 이들이 선별적으로 도시외곽으로 탈출하는 현상을 보이고 있다. 이런 현상이 도시내부를 쇠퇴하게 만드는 요인으로 작용한다. 도시탈출로 야기되는 대도시권의 문제를 도시구조와 관련지어 보면, ① 선별적 인구유출에 따른 주거지역의 쇠퇴, ② 고용기회의 감소에 따른 실업의 증대, ③ 도심활동의 위축으로 요약될 수 있으며, 이들은 서로 복합적으로 작용하여 세수(稅收)의 감소

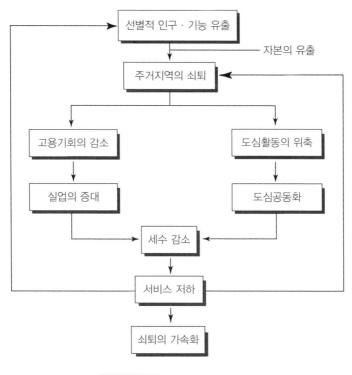

그림 8-13 도심의 쇠퇴과정

출처: 남영우(1998).

→ 서비스의 저하 → 쇠퇴의 가속화라는 악순환을 발생시킨다(그림 8-13). 즉 인구의 선별적 유출은 도시내부에 빈곤층 · 소수민족 · 고령자 등의 계층만 잔류케 하여 주거환경을 악화시키며, 도심과 주거지역 간에 분포하던 공장의 폐쇄 및 유출로 노동자계층의 실업사태가 발생하고, 사무실 이전과 백화점 · 호텔 등의 영업부진으로 도심활동이 약화된다는 것이다(植田, 1992). 이와 같은 도시문제에 대처하기 위하여 각종 법규를 정비하고 새로운 도시정책을 수립하였으나 커다란 효과를 거두지 못하였다(成田, 1980; 奧田, 1985).

1960년대의 영국과 1970년대 후반의 미국에서는 도시쇠퇴를 극복하기 위한 민간부문의 자발적인 도시재생사업이 주목을 받기 시작하면서 도시회귀 (back-to-the city), 중심도시의 재생(central city revival), 기성시가지의 재활성화(revitalization)를 비롯하여 도시회복(recovery), 부흥(renaissance), 갱신(regen-eration), 개조(rebuilding), 재침입(reinvation), 재정착(resettlement) 등의 용어들이 속출하였다. 특히 막대한 시 예산을 투자하면서도 도시쇠퇴를 저지하지 못한 미국사회가 새로운 용어의 출현과 재개발방법에 주목하는 것은 당연한 일이었다(London, 1980).

도시회귀를 논할 때에는 근린주거지역의 재생을 언급하게 되지만, 도심의 기능이라 할 수 있는 소매업 · 서비스업 · 도매업을 비롯하여 업무기능인 오피스 활동까지 포함해야 한다. 그 가운데 도시기능의 중추적 영향력을 지닌 기업체의 본사입지를 살펴보면 〈표 8-3〉에서 보는 바와 같이 상당수의 본사가 1960년대를 전후하여 도시내부로부터 도시외곽으로 이전하였음을 알 수 있다. 이것은 미국 제조업체 중 상위 500위권에 속하는 기업의 본사를 대상으로 조사한 자료인

표 8-3 미국 주요도시의 기업(본사)* 입지변화

연도	10대 도시권		뉴욕		시카고	
	도시내부	도시외곽	도시내부	도시외곽	도시내부	도시외곽
1956	293	44	140	16	47	4
1974	209	84	98	46	32	10

* 미국 상위 500위권에 속하는 제조업체의 본사.

출처: I. Alexander(1979), p. 33.

사진 8-6 ○ 도심 재생사업이 적용된 미니애폴리스의 니콜렛 몰

데(Alexander, 1979, p. 33), 도시외곽이 차지하는 본사입지의 비중이 1956년의 13%에서 1974년의 29%로 증가하였음을 알 수 있다. 미국 10대 도시권 가운데 이런 현상이 현저한 도시는 뉴욕과 시카고이다. 도시내부로부터 도시외곽으로의 탈도시화현상은 금융 · 보험 · 부동산업에서도 마찬가지이다.

이와 같은 상황에서 주요기능의 도시탈출에 대한 엇갈린 견해가 쏟아져 나왔다. 엇갈린 견해란 구시가지의 쇠퇴에 대한 낙관론과 비관론인데, R. Vernon과 J. Gottman 등이 낙관론자이고, E. Howard와 R. R. Boyce 등이 비관론자에 속한다. 그러나 도심재생론이 대두되면서 낙관론에 대한 비판이 각종 매스컴과 대기업에서 제기되었다. 그 결과, 뉴욕의 외곽으로 이전하였던 기업체가 다시 맨해튼으로 회귀하였고, 9.11사태로 무너진 무역센터의 공실률이 저하되었다.

H. Sutton은 이와 같은 현상의 배경을 도심이 지닌 외부경제의 크기에 대한 재인식, 바꿔 말하면 도시외곽지대에 대한 막연한 동경으로부터의 각성이라고 설명하였다. 그리고 T. D. Allman(1978, p. 51)은 공업화로부터 정보화시대로의 변화라는 세계화의 조류 속에서 세계도시의 이익이 대도시의 성쇠를 좌우하게

사진 8-7 ⊙ 연계정책이 도입된 샌프란시스코

됨에 따라 기성시가지의 중요성이 부각되었다고 주장하였다.

　도심재생은 국가가 주도하는 하향식 도시재생(urban regeneration from the top down)과 지방정부가 주도하는 상향식 도시재생(urban regeneration from the bottom up)으로 대별된다. 전자는 런던의 도크랜드, 후자는 샌프란시스코의 연계개발을 들 수 있다. 이와는 달리, 반관반민의 성격을 갖는 공사 파트너십(public-private partnership)의 사례는 1960년대 미니애폴리스 도심의 니콜렛 몰과 볼티모어의 찰스 센터, 그리고 로스앤젤레스 코리아 타운의 앰베서더 호텔부지 등을 들 수 있다(박경환, 2005).

　연계프로그램은 미국의 경우 샌프란시스코에서 적용된 강제방식을 비롯하여 케임브리지의 교섭방식, 시애틀의 유도방식이 적용되거나 하드포드와 같이 강제방식과 유도방식을 혼합한 절충방식으로도 추진되었다. 다만 연계프로그램은 Keating(1986)이 지적한 바와 같이 용적률 변경과 같은 각종 우대조치를 교환조건으로 하여 주택공급 등의 민간활동을 끌어내는 인센티브 지역지구제와는 구별되어야 한다.

3. 연계정책의 등장배경과 쟁점

(1) 연계정책의 배경과 성립요건

1980년대에 연계정책이 등장한 배경 중 하나는 자본 시스템의 세계적 변용으로 대두된 세계화와 관련이 있다. 구체적으로 세계화·지방화·지구촌화라는 3측면 가운데 세계도시전략의 일환인 도시부흥, 엄밀하게는 기성시가지 및 도심의 재활성화에 있다는 것이다(남영우·박성근, 1998). CBD 일대의 도심에서 발생한 오피스 붐은 그 주변의 근린지구에도 파급되어 젠트리피케이션을 초래하였고, 주택시장의 경직화, 공장이전 및 폐쇄에 따른 고용기회의 감소가 뒤따랐다. 동시에 오피스 빌딩의 신축 붐은 교통혼잡, 오픈 스페이스의 부족, 과밀학교의 등장, 경찰·소방활동의 과중한 부담 등의 문제를 유발하였다.

이와 같은 도심재개발의 부정적 측면이 노출되자 자치단체는 문제해결을 위하여 막대한 자금을 필요로 하였으나, 1981년 이래 연방정부의 보조금이 대폭 삭감되고 세수가 감소하는 등의 어려움을 겪었다. 보스턴의 경우는 발전하는 도심과 침체해가는 근린주구가 서로 대조를 이루었다. 일부 학자들은 그와 같은 도시내부의 지역격차에 대하여 지적하면서 찬반양론에 불을 지폈다(Ley, 1986; Smith, 1986; Kim, 2006). 그리하여 재정난에 빠진 시정부는 새로운 재원을 찾아 연계정책을 채택하기에 이르렀다.

도심재개발은 반드시 정부에 재정적 여유가 있고 기업이 호황을 누릴 때에만 시행되는 것이 아니다. 연계정책을 도입한 미국의 도심재개발사업은 재정수지가 엄청난 적자를 보였던 1980년대에 시행되었으며 1990년대에 들어와서도 지속적으로 진행되고 있다. 1980년대 미국 주요도시들이 대부분 연방정부의 재정적자가 2천 억 달러를 넘어서는 시점에서 연계정책을 채택하였고, 1990년대 재정적자가 3천 억 달러에 육박하는 시점에서 연계프로그램을 시행하였다. 필라델피아의 경우와 같이 CBD의 영향력이 비교적 약한 도시에는 연계정책의 효과가 적을 것으로 예상하였으나, 보스턴의 경우는 CBD가 커다란 배후지를 갖고 있으므로 연계개발의 효과가 기대된다는 것이다. 물론 도심의 재활성화만이 연계정책의 성립조건이 되는 것은 아니다.

　　도시내부의 양극화, 즉 공간적 격차에 반대하여 그것의 시정을 촉구하는 시민단체의 존재 역시 중요한 의미를 갖는다. 연계정책을 촉구한 시민운동이 정치적으로 도시정책에 영향을 미친 사례는 보스턴 이외에도 샌프란시스코와 산타모니카를 들 수 있다. 이와는 달리, 시민단체에 대하여 비교적 보수적인 선벨트의 도시들은 연계정책의 도입에 인색한 편이다.

　　연계정책이 등장한 또 하나의 배경은 주 정부가 환경영향평가제도를 채택하고 지방정부, 특히 대도시 근교의 자치단체에 의한 개발부담금 징수제도가 존재하고 있었다는 것과 관련이 있다. 이것은 연계정책의 출현배경과 정책요건 간을 연결시키는 해법일 수도 있으며, 도시의 연계정책에 아이디어를 제공하는 동시에 합법성의 근거를 부여하는 것이기도 하다. 특히 한강·낙동강이라는 상수원과 그린벨트를 갖고 있는 서울이나 부산의 도시정책 수립 시에 미국도시의 선험적 사례가 참고될 수 있을 것이다.

(2) 연계정책의 쟁점

　　도시정책의 일환으로 연계프로그램을 적용함에 있어서 찬반양론을 둘러싼 이론이 다양하게 제기되고 있음은 전술한 바 있다. Andrew and Merrian(1988, p. 199)이 지적한 것처럼, 연계정책의 논거는 신규개발에 따른 비용이 편익을 상회하므로 그 차액을 메우기 위한 부담금의 부과에 있다. 그러나 부담금을 지불해야 하는 개발업자의 불만과 비판을 경청해야 하며, 이에 대한 시민단체와 학자를 중심으로 한 반대여론도 수용해야 할 것이다.

　　가장 먼저 고려해야 할 것은 도시회귀를 위한 도심재개발과 그것이 미치는 역기능의 관계를 분명하게 저울질하여 증명할 수 없다는 점이다. 또한 연계개발의 대상을 업무시설과 상업시설 중 어느 쪽에 비중을 둘 것인가, 그 범위를 도심에만 국한시킬 것인가, 아니면 도시내부에 광범위하게 적용시킬 것인가, 즉 그들의 배합을 어떻게 정할 것인가에 있다. 일반적으로 개발부담금은 업무시설의 개발업자측에 부과되며, 시 정부의 부담금징수는 상업시설이나 업무시설 쪽이 편리하다는 점을 고려해야 한다.

　　연계정책에서 또 다른 쟁점은 개발부담금의 산출근거가 모호하여 도시에 따라 각양각색이라는 점이다. 만약 부담금이 지나치게 많으면 재개발의 기회를 타

사진 8-8 ⊙ 도심재개발에 성공한 보스턴

도시에 빼앗기게 되며, 반대로 그것이 너무 적으면 연계개발의 효과를 거둘 수 없다. 그러나 부담금의 문제는 국지적으로 산출될 수 없다는 주장이 설득력 있어 보인다. 따라서 사전에 총사업비를 예상하여 사업별 교섭방식으로 개발허가권을 내주는 영국식 제도가 효율적일 것이다. 영국의 연계정책은 개발부담금의 명확한 기준에 따라 기계적으로 부과된다.

한편, 연계정책에서는 업무·상업시설과 저렴한 주택을 연계시키는 것이 보통인데, 주택의 입주가능성은 과도한 행정규제, 높은 지가, 주민의 소득수준에 따라 좌우된다. 그러므로 연계정책은 광범한 주택정책에 따라 공급되어야 하며, 이 경우의 연계는 넓은 택지조성과 쾌적성의 향상에 초점을 맞춰야 한다. 왜냐하면 연계정책의 목적이 외부경제의 내부화에만 있는 것이 아니라 소득의 사회적·공간적 재분배에도 있기 때문이다. 따라서 연계프로그램에 무엇보다도 주택연계가 중심이 되는 것은 당연한 이치일 것이다.

미국에서의 연계정책은 1990년대 초까지만 하더라도 그 효과가 미지수였기 때문에 검증을 거치지 않은 까닭에 많은 논쟁을 일으킨 것이 사실이다. 특

표 8-4 미국 주요도시의 도심재개발

도시	정책수립의 시작연도/종료연도	시행기간 (년)	도심투자 여부	시당국 지원여부	시민단체의 참여여부
클리블랜드	1984/1988	12	○	○	○
덴버	1984/1986	15	○	○	○
필라델피아	1985/1988	15	○	○	×
포틀랜드	1984/1988	20	○	○	○
샌프란시스코	1981/1985*	15	○	○	×
시애틀	1982/1985**	20	○	○	○

＊ 1986년으로 연장됨.
＊＊ 1989년으로 연장됨.

출처: W. D. Keating and N. Krumholz(1991), p. 139.

히 보스턴의 도심재개발은 이른바 「보스턴식 혁신적 연계프로그램(Boston-style innovative linkages program)」으로 널리 알려져 쇠퇴하는 도심을 가진 미국도시에게 많은 시사점을 주었다(Dreier and Ehrlich, 1991). 그러나 젠트리피케이션의 공과에 대한 논쟁이 어느 정도 마무리되면서 연계개발의 필요성이 공감대를 형성하기에 이르렀다.

보스턴 이외에도 1980년대 미국 주요도시에서 행해지고 있는 도심재개발은 연계정책을 수립하는 데에 3~8년이 소요되었고, 이 연계프로그램이 시행되는 데에는 대체로 12~20년을 예상하고 있었다. 〈표 8-4〉에서 보는 바와 같이 확보된 예산은 모두 도심에 투자되며 시당국의 지원이 뒷받침해 주고 있음을 알 수 있다. 이들 도시의 도심재개발은 현재 모두 완료된 상태이다.

민관합동의 재개발사업에는 필라델피아와 샌프란시스코를 제외하고는 대부분의 도시에서 시민단체가 조직되어 참여하고 있음을 알 수 있다. 그러나 연계정책에 시민 또는 시민단체의 참여 및 자문을 구하는 것이 반드시 최선책이라고 볼 수 없는 것 같다. 왜냐하면 미국의 상기한 두 도시뿐만 아니라 영국 런던의 도크랜드 재개발사업에서도 신속성과 효율성을 높이기 위하여 그와 같은 과정을 생략한 바 있기 때문이다.

특히 국가에 따라 정도의 차이는 있으나 시민단체가 개발의 지속가능성을 뛰어넘어 좌파적 시각에서 환경문제를 도시정책에 도입하려는 경우가 도처에서 관찰될 수 있다. 대규모의 인구집단이 밀집된 대도시의 경우는 개발과 보전의 양쪽을 생각하는 균형감각이 필요하다. 그러나 시민단체의 경우 그러한 균형적 판단을 내리기 어려운 태생적 속성이 있음은 이미 제3장에서 언급한 바 있다.

04 21세기 전후의 도시문제에 대하여

1. 이심화(離心化)와 접근성

20세기에는 인류의 대표적 교통수단이 자동차였다. 자동차의 지위가 상승한 결과로 야기된 저밀도의 근교개발에 따라 도시민의 공간이동에 대한 전통적 인식이 바뀌었다. 즉 직장·상점·학교·병원·공공시설 등이 자택으로부터 걸어서 갈 수 있는 거리에 있어야만 한다는 기존의 생각에 변화가 일어났다는 것이다. 캘리포니아주 대도시권의 경우 최근에 개발된 지역에서는 이미 1960년까지 90% 이상의 세대가 적어도 1대의 자가용차를 보유하고, 40~50%가 2대 이상의 자가용차를 보유하고 있었다. 1970년대까지 미국 대부분의 대도시권에서도 이와 동일한 수준의 자동차보유율이 달성되었다(Foley, 1973).

한편 유럽에서는 자동차의 보급이 급속하게 확산되기 시작하였다. 이러한 추세에 따라 고용주·소매업자·도시계획가 등은 개인별 이동능력이 있다는 가정하에 시설입지를 결정하였다. 가장 대표적인 사례가 북미도시의 고속도로 교차점이나 나들목이 위치한 지점에 입지한 대형 쇼핑센터와 아울렛과 같은 쇼핑몰이다. 이러한 도시외곽부의 쇼핑센터는 CBD의 세련되고 고급스러움을 그대로 근교로 옮겨와 낡은 도로문화를 「햄버거·콜라」의 단계에서 「랍스타와 뢰벤브로이」의 수준까지 향상시켰다. 그런 곳에는 반드시 거대한 규모의 주차장이 설치되었다.

이러한 쇼핑센터와 쇼핑몰에서는 샤넬 가방과 까르띠에 손목시계로부터 각종 통조림에 이르기까지 모든 상품을 구입할 수 있게 되었다. 또한 어떤 곳에서는 교회에 다닐 수도 있고, 선거등록이나 카지노도 할 수 있을 뿐더러 운동을

할 수 있는 헬스클럽도 생겨났다. 쇼핑센터의 흡인력은 상업문화뿐만 아니라 도
시근교의 사회생활 전체를 바꿔 놓았다. 현재 근교의 쇼핑몰은 미국인들이 자
택과 직장 이외의 장소에서 가장 많은 시간을 소비하는 곳이 되었다(Kowinski,
1978).

개인별 이동력의 증대는 특히 중산층 중년남성에게만 불공평할 정도로 커다
란 혜택을 주었다. 예컨대, 미국의 1세대당 자동차 보유대수는 1960년의 1.3대
로부터 1983년의 2.0대로 증가하였다. 1세대당 자동차 보유대수는 2000년에 들
어와서도 그 수준을 유지하였는데, 실제로 자동차의 증가분은 주로 부유층 세
대의 것이었다. 빈곤층 세대는 1960년의 보유대수보다 1983년의 그것이 더 낮
아졌으며, 미국의 승용차 1대당 인구는 1970년의 1.9대에서 2000년까지 변함이
없다. 사실 통계조사에 의하면 「자동차사회」의 도래에도 불구하고 도시민의 약
30%는 승용차를 이용하지 못하고 있다. 그들은 대부분이 노년층·빈곤층·흑
인 등으로, 도시내부에 거주하는 사람들이다(Foley, 1975).

여성도 자동차 이용으로부터 실질적으로는 소외된 계층에 속한다. D. L.
Foley(1975)의 연구에 의하면, 여성의 60~70%는 자가용승용차의 개인적 이용
권이 없는 형편이다. 나아가 연령과 저소득의 조건이 첨가되면, 여성의 자동차
이용률은 20%로 더 낮아진다. 이러한 현상은 한국여성의 경우도 예외는 아니다
(남영우·진선미, 1999). 반면에 중산층 남성의 경우는 90%가 자동차의 개인적
이용권을 갖고 있다. 미국의 도시는 승용차의 보급으로 광역화하여 저밀도로 개
발하였기 때문에 차편이 없는 근교여성·고령자·빈곤층 등의 요구에 부응할
수 있는 대중교통시스템을 공급하기 곤란하다.

이와 같은 전체적 변화 속에서도 특히 도시지리학자가 주목하고 있는 하나의
관점은 취업기회와의 관계에서 본 빈곤층과 실업자의 주거입지문제에 있다. 이
는 최근 미국도시에서 주요 쟁점으로 부각된 시가지의 접근성문제 또는 직주불
균형(job-housing unbalance)문제라 부르는 것이다. 도시의 이심화가 일반화됨에
따라 많은 직장이 근교로 이동하였다. 예컨대, 1960~1975년의 15년간에 시카
고의 중심도시는 43.5만 명의 고용기회가 상실된 반면, 근교는 44.5만 명의 고용
증대가 있었다. 고용의 근교화·원교화가 지속됨에 따라 기성시가지에 잔류하
고 있는 빈곤층(특히 흑인 빈곤층)의 주거지는 취업 장소로부터 15~45km 정

도 멀어지게 되었다. 사실 중심도시로부터 40km 정도 떨어진 배후지라면 근교라는 표현보다는 원교라는 용어가 적당할 것이다.

시카고의 경우, 직장이 근교화하는 속도는 노동력이 근교화하는 속도의 2배나 빠르다. 그 결과, 미국의 타 도시와 마찬가지로 많은 취업자들은 역통근을 할 수밖에 없게 되었다. 이 현상은 자동차를 보유하지 못한 사람이 취업기회에 있어 불리함을 의미하는 것이다. 그들은 자택으로부터 도보거리이거나 대중교통시스템을 이용할 수 있는 직장만 찾아야 한다. 고용의 근교화에 따라 도시내부의 노동자들이 직접적인 영향을 받는 것이 미국도시의 문제로 부각된 바 있다. 특히 교통수단으로부터 소외된 노동자들은 교통수단을 보유한 노동자들에게 고용기회를 빼앗기게 된다.

대부분의 미국도시에서는 흑인인구에 개방된 주택시장이 존재하지 않기 때문에 빈곤층 노동자들의 상황은 더 악화될 수밖에 없다. P. de Vise(1976)의 계산에 의하면, 시카고의 주변부에서 일하는 흑인 수는 직업·산업·소득특성에서 볼 때 기대치의 절반에 지나지 않는다. 그 이유는 근교의 주택과 취업기회에 관한 정보가 흑인들이 거주하는 도시내부에 전달되지 않는다는 데 있다(Bernstein, 1973). 그러나 흑인이 근교로 진출하지 못하는 이유는 흑인에 대한 인종차별과 주거지분화와 결부되어 있는 것으로 생각된다. 그렇기 때문에 이와 같은 특수한 접근성문제를 교통의 측면에서 해결하려고 시도하더라도 결과는 의문스럽다. 예컨대, 미국의 세인트루이스에서 게토를 외곽부의 근교공업단지와 결부시켜 교통계획을 수립한 적이 있었으나, 경영자들이 흑인을 기피하고 또 게토의 주민들이 백인들의 주거지인 근교에서 취업하길 꺼렸기 때문에 실패로 돌아갔다(Müller, 1976). 그러나 후술하는 바와 같이 흑인들 가운데 경제적으로 성공한 일부 계층은 백인주거지에 진입하기도 하였다.

2. 21세기의 도시경영

(1) 탈번영기의 도시정책

도시변화에 따라 발생하는 문제는 도시정치와 도시계획에 변화를 초래한다.

그것은 변화하는 정치풍토 속에서 최종적으로 도시환경에 변화를 일으키는 쪽으로 피드백 된다. 예컨대, 근교에 거주하는 여성의 고립화문제는 근교주택의 설계변화를 요구한다(Graff, 1982; Hayden, 1984). 공영주택단지의 경우는 주택분양정책과 공공서비스의 공급패턴이 변경된다(Robertson, 1984).

도시계획과 도시관리를 담당하는 관계자에게 긴급을 요하는 것은 도시의 경제변화에 어떻게 대처할 것인가에 있다. 즉 공장이 폐쇄됨에 따라 공업도시가 제공하는 블루칼라의 직장이 소멸되는 문제이다. 정치풍토가 보수주의의 색채를 띠면서 자유시장지향으로 바뀌어 가게 됨에 따라 탈공업화한 도시경제를 실패한 것으로 간주하여 도시를 관리하고, 시민들은 직업이 창출되는 새로운 환경으로 이동시키는 정책을 원하게 된다(Norton, 1983).

B. Badcock(1984, p. 366)이 지적한 것처럼 산업자본의 세계적 재편으로 버려진 지역이 현실의 문제로 대두되었다. 탈공업화한 후기산업사회의 도시가 재정적자에 허덕이게 됨에 따라 기업의 규제완화·자유화를 지향하는 타협안이 고안되었는데, 그것이 바로「엔터프라이스 존」이다.「기업촉진지구」라 불리는 이것은 도시내부의 일부를 이용하여 계획규제를 완화하고 고용주에게 세제상의 우대조치를 부여함으로서 민간부문의 고용을 창출하고 새로운 기업을 유치·창업하려는 시도이다. 그러나 잉여노동력이 더 좋은 취업기회가 제공되는 지역으로 자유롭게 이동할 수 있다는 가정은 잘못된 생각이다. 그것은 주택문제나 다른 이유로 이동이 불가능할 수 있기 때문이다. 또한 잉여노동자가 저학력이어서 충분한 능력을 지니고 있지 못하거나 취업정보에 소외된 경우도 있을 것이다.

경기침체와 밀접하게 관련되어 있는 것이 박탈과 빈곤의 문제이다. 이 문제의 중요성은 물론 기업규제가 완화됨에 따라 빛이 바랬다. 그러나 이 문제의 심각성은 복지국가정책의 필요성이 후퇴함에 따라 깊어졌다. 한편 도시공간의 구조적 변화는 경제·인구·정책적 변화가 교차하여 불이익을 받는 사람들과「서비스 의존형」세대들의 공간적 분포를 바꿈에 따라 야기되었다. 가령 제7장에서 설명한 영국 글래스고의 경우에서 살펴 본 것처럼, 박탈세대의 분포는 1980년대에 들어와 크게 바뀌었다. 글래스고에서는 박탈의 공간적 분포가 변화하는 주된 요인이 도시재개발에 있었는데, 이는 사회·경제적 변화와 주택분양과정과도 관련되어 있다. 미국도시에서는 빈곤층과 서비스 의존형 슬럼이 붕괴되고 있는

데, 그것은 국지적 경제발달패턴, 빈곤층과 피압박계층의 주택구입기회를 제약하는 국지적 토지이용정책, 복지정책의 예산삭감 등이 복잡하게 얽혀 발생한 것이다.

이러한 변화로 인하여 정책결정자와 도시계획가는 서비스 의존형 계층을 제도적 상황 하에서 불만족스러운 서비스환경에 노출되던가 아니면 노숙자로 전락시킬 위기에 직면해 있다. 동시에 경제·인구·기술적 변화에 따라 주변화되는 새로운 집단이 생겨나고 있다. H. Nowotny(1981)에 의하면, 이런 종류의 주변화는 ① 여성, ② 저학력의 컴맹, ③ 탈번영기도시의 급변하는 사회·경제적 환경과 결부된 새로운 행동양식에 적응하지 못하는 사람들에게 특히 큰 영향을 미친다.

1970년대에 탈번영기가 도래함에 따라 건물의 신축건수는 감소하기 시작하였고, 기존의 건물재고에 대한 재평가가 이뤄지게 되었다. 숨이 막힐 듯한 도시환경 속에서 강제적으로 시행된 개발보존전략은 그 후 많은 지지를 받았다. 보존정책은 현대도시를 건설하다는 생각으로부터 벗어난 것으로서 1960년대에 생겨난 장소의식과 역사적 커뮤니티의 소중함을 깨닫게 된 정책전환의 일환으로 간주될 수 있다. 그러나 여기서 주의할 점은 보존정책이 실제로 실현된다고 하여도, 그것은 상업주의적 계획이 성공을 거둔 것과 다름없는 결과일 수도 있다.

(2) 탈번영기의 내핍정책

도시건축물에 대한 보존의 중요성이 증대됨에 따라 자산 교환가치로 야기된 이익의 분배문제, 사회적 공평성문제 등이 새로운 문제로 등장하였다. 이들 문제와 관련하여 제기된 것이 내핍정책이다(Hill, 1984). 이것은 재정적 위기·국제적 경기후퇴·신보수주의의 대두 등의 종합적 산물로서 오늘날 도시문제에 큰 영향을 미치게 되었다.

이와 같은 정치적 환경은 도시개발의 몇몇 부분에 대하여 중요한 의미를 지닌다. 그 가운데 상당부분은 도시 인프라를 유지할 수 없을 정도의 위기에 직면해 있다. 특히 문제가 되는 것은 경제·재정문제가 심각하여 도로·교량·교육시설·교통시설이 이미 노후화의 단계에 접어들었다는 것이다. 지금까지 살펴본 것처럼 공공서비스의 공급도 하나의 문제로 내핍경제가 도시에 직접적 영향을 미치는 분야이다.

이러한 모든 변화가 균형을 취하면서 도시에 영향을 미치는 것처럼 상기한 문제들을 시종일관하는 방법으로 관리하려는 관점은 퇴조하는 경향이 있다. 복지사회의 건설을 지향하는 사회적 합의가 퇴조함에 따라 도시계획은 그 위력과 자원·지위·수단 등을 상실하게 되었다. 1970년대 중반의 경제위기로 인하여 여러 도시의 정책환경은 극적으로 변화하였다. 이미 도시의 성장관리는 주요한 문제로 간주되지 않게 되었다. 또한 도시계획의 목적에 대한 폭넓은 컨센서스가 얻어질 수 없는 지경에 이르렀다.

경제성장을 배경으로 한 도시관리와 미래지향형 도시계획은 급속히 소멸해 갔다. 이와 마찬가지로 그와 같은 계획을 추진하기 위한 방법론적 도구는 이미 적절한 것이 아니었다. 이와 동시에 도시계획과 결부된 관료제는 신보수주의의 이데올로기에 제대로 대응하지 못하고, 과거 20년간의 관료주의적 강경함에 대한 대중의 환멸은 높아만 갔다.

이러한 변화에 직면한 건축가와 도시계획가는 미래도시를 설계하려는 꿈을 사실상 접어야 했다. 학자들의 연구는 미래를 전망하는 것보다 과거의 오류를 비판하는 일에 몰두하였으므로 미래도시에 관한 지식의 공백을 메우려는 의욕에 찬 것이 없었다(Gold, 1984). 다시 말해서 P. Geddes나 E. Howard 이래의 도시계획가들로 명맥을 이어온 도시의 청사진이 급속히 쇠퇴하여 거의 소멸해 버렸다는 것이다. 이는 미래의 도시관리에 대한 성격과 방향에 대한 논의를 포기한 것에 다름 아니다. 이러한 조류의 배경에는 전원도시 및 신도시의 원조격인 영국이 그같은 정책을 포기한 것처럼 경기침체·재정악화·투자효과의 극대화 등이 있었다. 더욱이 제1·2차 걸프전과 9·11테러 및 아프가니스탄 전쟁, IS무장세력의 준동 등의 발발은 장기적 안목에서 본 도시건설에 간접적 악영향을 미칠 전망이다.

3. 21세기의 도시공간구조 모델

도시공간구조에 관한 인간생태학의 동심원지대이론 및 선형이론과 산업시대의 다핵심이론의 세 가지 고전적 모델이 제기된 이후에 이들을 둘러싼 여러 이

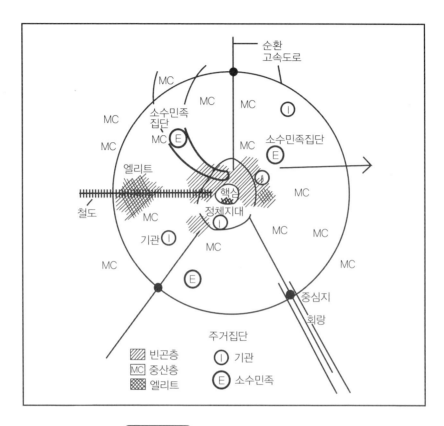

그림 8-14 **21세기의 도시공간구조**

출처: M. White(1987).

론들이 제기되었다. 그 이론들은 도시의 상황이 바뀌면서 더 한층 다양해졌다. 그것은 산업조직의 축소, 서비스경제의 출현, 자가용 자동차의 증가, 가족규모의 축소, 근교주택지의 개발, 기업과 산업의 분산적 입지, 도시성장과정에 정부의 개입증가와 같은 사회적 변화를 반영한 것이었다.

M. White(1987)는 그의 저서 『미국의 근린주구와 주거지분화』에서 21세기의 도시구조를 이해할 수 있게 하기 위하여 사회적 변화를 감안한 이론을 제시하였다. 이 이론은 Burgess의 동심원지대이론을 바탕으로 21세기에 나타날 것으로 예상되는 경향을 통합하여 수정한 것이다. 그의 이론은 7개의 요소로 구성되어 있다(그림 8-14). 여기서 7개의 요소라 함은 도시를 구성하는 7개의 하위지

역을 의미한다.

(1) **핵심(core)**: CBD는 21세기에도 거대도시의 초점이 되는 핵심부에 남아 있다. 중심업무지구의 기능은 주요 은행과 금융기관을 비롯하여 정부청사, 기업 본사, 문화 및 오락시설 등이다. 상업시설로는 백화점을 위시한 각종 소매점이 입지해 있으나, 백화점은 여전히 도심의 상징적 건물로 남아 있는데 비하여 대부분의 소매업은 부유층이 많은 도시 외곽지대로 이동한다.

(2) **정체지대(zone of stagnation)**: Burgess는 CBD로부터 투자자들이 점이지대로 투자를 확대하여 성장할 것으로 예상한 반면에, White는 점이지대를 정체지대로 설명하였다. 그는 CBD가 공간적으로 외곽으로 확대되기 보다는 수직적으로 확대되어 고층화된다고 주장하였다. 이 지대에 투자를 안 하는 이유는 슬럼철거와 고속도로의 건설, 그리고 창고업의 재입지와 근교지역으로의 수송활동에서 비롯된다는 것이다. 미국의 클리브랜드와 같은 도시의 정체지대는 점이지대의 건물을 오락기능으로 전환함으로서 활성화하는 데 성공하였으나, 댈러스와 같은 역사가 짧은 도시는 점이지대를 방치하여 정체지대로 남아 있다.

(3) **빈곤층과 소수민족 주택지대(pockets of poverty and minorities)**: 이 지대는 노숙자, 약물중독자, 장애인 가족, 하층민, 소수민족들을 포함한 사회 주변부에 거주하는 고도로 분화된 그룹을 포함하고 있다. 주변 환경은 불량주택지구의 노후화한 주택이 그들의 사회적 지위를 반영하고 있다. 이들 슬럼지역은 대부분 정체지대의 외곽인 기성시가지에 위치하지만, 일부는 오래된 근교에 입지하기도 한다.

(4) **고립된 엘리트 주택지대(elite enclaves)**: 부는 주거환경에서 가장 선택의 폭을 넓힐 수 있으며 그들 스스로를 대도시의 문제가 많은 곳으로부터 격리시킬 수 있다. 엘리트층의 대다수는 도시주변의 전망이 좋은 고가의 저택에 거주한다. 대도시의 중심부에도 잘 정비된 근린주거지가 잔존해 있는 경우도 있다. 이들은 폐쇄적 공동체인 경우가 많다.

(5) **확산된 중산층 주택지대(diffused middle class)**: 중산층이 거주하는 중급주택지대는 거대도시 전체에 걸쳐 광범위하게 분포하며, 특히 중심도시의 외곽 경계와 거대도시 가장자리 사이에 대부분이 분포하고 있다. 이 근교지대

사진 8-9 ○ 댈러스의 점이지대와 존슨 고속도로 회랑지대

(suburban zone)는 사회적 다양성으로 특징지을 수 있는 곳이다. 중심도시와 인접한 일부 근린주구에는 흑인 중급주택지도 있으나, 최근 10년 간 중산층의 흑인들은 근교로 이동하였다.

(6) 공업 및 공공기관(industrial anchors and public sector control): 공업단지·대학캠퍼스·연구개발센터·병원·업무중심지를 비롯하여 기업본사와 대규모 기관은 토지이용의 패턴과 주거지개발에 큰 영향을 미친다. 도시의 성장축을 이루는 시설들은 용도지역을 변경하고 세금을 낮추며 인프라를 정비하도록 시정부에 압력을 가한다. 특히 대형 쇼핑 몰의 입지는 도시구조의 형성에 결정적인 영향을 미친다.

(7) 중심지 및 회랑(epicentres and corriders): 21세기 거대도시가 발전하는 뚜렷한 양상은 도시외곽의 중심지기능이 CBD에 입지한 기능들과 경쟁하기 위하여 외곽순환도로·간선교통망의 정비로 서비스의 제공범위를 넓혀나간다. 가령, 보스턴의 루트 128이나 댈러스의 존슨 고속도로를 따라 회랑지대가 개발됨에 따라 집중적인 경제활동의 중심으로 부상하고 있다.

이상에서 설명한 도시모델은 기존의 고전적 모델에 최근 내용수정이 가해지면서 변화하는 서구도시의 구조를 잘 설명하고 있다. 그러나 White의 모델은 이미 규명된 기존의 토지이용 패턴에 기초한 것이어서 획기적인 도시공간구조이론으로 보기 어렵다는 제한점이 있다.

05 향후 예상되는 도시공간구조는?

1. 도시구조의 변화

우리들이 거주하는 도시의 공간구조는 과거부터 오늘날에 이르기까지 이룩한 도시발전의 결과이다. 이 구조는 다양한 변화를 겪으면서 장래로 이어져 갈 것이다. 현재의 도시구조가 10년 후 혹은 50년 후에는 어떻게 변화할 것인가를 예견하는 일은 용이하지 않다. 과거와는 달리 사회 · 경제발전의 속도가 빠른 현대사회에서는 더욱 그러하다. 그러나 인간에 의해 만들어진 도시는 그 자체가 의지를 갖고 발전하는 것이 아니라 어디까지나 발전의 열쇠를 쥐고 있는 인간의 의지에 따라 좌우된다. 그러므로 도시에 거주하는 인간들이 현재 처해 있는 상황을 감안하여 도시변화의 가능성을 모색해 본다면, 먼 장래는 아니더라도 가까운 장래의 도시상(都市像)을 어느 정도는 예상할 수 있을 것이다.

선진국의 도시는 대부분 후기공업사회가 본격적으로 도래함에 따라 정도의 차이는 있겠으나 공간적 재구조화를 경험하고 있다. 도시를 중심으로 진행되는 산업구조의 고도화에 적응키 위해, 기업은 사무실의 통폐합과 입지변화를 포함한 업무활동의 합리화 혹은 조직의 재편성을 꾀하고 있다. 이러한 변화는 취업자와 그들의 가족생활에 영향을 미치게 되며, 나아가서는 지역사회 전체에도 영향을 준다.

이와 같이 산업구조의 변화는 취업구조와 사회구조의 변화를 유발하며, 이러한 변화는 도시내부를 중심으로 가시화된다. 그러므로 도시의 공간구조는 필연적으로 변화를 피해갈 수 없게 된다. 그렇다면, 공간구조를 변화시키는 원인은 산업구조의 고도화에만 있는 것일까? 경제적 요인은 분명히 도시발전을 좌우하는 요인임에 틀림없지만, 그것만은 아닐 것이다.

산업구조의 고도화는 이와 관련한 다양한 변화요인과 관계를 맺으면서 진전된다. 이른바 장치산업으로부터 첨단전자산업으로의 산업구조전환이 진행 중인 국가에서는 전자 · 통신 · 바이오테크놀로지를 비롯한 최첨단 IT · BT산업의 성장이 괄목할 만하다. 이러한 산업구조의 전환은 21세기 동안에도 지속될 전망이다. 또한 생산 · 관리 · 영업 등의 기업활동 부문에서 고도의 정보처리와 통신기술이 이용되기에 이르렀고, 정보서비스가 경제활동에서 차지하는 비중이 높아졌다.

정보화와 경제의 서비스화 · 소프트화라 불리는 경향은 산업분야뿐만 아니라 사회생활의 전반에 걸쳐 확산되고 있다. 그리고 도시활동의 중추신경에 해당하는 고도의 정보네트워크를 지탱하기 위하여 기계 · 기구산업 등의 하드웨어와 프로그램 작성 등의 소프트웨어 양 측면에서 산업발전이 눈부시다. 서비스업을 중심으로 하는 제3차 산업과 지식 · 정보산업을 중심으로 하는 제4차 산업은 이제는 도시의 주력산업이 되어가고 있다. 이 현상은 결국 도시의 토지이용에 반영되어 도시구조를 변화시키는 요인으로 작용하게 된다.

그리고 최근 신도시의 건설과정에서 첨단정보통신 시스템과 유비쿼터스 서비스를 도시공간에 융합시킨 이른바 「유비쿼터스 도시」라고도 불리는 u-City건설이 화두로 등장하고 있다. 「u-City」는 유비쿼터스 컴퓨팅과 정보통신기술을 기반으로 도시공간과 도시활동 전반의 영역이 통합되고 융합되어 지능적으로 도시가 관리되어 지속적으로 혁신하는 도시이며 언제 어디서나 원하는 정보를 얻을 수 있는 친환경 · 첨단 · 자족적 · 지속가능한 구조의 새로운 도시개념이다.

쾌적하고 살기 좋은 도시공간을 실현시키기 위한 u-City의 건설은 어느 나라도 시도한 적이 없는 정책목표이지만, 이것은 우리나라와 같이 가장 앞서 있다고 자부하는 IT분야의 결정체로 인식되고 있다. 특히 u-City는 가상공간 속에서 만들어지는 것이 아니라 현실의 도시공간 속에서 실현되는 것인 만큼 기존의 도시계획 및 도시개발과 관련된 법과 제도의 상호보완적인 관계 속에서 추진되어야 할 것이다. 현재 건설 중인 파주 신도시의 운정지구와 용인 신도시의 흥덕지구는 이러한 u-City 건설을 목표로 하고 있다.

| 표 8-5 | 주요 지역별 무역액 추이 | | | | | | (단위: 10억 달러) | |

지역	1985년		1990년		1995년		2000년	
	수출	수입	수출	수입	수출	수입	수출	수입
선진지역*	1,281	1,387	2,465	2,591	3,434	3,401	3,946	4,268
개발도상지역**	483	453	796	776	1,386	1,467	1,823	1,699
구소련 · 동구권	167	158	172	186	184	194	250	221
세계	1,931	1,998	3,433	3,553	5,004	5,062	6,019	6,188

∗ 북미, 서유럽, 일본, 이스라엘, 호주, 뉴질랜드.
∗∗ 아시아, 중남미, 아프리카, 기타.

이와 유사한 개념의 도시로는 스마트 시티(smart city)를 꼽을 수 있다. 스마트 시티는 미래학자들이 예측한 21세기의 새로운 도시유형으로서 컴퓨터 기술의 발달로 도시 구성원들 간 네트워크가 완벽하게 갖춰져 있고 교통망이 거미줄처럼 효율적으로 연결된 것이 특징이다. 학자들은 현재 미국의 실리콘 밸리를 모델로 삼아 앞으로 다가올 스마트 시티의 모습을 그려보고 있다. 스마트 시티는 텔레커뮤니케이션(tele-communication)을 위한 기반시설이 인간의 신경망처럼 도시 구석구석까지 연결되어 있으므로 사무실에 나가지 않고도 집에서 모든 업무를 처리할 수 있는 텔레워킹(teleworking), 즉 재택근무를 가능케 할 것이다. 이러한 유형의 도시는 국가로부터의 지원을 기다리기 전에 도시내부에서 스스로 문제를 해결하려는 성향이 강하다.

국경을 초월한 경제교류가 일상화하고 있는 오늘날, 도시에서 행해지는 상당부분의 활동은 국제적 네트워크를 매개로 진행되고 있다. 세계의 무역액 추이를 보면, 1985~2000년 간에 수출액과 수입액은 약 3.1배 증가하였으나, 개발도상지역의 무역액은 선진지역보다 높은 약 3.8배의 증가를 보였다(표 8-5). 북미 · 서유럽 등의 국가들이 포함된 선진지역은 1995년에만 무역흑자를 보였으나, 아시아 · 중남미 등의 국가들이 포함된 개발도상지역은 1995년을 제외한 모든 시기에서 무역흑자를 보였다. 1980~1990년대에 일본을 제외한 대부분의 선진국들은 수출액과 더불어 수입액도 증가하였으나, 이들의 해외직접투자는 증가일로에 있었다.

21세기에 들어서도 도시를 중심으로 한 국제적 경제관계는 더욱 공고해질 것 같다. 도시공간구조에 영향을 미치는 것은 경제적 측면뿐만 아니라 사회적 측면도 그러하다. 구미사회는 장기간에 걸쳐 고령화사회(aging society)로 접어들었으나, 한국을 비롯한 제3세계에 속하는 국가들은 사회의 고령화가 단기간에 진전되고 있다. 이는 경제의 쇠퇴화로 이어질 수밖에 없다. 이 요인 역시 장래 도시의 존재양식을 좌우하게 될 전망이다.

2. 도심과 그 주변부의 장래

제6장에서 설명한 E. W. Burgess의 동심원지대이론과 H. Hoyt의 선형이론은 여러 도시에 적용될 수 있는 도시구조이론이다. 이들 이론은 도시내부의 공간적 특성을 잘 설명하고 있다. 그러나 이 이론은 그 후 도시의 발전으로 도시구조를 설명하는 데 한계에 이르게 되었다. 상기한 두 이론을 포함한 여러 이론들의 공통점은 도시중심에 CBD가 위치해 있고 그것을 둘러싸고 기성시가지와 근교를 비롯한 주변부가 배치되어 있다는 점이다. 그 가운데 CBD는 도시권의 중심적

사진 8-10 ○ 카풀제가 도입된 미국의 고속도로

사진 8-11 ㅇ 미국 대도시의 주차빌딩

핵심지로서 장래에도 기능할 것으로 예상되지만, 그 형태가 현재의 모습대로 불변할 것이라고는 생각하기 힘들다.

CBD에 입지하는 것은 개인을 상대로 하는 고급 소매업ㆍ서비스업과 도매업을 포함한 기업의 업무기능, 생산자서비스업 등이다. 이들 가운데 개인상대의 소매업ㆍ서비스업은 CBD 이외의 경쟁상대인 근교에 입지한 소매업ㆍ서비스업과 경쟁하며, 그 성쇠는 경쟁결과에 따라 좌우된다. 근교 및 주변부에서는 저렴한 지가를 이용하여 대규모의 쇼핑센터가 건설되며, 도시주변부를 중심으로 한 광범위한 지역이 그 시장권에 편입된다. 그러나 그와 같은 경향이 일단락되어, 1980년대부터는 도심부의 역사적 자원과 도시적 인프라를 바탕으로 CBD의 상업지역을 부활시키려는 시도가 활성화하기 시작하였다. 역사적 건물의 정비 및 활용과 워터 프론트의 개발, 도심주거지의 고급화 등은 모두 그러한 맥락에서 진행되는 사업이다. 쇠퇴해가는 CBD를 되살리기에는 도심의 교통체증과 주차문제 등이 해결되어야 한다. 이 문제를 해결하기 위해 미국도시에는 주차빌딩을 세우거나 고속도로에 카풀제를 도입하는 경우를 찾아볼 수 있다.

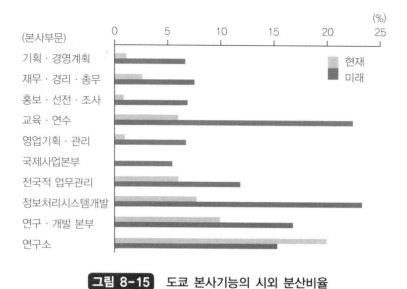

그림 8-15 도쿄 본사기능의 시외 분산비율

출처: 林 上(1991).

제조업 상품생산으로부터 정보 · 서비스생산에의 전환 혹은 양자의 분리가 더 진행되면, CBD가 업무기능과 생산자서비스기능을 끌어들일 가능성은 더욱 높아질 것이다. 그러나 그와는 달리 외부불경제를 이유로 기능의 일부를 CBD로부터 밀어내는 조짐도 현실화될 수 있을 것이다. 이와 같은 상반된 두 조짐은 부문별 업종에 따라 선택적 입지원리가 작용하기 때문에 비롯되는 것이다.

[그림 8-15]는 일본의 도쿄시내에 본사를 둔 기업 가운데 본사기능을 시외로 이전한 것과 장래에 이전할 가능성이 있는 비율을 나타낸 것이다. 이것에 의하면 연구 · 개발부문에서는 시외에 배치한 비율이 10% 이상을 점하고 있다. 그리고 장래는 정보처리와 교육 · 연수부분이 본사로부터 분리될 가능성이 있다. 이와는 달리 기획 · 경영계획, 재무 · 경리 · 총무부분은 본사로부터 분리될 가능성이 적다.

정보화의 진전은 다양한 대량의 정보를 특정지점에 집중케 한다. 가치 있는 고도의 정보는 CBD의 기능에 흡인되고, 여기서 행해진 의사결정에 따라 정보의 가공과 확산이 이루어진다. 거꾸로 일반적 정보에 따라 행해지는 일상적 업무는 지가가 저렴한 도시주변부에서 행해지며, 그들 관리는 통신 네트워크를 이용하여 도심에서 이루어진다. 이러한 경향은 대도시일수록 명확하게 나타난다. 기업의 인수·합병이 활발해짐에 따라 대도시의 CBD에 입지하는 기능의 영향력은 더욱 강해질 것이다.

E. W. Burgess가 말하는 점이지대와 그 주변의 기성시가지는 도시내부 중 많은 문제를 내포하고 있는 지역이다. 특히 서구의 도시에서는 사회 및 경제분야의 활력이 현저히 저하되고 치안상태도 악화일로에 있다. 또한 이러한 지역은 도시 전체에서 차지하는 세수입의 비중이 낮은 데 비하여 사회적 서비스의 수요가 매우 크다.

이와 같은 불균형은 도시의 재정문제를 일으키고 지역의 활력을 회복해야 한다는 정책적 과제를 남기고 있다. 최근에 이르러서는 CBD의 쇠퇴하는 상업지역을 회복하고 기성시가지의 주택지역에 젠트리피케이션을 적용하는 등의 다양한 상황이 전개되고 있다. 고급화된 주택은 주로 CBD에 근무하는 관리직·사무직 종사자의 주거공간으로 이용된다. 이런 지역은 고소득층 또는 중산층이 거주하게 됨에 따라 그들이 필요로 하는 관련시설이 속속 입주하여 그 지역 전체에 젠트리피케이션을 적용한 효과를 거두게 된다.

우리나라의 도시에는 기성시가지의 주거지역이 사회적으로 특별히 문제가 되는 곳은 외국의 도시에 비하여 적은 편이다. 그러나 건물의 노후화가 진행되고 도심기능의 확대로 영향을 받는 지역 중에는 기존의 커뮤니티가 붕괴되어가는 지역도 있다. 서울과 같은 대도시의 주택지역은 주택에서 상점으로, 또는 단독주택에서 다세대주택 혹은 아파트로의 전환이 활발한 편이다. 이러한 측면에서 볼 때, 건물의 재건축·재개발사업에 의한 공간적 변화가 일어나 도시구조에 영향을 미칠 것임이 분명하다. 그러나 외국의 대도시에서 볼 수 있는 젠트리피케이션과 같은 사업은 당분간 한국도시에서 시행되기 어려울 전망이다.

한국도시가 안고 있는 문제 가운데 도시구조에 가장 큰 영향을 미칠 것으로 예상되는 것은 도시의 최대중심지인 CBD 혹은 도심기능의 약화이다. 도심은 오랜 기간에 걸쳐 가장 많은 투자를 해온 지역인 동시에 시민의 정신적 구심점 역할을 하는 곳이다. 그 동안 시정부는 도심에 대하여 건폐율과 고도제한 등의 조치를 취하며 성장을 견제해 왔다. 그 결과, 신도심의 형성과 부도심의 약진이 실현되었다.

이런 현상은 서울을 비롯하여 부산·인천·대전 등의 대도시에서 나타나고 있다. 이에 따라 도심이 상대적으로 쇠퇴하거나 기능이 약화되는 결과를 초래하게 되었다. 서울의 도심경관을 보더라도 CBD의 스카이 라인이 2,000만 명의 수도권 배후지를 갖는 도시로서는 초라하기 짝이 없다. 오히려 서울의 부도심인 여의도의 스카이 라인이 더 볼만하다. 그것은 부산·인천·대구·광주 등의 광역시도 예외가 아니다. 도심 이외의 부도심과 같은 2차적 중심지가 곳곳에 형성되어 도시구조가 다핵화되는 것도 바람직하나, 도심의 쇠퇴는 결코 바람직하지 못하다.

3. 압축도시의 지향

20세기 말부터 지구환경문제의 심각성이 인식되어 각국의 도시정책에서 환경정책이 차지하는 비중이 높아지기 시작하였다. 특히 EU는 환경정책의 일환으로서 지속가능한 도시(sustainable city)를 지향하고 있다. 오늘날 영국을 비롯한 유럽 도시계획의 키워드는 「지속가능한 개발」에서 찾아 볼 수 있다. 그 대안이 바로 다음에 설명하려는 압축도시이다.

압축도시(compact city)란 지속가능한 도시의 공간형태로서 제기되어 EU 가입국들이 추진하고 있는 도시정책모델이며 도시공간의 개념이다. 압축도시는 E. Howard의 '전원도시', Le Corbusier의 '빛나는 도시', J. Jacobs의 '대도시상(大都市像)' 등에 필적하는 도시상으로 생각되는 개념이다. 또한 이것은 환경문제가 요구하는 지속가능한 도시를 실현하기 위한 손쉬운 해결책으로 인식되고 있다. 유럽에서 압축도시가 추진되고 있는 이유는 도시와 지역의 지속가능성이란 측면에서 바람직한 도시모델이라고 생각되기 때문이다. 「지속가능성」이란 용어는 현대사회를 대표하는 키워드로서 여러 나라의 정책과 학문 세계에서도 폭넓은 지지를 얻고 있다.

이 용어는 1972년 로마 클럽의 보고서에서 처음 등장하였다. 로마 클럽은 「성장의 한계」란 개념을 제시하여 유명해졌다. 이 클럽은 30명의 과학자·전문가 그룹으로 구성되어 있으며, 그들은 세계 환경모델 시스템을 작성하고 인류의 기본적 욕구를 만족시키려 노력하는 연구를 수행하였다. 그들이 구축한 지속가

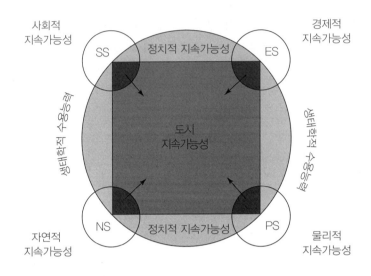

사회적
지속가능성

경제적
지속가능성

자연적
지속가능성

물리적
지속가능성

그림 8-16 도시 지속가능성의 주요 차원

출처: M. Pacione(2005).

능한 모델은 성장의 한계를 다룬 것이었는데, 이 구상은 그 후 미국을 비롯한 공업화된 세계에서 이단으로 간주되어 호된 비판을 받았다.

도시의 지속가능성의 개념은 5개 차원에서 접근될 수 있는 관계를 의미한다. 즉 [그림 8-16]에서 보는 것처럼, 천연자원에 피해를 주지 않는 범위 내에서 지속될 수 있는 경제적 지속가능성(ES), 삶의 질을 향상시키기 위한 사회적 지속가능성(SS), 천연자원의 합리적 관리를 의미하는 자연적 지속가능성(NS), 도시의 수용능력과 인간의 삶을 지원하기 위한 물리적 지속가능성(PS)에서 접근될 수 있다. 그리고 위에서 열거한 4개 차원을 수행하는 정부구조인 정치적 지속가능성이 추가된다. 사회적·경제적·자연적·물리적 실행의 범위는 이들 활동이 도시권 생태계의 수용능력에서 지속될 수 있는지의 여부에 달려 있다.

대부분의 도시에서 지속가능성과 개발의 목적은 서로 이율배반적이며 모순적 관계에 놓여있는 경우가 많다. 세계 GNP의 60%는 도시에서 창출되지만, 1백만 명의 도시인구는 평균적으로 매일 62.5만 톤의 물과 2천 톤의 음식을 소비하며 9.5톤의 연료를 소비하고 50만 톤의 폐수를 방출한다.

신도시를 개발할 경우에도 지속가능성이 중요한 이슈로 등장하고 있다. 지속가능한 신도시의 주요 이슈는 사회적·경제적·환경적 이슈로 나누어 고찰할 수 있다(이상문·구자훈·이규인, 2004). 사회적 지속가능성을 제고하기 위해서는 커뮤니티의 활성화와 주민참여를 포함하는 사회적 개발, 연령과 소득계층별 배분을 고려한 사회적 혼합, 역사 및 문화적 유산을 보전하기 위한 역사·문화적 지속성 확보 등이 병행되어야 한다. 또한 경제적 지속가능성을 제고하기 위한 이슈로는 자족시설의 확보와 미래 개발공간의 설정 등이 제기될 수 있다. 그리고 환경적 지속가능성을 제고하려면 지속가능한 토지이용을 비롯하여 녹색교통 및 통신체계의 구축과 지속가능한 에너지자원의 이용, 생태적인 환경조성 등이 중요한 이슈로 부각된다.

1970년대에는 개발과 환경을 조화시킨 새로운 개념이 대두되고 있었다. 그중 하나가 생태개발(eco-development)이었으나, 이 용어는 별로 보급되지 않았다. 로마 클럽의 보고서가 발표된 같은 해에 UN의 인간환경회의가 스톡홀름에서 개최되었는데, 이 회의에서 인류가 환경을 깊이 배려해야 한다는 「인간선언」이 제기되었다. 그 가운데 개발과 환경을 조화시키는 용어로서 「지속가능성」이

사진 8-12 ❂ 전형적인 브라질의 생태도시 쿠리티바

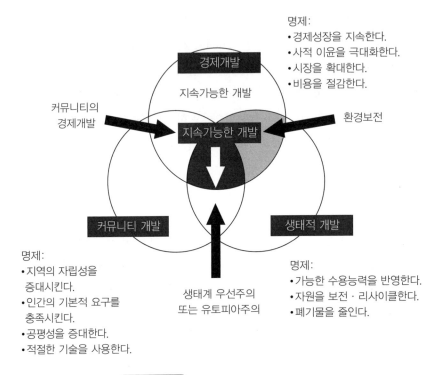

명제:
• 경제성장을 지속한다.
• 사적 이윤을 극대화한다.
• 시장을 확대한다.
• 비용을 절감한다.

경제개발

지속가능한 개발

커뮤니티의
경제개발

지속가능한 개발

환경보전

커뮤니티 개발

생태적 개발

명제:
• 지역의 자립성을
  증대시킨다.
• 인간의 기본적 요구를
  충족시킨다.
• 공평성을 증대한다.
• 적절한 기술을 사용한다.

생태계 우선주의
또는 유토피아주의

명제:
• 가능한 수용능력을 반영한다.
• 자원을 보전 · 리사이클한다.
• 폐기물을 줄인다.

그림 8-17 지속가능한 개발의 3요소

출처: P. Newman and J. Kenworthy(1999).

사용되었다. 국제적인 전략가들은 로마 클럽이 사용한 지속가능성을 부활시킨
셈이다.

지속가능한 생태도시의 모델로 꼽히는 브라질 남부 파라나주의 쿠리티바는
국제사회에서 '꿈의 도시' 또는 '희망의 도시'라 불리고 있다. 쿠리티바시는 건물
고도의 안배와 녹지대의 배치, 합리적 교통체계를 완비하여 친환경적 도시구조
를 자랑하고 있다. 서울의 벤치마킹 대상이 되기도 한 이 도시는 160여만 명의
인구와 270여만 명의 배후지 인구가 전원 속에서 거주하는 쾌적한 공간구조로
계획되었다.

J. Leitmann(1999)은 그의 저서 『지속가능한 도시: 도시설계의 환경계획 운
영』에서 도시의 지속가능성의 판단지표를 다음과 같이 제시하였다. 즉 ① 1인
당 생태적 영향이 적거나 감소시키고 있는 도시는 지속가능하다. ② 1인당 부를

감소시킴이 없이 산출하는 도시는 지속가능한 과정에 있다. ③ 인간에 대한 건강의 위험성을 감소시키고 오염을 최소화하며 재생가능한 자원을 최대한 이용하고 있는 도시는 상대적으로 지속가능한 개발(또는 발전)에 공헌하고 있다. 또 지속가능성은 경제개발 · 커뮤니티 개발 · 환경을 배려한 개발(생태적 개발)이라는 3구성요소로 이루어진다(그림 8-17).

저밀도로 확대해온 오스트레일리아의 도시를 다핵도시의 압축된 구조로 전환해야 한다고 주장한 P. Newman(1992)은 교통과 도시밀도 간의 관계를 중심으로 이론을 전개하여 전통적인 도보도시의 특징으로서 고밀도 · 혼합용도 · 유기성을 지적하였다. 중세 이탈리아 도시를 모델로 지속가능한 도시형태로서 압축도시를 지지한 바 있는 E. J. Yanarella and R. S. Levin(1992)은 압축도시의 요소로서 인구와 밀도를 꼽았다.

압축도시에 대하여 논한 바 있는 L. Thomas and W. Cousins(1996)는 높은 인구밀도와 집적을 수반한 도시에서 공간이용의 고도화, 토지이용의 고도화, 집중된 도시활동, 높은 밀도 등을 압축도시의 특성으로 정리하였다. 또한 E. Scoffham and V. Brenda(1996)는 "컴팩트(compact)란 무엇을 의미하는가?"란 문제를 제기하면서 단지 밀도가 높다는 것만으로는 '압축' 혹은 '컴팩트'라고 할 수 없으며, 적절한 공간형태를 수반하지 않으면 안 된다고 지적하였다. 압축 정도를 문제 삼기 시작한 주된 원인은 교통문제에 있으며, 자립성이 없으면 '컴팩트'라고 말할 수 없다.

압축도시의 원칙은 상술한 것처럼 제안자에 따라 다양하며, 구미 여러 나라에서 구상하고 있는 기본적인 특성을 정리하면 다음과 같이 9개 항목으로 요약될 수 있다. 그 중심적 명제는 밀도의 높이 · 다양함 · 휴먼 스케일 · 독자성에 있다.

(1) 공간적 형태

① 주거 및 취업 등의 높은 밀도: 인구밀도는 물론 주택 밀도가 높다. 밀도가 높아지면 환경상의 문제가 발생할 우려가 깊어지므로 환경의 질을 향상시키기 위해서라도 건축설계 및 도시계획의 역할이 한층 중요해진다.

② 복합적 토지이용의 생활권: 일정한 생활권 속에서 복합적인 토지와 건물

이용이 행해진다. 주택과 취업 등과 같은 단일 기능의 밀도가 높더라도 압축적이라고 말할 수 없다. 무엇보다 다양한 용도의 기능이 일정한 범위 내에서 복합되어 있어야 한다. 오늘날 도시계획의 용도지구에서 전용주거지역·전용공업지역 등과 같은 토지이용의 경직된 용도순화는 비판의 대상이 되고 있다.

③ 자동차에만 의존하지 않는 교통: 자동차교통에 의존하는 정도가 낮다. 생활권이나 도시중심부 내에서 자유롭게 보행할 수 있고, 도보와 자전거가 손쉽게 이용되며, 공공교통의 편리성이 높다. 자동차를 이용한 이동성보다 필요한 장소와 서비스에 도달하는 접근성이 중시된다.

(2) 공간적 특성

④ 다양한 거주자와 다양한 공간: 연령·사회계층·성별·가족형태·취업 등과 거주자의 라이프스타일의 다양성, 건물과 공간의 다양성이 여기에 포함된다. 다양한 주택이 공존하고 있는 것이 중요하며, 가족형태 등이 바뀌어도 낯익은 지역에서 살아온 주거의 지속성과 지역의 안정성이 확보된다.

⑤ 독자적 지역공간: 역사와 전통이 지역 속에 전승되어 타 지역에서 찾아볼 수 없는 독특한 분위기를 자아낸다. 역사적으로 형성된 장소·건물·문화 등이 중시되며, 개발시에는 장소성의 감각이 중요한 요소로 작용한다.

⑥ 명확한 경계: 시가지는 지형과 녹지·하천 등의 자연조건, 간선도로와 철도 등의 인프라로 구획되어 물리적으로 명확한 경계가 있다. 전원지역과 녹지에 시가지가 확산되어 있지 않다.

(3) 기능

⑦ 사회적 공평성: 연령·소득·성별·사회계층·인종·자동차 이용·신체기능 등의 여러 특징을 가진 사람들이 공평하게 생활할 수 있는 조건이 확보된다. 특히 지역에서 자유롭게 이동할 수 있고 필요한 서비스를 받을 수 있으며, 주택이 확보되고 취업이 가능해야 한다.

⑧ 일상생활의 자족성: 도보나 자전거로 이동가능한 범위에 일상생활에 필요한 생활기능이 배치되어 지역적 자족성이 있다. 협소한 근린 내에서만 충족할 수 있는 기능으로 한정되어 있기 때문에 광역적 서비스를 이용할 수 있도록 교

통수단이 정비될 필요가 있다.

　⑨ 지역운영의 자율성: 그곳에 거주하는 시민과 주민의 교류가 빈번하여 커뮤니티가 형성되고 지역의 장래에 관한 방침의 결정 및 운용에 대하여 주체적으로 참가할 수 있는 지역자치가 있다. 다른 인접 권역과의 연대도 필요하다.

4. 분산적 집중도시와 네트워크 도시

(1) 분산적 집중도시

　교통수요를 감소시키는 방법 중의 하나는 접근성이 용이하고 상대적으로 밀집되어 있는 도시중심부에 주택·직장·서비스를 집중시키는 전략이다. 기존의 중심부를 집중적으로 개발하는 것은 도시부흥과 경제활성화에 기여할 수 있다. 그러나 도시규모가 지나치게 성장할 경우에는 에너지의 효율성과 접근성이 악화된다는 부정적 측면이 있다. 또한 과도한 개발은 급속한 도시성장에 따른 부작용을 초래하며 도시 내 녹지공간의 감소를 초래하게 된다. 이와는 달리, 도시를 평면적으로 개발하여 시가지를 광역화하면 이동거리의 증대로 도시활동의 효율성이 떨어지고 사회간접자본이 많이 소요된다.

　도시활동의 물리적 분리를 감소시키기 위한 대안으로는 양자를 절충한 분산적 집중도시(decentralized concentrated city)의 형태를 들 수 있다(그림 8-18). 이 전략은 분산적 복합개발을 통하여 직장·서비스·주택 등의 분산적 집중화를 도모하는 것이다. 대도시 주변에 위성도시를 건설하거나 연담도시가 형성되면 통행량의 증가로 비효율적 도시로 전락하게 된다. 그러므로 대도시 외곽에 입지하는 도시는 기능적으로 모도시에 종속되지 않는 자족적 경계도시가 바람직하다.

(2) 네트워크 도시

　세계화에 따른 초국적 정치·경제과정은 대도시를 세계도시로 성장시키며, 케임브리지 회랑처럼 대규모의 대도시 성장과 함께 지식집약적 중심지와 연계되는 회랑도시(corridor city)를 형성케 만든다. 중심지가 하나뿐일 경우에는 주

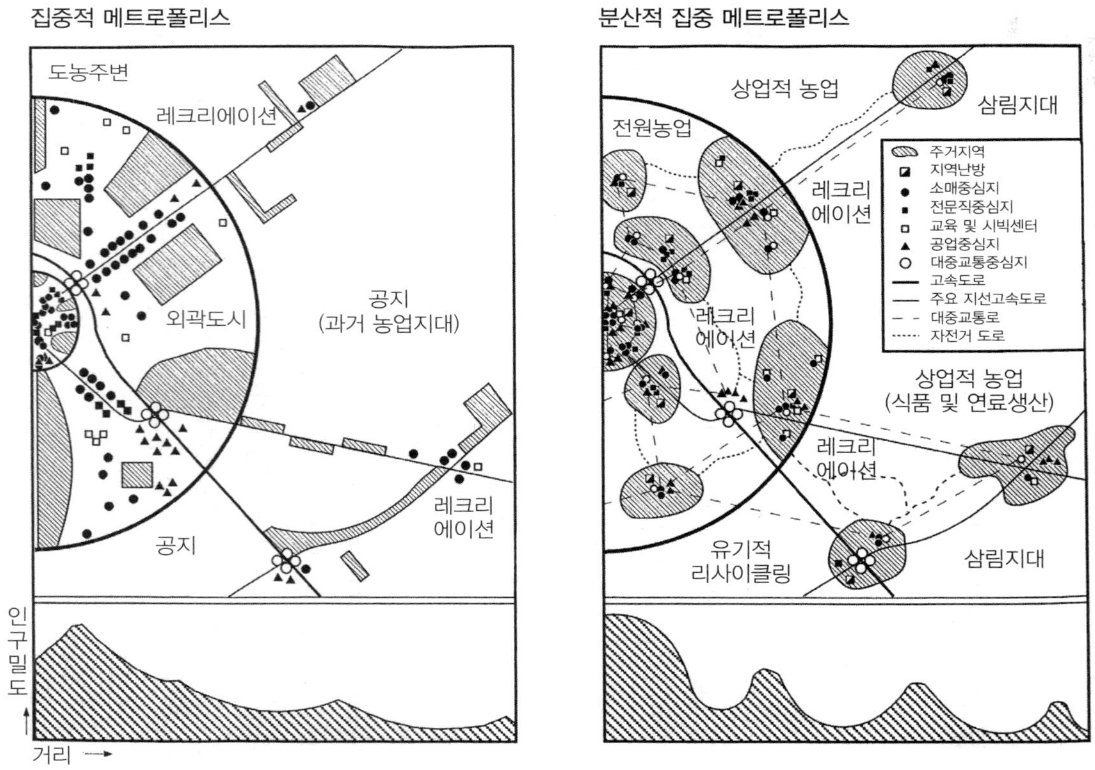

그림 8-18 도시개발의 집중적 형태와 분산적 집중형태

출처: S. Brown and J. Williams(1983).

(A) 일극 중심도시

 (B) 회랑도시

(C) 네트워크 도시

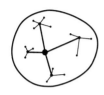
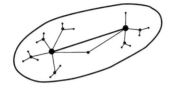
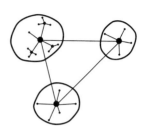

그림 8-19 도시간 네트워크화의 3유형

출처: M. Pacione(2005).

변의 하위도시들이 종속되는 일극중심 도시(monocentric city)가 형성되나, 양쪽에 중심지가 나란히 2개 존재할 경우의 도시체계는 물리적 접근보다는 보완적 기능으로 연계된다(그림 8-19). 그러나 3개 이상의 중심지가 각각 하위도시를 거느리며 별개의 도시권을 형성하면서 연계되어 있을 경우는 네트워크 도

사진 8-13 ⊕ 오사카와 함께 네트워크 도시를 형성한 고베

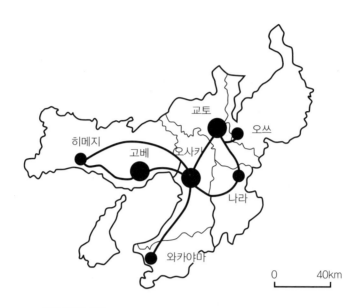

그림 8-20 일본 칸사이 대도시권의 네트워크 도시

출처: D. Batten(1995).

시(network city)라 부른다. 이런 허브 앤 스포크(hub and spoke) 형태의 도시체계는 보완적 관계에 있으므로 도시권 간의 연계에서 이른바 터널효과(tunnel effect)가 발생한다.

이와 같은 네트워크 도시의 예로는 네덜란드의 란트스타트를 비롯하여 싱가포르와 말레이시아의 멀티미디어 슈퍼 회랑(MSC: Multimedia Super Corridor)과 일본의 칸사이 지역을 들 수 있다(그림 8-20). 일본 오사카 대도시권은 주변의 쿄토·나라·와카야마·고베 등과 허브 앤 스포크 형태로 연계되어 있다(Batten, 1995).

몇몇 학자들은 단일중심적 도시와 회랑도시에 비하여 네트워크 도시는 더 나은 다양성과 창조성을 향유할 수 있을 뿐만 아니라 입지적 선택의 자유와 교통체증을 덜 느낄 수 있다고 지적하였다(Clark and Kuypers-Linde, 1994: Townsend, 2001). 이러한 형태의 도시체계는 중심지가 세계도시일 경우 더욱 효과가 크며, 후술하는 세계도시-권역(global city-region)을 형성한다(남영우, 2006, p. 199).

산업화시대에는 도시규모가 비대해지면 도시문제의 발생으로 바람직하지 않다고 생각했었다. 그러나 세계화시대의 도래로 집적의 효과가 중시되면서 상황이 달라졌다. 중국이나 라틴아메리카의 거대도시들은 그보다 더 큰 규모의 메가시티(megacity)로 성장하였다. M. Pacione(2009)은 메가시티의 인구를 지난 2000년에 적어도 인구 7백만 명을 상회하는 거대한 메트로폴리스라 정의하였으나, 현재는 천만 명을 상회하는 규모로 볼 수 있다. 이들 지역에서는 메가시티에 머무르지 않고 지속적으로 성장하여 인구 2천만 명을 상회하는 도시의 집적체를 가리키는 메타시티(meta-city)가 등장하기에 이르렀다. 이러한 메타시티의 다수는 몇몇 국가들보다 인구가 많은데, 뭄바이의 인구는 노르웨이와 스웨덴의 인구보다 훨씬 크다. 반면, 오늘날 도쿄가 유일한 메타시티이며, 2020년까지 인도의 델리와 뭄바이를 비롯하여 멕시코시티, 상파울루, 뉴욕, 다카, 자카르타와 라고스가 메타시티로 포함될 것이다. 이러한 대도시 중에서는 글로벌 또는 세계도시로 부상하는 곳이 있지만, 인구규모만 크고 세계도시의 반열에 오르지 못한다면 문제가 될 수 있다.

「세계도시-권역」이란 세계도시가 보유한 고도의 글로벌기능이 넓은 영역으로 확대됨에 따라 대면접촉의 활동을 확보하기 위해 다핵적 결절점이 형성되며, 이에 따라 외부적으로는 글로벌 규모의 네트워크가 정치적 경계(즉 국경)를 넘어 구조화되며 내부적으로는 수백 내지 수천 평방 킬로 미터에 달하는 새로운 형태의 도시조직을 의미한다. 만약 세계도시(global city)가 외부적 정보교환이란 측면에서 정의된다면, 세계도시-권역은 내부적 연결망이란 측면에서 정의되어야 한다. 여러 나라로 분할된 유럽이 초광역권을 조성하기 위해 EU를 만든 것은 거대도시가 없어 세계화시대에 불리한 점을 보완하기 위한 방책으로 이해될 수 있다.

5. 근교·원교의 장래

자가용승용차의 보급과 철도교통의 발달로 개발이 활발하게 전개되는 도시의 근교 및 원교에는 도시기능이 낮은 밀도로 분포하고 있다. 이 지역은 지가가 비교적 저렴하고 면적이 넓으므로 주택지를 둘러싸고 상업·서비스, 레크리에

이션, 공업, 교통·운수 등의 시설이 입지하게 된다. 또 다른 근교에서도 시가지화가 비교적 급속히 진행된 지역에서는 도시내부가 직면해 있는 것과 동일한 과제가 장래에 발생할 가능성이 있다. 근교의 건물은 그 종류를 불문하고 물리적·기능적 사용한계가 있으므로 가까운 장래에 재건축의 필요성이 제기될 우려가 있다.

이와 같은 현상은 우리나라 수도권에서도 발생할 가능성이 있다. 특히 서울의 근교에서 행해지고 있는 난개발은 현재도 그러하지만 가까운 장래에는 개발제한구역이 해제됨에 따라 더욱 심각한 문제로 대두될 것이다. 따라서 근교의 개발은 초기에 계획적 마스터플랜에 근거하여 시행되어야 한다. 이에 대하여 시가지화가 진행 중이거나 그 역사가 짧은 원교에서는 금후에도 도시기능의 새로운 입지가 전개될 것이다. 특히 도시의 평면적 확대가 활발하게 진전되는 북미의 경우는 근시안적 개발이 아니라 지속가능한 개발이 절실히 요구된다.

저밀도의 토지이용이 특징적인 근교(suburb)와 원교(exurb)는 자연환경을 파괴하지 않고 최대한 살리는 방향으로 개발되어야 한다. 미국의 대도시는 이미 1930년대를 전후하여 근교개발이 활성화되었으나, 우리나라의 지방도시들도 생활의 질적 향상과 개발제한구역의 규제완화에 따라 주택입지의 최적지로 근교가 주목을 받고 있다. 그러나 지가가 매우 높은 한국과 일본은 충분한 주거기반시설을 갖추면서 주택지를 조성하는 것이 곤란하다.

도시계획에 입각한 신도시와는 달리 근교·원교 일대는 생활의 기반조건이 정비되지 못한 지역이 대부분이다. 무계획적으로 비지적 확산에 따른 스프롤현상이 일어난 주변부는 대체로 주거·농업·공업기능이 혼재하는 상황이 벌어지고 있다. 이러한 문제에 대처하기 위해서는 도심을 비롯한 도시내부의 어떤 기능이 탈도시화할 것인가를 정확히 간파하여 토지이용의 수요를 예측해야 한다.

지금까지 미국도시의 외곽지대는 백인이 중심이 되는 도시화로 인식되어 왔다. 그러나 백인에 비하여 흑인의 근교 이동은 상대적으로 작은 비중을 차지한 것이 사실이지만, 1970년대를 전환점으로 흑인이동이 증가하였다. 지난 10여 년간 백인의 근교 이동은 13.1% 증가하는데 그쳤으나, 흑인의 근교 이동은 42.7% 증가하는 양상을 보였다. 뉴어바니즘의 시대가 도래한 것이다. 1990년에 미국에 살고 있는 3천만 명의 흑인 중 1,700만 명은 도시 중심부에, 800만 명은 근교에 거주하고 있었다. 그러나 2000년에는 3,470만 명의 흑인 중 1,840만 명은 도시 중심부에, 1,150만 명은 근교에 거주하는 양상으로 바뀌었다. 즉 도시근교에 거주하는 흑인인구의 비중이 증가하였음을 알 수 있다. 우리는 이러한 도시 외곽지대가 통근권에 포함되는 현상을 'suburbanization'이란 용어를 사용하였는데, 국내에서는 이 용어를 '교외화'라 번역하는 오류를 범하였다. 교(郊)란 도시의 세력권에 포함되는 공간적 범위이므로 근교와 원교는 모두 교내(郊內)이므로 suburbanization은 「교내화」라 번역되어야 마땅하다.

교내화가 의미 있는 규모로 시작된 것은 1920년대이며 제2차 세계대전이 끝난 후 특히 북아메리카에서 가속화되었다. 미국은 세계에서 첫 번째로 교내화가 탁월하게 진행된 곳이다. 1960년대 초에 교내지역이 미국 도시 인구의 51%를 차지하였고, 1980년에는 전체 메트로폴리탄 고용인구의 절반을 차지했으며, 1990년에는 메트로폴리탄 고용인구의 55%를 차지하였다. 최근 자료에서, 미국 도시 교내의 생활방식은 전체 인구의 반 이상을 포함하고, 1950년이래로 4천백만 명에서 1억1천5백만 명으로(180% 증가) 증가하였다. 2000년에는 교내지역에 미국인구 절반에 해당하는 1억4백만 명을 수용하고 있다. 이러한 교내화의 물결은 아래의 요소들에 의해 조정되었다.

① 도시인구의 급격한 성장과 가족소득의 증가는 사람들로 하여금 새로운 주택비용 및 교통비를 모두 해결할 수 있게 하였다.
② 자동차의 보급은 개인의 이동성을 향상시켰다. 미국의 자동차수는 1910년에 1백만 대였던 것이, 1930년에는 270만대로 증가하였다.
③ 새로운 교내지역은 합법적인 합병을 통해 중심도시들과 통합되는 것에 저항하였는데, 이는 중심도시의 문제로부터 보호하거나 그들이 원하는 생활환경이 제공되는 것을 가능하게 만들었다.
④ 개인 주택에 대한 요구가 있었다.
⑤ 전쟁 후에 1930년대에 발생한 대공황기 동안에 저조한 투자가 이루어졌던 지역에 고용을 창출할 필요가 생겼다.
⑥ 이 목표는 새로운 주택과 고속도로를 건설하고자 하는 공공정책에 의해 촉진되었다.

결론적으로 미국에서는 1950년대에 거대한 교내화를 겪었던 것이다. 영국에서 새로운 농촌 거주지의 발달의 가장 흔한 형태는 거주지의 한 부분 또는 도시 업무장소와 통학하는 거리 이내에서 농촌취락의 부속으로 위치한 거주지이다. L. S. Bourne(1996)은 교내화 현상에 대하여 다양한 개념들을 설명하였다. 첫 번째는 도시주변지역의 확장으로 인한 자연적인 과정으로서, 교내지역의 발전은 고전적인 생태학적 방법에 의해 특징 지워진다. 둘째, 도시의 사회적이거나 환경적인 문제로부터 벗어나는 탈출구로서 교내지역을 들 수 있다. 세 번째와 네 번째는 거시적인 경제 정책을 통제하기 위한 도구로서, 자본 축적의 수단으로서 교내화를 해석하는 관점이다. 다섯째, 교내화는 가난한 사람들을 구제하거나 과거의 도덕적 질서를 포함하는 간접적인 수단으로 규정할 수 있다. 여섯 번째와 일곱 번째는 미시경제이론과 개인의 이익을 극대화시키고자 하는 자본주의의 논리에 의해 파생된 시장경제에 기인한 것이다. 여덟 번째는 지방자치 및 사회적 동질성과 상품과 서비스의 차별적 소비에 대한 욕구를 만족시키기 위해 고안된 사회·정치적인 전략으로 교내지역의 발전을 해석하는 것이다. 마지막 두 가지 관점은 다른 생활양식에 대한 위협이나 타인에 대한 두려움을 극복하는 방어적인 측면에서 교내지역의 발전을 갈망한다.

아직도 상당수의 흑인들이 교내지역이 아닌 도시 중심부의 흑인 게토에 거주하고 있으나, 버피족(buppies)이라 불리는 전문직에 종사하는 일부 고소득층 흑인들은 그곳을 탈출할 수 있게 되었다. 그들은 백인이 주류를 이루는 고급주택지역으로 이주하였다. 처음 백인들은 그들을 받아들였으나, 그 수가 지나치게 증가하였다고 판단되면 백인들은 그곳을 떠나게 된다. 이것을 미국의 지리학자 Y.-F. Tuan(1974)은 인종한계점 모델(model of racial tipping point)이라 불렀다.

도시의 근교 및 원교에는 주거기능 이외에도 공업·상업·서비스·업무 등의 기능이 입지하게 된다. 이들 중에는 도시주변부로부터 도심으로의 통근패턴 이외에 중심부로부터 주변부의 직장으로, 또는 모도시로부터 근교·원교의 경계도시로 출근하는 이른바 역통근현상도 관찰할 수 있다. 이러한 업무기능의 이심화는 정보화에 따라 선택적으로 진전될 것이며, 그같은 지역의 인구는 차츰 증가할 전망이다.

기타 기업활동 분야에서는 물류기능과 연구·개발기능이 도시외곽부로 이전되고 있다. 정보화를 배경으로 유통의 합리화가 더욱 진전되면 고속도로와 도시 주변의 간선도로변에 물류센터 · 도매시장 · 연구시설 등이 설치될 것이다. 결국 핵심적 업무기능은 도심에 입지하나, 근교 · 원교에도 부분적인 기능의 집적이 나타나게 되어 분산적 형태의 공간구조가 대도시권에서 형성될 전망이다.

　　미국에서는 시정부의 예산이 내부도시에 비하여 외부도시인 근교 혹은 원교에 더 많이 투자됨에 따라 형평성 문제가 제기되었다. 공공재의 투자결정은 정치적 판단에 의해 좌우되기 쉬운데, 정책적 판단에서 공정을 기하는 문제는 간단히 해결될 성질의 것이 아니다. 기성시가지에 거주하는 시민은 예산을 내부도시에 투자할 것을 원하고, 근교 · 원교에 거주하는 시민은 외부도시에 투자할 것을 주장한다.

　　이와 같은 문제는 비단 미국도시 뿐만 아니라 한국도시에서도 발생하는 문제이다. 가령, 서울은 예산을 강북과 강남 중 어디에 집중적으로 투자해야 할 것인가의 문제에 봉착해 있고, 지방도시에서도 구시가지와 외곽부의 신시가지의 선택적 투자에 고민하고 있다. 서울시는 오는 2010년까지 56조 원을 투입하여 33개소에 뉴타운을 개발할 예정이었다. 특히 은평 · 왕십리 · 길음 뉴타운을 필두로 3차에 걸쳐 25개의 뉴타운과 8개소의 균형발전촉진지구를 지정한 바 있으나 실현되지 못하였다. 그러나 초고층 주상복합빌딩이 곳곳에 건설 중에 있거나 건설될 예정이다.

　　이러한 계획에도 불구하고 서울의 강남북의 격차가 해소되기 어려운 이유는 면적 개발(面的 開發)에 초점을 맞춰야 함에도 불구하고 점적 개발(點的 開發)에 초점이 맞춰져 있기 때문이며, 도시의 다핵화는 주거기능이 아닌 중심지기능을 제공하는 핵심지의 조성에 초점이 맞춰져야 한다. 또한 도심 이외의 지역에 초고층 빌딩을 분산시키면 도심의 기능이 약화된다는 사실도 염두에 두어야 한다.

　　한국정부는 수도권에 집중되어 있는 공공기관을 국가균형발전이란 명분하에 지방의 혁신도시로 이전하는 정책을 추진한 바 있다. 이 정책에 대하여 지방은 앞 다투어 공공기관을 유치하려고 힘쓰고, 수도권은 집적효과가 상실되는 실패할 정책이라고 맞섰다. 여기서 우리는 사회정의와 균형발전이 무엇인지 반추해보지 않을 수 없다. 사회정의는 누가, 무엇을, 어디서, 어떻게 획득해야 하는

가에 대한 규범적 개념과 관련된 문제이다. 사회정의의 관점에서 공공재와 공공 서비스의 집합적 소비(collective consumption)를 연구하는 도시학자들은 도덕적 으로 규정된 규범과는 다른 현재의 사회 · 공간적 분포상태를 조사함으로써 불 평등의 상황을 해소할 수 있도록 대안을 제시해야 한다. 현대사회에서 집단적 소비의 중요성은 대단히 크다고 볼 수 있는데, 이에 대하여 M. Tietze(1968)는 다음과 같이 설명하였다.

공공병원에서 태어난 현대 도시인들은 공적으로 지원받은 학교와 대학에서 교육을 받고, 공적으로 건설된 교통시설을 따라 이동하며, 우체국과 통신사의 공공전화 시스템을 통해 의사소통을 하며, 공공수도의 물을 마시고, 공공시스템 에 의한 쓰레기 처리와 공공도서관의 책을 읽고 공원으로 소풍을 가며, 공공경 찰, 소방, 보건 시스템에 의한 보호를 받는다. 심지어 죽은 후에는 공공묘지에 묻히기도 한다. 보수적 이념에도 불구하고 도시민의 삶은 불가피하게 이러한 많 은 지방정부의 공공서비스에 대한 정부 결정과 관련되어 있다.

그리고 각종 선거에서 유권자들을 현혹시키는 '균형발전'이란 공약에는 함정 이 있다. 상이한 지역성으로 구성된 국토는 균형발전이 사실상 불가능하다. 균 형발전이란 기존의 기능을 빼앗아 없는 곳으로 옮겨주는 것은 아닐 것이며, 없 는 곳에 새로운 기능을 만들어주는 것이 올바른 발전일 것이다. 지역이나 도시 들은 서로 공정하게 경쟁을 벌여야 한다. 그러한 사회적 과정을 거쳐야 집합적 소비과정의 결과로부터 사회정의를 판단할 수 있게 될 것이다. 분명한 것은 형 평성이나 평등성은 혼동되어서는 안 된다는 점이다. 이것을 혼동하면 기회의 평 등과 결과의 평등을 혼동하게 된다. 오늘날 서구사회에서 정부가 추구하는 가 장 중요한 목표 중 하나는 삶의 기회에 더 많은 평등을 부여하기 위해 시장원리 를 도입함으로서 정부의 부담을 줄여나가고 있다는 사실을 참고해야 할 것이다 (Rich, 1979).

6. 뉴어바니즘의 등장

대도시로의 인구유입은 중심도시에 만연했던 공해 · 과밀 · 범죄 · 질병 등의 문제를 발생시켰고, 이것이 그들을 기성시가지로부터 근교로 이전할 충분한 빌미를 제공하게 되었다. 더 이상 어바니즘은 그대로 존속될 수 없게 된 것이다. 이로 말마암아 도시근교의 새로운 생활양식은 네트워크의 발전에도 불구하고 근교사회를 분열시키고 말았다. 구미의 도시에서는 중산층들이, 또 개발도상국에서는 빈민 내지 서민층들이 근교를 넘어 원교까지 뻗어 나갔다. P. Katz(2007)는 미국의 대도시 근교가 개발되면서 발생한 병폐가 긴밀하게 연결되었던 기존의 커뮤니티를 붕괴시키는 요인이었음을 지적한 바 있다. 그는 도시의 근교확산은 나쁜 것이고 기성시가지의 충진개발(infill development)이 좋은 정책이며, 뉴타운은 오픈 스페이스를 파괴하고, 계획된 근교주택지는 비인간적이며, 도시재개발은 좋은 정책이라는 논쟁은 소모적이라고 주장하였다. 대도시권이 갖는 개별적 특성은 지역성에 따라 어떤 성장전략이 필요한 것인지를 좌우한다. 급속히 성정하는 미개발의 도시외곽 중 교내지역은 충진개발과 새로운 성장지역 프로젝트가 모두 필요하다. 오늘날 현대적 뉴타운과 경계도시라 불렸던 도시들이 성공을 거두지 못한 것은 뉴어바니즘이 지향하는 도시의 기본적 속성이 부족했던 것에 기인한다.

뉴어바니즘(new urbanism)은 미국에서 활발하게 진행되고 있는 탈도시화에 대한 문제의식에서 비롯된 도시설계원칙이며 사회운동이다. 뉴어바니즘의 설계원칙은 도시근교의 개발에 있어 평면적 확산과 용도지역제에 기초한 기능 간의 과도한 분리를 지양하고 고밀도로 생활요소들을 집중시키는 대안적 도시개발 방식을 통하여 직주근접을 도모한다는 점에 있다. 뉴어바니즘의 이러한 원칙은 통행량을 감소시킴으로써 자동차 의존도를 줄이고 토지자원의 무절제한 낭비를 줄일 수 있을 것으로 기대된다. 또한 뉴어바니즘은 대형 할인점의 위세에 눌려 고사위기에 놓여 있는 소규모 소매점들을 재생시킴으로써 지역경제에 활성화와 다양한 공간창출을 모색할 수 있다(김흥순, 2006a).

뉴어바니즘은 용도지역제가 야기한 근교의 획일적이며 단조로운 경관을 방지하기 위하여 주거유형과 용도, 건물형태와 규모를 다양화하는 데에 초점을 맞춘다. 이와 같은 주거환경의 조성은 지역사회 주민들의 일체감과 친밀감을 제고함으로써 공동체의식을 고취시키고 탈도시화로 인하여 만연된 인간소외와 상실감을 극복하는 대안이 될 것으로 기대된다(김흥순, 2006a). 즉 단순히 외관만 과거로 복귀하는 것이 아니라 도시설계를 통해 사람들의 의식까지 과거로 되돌

표 8-6 뉴어바니즘에 내재된 모더니즘과 포스트모더니즘의 특징

구분	모더니즘	포스트모더니즘
지향적·가치	공동체주의, 유토피아주의, 계몽적 행동주의, 권위주의의 단초	시장주의(상업주의), 낭만주의, 역사적 복고주의
계획적 및 설계요소	사회적 혼합(주거형태와 유형의 다양화), 공공 공간, 격자형 가로망	신전통주의, 직주근접, 고밀도 개발, 보행자 우선주의, 환경 중시, 역사적 보전, 커뮤니티 계획, 새로운 용도지역제
경관적 특성	단순성, 기능주의	다양성, 절충주의

출처: 김흥순(2006a), p. 69의 것을 재구성.

리고자 하는 시도가 뉴어바니즘의 추구하는 바일 것이다.

뉴어바니즘은 〈표 8-6〉에서 보는 바와 같이 모더니즘보다 포스트모더니즘의 특징이 더 강하게 표출되어 있다. 혹자는 모더니즘적 특성과 포스트 모더니즘적 특성이 혼재된 뉴어바니즘의 지향점에서 혼란을 느낄 수도 있다. 요컨대 문제는 두 가지의 혼재된 특성 중 어느 측면이 더 강하게 작용하고 있는가를 인식하면 된다. 결국 여기서는 뉴어바니즘을 포스트 모더니즘적 도시설계 운동으로 규정하고 있는 셈이다.

직주근접을 지향하는 뉴어바니즘은 100에이커의 면적에 약 5천 명의 인구와 3천 개의 일자리를 보유한 커뮤니티를 하나의 적정한 마을단위로 상정한다. 뉴어버니스트들은 이를 실현하기 위해 기존의 저밀도 분산형 개발방식을 고밀도 응집형 개발방식으로 대체하려고 시도한다. 그들이 관심을 가지는 사회문제는 인간소외의 문제를 비롯하여 계층 및 인종 간의 갈등과 환경문제 등으로, 그들은 이러한 문제가 뉴어바니즘이 지향하는 설계원칙을 통하여 해결이 가능하다고 생각한다. 특히 설계를 통한 공동체의 건설은 뉴어바니즘이 지향하는 설계원칙을 통하여 해결이 가능하다고 믿고 있다. 즉 도시설계를 통하여 사회와 인간을 바꿀 수 있다는 신념을 견지하고 있는 것이다.

뉴어바니즘은 그 설계원칙과 운영방식을 통하여 시장을 탄력적으로 활용하고 있으며, 생태환경의 보전에 많은 관심을 두고 있다. 이러한 관점에서 뉴어바니즘은 21세기에 가장 주목받는 도시계획적 시도라고 할 수 있다. 그러나 뉴어

바니즘적 접근이 많은 장점을 가지고 있다고 하더라도 그것을 보편적 가치로 강
요하는 것은 또 다른 근대주의의 우를 범할 수 있고 포스트모더니즘으로서의 뉴
어바니즘의 가치를 훼손시키는 결과를 초래할 수 있으므로 주의할 필요가 있다
(김흥순, 2006a). 더욱이 우리나라와 같이 고밀도로 개발되고 있는 도시 근교의
상황 하에서는 미국의 도시와는 차이점이 있다는 점을 염두에 두어야 한다.

⌐┤ 참 ㅣ 고 ㅣ 문 ㅣ 헌

김   걸 · 남영우(1998), "젠트리피케이션의 쟁점과 연구동향," 국토계획, 33(5), 83~97.

김귀곤(1993), 『생태도시계획론: 에코폴리스 계획의 이론과 실제』, 대한교과서주식 회사.

김   인(2005), 『世界都市論』, 법문사.

_____ · 박수진 편(2006), 『도시해석』, 푸른길.

김정훈 · 강현수 · 양승우 · 이병철 · 김동한(2005), "유비쿼터스와 도시계획," 도시 정보, 277, 3~13.

김현식 · 김선희 · 이영아(1997), 『지속가능한 도시개발 전략에 관한 연구』, 국토개 발연구원.

김흥순(2006a), "뉴어바니즘, 근대적 접근인가, 탈근대적 접근인가?," 도시행정학보, 19(2), 49~74.

_____(2006b), "사회경제적 관점에서 바라본 뉴어바니즘: 비판적 고찰을 중심으 로," 한국도시지리학회지, 9(2), 125~138.

남기범 · 유환종 · 홍인옥 역(1998), 『경제의 세계화와 도시의 위기』, 푸른길.

남영우(2006), 『글로벌시대의 세계도시론』, 법문사.

_____(1998), "도심재개발을 위한 연계정책연구," 국토계획, 33(6), 49~65.

_____ · 박성근(1998), "세계도시전략과 도시재구조화," 한국도시지리학회지, 1(1), 15~30.

_____ · 진선미(1999), "성남시 통근패턴의 性差와 그 발생요인," 도시행정학보, 12, 99~116.

_____ · 이희연 · 최재헌(2000), 『경제 · 금융 · 도시의 세계화』, 다락방.

_____ · 최재헌 · 손승호(2014), 『세계화시대의 도시와 국토』, 법문사.

_____ · 성은영(2001), "인자분석과 군집분석에 의한 세계도시의 유형화," 한국도 시지리학회, 4(1), 1~12.

남 진(2005), "도시평가의 현황", 도시정보, 280, 3~16.

대한국토 · 도시계획학회 편(2002), 『도시개발론』, 보성각.

류연택(2005), "도시 주택에 대한 다양한 연구접근법: 제도적, 정치경제학적, 아이 덴터티, 페미니스트 접근을 중심으로," 한국도시지리학회지, 8(3), 103~119 (영문).

박경환(2005), "하나의 로컬, 두 개의 공동체: 로스앤젤레스 앰배서더 호텔 부지의 재개발을 둘러싼 논쟁," 한국도시지리학회지, 8(3), 139~154(영문).

박선미(1991), 『서울도심재개발의 특성과 공간변화』, 고려대학교 대학원 석사학위논문.

박태화1988), 『한국의 위성도시』, 형설출판사.

손재선(2006), 『주요 글로벌 신문의 기사내용으로 본 세계도시의 특성과 유형화』, 고려대학교대학원 석사학위논문.

안재섭(2005), "상하이 푸동신구의 경제구역 및 신도시 개발에 관한 고찰," 지리교육론집, 49, 217~230.

이현욱 · 이부귀 역(2001), 『문화와 권력으로 본 도시탐구』, 한울아카데미.

이상문 · 구자훈 · 이규인(2004), "제3기 신도시의 지속가능한 개발방향과 과제," 도시정보, 267, 3~14.

이우종(2005), "유비쿼터스와 도시계획," 도시정보, 277, 1.

이인수(2004), 『실버타운의 개발전략』, 21세기사.

임희지 · 정재용 · 장경철 역(2007), *The New Urbanism: Toward an Architecture of Community*, 아이씽크.

조명래(1998), "탈산업도시의 구성과 미래," 『현대도시이론의 전환』, 한울 아카데미, 33~58.

_____(1998), "전환기 대도시 발전의 딜레마와 전망," 『한국도시론』, 한국도시연구소편, 박영사, 307~340.

주경식(2003), "대도시 '신도심'지구의 형성과 발달," 한국도시지리학회지, 6(1), 1~16.

최막중(1997), "재개발 · 재건축 사업의 경제논리와 물리적 개발밀도," 국토계획, 32(2), 25~37.

하성규(1997), "재개발의 발전배경과 주요쟁점," 주택금융, 207, 1~26.

한국도시연구소(1998), 『생태도시론: 한국도시환경문제 분석과 대안』, 박영사.

한규수(1997), 『지속가능한 개발: 생태경제학을 중심으로』, 서울시립대학교출판부.

한문희(2011), 『고령화에 따른 실버타운의 운영과 발전 방안』, 아이엠아이코리아.

林 上(1991), 『都市地域構造の形成と化』, 大明堂, 東京.

佐々木晶二(1988), 『アメリカの都市 · 住宅政策』, 經濟調査會, 東京.

成田孝三(1980), 『大都市衰退地區の再生』, 大明堂, 東京.

矢作弘 · 大野輝(1990), 『日本の都市は救之るか: アメリカの成長管理政策に學ぶ』, 開文出版社, 東京.

奥田道大(1985), 『大都市の再生』, 有斐閣, 東京.

植田政孝 編(1992), 『現代都市のリストラチャリング』, 東京大學出版會, 東京.

海道淸信(2003), 『コンパクトシティ：Compact City』, 學藝出版社, 東京.

Alexander, I.(1979), *Office Location and Public Policy*, Longman, New York.

Allman, T. D.(1998), The Urban Crises Leaves Town and Moves to Suburbs, *Harpers Magazine*, Dec., 41~56.

Amman, A.(1981), The status and prospects of aging in Western Europe, *Eurosocial Occasional Papers*, 8, Vienna.

Andrew, C. I. and Merrian, D. H.(1988), Defensible linkage, *Journal of the American Planning Association*, 54, 199~209.

Badcock, B.(1984), *Unfairly Structured Cities*, Blackwell, Oxford.

Batten, D.(1995), Network cities: creative urban agglomerations for the twenty-first century, *Urban Studies*, 32(3), 313~327.

Bernstein, S. J.(1973), Mass Transit and the urban ghetto, *Traffic Quarterly*, 27, 431~449.

Berry, B. J. L. and Rees, P. H.(1969), The Factorial Ecology of Calcutta, *American Journal of Sociology*, 74, 445~491.

Bourne, L. S.(1996), Old myhts and new realities, *Progress in Planning*, 46(3), 163~184.

Brow, S. and Williams, J.(1983), *Cities of the World*, Harper & Row, New York.

Castells, M.(1980), *The Economic Crisis and American Society*, Princeton University Press, Princeton, N.J.

_____(1983a), *The City and the Grassroots*, Arnold, London.

_____(1983b), Crisis planning and the quality of life, *Environment and Planning D: Socety and Space*, 1, 3~21.

_____(1985), *High Technology, Space and Society*, Sage, Beverly Hills.

Carnoy, M. and Castells, M.(1984), After the Crisis? *World Policy Journal, Spring*, 495~516.

Clark, T. A.(1985), The interdependence among gentrifing neighbourhoods: central Denver since 1970, *Urban Geography*, 6, 246~273.

Clark, W. and Kuypers-Linde, M.(1994), Commuting in restructured regions, *Urban Studies*, 31, 465~483.

Clay, P. L.(1979), *Neighbourhood Renewal, Millde-class settlement and Incumbent*

Upgrading in American Neighbourhoods, Lexington Books, Lexington, Mass.

Colby, C. C.(1933), Centrifugal and centrepetal forces in urban geography, *Annals of the Association of American Geographers*, 23, 1~20.

Coates, J. F.(1982), New technologies and their urban impact, in G. Gappert and R. V. Knight(eds.), *Cities in the 21st Century*, Sage, Beverly Hills.

Daniels, P. W.(1985), *Service Industries: A Geographical Appraisal*, Methuen, London.

_____(1993), *Service Industries in the World Economy*, Blackwell, Oxford.

Davies, W.K. D.(1984), *Factorial Ecology*, Grower, Aldershot.

Davis, M.(1992), *City of Quartz*, Verso, London.

Dawson, J. and Walker, C.(1990), Mitigating the social costs of private development, the experience of linkage programs in the United States, *Town Planning Review*, 61(2), 157~170.

De Giovanni, F. F.(1984), An examination of selected consequences of revitalization in six US cities, *Urban Studies*, 21, 245~260.

De Vise, P.(1976), The suburbanization of jobs and minority employment, *Economic Geography*, 52, 348~362.

Downs, A.(1981), *Neigbourhoods and Urban Development*, Brookings Institution, Washington, D. C.

Drennan, M. P.(1985), *Modelling Metropolitan for Forecasting and Policy Analysis*, New York University Press, New York.

Drennan, M.(1987), Local economy and local revenues, in C. Brecher and R. D. Horton(eds.), *Setting Municipal Properties*, New York University Press, New York.

Dreier, P. and Ehrlich, B.(1991), Downtown development and urban reform: the politics of Boston's linkage policy, *Urban Affairs Quarterly*, 26(3), 354~375.

Elliot, B. and McCrone, D.(1984), Austerity and the politics of resistance in I. Sgelyen, (ed.), *Cities in Recession*, Sage, Beverly Hills, 192~216.

Erickson, R, A.(1983), The evolution of the suburban space economy, *Urban Geography*, 4, 95~121.

Fischer, C. S.(1985), Studying technology and social life, in M. Castells(ed.), *High Technology, Space and Society*, Sage, Beverly Hills, 284~300.

Fisher, C. S.(1983), Studying technology and social life, in M. Castells(ed.), *High Technology, Space and Society*, Sage, Beverly Hills, 284~300.

Foley, D. L.(1973), Institutional and contextual factors affecting the housing choeice of minority resident, in A. H. Hawley and V. P. Rock(eds.), *Segregation in*

Residential Areas, National Academy of Sciences, Washington, D. C., 85~147.

_____, Accessibility for residents in the metropolitan environment, in A .H. Hawley and V. P. Rock(eds.), *Metropolitan American in Contemporary Perspective*, Harstead Press, New York, 157~200.

Gappert, G.(1979), *Post-Affluent America: the Social Economy of the Future*, Franklin Watts, Inc., New York.

_____(1982), *Cities in the 21st Century*, Sage, Beverly Hills.

Garreau, J.(1992), *Edge City: Life on the new frontier*, Doubleday, New York.

Gartner, A. and Reissman, F.(1980), *Self-Help in Human Services*, Jossey-Bass, San Francisco.

Gatrell, A. C.(1983), *Distance and Space: A Geographical Perspective*, Clarend on Press, Oxford.

Gerson, K.(1983), Changing family structure and the position of woman, *Journal of the American Planning Association*, 49, 138~148.

Giboon, J. E.(1977), *Designing the New City*, Wiley-Interscience, New York.

Gold, J. R.(1984), The death of the urban vision? *Future*, 16, 372~381.

Graff, C. L.(1982), Enployment of woman suburbanization, and house styles, *Housing and Society*, 9, 111~117.

Hall, P.(1984), *The World Cities*, Weidenfeld and Nicolson, London.

Hambleton, R.(1991), American dreams, urban realites, *The Planner*, 77(23), 61~73.

Hausrath, L. L.(1988), Economic base for linking jobs and housing in San Francisco, *Journal of the American Planning Association*, 54(2), 210~216.

Hayden, D.(2003), *Building Suburbia: Green Fields and Urban Growth, 1820-2000*, Pantheon Books, New York.

Herbert, D. and Thomas, C.(1997), *Cities in Space: City as Place*, David Fulton, London.

Hill, R. C.(1984), Fiscal crisis, austerity politics and alternative urban policies, in W. K. Tabb and L. Sawers(eds.), *Marxism and the Metropolis*, Oxford University Press, New York, 298~322.

Hoyt, H.(1939), *The Structure and Growth of Residential Neighborhood in American Cities*, Federal Housing Administration, Washington, D.C.

Huffman, Jr., F. E. and Smith, M. T.(1988), Market effects of Office development linkage fees, *Journal of the American Planning Association*, 54(2), 219~224.

Jackson, P.(1985), Urban ethnorgraphy, *Progress in Human geography*, 9, 157~176.

Janelle, D. G.(1969), Spatial reorganization: a model and concept, *Annals of the Associ-*

ation of American Geographer, 59, 348~364.

Johnston, R. J.(1974), *Urban Residential Patterns*, Bell and Sons, London.

Katz. P.(2007), *The New Urbanism*, McGraw Hill, New York.

Keating, W. D.(1986), Linking downtown development to brooder community goals, *Journal of the American Planning Association*, 52(2), 133~141.

_____ and Krumholz, N.(1991), Downtown plans of the 1980s: the case for more equity in the 1990s, *Journal of the American Planning Association*, 57(2), 13, 6~152.

Kim, K.(2006), *Housing Redevelopment and Neighborhood Change as a Gentrification Process in Seoul, Korea: A Case Study of the Wolgok-4Dong Redevelopment District*, The Florida State University.

Knox, P. L.(1986), Collective consumption and socio-spatial change, in M. Pacine (ed.), *Progress in Social Geography*, Croom Helm, London, 110~129.

_____(1987), *Urban Social Geography: an introduction*, Longman, New York.

_____and Pinch, S.(2010), *Urban Social Geography: An Introduction*, Pearson Education, New York.

Kowinski, W. S.(1978), The mailing of America, *New Times*, 1 May, 31~55.

Le Gates, R. T. and Hartman, C.(1981), Displacement, *Clearinghouse Review*, 15, 207~247.

Leitmann, J.(1999), *Sustaining Cities: Environmental Planning Management in Urban Design*, McGraw-Hill, New York.

Ley, D.(1980), Liberal ideology and the postindustrial city, *Annals, Association of American Geographers*, 70, 238~258.

_____(1986), Alternative explanations for inner-city gentrification: a Canadian assesment, *Annals of the Association of American Geographer*, 76, 521~535.

Lojkine, J.(1984), The working class and the state, in I. Sgelyeni(ed.), *Cities in Recession*, Sage, Berverly Hills, 217~237.

London, B.(1980), Gentrification as urban reinvasion, in Laska, S. B. and Spain, D. (ed.), *Back to the City*, Pergamon Press, New York, 77~92.

McDowell, L.(1983), Housing deprevaion an intergenerational approach, in M. Brown(ed.), *The Structure of Disadvantage*, Heineman, London, 172~191.

_____(1983), Towards an understanding of the gender division of urban space, *Environment and Planning*, D: Space & Society, 1, 59~72.

Millas, A.(1980), Planning for the elderly in the content of a neighbourhood, *Ekistics*,

47, 273~276.

Mollenkopf, J. H.(1981), Neighbourhood political development and the politics of urban growth: Boston and San Francisco, 1958~78, *International Journal of Urban and Regional Research*, 5, 15~39.

Müller, P. O.(1976), *The Outer City*, Association of American Geographers, Resource Paper No. 22, Washington, D. C.

Newman, P.(1992), The Compact City: An Australian Perspective, *Built Environment*, 18(4), 1~22.

_____ and Kenworthy, J.(1999), *Sustainability and Cities: Overcoming Automobile Dependence*, Island Press, London.

Norton, R. D.(1983), Reindustrialization and the urban underclass, in D. A. Hicks and N. Glickman(eds.), *Transition to the 21st Century*, JAI Press, Greenwich, C. T., 181~204.

Nowotny, H.(1981), The information society: the impact on the home, local community and marginal groups, *Eurocial Occasional Papers*, 9, Vienna.

Pacione, M.(2005), *Urban Geography: a global perspective*, Routledge, London.

Pahl, R. E.(1981), Employment, work and the domestic division of labour, in M. Harloe and E. Lebas(eds.), *City, Class, and Capital*, Arnold, London, 142~163.

Park, K.(2005), One Local, Two Communities: Debates on the Urban Redevelopment of the Ambassador Hotel Site in Los Angeles, *Journal of the Korean Urban Geographical Society*, 8(3), 139~154.

Piven, F. F. and Cloward, R. A.(1984), The new class war in the US, in I. Szelyeni (ed.), *Cities in Recession*, Sage, Beverly Hills, 26~45.

Plane, D.(1981), The geography of urban commuting fields, *Professional Geographer*, 33, 182~188.

Pressman, N.(1985), Forces for spatial change, in J. Brotchie et al.(eds.), *The Future of Urban Form*, Croom Helm, London, 349~361.

Rees, G. and Lambert, J.(1985), *Cities in Crisis*, Arnold, London.

Rich, R.(1979), Neglected issues in the study of urban service distributions, *Urban Studies*, 16, 143~156.

Richmond, D. E.(1989), *Report on the Growth and Importance of Territory Industry in Metropolitan Toronto*, Municipality of Metropolitan Toronto, Toronto.

Robertson, I. M. L.(1984), Single parent lifestyle and peripheral estate residence, *Town Planning Review*, 55, 197~213.

Rossi, P.(1995), *Why Families Move*, The Free Press, New York.

Rubin, B.(1979), Aesthetic ideology and urban design, *Annals, Association of American Geographers*, 69, 339~361.

Scanlon, R.(1990), *The Role of the Service Industries in the Economy of New York City and its Metropolitan Region, 1977-1987*, Port Authority of NY-NJ, New York.

Schwartz, B. ed.(1976), *The Changing Face of the Suburbs*, University of Chicago Press, Chicago.

Scoffham, E. and Brenda, V.(1996), *How Compact is Sustainable — How Sustainable is Compact, The Compact City — A Sustainable Urban Form?*, E & FN Spon, New York.

Scott, A. J.(1985), Location Processes, urbanization, and territorial development, *Environment and Planning A*, 17, 479~501.

Sly, D. F. and Tayman, J.(1980), Changing metropolitan morphology and municipal service expenditures in cities and rings, *Social Science Quarterly*, 61, 595~611.

Smith, N.(1986), Gentrification, the frontier, and the restructuring of urban space, in N. Smith and P. Williams(ed.), *Gentrification of the City*, Allen and Unwin, London, 15~34.

_____(1996), *The New Urban Frontier: Gentrification and the revanchist city*, Routledge, London.

Soja, E. W.(1989), *Postmodern Geographies: The Reassertion of Space in Critical Social Theory*, Verso, London.

_____, Morales, R. and Wolf, G.(1983), Urban Restructuring: An Analysis of Social and Spatial Change in Los Angeles, *Economic Geography*, 59(2), 195~230.

Spain, D. and Nock, S.(1984), Two-career couples: a portrait, *American Demographics*, 6, 24~27.

Stanback, T. M. Jr. and Noyelle, T. J.(1982), *Cities in Transition: Changing Job Structure in Atlanta, Denver, Buffalo, Phoenix, Columbus, Nashville*, Allanheld, Osmun, Trotwa, N.J.

Steinberg, F. and Lindfield, M., ed.(2011), *Inclusive City*, Asian Development Bank, Mandaluyong City.

Thomas, A. D.(1986), *Housing Urban Renewal: Residential Decay and Revitalization in the Private Sector*, Allen and Unwin, London.

Thomas, L. and Cousins, W.(1996), *The Compact City*, E & FN Spon, London.

Thompson, M.(1977), *Great Cities and Their Traffic*, Penguin, Harmondsworth.

Tietze, M.(1968), Towards a theory of urban public facility location, *Proceedings of the*

Regional Science Association, 31, 35～44.

Townsend, A.(2001), The Internet and the rise of the new network cities, 1969-1999, *Environment and Planning B*, 28(1), 39～58.

Tuan, Y.- F.(1974), *Topophilia*, Prentice-Hall, Englewood Cliffs, NJ.

Webber, M. M.(1980), *A communications strategy for cities the twenty-first century*, working Paper, Institute of Urban and Regional Development, University of California, Berkeley.

White, M.(1987), *American Neighborhoods and Residential Differentiation*, Russell Sage Foundation, New York..

Williams, P.(1984), Economic processes and urban change: an analysis of contemporary patterns of residential restructuring, *Australian Geographical Studies*, 2, 39-57.

Williams, H. L. and David, L. P.(1999), The Post-suburban era comes to Richmond: City decline, suburban transition, and exurban growth, *Landscape and Urban Planning*, 36(4), 259～275.

Yanarella, E. and Levin, R. S.(1992), The Sustainable Cities Manifesto: Pretext, Text and Post-Text, *Built Environment*, 18(4), 12-23.

Young, M. and Willmott, P.(1973), *The Symmetrical Family*, Pantheon, New York.

사항색인

[ㄹ]

[ㅅ]

지명색인

인명색인

Bean, L. L.   365, 367
Beavon, K. S. O.   66, 72
Becker, H.   317
Beckman, M. J.   72
Bell, W.   360, 365
Berry, B. J. L.   72, 312, 375, 409
Björsö, N.   260
Blache, P. V. de la   5
Blaut, J.   83
Bobek, H.   6
Bochert, J. R.   139
Bogue, D. J.   315
Booth, C.   256, 383
Bourne, L. S.   87, 542
Boyce, R. R.   507
Brenda, V.   533
Briggs, A.   253
Brooks, E.   390
Brown, L. A.   94
Brown, R. H.   107, 115
Brown, S.   536
Brunn, S.   436
Buchanan, J.   117
Burgess, E. W.   15, 136, 264, 278, 282, 315
Burnham, D. H.   276
Bush, G. W.   161
Bush, G.   158, 160
Butlin, R. A.   257
Buttimer, A.   359

Camilleri, S. F.   366
Carnegie, A.   124
Carter, Jimmy   154
Castells, M.   85, 317, 466
Chombart de Lauwe, P. H.   359
Christaller, W.   23, 62, 408
Clay, H.   119
Cliff, A. D.   61

Clinton, B.   160
Cohen, N. M.   210
Colby, C. C.   93, 260, 480
Columbus, C.   105
Coolidge, Calvin   135
Corbusier, Le   20, 437, 529
Cornell, E.   124
Cousins, W.   533
Curtis, J. H.   364

Dale, B.   389
Darrow, C.   143
Darwin, C.   138
Davie, M. R.   289
Davies, W. K. D.   368, 376, 485
Davis, Jefferson   119
Davis, M.   494
Dawson, J.   503
De Tocqueville, A.   113
Dewey, J.   133, 148
Dickinson, R. E.   6, 27, 30, 320
Dixon, J.   114
Dodgshon, W.   257
Dollfus, O.   393
Dörries, H.   6
Downs, A.   310
Doxiadis, C. A.   437
Drennan, M. P.   500
Duke, J. B.   125
Duncan, B.   304, 307
Duncan, O. D.   304, 307, 365
Durkheim, E.   15
Dwyer, D. J.   441
Dylan, Bob   154

Eisenhower, D. D.   147
Engels, F.   256

〔저자약력〕

서울대학교 사범대학 지리과 졸업
서울대학교 대학원(M.A.)
일본 쓰쿠바대학 대학원(M.S. 및 Ph.D.)
고려대학교 조교수 · 부교수 · 교수 역임
일본 쓰쿠바대학 초빙교수(외국인 교수)
미국 미네소타 대학 방문교수
한국도시지리학회 회장 역임
수도발전위원, 행정자치부 지역발전분과위원, 세종시 민관합동위원
제1회 도시학술상 수상
현 고려대학교 명예교수

〔저　　서〕

도시구조론, 법문사, 1985
경제 · 금융 · 도시의 세계화(공저), 다락방, 2000
한국의 도시(공저), 법문사, 2005
글로벌시대의 세계도시론, 법문사, 2006
세계화시대의 도시와 국토(공저), 제5판, 법문사, 2009
일제의 한반도 측량침략사, 법문사, 2011
지리학자가 쓴 도시의 역사, 푸른길, 2011
한국인의 두모사상, 푸른길, 2012
도시개발론(공저)
首都圏の空間構造(공저)
日本の生活空間(공저)

도시공간구조론〔제2판〕

2007년　2월　10일　초판 발행
2015년　6월　25일　제2판 인쇄
2018년　6월　30일　제2판 2쇄 발행

저　자　남　　　영　　　우
발행인　배　　　효　　　선

발행처　도서출판　法　文　社

주　소　10881　경기도 파주시 회동길 37-29
등　록　1957년 12월 12일 제2-76호(윤)
전　화　(031)955-6500~6 FAX (031)955-6525
e-mail (영업) bms@bobmunsa.co.kr
　　　　 (편집) edit66@bobmunsa.co.kr
홈페이지　http://www.bobmunsa.co.kr
조　판　광　　　진　　　사

정가 32,000원　　　ISBN 978-89-18-25079-3